ARBEITSMETHODEN
DER MODERNEN
NATURWISSENSCHAFTEN

POLAROGRAPHISCHE ARBEITSMETHODEN

VON

DR. MARK VON STACKELBERG

apl. PROFESSOR AN DER UNIVERSITÄT BONN

Mit 113 Abbildungen im Text

1950

WALTER DE GRUYTER & CO.

vormals G. J. Göschen'sche Verlagshandlung / J. Guttentag, Verlagsbuchhandlung / Georg Reimer / Karl J. Trübner / Veit & Comp.

BERLIN W 35

vorm. G. J. Göschen'sche Verlagshandlung, J. Guttentag, Verlagsbuchhandlung
Georg Reimer, Karl J. Trübner, Veit & Comp.
Berlin W 35

Archiv-Nr. 52 78 50, Printed in Germany

Druck: Thormann & Goetsch, Berlin SW 61

Vorwort

Es ist etwa 25 Jahre her, seit Heyrovský die analytische Verwertbarkeit der Quecksilbertropfelektrode entdeckt und damit die „Polarographie" begründet hat. Zwar sind schon zu Beginn des Jahrhunderts im Nernst'schen Institut Diffusionsströme mit der rotierenden Platinelektrode untersucht worden, und ist dort auch von Fresenius deren analytische Verwendbarkeit geprüft worden, jedoch mit einem negativen Ergebnis. Erst die Tropfelektrode mit ihrer ständig sich erneuernden und daher automatisch sauberen Oberfläche hat sich als brauchbar erwiesen.

Von Heyrovský und seiner Schule sind auch die wichtigsten Grundlagen in praktischer wie in theoretischer Hinsicht geschaffen worden, so daß in einem seltenen Umfang ein neues Gebiet als das Werk eines Mannes erstanden ist. Erst in einer zweiten Phase der Entwicklung haben sich dann in steigendem Maße Forscher aller Völker der Polarographie zugewandt. Es liegen heute bereits über 2000 Veröffentlichungen, die dieses Gebiet betreffen, vor.

All diese Arbeiten konzentrieren ihr Augenmerk auf einen eigenartigen Punkt, nämlich auf das winzige Quecksilbertröpfchen der Tropfelektrode und die Vorgänge an seiner Oberfläche. Dieses Tröpfchen — klein wie ein Senfkorn und kurzlebig wie die Sekunde — ist die Welt, in die ihm zu folgen der Verfasser den Leser einlädt.

Im Jahre 1939 haben wir zu dritt den Grundstein zu diesem Buch gelegt: Dr. K. Schwarz (in Firma Leybold's Nachf., Köln), Prof. H. J. Antweiler und der Unterzeichnende. Gemeinsam sollte ans Werk gegangen werden. Aber schon sofort mußte einer von uns ausscheiden: Antweiler wurde einberufen. Ihm verdankt die Polarographie wesentliche Einblicke in die Welt des kleinen Tropfens. Er hatte gezeigt, daß auch in dieser Welt heftige Stürme toben können. Später hat Antweiler beratend bei der Bearbeitung dieses Buches mithelfen können, wofür ihm auch an dieser Stelle gedankt sei. Als zweiter schied Karl Schwarz aus: Er fiel zusammen mit seiner Frau einer der ersten Fliegerbomben, die auf Köln fielen, zum Opfer. Die ganze Tragik des Krieges war in unsere kleine Gemeinschaft eingebrochen.

Die nun von einem allein durchzuführende Arbeit war schließlich in 4 Jahren fertig. Mittlerweile hatte sich der Krieg zu einem Dämon entwickelt. Unter schon großen Schwierigkeiten gelang es, den Satz des Buches in Leipzig fertigzustellen. Aber alles wurde durch einen Fliegerangriff vernichtet. Erhalten blieben zwei Korrekturabzüge. Unter noch größeren Schwierigkeiten wurde der Druck aufs neue in Bonn bei der Universitätsbuchdruckerei Scheur begonnen. Auch diese „zweite Auflage" wurde durch den Fliegerangriff am 18. Oktober 1944 vernichtet.

Erst nach dem Kriege konnte die Arbeit wieder aufgenommen werden, wobei die zahlreiche, inzwischen im Auslande erschienene polarographische Literatur zu beschaffen und zu verarbeiten war. Zahlreichen Autoren schuldet der Verfasser Dank für die Zusendung von Sonderdrucken, besonderen Dank aber Herrn Dr. W. Stross, Aylesbury, für mannigfache Hilfe, vor allem für Anfertigung und Überlassung von Photokopien schwer zugänglicher Arbeiten. — Da der Druck der „dritten Auflage" in Berlin vorgenommen wurde, traten durch die Blockade Berlins neue Schwierigkeiten auf.

Das vorliegende Buch stellt sich die Aufgabe, dem polarographischen Praktiker möglichst viel Rüstzeug an die Hand zu geben. Die Theorie tritt daher zurück. Dennoch hat der Verfasser sich bemüht, gerade auf die Theorie eine besondere Sorgfalt zu verwenden, um diese zwar kurz, aber klar und in allen praktisch wichtigen Punkten vollständig zu bringen. Dagegen wurde auf manche Nebenprodukte der Theorie — auch auf interessante — verzichtet.

Eine Besonderheit dieses Buches stellt das letzte Kapitel dar. Es enthält Referate der polarographischen Veröffentlichungen. Das lawinenartige Anwachsen dieses Schrifttums macht ein Einarbeiten in das Gebiet der Polarographie immer schwieriger. Zwar kann kein Buch das Zurückgreifen auf Originalliteratur entbehrlich machen. Wir haben uns aber bemüht, die Wege zu diesen Quellen zu bahnen und mit Wegweisern zu versehen. Um Raum zu sparen und um die Übersichtlichkeit zu erhöhen, wurden nicht alle Veröffentlichungen in das Kapitel VII aufgenommen. Immerhin von etwa 2200 vorhandenen — über 1200 (einschließlich Nachtrag). Vollständige Verzeichnisse enthalten die Bibliographien von Heyrovký [A 22] und von Semerano [A 23] (s. Nachtrag zu Kap. VII). — Die Referate im Kap. VII mußten leider gegenüber dem ursprünglichen Plan stark gekürzt werden.

Selbstverständlich ist alles Wichtige aus der Literatur in die sachlich geordneten Kapitel I bis VI dieses Buches hineingearbeitet worden. Nur die im Nachtrag zum Kap. VII angegebene Literatur konnte nicht mehr verarbeitet werden.

Für mannigfache Unterstützung beim Beginn der Arbeit an diesem Buche hat der Verfasser der Firma Leybold's Nachf. zu danken, und beim Abschluß dieser Arbeit — Herrn Dr. W. Hans.

Bonn, im Januar 1950

M. v. Stackelberg

Inhaltsverzeichnis

KAPITEL I

EINFÜHRUNG IN DIE METHODIK

Dieses einführende Kapitel I soll von der Theorie und der apparativen Methodik der Polarographie nur so viel vermitteln, wie zum ersten Verständnis der nachfolgenden Kapitel II und III, die die praktische Anwendung behandeln, notwendig ist. — Auf das im Kapitel VII zusammengestellte Schrifttum wird durch Angaben in [] hingewiesen [1]).

§ 1 Prinzip und Anwendungsbereich der Polarographie

Die im Jahre 1925 von J. Heyrovský angegebene polarographische Analysenmethode beruht auf einer Elektrolyse, wobei als Kathode (seltener als Anode) eine Quecksilbertropfelektrode benutzt wird. Diese besteht aus einer Glaskapillare von etwa 0,05 mm innerem Durchmesser, die oben mit einem Quecksilbervorratsgefäß verbunden ist und aus deren

---

[1]) Erläuterungen einiger in diesem Buche benutzter Zeichen: Cu^{2+}, Cr^{3+} usw. bezeichnen stets die „freien", nicht komplex gebundenen (außer durch Wasser) Ionen in wässeriger Lösung.

CuII, CrIII usw. bezeichnen Ionen der angegebenen Wertigkeitsstufe, gleichgültig, ob komplex gebunden oder nicht.

Literaturzitate sind in [ ] gesetzt und weisen auf die im Kapitel VII zusammengestellte Literatur hin, die dort in Abscnitte (A bis H) eingeteilt ist.

Potentialangaben ohne Bezeichnung sind stets in Volt gegen die Kalomel-Normalelektrode gemessen. In Amerika ist die bei 25° an KCl gesättigte Elektrode üblich, die um 0,038 V negativer ist. Angaben von Potentialen gegen diese Elektrode sind hier meist auf die Normalelektrode umgerechnet.

Bei den abgebildeten Polarogrammen steigt die Spannung — wenn nichts anderes angegeben — stets um 200 mV pro Windung (von einer Spannungsmarke zur nächsten).

Konzentrationsangaben: Mit m bzw. n (z. B. 0,1 m-H_2SO_4 = 0,2 n-H_2SO_4) wird die molare, bzw. normale Konzentration einer Lösung, d. h. die Anzahl Mole (Formelgewichte) bzw. Äquivalente im Liter angegeben.

unterem, in die Analysenlösung eintauchendem Ende Quecksilber tropft — etwa alle 3 Sekunden ein Tropfen. Als Anode (bzw. Kathode) wird meist am Boden der Lösung befindliches Queck-

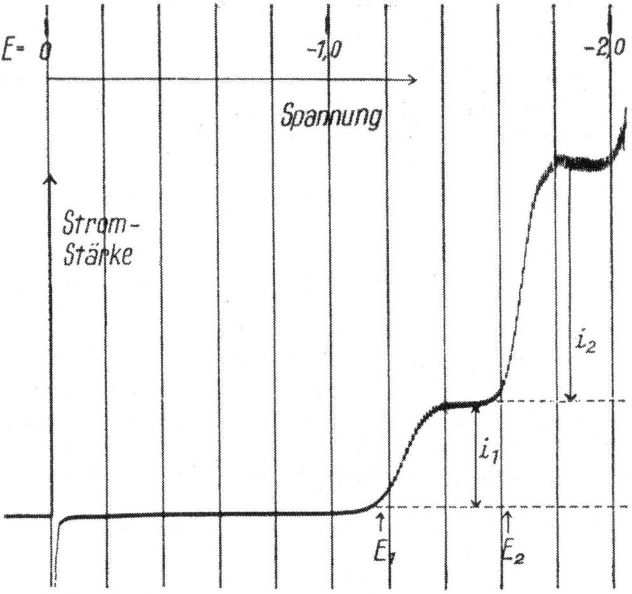

Fig. 1. Cr III / II- und Cr II 0-Stufe

0,01 m-$CrK(SO_4)_2$ in 1 n-KCl als Leitsalz mit 0,1% Colloresin als Maximadämpfer. O_2-frei. Ohne Diaphragma (Gegenelektrode ist Hg in der Probelösung).

Von einer Spannungsmarke zur nächsten steigt die Spannung um 200 mV. Das ist bei allen hier abgebildeten Polarogrammen der Fall, wenn nicht ausdrücklich etwas anderes angegeben wird.

Bei der Spannung E_1 beginnt die Reduktion von Cr III zu Cr II, bei E_2 die Reduktion zu metallischem Chrom. Die Stufenhöhe i_2 ist dementsprechend doppelt so hoch wie i_1 (vgl. aber Anm. 2 S. 16). Bei —2,0 V beginnt die Reduktion der K^+-Ionen des Leitsalzes.

Am linken Ende geht die polarographische Kurve unter die ganz links gezeichnete Galvanometernullinie: Die Tropfelektrode wird Anode, indem Hg in Lösung geht.

silber benutzt. An diese beiden Elektroden wird eine allmählich steigende Spannung angelegt. Wie bei jeder Elektrolyse mit Gleichspannung kann ein Strom erst dann zu fließen beginnen, wenn die Spannung einen Wert erreicht hat, der die Reduktion eines der in der Lösung befindlichen Stoffe an der Kathode ermöglicht (Zersetzungsspannung; an der Anode muß natürlich ein Oxydationsvorgang möglich sein). Als solche reduzierbare Stoffe kommen Kationen in Frage, die zum Metall (z. B. Cu II → Cu) oder zu einer niedrigeren Wertigkeitsstufe (z. B. Cr III → Cr II) reduziert werden; aber auch Anionen ($JO_3^- \rightarrow J^-$) oder neutrale Molekeln ($O_2 \rightarrow H_2O_2$; Aldehyd → Alkohol) sind an der Tropfkathode reduzierbar. Die Spannung, bei der ein durch ein Galvanometer angezeigter Strom zu fließen beginnt, ist also durch die Art des in der Lösung befindlichen Stoffes gegeben. Dies ermöglicht eine **qualitative Analyse.** So ist in Fig. 1 die Spannung E_1, bei der ein Stromfluß beginnt, charakteristisch für die Anwesenheit von Cr III-Ionen in der Lösung. Wir kommen auf diese qualitative Bestimmung im § 7d zurück.

Die Besonderheit der Tropfelektrode ermöglicht aber auch eine **quantitative Analyse:** Lassen wir die Spannung nach Erreichen der Zersetzungsspannung weiter ansteigen, so steigt zunächst die Stromstärke ebenfalls, erreicht aber dann einen Grenzwert, der so lange unverändert bleibt (Fig. 1), bis das Reduktionspotential eines weiteren Stoffes erreicht wird oder bis der schon teilweise reduzierte Stoff weiter reduziert werden kann. Das Zustandekommen dieses Grenzstromes ist folgendermaßen zu erklären: An jedem Tropfen können — auch bei noch so hoher Spannung — nur so viel Molekeln oder Ionen des reduzierbaren Stoffes reduziert werden, als während der Lebensdauer des Tropfens zu dessen Oberfläche herandiffundieren können. Es kann also an jedem Tropfen nur eine dünne „Diffusionsschicht" von einigen Hundertstel Millimeter Dicke der Elektrolyse zugänglich sein. Jeder Tropfen erhält also durch die Reduktion der in der Diffusionsschicht befindlichen reduzierbaren Molekeln (Ionen) eine Elektrizitätsmenge, die der Konzentration dieser Molekeln proportional ist. Daher ist die Grenzstromstärke proportional der Konzentration. Es ist somit eine quantitative Bestimmung möglich, wenn man die Analysenprobe in einem bekannten Volumen gelöst hat.

Fig. 2 zeigt die Diffusionsschicht an einem als Kathode geschalteten Hg-Tropfen, der an der Glaskapillare in einer $CuSO_4$-Lösung hängt. Die nach einer interferometrischen Schlierenmethode gewonnene Abbildung verdankt der Verfasser Herrn H. J. Antweiler.

Die polarographische Methode besteht also in der Aufnahme einer Stromspannungskurve, die meist mit Hilfe des Lichtzeigers eines Spiegelgalvanometers auf einer sich drehenden Phototrommel registriert wird. Das Ergebnis ist ein „Polaro-

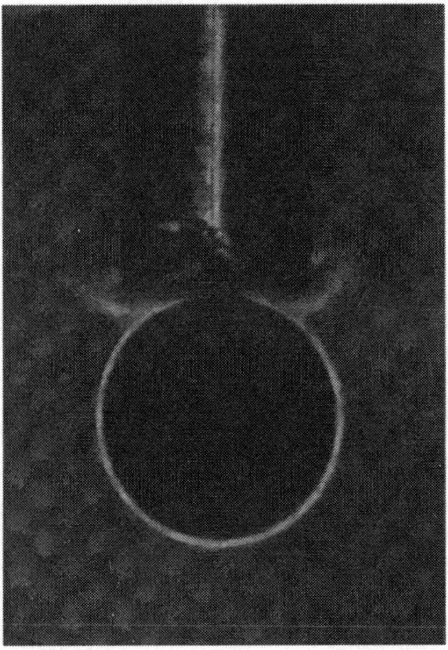

Fig. 2.
Die Diffusionsschicht an der Tropfenoberfläche

Nach Antweiler [Cm 20, 21]. Lösung: 0,01 n-$CuSO_4$. Die an $CuSO_4$ verarmte Diffusionsschicht ist durch eine interferometrische Schlierenmethode als heller Ring sichtbar gemacht. Die an der Kapillare befindliche Schliere ist ein Rest der Diffusionsschicht des vorigen Tropfens, die hochsteigt, weil sie infolge der Verarmung an Elektrolyt leichter als die umgebende Lösung ist.

gramm", dessen Abszisse der steigenden Spannung entspricht, während die Ordinate die Stromstärke anzeigt (s. Fig. 1). Da das Potential der Tropfelektrode mit der anliegenden Spannung wächst (Näheres im § 2 b), entspricht die Abszisse des Polarogramms zugleich dem Potential der Tropfelektrode. Jeder Reduktionsvorgang ist auf dem Polarogramm durch einen Stromanstieg, eine sogenannte „S t u f e" oder „W e l l e", angegeben. Den vor einer Stufe liegenden Kurventeil bezeichnen wir als **Grundstrom**, den dahinter liegenden als **Grenzstrom.** Jeder Grenzstrom einer Stufe ist also zugleich Grundstrom der folgenden Stufe. Der Höhenunterschied zwischen Grund- und Grenzstrom, **die Stufenhöhe, ist das Maß der Konzentration des reduzierbaren Stoffes.**

Zur Charakterisierung der Stufenlage in bezug auf die Abszisse wird gewöhnlich der Mittelpunkt (Wendepunkt) der Stufe benutzt. Das Potential (der Abszissenwert) dieses Punktes bezeichnet man als **Halbstufenpotential** (Halbwellenpotential). Je schwerer (leichter) ein Stoff reduzierbar ist, um so negativer (positiver) ist das Halbstufenpotential, d. h. um so mehr rechts (links) im Polarogramm liegt die Stufe. — Mitunter wird auch der Anfang des Stufenanstiegs angegeben. Da dieser nicht scharf, sondern abgerundet einsetzt, wählt man meist den Punkt, bei dem die Tangente der Kurve eine Steilheit von **45°** erreicht hat. Wir bezeichnen diesen Punkt kurz als „T a n g e n t e n p o t e n t i a l".

Die Stufenhöhe ist, wie bereits erwähnt, proportional der Konzentration des reduzierbaren Stoffes. Sie ist natürlich auch proportional der eingestellten Galvanometerempfindlichkeit. Die Stufenhöhe bleibt also unverändert, wenn man gleichzeitig die Konzentration um irgendeinen Betrag erhöht und die Galvanometerempfindlichkeit um den gleichen Betrag erniedrigt. — Das Halbstufenpotential ist unabhängig von der Konzentration und von der Galvanometerempfindlichkeit. Dagegen rückt das Tangentenpotential um so mehr nach links, je höher die Stufe gemacht wird, sei es durch Erhöhung der Konzentration oder der Galvanometerempfindlichkeit.

Jeder Tropfen verursacht eine kleine Z a c k e auf der polarographischen Kurve. Dies rührt daher, daß die Stromstärke während der Lebensdauer eines Tropfens nicht konstant ist, sondern zu Beginn jedes Tropfens wegen der dann sehr kleinen Oberfläche ebenfalls sehr klein (fast null) ist, dann aber mit dem Tropfen zu wachsen beginnt. Es wird jedoch zum Registrieren der Stromstärke ein so weit träges Galvanometer benutzt, daß diese Stromschwankungen nur kleine Zacken auf der Kurve ergeben, die nicht weiter beachtet werden.

Die *Stufenhöhe* ist im übrigen nicht nur von der Konzentration des reduzierbaren Stoffes abhängig, sondern auch von der Zahl ν der Ladungen, die jede Molekel bei der Reduktion abgibt[1]). Daher ist in der Fig. 1 die zweite Stufe doppelt so hoch wie die erste. Die Stufenhöhe ist ferner der eingestellten Galvanometerempfindlichkeit proportional. Sie hängt weiter ab von der Natur des Stoffes (Diffusionskoeffizient) und von den Versuchsumständen (Lösungszusammensetzung, Temperatur, Tropfgeschwindigkeit und Tropfengröße). Man muß daher, um eine Stufenhöhe quantitativ auswerten zu können, *Eichaufnahmen* anfertigen, indem Lösungen bekannten Gehaltes unter gleichen Bedingungen polarographiert werden.

Der Vorteil der *tropfenden* Elektrode liegt darin, daß die Elektrodenoberfläche mitsamt der angrenzenden Lösung dauernd erneuert wird. Eine *ruhende* Elektrode wird beim Stromfluß durch Abscheidungs- und Konzentrationspolarisation verändert[2]). Bei gegebener Spannung bleibt die Stromstärke nicht konstant. Das ist allerdings auch beim Einzeltropfen der Tropfelektrode nicht der Fall (hier *steigt* die Stromstärke während der Lebensdauer jedes Tropfens trotz der zunehmenden Polarisation, weil die Oberfläche wächst). Die *mittlere Stromstärke*, die ein träges Galvanometer anzeigt, ist aber nur von der angelegten Spannung und *nicht von der Zeit abhängig*.

Wenn an jedem Tropfen nur eine Diffusionsschicht von einigen Hundertstel Millimeter Dicke elektrolysiert wird und die Oberfläche des Tropfens etwa 1 mm^2 ist, so umfaßt der Diffusionsraum eines Tropfens einige Hundertstel Kubikmillimeter. Das sind also bei 10 cm^3 Lösung einige Millionstel von ihr. Daher bleibt auch durch längeres Polarographieren die *Lösung praktisch unverändert*. — Trotz dieses geringen Umsatzes ist der *polarographische Nachweis* einer reduzierbaren Substanz *außerordentlich empfindlich*: Eine 10^{-3}

---

[1]) Diese Zahl ν bezeichnen wir kurz als „*Wertigkeit*" des Elektrodenvorganges.

[2]) Auch bei einer starren Elektrode ist durch Bewegung dieser gegen den Elektrolyten eine dauernde Erneuerung der Lösung an der Grenzfläche zu erzielen, so daß ähnliche Stromspannungskurven wie mit der Tropfelektrode erhalten werden können. Siehe § 32.

n-Lösung gibt eine Grenzstromstärke von etwa 10^{-5} Ampere. Mit einem üblichen Spiegelgalvanometer lassen sich noch 1000mal kleinere Ströme messen, so daß die Grenze polarographischer Bestimmbarkeit bei etwa 10^{-8} n-Lösungen liegt. Dies ist schon eine sehr große Empfindlichkeit; insbesondere da sich das Elektrolysengefäß so konstruieren läßt, daß man mit Bruchteilen eines Kubikzentimeters Lösung auskommt, wobei sich also Bruchteile eines γ an Substanz bestimmen lassen.

Die polarographische Analysenmethode besitzt nicht die Genauigkeit, die manche andere Methoden erreichen. Man muß auch in günstigen Fällen mit Fehlern von 1 bis 3% des Gehaltes rechnen [1]). Die starke Seite der Polarographie ist die hohe Empfindlichkeit, mit der geringe Mengen und Gehalte eines Stoffes bestimmt werden können; sie ähnelt darin der quantitativen Spektralanalyse und der Kolorimetrie. So können z. B. in Zink (nach dessen Auflösen) Bleigehalte von etwa 0,001 % auf 5 % genau bestimmt werden; bezogen auf das gesamte Zink ist der Bleigehalt also auf 0,00005% genau polarographisch zu ermitteln. Nachweisbar sind noch 10mal geringere Bleigehalte. — Es ist kein Zufall, daß die meisten in die Praxis eingegangenen polarographischen Bestimmungsmethoden solche Spurenanalysen betreffen.

Der **Anwendungsbereich** der polarographischen Methode erstreckt sich etwa auf die Stoffe, die in wässriger Lösung mit Natriumamalgam reduzierbar sind. Das ist vor allem eine große Anzahl von Kationen. Besonders gut bestimmbar sind die Kationen

von Cu, Zn, Cd, Pb, Mn, Cr, Mo, W, Ni, Co, Sb, Bi.

Auch Anionen und neutrale Stoffe sind bestimmbar, z. B.

Nitrat, Nitrit, Bromat, Jodat, O_2, H_2O_2.

---

[1]) Die erzielbare Genauigkeit wird sehr oft zu hoch angegeben. Man überlege folgendes: Bei der gewöhnlichen elektrolytischen Bestimmung wird der gesamte in der Lösung befindliche Stoff durch Abscheidung der Bestimmung zugeführt; bei der Polarographie dagegen nur der „aliquote Teil" des Diffusionsraumes. Die Konstanz und Definiertheit von dessen Größe bedingt daher die Genauigkeit der Analyse. Hieraus ergibt sich, wie wichtig es ist, auf die Kapillare (Tropfengröße und Tropfgeschwindigkeit) zu achten. Eine gute Kapillare tropft überaus gleichmäßig, sie ist aber gegen Störungen naturgemäß recht empfindlich.

Dazu zahlreiche organische Stoffe:

Aldehyde, Ketone, Nitrokörper, Stoffe mit konjugierten Doppelbindungen.

Nicht reduzierbar (und daher zum mindesten nicht direkt bestimmbar) sind Sulfat, Phosphat, Carbonat, Silicat; Alkohole, Fettsäuren, Kohlenwasserstoffe. Reduzierbar, aber doch nicht bestimmbar, ist Mg^{2+}.

Auch oxydierbare Stoffe können im Prinzip bestimmt werden. Die durch Oxydationen hervorgerufenen Stufen sind nach „unten" gerichtet. Praktisch kommen jedoch Stoffe, die an der Hg.-Tropfelektrode oxydierbar sind, seltener vor, weil sie dann auch durch Sauerstoff leicht oxydierbar sind. Es handelt sich dabei also stets um Stoffe, die an der Luft unbeständig sind. Als Beispiel sei erwähnt, daß Vitamin C (Ascorbinsäure) durch die Oxydationsstufe polarographisch gut bestimmbar ist. — Häufiger sind anodische Stufen infolge einer Hg-Oxydation. Nach dem Reaktionsschema $2\,Hg + 2\,Cl^- = Hg_2Cl_2 + 2\,\ominus$ erleichtert der die Stufe veranlassende Stoff (hier Chlorid) die Hg-Oxydation durch Ausfällung oder komplexe Bindung der Hg-Ionen. Vgl. Fig. 5, Kurve d.

Die reduzierbaren und die oxydierbaren Stoffe, d. h. also alle Stoffe, die Stufen geben, bezeichnet man gemeinsam als **Depolarisatoren** (vgl. § 33).

Auch Stoffe, die selbst keine Stufe geben, sind mitunter durch eine indirekte Bestimmung erfaßbar. So kann z. B. das Sulfation trotz seiner Nichtreduzierbarkeit dadurch bestimmt werden, daß man ein Pb- oder Ba-Salz in bekannter überschüssiger Menge zusetzt und den nicht durch SO_4^{2-} gefällten Überschuß polarographisch ermittelt.

Neben dieser eigentlichen polarographischen Bestimmungsmethode durch Reduktion oder Oxydation des zu bestimmenden Stoffes ergibt die Tropfelektrode in einigen Fällen noch besondere Bestimmungsmöglichkeiten durch sogenannte „katalytische Wellen" (Bestimmung von Platinmetallen und Proteinen) und durch die „Maximadämpfung" (Bestimmung von Kolloiden und sonstigen oberflächenaktiven Stoffen). Auf diese Sondermethoden wird in Spezialabschnitten näher eingegangen (Kap.

III D und E). Eine auch apparativ abweichende Anordnung wird bei der „polarometrischen Titration“ benutzt, die im Kapitel IV behandelt wird.

Die Tropfelektrode wird mitunter auch zu Potentialmessungen (in Poggendorffscher Kompensationsschaltung) benutzt; siehe [C 32, 58, 59]. — Potentialbestimmungen mit Amalgamtropfelektroden sind u. a. von H. Ulich und G. Spiegel [Z. phys. Ch. A. 177 (1936) 103] durchgeführt worden. — Auch zur Aufnahme von Elektrokapillarkurven ist die Tropfelektrode benutzt worden [G. Kucera, Drud. Ann. (4) **11** (1903) 529, 698; ferner z. B. Cm 18, 33]. Wir gehen hier auf diese Anwendungen nicht ein. Hingewiesen sei nur darauf, daß man mit der Tropfelektrode gefälschte Elektrokapillarkurven erhält, wenn sich Wirbel an ihr einstellen (s. § 3e); dies ist bisher nicht beachtet worden.

§ 2. Die Apparatur

a) Die polarographische Apparatur

Die polarographische Kurve ist eine Stromspannungskurve. Die Apparatur (Fig. 3) besteht daher einerseits aus einer Vorrichtung, die veränderliche, aber genau bekannte Spannungen an das Elektrolysengefäß anzulegen gestattet, und andererseits aus der Vorrichtung, die die Stromstärke als Funktion der Spannung registriert. Als dritter Teil der Apparatur und als ihr Kern ist natürlich das Elektrolysengefäß anzusehen.

Das Elektrolysengefäß besteht in einfachster Ausführung aus einem kleinen Becherglas. Dieses enthält am Boden das als Anode dienende Quecksilber mit einer Stromzuführung und ferner die Tropfkathode, die ebenfalls mit einer Stromzuführung versehen ist. Meist ist noch ein Rohr zum Einleiten von Stickstoff oder Wasserstoff in die Lösung vorzusehen, um aus dieser den Luftsauerstoff zu vertreiben, da auch dieser eine Reduktionsstufe gibt, die meist stört. — Näheres über die Elektrolysengefäße s. § 5.

Die Spannung wird einer Walzenbrücke (s. Fig. 3) entnommen, an deren Enden ein Akkumulator angelegt ist. Ein Motor dreht die Walzenbrücke langsam (eine Umdrehung in 40 Sek.), wodurch bewirkt wird, daß die an dem Elektrolysengefäß anliegende Spannung langsam ansteigt. Die gesamte an der Brücke anliegende Spannung wird mit einem Voltmeter (oder für höchste Genauigkeit durch Vergleich mit einem Normalelement) und einem Widerstand genau eingestellt — meist auf 4 oder 2 Volt.

Die Walze besitzt meist 20 Drahtwindungen, so daß dann bei jeder Umdrehung die Spannung um 200 bzw. 100 mV ansteigt. In diesen Abständen liegende Spannungsmarken können durch eine Abszissenbeleuchtung erzeugt werden, d. h. durch

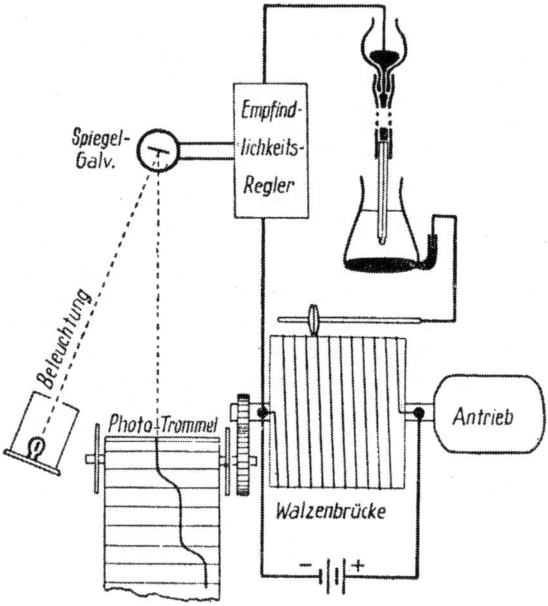

Fig. 3. Schema der polarographischen Anordnung[1])

eine Lampe, die sich nach jeder vollen Umdrehung der Walze kurzzeitig einschaltet und einen senkrechten Strich auf dem Polarogramm erzeugt.

Die Stromstärke wird von einem Spiegelgalvanometer angezeigt, das aperiodisch gedämpft ist und das auf verschiedene Empfindlichkeiten eingestellt werden kann, um den Stufen — je nach der Konzentration der Analysenlösung — eine brauchbare

[1]) Schaltung von Zusatzgeräten s. Fig. 36 u. 94.

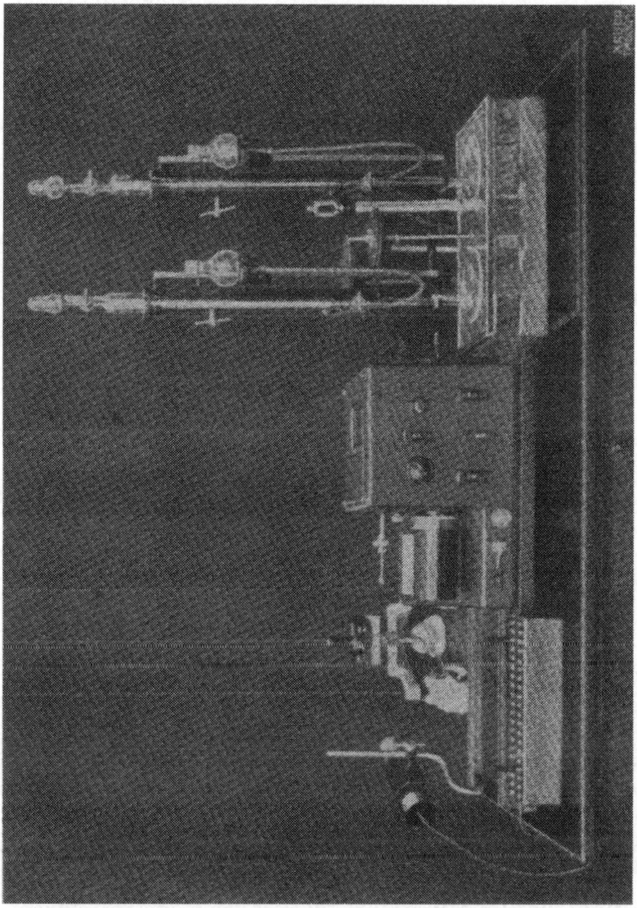

Fig. 4. Beispiel einer polarographischen Anordnung
Nach [D 80]. Beschreibung im Text.

Höhe geben zu können. Die vom Lichtzeiger des Galvanometers angezeigte Stromstärke wird auf photographischem Papier, das auf einer Trommel abrollt, registriert. Die Phototrommel wird von demselben Motor gedreht, der auch die Walzenbrücke antreibt. Dadurch entspricht die Abszisse des Polarogramms einer gleichmäßig wachsenden Spannung, während die Ordinate die Stromstärke angibt. Neuerdings werden Apparate, die nicht photographisch, sondern mit einem Tintenschreiber registrieren, gebaut.

Erschütterungsfreie Aufstellung von Galvanometer und Tropfelektrode sind Vorbedingung für einwandfreie Polarogramme.

Es ist im allgemeinen nicht notwendig, das Polarogramm von der Spannung Null bis zum Endanstieg aufzunehmen; man wird sich vielmehr mit der Aufnahme des Spannungsbereiches begnügen, in dem die interessierende Stufe liegt.

Wenn mehrere Polarogramme, die verglichen werden sollen, nacheinander aufzunehmen sind, so erzielt man ein übersichtlicheres Bild (und spart Photopapier), wenn man nach Beendigung jedes Polarogramms die Walze teilweise zurückdreht, so daß die Kurven näher zusammenrücken, indem sie teilweise untereinander liegen. Vgl. z. B. Figg. 9—13). Da es nicht gut möglich ist, das Zurückdrehen der Walze so vorzunehmen, daß sich die Spannungsmarken der verschiedenen Polarogramme genau überdecken, muß man in diesem Falle die Abszissenbeleuchtung ausschalten.

Besondere Schaltungen des Polarographen für bestimmte Zwecke werden im § 7b besprochen. Eine Beschreibung käuflicher Apparate bringt das Kapitel V.

Die Fig. 4 zeigt eine polarographische Anordnung im Bilde: In der Mitte des Tisches steht der Polarograph (hier einer der Firma Leybold's Nachf., Köln), der im Inneren des Kastens die Walzenbrücke und den Motor enthält. (Der Akkumulator steht unter dem Tisch.) Links am Polarographenkasten ist die Phototrommel zu sehen, darüber eine kleine Milchglasskala, die den Lichtzeiger des Galvanometers auch mit dem Auge verfolgen läßt. Etwa 80 cm hinter der Phototrommel ist das Spiegelgalvanometer an drei Drähten erschütterungsfrei aufgehängt. Die Beleuchtungsvorrichtung für das Galvanometer ist links am Tisch zu sehen. Rechts auf dem Tisch stehen zwei Tropfelektroden — hier solche besonderer Form (vgl. § 31); darunter ein Thermostat, dessen Deckel zwei drehbare Glasscheiben trägt, in deren Öffnungen je 5 Elektrolysengefäße für Serienanalysen eingesetzt werden können. Oft wird auf einen Thermostaten verzichtet. Auch sonst soll die Fig. 4 nur als Beispiel einer polarographischen Anordnung dienen. Eine einfache Form einer Tropfelektrode mit Niveaugefäß ist in den Figg. 79, 91 dargestellt.

b) Die polarometrische Apparatur

Statt die polarographische Kurve zu registrieren und an dieser die Stufenhöhe zu vermessen, ist es auch möglich, direkt auf einer Skala die Ausschläge des Galvanometers beim Grund- und Grenzstrom abzulesen, wobei deren Differenz der Stufenhöhe entspricht.

Diese „polarometrische" Methode hat den Vorzug größerer Schnelligkeit und wird daher bei Serienanalysen in steigendem Maße benutzt. Man verfährt dabei folgendermaßen: Durch Vorversuche — die polarographisch registriert werden — ermittelt man je eine geeignete Spannung vor und nach der Stufe, bei denen der Grund- bzw. Grenzstrom richtig angezeigt werden. Bei den Analysen werden dann nur diese beiden Spannungen, die nacheinander eingestellt werden, benutzt. Eine einfache Anordnung hierfür wird im § 30 beschrieben (s. auch § 27).

Die polarometrische Methode kann die polarographische an Genauigkeit übertreffen: Da ein rasches Folgen des Galvanometeranschlages beim Stufenanstieg nicht erforderlich ist, kann ein sehr langsam schwingendes Galvanometer (15 Sek.) benutzt werden, so daß die einzelnen Tropfen nur noch unmerkliche Schwankungen des Lichtzeigers bewirken. Es ist dann nach [D 106] möglich, die Ausschlagdifferenz auf ± 0,2% genau abzulesen [1]), womit in diesem Punkte die Fehlergrenze einer Analyse beträchtlich eingeschränkt wird.

Voraussetzung ist, daß der Grund- und Grenzstrom möglichst spannungsunabhängig sind, d. h. auf einem Polarogramm waagerechte Gerade ergeben. Je weniger dies der Fall ist, um so genauer ist darauf zu achten, daß die an die Tropfelektrode angelegten Spannungen genau definiert sind, und daher auch darauf, daß das Potential der Gegenelektrode konstant ist.

---

[1]) Es ist zu prüfen, ob der Galvanometerausschlag der Stromstärke genau proportional ist; sonst ist zu eichen.

Um die Vorteile der polarometrischen Methode (Schnelligkeit) voll auszunutzen, ist eine Auswertung durch Nomogramme, die direkt den zum Anschlag gehörenden Gehalt der Probe am gesuchten Stoff angeben, zweckmäßig. Hierbei müssen allerdings die durch Temperatur- und Kapillarenunterschiede bedingten Änderungen des Ausschlages entweder mit Hilfe eines „Eichgerätes" (§ 7 b) und einer Eichaufnahme apparativ oder aber durch einen Faktor rechnerisch kompensiert werden.

Die polarometrische Methode wurde erstmalig von A b r e s c h [B 3] angewandt, später von [B 8, 12, D 106, 108, E 68] und anderen.

Auch die „polarometrische Titration" (Kap. IV) bedient sich der hier geschilderten Anordnung.

§ 3. Einige Einzelheiten

a) Sind **mehrere reduzierbare Stoffe** (Depolarisatoren) in der Lösung vorhanden, so folgen ihre Stufen hintereinander (s. Fig. 5). Dies ergibt die Möglichkeit, mehrere Stoffe mit e i n e m Polarogramm zu bestimmen. Hierzu müssen allerdings einige Voraussetzungen erfüllt sein:

1. Die Reduktionspotentiale müssen sich genügend unterscheiden, da sonst die Stufen zu e i n e r zusammenfließen. Oft läßt sich eine Trennung der Stufen durch geeignete Zusätze zur Lösung (Komplexbildner, s. § 6 a) erreichen.

2. Die Stoffe müssen in der gleichen Lösung gute Stufen geben. Dies ist leider oft nicht der Fall.

3. Der zuerst reduzierte Stoff darf nicht in sehr viel höherer Konzentration vorliegen als der später reduzierte, da sonst die Stufe des letzteren nur als kleiner Aufsatz auf der hohen Stufe des ersteren aufsitzt und nicht durch Erhöhung der Galvanometerempfindlichkeit genügend vergrößert werden kann. Durch Kompensation des Grenzstromes des ersten Stoffes wird eine empfindlichere Aufnahme der zweiten Stufe möglich (vgl. § 7 b), doch ist trotzdem keine große Genauigkeit der Bestimmung zu erzielen. — Dagegen kann stets ein leichter reduzierbarer Stoff neben beliebig großen Mengen eines schwerer reduzierbaren bestimmt werden, wenn sich die Reduktionspotentiale genügend unterscheiden.

Fließen die Stufen zweier Stoffe annähernd gleichen Reduktionspotentials zusammen, so kann man die S u m m e ihrer molaren Konzentrationen bestimmen (z. B. $Na^+ + K^+$). Doch ist dies nur mit einer gewissen Ungenauigkeit möglich, die um so größer ist, je verschiedener die Diffusionskoeffizienten (D) der Stoffe sind. Die Stufenhöhen sind nämlich proportional $\sqrt{D}$

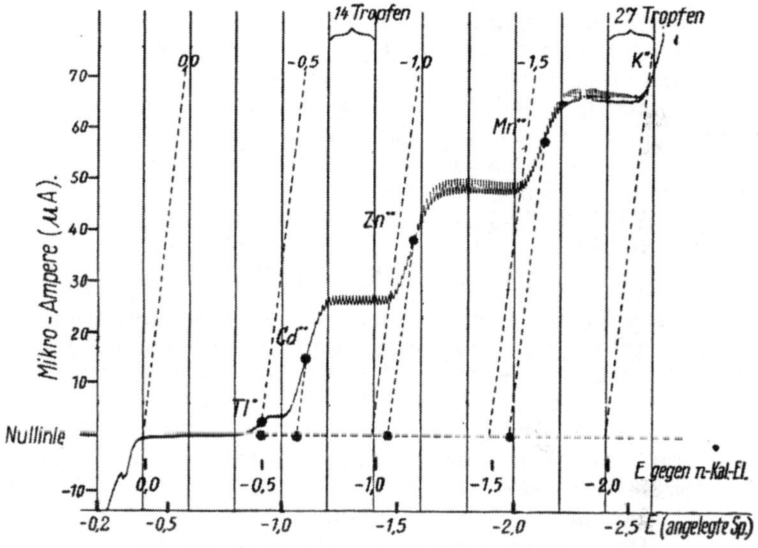

Fig. 5. T l - , C d - , Z n - , M n - S t u f e n

Lösung: 0,001 m-TlCl—0,0025 m-$CdCl_2$—0,0025 m-$ZnCl_2$—0,0025 m-$MnCl_2$ in 1 n-KCl mit 0,02% Agar. O_2-frei. Mit Diaphragma gegen Sulfatelektrode. Ab —0,2 V polarographiert.

Die Figur soll unter anderem zeigen, daß die S p a n n u n g s m a r k e n einer doppelten Korrektur bedürfen: 1. einer Parallelverschiebung zur Umrechnung von der jeweiligen Gegenelektrode auf die n-Kalomelelektrode. Hierzu siehe die beiden Abszissenmaßstäbe (in Fig. 1 sind beide Maßstäbe identisch, weil die Gegenelektrode als Boden-Hg in 1 n-KCl eine Kalomelelektrode ist). 2. muß das Potential nach § 3 b für i-W korrigiert werden, wodurch sich die schrägen, punktierten Spannungsmarken ergeben. Sie sind schräg, weil die Korrektur um so größer ist, je größer die Stromstärke i ist. Infolge eines hohen Widerstandes des Diaphragmas zwischen Tropfkathodenraum und Anodenraum war hier W = 3000 Ohm. Bei normalerweise geringerem Widerstand liegen die korrigierten Spannungsmarken weniger schräg.

Daß die T r o p f g e s c h w i n d i g k e i t mit negativer werdendem Potential der Tropfkathode zunimmt, ergibt sich daraus, daß die Zacken der polarographischen Kurve nach rechts zu dichter werden: Es liegen zwischen der 6. und 7. Spannungsmarke 14 Zacken, entsprechend 14 Tropfen in 40 Sek.: zwischen den beiden letzten Marken liegen 27 Zacken, also hat sich die Tropfgeschwindigkeit fast verdoppelt.

s. (§ 36)[1]. Die Stufenhöhen einer Na^+- und einer K^+-Lösung gleicher molarer Konzentration verhalten sich also wie die Quadratwurzeln ihrer Beweglichkeiten, d. h. wie $\sqrt{43,5} : \sqrt{64,5} = 1 : 1,22$. Zwei gleichhohe Stufen, von denen die eine nur durch Na, die andere nur durch K verursacht ist, würden also molaren Gesamtalkalikonzentrationen, die sich wie 1,22 : 1 verhalten, entsprechen[2].

b) **Der Zusatzelektrolyt.** Für die Reduktion eines Stoffes ist das Potential[3] der Kathode maßgebend und nicht die ganze zwischen Kathode und Anode angelegte Spannung. Diese Gesamtspannung E setzt sich zusammen aus dem genannten Kathodenpotential E_K, dem Anodenpotential E_A und dem Spannungsabfall in der Lösung, welcher nach dem Ohmschen Gesetz gleich $i \cdot W$ ist, wenn i die Stromstärke und W den Widerstand der Lösung zwischen den Elektroden angibt. Also

$$E = E_A - E_K + i \cdot W.$$

Die Größen E_A und $i \cdot W$ muß man also kennen, wenn man aus der angelegten Spannung E auf das Kathodenpotential E_K schließen will. Das Anodenpotential E_A bleibt konstant, wenn die Anode unpolarisierbar ist. Wie dies erreicht wird, wird im § 5 näher behandelt. Den Spannungsabfall $i \cdot W$ in der Lösung kann man praktisch gleich Null machen, wenn man die Leitfähigkeit der Lösung durch einen „Zusatzelektrolyten" („Leitsalz") groß macht. Und zwar muß die molare Konzentration des Zusatzelektrolyten etwa 50 bis 100mal größer sein als die des Depolarisators. Es kommt auf das Verhältnis dieser

---

[1]) Bei Ionen können statt der Diffusionskoeffizienten die diesen proportionalen „Ionenbeweglichkeiten" benutzt werden.

[2]) Die beiden Stufenhöhen der Fig. 1 müßten sich genau wie 1 : 2 verhalten, denn die an die Tropfenoberfläche herandiffundierenden Teilchen sind in beiden Fällen CrIII-Ionen. Zwischen E_1 und E_2 werden sie zu CrII, jenseits von E_2 direkt zu Cr-Metall reduziert. Daß die zweite Stufe der Fig. 1 etwas mehr als doppelt so hoch wie die erste Stufe ist, beruht auf einer Mitabscheidung von H-Ionen, die infolge der CrIII-Hydrolyse in der Lösung vorhanden sind.

[3]) Unter dem Potential ist auch hier die gegen eine n-Kalomelelektrode gemessene Potentialdifferenz verstanden.

beiden Konzentrationen an, weil W um so kleiner gehalten werden muß, je größer i ist, und i ist proportional der Konzentration des Depolarisators. — Unter den genannten Bedingungen E_A = konst. und $i \cdot W = 0$ entspricht also jeder Änderung der angelegten Spannung E eine gleiche Änderung des Kathodenpotentials E_K. Im § 33 wird besprochen, wie dies durch eine Polarisation der Tropfkathode zustande kommt.

Die Unterdrückung des Spannungsabfalls $i \cdot W$ durch den Zusatzelektrolyten hat noch eine zweite, für die quantitative Analyse besonders wichtige Bedeutung: Sind die reduzierbaren Teilchen elektrisch geladen (Ionen), so würden sie bei Vorhandensein eines Spannungsabfalles nicht nur durch Diffusion, sondern auch durch den Einfluß des elektrischen Kraftfeldes wandern, Kationen also beschleunigt und Anionen verlangsamt; hierdurch würde die Stufenhöhe erhöht bzw. erniedrigt werden. Dies tritt jedoch erst ein, wenn die Konzentration des Zusatzelektrolyten weniger als 10mal so groß ist als die des reduzierbaren Stoffes; und auch bei gleich großer Konzentration beider ist der Effekt noch nicht erheblich. Damit also die Stufenhöhe allein durch die Diffusion und nicht auch durch die „Wanderung" im elektrischen Felde bedingt ist, genügt eine sehr geringe Zusatzelektrolytkonzentration.

c) **Der Spannungsbereich** eines Polarogramms ist rechts und links begrenzt. Zu negativen Potentialen („rechts" im Polarogramm) ist die Begrenzung gegeben durch den hohen Anstieg der Stromstärke infolge der Reduktion des Kations des Zusatzelektrolyten. Bei Na^+-, K^+-, Ba^{2+}-Leitsalzen beginnt dieser Anstieg bei etwa —1,9 Volt [1]) (vgl. Figg. 1 und 5). Durch Verwendung von Li- oder Tetramethylammoniumsalzen als Zusatzelektrolyte läßt sich der Spannungsbereich bis —2,1 bzw. —2,6 V erweitern. Insbesondere das letztgenannte Salz (s. § 6a am Schluß) ist ein wertvolles Hilfsmittel, um schwer reduzierbare Stoffe polarographieren zu können. Die Li-Stufe z. B., deren Halbstufenpotential bei —2,34 V liegt, ist natürlich mit einem Na-Leitsalz nicht zu erhalten, wohl aber mit Tetramethylammon-

[1]) Alle Potentialangaben in diesem Buche beziehen sich auf das Potential der n-Kalomelelektrode als Nullpunkt.

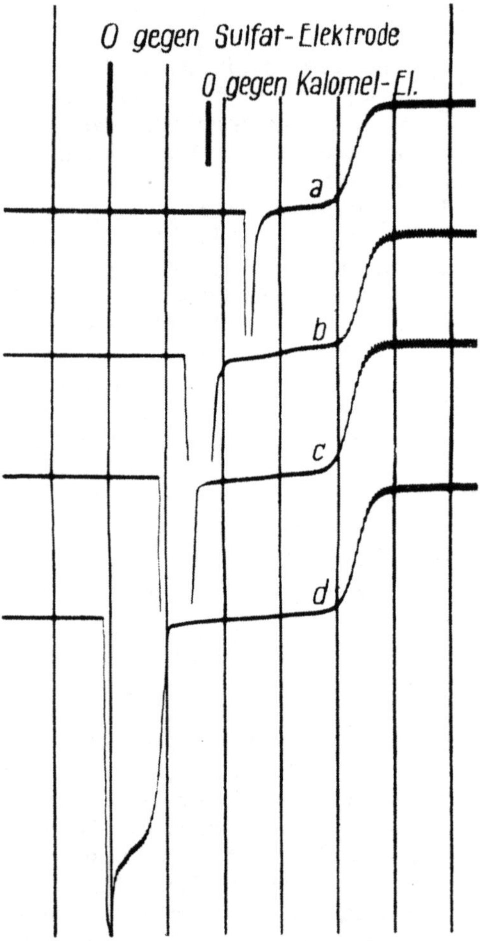

Fig. 6. Tl-Stufen in verschiedenen Leitsalzlösungen

0,005 m-TlCl in O_2-freien Lösungen mit 0,04% Colloresin. Mit Diaphragma gegen Sulfatelektrode. Spannungsnullpunkt in der Mitte der Walzenbrücke.

a) in 1 n-KOH,
b) in 1 n-KCl,
c) in 0,01 n-KCl,
d) in 1 n-KNO_3.

Die Tl-Stufe liegt stets bei —0,5 V gegen die n-Kalomelelektrode.

Die linken Enden der polarographischen Kurven, an denen das Galvanometer „nach unten" ausschlägt, liegen entsprechend den Angaben der Tabelle 2 um so mehr rechts, je schwerer löslich das mit dem Anion der Lösung gebildete Hg-Salz ist und je höher die Konzentration des Anions ist.

Bei der Kurve *d* (1 n-KNO_3-Leitsalz) liegt dieses Ende erst bei 0 Volt gegen die Sulfatelektrode (+ 0,35 gegen die Kalomelelektrode). Weil jedoch durch das gelöste TlCl 0,005 n-Cl^--Ionen in der Lösung enthalten sind, entsteht eine anodische Cl-Stufe (s. hierzu § 9 b und Fig. 106, § 38).

Ganz links — die vier Galvanometernullinien. Beim Einschalten des Galvanometers schlägt dieses nach unten aus. Das Einschalten darf nicht zu früh erfolgen, da sonst der Ausschlag zu stark wird.

salz. — In sauren Lösungen ist der Endanstieg durch das Einsetzen der H-Stufe bedingt. Mit einer 1 n starken Säure erhält man diesen Anstieg schon bei —1,1 V, bei höherem pH-Wert der Lösung erst später. Es ist von großem Vorteil für die Polarographie, daß diese H^+-Ionen-Reduktion an der Hg-Kathode mit großer Überspannung erfolgt; bei reversibler Reduktion läge die H-Stufe schon über 1 Volt positiver.

Zu positiven Potentialen („links") ist der Bereich eines Polarogramms durch das Inlösunggehen des Quecksilbers der Tropfelektrode begrenzt: Es beginnt ein anodischer Strom zu fließen, der bei etwa + 0,3 bis 0,4 V einsetzt und zu positiveren Potentialen sehr steil ansteigt (im Polarogramm „nach unten"). Falls jedoch der Zusatzelektrolyt ein Anion enthält, das Hg-Ionen abfängt (ausfällt oder bindet) und dadurch das Inlösunggehen des Quecksilbers begünstigt, so setzt der anodische Stromfluß der Tropfelektrode schon bei negativeren Potentialen ein. Man kann dann mit dem Polarogramm (dem Grundstrom Null) erst später beginnen. Vgl. hierzu die Fig. 6. Das linke Ende des Polarogramms ist also durch die Art und Konzentration der anwesenden Anionen gegeben, und zwar gelten hierfür die Angaben der nachfolgenden Tabelle 2 (S. 21) [1]. (Der anodische Stromfluß am linken Ende des Polarogramms setzt, falls er durch ein schwerlösliches Hg-Salz bedingt ist, im Prinzip plötzlich ein — nicht abgerundet wie der kathodische am rechten Ende. Näheres hierüber s. § 38).

Es wird also im allgemeinen die Begrenzung eines Polarogramms links durch das Anion und rechts durch das Kation der Leitsalzes gegeben sein. Mit der Verdünnung des Leitsalzes erweitert sich der Bereich nach beiden Seiten. Beispielsweise beträgt er für

1 n-KCl ± 0,00 bis — 1,88 V,
0,1 n-KCl + 0,06 bis — 1,94 V,
0,1 n-$N(CH_3)_4NO_3$ + 0,3 bis — 2,6 V.

Da der Endanstieg der polarographischen Kurve nicht scharf, sondern abgerundet erfolgt, wird als „Endpunkt" die Stelle bezeichnet, bei der die Steilheit des Anstieges 45° erreicht. Diese Werte sind in der Tabelle 1 angegeben, die sich auf 1 m-Konzentration des Salzes bezieht (und auf eine Galvanometerempfind-

[1]) In Nitrat- und Perchloratlösung kann mit dem Polarographieren bei + 0,3 bis + 0,4 V begonnen werden, je nach der Empfindlichkeit des Galvanometers; in Sulfatlösungen bei + 0,2 bis + 0,3 V.

lichkeit 10^{-8} Amp./mm; es sind dies die sogenannten „molaren Abscheidungspotentiale“ von Heyrovský.) Bei geringerer Konzentration (c) des Salzes verschiebt sich der Endanstieg um den Betrag $\frac{58}{\nu} \lg c$ mV (ν = Wertigkeit) zu negativeren Werten, wodurch sich der Bereich des Polarogramms also erweitert. Ebenso wirkt eine Herabsetzung der Empfindlichkeit des Galvanometers.

Tabelle 1

Molare Abscheidungspotentiale (45°-Punkt des Endanstiegs)

$N(CH_3)_4^+$	Ca^{2+}	Li^+	Mg^{2+}	K^+	Na^+	NH_4^+	Ba^{2+}	H^+ [1])
—2,6	—2,05	—2,02	—2,0	—1,88	—1,86	—1,79[2])	—1,76	—1,10

Der zur Verfügung stehende Spannungsbereich ist aber auch durch das Potential der Gegenelektrode bedingt, indem diese festlegt, von welchem Punkte an die polarographische Kurve tatsächlich aufgenommen wird. Ist die Gegenelektrode z. B. eine n-Kalomelelektrode, so wird ein mit der angelegten Spannung Null beginnendes Polarogramm erst mit deren Potential, d. h. dem Potential Null beginnen, und positive Potentialbereiche werden nicht mehr erfaßt. Sollen Bereiche, die positiver als das Potential der Gegenelektrode sind, aufgenommen werden, so muß man die Schaltung so einrichten (vgl. § 7 b), daß man mit einer wählbaren positiven Spannung zu polarographieren beginnt.

d) **Die Gegenelektrode.** Besteht die Gegenelektrode aus Quecksilber, welches sich am Boden der Analysenlösung befindet („Bodenelektrode“), so hat diese ein Potential, das durch die Zusammensetzung der Lösung bedingt ist. Um einen konstanten, von der Analysenlösung unabhängigen Anfangspunkt des Polarogramms zu haben, kann man die Gegenelektrode von der Ana-

[1]) Die H-Stufe zeigt eine abnorme Verschiebung von etwa 100 mV (statt 58) pro p_H-Einheit. Daher läßt sich der Spannungsbereich durch p_H-Erhöhung erheblich erweitern, z. B. von —1,1 auf —1,4 V verschieben, indem man von p_H 0 auf p_H 3 übergeht.

[2]) In alkalischer Lösung, bei $p_H > 9$ wird das Abscheidungspotential negativer, siehe § 8b bei Ammonium.

lysenlösung durch ein Diaphragma oder einen Heber trennen und zu einer geeigneten Elektrode (z. B. einer n-Kalomelelektrode) ausbilden (vgl. § 5).

Die nachfolgende Tabelle 2 enthält Angaben darüber, welches Potential Quecksilber in Berührung mit verschiedenen Lösungen annimmt. Art und Konzentration des Anions sind dabei maßgebend. Bilden diese mit Hg_2^{2+}-Ionen ein schwerlösliches Salz, so stellt sich ein Potential ein, das der Hg_2^{2+}-Ionenkonzentration entspricht, die durch das Löslichkeitsprodukt des Salzes und die Anionenkonzentration bedingt ist. Enthält die Lösung z. B. ein Chlorid in normaler Konzentration, so hat die Bodenelektrode das Potential einer n-Kalomelelektrode. Die sehr geringe Menge an Hg_2^{2+}-Ionen, die zur Sättigung der Lösung an dem Salz notwendig ist (10^{-18} Mol Hg_2^{2+}/Liter für die n-Kalomelelek-

Tabelle 2

Potentiale von Hg-Elektroden in verschiedenen Elektrolytlösungen (gegen die n-Kalomelelektrode)[1])

Sulfat: Gesätt. K_2SO_4, gesätt. Hg_2SO_4 (Gegenelektrode)	+ 0,364
1 n-Alkalisulfat, gesätt. Hg_2SO_4 (Gegenelektrode) ...	+ 0,37
1 n-H_2SO_4, gesätt. Hg_2SO_4	+ 0,40
Chlorid: 0,01 n-KCl	+ 0,107
0,1 n-KCl (auch Gegenelektrode)	+ 0,053
1 n-KCl (auch Gegenelektrode)	± 0,00
1 n-HCl	— 0,05
Gesätt. KCl (bei 25°) (Gegenelektrode)	— 0,038
Rhodanid (Hg-Komplex)	(— 0,1)
Bromid, 1 n	— 0,13
1 n-NH_3 + 1 n-NH_4-Salz	— 0,1
Alkali: 0,1 n-KOH oder NaOH	— 0,118
1 n-KOH	— 0,14
Sulfit (Hg-Komplex)	(— 0,2)
Jodid, 1 n [vgl. H 27]	— 0,29
Thiosulfat (Hg-Komplex)	(— 0,5)
Cyanid (Hg-Komplex)	(— 0,6)
Sulfid, 1 n	— 0,9

[1]) Es muß darauf hingewiesen werden, daß man sich im allgemeinen nicht darauf verlassen kann, daß sich die in der Tabelle angegebenen Potentiale einstellen, denn aus verschiedenen Ursachen können Störungen eintreten. Man wird daher, wenn man sicher gehen will, das Potential der Gegenelektrode messen müssen (vgl. § 5).

trode), bildet sich durch die oxydierende Wirkung des Luftsauerstoffs. Die Menge des gebildeten schwerlöslichen Salzes liegt meist unter der Sichtbarkeitsgrenze[1]). — Sind mehrere Anionen gleichzeitig anwesend, so stellt sich das negativste der in Frage kommenden Potentiale ein. Insofern ist nicht nur auf das Anion des Zusatzelektrolyten, sondern auch auf sonstige Anionen zu achten.

Auch solche Anionen, die die Hg-Ionen in Komplexen binden, machen das Potential der Bodenelektrode negativ — um so mehr, je fester der Komplex ist. Das Potential ist jedoch hier durch Art und Konzentration des Anions noch nicht festgelegt, sondern hängt noch davon ab, wieviel Hg oxydiert ist. Daher haben diese eingeklammerten Angaben der folgenden Tabelle 2 nur die Bedeutung von Näherungswerten.

Die Tabelle 2 enthält auch einige Potentialangaben, die besonders für abgetrennte Gegenelektroden in Frage kommen. Alle Angaben gelten auch für das Potential einer in den genannten Lösungen tropfenden Quecksilberelektrode und geben daher den Anfangspunkt einer polarographischen Kurve im Sinne des Abschnitts c wieder.

Die Eigenspannung des elektrolytischen Systems. Wenn die Tropf- und die Gegenelektrode in verschiedene Lösungen eintauchen, dann haben sie verschiedenes Potential. Das System stellt eine galvanische Kette dar, die eine Eigenspannung besitzt, welche sich zu der angelegten Spannung hinzuaddiert und die die eine oder andere Richtung haben kann. Ist die Eigenspannung so gerichtet, daß sie die Tropelektrode zur Kathode macht, und ist ein leicht reduzierbarer Stoff in der Lösung vorhanden, so schlägt das Galvanometer sofort bei Beginn des Polarogramms aus, d. h.

---

[1]) Bei einer so geringen Menge des Hg-Salzes ist das Potential der Bodenelektrode jedoch empfindlich gegen Reduktionsmittel: Bei längerem Durchleiten von H_2 kann alles Hg-Salz zu Quecksilbermetall reduziert werden und dadurch das Potential der Bodenelektrode negativer werden. Auch wird, wenn die Bodenelektrode Kathode ist, bei wenig Hg-Salz sehr schnell eine Polarisation eintreten.

Da Hg_2SO_4 verhältnismäßig löslich ist, erhält man die in Tabelle 2 angegebenen Potentiale von Sulfatelektroden nur, wenn Hg_2SO_4 zugegeben wurde. Sonst ist das Potential negativer, entsprechend einer geringeren Hg-Ionenkonzentration.

dieses beginnt dann bereits auf einer Stufe (vgl. Figg. 22, 48, 50 und besonderss deutlich die erste Stufe von Fig. 49). Soll diese Stufe mit aufgenommen werden, so ist eine positivere Gegenelektrode zu wählen oder das Polarographieren mit einer positiven angelegten Spannung zu beginnen.

Bei umgekehrter Richtung der Eigenspannung kommt es zu einem anodischen Stromfluß, wenn entweder eine leicht oxydierbare Substanz in der Lösung vorhanden ist oder — häufiger — wenn eine Oxydation des Quecksilbers der Tropfelektrode zu Hg-Ionen durch die Eigenspannung möglich ist (Figur 6).

e) **Die Vorgänge an der Tropfenoberfläche.** Die **Diffusion** der reduzierbaren Teilchen zur Tropfenoberfläche erfolgt unter der Einwirkung eines Konzentrationsgefälles, das infolge des Verschwindens der Teilchen durch Reduktion an der Oberfläche entsteht. In Fig. 7 ist als Ordinate die Konzentration des reduzierbaren Stoffes in der Lösung und als Abszisse von *O* an nach rechts die Entfernung von der Tropfenoberfläche dargestellt.

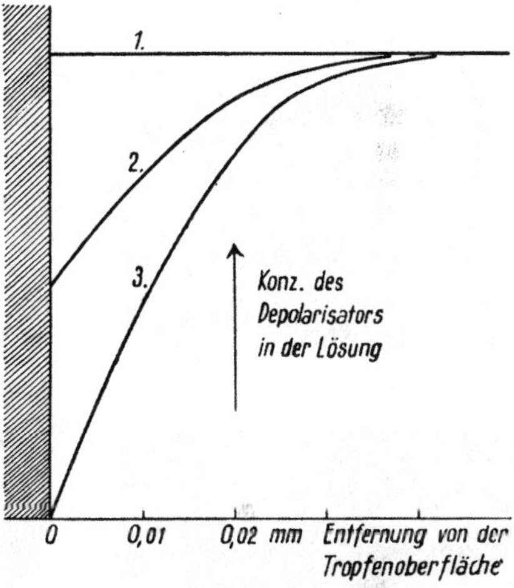

Fig. 7. Das Diffusionsgefälle an der Tropfenoberfläche
1. Beim Grundstrom. 2. Beim Halbstufenpunkt. 3. Beim Grenzstrom.

Bei angelegten Spannungen, die positiver sind als das Reduktionspotential des Stoffes, ist seine Konzentration überall gleich (Kurve 1 der Fig. 7). Bei negativeren Spannungen als das Reduktionspotential ist die Konzentration an der Oberfläche dauernd Null; die Verarmung pflanzt sich allmählich in die Lösung hinein fort; die Konzentrationsverteilung hat (z. B. am Ende der Lebensdauer des Tropfens) die Gestalt der Kurve 3. Die Diffusions-

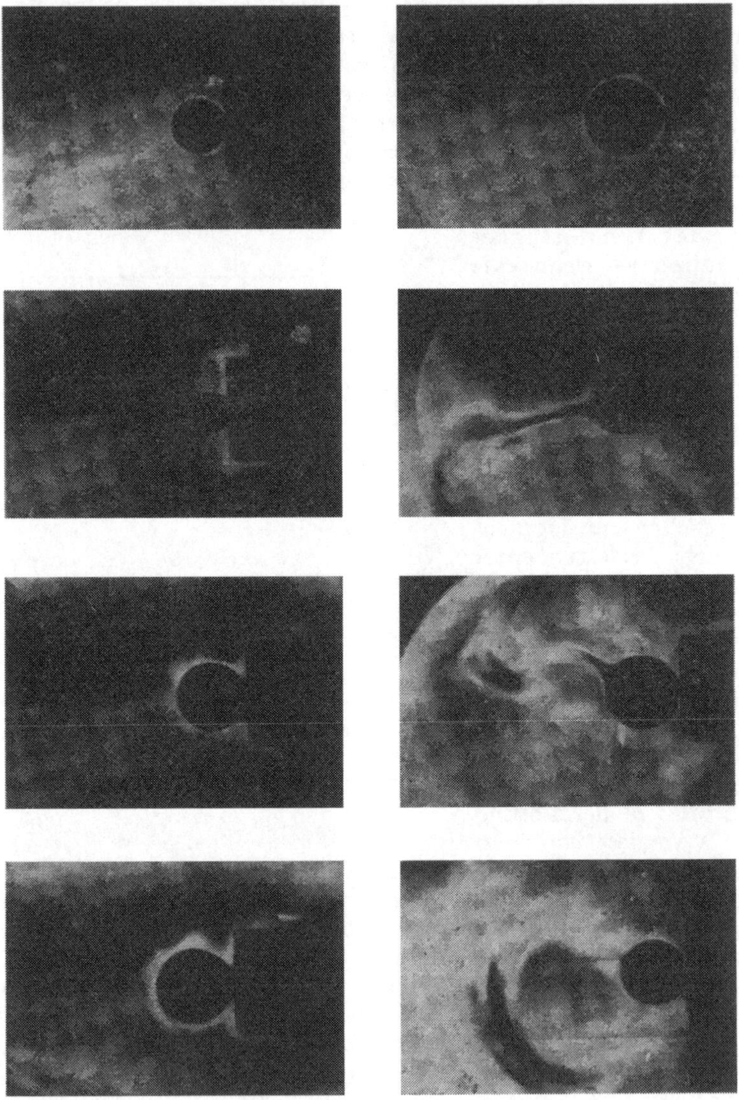

Fig. 8 (Erläuterung s. S. 25 unten)

schicht hat also keine scharfe Grenze. Dennoch ist die Menge des Depolarisators, der an die Oberfläche jedes Tropfens gelangt, genau definiert. — In der Mitte der Stufe, beim Halbstufenpotential, hat die Konzentrationsverteilung die Gestalt der Kurve 2: An der Oberfläche ist die Konzentration auf die Hälfte gesunken. Das Konzentrationsgefälle ist hier nur halb so groß wie bei Kurve 3, daher diffundiert der reduzierbare Stoff nur mit halber Geschwindigkeit heran: Die Stromstärke im Halbstufenpunkt ist halb so groß wie die Grenzstromstärke.

Ist durch den Zusatzelektrolyten die „Wanderung“ unterdrückt (s. oben Abschnitt b), so erfolgt der Antransport an die Oberfläche lediglich durch Diffusion. Die Menge des durch Diffusion an die Tropfenoberfläche gelangenden Depolarisators erreicht einen Höchstwert, wenn die Konzentration an der Oberfläche praktisch auf null herabgesetzt ist. Man nennt den dann fließenden Grenzstrom auch „Diffusionsstrom“. Zur ungehinderten Ausbildung des Diffusionsstromes ist also jede Rührung zu vermeiden. Diese würde die Stromstärke in unübersichtlicher Weise erhöhen.

Oft setzt bei der Reduktion eines Stoffes von selbst eine Rührung an der Tropfenoberfläche ein. Diese Wirbel (Fig. 8) sind verursacht durch Potentialuntesrchiede an verschiedenen Orten der Tropfenoberfläche und bedingen, daß die Stromstärke einer Stufe über den Wert der Grenzstromes steigt. Bei weiterer Erhöhung der angelegten Spannung hören die Wirbel meist auf und die Stromstärke sinkt plötzlich oder allmählich auf den Grenzstrom zurück. Diese als „**Maximum**“ bezeichnete Erschei-

---

Fig. 8. Die Elektrolytströmung beim Maximum (vg.l S. 24).

Nach Antweiler [Cm 20, 21]. Wie bei Fig. 2 durch die interferometrische Schlierenmethode sichtbar gemacht[1]).

Bild 1 bis 4. 0,02 n-$FeCl_3$.

Bild 1. Bei so hoher Spannung. daß das Maximum abgebrochen ist: Ungestörte Diffusionsschicht.

Bild 2 bis 4. Bei geringerer, ein Maximum ergebender Spannung: Nach unten gerichtete Strömung („positives“ Maximum, s. § 42).

Bild 5 bis 8. $NiCl_2$-Lösung.

Bild 5. Bei hoher Spannung: Ungestörte Diffusionsschicht wie bei Bild 1 und bei Fig. 2.

Bild 6 bis 8. Bei geringerer Spannung: Strömungen, wie sie für ein „negatives“ Maximum charakteristisch sind; nach oben gerichtete Strömung in Bild 6 (0,02 n-$NiCl_2$) oder unregelmäßige Wirbel in Bild 7 und 8 (0,1 n-$NiCl_2$).

---

[1]) Bei weniger als 0,01 m-Depolarisatorkonzentration versagt die Schlierenmethode. Doch kann die Strömung auch dann an in der Lösung suspendierten Teilchen beobachtet werden.

nung ist in den Fig. 9, 10 und 11 zu sehen und wird im § 42 näher besprochen. Um ungestörte Stufen zu erhalten, müssen die Maxima unterdrückt („gedämpft") werden. Als **Maximadämpfer**

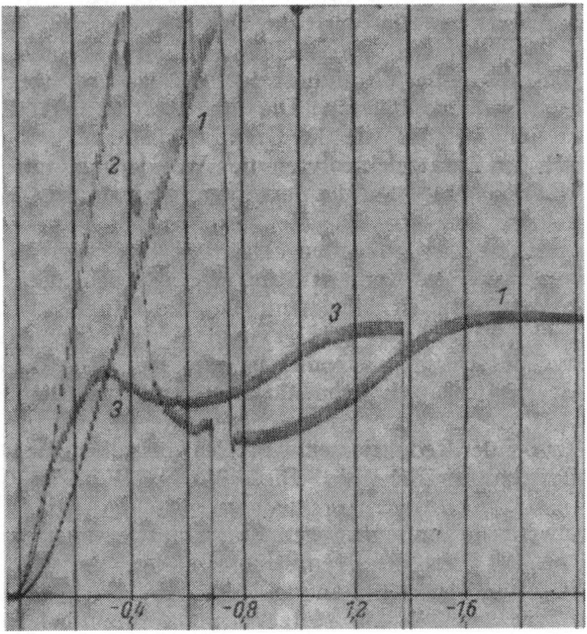

Fig. 9. O_2-**Stufen mit Maximum in Leitsalz verschiedener Konzentration**

Luftgesättigte KCl-Lösungen, ohne Dämpfer, gegen n-Kalomelelektrode.

1. 0,001 n-KCl. Maximum spitz. Der Anstieg entspricht einem hohen Widerstand W = 30000 Ohm; entsprechend ist auch die zweite O_2-Stufe nach rechts verschoben.
2. 0,01 n-KCl. Maximum schon etwas gerundet. Anstieg steiler wegen geringerem Widerstand.
3. 0,1 n-KCl. Maximum stark abgerundet.

dienen kleine Zusätze von oberflächenaktiven Stoffen zur Lösung, z. B. Gelatine.

In verdünnten Leitsalzlösungen bricht ein Maximum plötzlich ab: Der Strom fällt auf den Grenzstrom zurück (Fig. 9, Kurve 1). Bei Erhöhung der Leitsalzkonzentration rundet sich der Abbruch mehr und mehr ab (Fig. 9, Kurve 2 und 3). Und schließlich kommt es gar nicht mehr zu einem Abbruch (Figg. 10 und 11). Das Vorhandensein eines solchen „nichtabbrechenden Maximums" kann leicht zu fehlerhaften Analysen führen. Die Stufe, die man erhält, ist zu hoch, was in nicht sehr extremen Fällen (Fig. 11) leicht übersehen werden kann. Durch Anwendung von Dämpfern, nicht zu hoher Leitsalzkonzentration und nicht zu großer Tropfgeschwindigkeit ist dies zu vermeiden (Näheres im § 42).

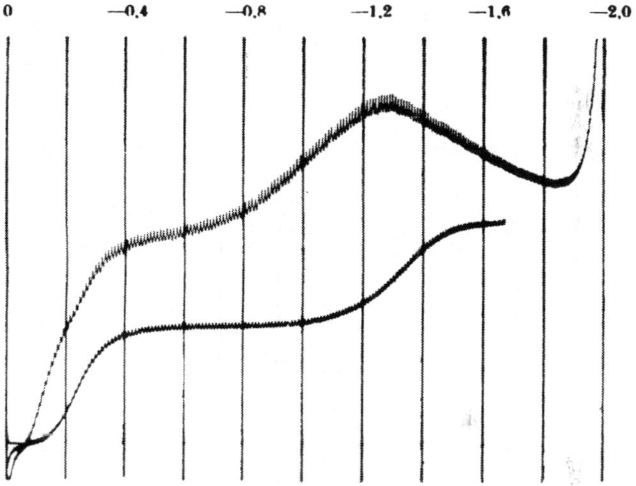

Fig. 10. O_2-Stufen in konzentriertem Leitsalz

Luftgesättigte 1 n-KCl-Lösung.

Oben: Ohne Dämpfer; nichtabbrechendes Maximum.

Unten: Mit 0,1% Colloresin; normale Stufen mit richtigen Diffusionsgrenzströmen.

Neben der Diffusion ist als zweiter Vorgang an der Tropfenoberfläche **die Reduktion** des Stoffes zu betrachten. Um die Reduktion zu ermöglichen, ist eine bestimmte Mindestspannung notwendig. Oft erfolgt aber die Reduktion noch nicht, wenn das Kathodenpotential thermodynamisch dazu ausreichen sollte. Es liegt dies dann daran, daß die Geschwindigkeit der Reduktionsreaktion zu klein ist. Manchmal tritt dann die Reduktion bei einer weiteren Erhöhung der Spannung ein: sie wird durch eine

Überspannung erzwungen. So ist bekanntlich die Reduktion des H^+-Ions an einer Hg-Elektrode nur mit einer großen Überspannung möglich; an der Quecksilbertropfelektrode beträgt diese über 1 Volt. Dies ist von großem Vorteil für die Polarographie, denn dadurch ist es möglich, sogar in saurer Lösung eine Anzahl

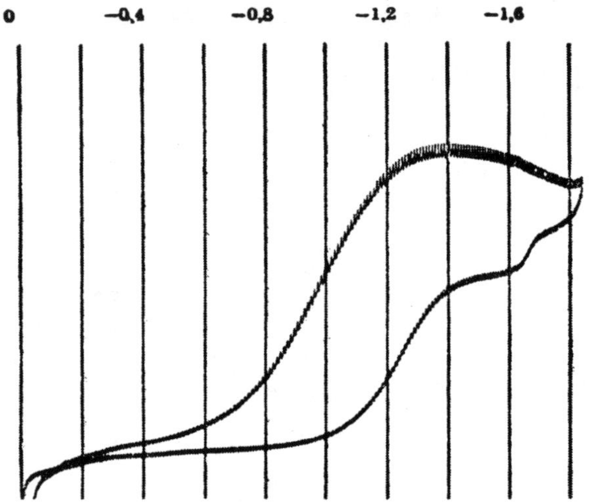

Fig. 11. H_2O_2-Stufe in konzentriertem Leitsalz
0,003 m-H_2O_2 in 1 n-KCl, O_2-frei (nicht ganz).
Oben: Ohne Dämpfer; nichtabbrechendes Maximum.
Unten: Mit 0,1% Colloresin; richtige H_2O_2-Stufe (rechts die Colloresin-Stufe bei —1,7 V).

von Stufen verschiedener Stoffe zu erhalten, die sonst durch die H-Stufe verdeckt werden würden.

Erfolgt eine Reduktion ohne Überspannung beim thermodynamisch richtigen Kathodenpotential, so ist es umgekehrt möglich, das Reduktionsprodukt dieses Stoffes beim gleichen Potential zu oxydieren: Die Reduktionsstufe und die Oxydationsstufe liegen beim gleichen Potential, wie das z. B. für die Stufen des Hydrochinons und Chinons der Fall ist (Fig. 12). Liegt ein Gemisch beider Formen in der Lösung vor (z. B. Chinhydron), so erhält man eine Stufe, die teilweise unter, teilweise über der

Galvanometernullinie des Polarogramms liegt: Die Kurve geht durch die Nullinie hindurch; solche Elektrodenvorgänge bezeichnet man als r e v e r s i b e l.

Liegt dagegen die Reduktionsstufe infolge einer Überspannung zu sehr „rechts“, so liegt die entsprechende Oxydationsstufe zu

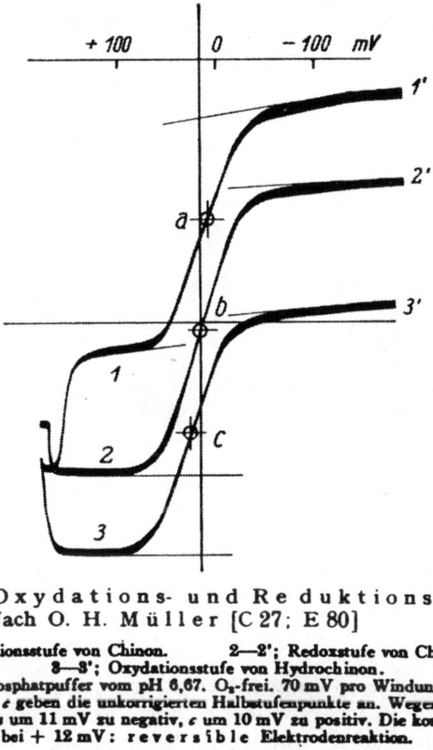

Fig. 12. O x y d a t i o n s- u n d R e d u k t i o n s s t u f e n
Nach O. H. M ü l l e r [C 27; E 80]

1—1'; Reduktionsstufe von Chinon. 2—2'; Redoxstufe von Chinhydron.
3—3'; Oxydationsstufe von Hydrochinon.
Alles in 0,1 m-Phosphatpuffer vom pH 6,67. O_2-frei. 70 mV pro Windung.
Die Kreise *a*, *b*, *c* geben die unkorrigierten Halbstufenpunkte an. Wegen des Potentialabfalles in der Lösung liegt *a* um 11 mV zu negativ, *c* um 10 mV zu positiv. Die korrigierten Halbstufenpotentiale liegen alle bei + 12 mV: r e v e r s i b l e Elektrodenreaktion.

weit „links“. Beide liegen also nicht beim gleichen Potential; ein Gemisch von oxydierter und reduzierter Form des Stoffes liefert eine Kurve mit einem waagerechten Abschnitt auf der Nullinie des Polarogramms, wie dies Fig. 13 für den Elektrodenvorgang Ti IV ⇌ Ti III zeigt. Hier handelt es sich also um einen i r r e -

versiblen Vorgang. Durch Zusatz von Weinsäure als Katalysator läßt sich jedoch eine so weitgehende Beschleunigung der Elektrodenreaktionen bewirken, daß die genannte Reaktion zu einer reversiblen wird. — Es sei hier erwähnt, daß die Reduktionen metallischer Kationen an der Tropfelektrode in der Mehrzahl reversibel sind, die Reduktionen organischer Stoffe dagegen überwiegend irreversibel. — Genau genommen besteht zwischen reversiblen und irreversiblen Vorgängen, wie aus den vorstehenden Ausführungen hervorgeht, nur ein gradueller Unterschied.

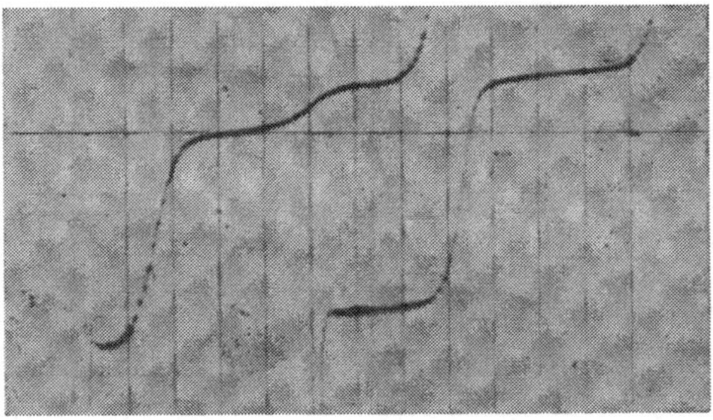

Fig. 13. Irreversible und reversible Ti III ⇌ Ti IV-Redoxstufen

Nach Strubl [H 3].

Links irreversible Stufen. Mischung von $TiCl_4$ und $TiCl_3$ (etwa 1 : 4, insgesamt 0,03% Ti) in 0,01 n-HCl, O_2-frei. Oxydationsstufe des $TiCl_3$ bei — 0,18, Reduktionsstufe des $TiCl_4$ bei — 0,98 V

Rechts durch Weinsäurezusatz reversible Stufen. Zu 10 cm^3 der genannten Lösung 0,5 cm^3 gesättigte Weinsäurelösung: Redoxstufe bei — 0,48 V.

Die Tatsache, daß es möglich ist, durch einen Katalysator eine irreversible Stufe zu verschieben, ermöglicht es, solche katalytisch wirkende Stoffe polarographisch zu bestimmen. So wird z. B. die irreversible H-Stufe durch Salze der Platinmetalle und durch Proteine nach links verschoben, und zwar so, daß ein Teil dieser Stufe, der als **katalytische Stufe** oder Welle bezeichnet wird, auf dem Polarogramm früher erscheint. Die Höhe dieses Teiles ist gegeben durch die Konzentration des Katalysators, die somit bestimmt werden kann (§ 22; Figg. 67 bis 70).

KAPITEL II

ALLGEMEINES ÜBER DIE POLAROGRAPHISCHE ARBEITSWEISE

§ 4. Die Tropfelektrode

Die Tropfelektrode ist das Kernstück jeder polarographischen Apparatur. Auf ihre Behandlung ist die größte Sorgfalt zu verwenden. Sie ist die häufigste Quelle von Mißerfolgen und Verdruß, obgleich sie im Prinzip eine überaus einfache Vorrichtung ist.

Die üblicherweise in der Polarographie benutzten Kapillaren haben einen Durchmesser von 0,03 bis 0,1 mm. Je größer der Durchmesser und damit die Tropfen sind, um so größer sind die erzielten Stromstärken. Auch verstopft sich eine weite Kapillare weniger leicht als eine enge. Diesen Vorteilen einer größeren Öffnung stehen jedoch schwerer wiegende Nachteile gegenüber. Vor allem tritt leicht Lösung in die Kapillare zwischen das Quecksilber und die Innenwand ein, was Störungen veranlassen kann. Ein anderer Nachteil weiter Kapillaren ist das leichte Eintreten des „Sprühens" oder „Rinnens". Dieses tritt ein, wenn höhere negative Spannungen an der Kapillare angelegt sind und besteht darin, daß statt der regelmäßigen Ausbildung normaler Tropfen kleinste Tröpfchen unregelmäßiger Größe mit großer Geschwindigkeit abfallen, wodurch die Stromstärke ganz unregelmäßig wird. Zur Aufnahme von Stufen in sehr negativem Gebiet wähle man daher besonders enge Kapillaren.

Die Herstellung von Tropfkapillaren erfolgt am einfachsten (nach Schwarz [D 85]), indem man ein absolut sauberes (aber nicht gewaschenes) Kapillarrohr aus Jenaer Glas von etwa 12 cm Länge, 0,2 mm lichter Weite[1]) und etwa 5 mm

[1]) Es ist darauf zu achten, daß die Kapillarenöffnung rund und nicht oval ist, da sie sonst auch nach dem Ausziehen nicht rund ist und dann kein regelmäßiges Tropfen erzielt werden kann.

äußerem Durchmesser in der Mitte erhitzt und ohne Einfallenlassen auf einen äußeren Durchmesser von 1,0 mm auszieht. Mit einem guten, frisch abgezogenen Glasmesser wird dann in der Mitte des ausgezogenen Teiles geritzt und schließlich abgebrochen. (Man erhält so zwei genau gleiche Kapillaren.)

Heyrovský [A 6] und Hohn [A 9] gehen von Kapillaren von etwa 0,5 mm innerem und 5 mm äußerem Durchmesser aus, erhitzen diese in der Mitte unter Drehen und leichtem Zusammendrücken in der Flamme so, daß sie an der erhitzten Stelle etwa doppelte Dicke erhalten, und ziehen dann langsam, aber kräftig bis auf etwa 2 mm äußeren Durchmesser aus. Sie empfehlen, das Stück durch Abschmelzen zu teilen und derart zugeschmolzen aufzubewahren.

Statt die Kapillaren selbst auszuziehen, kann man auch fertige Thermometerkapillaren von der erforderlichen Feinheit anschaffen (0,1 oder 0,05 mm innerer Durchmesser, zu beziehen von Schott & Gen., Jena). Dies hat den Vorteil, daß man eine solche „genormte" Kapillare bei Unbrauchbarwerden gegen eine gleichartige austauschen kann[1]). — Die wichtigste Operation ist das Abschneiden der Kapillare, was auch bei fertig gekauften oft erforderlich ist, um eine saubere Endfläche zu erhalten. Die Kapillare wird etwa 1 cm vom Ende[2]) (wenn sie nicht stärker gekürzt werden soll) mit einem guten Glasmesser geritzt und abgebrochen. Man überzeuge sich mit dem Mikroskop, daß die Kante um die Kapillarenöffnung glatt und ohne Risse ist; andernfalls ist die Kapillare unbrauchbar. Es sei darauf hingewiesen, daß sich besonders beim Abschneiden dickwandiger Kapillaren leicht Risse an der Öffnung bilden. Bei den auf 1 mm äußeren Durchmesser ausgezogenen Kapillaren tritt dies weniger leicht ein.

Für die meisten polarographischen Arbeiten sind die erwähnten fertigen Kapillaren, und zwar mit einem inneren Durchmesser von 0,05 mm, sehr gut brauchbar. Es kann daher empfohlen werden, in der Regel mit diesen zu arbeiten.

---

[1]) Diese nicht ausgezogenen „stumpfen" Kapillaren haben noch den Vorteil geringerer Zerbrechlichkeit. Dagegen sind die spitzen Kapillaren leichter in Gummistopfen einzuführen und kommen für Mikrogefäße wegen des geringeren Raumbedarfs ihrer Spitze allein in Frage.

[2]) Um noch kürzere Stücke abzubrechen, schiebt man das Kapillarenende bis zur geritzten Stelle in ein passendes Metallrohr (Korkbohrer).

Die Kapillare wird durch einen Vakuumschlauch von etwa 80 cm Länge mit einem Niveaugefäß verbunden. Der Schlauch muß absolut sauber sein. Gummischläuche sind stets mit Talkum verunreinigt. Hohn empfiehlt, ½ Stunde lang Wasserdampf durchzublasen und dann Luft durchzusaugen, bis der Schlauch vollständig trocken ist. Ein Gummischlauch gibt Schwefel an das Quecksilber ab, wobei sich Quecksilbersulfid bildet. Ein Eindringen des Sulfids in die Kapillare ist nicht zu befürchten, es sammelt sich auf der Quecksilberoberfläche im Niveaugefäß. Um diesen Schönheitsfehler zu vermeiden, wird die Anwendung von Mipolamschlauch empfohlen. Auch sind verschiedene Konstruktionen vorgeschlagen worden, die das Quecksilber lediglich mit Glas in Berührung treten lassen; sie werden im § 31 beschrieben.— Beim Einfüllen des Quecksilbers ist darauf zu achten, daß keine Luftblasen im Schlauch zurückbleiben. Man füllt es daher in kleinen Portionen unter Schütteln des Schlauches ein, Das Quecksilber muß rein und trocken sein. Da es beim polarographischen Arbeiten nur ganz unbedeutend verunreinigt wird. genügt kräftiges Schütteln mit $HgNO_3$-haltiger, verdünnter Salpetersäure, um benutztes Quecksilber wieder brauchbar zu machen[1]). Stark verunreinigtes Quecksilber muß außerdem destilliert werden.

Da die Grenzflächenspannung Quecksilber-Lösung kleiner ist als die Grenzflächenspannung Quecksilber-Luft, so tropft eine Kapillare in der Lösung etwas schneller als in der Luft[2]). Die gewünschte Tropfgeschwindigkeit wird daher in einer Elektrolytlösung (z. B. etwa 0,1 n-KCl) eingestellt. Die üblichen Tropfzeiten betragen 2 bis 4 Sekunden pro Tropfen. Geringere Tropfgeschwindigkeiten bedingen sehr große Zacken auf dem Polarogramm und beeinträchtigen dadurch die Ge-

[1]) Ein einfaches Reinigungsverfahren für stärker verunreinigtes Quecksilber, das ohne Verluste arbeitet, besteht darin, daß das Quecksilber in einem Rundkolben auf dem Sandbade auf 150° erhitzt wird, wobei mit der Wasserstrahlpumpe ein kräftiger Luftstrom einige Stunden lang durch das Quecksilber gesaugt wird. Die Verunreinigungen werden hierbei oxydiert und können durch Filtrieren (durchlochtes Filter) entfernt werden.

[2]) In der Luft, an einer trockenen Kapillare klebt der Quecksilbertropfen mitunter an der Kapillarenbasis, wodurch die Tropfengröße und die Tropfzeit um ein Mehrfaches heraufgesetzt werden.

nauigkeit der Vermessung der Stufenhöhen; auch sind die Stromstärken bei langsamem Tropfen etwas kleiner. Doch ist bei Kapillaren, deren Tropfzeit unter 2 Sekunden pro Tropfen liegt, die Stufenhöhe nicht genau proportional der Konzentration[1]), weil die Rührung der Lösung durch den Tropfenfall störend wirkt und weil nicht abbrechende Maxima auftreten. — Es empfiehlt sich also im allgemeinen, eine Tropfzeit von etwa 3 Sekunden zu wählen. Nur beim Aufnehmen von sehr negativen Stufen, wo die Gefahr des Sprühens eintritt und daher sehr enge Kapillaren anzuwenden sind, ist eine erheblich längere Tropfzeit von 10 bis 15 Sekunden (und ein sehr träges Galvanometer) zweckmäßig. Die angegebenen Tropfzeiten beziehen sich auf die Spannung Null; bei sehr negativen Spannungen tropft die Kapillare infolge der verminderten Grenzflächenspannung (vgl. Fig. 109) erheblich schneller, was an dem engeren Zusammenrücken der Zacken gegen Ende der Polarogramme zu sehen ist (s. z. B. Fig. 5).

Die Einstellung der Tropfzeit erfolgt zunächst durch die Wahl einer richtigen Kapillarenlänge[2]), zur Feinregulierung wird die Höhe des Niveaugefäßes variiert. Dieses soll sich etwa 50 cm über der Kapillare befinden. Tropft die Kapillare bei dieser Stellung zu langsam, so wird sie durch Abschneiden so lange verkürzt, bis die richtige Tropfzeit ungefähr erreicht ist. Die Tropfzeit ϑ ist umgekehrt proportional der Höhendifferenz Niveaugefäß-Kapillare. Da nach Gl. (13c) § 36 die Stufenhöhe proportional $\vartheta^{-1/2}$ ist, so bedingt ein Fehler von 2% in der Einstellung der Tropfzeit einen Fehler von 1% in der Stufenhöhe.

---

[1]) Nach Maas [C 28] ist dies schon bei Tropfzeiten unter 4 Sekunden der Fall, doch hat Kolthoff [A 18] gezeigt, daß man bei Vermessung des Grenzstromes gegen den „Reststrom" (s. § 7e) auch bei Tropfzeiten von 2—3 Sekunden streng konzentrationsproportionale Stufenhöhen findet.

[2]) Eine Tropfzeit von 3 Sekunden wird bei genormten Kapillaren (d. h. solchen gleichmäßigen Durchmessers) erreicht bei einer Länge von 6 cm bei einem Durchmesser von 0,05 mm, wenn die Hg-Niveaudifferenz 50 cm beträgt. Da die selbst hergestellten Kapillaren nur am Ende verjüngt sind, bieten sie dem Quecksilberdurchfluß einen geringeren Widerstand, wodurch sich die Möglichkeit ergibt, engere Enddurchmesser zu wählen. Das Gewicht eines Tropfens beträgt bei einer Kapillare von 0,05 mm Durchmesser etwa 6 mg, bei 0,1 mm Durchmesser etwa 11 mg.

Um diese Genauigkeit einzuhalten, muß daher die Niveaudifferenz auf 2%, d. h. auf ± 1 cm genau beibehalten werden. Da beim Polarographieren Quecksilber ausläuft, ist das Niveaugefäß von Zeit zu Zeit nachzuregulieren oder nachzufüllen. Die im § 31 beschriebenen, schlauchfreien Tropfelektroden halten das Quecksilberniveau teilweise automatisch konstant[1]). — Die Tropfzeitbestimmung ist in z. B. 0,1n-KCl durchzuführen, nicht in elektrolytfreiem Wasser, da hierbei der Tropfen oft an der Kapillarenbasis klebt [C 70, B 39]. Ein kleiner Unterschied der Tropfzeit ergibt sich auch, je nach dem, ob die Tropfelektrode mit der Bodenelektrode kurz geschlossen ist oder nicht. In letzterem Falle lädt sich der Tropfen negativ (in Richtung des elektrokapillaren Nullpotentials) auf, wodurch die Tropfzeit etwas heraufgesetzt wird.

Die Stufenhöhe wird also von folgenden Eigenschaften und Zuständen der Tropfkapillare beeinflußt: Dem Potential, der Tropfzeit ϑ und der Tropfengröße. Diese ist der leichter zu ermittelnden Fließgeschwindigkeit m des Quecksilbers (in Gramm oder Milligramm pro Sek.) proportional, wenn ϑ gegeben ist, und hängt von den Kapillarendimensionen und dem Hg-Druck ab. Um alle diese Umstände möglichst einfach zu berücksichtigen, ist es bei hohen Genauigkeitsansprüchen zweckmäßig, m und ϑ zu bestimmen und die „**Kapillarenkonstante**“ $K = m^{2/3} \cdot \vartheta^{1/6}$ zu berechnen. Die Stufenhöhe i_d ist proportional K (s. Gl. (13), § 36):

$$i_d = C \cdot \nu \cdot 60{,}7 \cdot D^{1/2} \cdot m^{2/3} \cdot \vartheta^{1/6} = C \cdot I \cdot K$$

wenn die Größen $\nu \cdot 60{,}7 \cdot D^{1/2}$ (D = Diffusionskonstante) zu der Größe I („Diffusionsstromkonstante“) zusammengefaßt werden. Jede Änderung von K, z. B. beim Auswechseln der Kapillare kann daher berücksichtigt werden. Für eine gegebene Kapillare bei gegebenem Hg-Druck und gegebener Temperatur ist m praktisch eine Konstante; ϑ dagegen muß bei dem gleichen Potential bestimmt werden, bei dem die Stufenhöhe vermessen wird.

Beim gleichen Potential wird auch der „Reststrom“ der Grundlösung (ohne den zu bestimmenden Stoff) ermittelt und von der Stufenhöhe ab-

---

[1]) Es ist also auch erforderlich, daß die Kapillare stets in genau der gleichen Höhe steht.

gezogen (s. § 7e). — Die Bestimmung von ϑ erfolgt am besten durch Stoppen der Zeit von z. B. 25 Tropfen; die Bestimmung von m durch Wägen der z. B. in 60 Sekunden ausfließenden Hg-Menge. (Auch eine Volumbestimmung mit einer Mikrobürette wird vorgeschlagen [B 31a, 40]. — Die Ermittlung der Kapillarenkonstanten K aus m und ϑ ist nach Kolthoff und Lingane [A 18] schneller und genauer als das Arbeiten mit Eichaufnahmen. Ob die „absolute" Methode der vergleichenden allgemein vorzuziehen ist, ist fraglich, sicher ist, daß sie eine für viele Fälle wertvolle Möglichkeit darstellt. Vgl. hierzu [B 26a, 51, C 77, 80, 81].

Die Behandlung der Kapillare hat dafür Sorge zu tragen, daß jede Verunreinigung vermieden wird. Es ist zu vermeiden, daß Lösung in die Kapillare eingesaugt wird. Man stelle daher das Tropfen nicht ab, so lange sich die Kapillare in der Lösung befindet, tauche sie vielmehr zunächst in ein Becherglas mit destilliertem Wasser und stelle erst dann das Tropfen ab. Dies geschieht, indem man das Niveaugefäß so weit senkt (oder die Kapillare so hoch stellt), daß das Tropfen eben gerade aufhört.

In mancher Hinsicht ist es bequemer, das Niveaugefäß und die Kapillare in der Gebrauchsstellung zu belassen und das Tropfen abzustellen, indem man den Gummischlauch dicht über der Kapillare mit einem Quetschhahn abklemmt. Man kann auch zwischen Kapillare und Schlauch einen Glashahn anbringen, der durch ein kurzes Schlauchstück (Glas an Glas) mit der Kapillare verbunden wird. Der Glashahn wird nur an den äußeren Teilen der Schlifffläche gefettet. ([B 27] empfiehlt hierfür einen Hahn mit zwei Rillen, die den ungefetteten Mittelteil des Kückens von den beiden gefetteten Enden trennen.)

Zu beachten ist auch, daß die Kapillare durch hartnäckig haftende Bestandteile der Lösung an der Endfläche verunreinigt werden kann. Insbesondere sind die Maximadämpfer in dieser Hinsicht oft recht unangenehm. Man muß daher mitunter heißes Wasser zum Abspülen zu Hilfe nehmen, oder man taucht die tropfende Kapillare für kurze Zeit in konzentrierte Salpetersäure ein [1]).

Störungen des Tropfens der Kapillare können durch feste oder gasförmige Bestandteile der Analysenlösung hervorgerufen werden.

---

[1]) Eine innen verunreinigte Kapillare kann unter Umständen wieder gebrauchsfähig gemacht werden, indem man zuerst Salpetersäure oder Königswasser, dann destilliertes Wasser und schließlich — zum Trocknen — staubfreie (gefilterte) Luft durchsaugt. [Vgl. auch B 30.]

So ist z. B. eine carbonathaltige Lösung nach Ansäuern mit CO_2 gesättigt, wodurch sich CO_2-Bläschen an der Kapillare ausscheiden können. Übersättigte Gase müssen daher z. B. mit Stickstoff aus der Analysenlösung ausgetrieben werden. Feste Bestandteile der Lösung (ein darin erzeugter Niederschlag) sind manchmal nicht störend, manchmal störend, dieses besonders dann, wenn sie teilweise kolloidal sind [z. B. $Fe(OH)_3$].

Beim Ersatz einer Kapillare, die irgendwie unbrauchbar geworden ist, durch eine neue, ist zu beachten, daß die Stufenhöhe von der Tropfengröße nach Gl. (13a, b) § 36 abhängig ist. Diese Tropfengröße ist annähernd proportional dem Durchmesser der Kapillare. Dieser muß auf 1,5% genau konstant sein, wenn man eine Änderung der Stufenhöhe um mehr als 1% vermeiden will. Eine solche Konstanz wird auch durch Verwendung genormter Kapillaren nicht erreicht. Man muß daher mit jeder neuen Kapillare eine neue Eichkurve aufnehmen oder durch Bestimmung der „Kapillarenkonstante" (s. oben) einen Umrechnungsfaktor ermitteln [1]. Die genormten Kapillaren bieten immerhin den Vorteil, daß die Unterschiede gering sind und bei geringeren Genauigkeitsansprüchen vernachlässigt werden können. Glücklicherweise ist eine Erneuerung der Kapillare nicht oft notwendig. Manchen ist es geglückt, eine Kapillare jahrelang gebrauchsfähig zu erhalten.

Abschließend sei nochmals betont, daß auf ein einwandfreies Tropfen der Kapillare das größte Gewicht zu legen ist. Die Zacken eines Polarogramms müssen absolut regelmäßig sein. Unregelmäßige Zacken sind nicht nur ein Schönheitsfehler und beeinträchtigen die Vermeßbarkeit des Polarogramms, sondern sind auch ein Zeichen dafür, daß die Kapillare oder die elektrischen Kontakte nicht in Ordnung sind.

Für manche Zwecke wird statt der Tropfelektrode eine rotierende Platin-Elektrode benutzt, besonders erfolgreich bei manchen polarometrischen Titrationen (§ 32). Auch mit strömenden Hg-Elektroden sind Versuche durchgeführt worden [B 31 b, 47, C 92].

---

[1]) Über ein „Eichgerät", das den ermittelten Umrechnungsfaktor apparativ auszuschalten ermöglicht, s. § 7b.

§ 5. Die Gegenelektrode und das Elektrolysengefäß

Die Art der benutzten Gegenelektrode und die Form des Elektrolysengefäßes sind miteinander auf das engste verknüpft und sollen daher hier gemeinsam behandelt werden. Es seien folgende Anordnungen unterschieden: a) Mit nicht getrennter, b) mit von der Analysenlösung getrennter Gegenelektrode, und c) besondere Anordnungen für sehr geringe Lösungsmengen (Mikrogefäße).

a) **Elektrolysengefäße mit nicht getrennter Gegenelektrode.** Die einfachste und oft ausreichende Anordnung, wie sie bereits S. 9 erwähnt wurde, besteht in einem kleinen Becherglase (Fig. 14 a). Muß jedoch der Luftsauerstoff aus der Lösung entfernt werden, so verwendet man zweckmäßig Gefäße von der in Fig. 14 b dargestellten Form: Rechts sind die Zu- und Ableitung für den indifferenten Gasstrom angeschmolzen, links ein Ansatz für die Stromzuführung mit einem eingeschmolzenen Platinstift. Die Tropfelektrode wird mit einem Stopfen in das erlenmeyerförmige Gefäß eingesetzt. Selbstverständlich kann die Form des Gefäßes je nach den Bedürfnissen in der verschiedensten Weise abgewandelt werden. So zeigt Fig. 14 c ein Gefäß für kleine Lösungsmengen.

Für Serienanalysen werden von Maljarewski [D 106] feststehende Elektrolysengefäße mit Abfluß empfohlen (Fig. 14d). Die Lösung kann durch den mit Schlauch und Quetschhahn versehenen Ansatz abgelassen werden, während das Bodenquecksilber im Gefäß verbleibt. Bei geringem Unterschied im Gehalt der Probelösungen ist beim Wechsel derselben ein Spülen mit der neuen Probelösung ausreichend oder kann ganz unterbleiben. Beim Übergang zu einer sehr viel verdünnteren Probelösung ist sorgfältig mit destilliertem Wasser zu spülen. Vgl. auch Novák [B 50].

Die Gegenelektrode. Der Vorteil der Verwendung einer nicht von der Lösung abgetrennten Gegenelektrode besteht in der Einfachheit der Anordnung; der Nachteil liegt darin, daß das Potential der Bodenelektrode von der Zusammensetzung der Lösung abhängt, wie dies im § 3 d ausgeführt wurde. Bei Serienanalysen stört dies jedoch nicht. Da bei quantitativen Bestimmungen die

Stufenhöhe maßgebend ist, so schaden Schwankungen des Potentials der Gegenelektrode nicht, da diese nur horizontale Verschiebungen der Stufe hervorrufen.

Solche Änderungen des Potentials der Gegenelektrode können durch eine Polarisation dieser infolge des Stromflusses eintreten. Um die Stromdichte und damit die Polarisation klein zu halten, wird die Bodenelektrode gewöhnlich groß gemacht. Bei der ausschließlich quantitativen Polarographie ist dies aber nicht erforderlich. So ist es z. B. in der Mikropolarographie (§ 5 c) möglich,

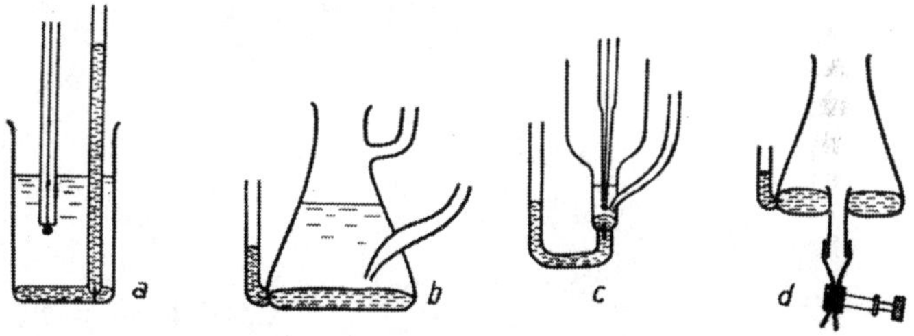

Fig. 14. Elektrolysengefäße ohne Diaphragma

a) Einfachste Anordnung mit einem Becherglase.
b) Gefäß mit Zu- und Ableitung für ein Entlüftungsgas. Angeschmolzener Anschluß zur Bodenelektrode.
c) Desgleichen für kleine Lösungsmengen. d) Gefäß für Serienanalysen mit Ablauf.

mit kleinen Bodenelektroden auszukommen. Es ist aber auch möglich, statt einer Gegenelektrode aus Quecksilber eine solche aus Silber zu benutzen, wie Schwarz [D 85] gezeigt hat. Das führt zu einer besonders einfachen Anordnung: Ein Silberdraht von 1 mm Stärke und etwa 5 cm Länge wird in mehreren Windungen um die Tropfkapillare gelegt und zusammen mit dieser in die Lösung getaucht (Fig. 15). Lingane [B 40] empfiehlt, den Ag-Draht elektrolytisch schwach zu chlorieren. Doch ist dies nicht notwendig. Die Ag-Anode nimmt in chloridhaltigem Leitsalz etwa das gleiche Potential an wie eine Hg-Bodenanode, in 1n-NaOH ein Potential von etwa —0,2 V. In NH_3- und KCN-Lösung ist die Ag-Elektrode nicht brauchbar. Nach Lingane [D 236] kann man in NH_3—NH_4-Leitsalz eine Pb-Drahtanode benutzen, die hier ein Potential von etwa —0,7 V annimmt.

Soll nicht nur die Stufenhöhe, sondern auch die Lage, z. B. das Halbstufenpotential, bestimmt werden, so ist eine Messung des Potentials der Gegenelektrode erforderlich, falls dieses nicht genau definiert ist. Dazu wird eine gute Hilfselektrode — etwa eine n-Kalomelelektrode [1]) — benutzt und mit einem Heber mit dem Elektrolysengefäß verbunden. Die Hilfselektrode liegt außerhalb des polarographischen Stromkreises; sie wird mit der Gegenelektrode über eine Poggendorffsche Kompensationsschaltung verbunden, wie das schematisch Fig. 16 zeigt.

Fig. 15. Silberdrahtanode nach Schwarz [D 85]

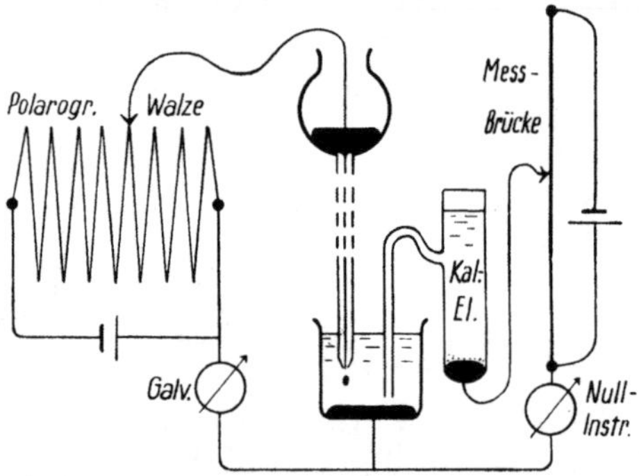

Fig. 16. Schaltschema zur Messung des Potentials der Gegenelektrode

Störungen durch die Gegenelektrode können hervorgerufen werden: 1) durch ihre Polarisation, 2) durch eine Passivierung. Ferner durch Reaktion mit der Analysenlösung, wodurch: 3) ein ungeeignetes Potential der Gegenelektrode oder 4) eine Beeinträchtigung der Analysenlösung eintreten kann.

1) Die Polarisation ist bei den üblichen großflächigen Gegenelektroden gewöhnlich gering und beträgt nur einige Millivolt. Unter ungünstigen Umständen kann die Polarisation jedoch

[1]) Verwendet man einen Thermostaten, so ist eine gesättigte (an KCl) Kalomelelektrode zu empfehlen. — Andere Gegenelektroden s. § 3d. (Vgl. auch [B 33.])

erheblich werden. So polarisiert sich eine Kalomelelektrode zwar als Anode nicht leicht, weil die in Lösung gehenden Hg_2^{2+}-Ionen durch die Cl^--Ionen schnell gefällt werden (s. aber Passivierung), als Kathode tritt aber leicht eine stärkere Polarisation ein, weil die verbrauchten Hg_2^{2+}-Ionen nur langsam durch in Lösung gehendes Kalomel nachgeliefert werden. Wenn das Kalomel verbraucht ist, so wird die Polarisation sehr erheblich. — Bei kleinen Gegenelektroden, wie sie für Mikroelektrolysengefäße erforderlich sind, können auch bei günstiger Zusammensetzung der Analysenlösung starke Polarisationen auftreten (Majer [C 19, 20, 33, 34]). Um die Polarisation auch einer sehr kleinen Gegenanode zu vermeiden, kann man nach Majer [C 34] eine Tropfelektrode als Gegenelektrode benutzen, die in Chloridlösung das gleiche Potential wie eine ruhende Kalomelelektrode hat, aber weit weniger polarisierbar (und auch passivierbar) ist.

2) Unter Passivierung soll hier die Bedeckung der Gegenelektrode mit einer Schicht sehr hohen Widerstandes verstanden werden. Solche können z. B. auf einer Hg-Anode in Chloridlösung auftreten: Das anodisch in Lösung gehende Quecksilber wird als Kalomel ausgefällt; mitunter bildet dieses eine dichte Haut auf der Hg-Oberfläche, die einen Widerstand von bis zu 10^6 Ohm haben kann (Majer [C 20]). Es ist noch nicht näher geklärt, unter welchen Umständen diese lästige Erscheinung eintritt. Kolloide in der Lösung scheinen sie zu begünstigen, jedenfalls aber höhere Stromdichten, wie sie bei kleinen Anoden oder größeren Stromstärken (hohe Grenzströme oder Maxima) auftreten. Auch durch Oxydationsmittel (FeIII, O_2 usw.) in Lösung gehendes Quecksilber bildet bei Gegenwart von Chlorid mitunter diese Kalomelhaut. Durch Rühren läßt sie sich zwar zerstören, bildet sich aber meist sofort wieder.

3) Daß eine mit der Analysenlösung in Berührung stehende Bodenelektrode mitunter ein zu negatives Potential besitzen kann, ergibt sich aus Tabelle 2, S. 21. Aber auch starke Reduktionsmittel wie Sn II und Fe II machen das Potential einer Bodenelektrode durch Reduktion der Hg-Ionen sehr negativ [D 4, 13].

4) Oxydationsmittel in der Analysenlösung können dagegen Quecksilber lösen und daher zu einer Hg-Stufe Veran-

lassung geben. Dies ist insbesondere dann der Fall, wenn die Hg-Ionen in der Lösung komplex gebunden werden, z. B. durch Sulfit, Cyanid oder Jodid. — Ist der zu bestimmende Stoff ein Oxydationsmittel, so kann seine Konzentration durch Reaktion mit dem Bodenquecksilber abnehmen (s. § 6).

Durch Anwendung einer getrennten Gegenelektrode lassen sich die Störungen 3) und 4) vermeiden; auch 2), indem man nötigenfalls statt einer Kalomel- eine Sulfatgegenelektrode verwendet.

b) **Elektrolysengefäße mit getrennter Gegenelektrode.** Will man eine Gegenelektrode haben, deren Potential unabhängig von der Zusammensetzung der Analysenlösung ist, so ist jene von dieser zu trennen. Dies geschieht am einfachsten mit Hilfe der heute in verschiedenen Formen erhältlichen Diaphragmengefäße. Dies sind zylindrische Gefäße, die entweder an der Seite oder am Boden[1]) ein eingeschmolzenes Glasfritten- oder Tonfilter enthalten (Fig. 17a, b, c)[2]). In das Diaphragmengefäß kommt die Analysenlösung

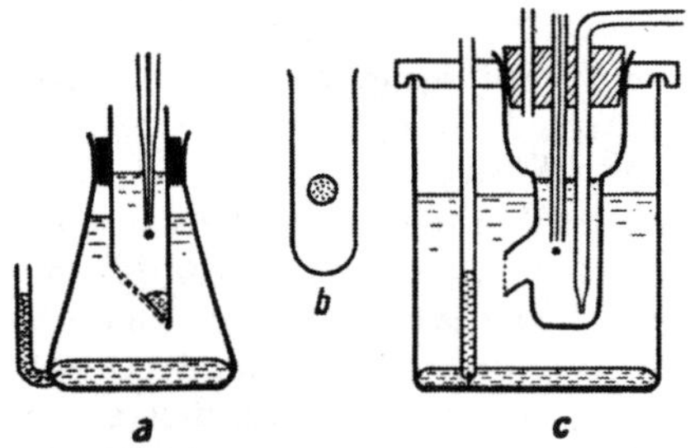

Fig. 17. Elektrolysengefäße mit getrennter Gegenelektrode
a) Einsatzgefäß mit schrägem Diaphragma nach Seidel
b) Einsatzgefäß mit seitlichem Diaphragma nach Massen [D 53].
c) Einsatzgefäß mit Diaphragma an seitlichem Ansatz.

und die Tropfelektrode, das Ganze wird in ein äußeres Gefäß, das die Gegenelektrode enthält, eingesetzt. Diese besteht am einfachsten aus Quecksilber in 1 n-KCl und hat dann das Potential einer n-Kalomelelektrode.

Gewöhnlich bestehen die Diaphragmen aus G4-Filter von Schott u. Gen., Jena. Sie sind dann nicht so dicht, daß

[1]) Das Einschmelzen des Filters am Boden ist glastechnisch einfacher, doch muß es dann schräg eingesetzt werden, damit es nicht von den Quecksilbertropfen bedeckt wird. Es ist unbedingt zu vermeiden, daß sich so viel Quecksilber ansammelt, daß das Filter bedeckt ist.

[2]) Gefäße mit Tondiaphragma nach Massen [D 53], wie sie Fig. 17b zeigt, werden von der Firma Stöhlein & Co., Düsseldorf, hergestellt.

nicht doch ein Durchtritt von Lösung stattfindet. Dies muß besonders dann vermieden werden, wenn die Analysenlösung Anionen enthält, die ein negativeres Potential bedingen (vgl. Tabelle 2, S. 21) als das der Gegenelektrode, da deren Potential dann verändert würde. Ein dichteres Diaphragma anzuwenden, verbietet sich aber, da dadurch ein zu großer Widerstand im Stromkreise errichtet würde. Es ist jedoch möglich, ein G 4-Filter zu dichten, ohne dadurch den Widerstand erheblich zu erhöhen: Man tränkt es zunächst mit Wasserglaslösung (durch Einsaugen mit der Wasserstrahlpumpe), dann mit konzentrierter Salzsäure, und wäscht es schließlich durch Stehenlassen in Wasser aus. Durch diese Behandlung scheidet sich in den Poren des Filters Kieselsäuregallerte ab, die dem elektrischen Strom nur geringen Widerstand bietet gegen den Durchtritt von Flüssigkeit dagegen sehr gut und für längere Zeit dichtet. Nur gegen stark alkalische Lösungen ist diese Dichtung wenig beständig. In solchen Fällen kann man sich durch Ineinanderstellen zweier verschieden weiter Diaphragmengefäße helfen oder sonstwie zwei Diaphragmen hintereinanderschalten, von denen nunmehr das eine nicht mehr in direkter Berührung mit der alkalischen Lösung ist.

Die üblichen kleinen Diaphragmengefäße von nur wenigen Kubikzentimetern Inhalt sind für viele Zwecke sehr bequem: Sie ermöglichen es, mit wenig Lösung auszukommen; bei Serienanalysen können sie schnell geleert und wieder gefüllt werden; die Gegenelektrode bedarf keiner Erneuerung. Dagegen ist die Entlüftung der Lösung schwierig, weil sie sich schlecht verschließen lassen. Um diesem Übelstand abzuhelfen, benutzt der Verfasser mitunter Gefäße von der in Fig. 17c dargestellten Form. Das Filter ist am Ende eines seitlichen Ansatzes eingeschmolzen, da das Einschmelzen in der Gefäßwandung nur fabrikmäßig und nicht durch den Glasbläser möglich ist. Das Gefäß wird durch einen 3- (bis 4-) fach durchbohrten Gummistopfen abgeschlossen, durch den die Tropfelektrode, das Zu- und Ableitungsrohr für das indifferente Gas (und gegebenenfalls ein Rohr für Zugabe von Lösungen) hindurchführen.

Man kann natürlich Analysenlösung und Gegenelektrode auch in zwei getrennten Gefäßen unterbringen und diese mit einem

Heber verbinden. (Es wird mitunter ein Gummischlauch benutzt [B 34,H 27]). Doch ist zu beachten, daß hier — im Gegensatz zu Anordnungen zwecks Potentialmessung—Strom durch den Heber fließen muß. Er darf daher nur einen Widerstand von einigen 100 Ohm haben, muß also kurz und weit sein.

Für wissenschaftliche Arbeiten ist eine von Kalousek [C 52, vgl. auch H 2] angegebene Gefäßform sehr geeignet (Fig. 18). Die Probelösung befindet sich in einem mit Gummistopfen verschließbaren Gefäß mit Abfluß. Das Gefäß für die Gegenelektrode (*K*) ist mit diesem durch ein weites, schräges Glasrohr verbunden, welches durch einen Hahn (*A*) mit weiter Bohrung verschlossen werden kann. Der Glashahn wird nur während des Polarographierens geöffnet; wenn die Gegenelektrode sonst allseitig geschlossen ist und die Lösung in dieser schwerer ist als die Probelösung, so tritt keine Durchmischung ein. Die Probelösung kann durch eine Gaszuleitung (H_2) entlüftet werden, wobei es allerdings zweckmäßig ist, diese in den zur Gegenelektrode führenden Ansatz zu leiten (fast bis zum Hahn), da sonst die Lösung dort schlecht entlüftet und gemischt wird. Um Zusätze ohne jedes-

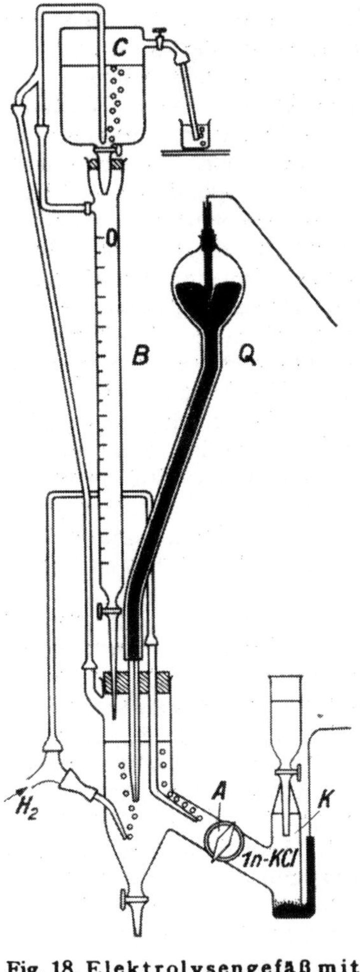

Fig. 18. Elektrolysengefäß mit getrennter Gegenelektrode nach Kalousek [C 52]

Auf dem Gefäß ist eine Bürette *B* mit Vorratsgefäß *C* aufgesetzt, um Zugabelösungen gleichzeitig entlüften zu können (vgl. auch Fig. 78).

malige neue Entlüftung zugeben zu können, wird auf das Gefäß mit dem Stopfen eine Bürette (*B*) aufgesetzt, in der die Zugabelösung (*C*) gleichzeitig mit der Probelösung entlüftet wird.

Lingane und Laitinen [B 13] empfehlen ein H-förmiges Gefäß mit einem Diaphragma im mittleren Verbindungsstück. Der eine Schenkel dient als Gegenelektrode, der andere als Elektrolysengefäß. Kolthoff und Miller [D 121] benutzen kein Diaphragma, sondern füllen das mittlere Verbindungsstück mit 3%iger Agargallerte, welche einen geeigneten 0,1 m-Elektrolyten enthält (Fig. 19). — Abarten der Konstruktion der Gegenelektrode wie des Elektrolysengefäßes werden in zahlreichen Arbeiten beschrieben. Über die Verwendung eines Gummischlauches als Verbindung s. [B 34, H 27].

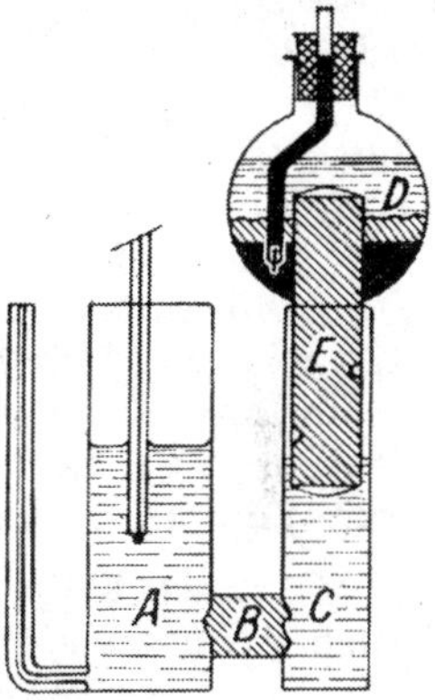

Fig. 19. Elektrolysengefäß mit getrennter Gegenelektrode nach Kolthoff [D 121]

H-förmiges Gefäß mit gesättigter Kalomelelektrode
A = Probelösung. *B* = Diaphragma aus 3%igem Agar-Gel mit 0,1 n-KCl. *C* = 1 n-KNO_3. *D* = Kalomelelektrode mit 8 cm^2 Hg-Oberfläche. *E* = weites Rohr mit 3%igem Agar-Gel, gesättigt an KCl. Die Kalomelelektrode mit dem Rohr *E* wird nur zu den Messungen in *C* eingetaucht. Sie ist daher gut geschützt und lange brauchbar.

Es sei hier der Einfluß eines Widerstandes im Stromkreise auf das Polarogramm kurz besprochen (Näheres im § 40). Ist der Widerstand sehr groß, z. B. ein Megohm, wie das bei schlechten Kontakten vorkommt, so unterdrückt er natürlich den Stromfluß und es kommt gar nicht zur Ausbildung der Stufen. Ein Widerstand von einigen 1000 Ohm verändert aber die Stufen höhe nicht, sondern vermindert nur die Steilheit ihres Anstieges, indem der obere Teil nach „rechts" verschoben wird. Der Betrag dieser Verschiebung ist nach § 3 b gleich $i \cdot W$ und beträgt für die übliche polarographische Anordnung etwa

$$10 \cdot n \cdot W \text{ Millivolt,}$$

wobei n die Normalität des Depdolarisators und W der Widerstand in Ohm ist. Dieser setzt sich aus dem inneren Widerstand W_i

der Lösung um die Tropfkathode und dem äußeren Widerstand W_a (Diaphragma, Heber, Galvanomater) zusammen. W_i ist etwa gleich dem Zehnfachen des spezifischen Widerstandes der Analysenlösung[1]); bei 1 n- (bzw. 0,1 n-) Leitsalz ist W_i also etwa gleich 100 (bzw. 1000) Ohm[2]). Es ist daher kein Schade, wenn auch W_a einige 100 Ohm beträgt. — Nach obiger Formel ergibt sich z. B. für $W = 1000$ und $n = 0{,}001$ eine Verschiebung des oberen Endes der Stufe um 10 mV, des Halbstufenpunktes um 5 mV nach rechts gegenüber der „Idealgestalt" der Stufe.

Da der Idealfall eines verschwindend kleinen Potentialabfalles $i \cdot W$ meistens nicht erfüllt ist und eine entsprechende Korrektur oft nicht angebracht wird, sind viele der angegebenen Halbstufenpotentiale von Reduktionsvorgängen etwas zu negativ. (Vgl. hierzu Fig. 21, s. auch Fig. 5 und 12.)

c) **Mikroelektrolysengefäße.** Polarographische Bestimmungen können auch an sehr kleinen Flüssigkeitsmengen bis hinab zu einigen Kubikmillimetern durchgeführt werden. Da die polarographische Methode bei sehr hohen Verdünnungen anwendbar ist, besteht nur in seltenen Fällen das Bedürfnis, auch das Volumen klein zu halten. Wir gehen daher nur kurz auf die Mikrogefäße ein.

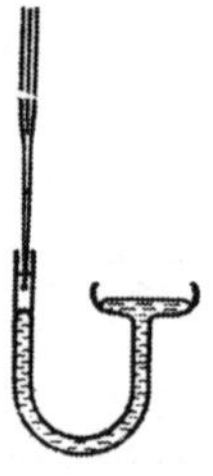

Fig. 20. Mikroelektrolysengefäß

Fig. 14 c zeigte bereits ein Gefäß für etwa 1 cm^3 Lösung. Doch können noch weit geringere Volumina untersucht werden. Sehr einfach ist die Anordnung, wenn offen an der Luft gearbeitet werden kann. Man braucht dann nur auf eine als Bodenelektrode dienende Quecksilberfläche einen Tropfen der Analysenlösung zu geben und in diesen Tropfen die Spitze der Tropfelektrode einzutauchen, natürlich so, daß die Tropfen vor dem Abfallen das Bodenquecksilber nicht berühren. — Eine Anordnung für

[1]) Der Widerstand ist nahezu unabhängig von der Form des Elektrolysengefäßes, weil praktisch nur die nächste Umgebung des Tropfens, wo sich die Stromlinien zusammendrängen, zum Widerstand beiträgt. Dies gilt natürlich nicht, wenn z. B. ein Heber im Stromkreis ebenfalls eine Zusammendrängung der Stromlinien bedingt.

[2]) Bei starken Säuren etwa 4mal geringer.

noch kleinere Mengen (0,01 cm³) zeigt Fig. 20. Die Bodenelektrode befindet sich in einem U-Rohr, dessen einer Schenkel oben stark erweitert ist, damit das in den anderen Schenkel tropfende Quecksilber dort das Hg-Niveau nur wenig erhöht. Es können natürlich nur spitze Kapillaren verwandt werden.

Bei etwas größerer Ausführung des Gefäßchens kann die Lösung auch durch Einleiten von H_2 entlüftet werden. Solche Anordnungen beschreiben Novák [C 36], Hamamoto [D 28], Čižek [D 64] und Holleck [D 87]. Eine Anordnung, bei der noch 0,005 cm³ Lösung entlüftet und untersucht werden können, beschreibt Majer [B 4].

Majer hat auch sorgfältig untersucht, in welchem Umfang bei den hier notwendig kleinen Bodenelektroden eine Polarisation oder Passivierung eintritt [C 19, 20, 33, 34].

Soll eine getrennte Gegenelektrode benutzt werden, so kann ein elektrolytbefeuchteter Schliff als Verbindung dienen [B 43 b]. Eine Mikrokalomelelektrode ist in [B 43 a] beschrieben.

d) **Die elektrischen Anschlüsse.** Zur Erzielung einwandfreier Polarogramme sind gute Kontakte eine Vorbedingung. Die Kontakte in den Polarographen sind heute so gut ausgeführt, daß man hier nur selten Schwierigkeiten haben dürfte. Eine Ausnahme bildet allerdings der Kontakt des Abgreifrädchens auf der Walzenbrücke. Auch hier ist durch staubdichten Abschluß für möglichste Störungsfreiheit gesorgt, doch treten Schwierigkeiten an dieser Stelle immerhin häufiger auf. In diesem Abschnitt soll von den Anschlüssen, die man selbst herstellt, die Rede sein.

Der Anschluß an die Tropfkathode darf nicht durch Eintauchen eines Kupferdrahtes in das Niveaugefäß erfolgen, da hierdurch das Quecksilber verunreinigt würde. Es kommt nur Platin in Frage; am besten ist ein eingeschmolzener Platinstift, der außen mit einer haltbaren Klemmschraube für den Drahtanschluß versehen ist.

Das gleiche gilt für den Anschluß an die Gegenelektrode. Am besten ist auch hier ein eingeschmolzener Platinstift. Man muß nur unbedingt darauf achten, daß dieser Stift vollständig vom Bodenquecksilber bedeckt ist, also nicht mit der Lösung in Berührung kommt, da dies zu Störungen Veranlassung gibt. Bei Gefäßen ohne Platinstift kann der Anschluß auch durch ein Glasrohr erfolgen, in dessen unteres Ende ein Platinstift eingeschmolzen ist. Das Glasrohr wird mit Quecksilber gefüllt, in dieses das Ende eines Kupferdrahtes eingetaucht und das Rohr mit Siegellack oder Pizein oben verschlossen. Auch hierbei ist darauf zu achten, daß der aus dem Röhrchen unten herausragende Platinstift vollständig in das Bodenquecksilber eintaucht. Diese Röhrchen sind ein Notbehelf, da der Stift leicht abbricht und dann nur unzuverlässige Kontakte zu erzielen sind.

Der Anschluß an die Akkumulatorklemmen kann Kontaktstörungen zeigen, da diese Klemmen der Korrosion stark ausgesetzt sind; man fette sie von Zeit zu Zeit mit Vaseline ein.

§ 6. Die Analysenlösung

Die speziellen Vorbereitungen der Analysenlösung für bestimmte analytische Ziele werden im Kapitel III beschrieben. Hier sollen einige allgemeine Operationen und Kunstgriffe behandelt werden.

Vor allem muß darauf hingewiesen werden, daß der zu bestimmende Stoff in echter Lösung vorliegen muß und nicht kolloidal oder gefällt sein darf, da er dann nicht an die Tropfenoberfläche herandiffundieren kann. Wird mit kleinen Konzentrationen gearbeitet, so ist eine Ausfällung des Stoffes nicht sichtbar. So kann z. B. eine Ausfällung durch Hydrolyse leicht übersehen werden. Man erhält dann keine oder eine zu kleine Stufe.

Ferner ist zu betonen, daß die polarographischen Stufen im allgemeinen besser werden, wenn der zu bestimmende Stoff in geringer Konzentration vorliegt. Die günstigste Konzentration liegt meist bei etwa 10^{-3} molar. Höhere Konzentrationen (10^{-2}- bis 10^{-1} m) ergeben oft schlechter auswertbare und weniger steile Stufen und daher geringere Genauigkeit des Analysenergebnisses; ein Vorteil liegt allerdings darin, daß der Luftsauerstoff nicht entfernt zu werden braucht, daß daher schneller gearbeitet werden kann. Doch zeigt Fig. 21 d, daß der Luftsauerstoff mitunter auch indirekt Störungen hervorrufen kann. — Die geringere Stufensteilheit, die — wie Fig. 21 zeigt — bei Erhöhung der Depolarisatorkonzentration, aber Konstanthalten der Leitsalzkonzentration zu beobachten ist, ist eine Folge der Erhöhung des Potentialabfalles $i \cdot W$ in der Lösung.

In bezug auf die Zusammensetzung der Lösung ist zu beachten, daß auch schwächere Oxydationsmittel das Quecksilber angreifen, wenn in der Lösung Anionen zugegen sind, die die Hg-Ionen durch Ausfällung oder Bindung abfangen.

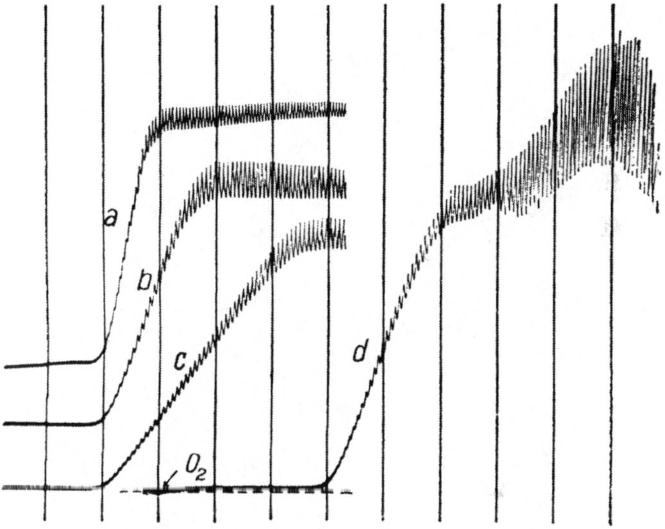

Fig. 21. Depolarisatorkonzentration und Stufensteilheit

$CdCl_2$ in 1 n-KCl, O_2-frei.

a) 0,001 m-$CdCl_2$. Galvanometerempfindlichkeit 10^{-7}.
b) 0,01 m-$CdCl_2$. Galvanometerempfindlichkeit 10^{-6}.
c) 0,1 m-$CdCl_2$. Galvanometerempfindlichkeit 10^{-5}.
d) Wie b), aber Lösung nicht O_2-frei. Die O_2-Stufen selbst stören zwar nicht, doch fällen die aus O_2 entstehenden OH^--Ionen an der Tropfenoberfläche $Cd(OH)_2$, wodurch der Grenzstrom stark gestört wird. Kurve *d* ist um 4 Spannungsmarken nach rechts verschoben.

Die wichtigsten dieser Anionen und ihre oxydationsbegünstigende Wirkung ergeben sich aus der Tabelle 2, S. 21. So wirken z. B. in Gegenwart von Chlorionen — wobei sich dann graues Kalomel bildet — nicht nur Sauerstoff, Ferriion, Chromat, Chinon und ähnliches oxydierend auf das Quecksilber, sondern auch das

Cupriion. Das Gleichgewicht der Reaktion

$$Cu^{2+} + Hg = Cu^{+} + \tfrac{1}{2}\, Hg_2^{2+}$$

liegt zwar stark links, doch werden durch Chlorionen sowohl die Mercuroionen durch Kalomelfällung beseitigt als auch die Cuproionen durch komplexe Bindung als $CuCl_2^-$ oder $CuCl_3^{2-}$. — Ionen

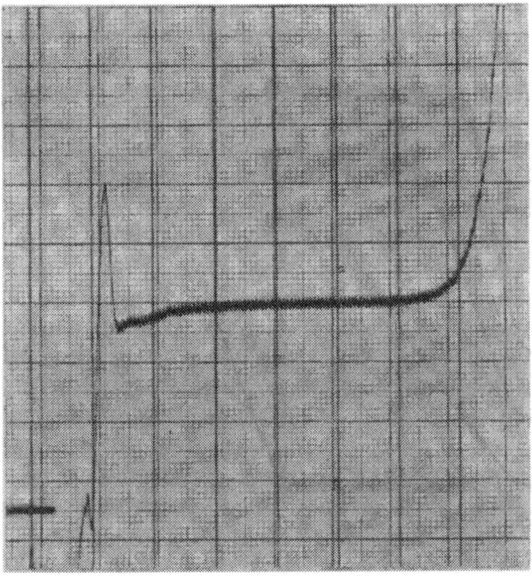

Fig. 22. FeIII in Salzsäure

0,01 m-$FeCl_3$ in HCl (1:2) mit 0,2% Gelatine. Links Galvanometer-Nullinie. — Das Maximum ist noch nicht ganz unterdrückt, stört aber nicht mehr.

wie Ag^+, Hg^{2+} wirken natürlich schon ohne jede Begünstigung oxydierend auf das Quecksilber.

Derartige Hg-Oxydationen machen die polarographische Bestimmung des Oxydationsmittels nicht unbedingt unmöglich. Bei der an der Tropfenoberfläche vor sich gehenden Reaktion entsteht ja eine dem verbrauchten Oxydationsmittel äquivalente Menge von Hg-Ionen; wird eine Spannung angelegt, so werden diese reduziert, so daß die gesamte Stufenhöhe der

Konzentration des Oxydationsmittels entspricht[1]). Die Stufe steigt allerdings sofort beim Beginn des Polarogramms hoch und kann auch nicht durch ein Anfangen bei positiverer Spannung (vgl. § 7 b) als ganze auf das Polarogramm gebracht werden, da man schon sozusagen am äußersten positiven Ende ist. Man kann aber die Höhe der Stufe gegen die Galvanometernullinie (vgl. Abschnitt 4 a) vermessen. Diese tritt also an die Stelle des nicht darzustellenden Grundstromes. Als Beispiel ist in Fig. 22 ein Polarogramm von Fe^{3+}-Salz wiedergegeben. Die Fe^{3+}/Fe^{2+}-Stufe müßte (bei Abwesenheit von Komplexbildnern) bei + 0,47 V liegen. Ein so positives Potential verträgt aber Quecksilber in keiner Lösung; es ist dazu nicht genügend edel[2]). Trotzdem kann die Höhe des Grenzstromes gegen die Nullinie vermessen werden. (Vgl. auch Figg. 48, 50 und die erste Stufe der Fig. 49.)

Zu beachten ist bei der hier geschilderten „Polarographie ohne Grundstrom", daß das Oxydationsmittel auch mit dem Bodenquecksilber reagiert und, wenn die Gegenelektrode abgetrennt ist, doch noch mit dem Quecksilber der abgefallenen Tropfen reagieren kann, wodurch seine Konzentration dauernd abnimmt. Man muß daher mit getrennter Gegenelektrode arbeiten und das Polarogramm sofort nach Einsetzen der Tropfelektrode aufnehmen[3]). — Andererseits besteht manchmal die Möglichkeit, die Kraft des Oxydationsmittels durch komplexe Bindung abzustumpfen (z. B. Cu^{2+} durch NH_3, Ag^+ und Hg^{2+} durch CN^-), dadurch die Reaktion mit Quecksilber zu verhindern und normale Stufen zu erhalten.

Selbstverständlich ist bei der Zusammenstellung der Analysenlösung darauf zu achten, daß keine störenden Stufen durch die Zusätze hervorgerufen werden. So sind z. B. zahlreiche Maximadämpfer reduzierbar. Nicht nur Farb-

---

[1]) Genauer gesagt: Bei anliegender Spannung werden die herandiffundierenden Ionen des Depolarisators direkt reduziert, ohne daß es zur Bildung von Hg-Ionen kommt.

[2]) Über Versuche, das Quecksilber durch edlere Metalle, z. B. Platin, zu ersetzen, siehe § 32a.

[3]) Die Reaktion der abgefallenen Hg-Tropfen mit der Analysenlösung wird bei raschem Arbeiten im allgemeinen keine Störung verursachen. Nötigenfalls kann man die Tropfen in einem röhrenförmigen Ansatz oder Einsatz auffangen. Auch ist vorgeschlagen worden [D 175], in das Analysengefäß etwas Tetrachlorkohlenstoff, der die Tropfen aufnimmt, zu geben.

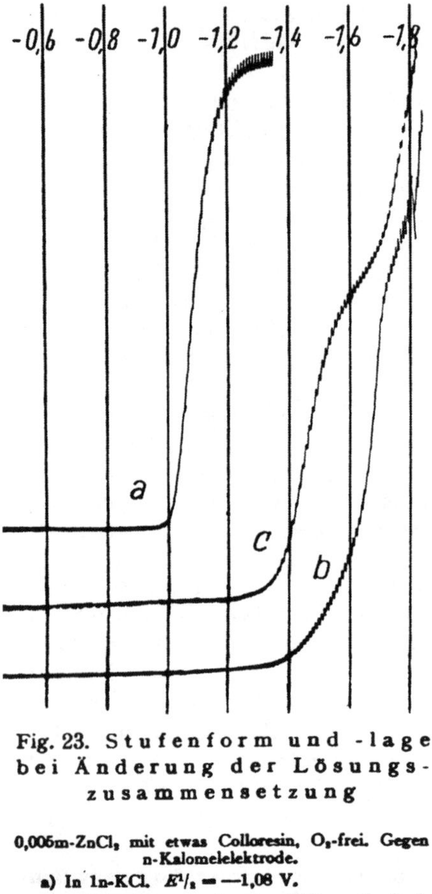

Fig. 23. Stufenform und -lage bei Änderung der Lösungszusammensetzung

0,005m-$ZnCl_2$, mit etwas Colloresin, O_2-frei. Gegen n-Kalomelelektrode.

a) In 1n-KCl. $E^1/_2$ = —1,08 V.

b) In 0,5m-Ammonoxalat. Verschiebung der Stufe durch Komplexbildung; $E^1/_2$ = — 1,68 V. Doch zeigt hier schon die Stufenform, daß dies kein reversibles Abscheidungspotential sein kann; die Stufe beginnt schon bei — 1,3 V und ist zunächst sehr flach. Auch ist die Stufenhöhe nicht gut vermeßbar, weil der Grenzstrom gleich in den Endanstieg übergeht.

c) Wie b, aber mit KCl gesättigt; die Stufe ist steiler geworden ($E^1/_2$ = — 1,46 V), sie ist aber auch niedriger geworden. Der Grenzstrom ist auch hier noch unbrauchbar.

stoffe, sondern auch Methylcellulosen (s. § 6 c) geben eine Stufe, und zwar bei — 1,75 V, vielleicht infolge einer Verunreinigung. Wegen der geringen Konzentration der Dämpfer werden ihre Stufen nur beim Polarographieren mit sehr hoher Empfindlichkeit stören. — Bei der polarographischen Untersuchung schwer löslicher organischer Verbindungen wird oft Alkohol zugesetzt, um die Löslichkeit zu erhöhen. Alkohol kann aber als Oxydationsprodukt Acetaldehyd enthalten, das leicht reduzierbar ist und eine Stufe liefert (deren Lage vom p_H der Lösung abhängt)[1]. Der An-

[1]) Adkins und Cox [E 50] empfehlen daher Isopropylalkohol, dessen Oxydationsprodukt (Aceton) nicht stört. — Methylalkohol muß stets sorgfältig gereinigt sein. Proske [E 72] benutzt mit gutem Erfolg das Präparat purissimum, acetonfrei, der Firma Schuchardt, Görlitz. Nach Sartori [D 116] wird der vorgereinigte und getrocknete Alkohol über Dewardascher Legierung in Gegenwart von Na-Methylat destilliert.

In der Technik sind Salze organischer Säuren (z. B. p-tofänger wird auch manchmal nicht daran denken, daß durch Ansäuern die H-Stufe hervorgerufen wird und wird manchmal unvermutet die Sauerstoffstufen in einem Polarogramm finden. Leicht übersieht man, daß das Nitration in Gegenwart mehrwertiger Kationen eine Stufe gibt (vgl. § 9 a)[1]).

a) **Die Zusammensetzung der Analysenlösung.**

Die Ausarbeitung einer polarographischen Analysenvorschrift besteht im wesentlichen darin, eine geeignete Zusammensetzung der Lösung ausfindig zu machen. Das erste Erfordernis ist, daß die Stufe des zu bestimmenden Stoffes eine gut vermeßbare, regelmäßige Gestalt haben muß: Möglichst waagerechter Grund- und Grenzstrom, möglichst steiler Anstieg der Stufe (geringer Raumbedarf). Es muß also ein geeigneter Zusatzelektrolyt und nötigenfalls ein geeigneter Maximadämpfer gefunden werden. Für manche Stoffe ist dies leider bis jetzt noch nicht gelungen. So ist es nur sehr schlecht möglich, Ca^{2+}, und gar nicht möglich, Mg^{2+} zu bestimmen, obgleich beide eine Stufe geben. — Beispiele einer Beeinflussung der Stufenform durch die Lösungszusammensetzung zeigt Fig. 23 b und c. — Hinzuweisen ist darauf, daß oberflächenaktive Stoffe in der Lösung oft Störungen der Stufen hervorrufen (s. z. B. C74, 81b und § 6c).

Enthält die Probe mehrere reduzierbare Stoffe, so kann versucht werden, alle oder einen Teil von ihnen auf einem Polarogramm zu bestimmen. Stören sich die Stufen durch zu große Nachbarschaft, wodurch sie nicht oder nicht scharf getrennt erscheinen, so kann man oft eine **Trennung erreichen, indem man die Stufen durch komplexe Bindung des Stoffes verschiebt.** Diese Verschiebung beruht darauf, daß durch die Bindung des Stoffes in der Lösung die Abscheidung an der Kathode erschwert wird. Die Verschiebung erfolgt also stets zu negativeren

---

luolsulfonsaures Natrium) gebräuchlich, um schwer lösliche organische Stoffe, wie Nitrobenzol, in wässerige Lösung zu bringen. Für die Polarographie ist diese Methode verlockend, da das löslichkeitserhöhende Salz zugleich als Leitsalz wirken kann. Nach eigenen Versuchen mit Faßbender ist sie z. B. für Nitrobenzol brauchbar [E 118].

[1]) So wird beim Versuch Nr. 18 bei Hohn [A 9] durch $Pb(NO_3)_2$-Zusatz nicht eine katalytische Kalium-, sondern eine Nitratstufe hervorgerufen.

Potentialen[1]. Beispiele solcher Verschiebungen zeigen die Figg. 24 bis 27.

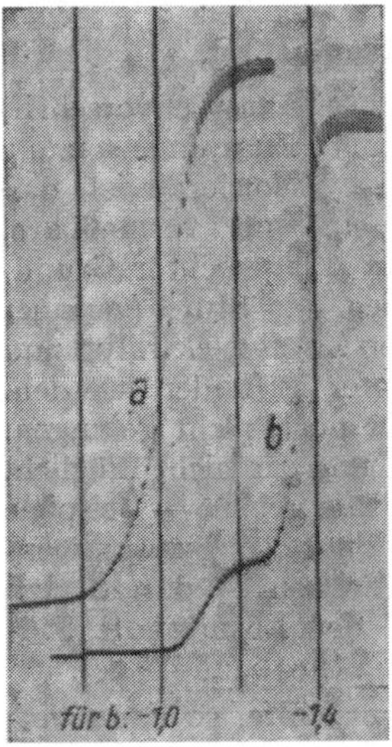

Fig. 24.

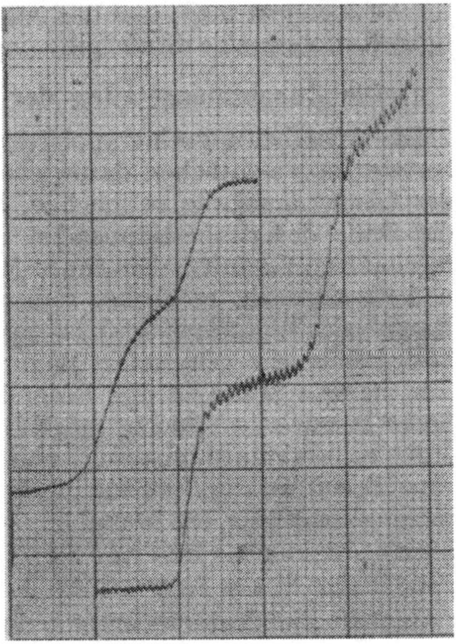

Fig. 25.

Fig. 24. Trennung der Nickel- und Zinkstufe

a) Ungetrennt in indifferentem Leitsalz.
b) Getrennt in NH_3–NH_4Cl-Lösung: 0,0012mNi^{2+}–0,006mZn^{2+} in 1n-NH_3–1n-NH_4Cl–0,1% Agar, O_2-frei. Gegen n-Kalomelelektrode.

Fig. 25. Trennung der Nickel- und Kobaltstufe

Links: Ungenügend getrennte Stufen (Ni zuerst) in NH_3–NH_4Cl-Lösung. Nach [D 80].
Rechts: Gut getrennte Stufen (Ni zuerst) in einer Lösung mit 20% Pyridin in 0,5n-$Ba(NO_3)_2$. Der Grenzstrom der Co-Stufe ist mangelhaft. Nach [D 80].

---

[1]) Bei irreversiblen Stufen kann ein Komplexbildner auch eine Verschiebung der Stufe zu positiveren Potentialen bewirken, wenn er zugleich die Überspannung herabsetzt, d. h. die Geschwindigkeit der Elektrodenreaktion katalytisch beschleunigt. Vgl. als Beispiele die TiIV-Reduktionsstufe in Fig. 13 und die CoII-Reduktionsstufe in Fig. 63. — Für Oxydationsstufen gilt sinngemäß das Umgekehrte: TiIII/IV-Stufe in Fig. 13.

Es sei darauf hingewiesen, daß die Trennung der Stufen meist besser ist, wenn die Konzentration der Depolarisatoren klein ist (10^{-4} bis 10^{-3} m).

Manchmal verschiebt ein Komplexbildner die Stufe so stark, daß der Stoff überhaupt nicht mehr polarographisch reduzierbar ist. So verschwindet die Al-Stufe, die sonst bei — 1,8 V liegt, in Alkali (als Aluminat) ganz. Umgekehrt kann eine Reduktion, die sonst jenseits des positiven Endes des Polarogramms liegt, durch einen Komplexbildner in den beobachtbaren Bereich hereingeholt werden. Die Ag-Stufe wurde schon erwähnt. Ein anderes Beispiel ist die Fe^{3+}/Fe^{2+}-Reduktion, die bei + 0,47 V liegen müßte, also zu positiv für eine Reduktion an der Hg-Elektrode; in Oxalatlösung liegt sie dagegen bei — 0,28 V. Zugleich wird die zweite Fe-Reduktion, die Fe^{2+}/Fe-Stufe, die sonst bei — 1,32 V liegt, durch den genannten Komplexbildner aus dem polarographischen Bereich hinausgeworfen.

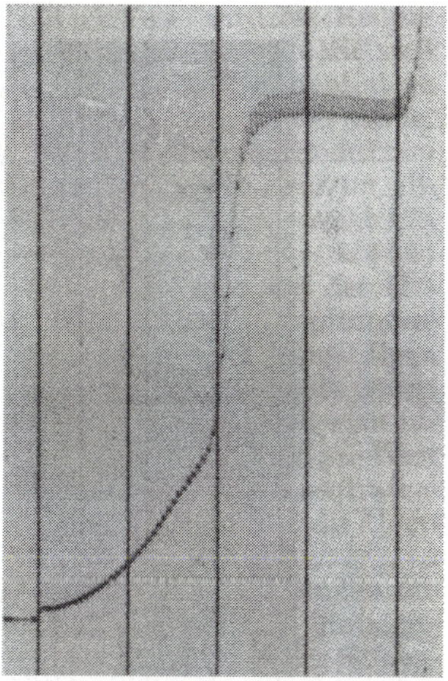

Fig. 26. Schlechte Trennung der Nickel- und Kobaltstufe in KCN-Lösung

0,0025m-CoII-0,0025m-NiII in 0,5n-KCN, O_2-frei, ohne Dämpfer. Die Co-Stufe (die erste) ist zu flach und zu niedrig. Es ist uns und anderen nicht gelungen, die von Hohn [A 9, Fig. 37] erhaltene gute Trennung in dieser Lösung zu reproduzieren (vielleicht ist für eine vorherige vollständige Oxydation zu CoIII zu sorgen?).

Bei allen Stoffen, bei deren Reduktion (oder Oxydation) H^+-Ionen beteiligt sind, was vor allem bei organischen Reduktionen der Fall ist, wie z. B.

$$\text{Aldehyd} + 2\,H^+ + 2\ominus = \text{Alkohol},$$
$$\text{Fumarsäure} + 2\,H^+ + 2\ominus = \text{Bernsteinsäure},$$
$$\text{Nitrobenzol} + 6\,H^+ + 6\ominus = \text{Anilin} + 2\,H_2O,$$

aber auch bei der Reduktion sauerstoffhaltiger anorganischer Molekeln oder Ionen:

$$O_2 + 2\,H^+ + 2\ominus = H_2O_2,$$
$$H_2O_2 + 2\,H^+ + 2\ominus = 2\,H_2O,$$
$$CrO_4^{2-} + 8\,H^+ + 3\ominus = Cr^{3+} + 4\,H_2O,$$
$$Zn(OH)_4^{2-} + 4\,H^+ + 2\ominus = Zn\ (Amalgam) + 4\,H_2O,$$

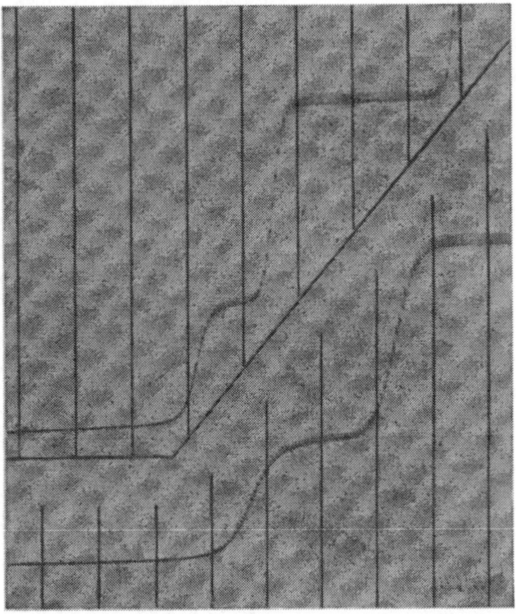

Fig. 27. Verbesserung der Stufentrennung durch langsamen Spannungsanstieg

Etwa 0,001m-NiII und etwa 0,001m-ZnII in 1n-NH_3-1n-NH_4Cl mit 0,01% Agar, O_2-frei. Oben mit 200 mV pro Spannungsmarke. Unten mit 100 mV pro Spannungsmarke.

bei all solchen Reduktionen ist die Lage der Stufe vom pH-Wert der Lösung abhängig. Die H^+-Ionen sind hier formal „Komplexbildner". Und zwar wird hier nicht der Ausgangsstoff, sondern das Reduktionsprodukt, das ja bei diesen

Beispielen in der Lösung verbleibt, durch das H^+-Ion gebunden. Dies wird deutlich, wenn wir uns zunächst die rein elektrischen Reduktionen vorstellen wie

$O_2 + 2\ominus = O_2^{2-}$ oder $C_6H_4O_2$ (Chinon) $+ 2\ominus = C_6H_4O_2^{2-}$

und dann die gebildeten Anionen durch H^+-Ionen in die neutralen Molekeln H_2O_2 bzw. $C_6H_4(OH)_2$ übergeführt denken. Wegen der Bindung des Reduktionsproduktes wird die Reduktion mit steigender H-Ionenkonzentration erleichtert: Mit steigendem pH der Lösung verschiebt sich das Redoxpotential zu negativeren Werten und mit diesem die Lage der Stufe, falls es sich an der Tropfkathode um eine reversible Reduktion handelt. Die Reduktion organischer Stoffe erfolgt zwar im allgemeinen irreversibel (mit Überspannung), dennoch verschieben sich die Stufen meist in der angegebenen Weise. (Näheres s. § 39.)

Zu beachten ist, daß die maßgebende Konzentration der H^+-Ionen (und allgemein des Komplexbildners) an der Tropfenoberfläche nicht unbedingt die gleiche ist wie in der Lösung. Denn bei den meisten Elektrodenreaktionen werden bindende Ionen oder Molekeln verbraucht oder in Freiheit gesetzt. Will man für sie eine definierte Konzentration, z. B. einen definierten pH-Wert an der Elektrodenoberfläche haben, so muß die Konzentration der „Komplexbildner" in der Lösung entweder in großem Überschuß oder gepuffert sein.

Neben der Verschiebung durch Komplexbildung können zusammenfallende Stufen auch durch **Fällung** eines der Stoffe getrennt werden. Man bestimmt zunächst die Summe der Stufenhöhen beider Stoffe, fällt dann den einen Stoff und ermittelt aus der Reststufenhöhe und der Stufenhöhendifferenz die Konzentration beider Stoffe. Selbstverständlich ist dabei die durch die Zugabe des Fällungsmittels eingetretene Verdünnung der Lösung in Rechnung zu setzen. — Bei dieser Fällung kann der Niederschlag meist in der Analysenlösung verbleiben. Er stört jedenfalls dann nicht, wenn er sich schnell absetzt. Aber auch schwebende Teilchen stören manchmal nicht. So fand Majer [D 25], daß man sogar beim Eintauchen der Tropfelektrode in einen abgesetzten $Mg(OH)_2$-Niederschlag gute Alkalimetallstufen erhält. Dagegen hat sich gezeigt, daß ein in der Lösung erzeugter $Fe(OH)_3$-Niederschlag mitunter sehr störend sein kann [z. B. D 25, 132,

C 74]. Manchmal verschwinden diese Störungen, wenn man die Lösung mehrere Stunden stehen läßt [D 132]; doch wird man besser nach Arbeitsbedingungen suchen, bei denen der Niederschlag in nicht störender Form ausfällt.

Bei jeder Fällung, die in der Analysenlösung vorgenommen wird, können durch **Mitreißen** Verluste an zu bestimmenden Stoffen eintreten. Mitunter kann dieses Mitreißen erwünscht sein. Beispielsweise können Spuren von Pb und Bi mit NH_3 vollständig ausgefällt (und dadurch abgetrennt und angereichert) werden, wenn $Fe(OH)_3$ mitgefällt wird (s. § 8 d bei Pb). Durch Fe $(OH)_3$ werden auch CrIII, V, Ce quantitativ mitgerissen (§ 8 g bei Mn, Anm.). Meist aber wird ein Mitreißen vermieden werden müssen. Bei der häufig notwendigen $Fe(OH)_3$-Fällung kann z. B. ein Mitreißen von Cu, Co, Ni, FeII und MnII nach Kolthoff und Watters [D 175, vgl. D 135] vollständig vermieden werden, wenn die Fällung mit Pyridin vorgenommen wird, weil erstens die genannten Metalle mit Pyridin lösliche Komplexe bilden und zweitens Pyridin als sehr schwache Base den p_H-Wert der Lösung nur wenig erhöht. Dieses dauernde Niedrighalten des p_H-Wertes (< 5) bei der Fällung kann man begünstigen, wenn die Lösung bei der Fällung bereits ein Pyridiniumsalz enthält (wodurch ein Puffer entsteht), was am einfachsten erreicht wird, wenn die Lösung vor dem Pyridinzusatz (langsam unter Umrühren) sauer ist. Die hier entwickelten Gesichtspunkte sind einer allgemeinen Anwendung fähig. Verwendet man zur Fällung eine stärkere Base (z. B. NH_3), so kann durch Vermeidung eines Überschusses der p_H-Wert niedrig gehalten werden, wodurch z. B. ein Mitreißen von Zn mit $Fe(OH)_3$ oder $Al(OH)_3$ zum mindesten stark eingeschränkt werden kann. Eine Fällung von $Fe(OH)_3$ bei begrenztem p_H ist z. B. auch mit festem $BaCO_3$ oder ZnO möglich oder durch Zusatz von Na-Acetat zur schwach sauren Lösung. — Kann das Mitreißen nicht genügend unterdrückt werden, so muß der abgetrennte Niederschlag aufgelöst und erneut gefällt werden. Gegebenenfalls ist durch mehrfache Wiederholung der Operation der Verlust tragbar zu machen. Diese Methode wird von Stroß [D 197, 251] bei der Zn-Bestimmung in Aluminiumlegierungen angewandt. Werden bei der $Al(OH)_3$-Fällung das erste Mal 20% ($= ^1/_5$) des Zn mitgerissen, so enthält der zweite $Al(OH)_3$-Niederschlag noch 4% (= 1/25), der dritte Niederschlag nur noch 0,8% (= 1/125) des Zinks. Die Methode ist umständlich, aber bei geeigneter Apparatur (Zentrifuge) immerhin verhältnismäßig schnell durchführbar.

Insbesondere sei auf die Möglichkeit der **elektrolytischen Abtrennung** unerwünschter edlerer Bestandteile der Lösung hingewiesen. Verwendet man hierbei eine Hg-Kathode, so ergibt sich das Potential, mit dem reduziert werden muß, um den störenden Stoff zu entfernen (nicht aber den zu bestimmenden unedleren), aus deren polarographischen Reduktionspotentialen. Nach Lingane [D 189] kann man z. B. Cu, Bi, Pb, Cd auch bei Überwiegen der edleren Metalle nacheinander in einer Lösung polarographisch bestimmen, wenn man sie schrittweise elektrolytisch entfernt. Auch die oft störende FeIII/II-Stufe läßt sich durch elektrolytische Reduktion zu FeII ausschalten [D 215, 248]. Insbesondere in Amerika sind Apparate entwickelt worden, die solche Reduktionen in kurzer Zeit (40 Min.; gute Rührung!) durchführen lassen [vgl. D 186, 189, 215, 236, 248, E 140] [1]).

War vorhin von der Fällung unerwünschter Stoffe die Rede, so ist umgekehrt manchmal ein Zusatz nötig, um einen Stoff in Lösung bringen zu können. Erwähnt wurden bereits (S. 52) Zusätze von Methyl, Äthyl- und Isopropylalkohol. Auch Dioxan [2]) wird benutzt [D 62, E 128]. Auch Lösungsbestandteile, die nicht bestimmt werden sollen, müssen unter Umständen durch Zusätze in Lösung gehalten werden, um Niederschläge, die abfiltriert werden müßten, zu vermeiden. So wird bei der Bestimmung von Zink in Aluminiumlegierungen das Al auch in ammoniakalischer Lösung durch Zitronen- oder Weinsäure in Lösung gehalten [D 167, 215].

---

[1]) Zur Apparatur s. auch Melaven, Ind. engin. Chem., Anal. Ed. 2 (1930) 180. Eine Vorrichtung zur automatischen Konstanthaltung des eingestellten Kathodenpotentials beschreibt Lingane, Ind. engin. Chem., Anal. Ed. 17 (1945) 332 u. 640.

[2]) Beim Stehen an der Luft bilden sich im Dioxan störende Peroxyde. Man kann dies nach eigenen Erfahrungen mit W. Stracke vermeiden, wenn das frisch destillierte Dioxan unter Luftausschluß im Kühlschrank aufgehoben wird.

Auch in wasserfreien Lösungen sind Erfolge erzielt worden. Besonders in Methyl- und Äthylalkohol sind gute Stufen erhalten worden [E 1, 11, D 33, 62, 103b]. In Eisessig hat sich sehr gute Entlüftung als erforderlich erwiesen [C 24, 69]. Auch in Äthylenglycol [D 87], Formamid und Glycerin liegen Untersuchungen vor [D 103b, vgl. auch D 79b]. Ferner sei hingewiesen auf die Bestimmung von Nitrobenzol in Anilin von Novák [E 68] und von Schwefel in Pyridin von Proske [D 250]. Untersuchungen in flüssigem Ammoniak s. [C 96].

Als Bestandteile einer Analysenlösung kommen also neben den reduzierbaren Stoffen in Frage

der Zusatzelektrolyt,
der Maximadämpfer,
der Komplexbildner oder p_H-Puffer,
Sauerstoffabsorber (z. B. Na_2SO_3, s. § 6b),
Löslichkeitsbeeinflusser, z. B. Alkohol für schwer lösliche organische Stoffe, aber auch Fällungsmittel, um störende Stoffe zu beseitigen.

Unter Umständen übernimmt ein Zusatz zwei oder drei der hier angeführten Funktionen.

Die Grundlösungen. Statt sich die eben aufgeführten Bestandteile der Analysenlösung jedesmal zusammenzumischen, kann man nach einem Vorschlage von Hohn [D 51, A 9] fertige Mischungen als „Grundlösungen" vorrätig halten. Man setzt zu der ursprünglichen Probelösung — beispielsweise der Lösung eines Metalles — die Grundlösung in großem Überschuß, z. B. 1 : 10, hinzu, wobei man die Lösung auf ein bekanntes Gesamtvolumen bringt. In dieser Analysenlösung ist dann die Konzentration an Leitsalz und sonstigen Zusätzen praktisch gleich der Konzentration in der Grundlösung. Das Volumen der ursprünglichen Probelösung braucht hierbei nicht stets genau das gleiche zu sein, denn geringe Unterschiede, die dadurch in der an sich geringen Verdünnung der Grundlösung eintreten, sind auf die Stufenhöhe ohne merklichen Einfluß [1]).

---

[1]) Bei manchen Depolarisatoren ist die Stufenhöhe abnorm stark abhängig von der Zusammensetzung der Grundlösung und oft auch von der Temperatur. Die Stufen sind dann kleiner als nach der Zahl der Wertig-

Ob man mit fertigen Grundlösungen arbeitet oder die Bestandteile frisch mischt — was im Falle nur kurzer Haltbarkeit der Lösung erforderlich sein kann —, in jedem Falle empfiehlt es sich, die Mischung ohne den reduzierbaren Stoff zu polarographieren und sich durch diesen Blindversuch (bei der gleichen Empfindlichkeit) von der einwandfreien Beschaffenheit des Grundstromes der Grundlösung zu überzeugen.

Nachstehend ist die Zusammensetzung einiger Grundlösungen nach Hohn angegeben. Es wäre zwecklos, dieses Verzeichnis hier erweitern zu wollen, da man für jede analytische Aufgabe doch im allgemeinen eine ganz spezielle Zusammenestzung der Lösung ausfindig machen muß. In jedem Falle gibt aber das Verzeichnis der Tab. 3 Anregungen (vgl. [B 49]). Weiteres ergibt sich aus dem Kapitel III.

Als Leitsalz für schwer reduzierbare Stoffe werden **Tetraalkylammoniumsalze**, und zwar meist das Tetramethylammoniumhydroxyd benutzt. Es ist in 10%iger wässriger Lösung käuflich. Es muß frei von niederen Aminen (also geruchlos) sein, da diese leichter reduzierbar sind. Man prüfe daher, ob der Grundstrom der reinen Lösung einwandfrei ist. Meist wird eine etwa 1%ige (= 0,091 n—) Lösung des Hydroxyds benutzt. Billiger als das Hydroxyd ist das Jodid, doch ist oft eine alkalische Lösung erforderlich. — Nach Zlotowski und Kolthoff

---

keiten zu erwarten wäre. Ob dies an einer gehemmten Diffusion infolge Assoziation oder an Hemmungen der Reaktion an der Elektrodenoberfläche liegt, ist wahrscheinlich von Fall zu Fall verschieden. Als Beispiel eines organischen Stoffes mit solchem Verhalten sei das Diacetyl [E 79] genannt, als anorganisches Beispiel das Ni in ammonsulfathaltigen Lösungen [D 71]. Bei einem solchen Verhalten wäre für eine quantitative Auswertung auf ein sehr genaues Einhalten der Konzentrationen der Lösungsbestandteile zu achten, was zeitraubend und unsicher ist. Daher muß nach Grundlösungen gesucht werden, die diese Schwierigkeit nicht zeigen, d. h. konstante Stufenhöhen auch bei mäßigen Änderungen der Konzentrationen aufweisen. Diese Konstanz wird manchmal durch eine hohe Konzentration der Bestandteile der Grundlösung erreicht. Andererseits besteht hierbei die Gefahr, daß Strömungen am Tropfen auftreten, so daß sich zu hohe Grenzströme ergeben (s. Figg. 10, 11, 110 und § 6c). All dies erwähnen wir hier in Kürze, um zu zeigen, mit welcher Sorgfalt eine geeignete Grundlösung ausgesucht werden muß. Es ist auch zu prüfen, ob die Stufenhöhe des Depolarisators konzentrationsproportional ist und ob eventuelle weitere Depolarisatoren der Probelösung ohne Einfluß auf die interessierende Stufenhöhe sind.

Tabelle 3

Einige Grundlösungen
(wo nichts anderes angegeben, nach Hohn [A 9])

	Zusammensetzung	Geeignet für
A.	170 g $NaNO_3$ (= 1 m) 200 cm³ 2%-Gelatinelösung 1800 cm³ dest. Wasser	Cu, Zn, Mn, Cd
B.	140 g KOH (= 1,25 m) 200 cm³ 2%-Gelatinelösung 1800 cm³ dest. Wasser	Pb, Sn (II), Zn, Cu in kleiner Konzentration
C.	200 cm³ konz. NH_3 (ca. 2 m) 200 cm³ 2%-Tyloselösung 200 g NH_4Cl (1,9 m) 1600 cm³ dest. Wasser	Cu, Ni, Co, Zn, Mn, für letzteres nach Schwarz [D 85] mit nur 1/4 der Tylosekonz., da deren Stufe mit der des Mn zusammenfällt
C′.	Die vorige Lösung, verbessert von Vorišková [D 83] und Capitanio [D 124]	
	0,5 n-NH_3 1,5 n-NH_4Cl 0,1 n-$(NH_4)_2CO_3$ 0,08 m-Na_2SO_3 0,005% Gelatine	Na_2SO_3 befreit von O_2; $(NH_4)_2CO_3$ macht Pb^{2+} vollständig unlöslich. Vgl. auch Kap. III A bei Mn
D.	26,4 g $(NH_4)_2SO_4$ (0,1 m) 200 cm³ 2%-Tyloselösung 1800 cm³ dest. Wasser	FeIII und FeII nebeneinander (Cl^--frei!)
E.	660 cm³ konz. HCl (ca. 5 m) 200 cm³ 2%-Gelatinelösung 1140 cm³ dest. Wasser	Sn, Sb, Bi, (As)
G.	21,1 g $La(CH_3COO)_3$ (0,033 m) 24,4 g $BaCl_2 \cdot 2\,H_2O$ (0,05 m) 200 cm³ 2%-Tyloselösung 1800 cm³ dest. Wasser	Nitrat + Nitrit (deren Konz. nach Schwarz [D 85] etwa 0,005 n betragen muß, um gut vermeßbare Stufen zu liefern)
GN.	(Nach Schwarz [D 85]) 1 Mol LiCl 1 Mol Essigsäure 0,01 Mol Na-Acetat 1000 cm³ Wasser	Nitrit (schnell oder unter Abschluß polarographieren, um Verluste von nitrosen Gasen zu vermeiden)
H.	(Nach Schwarz [D 85]) 20 g KJ 35 g $CH_3COONa \cdot 3\,H_2O$ 50 cm³ 2%-Tyloselösung 500 cm³ dest. Wasser	HgII und HgI (bei letzterem Hg-Ausscheidung, die nicht schadet. Anstieg sofort beim Beginn des Polarogramms)

[D 143] wird das Tetraäthylammoniumion um noch 0,2 V negativer reduziert als die Methylverbindung. Das Gleiche fanden Laitinen und Wawzonek [E 128] bei der Butylverbindung (E_{tg} = —2,9 V in 75%igem Dioxan). Im Gegensatz dazu gibt van Rysselberghe [s. E 169] an, daß die Methylverbindung am schwersten reduzierbar ist. Vielleicht sind diese Widersprüche auf schwer vermeidbare Verunreinigungen zurückzuführen. Laut [D 143] zeigen die nach [D 62] dargestellten frischen Hydroxydlösungen einen hohen Reststrom, der sich während einiger Tage vermindert, wobei ein Niederschlag ausfällt.

b) Die Entlüftung der Lösung.

Da der Luftsauerstoff, der in jeder an der Luft gestandenen Lösung enthalten ist, an der Tropfkathode reduzierbar ist, so muß er meist aus der Lösung entfernt werden, um Störungen des Polarogramms durch die O_2-Stufen zu vermeiden.

Zunächst seien die O_2-Stufen selbst kurz besprochen (Fig. 10). Es sind zwei Stufen, die bei etwa — 0,3 und — 1,0 V liegen (wie stets gegen die n-Kalomelelektrode angegeben). Bei der ersten erfolgt Reduktion zu H_2O_2, bei der zweiten zu H_2O. Beide Stufen sind demnach gleich hoch. Die erste Stufe zeigt, wenn kein Dämpfer zugegen ist, ein hohes Maximum; die zweite Stufe weist einen besonders großen Raumbedarf (geringe Steilheit) auf, wodurch sie besonders störend ist. Die Lage der Stufen und ihre Steilheit hängt von der Art der Grundlösung ab. Eine gesetzmäßige Abhängigkeit der Lage vom p_H-Wert der Lösung ist auffallenderweise nicht vorhanden.

Die O_2-Konzentration von luftgesättigtem Wasser ist etwa 0,001 n (8 mg/Liter). In konzentrierten Salzlösungen (nicht in Säuren) ist die Löslichkeit geringer: In 2 n-NaCl z. B. die Hälfte. Eine Entfernung des Luftsauerstoffs aus der Lösung erübrigt sich daher, wenn der zu bestimmende Stoff eine Konzentration von 0,01 n oder mehr hat. Bei der kleinen Empfindlichkeit des Galvanometers, mit der dann polarographiert wird, treten die O_2-Stufen nicht in Erscheinung. Die Anwendung so hoher Konzentrationen des zu bestimmenden Stoffes ist aber, wie bereits erwähnt, nur selten empfehlenswert. Daher ist die Entlüftung der Lösung meist unvermeidlich.

Die Entfernung des Luftsauerstoffs kann entweder durch Durchleiten eines indifferenten Gases wie Stickstoff oder Wasserstoff [1]) vorgenommen werden oder durch Zugabe von Reduktionsmitteln.

Die Anwendung indifferenter Gase ist die am häufigsten benutzte Methode. Meist genügt es, wenn die O_2-Konzentration der Lösung um 1 bis 2 Zehnerpotenzen gesenkt wird. In solchen Fällen brauchen die indiffeienten Gase nicht absolut O_2-frei zu sein. Anderenfalls werden die Gase durch alkalische Pyrogallollösung [2]) geleitet oder — bei Wasserstoff — über glühendes Kupfer, Palladiumasbest oder dergleichen. Um ein Eindunsten der Analysenlösung durch die Gase zu vermeiden, müssen diese für genaue quantitative Arbeiten mit Wasserdampf gesättigt sein, wozu eine Waschflasche mit Wasser oder der betreffenden Grundlösung vorgeschaltet wird. Der Inhalt dieser Waschflasche wird zweckmäßig schon vorher entlüftet und dauernd luftfrei gehalten, da sonst die gesamte Entlüftung sehr lange dauert. — Die Dauer der Entlüftung einer Lösung hängt vom Grade der erstrebten O_2-Befreiung, von der Menge der Lösung und von der Geschwindigkeit und Größe der Gasblasen ab. Man

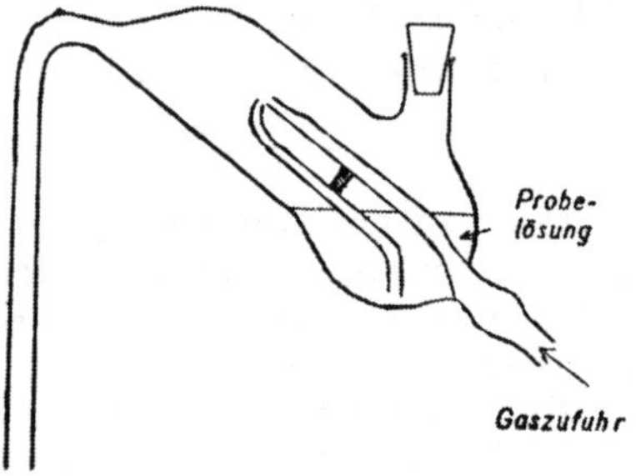

Fig. 28. Entlüftung durch Zerstäubung. Nach Weinig [B 23]

[1]) Lösungen edlerer Metalle, wie Cu und Bi, können, wenn sie nicht stark komplex gebunden sind (z. B. durch NH_3), durch Wasserstoff eine Reduktion erleiden.

[2]) 5 g Pyrogallol und 25 g KOH in 100 cm^3. Oder man benutzt eine alkalische Hydrosulfitlösung: 17 g $K_2S_2O_4$ und 6 g KOH in 100 cm^3.

Sehr vollkommen und bequem entfernt man Sauerstoff aus Stickstoff mit aktivem Kupfer nach den Angaben von F. R. Meyer und Grete Ronge, Angew. Ch. 52 (1939) 637. — Man kann den Stickstoff auch durch eine ammoniakalische CuCl-Lösung und dann durch verdünnte Schwefelsäure leiten.

kommt schneller zum Ziel, wenn das Gaseinleitungsrohr zu einer feinen Spitze ausgezogen ist, so daß sich zwar kleine, aber sehr viele Blasen mit großer Gesamtoberfläche bilden. Bei 10 cm^3 Lösung wird man dann mit 5 bis 10 Minuten Gasdurchleiten auskommen. Bei kleineren Ansätzen braucht man noch weniger, bei größeren mehr Zeit.

Um eine sehr schnelle Entlüftung der Probelösung zu erzielen, benutzt Weinig [B 28] ein Gefäß, das im Inneren eine Zerstäubungsvorrichtung enthält (s. Fig. 28). Durch das Zerstäuben mit einem indifferenten Gas wird die Lösung sofort entlüftet, zugleich wird sie hierbei in das Elektrolysengefäß hinübergespritzt. — Bei kontinuierlicher Untersuchung größerer Lösungsmengen kann man diese auch im Gegenstrom gegen das indifferente Gas durch einen kleinen Absorptionsturm rieseln lassen (wobei dieser als Sauerstoff-„Desorptionsturm" wirkt).

Während der Aufnahme des Polarogramms darf kein Gas in die Lösung eingeleitet werden, da die Erschütterung der Lösung sonst das Polarogramm unbrauchbar macht. Es ist daher darauf zu achten, daß nach dem Abstellen des Gasstromes kein Sauerstoff von neuem in die Lösung eindringt. Bei einem verschlossenen Gefäß, das nur durch ein Gasableitungsrohr mit der Atmosphäre in Verbindung steht, besteht diese Gefahr nicht, wohl aber bei einem offenen Gefäß, besonders bei Anwendung von Wasserstoff, der wegen seiner Leichtigkeit, die Lösungsoberfläche nicht bedeckt. Am günstigsten ist hierin das schwere CO_2. — Das Eindringen von Luft kann dadurch verhindert werden, daß man den Gasstrom nicht abstellt, aber das Zuleitungsrohr so hoch zieht, daß das Gas über die Lösungsoberfläche streicht.

Das mitunter lästige Schäumen der Lösung beim Gaseinleiten, das auch zu einer Änderung der Lösungszusammensetzung führen kann, weil manche Stoffe sich im Schaum anreichern, kann durch Zusatz eines Tropfens eines höheren Alkohols vermieden werden (Butyl- oder Heptylalkohol [D 168b, 206]).

Die Anwendung von Reduktionsmitteln zur Entfernung des Sauerstoffs kommt natürlich nicht immer in Frage. Oft wird mit gutem Erfolge das von Warassowa [Cm 7] vorgeschlagene Natriumsulfit benutzt. In saurer Lösung ruft allerdings Sulfit (SO_2) selbst eine Stufe hervor. Die

Lösung muß also — wenn in saurer Lösung polarographiert werden soll — gekocht werden, bis das SO_2 wieder ausgetrieben ist. Auch kann Sulfit mitunter unerwünschte Fällungen (z. B. $BaSO_3$) oder Reaktionen mit Lösungsbestandteilen ergeben (z. B. mit Aldehyden, auch Nitro- und Azoverbindungen). Störende Reduktionen durch Sulfit sind bei anorganischen Ionen selten. Manchmal wird man eine erwünschte Reduktion (z. B. von FeIII zu FeII) gleichzeitig mit der O_2-Entfernung durchführen können.

Man setzt das Sulfit entweder in gelöster oder in fester Form zur Analysenlösung hinzu, so daß etwa 0,5 g Na_2SO_3 (= 1 g $Na_2SO_3 \cdot 7\,H_2O$ = 0,04 m) auf 100 cm^3 Lösung kommen. Bequem ist die Anwendung einer (frisch bereiteten) gesättigten Lösung, die 20 % Na_2SO_3 enthält und von der man etwa 5 Tropfen je 10 cm^3 Analysenlösung zugibt. Es dauert einige Minuten, bis der Sauerstoff reduziert ist; in (zunächst) schwach saurer Lösung vollzieht sich die Reduktion schneller, in alkalischer Lösung und in Gegenwart mancher organischer Stoffe geht sie langsamer vor sich[1]). Das Bodenquecksilber gibt man erst nach Beendigung dieser Reduktion hinzu, damit nicht durch gleichzeitige Einwirkung von O_2 und SO_3^{2-} Quecksilber in die Analysenlösung gelangt.

Fig. 29 zeigt, wie nach Zusatz von Sulfit die O_2-Stufen verschwinden. Die mit Na_2SO_3 versetzten Lösungen können offen an der Luft polarographiert werden. (Es sei denn, daß der Depolarisator besonders empfindlich gegen Sauerstoff ist, wie z. B. Mn II und Fe II in alkalischer Lösung.) Die Methode ist also sehr bequem. Leider ist sie — wie gesagt — nicht immer anwendbar.

Novák [laut Heyrovský, A 19, S. 260 und 309] empfiehlt einen Metolzusatz für gegen O_2 sehr empfindliche Lösungen (alkalische Lösungen von Fe II und Mn II), denn Metol reduziert den Sauerstoff sehr schnell (s. bei Mn, § 8 g).

Nach Hohn [A 9] kann in alkalischer Lösung mitunter Mn-Salz zur O_2-Entfernung zugesetzt werden: $Mn(OH)_2$ fällt aus und oxydiert sich zu MnO_2. Nach K. Schwarz [unveröffentlicht]

---

[1]) Die Reaktion ist ein klassisches Beispiel katalytischer Beeinflußbarkeit (Luther und Titoff). Sie wird durch Schwermetallspuren (Cu) beschleunigt und durch Stoffe, die diese abfangen, wie NH_3 und viele organische Stoffe, verlangsamt. — Angaben über mangelhafte Wirkung von Sulfit in 1 n-NaOH finden sich z. B. bei [D 236, 251].

wird durch Mn II in ammoniakalischen Lösungen keine Entlüftung erzielt, wohl aber durch Fe II (einige Millimol pro Liter Lösung) in ammoniakalischen wie auch in alkalischen Lösungen eine sehr vollkommene Entlüftung.

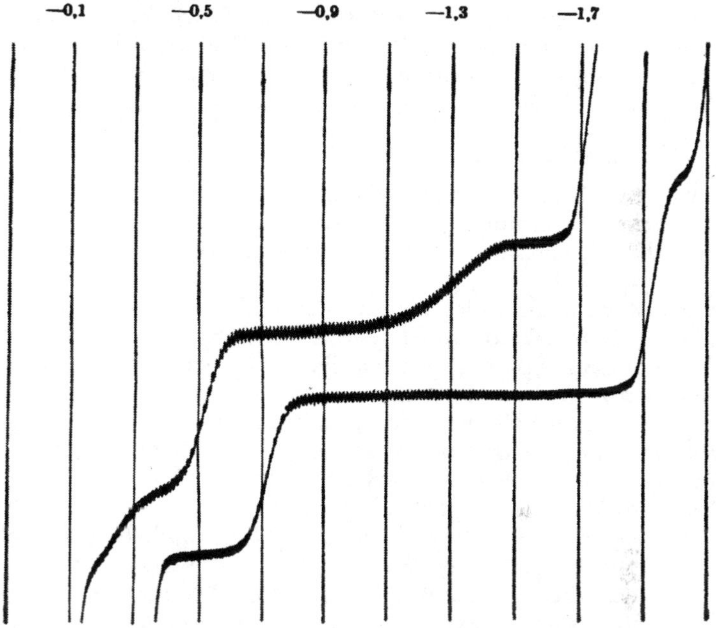

Fig. 29. Sauerstoffabsorption mit Sulfit

Oben: 0,001m-TlCl in NH_3–NH_4Cl mit Tylose („Grundlösung C").
Unten: Desgleichen nach Zusatz von Na_2SO_3. Die O_2-Stufen (bei — 0,2 und — 1,8 V) sind verschwunden; geblieben sind die Tl-Stufe bei — 0,5 und die Tylosestufe bei — 1,7 V. Die untere Kurve ist um eine Spannungsmarke nach rechts verschoben.

Nach [D 108] können bei Gegenwart von Fe III dieses und zugleich O_2 reduziert werden, indem die salzsaure Lösung mit dem Bodenquecksilber einige Minuten geschüttelt wird.

B ü r e t t e n e n t l ü f t u n g. Sollen zu einer Lösung portionsweise Zusätze gemacht werden, so ist es zweckmäßig, die gesamte Zugabelösung vorher zu entlüften. Dies kann gleichzeitig mit der Entlüftung der Analysenlösung geschehen, wenn man die Zugabelösung in eine Bürette gibt, die mit einem Stopfen auf das Analysengefäß aufgesetzt ist, so daß das durch die Analysenlösung geschickte Gas bei geöffnetem Bürettenhahn auch durch die Bürette perlt. Nach beendeter Entlüftung wird der Bürettenhahn geschlossen und das Gas durch eine nunmehr geöffnete Nebenleitung in den Kopf der Bürette geleitet, um ein Wiedereindringen von Luft dort zu verhindern [Spalenka, H 5]. Vgl. auch Fig. 18.

c) Maximadämpfer.

Auch eine Stufe mit einem (kleinen) Maximum kann für eine quantitative Bestimmung brauchbar sein, wenn hinter dem Abbruch des Maximums ein gut konstanter Grenzstrom vermeßbar ist (vgl. z. B. Figg. 22 und 51). Gefährlicher als die spitzen kleinen Maxima sind die „nichtabbrechenden Maxima", die man bei hoher Leitsalzkonzentration erhält (s. Figg. 11, 110 und § 42).

Da Maximadämpfer oft unerwünschte Nebenwirkungen haben — wovon gleich die Rede sein wird —, so stelle man zunächst fest, ob überhaupt Maxima auftreten (was z. B. in Cyanidlösungen nicht der Fall ist) und ob sie störend sind. Oft haben aber die Dämpfer auch die gute Nebenwirkung, daß sie eine sonst unregelmäßige Stufe glätten. Jedenfalls verhalten sich die verschiedenen Dämpfer verschieden, so daß der geeignetste und die günstigste Konzentration durch Versuche gefunden werden müssen.

Auch der Zusatzelektrolyt kann dämpfend auf die Maxima wirken: Mehrwertige oder oberflächenaktive Anionen (SO_4^{2-}, C^-N) wirken dämpfend auf „positive Maxima", d. h. auf solche von Stufen, die positiver als das elektrokapillare Nullpotential (— 0,5 V, vgl. § 41 und 42) liegen; umgekehrt dämpfen mehrwertige Kationen (z. B. Ba^{2+}, La^{3+}) die „negativen Maxima". Man kann somit oft schon durch eine geeignete Wahl des Zusatzelektrolyten die Maxima unterdrücken. Bei positiven Maxima ist dies nur in Cyanidlösungen möglich, die negativen Maxima sind mitunter dadurch auszuschalten, daß man z. B. ein Ba-Salz als Leitsalz wählt.

Am häufigsten wird **Gelatine** als Dämpfer benutzt, weil dieser Zusatz nur selten Störungen hervorruft. Meist genügt eine Konzentration von 0,01 % Gelatine in der Lösung. Nach Lingane [D 179] kann man sich eine Vorratslösung von z. B. 2 g Gelatine auf 1 Liter Wasser herstellen, wenn man sie durch einige Tropfen Toluol haltbar macht. Von dieser Lösung gibt man z. B. 5 % zur Probelösung. Häufig benutzt wird auch Methylcellulose, und zwar **Colloresin** FS (I. G. Farbenindustrie A.G., Frankfurt a.M.) oder **Tylose** S, Viskositätszahl 100 (Kalle & Co., Wiesbaden-Biebrich). Hohn [A 9, D 51] verwendet 0,2 % dieser Dämpfer in der Probelösung. Man kommt aber meist mit einer geringeren Konzentration der Methylcellulosen aus, was einerseits wegen der Störungen, andererseits wegen ihrer eigenen Stufe bei — 1,75 V manchmal notwendig ist. Auch ist zu beachten, daß sie Alkalien und Erdalkalien enthalten (3 % Na, 3 % Ca). Die Lösungen dürfen nicht gekocht werden, da hierdurch die Methylcellulosen unlöslich werden.

Agar ist ein etwas schwächer wirkender, aber oft sehr gute Polarogramme ergebender Dämpfer. Von dämpfenden **Farbstoffen** werden des öfteren Fuchsin, Methylrot und Methylenblau benutzt. Ferner werden gelegentlich Alkaloide, Seifen, Sulfonate angewandt. Es ist zu beachten, daß viele Dämpfer reduzierbar sind. Da sie in minimaler Konzentration angewandt werden, stören ihre Stufen jedoch meist nicht.

Einen Einblick in die Wirksamkeit verschiedener Dämpfer gibt die Tabelle 4. Die Wirksamkeit ist je nach Art und Konzentration des Depolarisators und des Leitsalzes verschieden. Die erste Spalte der Tabelle bezieht sich auf die Dämpfung des Cu-Maximums (nach eigenen Versuchen mit 0,01 n-$CuCl_2$ in 0,02 n-KCl); die zweite Spalte bezieht sich auf die Dämpfung des O_2-Maximums nach einer Zusammenstellung von Brdička [A 17]. Es ist jeweils die Dämpferkonzentration angegeben, bei der das Maximum auf die halbe Höhe (vom Grenzstrom gemessen) herabgedrückt wird.

Beispiele für die leider oft auftretenden Störungen durch Maximadämpfer zeigen Figg. 30 und 31. Besonders stark können diese Verzerrungen der Stufen dann werden, wenn noch Störungen durch OH^--Ionen dazukommen (Fig. 21 d), d. h. wenn in nicht (oder schlecht) entlüfteten, ungepufferten, neutralen

Lösungen die aus O_2 entstehenden OH^- Ionen schwerlösliche Hydroxyde fällen können. So wird nach Kieselbach [D 69] die Ni-Stufe in O_2 haltigem KCl durch Colloresin stark verzerrt, nicht aber in ammoniakalischer Lösung. Cu II dagegen, das mit Cellulose bekanntlich reagiert, ist auch in ammoniakalischer Lösung gegen Tylose oder Colloresin empfindlich: Die sonst getrennten Stufen Cu II/I und Cu I/0 fließen bei Anwendung von 0,1 % dieser Dämpfer

Tabelle 4

Dämpfung einiger Maxima auf die Hälfte

Cu-Maximum	Milli-gramm im Liter	O_2-Maximum	1 Mol Dämpfer in Litern	Milli-gramm im Lit.
Methylenblau .	3	Sulfonaphthalinstearinsäure [Cm 30]	750000	0,7
Echtrot, Acridin	15	Adrenalin, Tropäolin 000 [Cm 14b]	570000	0,3;0,7
Colloresin	150	Methylgrün, Atropinsulfat .	250000	ca. 1
Gelatine	300	Methylenblau, Methylorange	200000	ca. 1
α-Naphtol	400	Fuchsinbase	150000	2
Alkohol	50 Vol.-%	Phenolphthalein	17000	20
		Fuchsinsäure	4000	80
		n-Buttersäure	17	5000
		Propionsäure	4	17000
		Ameisensäure	2	23000

zu einer zusammen, weil die erste Stufe unterdrückt wird[1]). Fe wiederum verträgt sich nach Hohn [A 9] nicht mit Gelatine.

Diese Beispiele genügen, um zu zeigen, daß bei der Auswahl des Dämpfers mit Sorgfalt zu verfahren ist. Die Dämpfer haben mitunter einen merklichen Einfluß nicht nur auf die Stufenlage (Fig. 31), sondern auch auf die Stufenhöhe. In solchen Fällen muß daher die gewählte Dämpferkonzentration annähernd eingehalten werden.

---

[1]) Hierdurch ist die Deutung für den Versuch Nr. 7 bei Hohn [A 9] gegeben.

d) **Puffer.**

Die Pufferung der Lösung ist unerläßlich, wenn man bei Elektrodenreaktionen, die H^+-Ionen verbrauchen, einen definierten p_H-Wert an der Elektrodenobertläche haben will. Dies ist in erster Linie für wissenschaftliche Untersuchungen wichtig, bei

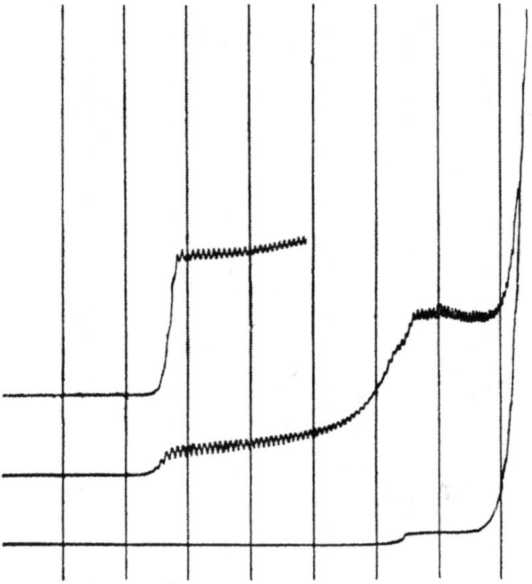

Fig. 30. Störungen durch Dämpfer

Oben: 0,01m-$CdCl_2$ in alkalischer Tartratlösung. Nicht entlüftet. Cd-Stufe bei — 0,9 V. Mitte: Desgleichen nach Zusatz von 0,04% Tylose; vollständige Verzerrung der Cd-Stufe. Unten: Die alkalische Tartratlösung mit Tylose ohne Cd. Bei — 1,7 V zeigt sich eine Tylosestufe.

praktisch-analytischen Arbeiten, bei denen es nur auf die Stufenhöhe ankommt, tritt die Bedeutung der Pufferung zurück.

Ein Puffer besteht bekanntlich aus einer schwachen Säure (oder Base) und dem Salz dieser Säure (oder Base). Der p_H-Wert der Lösung hängt von der Stärke der Säure und dem Mischungsverhältnis Säure : Salz ab. Sind beide in etwa gleicher molarer Konzentration vorhanden, so ändert sich der p_H-Wert nur wenig mit dem Mischungsverhältnis. Hierauf beruht die Wirksamkeit der Puffer: Entstehende H^+-Ionen bleiben nicht als solche in der Lösung, sondern setzen nur eine entsprechende Menge der schwachen Puffersäure in Freiheit; und diese ist überwiegend undisso-

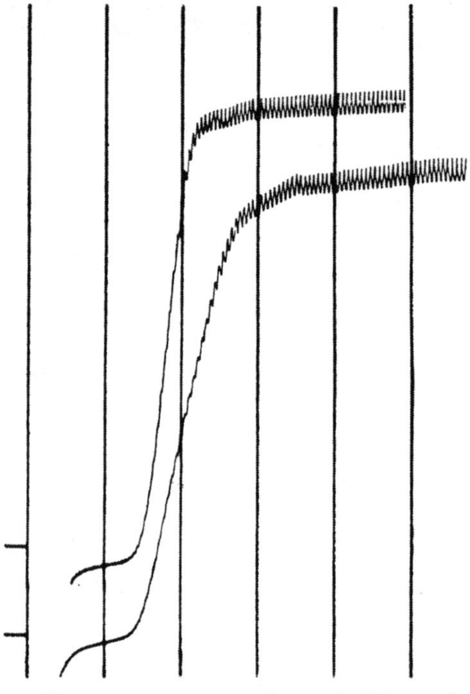

Fig. 31. Störungen durch Dämpfer

0,001m-$CuSO_4$ in 0,1m-K_2SO_4. Entlüftet. Gegen Sulfatelektrode.
Oben mit 0,04% Fuchsin: Keine Störung.
Unten mit 0,04% Tylose: Geringe Verminderung der Steilheit. In entlüfteten Lösungen sind die Störungen durch Dämpfer meist viel geringer als in nicht entlüfteten.

ziiert, besonders infolge der dissoziationsvermindernden Wirkung des Anions des Puffersalzes. Analog verschiebt sich bei H^+-Ionenverbrauch lediglich das Mischungsverhältnis Säure: Salz etwas in Richtung des Salzes. Ist zudem der Puffer in großem Überschuß gegenüber dem Depolarisator, so ändert sich das Mischungsverhältnis nur unmerklich.

Eine allen Anforderungen genügende Pufferung verlangt, daß die Normalität des Puffers etwa 100mal größer ist als die des Depolarisators (Fig. 32, Kurve A). Bei nur 10fachem Pufferüber-

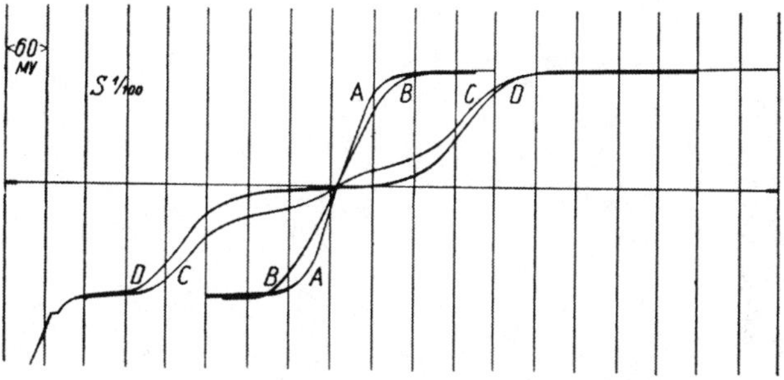

Fig. 32. Einfluß der Pufferung auf die Stufenform[1]). Chinhydron in Pufferlösungen. Nach O. H. Müller [C 58]

0,0012m-Chinhydron in 0,1n-KNO_3 mit verschiedenen Konzentrationen an Phosphapuffer, p_H 6,9. 60 mV pro Spanungsmarke,

A. 0,1m-Puffer.

B. 0,01m-Puffer. Pufferung nicht mehr ganz ausreichend.

C. 0,001m-Puffer. Der Puffer verursacht nur noch eine kleine, flache Stufe in der Mitte; nachdem er verbraucht ist, wird der Rest des Chinons bei stark alkalischer Reaktion reduziert der Rest des Hydrochinons bei stark saurer Reaktion oxydiert.

D. Ungepuffert.[1])

schuß ist die Stufe des Depolarisators noch merklich abgeflacht (Kurve B). Auch müssen für eine vollkommene Pufferung die beiden Pufferkomponenten annähernd im Mischungsverhältnis 1:1 vorliegen[2]). Man kann beides in folgende Regel zusammenfassen:

[1]) Der horizontale Mittelteil der Kurve *D* in Fig. 32 (und der Kurven in Fig. 33) hat eine ganz andere Ursache als der in Fig. 13. Dort beruht er auf einer Irreversibilität der Reaktion. Hier ist die Reaktion reversibel, das Halbstufenpotential aber p_H-abhängig. Da bei der Oxydation von Hydrochinon H^+-Ionen frei werden, bei der Reduktion von Chinon verbraucht werden, so wird die ungepufferte Lösung an der Tropfenoberfläche sauer bzw. alkalisch. Der horizontale Mittelteil der Kurve entsteht dadurch, daß der p_H-Wert 7 sehr schnell übersprungen wird, ebenso wie bei der Titration einer starken Säure mit einer starken Base. Vgl. auch den Schluß von § 39.

[2]) Falls aus irgendeinem Grunde ein reichlicher Pufferüberschuß nicht anwendbar ist, kann es zweckmäßig sein, vom Pufferverhältnis 1:1 abzugehen, indem man durch einen kleinen Überschuß der sauren Komponente für einen Vorrat an H^+-Ionen sorgt.

Für eine vollkommene Pufferung muß jede der Pufferkomponenten in mindestens 100fachem Überschuß gegenüber dem Depolarisator sein. Kommt es nicht auf ideale Steilheit der Stufe an, so genügt auch ein 10facher Überschuß. Beim Fehlen des Puffers

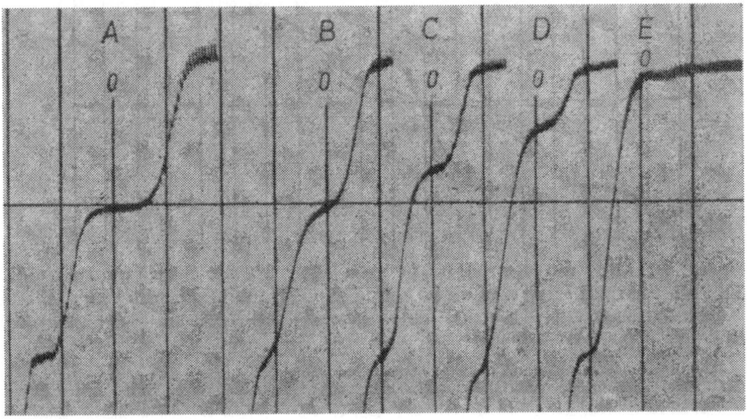

Fig. 33. Chinhydron in ungepufferten Lösungen[1])

0,001m-Chinhydron in O_2-freien Lösungen, gegen n-Kalomelelektrode, 200 mV pro Spannungsmarke jeweils ab + 0,4 V.

A) In 0,1n-KNO_3: Oxydationsstufe des Hydrochinons bei $E^1/_2$ = + 0,16 V (entsprechend P_H3,9; vgl. Fig. 108); Reduktionsstufe des Chinons bei $E_{1/2}$ = — 0,22 V (p_H 10,5).

B) In 0,1n-NH_4ClO_4: Oxydationsstufe bei $E^1/_2$ = +0,16V; Reduktionsstufe bei $E^1/_2$ = —0,11V. (P_H 8,6 infolge teilweiser Pufferung durch das NH_4^+-Ion).

C, D u. E). Wie B), aber mit $2 \cdot 10^{-4}$, $4 \cdot 10^{-4}$ bzw. $6 \cdot 10^{-4}$n-$HClO_4$: Wachsende Mengen des Chinons werden bei saurem P_H reduziert: Die Chinonstufe (über der Nullinie) ist zu einer Doppelstufe geworden (bei Abwesenheit von NH^{4+} wären die beiden Teilstufen noch weiter auseinandergezogen). $6 \cdot 10^{-4}$n-H^+ reichen nach Kurve E fast aus, um $20 \cdot 10^{-4}$n-Chinon im sauren Gebiet reduzieren zu lassen, weil der Diffusionsraum der H^+-Ionen etwa 3mal größer ist als der des Chinons (dieser Umstand ist auch bei einer Diskussion des P_H-Wertes der oben angeführten Halbstufenpotentiale zu berücksichtigen; vgl. § 39).

kann eine Stufe unter Umständen in eine Doppelstufe verzerrt werden (Fig. 33). In stark sauren oder alkalischen Lösungen, in denen also die Konzentration der freien H^+- oder OH^--Ionen in großem Überschuß gegenüber dem Depolarisator ist, erübrigt sich eine Pufferung. — Da eine Pufferlösung ein Salz in hoher

[1]) Vgl. die Anm. zu Fig. 32.

Konzentration enthält, ist der Zusatz eines weiteren Leitsalzes nicht erforderlich.

Ein Puffer muß natürlich, um an der Tropfelektrode wirksam zu werden, sein Gleichgewicht sofort einstellen. Dies ist für die nachstehend aufgeführten Puffer der Fall, was auch durch polarographische genaue Untersuchungen [C 58] bestätigt werden konnte. Es ist dagegen nicht der Fall z. B. beim Carbonatpuffer, bei dem der lebende Organismus zur Erzielung der Gleichgewichtseinstellung bekanntlich ein Ferment einsetzt.

Die nachfolgende Tabelle enthält die wichtigsten Puffer. Es ist der p_H-Wert bei einer Mischung Säure (Base) : Salz gleich 1 : 1 und der ungefähre p_H-Bereich, in dem der Puffer anwendbar ist, angegeben[1]).

	Säure (Base)	Salz	p_H bei Mischung 1:1	p_H-Bereich
thalatpuffer	$C_6H_4(CO_2H)_2$	$C_6H_4(CO_2H)(CO_2K)$	2,8	2,2—3,6
	$C_6H_4(CO_2K)(CO_2H)$	$C_6H_4(CO_2K)_2$	5,0	4,3—6,0
etatpuffer	CH_3COOH	CH_3COONa	4,7	4,0—5,5
osphatpuffer ..	KH_2PO_4	Na_2HPO_4	6,8	6,0—7,6
ratpuffer	HBO_2	$NaBO_2$	9,2	8—10
nmoniakpuffer .	NH_3	NH_4Cl	9,3	8—10
äthylaminpuffer	$NH(C_2H_5)_2$	$NH(C_2H_5)_2 \cdot HCl$	11,1	10—12

Um mit nur einem Gemisch auskommen zu können, haben Britton und Robinson[2]) einen „Universalpuffer" zusammengestellt, mit dem der p_H-Bereich 1,8 bis 12,0 zugänglich ist. Die eine Komponente besteht aus einer Lösung von je 0,04 m-Essig-, Phosphor- und Borsäure. Diese Säurelösung hat den p_H-Wert 1,81. Die zweite Komponente ist 0,2 m-NaOH. Gibt man zu 10 cm³ der Säurelösung folgende Mengen der NaOH-Lösung, so ergeben sich nach Brdička [E 99] die darunterstehenden p_H-Werte:

cm³ NaOH	0,00	1,50	2,00	2,50	3,50	4,25	5,00	6,00	7,50	7,75	8,25	10,00
p_H	1,81	2,56	3,29	4,10	5,02	6,09	6,80	7,96	8,95	9,91	10,88	11,98

---

[1]) Nähere Angaben über Puffer z. B. bei F. W. Küster und A. Thiel, Logarithmische Rechentafeln, 51. bis 55. Aufl., Verlag W. de Gruyter, Berlin, 1941.

[2]) H. T. S. Britton und R. A. Robinson, J. chem. Soc. London 133 (1931) 458.

§ 7. Die Aufnahmetechnik

a) Die Kontrolle und Einstellung des Apparates.

Im nachfolgenden wird vorausgesetzt, daß der Polarograph bereits betriebsfertig aufgestellt ist. Es werden also nur die Prüfungen und Einregulierungen des Apparates behandelt, die während des Betriebes dauernd oder zeitweilig notwendig sind.

Die Walzenbrücke kann trotz staubdichter Verpackung gelegentlich verunreinigt sein, was zu Unterbrechungen des Kontaktes mit dem Walzenrädchen Veranlassung gibt. Dadurch entstehen unregelmäßige Ausschläge des Galvanometers[1]). Man prüft das einwandfreie Arbeiten der Walze (und des Galvanometers), indem man an Stelle des Elektrolysiergefäßes einen Widerstand von etwa 100 000 Ohm einbaut, der also zwischen den Anschlüssen für die Tropf- und die Gegenelektrode eingeschaltet wird Nunmehr wird ein Polarogramm aufgenommen. Das Ergebnis muß — entsprechend dem Ohmschen Gesetz — eine vollständig gerade ansteigende Linie sein (Fig. 34). Jede Kontaktstörung macht sich durch Zacken bemerkbar. Die Störungen können auch an den Stromzuführungen zur Walze liegen. Gekrümmte Linien ergeben sich, wenn der Walzendraht beschädigt ist, das Galvanometer schief aufgestellt oder defekt ist oder die Spannung des Meßakkumulators nachläßt. — Man reinigt den Walzendraht von Staub und Fett durch Abwischen mit einem benzingetränkten Lederläppchen[2]). Wenn das nicht hilft, so ist der Druck des Rädchens zu gering und muß verstärkt werden. Dies darf aber auch nicht übertrieben werden, da sonst Rädchen und Draht leiden.

Damit der Abszisse des Polarogramms ein gleichmäßiger Anstieg der Spannung entspricht, ist natürlich eine gleichmäßige Beschaffenheit des Walzendrahtes Vorbedingung. Sich hiervon durch eine Kalibrierung der Brücke zu überzeugen, wird aber nur

[1]) Die Galvanometerausschläge bei Kontaktstörungen werden im allgemeinen nach unten erfolgen. Nach dem Abbruch eines Maximums gehen sie jedoch nach oben, weil dadurch ein Wiederaufleben der Wirbel verursacht wird [Cm 8, 21, A 16].

[2]) Es wird empfohlen, den Brückendraht mit einer dünnen Schicht Vaseline einzufetten.

dann notwendig sein, wenn man befürchtet, den Draht beschädigt zu haben.

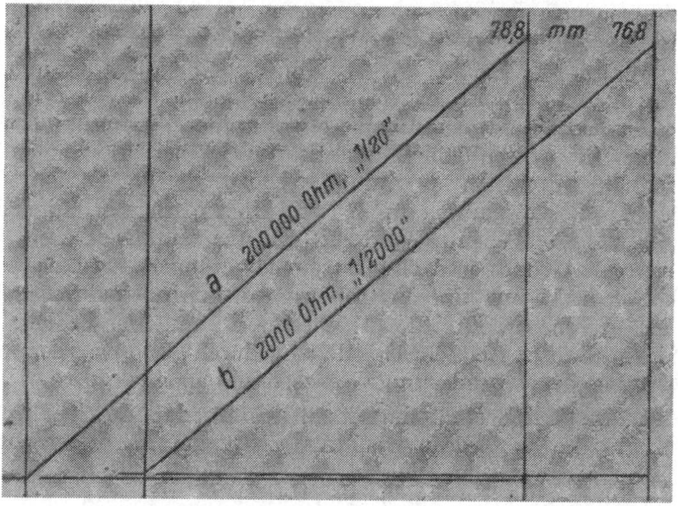

Fig. 34. Prüfung der Walze und des Galvanometers. Bestimmung der absoluten Empfindlichkeit des Galvanometers

Mit konstantem Widerstand an Stelle des Elektrolysengefäßes entstehen gerade Linien.

a) Mit einem 200000-Ohm-Widerstand und der Galvanometerempfiidlichkeit „1/20". b) Mit 2000 Ohm und „1/2000" Empfindlichkeit.

Wenn sich die beiden Widerstände wie 100:1 und die Empfindlichkeiten auch wie 100:1 verhielten, müßten die beiden Kurven die gleiche Neigung besitzen und die beiden Endausschläge gleichgroß sein. Doch war der benutzte 200000-Ohm-Widerstand kein Präzisionswiderstand und hatte 195000 Ohm.

Die absoluten Empfindlichkeiten E berechnen sich für die Schaltungen a) „1/20" und b) „1/2000" aus E = Stromstärke geteilt durch Ausschlag folgendermaßen:

a) Stromstärke bei 1,8 Volt = 1,8/195000 = $9{,}23\ 10^{-6}$ Amp.;
$E = 9{,}23\ 10^{-6}/78{,}8 = 1{,}17 \cdot 10^{-7}$ Amp./mm.

b) Stromstärke bei 1,8 Volt = 1,8/2000 = $9{,}00\ 10^{-}$ Amp.;
$E = 9{,}00\ 10^{-4}/76{,}8 = 1{,}17 \cdot 10^{-5}$ Amp./mm[1]).

Für den Maßstab der Abszisse ist die an der Walzenbrücke anliegende Spannung maßgebend. Die Einstellung der

---

[1]) Bei der Angabe der Empfindlichkeit in Amp./mm entspricht einer größeren Empfindlichkeit ein kleinerer Zahlenwert.

Spannung an der Brücke mit dem Voltmeter des Apparates genügt für gewöhnlich. Nur wenn man die Lage der Stufen sehr genau bestimmen will, ist ein Normalelement zu Hilfe zu nehmen[1]). In letzterem Fall wird man, um die Ablesegenauigkeit zu erhöhen, nur 100 oder gar 50 mV pro Walzenwindung anlegen. Sonst nimmt man 200 mV pro Windung, um das Polarogramm abzukürzen. Bei 20 Windungen sind also im ganzen 4 Volt erforderlich. Der Akkumulator muß eine etwas größere Spannung haben. — Auch für ausschließlich quantitatives Arbeiten, wo nur die Stufenhöhe wesentlich ist, wird unter Umständen ein Auseinanderziehen des Polarogramms durch Wahl einer geringeren Spannung (von z. B. 100 mV pro Windung) günstig sein, weil dann der Bereich des Grund- und Grenzstromes verlängert wird. Dies bedeutet ja nicht nur eine Vergrößerung des Abszissenmaßstabes, sondern erhöht die Zahl der Tropfen und damit der Zacken, die auf die genannten Bereiche entfallen, wodurch eine etwas genauere Festlegung des Grund- und Grenzstromes möglich wird.

Es ist natürlich auch darauf zu achten, daß die Gegenelektrode in Ordnung ist. Auf Störungen an dieser wurde im § 5a hingewiesen. Die Messung des Potentials der Gegenelektrode wurde im § 5b besprochen. Die „Eichung" mit Tl^+ s. § 7d.

Wichtig ist für quantitatives Arbeiten, daß der Empfindlichkeitsregler des Galvanometers in Ordnung ist, d. h. daß die angegebenen Empfindlichkeitswerte der einzelnen Schaltstufen auch tatsächlich stimmen.

Zu achten ist darauf, daß die Entfernung des Galvanometers von der Phototrommel stets genau die gleiche bleibt, da die Stufenhöhen proportional dieser sind. Gewöhnlich stellt man das Galvanometer in einer Entfernung von 80 bis 100 cm auf. Die Empfindlichkeitsangaben der Galvanometer geben die Stromstärke an, die in 1 m Entfernung einen Ausschlag von

[1]) Dies geschieht, indem man an Stelle des Elektrolysengefäßes ein Weston-Normalelement (1,018 Volt) mit dem positiven Pol an die Walzenbrücke anschaltet, das Walzenrädchen auf Windung 5,09 bzw. 10,18 einstellt (für 200 bzw. 100 mV pro Windung) und den Meßspannungsregler so einstellt, daß das Galvanometer beim Einschalten (Vorsicht!) nicht ausschlägt.

1 mm bewirkt. Durch den dämpfenden Nebenschluß wird natürlich die Empfindlichkeit etwas herabgesetzt.

Die Größe der Zacken des Polarogramms hängt von der Trägheit und Dämpfung des Galvanometers ab. Die Trägheit, die mechanisch oder elektrisch [durch einen parallel geschalteten Kondensator[1])] gegeben ist, pflegt auf eine Schwingungsdauer von 3 bis 5 Sekunden für die halbe Periode eingestellt zu sein. Die Dämpfung[2]) durch einen Nebenschluß soll aperiodisch sein, d. h. so stark, daß der Zeiger nach einem Ausschlag in die Ruhelage zurückkehrt, ohne über diese hinauszuschwingen; aber auch nicht stärker, da der Zeiger sich sonst nur „kriechend" auf eine neue Lage einstellt. Dies würde zwar auch eine Verkleinerung der Zacken ergeben, aber zugleich einen zu trägen Ausschlag bei einer Stufe. Man überzeuge sich davon, daß die aperiodische Dämpfung des Galvanometers in Ordnung ist. (Vgl. Fig. 35.) — Für sehr genaue Arbeiten ist es notwendig, die Galvanometerausschläge zu eichen, da man sich nicht darauf verlassen kann, daß diese den Stromstärken streng proportional sind.

Selbstverständlich muß das Galvanometer erschütterungsfrei aufgestellt sein. Ist es nicht bereits im Apparat in dieser Weise untergebracht und machen sich Störungen bemerkbar, so stellt man es auf eine schwere Metallplatte, die ihrerseits auf Gummischwämmen ruht, und baut das Ganze auf einer Wandkonsole auf. Diese Aufstellung des Galvanometers ist meistens günstiger als ein Aufhängen an Drähten, die an der Decke angebracht sind.

Auch eine erschütterungsfreie Aufstellung der Tropfelektrode ist wesentlich, wenn diese auch nicht so empfindlich ist wie ein ungeschütztes Galvanometer. Es

---

[1]) Man kann also die Trägheit eines Galvanometers erhöhen, indem man einen Kondensator parallel schaltet (vgl. Fig. 35). Je höher der innere Widerstand des Galvanometers ist, um so wirksamer ist der Kondensator, um so kleiner kann dessen Kapazität sein. Geeignet und billig sind die sogenannten Elektrolytkondensatoren. — Die Anwendung von Kondensatoren zur Verminderung der Zacken des Polarogramms beschreiben [B 5, B 18] und andere. — Über die Anwendung eines Zusatzwiderstandes s. [B 38].

[2]) Manche Galvanometer sind schon durch eine innere Hilfswicklung gedämpft. Deren Dämpfung ist dann von äußeren Nebenschlußwiderständen weitgehend unabhängig.

wird aber oft doch nötig sein, auch für die Tropfelektrode eine Wandkonsole zu benutzen. (Siehe auch [B 58]).

Es sei noch empfohlen, auf jedem neuartigen Polarogramm die Galvanometernullinie zu registrieren. Dazu

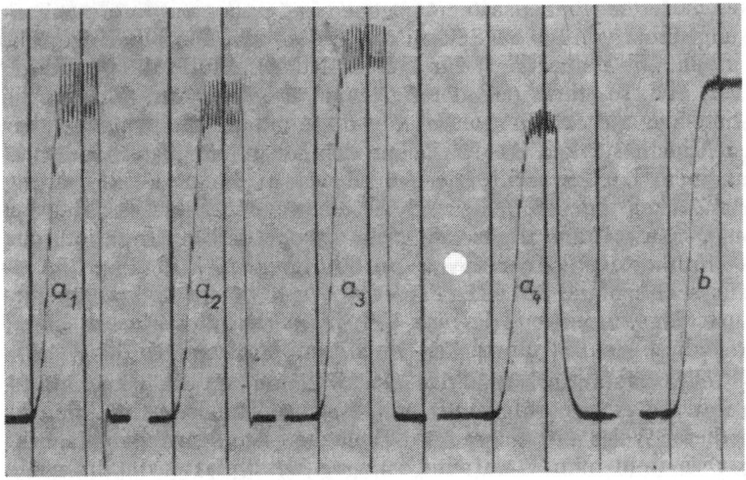

Fig. 35. Dämpfung und Trägheit des Galvanometers

a) Dämpfung; 0,001m-$CdCl_2$ in 1n-KCl mit etwas Na_2SO_4. Die Spannung wurde kurz nach der 8. Windung abgeschaltet, so daß das Galvanometer auf die Nullstellung zurücksank:

a_1) Zu schwache Dämpfung durch zu großen Parallelwiderstand: Pendeln über die Nullage.

a_2, a_3) Richtige Dämpfung: Aperiodische Einstellung. a_3 etwas schwächer gedämpft als a_2

a_4) Zu starke Dämpfung durch zu kleinen Parallelwiderstand: Kriechende Einstellung.

b) Erhöhung der Trägheit des Galvanometers durch Parallelschalten eines Kondensators von 4000 μF; Verminderung der Zackenhöhe.

wird vor oder nach der Aufnahme des Polarogramms bei unterbrochenem Galvanometerstromkreis die Photowalze für kurze Zeit mit dem Motor in Umdrehung versetzt. Man erhält so einen kurzen waagerechten Strich als Nullpunktsmarke für den Strom. Unerläßlich ist diese Marke, wenn der Grundstrom der Stufe auf dem Polarogramm nicht verzeichnet werden kann (vgl. Figg. 22, 48, 49, 50, 61) oder wenn Reduktions- und Oxydationsstufen unterschieden werden sollen (Figg. 12, 13, 32, 33, 105, 106, 111, 112).

b) Besondere Schaltungen.

Die Kompensation des Kapazitätsstromes. Neben dem den Analytiker allein interessierenden elektrolytischen Strom fließt stets noch ein schwacher, der Aufladung der sich bildenden Tropfenoberfläche dienender „Kapazitätsstrom" (vgl. § 41). Dieser Strom macht sich nur bei sehr hohen Galvanometerempfindlichkeiten und daher nur bei der Bestimmung sehr kleiner Konzentrationen (10^{-4}- bis 10^{-5}n) bemerkbar. Er steigt annähernd linear mit der anliegende Spannung an, so daß kleine Stufen sich nur noch als undeutliche steilere Stellen im ansteigenden Kapazitätsstrom bemerkbar machen. Bei „Spurenanalysen" muß daher der Kapazitätsstrom kompensiert werden, was annähernd durch eine mit der anliegenden Spannung automatisch linear ansteigenden Gegenspannung am Galvanometer bewirkt werden kann (Ilkovič und Semerano [B 2]). Diesen Gegenstrom kann man dem Polarographen entnehmen, indem man den positiven Pol des Brückenakkumulators über einen verstellbaren Widerstand von einigen Megohm mit derjenigen Klemme des Galvanometers verbindet, die nicht an der Tropfelektrode liegt. Die Schaltung zeigt Fig. 36, vgl. auch § 30, Fig. 94. Der Hochohmwiderstand ist so einzuregulieren, daß die Grundlösung auch bei der gewählten hohen Galvanometerempfindlichkeit einen annähernd waagerechten Grundstrom gibt, womit der Kapazitätsstrom kompensiert ist (Fig. 37).

Die Kompensation einer Stufe wird notwendig, wenn neben dem zu bestimmenden Stoff noch ein anderer, leichter reduzierbarer in der Lösung in größerer Konzentration vorhanden ist. Dieser gibt dann eine hohe Stufe, auf deren Grenzstrom die andere aufsitzt. Eine Kompensation des Grenzstromes der ersten Stufe ermöglicht es, die zweite mit genügender Galvanometerempfindlichkeit aufzunehmen, ohne sie aus dem Bereich des Polarogramms zu entfernen. Dieses ist entweder durch eine Verschiebung des Galvanometernullpunktes oder — besser — durch Kompensation der ersten Stufe mit Hilfe eines Gegenstromes zu erreichen. Dieser muß auf die Größe des Grenzstromes der ersten Stufe eingestellt werden und dann während der Aufnahme des Polarogramms konstant bleiben (Fig. 38). Man braucht daher eine kleine regulierbare Spannungsquelle, die „verkehrt' an das Galvanometer angeschlossen wird, wie Fig. 36 zeigt. — Eine große Genauigkeit wird freilich trotz dieser Kompensation nicht erreicht, denn die Vermessung der Stufe ist durch große Zacken beeinträchtigt, und die Bestimmung gründet sich auf die Differenz zweier großer Stromstärken. Daß diese Differenz wegen des Absinkens der Grenzströme mit steigender Span-

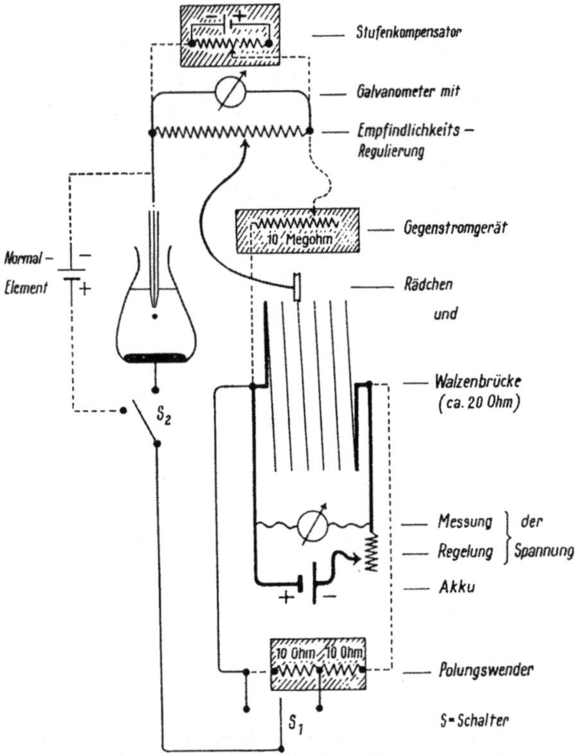

Fig. 36. **Polarographisches Schaltschema mit Zusatzeinrichtungen** (vgl. auch Fig. 3 und 94)

Stufenkompensator (oben) — konstante Gegenspannung.

Gegenstromgerät zur Kompensation des Kapazitätsstromes — wachsende Gegenspannung.

Polungswender (unten). Wird der Schalter S_1 nach rechts gelegt, so befindet sich der Spannungsnullpunkt in der Mitte der Walzenbrücke.

Normalelement (links) zur Feinregulierung der Spannung an der Walzenbrücke, wozu der Schalter S_2 nach links gelegt wird.

nung einer Korrektur bedarf, wird im § 7e erläutert. Man muß also entweder diese Korrektur bestimmen oder Eichaufnahmen durchführen, bei denen die Konzentrationen beider Stoffe annähernd denen der Probelösung gleich sind [B 10 und andere]. — Besser ist aus diesen Gründen eine elektrolytische Entfernung des edleren Bestandteils aus der Lösung (s. § 6a, S. 59).

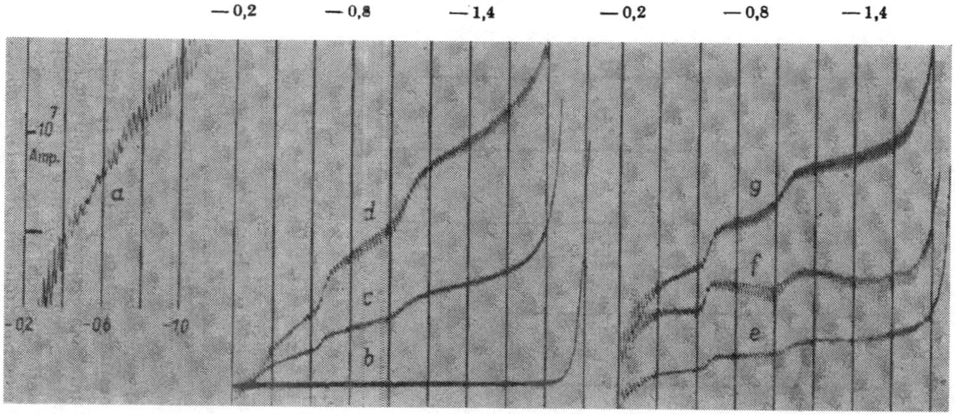

Fig. 37. Die Kompensation des Kapazitätsstromes

a) Der Kapazitätsstrom bei Abwesenheit von Depolarisatoren; 0,1 n-Na_2SO_3 von —0,2 bis —1,0 Volt mit voller Empfindlichkeit — etwa $3 \cdot 10^{-9}$ Amp./mm — polarographiert. Bei etwa —0,56, dem elektrokapillaren Nullpotential, verschwinden die Zacken nahezu. (Daß sie nicht ganz verschwinden und daß dieser Punkt nicht auf der Galvanometernullinie liegt, ist durch einen geringen Restgehalt von O_2 in der Lösung verursacht.)

b) bis d) 0,1n-Na_2SO_3 mit 10^{-3}n-$CdSO_4$ und 10^{-3}n-$ZnSO_4$ von —0,2 bis —2,0 Volt polarographiert.

b) Empfindlichkeit 1/100 (etwa $3 \cdot 10^{-7}$ Amp./mm).

c) Empfindlichkeit 1/5: d) Empfindlichkeit 1/2; Kapazitätsstrom und Stufen.

e) bis g) Die gleiche Lösung unter Anwendung von Gegenstrom polarographiert; Besser vermeßbare Stufen.

e) Empfindlichkeit 1/5. (Zur Kompensation des Kapazitätsstromes wurden 15 Megohm eingestellt — vgl. W_3 in Fig. 94.)

f) und g) Empfindlichkeit 1/2. (2,5 Megohm bei f, 5 Megohm bei g. Letzteres ergibt einen etwas zu schwachen Gegenstrom.)

Auch die Kompensation der interessierenden Stufe selbst kommt in Frage, und zwar dann, wenn man die Stufenhöhe (i_d) ganz besonders genau und absolut messen will: Die zur Kompensation notwendige Stärke des Gegenstromes läßt sich mit Hilfe des Ohmschen Gesetzes viel genauer

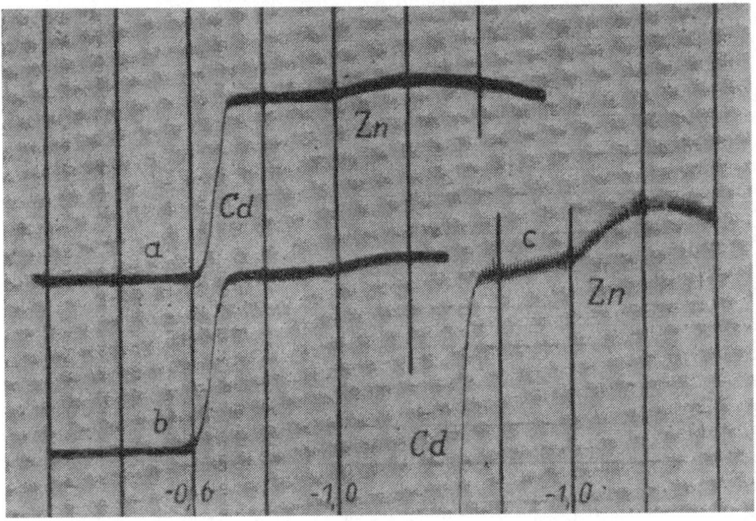

Fig. 88. Die Kompensation einer Stufe

10^{-3}m-$CdCl_2$–10^{-4}m-$ZnCl_2$ in 1n-KCl mit etwas Na_2SO_3 und Colloresin.
a) Empfindlichkeit 1/200: Cd-Stufe 25 mm, Zn-Stufe 2 mm.
b) Desgleichen nach Kompensation der Cd-Stufe.
c) Desgleichen nach Erhöhung der Empfindlichkeit auf 1/50: Zn-Stufe 9 mm. — Nicht verhindern läßt sich durch die Kompensation, daß der Grund- und Grenzstrom der Zn-Stufe große Zacken erhalten und daß der Zn-Grenzstrom nach rechts stark abfällt (weil bei dem negativen Abscheidungspotential des Zn die Tropfgeschwindigkeit mit steigender Spannung schon stark zunimmt). Dies ließe sich nur durch Ausfällung des Cd vermeiden.

ermitteln, als sich i_d aus der Messung der Stufenhöhe und einer Eichung des Galvanometerausschlages bestimmen läßt (vgl. z. B. [C 46, D 79]).

Kompensation durch „Differentialpolarographie". Sowohl der Kapazitätsstrom als auch beliebige Stufen lassen sich nach Semerano und Riccoboni [B 28, auch in D 148 referiert[durch Anwendung zweier Tropfelektroden kompensieren: Die eine Elektrode tropft in der Probelösung, die andere in einer Grundlösung, die genau wie die Probelösung zusammengesetzt ist, nur fehlt der zu bestimmende Depolarisator. Beide Tropfelektroden sind mit der kathodischen Zuleitung verbunden. Die beiden

Gegenelektroden sind über je einen Widerstand an die anodische Zuleitung angeschlossen. Die Mitten dieser beiden Widerstände verbindet man über das Galvanometer. Dieses zeigt also nur dann einen Ausschlag, wenn in den beiden Stromzweigen Ströme verschiedener Stärke fließen. Auf dem Polarogramm kommt daher nur die Stufe des interessierenden Depolarisators zur Abbildung. — Bisher ist es jedoch nicht gelungen, das Tropfen der beiden Kapillaren in einfacher Weise zu synchronisieren. Dadurch wären auch die „Zacken" kompensiert.

Lieneweg [B 17] schlägt die Anwendung zweier Tropfelektroden vor, die in der gleichen Lösung tropfen, an die aber verschiedene Spannungen angelegt sind, eine positiver, die andere negativer als das Reduktionspotential des Depolarisators. Diese Methode ist einfacher. Die Methode von Semerano und Riccoboni ist jedoch exakter, denn hier wird die Stufenhöhe nicht gegen den Grundstrom, sondern gegen den „Reststrom" (s. § 7e und Fig. 40) vermessen. — Eine praktische Anwendung hat anscheinend noch keine der beiden Methoden gefunden. — Siehe auch [B 41, 47].

Beginnen mit positiver Spannung. Bei den beiden vorstehend beschriebenen Kompensationen handelt es sich um Verschiebungen der Ordinate des Polarogramms. Wie im § 3c, d ausgeführt wurde, wird eine Verschiebung der Abszisse des Polarogramms, eine Verlegung des Spannungsnullpunktes in die Mitte der Brücke notwendig, wenn die interessierende Stufe positiver liegt als das Potential der Gegenelektrode. Die dafür angewandte Schaltung nach Hoekstra[1]) (s. Fig. 36 und § 30, Fig. 94) besteht darin, daß die Gegenelektrode nicht an das positive Ende der Walzenbrücke angeschlossen wird, sondern an die Mitte eines Widerstandes, der parallel der Walze gelegt wird. Dadurch liegt zu Beginn des Polarogramms an der Gegenelektrode ein negativeres Potential als an der Tropfelektrode, diese ist Anode, und erst wenn das Rädchen die Mitte des Walzendrahtes erreicht hat, ist an beiden Elektroden von außen keine Spannung angelegt — wie das sonst am Anfang des Polarogramms der Fall ist; weiterhin erhält die Tropfelektrode dann wachsende negative Spannungen.— Der für diese Schaltung notwendige, zur Walze parallel liegende Widerstand (von etwa der gleichen Größe wie der Widerstand der Walze) befindet sich entweder im Polarographen oder wird als „Polungswender" von außen an diesen angesetzt. — Es sei nochmals betont, daß das Potential, von dem an man tatsächlich

---

[1]) J. Hoekstra, Coll. 6 (1934) 17; C. 34 I 3323.

zu polarographieren beginnt, nicht positiver sein darf als es die Tropfelektrode verträgt, ohne durch Oxydation in Lösung zu gehen (Tabelle 2, S. 21). Man darf also bei der hier beschriebenen Schaltung niemals vom Anfang der Brücke an polarographieren. Die dann auftretenden starken (anodischen) Ströme könnten das Galvanometer schädigen[1]).

Liegt das Reduktionspotential des zu bestimmenden Stoffes positiver als es die Tropfelektrode zuläßt, so kann die Stufe polarographisch nicht registriert werden. Daß trotzdem eine Bestimmung solcher starker Oxydationsmittel möglich ist, ist S. 50—51 (und Fig. 5) ausgeführt worden.

Das Eichgerät. Da die Stufenhöhen von dem Durchmesser und der Tropfgeschwindigkeit der Kapillare abhängen, muß beim Übergang zu einer neuen Kapillare der Faktor ermittelt werden, mit dem alle früher aufgenommenen Eichkurven zu korrigieren sind. Diesen Faktor ermittelt man, indem man mit jeder Kapillare eine Standardlösung polarographiert, oder indem man ϑ und m (s. S. 35) bestimmt und den Faktor berechnet. Statt diesen Faktor rechnerisch zu verwenden, kann man ihn mit Hilfe eines „Eichgerätes" apparativ kompensieren. Ein solches Gerät besteht in einer zusätzlichen, kontinuierlich verstellbaren Empfindlichkeitsregulierung des Galvanometers. Man stellt das Gerät so ein, daß die Stufe der Standardlösung stets die gleiche Höhe hat. Auch sonstige Änderungen im apparativen Aufbau lassen sich mit dem Eichgerät kompensieren; so z. B. eine Änderung des Abstandes Galvanometer—Phototrommel. — Ein solches Eichgerät wird von Schwarz [D 85] beschrieben und von der Firma Leybolds Nachf. zu ihrem Polarographen geliefert (vgl. auch [D 106]).

c) Das photographische Papier und seine Behandlung.

Das für den jeweiligen Polarographen geeignete Papier wird man durch die Lieferfirma des Apparates in gebrauchsfertigen Rollen beziehen. Auch die Empfindlichkeit des Papiers muß auf den Polarographen abgestimmt sein. Günstig ist, wenn dieser eine so starke Galvanometerbeleuchtung hat, daß ein relativ unempfindliches, bei gelbem Licht entwickelbares Papier benutzt werden kann[2]).

---

[1]) So ist bei Fig. 6 die Walze zwar ab + 0,2 Volt angelegter Spannung in Betrieb gesetzt worden, das Galvanometer aber erst bei folgenden anliegenden Spannungen eingeschaltet worden: Kurve a — 0,5, b — 0,3, c — 0,2, d ±0,0 Volt.

[2]) Bei den Polarographen mit nicht eingebautem Galvanometer ist darauf zu achten, daß das Photopapier nicht durch Tageslicht, das durch den

Zum Entwickeln wird käufliche Metolhydrochinonlösung, mit der 2- bis 3fachen Menge Wasser verdünnt, genommen[1]). Fixiert wird 10 Minuten lang in saurem, konzentriertem Schnellfixierbad, dann eine halbe Stunde in fließendem Wasser gewässert. Zum schnellen Trocknen sind die elektrisch beheizten Trockenapparate für Photopapiere zu empfehlen, bei denen das Papier auf eine Metallplatte aufgedrückt wird. — Kommt es nicht darauf an, das Polarogramm zu verwahren, sondern darauf, es möglichst rasch auszuwerten, so genügt es, wenn das Papier nach dem Entwickeln kurz in das Fixierbad getaucht, dann kurz gespült und schließlich getrocknet wird. Immerhin ist das Bestreben verständlich, durch Anwendung eines Tintenschreibers[2]) die photographischen Operationen zu umgehen. Es sei darauf hingewiesen, daß auch das Handschreibgerät des Polarographen der Firma Leybolds Nachf., Köln, diesem Zwecke dienen kann. Daß schließlich auch auf die Aufnahme der ganzen polarographischen Kurve überhaupt verzichtet werden kann, wurde im § 2b erwähnt.

Es muß noch darauf hingewiesen werden, daß die photographische Methode noch den kleinen Nachteil hat, daß sich das Papier durch das Entwickeln und Trocknen um etwa 2 bis 3 % zusammenzieht. Dadurch werden natürlich auch die Stufenhöhen um 2 bis 3 % kleiner. Wenn die Eichaufnahmen mit gleichem Papier und gleicher Behandlung durchgeführt wurden, so hebt sich dieser Fehler allerdings heraus, doch bleibt immerhin eine kleine Unsicherheit bestehen. Daher werden die Papiere oft mit

---

Schlitz der Phototrommel eindringt, geschwärzt wird. Diese Polarographen sind daher so aufzustellen, daß der Trommelschlitz gegen eine dunkle Ecke gerichtet ist. Nötigenfalls bedeckt man die Wand hinter dem Galvanometer mit schwarzem Papier.

[1]) Forche [B 5] empfiehlt, folgenden hart arbeitenden Entwickler selbst anzusetzen. Lösung A: 5 g Metol, 10 g Hydrochinon, 100 g Natriumsulfit in 1000 cm³. Lösung B: 100 g wasserfreies Na_2CO_3 in 1000 cm³. Zum Entwickeln: 1 Teil A + 1 Teil B + 2 Teile Wasser.

Nach Antweiler können lange Photostreifen auch in einer kleinen Schale von 20×30 cm Fläche gut entwickelt werden, indem man den zusammengerollten Streifen an eine Schmalseite der Schale legt und dann nach der anderen Schmalseite umrollt. Dies wird einige Male wiederholt. Der Entwickler darf hierbei nicht zu schnell arbeiten. Er braucht in der Schale nur 1 bis 2 cm hoch zu stehen.

[2]) Siehe [B 17, 24].

einem Aufdruck von Millimeterstrichen versehen (am besten nur waagerecht), die dann für die Auswertung der Stufenhöhen benutzt werden können.

d) **Die qualitative Auswertung der Polarogramme.** Die Auswertung der Polarogramme in qualitativer Hinsicht, d. h. in bezug auf die waagerechte Spannungskoordinate, spielt bei wissenschaftlichen Arbeiten eine große Rolle. Aber auch in der Praxis ist sie jedenfalls dann von Bedeutung, wenn man eine Analysenvorschrift ausarbeiten oder verbessern will und etwa die Stufenverschiebung durch Komplexbildner oder durch die H^+-Ionenkonzentration untersucht. Dagegen wird die qualitative Erkennung eines Stoffes in der Praxis nur eine untergeordnete Rolle spielen.

In bezug auf die Spannungskoordinate ist eine Stufe charakterisiert durch ihr Anfangs-, Mittel- und Endpotential. Das Mittel- oder Halbstufenpotential ($E_{1/2}$) hat, wie im Kapitel VI näher ausgeführt wird, die einfache Bedeutung des Redoxpotentials des betreffenden Elektrodenvorganges. Es ist natürlich abhängig vom Lösungsmedium (Komplexbildner, p_H, Aktivitätskoeffizienten), aber — von einigen komplizierteren Fällen abgesehen — unabhängig von der Konzentration des Stoffes, der Galvanometerempfindlichkeit und der Tropfgeschwindigkeit. Daher wird das Halbstufenpotential seit der Erkennung seiner Bedeutung durch Heyrovský (1935 [C 17]) zur Angabe einer Stufenlage bevorzugt. Es ist jedoch darauf hinzuweisen, daß das Halbstufenpotential nur dann dem Redoxpotential entspricht, wenn der Elektrodenvorgang reversibel ist. Es kann aber außerdem durch verschiedene Umstände die Stufensteilheit vermindert und dadurch das Halbstufenpotential verlagert sein. Ganz allgemein geschieht dies durch den Widerstand im Stromkreis (S. 45 und Fig. 5), gelegentlich aber auch durch eine Polarisation der Gegenelektrode (S. 38), durch ungenügende Pufferung (§ 39), durch Hemmung der Elektrodenreaktion infolge eines Adsorptionsfilmes an der Tropfenoberfläche, z. B. durch Maximadämpfer.

Um auch dann, wenn die Stufen nicht die ideale Steilheit aufweisen, das richtige Halbstufenpotential zu ermitteln, stehen mehrere Wege zur Verfügung: 1. Man kann den Widerstand W bestimmen (s. § 40 u. 42) und rechnerisch die Korrektur $i \cdot W$ anbringen. 2. Man kann in manchen

Fällen die Stufe als Oxydations- und als Redox-Stufe erhalten, wodurch sich die Korrektur in der aus Fig. 12 ersichtlichen Weise ergibt. Die allgemeinste und einfachste Methode besteht jedoch darin, daß man 3. die Stufe bei mehreren verschiedenen Depolarisatorkonzentrationen, aber stets gleichbleibender Grundlösung aufnimmt. Die so erhaltenen Halbstufenpotentiale sind verschieden, weil i und damit $i \cdot W$ für die Halbstufenpunkte verschieden sind. Extrapoliert man $E_{1/2}$ auf $i =$ Null, d. h. auf verschwindende Depolarisatorkonzentration, so erhält man den richtigen Wert für $E_{1/2}$ [E 69].

Infolge der Abhängigkeit des Halbstufenpotentials von der Stufensteilheit, die verschiedenen Einflüssen ausgesetzt ist, ist der Stufen a n f a n g oft konstanter als das Halbstufenpotential und daher für rein praktische Zwecke mitunter vorzuziehen; doch ist zu beachten, daß der Stufenanfang von der Stufenhöhe abhängig ist.

Da der Anstieg der Stufe allmählich einsetzt, bedarf es einer Festlegung des Begriffes „S t u f e n a n f a n g". H e y r o v s k ý hat vorgeschlagen, das „45°-Tangentenpotential" zu benutzen, d. h. das Potential des Punktes der Kurve, bei dem eine Neigung von 45° erreicht ist. Dieser hier abgekürzt als „T a n g e n t e n - p o t e n t i a l" (E_{tg}) bezeichnete Punkt ist im Gegensatz zum Halbstufenpotential ($E_{1/2}$) von der Höhe der Stufe abhängig, d. h. von der Konzentration des reduzierbaren Stoffes und von der Galvanometerempfindlichkeit[1]). Das Tangentenpotential rückt bei reversiblen Elektrodenvorgängen bei konstant gehaltener Galvanometerempfindlichkeit bei Erhöhung der Konzentration um eine Zehnerpotenz um $58/\nu$ mV nach links. Bei gleichzeitiger Erniedrigung der Galvanometerempfindlichkeit, so daß die Stufenhöhe unverändert bleibt, bleibt auch das Tangentenpotential unverändert.

Die Festlegung des Tangentenpotentials wird unsicher, wenn die Stufen nicht die Idealgestalt haben, sondern zu geringe Steilheit aufweisen. Dann wird unter Umständen eine Steilheit von 45° überhaupt nicht erreicht.) Es ist daher oft vorzuziehen, den Stufenanfang durch den Schnittpunkt des geradlinig verlängerten Grundstromes mit der in der Wellenmitte angelegten Tangente

[1]) Das Tangentenpotential ist außerdem vom Abszissenmaßstab des Polarogramms (d. h. von der an der Walze anliegenden Spannung) und von der Kapillare etwas abhängig.

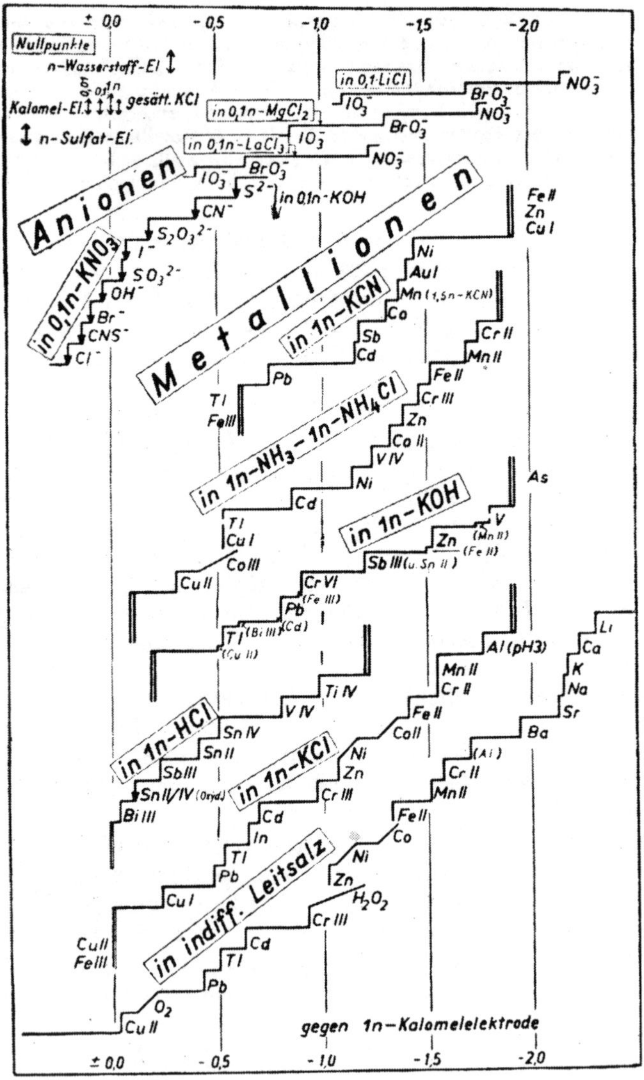

Fig. 39. (Erläuterungen rechts)

festzulegen. Diese Konstruktion ist in Fig. 41 dargestellt. (Winkel und Proske [E 34] haben den so ermittelten Punkt als „Depolarisationspotential" bezeichnet.) Wir wollen den so definierten Stufenanfang als „Stufenfußpotential E_F" bezeichnen. Bei Stufen von idealer Form ist das Stufenfußpotential unabhängig von der Konzentration, der Galvanometerempfindlichkeit und der Kapillare. Praktisch findet man aber doch Unterschiede (weil die Stufe in der Mitte zu geradlinig gezeichnet wird) und sollte daher nur Stufenfußpotentiale annähernd gleich hoher Stufen vergleichen[1]. — Theoretisch sollte der Raumbedarf einer Stufe zwischen dem Stufenfußpotential als Stufenanfang und dem analog definierten Stufenende etwa 100/ν mV betragen [vgl. § 34, Gl. (4)]. Also für einwertige Reaktionen 100 mV, für zweiwertige 50 mV, für dreiwertige 33 mV. Man kann sich leicht davon überzeugen, daß fast alle Stufen eine geringere Steilheit haben.

In der Fig. 39 sind die Halbstufenpotentiale einiger wichtiger Stoffe für verschiedenartige Lösungen in einer von Majer gegebenen Darstellungsart verzeichnet. Sie beziehen sich zunächst auf eine n-Kalomelgegenelektrode. Am linken Rande sind jedoch auch einige andere Marken angebracht, die anderen Gegenelektroden entsprechen. Die Angaben dieser Figur dürfen nur zur

[1] Für Stufen gleicher Höhe, aber verschiedener Steilheit, wie solche Fig. 21 zeigt (s. S. 49), ist das Stufenfußpotential in der Tat ein geeignetes Maß: Alle 4 Kurven der Fig. 21 ergeben $E_F = -0{,}60$ V, während sich für $E_{1/2}$ die Werte $-0{,}69$, $-0{,}77$, $-0{,}95$ und $-0{,}80$ V ergeben. In solchen Fällen, wo die Steilheit der Stufen zu gering ist und eine Korrektur $i \cdot W$ für den Potentialabfall nicht bekannt ist, kann $E_{1/2}$ annähernd aus E_F ermittelt werden: $E_{1/2} = E_F - 0{,}05/\nu$ [vgl. § 34, Gl. (4)]. Aus Fig. 21 ergibt sich damit aus allen Kurven der korrigierte Wert $E_{1/2} = -0{,}60 - 0{,}025 = -0{,}63$ V

Fig. 39. Die Halbstufenpotentiale anorganischer Ionen in einigen Grundlösungen (vgl. Tab. 5, S. 102)

Nach den Angaben der Tab. 5 in Anlehnung an eine von Majer [vgl. C 17] gegebene Anordnungsweise.

Oxydationsstufen sind durch ↓, besonders flach ansteigende Stufen durch schräg ansteigende Linien gekennzeichnet.

Durch ‖ sind Anfang und Endanstieg der Grundlösung angegeben. Daneben — die vor dem Anfang bzw. nicht vor dem Ende reduzierbaren Ionen.

In der Ecke links oben — die durch verschiedene Gegen- oder Vergleichselektroden bedingten Nullpunkte.

annähernden Orientierung über die Lage einer Stufe benutzt werden. Denn je nach der Konzentration des Zusatzelektrolyten, der Art des Maximadämpfers und sonstiger Lösungsbestandteile verändern die Stufen ihre Lage ein wenig. Man wird daher für jede in Gebrauch genommene „Grundlösung" die genaue Lage der Stufen experimentell ermitteln müssen. Hohn [D 51, A 9] empfiehlt, die gefundenen Potentiale im Maßstab der Polarogramme auf durchsichtiges oder Millimeterpapier aufzutragen und diese „Leitern" zur qualitativen Auswertung der Polarogramme zu benutzen, indem man sie an diese anlegt.

Liegt das Potential der Gegenelektrode fest, so kann die Vermessung des Polarogramms oder das Anlegen der „Leitern" vom Beginn des Polarogramms (von der ersten Spannungsmarke) ausgehend erfolgen. Ist das Potential der Gegenelektrode nicht genau bekannt, so kann man — um sich die Messung dieses Potentials zu ersparen — der Analysenlösung einen Stoff mit bekannter Stufenlage zusetzen. Da die gegenseitige Lage der Stufen zueinander unabhängig vom Potential der Gegenelektrode ist, so kann man sich an Hand der Stufe eines solchen „qualitativen Eichstoffes" orientieren. Als solcher Stoff eignet sich vor allem das Tl^+-Ion, weil es in den meisten Lösungen ein nahezu gleiches (vgl. Fig. 6) und dazu verhältnismäßig positives Halbstufenpotential (—0,49 V) hat. Am einfachsten verwendet man nach Heyrovský eine gesättigte Lösung von TlCl, die etwa 0,0013n ist, so daß ein kleiner Zusatz dieser Lösung auf dem Polarogramm eine kleine Tl-Stufe gibt, wie sie Fig. 5 zeigt.

e) **Die quantitative Auswertung der Polarogramme. Eichaufnahmen.**

Eine exakte Bestimmung der Stufenhöhe (der Diffusionsstromstärke) hat so zu erfolgen, daß zunächst die Grundlösung ohne den interessierenden Depolarisator (Fig. 40, Kurven a) und dann mit diesem (Kurven b) polarographiert wird; dann ist bei einem Potential, das dem Diffusionsstrom der Kurve b entspricht, die Differenz *H* der Stromstärken zu vermessen. (Vgl. hierzu auch Fig. 95). Die Stufenhöhe wird also hier gegen den „**Reststrom**" vermessen. Dieses Verfahren wird besonders von Kolthoff und Lingane [A 18, B 29, 35] mit Recht als einzige exakte

Bestimmung von Stufenhöhen bezeichnet. Sie konnten zeigen, daß in vielen Fällen, bei denen keine Proportionalität zwischen Stufenhöhe und Depolarisatorkonzentration gefunden worden war, dies nur auf einer nicht exakten Bestimmung der Stufenhöhe beruhte. Der „Reststrom" der Grundlösung ist nicht nur durch den Kapazitätsstrom, sondern vor allem durch schwer vermeid-

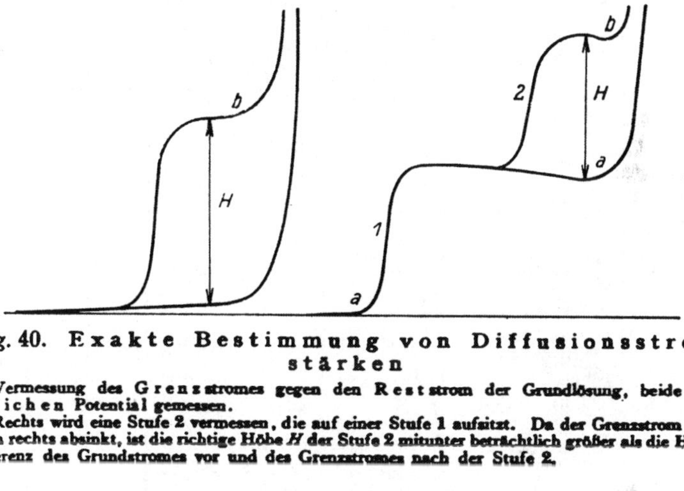

Fig. 40. Exakte Bestimmung von Diffusionsstromstärken

Vermessung des Grenzstromes gegen den Reststrom der Grundlösung, beide beim gleichen Potential gemessen.

Rechts wird eine Stufe 2 vermessen, die auf einer Stufe 1 aufsitzt. Da der Grenzstrom von 1 nach rechts absinkt, ist die richtige Höhe H der Stufe 2 mitunter beträchtlich größer als die Höhendifferenz des Grundstromes vor und des Grenzstromes nach der Stufe 2.

liche Spuren reduzierbarer Verunreinigungen (O_2, Hg, Cu usw.- bedingt.

Für praktische analytische Arbeiten genügt es meist, wenn die Stufenhöhe in der nachfolgend geschilderten Art gegen den „Grundstrom" (der vor der Stufe liegt) vermessen wird. Voraussetzung ist aber dann, daß Eichaufnahmen mit bekannten Gehalten des Depolarisators unter genau den gleichen Bedingungen angefertigt und in gleicher Weise vermessen worden sind.

Die Vermessung der Stufenhöhe ist einfach, wenn der Grund- und Grenzstrom der Stufe genau waagerechte Gerade darstellen. Man zieht dann durch die Mitte der Zacken des Grund- und des Grenzstromes waagerechte Linien und bestimmt deren Höhendifferenz, gegebenenfalls mit Hilfe der Millimetereinteilung des Papiers. Oft gelingt es jedoch nicht, eine Zusammensetzung der Lösung zu finden, die einen derartig idealen Kurvenverlauf ergibt; oder aber mehrere Stufen folgen sich so nah, daß zwischen ihnen kein waagerechtes Kurvenstück erscheint.

Falls der Grund- und Grenzstrom zwar nicht waagerechte, aber doch gerade Linien bilden, ist noch eine einigermaßen genaue

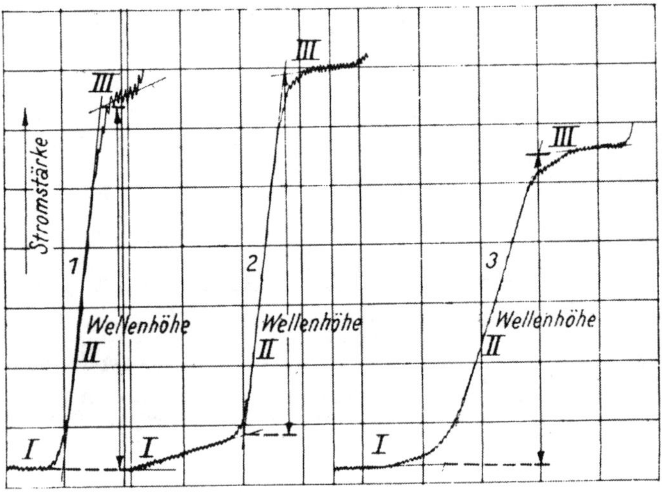

Fig. 41. Die Ausmessung der Stufenhöhe
1). Wolfram (VI) in konzentrierter HCl. 2). Co in NH_3–NH_4Cl. 3). CrVI in NaOH. Nach [D 80]. Vgl. auch Fig. 43.

Auswertung möglich. Am besten ist es, die Linie des Grundstromes nach rechts und die des Grenzstromes nach links zu verlängern und deren Höhendifferenz bei der Stufenmitte auszumessen, wie dies Fig. 43 darstellt. Man kann auch als dritte Hilfslinie eine Tangente durch die Mitte des ansteigenden Kurventeiles legen und als Stufenhöhe die Höhendifferenz der Schnittpunkte dieser Tangente mit den Verlängerungen des Grund- und Grenzstromes ausmessen (Fig. 41). Man erhält damit natürlich einen anderen Wert für die Stufenhöhe als nach der vorher angegebenen Methode. In der Literatur sind noch weitere Meßmethoden angegben, doch sind sie weniger zweckmäßig. Wir verzichten auf ihre Wiedergabe und betonen, daß keine Meßmethode die Unsicherheiten zu beseitigen vermag, die durch eine mangelhafte Stufenform entstehen. Man bleibe daher stets bemüht, die Analysenvorschrift so zu verbessern, daß eine gute Stufe erhalten wird.

Sind zwei Stufen schlecht getrennt, d. h. besitzen sie wegen zu naher Nachbarschaft keinen horizontalen Kurventeil zwischeneinander (Fig. 25, linke Kurve), so benutzt man die Höhe des Wendepunktes zwischen den Stufen zu ihrer Abgrenzung. Dieser Punkt ist genauer festzustellen, wenn die Kurve mit kleiner Spannung an der Brücke aufgenommen wird. Die Eichaufnahmen müssen natürlich in gleicher Weise angefertigt und ausgewertet werden.

Wenn man nicht nur rein praktische Zwecke verfolgt, sondern beispielsweise den Absolutwert eines Diffusionsstromes bestimmen will, so ist bei der Auswertung der Stufenhöhen die in Fig. 40 dargestellte exakte Methode anzuwenden, also der Reststrom zu bestimmen.

Dies ist ganz besonders dann zu berücksichtigen, wenn eine andere Stufe (1) vor der interessierenden Stufe (2) liegt (Fig. 40 rechts). Denn der Grenzstrom der Stufe 1, der unter der Stufe 2 ja nicht mehr sichtbar ist, ist potentialabhängig, weil die Tropfzeit sich mit dem Potential ändert (s. § 36). Man muß also den Grenzstrom 1 erst ohne die Stufe 2 aufnehmen, um deren Höhe genau bestimmen zu können, oder muß die Senkung des Grenzstromes zu negativeren Potentialen rechnerisch berücksichtigen (Kolthoff und Orlemann C 60].

Eichaufnahmen sind selbstverständlich auch bei guten Kurven notwendig. Stets sind dabei Aufnahmen mit mehreren Konzentrationen zu machen, um die Proportionalität zwischen Konzentration und Stufenhöhe zu prüfen. Stärkere Abweichungen von dieser Proportionalität sind unbedingt ein Anzeichen dafür, daß irgend etwas nicht in Ordnung ist. Ob man die Eichergebnisse graphisch darstellt (Figg. 42 u. 95) oder in einer Formel ausdrückt, ist Geschmackssache. Selbstverständlich müssen die Eichaufnahmen unter genau den gleichen Bedingungen ausgeführt werden wie die Analyse selbst: Die gleiche Kapillare, gleiche Quecksilberniveauhöhe und somit Tropfgeschwindigkeit, die gleiche Zusammensetzung der Lösung und schließlich die gleiche Temperatur sind beizubehalten. Wieweit die **Temperaturkonstanz** zu beachten ist, hängt von der erstrebten Genauigkeit ab. Wie erwähnt, ändert sich die Stufenhöhe um 2% pro Grad. Trotzdem wird vielfach ohne Thermostaten (§ 31) gearbeitet. Dieser erübrigt sich, wenn man die nachstehend geschilderte Methode des Eichzusatzes anwendet oder direkt an die Analysen

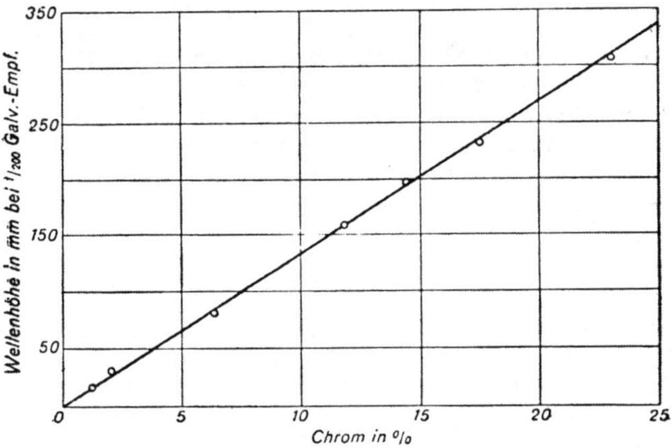

Fig. 42. **Beispiel einer Eichkurve**
Für die Chrombestimmung im Stahl als Chromat nach [D 80].

aufnahme eine Eichaufnahme anschließt. Je temperaturkonstanter das Zimmer ist und je geringer die Genauigkeitsansprüche sind, um so eher wird man ohne Thermostaten auskommen. — Selbstverständlich ist darauf zu achten, daß Temperaturänderungen, die die Lösung während der Vorbereitung erfahren hat (auch durch Lösungs- und Reaktionswärmen), sich vor der Aufnahme des Polarogramms soweit ausgleichen, wie es die erstrebte Genauigkeit erfordert.

Eines besonderen Hinweises bedürfen noch die **Eichaufnahmen bei Fällungen** in der Lösung. Durch die Fällung eines störenden Stoffes wird meist auch von dem zu bestimmenden Stoff etwas mitgerissen. Dies schadet nichts wenn unter den gegebenen Fällungsbedingungen die mitgerissene Menge konstant ist. Man hat dann die Eichaufnahme genau in der gleichen Weise durchzuführen wie die Analyse selbst, d. h. auch die Fällung durchzuführen, und zwar mit ebensoviel Gehalt an dem zu fällenden Stoff. Selbst wenn etwa 10% vom gesuchten Stoff mitgerissen werden, ist dann doch eine auf 1 bis 2% genaue Analyse möglich.

Auswertung durch Eichzusatz. Man kann aus einer Stufenhöhe die Konzentration eines Depolarisators auch dadurch ermitteln, daß die Analysenlösung nochmals polarographiert wird, nachdem durch einen Zusatz dieses Depolarisators dessen Konzentration in bekanntem Betrage erhöht wurde. Diese Methode ist an sich etwas weniger genau als die eines Vergleiches mit einer Serie von Eichaufnahmen (wenn hierbei alle Vorsichtsmaßregeln getroffen wurden). Sie hat jedoch für die Praxis den großen Vorteil, daß es weit einfacher zu erreichen ist, daß die Versuchsbedingungen bei der Analysen- und der Vergleichsaufnahme die gleichen sind, und zwar auch in bezug auf die Zusammensetzung der Lösung. Man verfährt dabei entweder so, daß man die Probelösung erst als solche und dann nach einem Eichzusatz polarographiert[1]), oder aber man entnimmt der Probelösung zwei gleiche Portionen (z. B. 10 cm³), setzt der einen eine kleine Menge Wasser (z. B. 1 cm³) und der anderen genau die gleiche Menge (1 cm³) Eichlösung hinzu und polarographiert beide[2]). — Der Eichzusatz wird nach Menge und Konzentration so gewählt, daß er die Stufenhöhe annähernd verdoppelt.

---

[1]) Die gesuchte Konzentration c_1 ergibt sich aus der Formel

$$c_1 = \frac{c_z \cdot v_z \cdot h_1}{h_2 \cdot v_2 - h_1 \cdot v_1} = f \cdot \frac{h_1}{h_2 \cdot v_2 - h_1 \cdot v_1}$$

darin bedeuten

$c_1\ v_1\ h_1$ = Molarität, Volumen und Stufenhöhe der ursprünglichen Lösung;
$c_2\ v_2\ h_2$ = desgleichen nach dem Zusatz;
$c_z\ v_z$ = desgleichen für die zugesetzte Lösung;
f = ein Faktor, der bei Serienanalysen konstant bleibt und auch die Umrechnung auf Gewichtsprozente der Einwaage enthalten kann.

[2]) Die gesuchte Konzentration c_1 ergibt sich in diesem Falle einfach aus

$$c_1 = f \cdot \frac{h_1}{h_2 - h_1}.$$

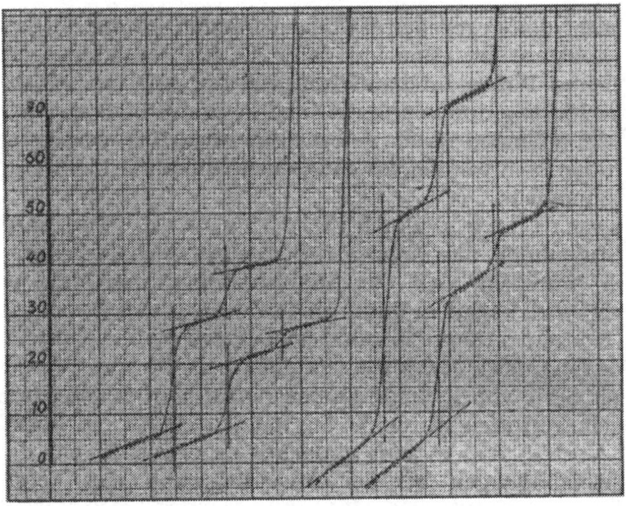

Fig. 43. **Auswertung eines Polarogramms mit Hilfe eines Eichzusatzes: Bestimmung von Pb und Cd in Elektrolytzink.** Nach W. Kilian in [D 150b].

Über die Vorbereitung der Probe s. § 11d unter Feinzink.

Linkes Kurvenpaar mit der Empfindlichkeit 1/10, rechtes mit 1/5 aufgenommen. Jeweils rechte Kurve: Probelösung (10 cm³, enthaltend 1 g Zn, versetzt mit 2 cm³ Wasser): linke, Kurve: Probelösung mit Eichzusatz (zu 10 cm³ Probelösung 2 cm³, die 0,10 mg Pb und 0,04 mg Cd enthalten).

Die Auswertung des Polarogrammes Fig. 43 ergibt folgendes (h_1 = Stufenhöhe ohne Zusatz, h_2 = mit Zusatz):

	Aufnahmen mit 1/10 Empf.		Aufnahmen mit 1/5 Empf.	
	Pb	Cd	Pb	Cd
h_2 mm	19,8	8,4	39,8	16,8
h_1 mm	12,4	3,5	25,0	7,0
h_2-h_1	7,4	4,9	14,8	9,8
C in %	$0{,}016_8$	$0{,}002_9$	$0{,}016_9$	$0{,}002_9$

Der %-Gehalt C des Zinks an Pb bzw. Cd ergibt sich aus

$$C = \frac{\text{Eichsubstanz in Gramm} \times h_2}{\text{Zink in Gramm} \times (h_2 - h_1)} \cdot 100.$$

Fig. 43 zeigt ein praktisches Beispiel einer Konzentrationsbestimmung durch Eichzusatz.

Statt die Stufenhöhe mit einer solchen des *gleichen* Stoffes bekannter Konzentration zu vergleichen, kann auch ein *anderer* Stoff bekannter Konzentration der Analysenlösung zugesetzt werden. Z. B. kann man bei Pb-Bestimmungen einen stets konstanten Cd-Zusatz machen (und umgekehrt). Man bezieht dann die Höhe der Pb-Stufe stets auf die der Cd-Stufe und legt diesen Quotienten der Auswertung zugrunde. Diese von Forche [B 7, vgl. auch D 113b] angegebene „Methode des Stufenquotienten" sorgt dafür, daß die Meß- und Vergleichsstufe unter gleichen Bedingungen aufgenommen werden.

Einen annähernden Einblick in die Konzentration (Normalität) eines Stoffes gewährt natürlich die Stufenhöhe auch ohne jede Eichung. Denn die Stufenhöhen verschiedener Stoffe gleicher Normalität[1]) unterscheiden sich bei gleichen Aufnahmebedingungen nur wie die Quadratwurzeln ihrer Diffusionskoeffizienten, also meist nicht mehr als um 20 bis 30% (H^+-Ion und große Molekeln ausgenommen). Treten z. B. unerwartete Stufen infolge einer Verunreinigung auf, so kann man sich über deren ungefähre Konzentration schnell ein Bild machen, wenn man sich gemerkt hat, wie hoch bei den benutzten Versuchsbedingungen z. B. die Stufe eines 0,001 n-Stoffes bei $^1/_{100}$ Empfindlichkeit ist. Durch solche Konzentrationsabschätzungen wird die Entdeckung der Verunreinigungsquelle wesentlich erleichtert.

Konzentrationsbestimmung ohne Polarogramm. Da es für eine quantitative Bestimmung nur darauf ankommt, die Differenz zwischen Grund- und Grenzstrom festzustellen, kann man sich die Aufnahme des ganzen Polarogramms auch ersparen. Man stellt die Spannung zunächst auf einen Punkt des Grundstromes, dann des Grenzstromes ein und liest beidemal die Stromstärke ab. Dieses für Serienanalysen sehr verlockende polarometrische Verfahren ist bereits im § 2b behandelt worden und wird im Kapitel IV und § 30 näher besprochen. Es ist anzunehmen, daß in Zukunft von dieser Möglichkeit noch mehr Gebrauch gemacht werden wird.

---

1) Die „polarographische Normalität" ist gleich der Molarität, multipliziert mit der Anzahl ν der Ladungen, die ein Teilchen bei der Reduktion abgibt. So ist z. B. eine 0,001 m-CrIII-Lösung 0,001 n in bezug auf die erste und 0,002 n in bezug auf die zweite Stufe; 0,001 m-Lösungen von einem Nitrokörper sind 0,006 n. Es empfiehlt sich, um Mißverständnissen und Versehen vorzubeugen, Molaritäten anzugeben. Es ist ja auch sonst manchmal nicht eindeutig, was unter Normalität zu verstehen ist (z. B. bei einer Thiosulfatlösung).

Da die Stufenhöhe nicht nur von der Analysenlösung, sondern auch von der Tropfkapillare abhängt, ist das im § 4 Gebrachte bei jeder quantitativen Stufenauswertung zu berücksichtigen. Insbesondere sei darauf hingewiesen, daß man durch Ermittlung der Kapillarenkonstante die Zahl der notwendigen Eichaufnahmen unter Umständen stark reduzieren kann.

f) **Die Protokollführung.** Auch das beste Polarogramm ist wertlos, wenn die dazugehörigen Angaben nicht zur Hand sind. Man gewöhne sich daher an eine sehr sorgfältige Protokollführung. Am besten notiert man die Nummer des Polarogramms auf dessen Rückseite schon vor dem Entwickeln. Und schon während der Aufnahme notiert man in das Protokollheft:

Die Nummer des Polarogramms.
Die Art der Bestimmung und die Herstellung der Lösung.
Die Zusammensetzung der Lösung.
Die Galvanometerempfindlichkeit.
Die Temperatur der Lösung.
Die an die Brücke angelegte Spannung.
Den Spannungsbereich der Aufnahme.
Die Art der Gegenelektrode.

g) **Für den Anfänger** seien abschließend einige Hinweise zusammengestellt.

1. Die automatische polarographische Apparatur birgt die Gefahr in sich, daß während des Versuchs nicht genügend sorgfältig beobachtet wird, so daß erst nachträglich beim Entwickeln des Polarogramms festgestellt wird, daß Störungen vorgelegen haben, deren Art dann nur noch schwer zu ermitteln ist. Zweckmäßig ist es, die polarographische Kurve zunächst ohne Registrierung unter visueller Beobachtung des Galvanometers zu verfolgen.

2. Man beobachte vor allem die Kapillare, untersuche sie nach der Herstellung mikroskopisch und achte während des Versuches darauf, ob sie regelmäßig tropft.

3. Beim erstmaligen Polarographieren einer neuartigen Lösung bleiben einem Überraschungen nicht erspart. Die Deutung der Kurve erleichtert man sich durch Beachtung folgender Dinge

Man nehme die Galvanometernullinie auf. Sonst sind Reduktions- und Oxydationsstufen nicht zu unterscheiden.

Man polarographiere stets zunächst die Grundlösung ohne den eigentlich interessierenden Stoff („Blindversuch"). Falls deren mehrere vorgesehen sind, setze man sie nacheinander zu. Falls schon die Grundlösung ein unerwartetes Bild ergibt, setze man auch diese unter polarographischer Kontrolle nach und nach zusammen. Es ist dabei daran zu denken, daß auch die Reihenfolge der Zusätze mitunter wichtig ist.

Bei der Zuordnung der Stufen zu bestimmten Reduktions- oder Oxydationsvorgängen berücksichtige man nicht nur die Lage (das Potential) der Stufen, sondern auch ihre Höhen. Es kann dringend angeraten werden, sich die Stufenhöhe irgendeines Depolarisators bei gegebener Konzentration und Empfindlichkeit zu merken (z. B. 0,01 n-Cd^{2+} bei $^1/_{100}$ Empfindlichkeit). Jede neuartige Stufe bezieht man dann überschlagsmäßig auf diese Standardstufenhöhe und überzeugt sich dadurch, ob die Zuordnung möglich ist. Sonst kann man leicht eine mit hoher Empfindlichkeit aufgenommene Stufe einer Verunreinigung fälschlich dem gesuchten Stoff zuordnen.

4. Es empfiehlt sich im allgemeinen bei folgenden Bedingungen zu arbeiten: Konzentration des zu bestimmenden Stoffes etwa 0,001m, des Leitsalzes 0,1m, nötigenfalls 0,01% Gelatine. Entlüftete Lösung. Tropfzeit 3 Sek.

Tabelle 5. Die Halbstufenpotentiale

r = reversible Stufe
i = irreversible Stufe } (soweit nachgewiesen).

I. u. II. Hauptgruppe des period. Systems . . . Art des Leitsalzes Rb — 2,07; Cs — 2,09; Na — 2,15r; K — 2,17r; Li — 2,31.
III. Hauptgruppe . . . Al — 1,87 bei p_H 2, — 1,76 bei p_H 3, — 1,66
Sc — 1,84; Eu III/II — 0,77, — II/0 —2,57; Yb III/II — 1,48, II/0 — 2,0.

	Indiff.-Lsg.[1])	1 n-Chlorid	Säuren[2])	1n-KOH
I. Cu II/0	— 0,03r			(— 0,5)[3])
II/I		←[4])		
I/0		— 0,22r		
Ag	←	←		
Au III/I	←	←		[7])
I/0	←	←		
II. Zn II/0	— 1,02r	— 1,06		— 1,53i[8])
Cd II/0	— 0,62r	— 0,68		(— 0,80)[3])
III. In III/0	[9])	— 0,63		— 1,13
Ga III/0			— 1,3[10])	→
Tl I/0	— 0,50r	— 0,52		— 0,52
IV. Ti IV/III			— 0,98i[11])	→
III/IV (Oxyd.)			— 0,18i[11])	
Sn IV/II			— 0,51[13])	— 1,26
II/0			— 0,39[13])	— 0,7i
II/IV (Oxyd.)			— 0,06[14])	— 0,80r
Pb II/0	— 0,42r	— 0,47		

[1]) Stets „indifferent" sind 0,1 n-KNO_3 oder $NaClO_4$, meist aber auch andere verdünnte Salze oder Säuren.

[2]) Die Spalte „Säuren" ist nur dann ausgefüllt, wenn das Kation nur in saurer Lösung bestimmt werden kann.

[3]) Schwer löslich.

[4]) In 0,1 n-Chlorid; II/I + 0,07r, I/0 — 0,11r.

[5]) In 0,1 n-NH_3—0,1 n-NH_4Cl: II/I — 0,18r, I/0 — 0,41r.

[6]) $KAg(CN)_2$ ohne Leitsalz.

anorganischer Kationen (vgl. Fig. 39, S. 90)

→ = keine Reduktion bis zum Endanstieg.
← = reagiert mit Hg: Anstieg sofort zu Beginn.

gleichgültig, wenn nur genügend schwer reduzierbar.
Ra — 1,89; Ba — 1,94r; Sr — 2,13; Ca — 2,23r; Mg (— 2,3).
bei p_H 4 (in 1 n-LiCl mit HCl);

1 n-NH_3— 1 n-NH_4Cl	1 n-KCN	1 n-Tartrat	Weitere Grundlösungen
	→	— 0,12	NH_4-Acetat mit Weinsäure oder mit KCNS.
— 0,30r[5])			0,1 n-KCNS: II/I — 0,06, I/0 — 0,43.
— 0,52r			0,1 m-Pyridin—0,1 m-Pyridiniumsalz: II/I + 0,01, I/0 — 0,29.
	(— 0,3) [6])		
	←		
	— 1,4		
— 1,38i	→	— 1,2	1 n-Oxalat: — 1,5i. 1 n-KCNS: — 1,1.
— 0,85r	— 1,15	— 0,83	
unlöslich		— 0,8	
— 1,6			
— 0,52	←	— 0,52	
		— 0,49r[12])	
		— 0,49r[13])	0,1 n-KCNS: IV/III — 0,49r.
		— 1,0	Alkal. Citratlsg.: II/0 — 0,8. Citratpuffer p_H 7: II/IV (Oxyd.) — 0,48.
		— 0,3	
(unlöslich)	— 0,74	— 0,64	Alkal. und saure Citratlösung. NH_4-Acetat mit Weinsäure od. mit KCNS.

[7]) Mehrere Stufen.
[8]) In 0,1 n-KOH: — 1,42i.
[9]) Ab — 0,7 sehr flach ansteigend.
[10]) Bei p_H 3.
[11]) In 0,1 n-HCl.
[12]) Saure Lösung, ebenso in saurer Citratlösung.
[13]) In 2 n-$HClO_4$-0,5 n-KCl.
[14]) In 1 n-HCl.

Tabelle 5

	Indiff.-Lsg.[a])	1 n-Chlorid	Säuren [b])	1 n-KOH
V. V			— 0,8	— 1,8
As III			s. Kap. IIIA	→
Sb III/0			— 0,3 [1])	— 1,3
Bi III/0			— 0,03 [3])	(— 0,6) [4])
VI. Cr VI/III				— 0,89
III/II	— 0,92	— 0,96i		
II/0	— 1,57	— 1,53i	—	— 1,98
Mo VI/III	→	→		→
W VI/III	→	→		→
U VI	Mehrere Stufen			
VII. Mn II/0	— 1,51i	— 1,55	—	(—1,74)[5])
VIII. Fe III/II			←	(— 0,9r) [7])
II/0	— 1,32	— 1,5	—	(— 1,5) [7])
Co III/II				
II/0	— 1,3i [10])	— 1,3 [10])	—	(—1,44)[11])
Ni II/0	— 1,1i [13])	— 1,1i	—	unlöslich

a), b) Siehe Anm. 1 bzw. 2 auf S. 102.
[1]) In 1 n-H_2SO_4. [2]) Mit 1 n-KOH. [3]) In 1 n-H_2SO_4.
[4]) Schwer löslich. [5]) Kaum löslich.
[6]) In 1,5 n-KCN; in verdünnterem KCN mehrere Stufen.
[7]) Die geringe Löslichkeit wird durch Mannit, Glycerin usw. erhöht.

(Fortsetzung)

$n\text{-}NH_3$— $n\text{-}NH_4Cl$	1 n-KCN	1 n-Tartrat	Weitere Grundlösungen
— 1,23	— 1,17	—1,42 [8]) — 0,4	Na_2HPO_4, NaH_2PO_4; saure Tartratlösung. Mineralsäuren.
— 0,36 — 1,46 — 1,74	— 1,42r		1 n-Oxalat: III/II →, II/0 →. 0,1 n-Na_2SO_4: III/II — 1,04i, II/III (Oxyd.) — 0,62i. Gesätt. $CaCl_2$: III/I I — 0,55r, II/III (Oxyd.) —0,55r. 50% H_2SO_4. H_3PO_4. Milchsäure. Konz. HCl. $(NH_4)_2CO_3$: 1. — 0,83, 2. — 1,45. 2 n-$NH_2OH \cdot HCl$ 1. —0,28, 2. —1,08.
— 1,69	— 1,37[8])		1 n-KCNS: —1,59. 12 n-$CaCl_2$ —1,38 1 n-Oxalat: →. 2 n-KOH mit 5% Weinsäure: VI/IV — 0,2, IV/III — 1,1, III/II — 1,3i, II/0 — 1,7; II/III (Oxyd.) — 0,4i.
— 1,52	← →	— 0,15r[8]) — 1,57 [9])	1 n-Oxalat: III/II — 0,28r, II/0 →. 1 n-KCNS: II/0 — 1,4. 0,5 n-Citrat bei p_H 6: III/II —0,26r.
— 0,5 [12]) — 1,32i	— 1,3 →	— 1,6	1 n-Oxalat: II/0 →. 1 n-KCNS: — 1,07. 0,1 m-Pyridin—0,1 m-Pyridiniumchlorid: → 1,11.
— 1,14	— 1,44	→	1 n-Oxalat: →. 1 n-KCNS: — 0,74. 0,1 m-Pyridin—0,1 m-Pyridiniumchlorid: — 0,82.

[8]) Bei p_H 5; — 1,77i bei p_H 9,3.
[9]) In ammoniakalischer Tartratlösung.
[10]) Sehr flach.
[11]) Kaum löslich.
[12]) Sehr flach und stark veränderlich in der Lage.
[13]) Flach.

KAPITEL III

SPEZIELLE VORSCHRIFTEN FÜR ANALYSEN

Verhalten der einzelnen Depolarisatoren

A. Anorganische Einzelstoffe und einfache Trennungen

§ 8. Anorganische Kationen

a) Die Wasserstoffionen.

Die Wasserstoffstufe wird für eine Bestimmung der H^+-Ionen nicht benutzt, weil sie — wie unten dargelegt wird — ein etwas kompliziertes Verhalten zeigt. Dennoch ist die Kenntnis dieses Verhaltens für jedes Arbeiten in sauren Lösungen wichtig.

Die H^+-Ionenreduktion („Wasserstoffabscheidung") $2\,H^+ + 2\ominus = H_2$ erfolgt an der Hg-Elektrode mit großer Überspannung, also irreversibel. Auf die Theorien über die Ursache dieser Überspannung und über den Mechanismus der Reaktion soll hier nicht eingegangen werden. Einiges ist in den Referaten im Kapitel VII c wiedergegeben.

Enthält die Lösung freie H^+-Ionen einer s t a r k e n S ä u r e, so entsteht eine H-Stufe[1]) mit dem Halbstufenpotential etwa —1,6 V; dieses ist etwas abhängig von der H^+-Konzentration, der Tropfgeschwindigkeit und der Art und Wertigkeit der sonst anwesenden Ionen. Fig. 47 zeigt eine H-Stufe. Die H-Stufenhöhe ist etwa 3mal größer als die anderer Depolarisatoren, weil die Diffusionskonstante der H^+-Ionen besonders groß ist. — In stärker sauren Lösungen bildet der Beginn der H-Stufe den Endanstieg

[1]) Bei geringer Leitsalzkonzentration kann die H-Stufe ein (spitzes) Maximum aufweisen. Hohe Leitsalzkonzentration erniedrigt die H-Stufe infolge des besonderen Mechanismus der H-Ionenwanderung stark (W. Hans unveröffentlicht); ein „nichtabbrechendes Maximum" wirkt in umgekehrter Richtung.

des Polrogramms. Bei 1 n-Säuren liegt er bei — 1,1 V, wird jedoch durch die Gegenwart von Kationen, besonders von mehrwertigen [Herasymenko und Šlendyk, C 9] — auch durch einige Alkaloide [Pech, F 7] — um bis zu 0,1 V zu negativeren Potentialen verschoben. Verdünnen der Säure um das Zehnfache verschiebt das Tangentenpotential um 0,11 V zu negativeren Potentialen. Der Endanstieg der polarographischen Kurve einer sauren Lösung läßt sich also unter Umständen etwas hinausschieben, indem man das Salz eines schwerreduzierbaren mehrwertigen Kations (z. B. $MgCl_2$) zusetzt, indem man die Säurekonzentration vermindert oder indem man eine schwache Säure anwendet. Andrerseits wird der Endanstieg durch die Gegenwart auch geringer Mengen mancher organischen Stoffe (mit „labilem" Wasserstoff) zu positiveren Potentialen vorverlegt, so z. B. durch Methylenblau (s. § 22).

Bei schwachen Säuren liegen die Halbstufenpotentiale negativer als bei den starken — um so mehr, je schwächer die Säure ist —, weil das H^+-Ion mit dem Säureanion zu undissoziierten Molekeln „komplex gebunden" ist. Zusatz eines Salzes der schwachen Säure ist gleichbedeutend mit weiterem Komplexbildnerzusatz und verschiebt somit die Stufe noch mehr zu negativen Potentialen [Tomeš, C 35].

	$E_{1/2}$	p_H
0,007 n-HCl — 1 n-LiCl	—1,60	2,2
0,007 n-Essigsäure — 1 n-LiCl	—1,77	3,6
0,007 n-Essigsäure — 0,007 n-Na-Acetat	—1,83	4,7
0,007 n-Essigsäure — 0,035 n-Na-Acetat	—1,90	5,4

Die Lage der Stufe ergibt somit einen annähernden Einblick in den p_H-Wert der Lösung. Es sei aber betont, daß auch die vorhin dargelegten Gesetzmäßigkeiten quantitativ nicht ohne weiteres zu fassen sind, da es sich um eine irreversible Reduktion handelt und die Überspannung verschiedensten Einflüssen zugänglich ist.

Die H-Stufenhöhe schwacher Säuren ist kleiner als die starker Säuren, und zwar weil hier nicht (oder nur ganz untergeordnet) freie H^+-Ionen zur Elektrodenoberfläche diffundieren, sondern an Anionen gebundene, mit einer etwa 10mal kleineren Diffusionskonstanten, weshalb die Stufe etwa $\sqrt{10}$mal kleiner ist.

Schließlich enthalten auch die Wassermolekeln H^+-Ionen, die „komplex gebunden" sind, und zwar besonders fest. Aber bei hoher Spannung wird auch aus dem Wasser der Wasserstoff abgeschieden. Um dies zu erhalten, muß durch eine kleine Menge Elektrolyt — z. B. 10^{-3}n-HCl oder KCl — dem Wasser eine gewisse Leitfähigkeit gegeben werden. Man erhält dann erst die H- bzw. K-Stufe des Elektrolyten und dann einen etwa bei — 3 V beginnenden unbegrenzten Anstieg des Stromes infolge der Wasserzersetzung [Ilkovič, C 12]. Die von Orlemann und Kolthoff [s. C 66] angenommene „anomale Wasserreduktion", die sog. „Wasserwelle", ist unseres Erachtens als nicht abbrechendes Maximum zu deuten (§ 42). — Über eine „Verschiebung" der H-Stufe z. B. durch Jodat s. § 39 am Schluß.

b) Die Metalle der 1. bis 3. Hauptgruppe des periodischen Systems:

Alkalien, Erdalkalien und Erden. Ammonium.

Halbstufenpotentiale:

	Rb — 2,07	Cs — 2,09	Na — 2,15	K — 2,17	Li — 2,4
Ra — 1,89	Ba — 1,98		Sr — 2,15	Ca — 2,26	

Wegen der negativen Abscheidungspotentiale kommt natürlich eine saure Lösung nicht in Frage. Man benutzt als Leitsalz Tetraalkylammoniumhydroxyde (s. § 6a, S. 61). Für die Bestimmung von Ba, Na, K kann auch ein Li-Salz als Leitsalz benutzt werden. — Die Lösungen müssen nitratfrei sein, auch bei Bestimmung der einwertigen Alkaliionen (s. § 9a bei Nitrat). Der Sauerstoff muß aus der Lösung nur dann entfernt werden, wenn die Konzentration der zu bestimmenden Alkali- oder Erdalkaliionen sehr gering ist. — Stufenverschiebende Komplexbildner sind noch nicht bekannt. Vielleicht kommen hierfür bei den Erdalkalien die „Trilone"[1]) in Frage. — Eine Trennung der Alkalien und Erdalkalien muß auf chemischem Wege vorgenommen werden, am besten durch Fällung letzterer mit Ammoncarbonat. Ein Entfernen von NH_4^+ aus der Probe ist durch Kochen mit $N(CH_3)_4OH$ möglich. Nach Novák [laut Heyrovský A 19, S. 299] können sich hierbei aus dem $N(CH_3)_4OH$ störende Amine bilden, zu deren Entfernung Eindampfen und einige Minuten Erhitzen auf 120° empfohlen wird.

[1]) Dies sind Wasserenthärtungsmittel. „Trilon A" z. B. ist das Na-Salz der Nitrilotriessigsäure $N(CH_2 \cdot CO_2Na)_3$. Näheres s. P. Pfeiffer und W. Offermann, Ber. 75 (42) 1.

Na, K. Lit.: D **25**, 26, **35**, (62, 73), 105, **143**, (148), 155, 184; 91; C (1,38), 96. Fig. Nr. 44.

Bei Bestimmung dieser Metalle in 0,5 bis 1 % (0,05 bis 0, 1n-) Tetramethylammoniumhydroxyd nach Majer [D 25], Abresch [D 35] und anderen muß eine etwa 0,005n-Alkalikonzentration eingehalten werden, um einen brauchbaren Grenzstrom der Stufe zu erhalten (Fig. 44). Das bei höherer Alkalikonzentration auftretende kleine Maximum befindet sich auffallenderweise nicht auf dem Grenzstrom, sondern am Stufenstieg.

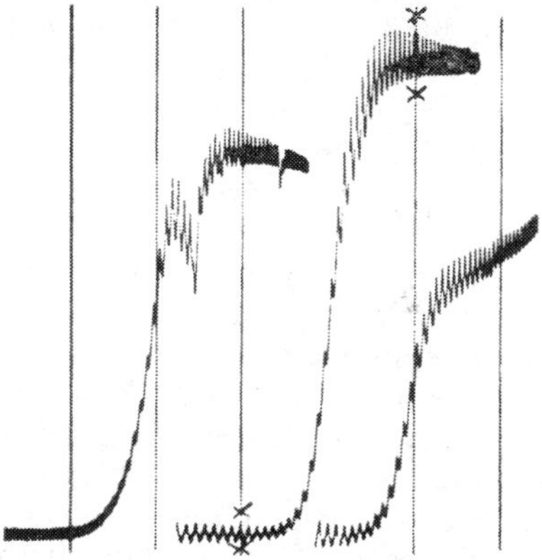

Fig. 44. Kalium

KCl in 0,1 n-$N(CH_3)_4OH$. Ohne Diaphragma. Mit langsam tropfender Kapillare: Tropfzeit gleich 15 Sek. ohne Spannung, jedoch 3,3 Sek. bei der K-Stufe.

Linke Kurve: 0,020n-KCl (Galv.-Empf. 5 10^{-7}). Konzentration zu hoch: Grenzstrom abfallend; Maximum am Stufenanstieg.

Mittlere Kurve: 0,0050 n-KCl (Galv.-Empf. $2 \cdot 10^{-7}$). Konzentration günstig: Grenzstrom waagerecht. Die Stufenhöhe kann sehr genau zwischen den mit × bezeichneten Spannungsmarken vermessen werden.

Rechte Kurve: 0,0015 n-KCl (Galv.-Empf. $1 \cdot 10^{-7}$). Konzentration zu klein: Grenzstrom ansteigend.

Die zweite und dritte Kurve sind um 2, bzw. 3 Spannungsmarken nach rechts verschoben.

Eine genauere Bestimmung ist nach Zlotowski und Kolthoff [D 143] möglich, wenn die Lösung 50 % Alkohol enthält, da hierdurch der Reststrom der Base (s. S. 59) vermindert wird. Die Tetraäthylbase ist wegen des späteren Endanstiegs der Tetramethylbase vorzuziehen. Sie soll in mindestens 50-fachem Überschuß gegenüber dem Alkali vorhanden sein. Der Reststrom ist zu bestimmen. Die Halbstufenpotentiale für Li^+, Na^+, K^+ betragen bei 50 % Alkohol —2,35, —2,11, bzw. —2,13 V.

Für die Na- und K-Bestimmung ist LiOH (in 40 bis 100-fachem Überschuß) ein geeignetes Leitsalz mit geringem Reststrom. Auch hier sind 50 % Alkohol zweckmäßig [D 143].

Die Tropfzeit der Kapillare soll ohne Spannung 5 bis 15 Sek. betragen.

S t ö r u n g e n. Fe, Ca, Mg, Al (z. B. bei der Untersuchung von veraschtem Pflanzenmaterial) in nicht zu großen Mengen stören nicht, wenn man ihre Ausfällung durch Zusatz von etwas Phosphorsäure vervollständigt $N(CH_3)_4OH$ muß in großem Überschuß bleiben [D 35]). Ist von diesen Metallen sehr viel vorhanden, so empfiehlt M a j e r [D 25], die Lösung zunächst mit Phosphorsäure anzusäuern und dann mit Tetramethylammoniumhydroxyd zu alkalisieren; der Niederschlag kann in der Lösung verbleiben. Schwermetalle stören in der alkalischen Lösung im allgemeinen nicht.

T r e n n u n g e n. Die Na- und die K-Stufe fallen zusammen und sind polarographisch nicht zu trennen. Man kann daher bei Anwesenheit beider nur die Summe bestimmen und auch das nur annähernd, wegen der Ungleichheit der Diffusionskoeffizienten (vgl. § 3a; eine Berechnung des Fehlers bei [D 26]). Um die Metalle einzeln zu bestimmen, müssen sie chemisch getrennt werden, indem K mit Überchlorsäure oder Pt-Chlorwasserstoffsäure gefällt wird. Genaue Vorschriften hierüber mit Beleganalysen bringt A b r e s c h [D 35]. Einen indirekten Weg schlagen K e m u l a und M i c h a l s k i [D 73] ein. — Über eine indirekte Na-Bestimmung aus der Uranstufe von Na- Zn- Uranylacetat s. [D 155].

M a t e r i a l a n a l y s e n. Die Alkalibestimmung in Böden nach A b r e s c h [D 35] mit dem „Kalimeter" [B 3] hatte wegen ihrer Schnelligkeit Bedeutung erlangt, ist jedoch dann durch eine spektroskopische Methode verdrängt worden. Alkalibestimmungen in Böden s. [G 1], in Blut [G 1], in Urin [D 73], in Zement [D 105], in Aluminium [D 184], in Magnesium [D 148], in Mineralwässern [D 48].

Li, (Rb, Cs). Lit.: D 62, **143**; C 1.

Nach Z l o t o w s k i und K o l t h o f f [D 143] gibt Li^+ in alkoholfreier Lösung einen schlechten Grenzstrom. Sehr gut ist er dagegen in 80 % Alkohol (Halbstufenpotential —2,32 V). Tetra ä t h y l ammoniumhydroxyd ist vorzuziehen. — Die polarographische Li-Bestimmung hat sich bei der technischen L

Gewinnung (Aufarbeitung von Li-Glimmer) bewährt. — Von Rb und Cs sind nur die Halbstufenpotentiale bestimmt worden. Neben Na und K sind sie nicht zu bestimmen.

NH_4^+ und NH_3. Lit.: A 19; E 118.

Oberhalb p_H 9,2 liegt in einer Lösung kein NH_4^+, sondern NH_3 vor, wie sich aus der Ionisationskonstanten[1]) des Ammoniaks ergibt. Daher geht die Reduktion unter Beteiligung von H^+-Ionen nach

$$NH_3 + H^+ + \ominus = NH_4 \text{ (Amalgam)}$$

vor sich und das Halbstufenpotential verschiebt sich bei dieser reversiblen Reaktion um 58 mV pro p_H-Einheit. Bei $p_H < 9{,}2$ muß die Reduktion nach $NH_4^+ + \ominus = NH_4$ p_H-unabhängig sein. In einer ungepufferten Lösung von z. B. NH_4Cl in LiCl wird die Stufe verbreitert, weil die an sich sauer reagierende Lösung an der Elektrodenoberfläche mit steigendem H^+-Ionenverbrauch immer alkalischer wird. Daher kann das Halbstufenpotential nur in gepufferten oder in stark alkalischen Lösungen bestimmt werden, zudem muß die Lösung Na^+- und K^+-frei sein, da deren Stufen die NH_3-Stufe stören. Eigene Versuche mit W. Fassbender [E 118] ergaben:

p_H	7,1	8,5	10	13
$E_{1/2}$ gef.	—2,08	—2,09		—2,29 V
$E_{1/2}$ ber.	—2,08	—2,08₆	—2,13	—2,30 V

Berechnet sind die Werte mit der Gleichung

$$E_{1/2} = -2{,}08 - 0{,}058 \lg (10^{p_H - 9{,}2} + 1).$$

In stark alkalischen Lösungen liegt somit die NH_3-Stufe rechts von der Na- oder K-Stufe [vgl. Heyrovský A 19, S. 298].

In alkalimetallfreien $N(CH_3)_4OH$-Lösungen kann NH_3 nach eigenen Versuchen gut bestimmt werden, doch ist darauf zu achten, daß NH_3 flüchtig ist. Eine Trennung der NH_3- und Alkalistufe ist nur in stark alkalischer $N(CH_3)_4OH$-Lösung bei wenig Alkali möglich. Nach Heyrovský [l. c.] bestimmt man erst die

[1]) Die Ionisationskonstante des Ammoniaks beträgt: $[NH_3] \cdot [H^+]/[NH_4^+] = 10^{-9{,}2}$. — Die Reduktion von NH_3 und NH_4^+ zu NH_4-Amalgam ist reversibel [vgl. C 40].

Summe und dann — nach Abdestillieren des NH_3 aus der $N(CH_3)_4$-OH-Lösung — das Alkali.

Wegen der p_H-Abhängigkeit der NH_3-Stufe ist auch der Endanstieg in einer NH_3-NH_4Cl-Grundlösung vom Konzentrationsverhältnis $NH_3 : NH_4Cl$ abhängig, falls NH_3 im Überschuß (d. h. $p_H > 9{,}2$) ist.

Be. Lit.: D 10, 24.

Da alle Be-Salze in neutraler Lösung hydrolysieren, sauer reagieren und in saurer Lösung die H-Stufe die Be-Stufe stört, ist eine Bestimmung bisher noch nicht möglich [D 10]. Die anscheinend komplizierten Verhältnisse sind von Kemula und Michalski [D 24] näher untersucht, aber noch nicht geklärt worden.

Mg. Lit.: D 10, 23, (55), 157, 186; H 12.

Auch eine polarographische Mg-Bestimmung ist bis jetzt nicht möglich. In alkalischer Lösung ist $Mg(OH)_2$ unlöslich. Und schon in neutraler Lösung tritt eine störende H-Abscheidung ein, die offenbar durch das abgeschiedene Mg katalysiert wird, denn die Mg-Stufe ist viel zu hoch, und zwar um so höher, je niedriger der p_H-Wert ist. Diese Mg + H-Stufe liegt bei etwa — 2,3 V, das Tangentenpotential einer 1 n-Mg-Lösung bei — 2,0 V [Heyrovský und Berezický D 10, Kimura D 23], nach [D 55] in Chloridlösung bei — 2,1, in Sulfatlösung bei — 1,9 V.

Eine indirekte Mg-Bestimmung ist mit 8-Oxychinolin (Oxin) möglich. Nach Carruthers [s. D 157] wird das gefällte Mg-Oxy-chinolat in HCl gelöst und das Oxin polarographisch bestimmt. Nach Stone und Furman [D 186] ist es besser, den beim Fällen verbleibenden Oxin-Überschuß zu bestimmen, wobei der Niederschlag nicht abfiltriert zu werden braucht. Einzelheiten der Fällung und der Entfernung störender Metalle s. im Original.

Nach Sanko [H 12] läßt sich Mg gut mit Oxin polarometrisch titrieren (s. § 28).

Ca. Lit.: D 10, 23, 156, **203**. Fig. Nr. 45 und 46.

Die Ca-Stufe zeigt ein ausgeprägtes Maximum und einen unruhigen Grenzstrom (Fig. 45). Das Maximum ist durch die üblichen Dämpfer nicht zu unterdrücken [Kimura D 23]. Daher galt eine einigermaßen genaue polarographische Ca-Bestimmung lange Zeit als unmöglich und es wurde nach indirekten Bestimmungsmethoden gesucht (s. unten). Jedoch zeigt Fig. 46, daß man in sehr verdünnten Ca-Lösungen in Tetramethylammoniumhydroxyd[1]) gute maximafreie Stufen erhält, besonders, wenn auch die Leitsalzkonzentration gering und die Tropfzeit groß ist. Zlotowski und Kolthoff [D 203] fanden, daß durch Alkoholzusatz (50 bis 80 %) daß Ca-Maximum stark vermindert werden kann und daß es durch Zusatz von etwas (z. B. 5 % der Ca-Konz.) Ba- oder La- Salz ganz unterdrückt werden kann. Man erhält dann natürlich vor der Ca-Stufe eine kleine Ba- bzw. La-Stufe. In alkoholhaltiger Lösung ist Ba^{2+} als Dämpfer vorzuziehen. Sr^{2+} ist unwirksam. Als Leitsalz wurde 0,15m-Tetraäthylammoniumjodid benutzt. — Demnach lassen sich Ba, Sr und Ca ohne weiteres nebeneinander bestimmen, am besten in Gegenwart von 50 % Alkohol[2]).

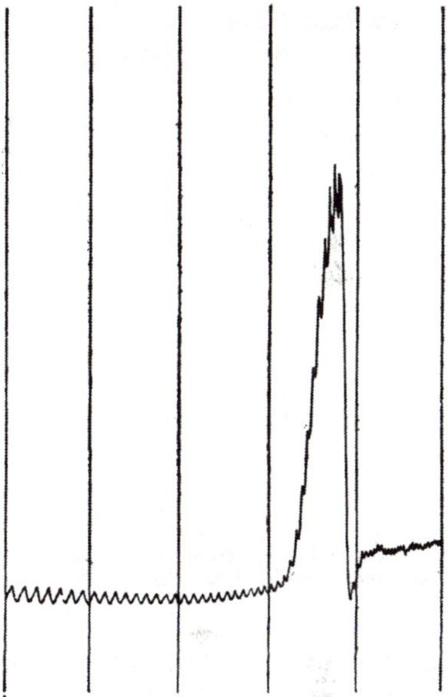

Fig. 45. Calcium in Tetramethylammoniumhydroxyd

Tropfzeit der Kapillare 15 Sek. in destilliertem Wasser, ohne Spannung.

Mit typischem Maximum und schlechtem Grenzstrom; 0,001m-$CaCl_2$ in 0,66m-$N(CH_3)_4OH$

[1]) $Ca(OH)_2$ ist in alkalischer Lösung genügend löslich: Eine gesättigte wässerige Lösung ist 0,02 m und hat p_H 12,5. Bei p_H 13 lösen sich etwa 0,002 Mol/Liter. Ob durch CO_2 aus der Luft Störungen eintreten können, ist noch nicht untersucht worden.

[2]) Die Stufenhöhen von Ba, Sr, Ca werden durch Alkohol in genau gleicher Weise herabgesetzt. Eine stärkere, aber wiederum gleiche Erniedrigung durch Alkohol erfahren die Stufen von K, Na, Li [D 203].

Mg stört schon in einer Menge von 1 % der Ca-Menge infolge der katalytischen H-Abscheidung [D 203], doch wäre dies wohl durch Anwendung einer alkalischen Lösung einzudämmen. — Die Li-Stufe fällt mit der Ca-Stufe zusammen.

Eine indirekte Ca-Bestimmung wird von Cohn und Kolthoff [D 156] vorgeschlagen: Fällung des Calciums mit Pikrolon-

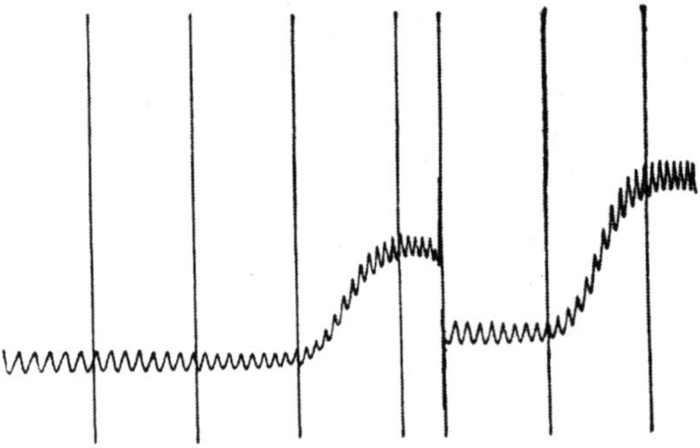

Fig. 46. Calcium

Wie bei Fig. 45, jedoch stark verdünnte Lösung: 0,000153 bzw. 0,000167 m-$CaCl_2$ in 0,005 m-Tetramethylammoniumhydroxyd. O_2-frei.

säure und polarographische Bestimmung des Pikrolonsäure-Überschusses. Einzelheiten s. im Original.

Über eine Ca-Bestimmung durch polarometrische Titration des Pikrolonsäure-Überschusses mit Metylenblau nach [H 20] s. § 28.

Sr. Lit.: D 10, 111, 185.

Sr ist besser zu bestimmen als Ca. Das Maximum der Sr-Stufe wird durch eine nachfolgende Ca-Stufe unterdrückt.

Gute Sr-Stufen erhält man nach Zlotowski und Kolthoff [D 185] in Wasser-Alkohol-Gemischen mit Tetraäthylammoniumjodid als Leitsalz. Näheres s. bei Ba.

Novák und Ulrich [laut Heyrovský A 19, S. 303] bestimmen Sr in $CaCO_3$, indem sie dieses zum Oxyd glühen, mit ausgekochtem Wasser in geschlossenem Gefäß schütteln und von der überstehenden klaren Lösung eine Probe (mit CO_2-freiem H entlüftet) polarographieren. Die Sr-Stufe ist von der (sehr großen) Ca-Stufe zwar nicht sehr gut getrennt, doch lassen sich Gehalte von 1% Sr in $CaCO_3$ noch gut bestimmen, wenn nur eine kleine Spannung an die Walzenbrücke angelegt wird (66 mV pro Windung). Alkalien und Fe (Fällen mit NH_3) stören. — Ein komplizierteres Verfahren geben Straumanis und Dravnieks [D 111] an.

Ba. Lit.: D **10**, 38, 69, **185**, (204); H 1.

Ba ist nach Heyrovský und Berezický [D 10] gut bestimmbar, auch in Gegenwart von viel Sr und Ca. Das Maximum der Ba-Stufe ist um so kleiner, je kleiner die Ba- und je größer die Teraalkylammonsalz-Konzentration ist und je langsamer die Kapillare tropft [D 69]. In Gegenwart von Sr und Ba hat die Ca-Stufe kein Maximum.

Nach Zlotowski und Kolthoff [D 185] erhält man gute Ba- und Sr-Stufen in 50%igem Alkohol mit Tetraäthylammoniumjodid als Leitsalz. Dieses soll in mindestens 60fachem Überschuß zugegen sein und die Tropfzeit der Kapillare soll ohne Spannung mindestens 3 Sek. betragen, um konzentrationsproportionale Stufen zu erhalten. Durch den Alkoholzusatz werden die Halbstufenpotentiale positiver (pro Vol. % um 1,5 mV bei Ba, um 1,0 mV bei Sr), und die Stufenhöhen werden etwas kleiner. — Die polarographische Methode ist nach [D 185] besonders geeignet für eine Bestimmung von Ba und Sr nebeneinander, wobei auf 3% genaue Bestimmungen noch bei einem Konzentrationsverhältnis wie 1 : 20 und 20 : 1 möglich sind.

Heyrovský und Berezický [D 10] haben Löslichkeitsbestimmungen von $BaSO_4$ und $BaCO_3$ durchgeführt, wobei die Abnahme der Löslichkeit mit der Alterung des Niederschlages gut verfolgt werden konnte.

Über die polarometrische Titration von Ba mit Sulfat nach [H 1] s. § 28.

Ra. Lit.: D 10.

Da die Ra-Stufe nur 50 mV vor der Ba-Stufe liegt, ist Ra polarographisch nur zu erkennen, wenn höchstens die gleiche Menge Ba zugegen ist [D 10].

Al. Lit.: D 18, 55, 67, 89, 99, 123, 258; H 12. Fig. Nr. 47.

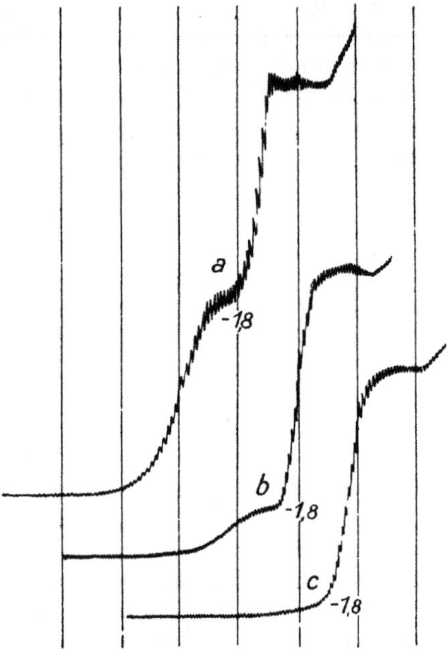

Fig. 47. Aluminium- und Wasserstoffstufen

$0{,}01$ n-$Al_2(SO_4)_3$ in 1 n-LiCl mit Agar und
a) 0,0070 n-HCl, p_H etwa 2,2, $E_{1/2}$ = —1,86 V,
b) 0,0025 n-HCl, p_H etwa 2,6, $E_{1/2}$ = —1,80 V,
c) 0,0010 n-HCl, p_H etwa 3,0, $E_{1/2}$ = —1,76 V.
O_2-frei. Gegen n-Kalomelelektrode. — Links von der Al-Stufe bei —1,6 V liegt die H-Stufe.

Die polarographische Bestimmung des Al bietet Schwierigkeiten. In alkalischer Lösung (Aluminat) ist Al an der Tropfkathode nicht reduzierbar. In saurer Lösung wird die bei —1,7 V liegende Al-Stufe durch die H-Stufe gestört. In neutraler Lösung (p_H 7) findet Hydrolyse statt. Man kann daher trotz der Störung durch die H-Stufe nur in schwach saurer Lösung arbeiten. Man erhält dann eine Al-Stufe, die auf der H-Stufe aufsitzt (Fig. 47). Es ist also hier nicht so wie beim Mg und in saurer Lösung auch beim Ca, Fe, Mn, wo die Metall- und H-Stufe zusammenfallen. Die H-Abscheidung wird also durch Al nicht katalysiert. Auffallend ist aber, daß das Halbstufenpotential des Al von der Salzsäurekonzentration abhängig ist. Eigene Versuche mit Roderburg (s. Fig. 47) ergaben:

p_H	1,9	2,15	2,6	3,0	4,0
$E_{1/2}$	—1,88	—1,86	—1,80	—1,76	—1,66 V

Die Al-Stufe verschiebt sich also (zum mindesten in Chloridlösung) mit steigendem p_H um 100 mV pro p_H Einheit zu positiveren Werten. Die Trennung von der H-Stufe ist also um so besser, je saurer die Lösung ist, doch wird dadurch andererseits die H-Stufe zu hoch, um kleine Al-Konzentrationen bestimmen zu können. — Es ist günstig, wenn die Al-Konzentration nicht zu klein ist. Zu empfehlen ist etwa 10^{-2}n-Al, da die H-Stufe hierbei auch bei niedrigerem p_H weniger stört.

Da Al-Sulfat weniger zur Hydrolyse neigt als z. B. Chlorid, so ist es oft zweckmäßig, die Probelösung mit H_2SO_4 abzurauchen und mit H_2SO_4 anzusäuern.

Für die praktische Al-Bestimmung sind folgende Vorschläge gemacht worden:

Prajzler [D 18] bestimmt (Al etwa 0,001 n) in „neutraler" 0,05 n-$BaCl_2$-Lösung, auch neben CrIII und FeII. Doch werden — wie gesagt — die Ergebnisse so infolge der Hydrolyse sehr ungenau.

Gull [D 55] empfiehlt, den p_H-Wert der Lösung auf den Umschlag von Bromphenolblau (p_H 3,8) einzustellen. Es besteht aber die Gefahr, daß beim Einstellen durch Alkalizugabe lokal Ausfällungen von $Al(OH)_3$ entstehen, die nicht wieder in Lösung gehen. Gull läßt daher die eingestellte Lösung 3 Stunden stehen. — Geller und Sanko [D 89] stellen zur Al-Bestimmung in Magnesiumlegierungen (s. § 11) den p_H der salzsauren Lösung mit Bromphenolblau auf p_H 3,3 ein und empfehlen nicht zu kleine Al-Konzentrationen. Komplexbildner (Wein-, Zitronen- oder Milchsäure) erweisen sich — jedenfalls bei Gegenwart von viel Mg — als ungünstig, ebenso Puffer.

Semerano und Ronchi [D 68, 123] empfehlen als Indikator eine Mischung von Dimethylgelb und Methylenblau: Die salzsaure Probelösung wird mit verdünntem NaOH oder NH_3 auf den Umschlag von violett nach grün (p_H 3,25) eingestellt.

Nach Gochstein [D 38] ist eine $CaCl_2$-haltige Grundlösung günstig. Dies wird auch von Koslowa und Portnow [D 99] empfohlen, die hierüber eine genauere Untersuchung durchgeführt haben. Die Al-Stufenhöhe ist konstant im p_H-Bereich 3,7 bis 4,2 und bei $CaCl_2$-Konzentrationen, die 10- bis 100mal größer als die Al-Konzentration sind; bei kleineren p_H oder $CaCl_2$-Konzentrationen wird die Al-Stufe höher und umgekehrt. Am besten wird die Lösung mit dem Mischindikator

1 Teil Methylorange + 2 Teile Indigokarmin auf p_H 4 eingestellt und dann mit dem dreifachen Volumen einer 0,1 n-$CaCl_2$-Lösung mit wenig Gelatine versetzt.

Neben sehr viel Mg wird der Grenzstrom des Al undeutlich; Trennung siehe § 11, Mg-Legierungen.

Umgekehrt ist die Entfernung der Al-Stufe einfach, wenn in alkalischer Lösung polarographiert werden kann, da in einer solchen, auch wenn sie Komplexbildner enthält, Al keine Stufe bildet. — Das Ausfällen von $Al(OH)_3$ bedingt Verluste durch Mitreißen, z. B. an Cu und Zn [D 106]. Um diese zu vermeiden, empfiehlt Fielding Reed [G 3] beim Fällen mit NH_3 einen p_H von 4 bis 5 nicht zu überschreiten. Einfacher ist es, durch Zugabe von Tartrat das Ausfällen von Al zu vermeiden.

Über die polarometrische Titration von Al mit Oxin nach Sanko [H 12] siehe § 28.

Materialanalysen auf Al: Zinkerze [D 99], Magnesiumlegierungen [D 55, 68, 89, 123, 148, 258].

Seltene Erden. Lit.: D **131** (Ce); D **87**, 118, **140**, 161, 253), (Eu); D 57, **140**, **144**, 160 (Yb); D 50 (Sc); D 91, **270** (Sm), D 270 (Gd, Nd), Fig. Nr. 48.

Scandium ($E_{1/2}$ = —1,84 V) läßt sich nach Leach und Terrey [D 50] in LiCl-Leitsalz (O_2-frei) gut bestimmen, wenn die Lösung sauer ist; sonst ist die Stufenhöhe nicht proportional der Konzentration.

Die Reduktionspotentiale der Lanthaniden liegen bei etwa —1,9 V (Gd^{3+}—1,81, Nd^{3+}—1,87 V [D 270]). Bei Eu, Yb und Sm findet eine Reduktion in zwei Stufen statt infolge der Stabilität der zweiwertigen Form dieser Kationen. Die erste Stufe entspricht der Reduktion III/II, die zweite der Reduktion II/0. Die Stufen liegen bei —0,77 und —2,57 V für Eu, bei —1,43 und —2,0 V für Yb [Noddack und Bruckl D 57], vgl. auch [D 140, 160] bei —1,84 und —2,00 V für Sm [Glockler D 270] [1]).

---

[1]) Die bei anderen seltenen Erden gefundenen Doppelstufen (— 1,7 und — 2,0 V) sind nach Heyrovský [A 14, S. 443] wahrscheinlich durch Hydrolyse bedingt: Die erste Teilstufe ist eine H-Stufe. — Die Yb II/III-Stufe ist auch als Oxydationsstufe bei — 1,43 V erhältlich, Laitinen [D 144].

Wegen der stark positiven III/II-Stufe des Eu kann dieses im Gemisch mit anderen seltenen Erden polarographisch leicht nachgewiesen und bestimmt werden. 0,1% Eu in einem Gemisch seltener Erden können nach H o l l e c k [D 87] noch gut bestimmt werden; am besten in einer O_2-freien Lösung der Chloride, wobei die übrigen seltenen Erden die Rolle des Leitsalzes übernehmen.

Ce kann nach C a n n e r i und C o z z i [D 131] ebenfalls neben anderen seltenen Erden bestimmt werden, auch in Spuren

Fig. 48. C e r.
E r s t e Ce I V - S t u f e in 0,5 n - H_2SO_4
Nach C a n n e r i und C o z z i [D 131]

Etwa 10^{-4}m-Ce, mit Co $(NH_3)_3(NO_2)_3$ zu Ce IV oxydiert.

a) Nach vollständigem Verkochen des Co III-Überschusses: D = Ce IV-Stufe; C = Grundstrom nach Reduktion des Ce IV mit H_2O_2.

b) Mit CoIII-Überschuß: D' = CeIV + CoIII-Stufe; C' = CoIII-Stufe nach Reduktion des CeIV mit H_2O_2.

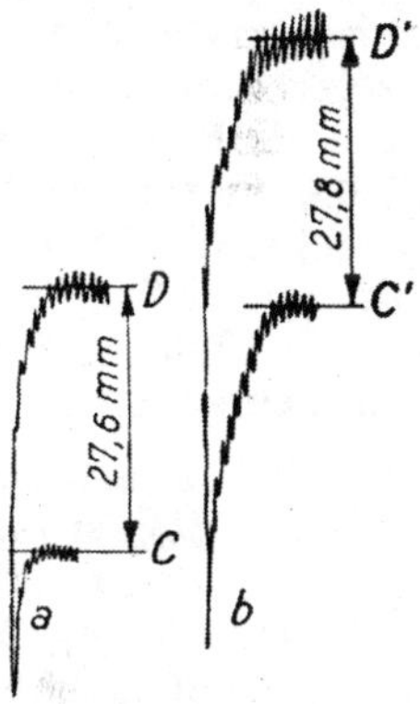

Fig. 48

und zwar nach Oxydation zu CeIV aus der CeIV/III-Stufe in schwefelsaurer Lösung. Diese Stufe steigt gleich zu Anfang des Polarogramms hoch, da CeIV mit Hg nach CeIV + Hg = CeIII + HgI reagiert.

Der Anstieg erfolgt im allgemeinen in mehreren Stufen, weil in der Lösung verschiedene Ce^{4+}-SO_4^{2-}-Komplexe vorliegen: In sehr verdünnter H_2SO_4 sind es drei Stufen, in 0,1 n-H_2SO_4 zwei Stufen bei + 0,35 und + 0,23 V. Mit steigender Säurekonzentration erhöht sich die erste Stufe auf Kosten der zweiten (wobei gleichzeitig eine Verschiebung beider zu negativeren Potentialen erfolgt), so daß in 11,5 n-H_2SO_4 nur noch die erste Stufe (bei + 0,27 V) übrigbleibt, wahrscheinlich, weil jetzt nur noch der Komplex $[Ce(SO_4)_4]^{4-}$ vorliegt.

Am günstigsten ist es, Ce-Bestimmungen in etwa 0,5 n-H_2SO_4 vorzunehmen, wobei der Anstieg in zwei Stufen (+ 0,30 und

+ 0,16 V) erfolgt. Die erste dieser Stufen, die direkt ansteigt, wird vermessen, und zwar gegen die Galvanometernullinie. Diese Stufe ist konzentrationsproportional und reproduzierbar, wenn auf folgendes geachtet wird: a) Die H_2SO_4-Konzentration muß genau und die der übrigen Lösungsbestandteile ungefähr die gleiche sein wie bei den Eichaufnahmen. b) Da CeIV mit Hg reagiert, muß mit getrennter Gegenelektrode gearbeitet werden. c) Ce muß vollständig zu CeIV oxydiert sein, wozu die neutrale Lösung mit CoIII $(NH_3)_3(NO_2)_3 \cdot 4\,H_2O$ erhitzt wird (nach Prandtl; $Ce(OH)_4$ fällt zunächst aus). Der möglichst gering zu haltende CoIII-Überschuß kann durch Sieden zersetzt werden. Sonst addiert sich die CoIII- zur CeIV-Stufe. Doch kann auch hierbei Ce genau bestimmt werden, indem in der mit H_2SO_4 versetzten Lösung [2,5 cm³ H_2SO_4 (1 : 1) auf 100 cm³] zunächst die CeIV + CoIII-Stufe aufgenommen wird, dann CeIV mit einigen Tropfen H_2O_2 zu CeIII reduziert wird und in einem zweiten Polarogramm die (durch H_2O_2 nicht veränderte) CoIII-Stufe aufgenommen wird (s. Fig. 48).

10^{-5}m-Ce sind bestimmbar. Bei geringer Konzentration muß der Kapazitätsstrom kompensiert werden. O_2 braucht nicht entfernt zu werden. FeIII addiert sich zur CeIV-Stufe (wie CoIII), stört jedoch bei Anwendung der Differenzmethode mit H_2O_2 nicht, wenn es in nur geringen Mengen zugegen ist. Bei viel Fe werden die seltenen Erden durch Fällung als Oxalate abgetrennt.

Materialanalysen: Ce-Bestimmung in Mineralien und in Gemischen seltener Erden [D 131] siehe § 12. Bestimmung von Eu und Yb in Gemischen seltener Erden siehe [D 87, 140].

c) Die Metalle der **1.** bis **3. Nebengruppe** des periodischen Systems.

	Cu,	Ag,	Au;	Zn,	Cd,	Hg;	Ga,	In,	Tl.
$E_{1/2}$	—0,03			—1,05	—0,62			—0,63	—0,50

Cu. Lit.: D 17, 36, 51 (53, 54), 58, 60, 66, 72, 74, 82, 83, 84, 86, 98, 99, 106, 135, 148, 149, 150b, 158, 159, 168b, 169, 178, 179, 188, 189, 191, 206, 215, 229, 237, 238, 239, 229b, 244b, 255, 256, 258, 261: C 55; G 2; H 4a, 12, 15, 16. Fig. Nr. 31, 49, 71.

Kupfer ist polarographisch gut zu bestimmen. Die Stufe des freien Cu^{2+}-Ions liegt bei —0,03 V und besitzt ein sehr hohes Maximum, das jedoch durch Gelatine und Farbstoffdämpfer unterdrückt werden kann (Methylcellulosen sind ungeeignet; auch

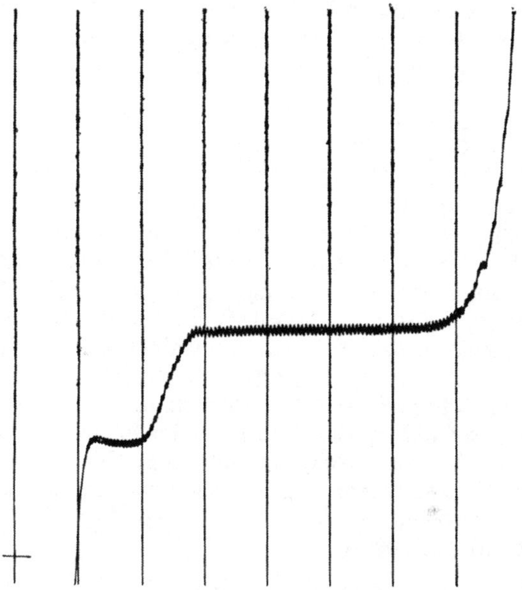

Fig. 49. Kupfer in Salzsäure

0,01 m-$CuCl_2$ in HCl (1:2) mit 0,2% Gelatine, gegen die Bodenelektrode. — Doppelstufe: CuII/I (links durch Kalomelbildung abgeschnitten) und CuI/0. Links Galvanometernullinie.

Agar ruft mitunter Störungen hervor). — Als indifferente Leitsalze kommen Sulfate, Nitrate, Perchlorate in Frage, auch als freie Säuren[1]). In alkalischer Lösung ($E_{1/2}$ = —0,5 V) kann Cu nur bei sehr geringer Konzentration untersucht werden, da $Cu(OH)_2$ in Alkali nur sehr wenig löslich ist (0,001 m), es sei denn, daß Komplexbildner zugegen sind (s. unten).

---

[1]) In 1 n-H_2SO_4 hat die Cu-Stufe einen zu niedrigen, unregelmäßigen Grenzstrom [D 179].

Durch Komplexbildner kann die Cu-Stufe nicht nur verschoben, sondern auch in der Form derart verändert werden, daß sie in eine Doppelstufe zerlegt wird, deren Teile den Reduktionen II/I und I/0 entsprechen[1]). Dies ist dann der Fall, wenn der Komplexbildner vor allem CuI bindet und dadurch diese Zwischenform so stabilisiert, daß sie erst bei einem negativeren Potential weiterreduziert werden kann. Derartig wirken Cl^--Ionen (und andere Halogenide) und NH_3 [v. Stackelberg und v. Freyhold C 55]:

<table>
<tr><th></th><th>In: 0,1 n-NH_3[2])</th><th>1 n-NH_3[2])</th><th>0,01 n-Cl^-</th><th>0,1 n-Cl^-</th><th>1 n-Cl</th></tr>
<tr><td>$E_{1/2}$ der II/I-Stufe</td><td>—0,18</td><td>—0,30</td><td rowspan="2">—0,30</td><td>+0,07</td><td></td></tr>
<tr><td>$E_{1/2}$ der I/0-Stufe</td><td>—0,41</td><td>—0,52</td><td>—0,11</td><td>—0,23</td></tr>
</table>

In Chloridlösung trennen sich die beiden Stufen erst bei mehr als 0,01 n-Cl^-. Bei mehr als 0,1 n-Cl^- ist die erste Stufe nicht mehr sichtbar: Sie ist „abgeschnitten" durch das linke Ende des Polarogramms infolge des Inlösunggehens des Quecksilbers (Fig. 49; vgl. § 3c, auch S. 50 und Tabelle 2, S. 21. — Methylcellulosen unterdrücken die erste Stufe und beeinflussen auch die Gesamthöhe des Grenzstromes. — Beide Stufen (II/I und I/0) haben normalerweise die gleiche Höhe, doch kann durch eine teilweise Reduktion von CuII zu CuI (wie sie beim Einleiten von Wasserstoff, aber auch durch Reaktion mit dem Quecksilber eintritt) die erste Stufe zu klein sein. Es ist daher zweckmäßig, einer quantitativen Auswertung in solchen Fällen nur die Höhe der zweiten Stufe zugrunde zu legen.

Sonstige wichtige Halbstufenpotentiale sind:

Stufe	II/I	II/0	I/0	
Indiff. Leitsalz (Nitrat, Sulfat)		—0,03		
1 m-Tartrat oder Citrat		—0,2		[D 86, 179]
0,5 m-Tartrat — 1 n-KOH[3])		—0,55		[D 69]
1 n-NH_3 — 1 n-NH_4Cl	—0,28		—0,54	[D 83, 179]
0,1 m-Pyridin	+ 0,01		—0,29	[D 135]
0,1 n-KCNS	—0,06		—0,43	[D 135]

---

[1]) Über innere Komplexsalze des Kupfers s. Referat [D 229].

[2]) Mit NH_4NO_3 als Leitsalz und zur Vermeidung der NH_3-Hydrolyse.

[3]) Verwendet man nur 0,1 n-KOH (neben Tartart), so erhält man lediglich eine kleine Stufe bei — 0,4 V und erst bei — 1,6 V den Hauptanstieg [D 179]. Eine alkalische Tartratlösung muß also stark alkalisch sein. Bessere Cu II/0-Stufen erhält man aber nach [D 178] in sauren Tartratlösungen.

Gibt man Cyanid zu einer CuII-Lösung, so wird dieses zu CuI reduziert, wobei eine entsprechende Menge der CN^--Ionen zu Dicyan oxydiert wird. $(CN)_2$ gibt eine Reduktionsstufe, kann jedoch durch Aufkochen der Lösung leicht entfernt werden. Da CuI in Cyanidlösungen nicht reduzierbar ist, kann auf diese Weise die Cu-Stufe unterdrückt werden [E 30, D 51, 60, 162].

Störungen und Trennungen. Die Cu-Stufe wird durch O_2, Bi^{3+} und Fe^{3+} gestört.

O_2 muß entfernt werden. In NH_3-NH_4Cl-Lösung geschieht dies am einfachsten mit Na_2SO_3 (dabei teilweise Reduktion von CuII zu CuI, daher wird nur die I/0-Stufe vermessen [D 83]).

Die sonst mit der CuII-Stufe zusammenfallende BiIII-Stufe wird durch Tartrat stärker verschoben und dadurch getrennt [D 17]. Eine gute Cu-Stufe mit einer erst 0,3 V später folgenden Bi-Stufe erhält man in 0,5 n-Ammoniumacetat (vom p_H 5,0) mit 0,1 n-Weinsäure [D 58]. In einer sauren Tartratlösung können Cu, Bi, Pb, Cd nebeneinander polarographiert werden [D 58, 189]. — Bi kann auch durch Hydrolyse ausgefällt werden: eine 0,1 n-Ammoniumacetatlösung vom p_H 4,6 mit 0,025 n-KCNS gibt keine Bi-Stufe; die Cu-Stufe fällt allerdings hier mit der Pb-Stufe zusammen [D 58].

FeIII kann als Hydroxyd ausgefällt werden, entweder mit NH_3 + NH_4Cl oder mit $BaCO_3$ [D 53, 80], doch ist zu prüfen, ob nicht Cu hierbei mitgerissen wird, was nach eigener Erfahrung bei Gegenwart von viel Al (Leichtmetallanalyse) jedenfalls der Fall ist. In solchen Fällen ist die Methode von Strubl [D 60] zu empfehlen: Reduktion des FeIII zu dem nicht störenden FeII durch kurzes Kochen mit NH_2OH in schwach salzsaurer Lösung (s. § 8h. In alkalischer Lösung wird Cu durch NH_2OH als Cu_2O ausgefällt); oder die Methode von Davies und Key [D 158]: Polarographieren in 0,5 n-KNa-Tartrat — 1 n-NaOH, wodurch die FeIII/II-Stufe soweit verschoben wird, daß sie die CuII/0-Stufe nicht stört. (Das Gleiche wird durch KF bewirkt, doch werden Glas und Kapillare stark angegriffen.)

Entfernung von Cu, bzw. der Cu-Stufe. Da die Cu-Stufe sehr positiv liegt, kann sie bei der Bestimmung aller anderer Metalle störend sein. Daher seien einige Angaben über ihre Entfernung gemacht:

Das eleganteste Verfahren ist zweifellos das der elektrolytischen Entfernung an einer Hg-Kathode nach Lingane (s. § 6a, S. 59). Auf chemischem Wege kann die Cu-Stufe entfernt werden:

Neben Pb, Cd, Sb, Mn, Co, Ni durch Unterdrücken der Cu-Stufe mit KCN, s. oben [Höhn A 9, Milner D 218, 211].

Neben Bi, Sb, Sn, Pb, Tl, Cd, In, Cr, Ti, Zn durch Reduktion mit Zn-NH_2OH in salzsaurer Lösung zu CuI und Versetzen mit KCN [Strubl D 60, vgl. auch D 162].

Neben Pb durch Reduktion mit Hydroxylamin zu CuI und Fällung mit KCNS in schwachsaurer Lösung, Kolthoff und Matsujama [D 215].

Neben Zn durch Fällung als CuJ [Milner D 249].

Neben Pb, Sn, Cd, Zn, Ni, Co, Fe durch Reduktion zu Cu-Metall mit Reinaluminium.

Neben den Metallen der analytischen $(NH_4)_2S$-Gruppe durch Fällung mit H_2S in saurer Lösung.

Neben Sb, Sn durch Fällung mit Na_2S. Neben Pb durch Fällung als Cu_2O mit KOH + Hydroxylamin [Cozzi D 84].

Neben Ni, Zn durch Elektrolyse [Pletenew D 107].

Über die polarometrische Titration von Cu mit Salicylaldoxim, Oxychinolin, Rubeanwasserstoff oder Benzoinoxim s. § 28 [H 4a, 12, 15, 16].

Materialanalysen. Für folgende Materialien sind Kupferbestimmungen ausgearbeitet worden: Magnesium [D 148, 258]; Aluminium [D 74, 106, 149, 158, 168 b, 215, 238, 242, 255]; Kupfererze, -schlacken, -flotationsrückstände [D 49, 106, 239, 244 b], Messing [D 51, 159], Feinzink [D 169, 191, 213, 214, 237, 242], Zinklegierungen, -erze, -verbindungen [D 72, 98, 99, 237], Blei [D 66, 188, 244 b], Weißmetall [D 84, 158], die analytische Gruppe Cu, Bi, Pb, Cd [D 17, 189], Stahl [D 53, 54, 135], Pyrit [D 158], Nickel [D 261], Mineralwässer [D 36], organisches Material [D 58, 206, G 2].

Ag, Au. Lit.: D 27; A 18.

Ag^+, Au^+ und Au^{3+} reagieren mit Quecksilber, was aber ihre Bestimmung nicht unmöglich macht. So ist Ag^+ nach [A 18] in Nitrat- oder Perchloratleitsalz gut bestimmbar, auch in 0,01 n-$Na_2S_2O_3$. Natürlich reagieren diese Lösungen mit Boden-Hg. Man hat daher nach stabilisierenden Komplexen gesucht: Für Au fand Herman [D 27] in KCN und KOH folgende Tangentenpotentiale: In 0,1 n-KCN Au III/I — 0,4, Au I/0 — 1,3 V; Au III gibt beide Stufen mit dem Höhenverhältnis 2: 1. In KOH treten mehrere Stufen auf, die sich mit der Zeit ändern. Eine quantitative Au-Bestimmung ist durch die Au I/0-Stufe in 0,1n-KCN gut möglich [D 27], obgleich die Reaktion mit Hg auch bei diesen Komplexen nicht ganz unterdrückt ist.

Zn. Lit.: D 18, 36, (44), 51, 55, 58, 59, 83, 84, 99, 100, 101, 102, 107, (116), 125, 132, 142, (148), 149, 167, 168 a, 168 b, 179, 188, 196 a, 197, 215, 236, 239, 244 b, 249, 251, 255, 256, 258, 259, 261, 262; C 6, 7, 11, 55, 62; G 3; H 5, 12. Fig. Nr. 5, 23, 24, 27, 37, 38, 108.

Indiff. Leitsalz	$E_{1/2}$	—1,02 V	
1 n-Chlorid (oder 1 n-KCNS)		—1,06 V	
1 n-NaOH	(mit 0,01 % Gelatine)	—1,57 V[1])	[D179]
1 n-NH_3 — 1 n-NH_4Cl	(„ 0,01 % „)	—1,40 V	„
0,5 m-Natriumtratrat	(„ 0,01 % „)	—1,19 V[2])	„
1 n-KCN		nicht reduzierbar[3])	

Zink ist ein polarographisch sehr gut bestimmbares Element. Wegen der Stufenlage darf die Lösung aber nicht stark sauer sein. (Gut ist eine 1%ige Essigsäure [D 100]). Die Stufe hat meist ein kleines Maximum, das aber leicht dämpfbar ist.

Trennungen. Bei der Abtrennung von Fe und Al durch Fällung mit NH_3 entstehen Zn-Verluste durch Mitreißen, die mitgeeicht werden müssen [D 106], die aber auch stark vermindert werden können, wenn man NH_3 nur bis zum p_H 4 bis 5 zusetzt [Fielding Reed G 3]. Über Störung durch Fe siehe auch [D 132]. Unterdrückung der FeIII-Stufe durch Reduktion s. [D 259].

Zur Trennung der Zn- und Ni-Stufen, die sonst zusammenfallen, werden folgende Methoden vorgeschlagen:

---

1) Die Zinkatstufe ist irreversibel (vgl. Fig. 108).

2) Auch Oxalat verschiebt die Zn-Stufe durch Komplexbildung, ergibt aber keine gute Stufenform (vgl. Fig. 23).

3) In sehr verdünnten KCN-Lösungen treten mehrere Stufen auf, die die verschiedenen Komplexen (die in gehemmtem Gleichgewicht stehen) zugeschrieben werden [C 6].

KCN unterdrückt die Zn-, nicht die Ni-Stufe. Man kann erst die Summe beider bestimmen.

Oxalat unterdrückt umgekehrt die Ni-Stufe [D 18]. H o h n [A 9] verwendet eine Grundlösung, die 0,4n-Ammoniumoxalat enthält und gesättigt an KCl ist (Fig. 23).

NH_3-NH_4Cl verschiebt die Zn-Stufe stärker als die Ni-Stufe [D 51] (s. Figg. 24 und 27), doch ist mit dieser Lösung nicht immer eine genügende Trennung zu erhalten. Nach [D 59] kommt es auf den p_H-Wert der Lösung an: In 0,1n-Ammoniumacetat mit so viel NH_3, daß der p_H-Wert 8,5 beträgt, liegt die Zn-Stufe 0,3 V hinter der Ni-Stufe und beide Metalle sind bei Konzentrationen von 10^{-4}- bis 10^{-3}m auf 2 % genau bestimmbar. Eine weitere Erhöhung des p_H durch NH_3 ist zu vermeiden, da dann die Metalle ausfallen können, auch erhält die Zn-Stufe ein hohes Maximum, das allerdings mit Methylviolett leicht gedämpft werden kann.

KCNS verschiebt die Ni-Stufe zu positiveren Potentialen: In 0,1n-Ammoniumacetat (p_H 4,6)—0,025n-KCNS liegt die Ni-Stufe 0,4 V vor der Zn-Stufe [D 58, 107]. Gute, von Ni getrennte Zn-Stufen erhält man auch in 0,1m-NH_4Cl—0,02m-KCNS—0,0002 % Methylrot; $E_{1/2} = -1{,}06$ [C 62]. — Tartrat trennt die beiden Stufen nicht [D 58].

E n t f e r n u n g : Neben Ni, Co, Mn durch Unterdrücken der Zn-Stufe mit KCN [D 18].

Über die p o l a r o m e t r i s c h e T i t r a t i o n von Zn mit $K_4Fe(CN)_6$ [H 5] oder mit Oxin [H 12] siehe § 28.

M a t e r i a l a n a l y s e n. Zinkbestimmungen sind ausgearbeitet worden für: Magnesium [D 55, 68, 102, 148, 258], Aluminium [D 125, 149, 167, 168 a, 197, 215, 242, 251, 255, 256; A 9], Kupferlegierungen [D 236, 249], Messing und Neusilber [D 51, 85, 159; A 9], Kupfererze, Flotationsrückstände [D 106, 239], Zinkerze [D 99], Lithopone, Zinksulfid [D 39, 100, 142], Zinkchlorid [D 38], Malfarben [D 101], Cadmium [D 244 b, 262], Blei, Hartblei [D 66, 188, 244 b], Weißmetall [D 84], die analytische Gruppe Zn, Ni, Co, Mn [D 18,], Eisenerze [D 259], Chromanodbäder [D196 a], Phosphatierlösungen und Überzüge [D 182, 225], Mineralwässer [D 36], organisches Material [D 58; G3].

Cd. Lit.: D 17, 36, 58, 60, 61, 66, 72, 83, 99, 103, (116), 125, 130, 150 a, 150 b, 169, 179, 187, 188, 189, 190, 237, 244 b; C 5, 7; Cm (12); G 4; H 31.

Indiff. Leitsalz	$E_{1/2}$	−0,62 V	
1 n-Chlorid		−0,68	
1 n-KJ		−0,78	[A 18]
1 n-NaOH (kaum löslich)		(−0,80)	
1 n-NH_3 — 1 n-NH_4Cl		−0,85	
1 n-KCN		−1,15	[C 5]
0,5 m-Tratrat (neutral oder sauer)		−0,68	[D 179]

Cadmium gehört zu den am besten bestimmbaren Metallen; es kann in neutraler, saurer und alkalischer Lösung aufgenommen werden. Die bei — 0,62 V liegende Stufe hat in Chlorid- und Sulfatlösung kein Maximum, in Nitratlösung ein sehr kleines, in komplexen Lösungen ein etwas größeres, jedoch stets leicht dämpfbares Maximum.

Über die Erniedrigung der Cd-Stufe durh Alkohole s. [D 62], über ihre Unterdrückung durch Acetophenon [C 11], über die Beeinflussung der Stufe durch $Hg(CN)_2$ [C 31].

Stufenkoinzidenzen treten gewöhnlich nicht auf; in indifferenten Lösungen nur mit Indium. — Neben Tl^+ kann Cd^{2+} in konzentriertem NH_3 gut bestimmt werden [D 150 a]. — Eine gute Trennung von der Pb-Stufe erhält man in ammoniakalischer Tartratlösung [D 99]. Alkalische Tartratlösungen ergeben zu niedrige unbrauchbare Stufen [D 179]. — Auch in alkalischen KCN-Lösungen können Pb und Cd nebeneinander bestimmt werden, wobei die Gegenwart auch von sehr viel Cu nicht stört [D 190].

Materialanalysen. Cadmiumbestimmungen sind ausgearbeitet worden für: Zink [C 1; D 72, 96, 97, 120, 150 a, 150 b, 162, 169, 191, 213, 214, 237, 242], Zinkerze und Verbindungen [D 60, 61, 72, 99, 244 b], Blei [D 66, 188], Kupfer [D 190], die analytische Gruppe Cu, Bi, Pb, Cd [D 17, 189], Mineralwässer [D 36], organisches Material [D 58; G 4].

Hg. Lit.: D (12), 85, (266); C (8, 31). Fig. Nr. 50.

Wie Schwarz [D 85] gezeigt hat, ist Quecksilber polarographisch gut bestimmbar, wenn auch die Stufe sofort ansteigt und ein Grundstrom fehlt. Schwarz empfiehlt folgende Grundlösung: 20 g KJ + 35 g $CH_3 \cdot COONa \cdot 3\,H_2O$ + 50 cm³ 2%ige Tyloselösung + 500 cm³ Wasser. Diese Lösung ist für die Bestimmung von HgI- und HgII-Salzen verwendbar. Da sich in ihr der Komplex $Hg^{II}J_4^{2-}$ bildet, wird aus HgI-Salzen die Hälfte des Quecksilbers ausgeschieden, wodurch sich die Lösung schwarz färbt, was aber beim Polarographieren nicht stört. Es sollen 5 cm³ Grundlösung und 1 cm³ 1m-Na_2SO_3[1]) (zur Entlüftung) mit 5 cm³ der schwachsauren Probelösung vermischt werden. Die Stufe (s. Fig. 50) wird gegen die Nullinie vermessen. Störungen verursachen Ag^+, FeIII sowie andere starke Oxydations- und auch Reduktionsmittel. O_2 stört nicht.

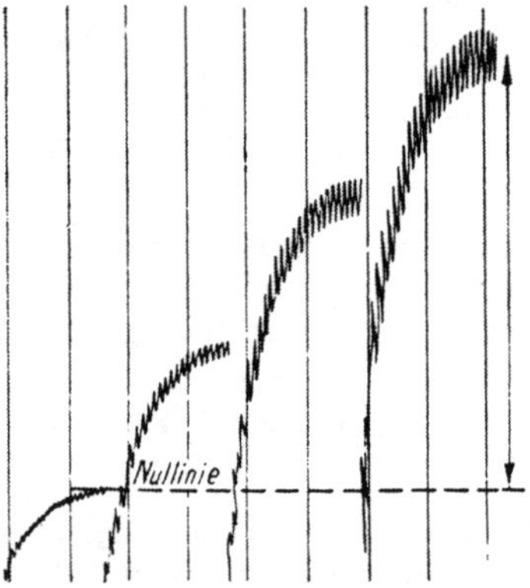

Fig. 50. Quecksilber

In 0,1m - KJ -0,2m - Na-Acetat -0,1 m -Na_2SO_3-0,1% Tylose. Ohne Diaphragma. Galvanometerempfindlichkeit 10^{-9}. Nach Schwarz [D 82].
1) ohne Hg, 2) mit 1 10^{-5}-, 3) mit $2 \cdot 10^{-5}$-, 4) mit $3 \cdot 10^{-5}$m-Hg^{2+}.

Eine genaue Untersuchung der Polarogramme von $Hg_2(NO_3)_2$ und $Hg(NO_3)_2$ in HNO_3 und von $HgCl_2$ in KNO_3 haben Kolthoff und Miller [D 134] durchgeführt. Die Stufenhöhen sind konzentrationsproportional. Als Dämpfer werden 10^{-5}m-Methylrot oder Tropäolin 00 oder 0,01 % Gelatine benutzt.

Die $Hg(CN)_2$-Stufe mit und ohne CN^--Zusatz ist aus theoretischem Interesse mehrfach untersucht worden [C 8, 31], auch im Hinblick auf ihr hohes Maximum [Cm 4, 5,8]. Auch freie Hg-Ionen verursachen ein hohes Maximum.

In. Lit.: D 5, 8, 104, **137**; A **18**.

In III ist polarographisch sehr gut zu bestimmen. Nach Kolthoff und Lingane [A 18, S. 274] erhält man in indifferentem

---

[1]) Bei HgI-Salz dürfte darauf zu achten sein, daß das in Freiheit gesetzte Hg durch die Einwirkung von $O_2 + SO_3^{2-}$ teilweise in Lösung gehen und dadurch eine zu hohe Stufe ergeben kann.

Leitsalz ($HClO_4$) eine bei — 0,7 V beginnende, sehr flache Stufe; bei Gegenwart von Cl^-- oder J^--Ionen wird aber diese Stufe steil, sie liegt in 0,1n-KCl bei — 0,60, in 1n-KCl bei — 0,63 V. In neutralen Sulfatlösungen treten Störungen auf, wahrscheinlich durch Fällung basischer In-Sulfate [T a g a k i D 8]. In 1n-Alkali liegt die Stufe bei — 1,13 V [H e y r o v s k ý]. Die Reduktion von InIII führt direkt zum Metall.

Nach E n s s l i n [D 137] ist zur In-Bestimmung eine Grundlösung aus 600 cm^3 konzentrierter HCl, 30 g Traubenzucker und 340 cm^3 Wasser geeignet. Komplexsalze des In sind vorher durch Abrauchen mit H_2SO_4 zu zerstören.

Ga. Lit.: D 21.

Die Ga^{3+}-Abscheidung ist von Z e l t z e r [D 21] untersucht worden. In 0,001n-HCl oder HNO_3 liegt die recht flache Stufe bei etwa — 1,3 V; in 0,01n-Säuren beginnt ihre Verdeckung durch die H-Stufe. In neutraler Lösung findet Hydrolyse statt. Sulfate stören die Stufe durch Bildung träger Komplexe. In 0,2n-NH_3 liegt die Ga-Stufe bei etwa — 1,6 V. In Alkali ist GaIII nicht reduzierbar. Wegen der Lage der Stufe kann Ga neben viel Al, aber nur neben wenig In oder Zn bestimmt werden.

Tl. Lit.: D 82, 83, 150 a, 169, G 9. Fig. Nr. 5, 6, 29.

Thallium kommt für die Polarographie nur in der einwertigen Form in Frage. Tl^+ gibt eine sehr gute Stufe, die wegen der geringen Neigung zu komplexer Bindung in allen Lösungen nahezu die gleiche Lage bei — 0,50 V hat. Auch in Alkali, 1n-Chlorid oder 1n-NH_3-1n-NH_4Cl liegt sie kaum negativer (etwa — 0,52 V). In Cyanidlösungen wird die Tl-Stufe durch die Hg-Oxydation verdeckt. Das Maximum der Tl-Stufe ist leicht durch eine Spur Gelatine zu dämpfen.

M a t e r i a l a n a l y s e n. Tl-Bestimmung in Cadmium, Zink [D 150 a, 169], in Knochen und Leichenteilen [G 9].

d) Die Metalle der **4. Gruppe** des periodischen Systems.

Ti, Zr, Th; Ge, Sn, Pb.

Ti. Lit.: D 21, 43, 86, 108, 269; C 50; H 2. Fig. Nr. 13.

Vierwertiges Titan wird in saurer Lösung (sonst Hydrolyse) polarographisch zu TiIII reduziert (nach [C 50] in H_2SO_4-Lösung in einer zweiten Stufe weiter zu TiII). Die TiIV/III-Stufe liegt in 0,1n-HCl und anderen indifferenten Elektrolyten bei — 0,98 V [D 21, 86; H 2]. Die Stufe ist irreversibel, denn die Oxydationsstufe TiIII/IV liegt bei — 0,18 V. In Zitronen- oder Weinsäure ist der Redoxvorgang reversibel bei — 0,48 V (s. Fig. 13), desgleichen in 0,1n-KCNS (— 0,49 V) und gesättigtem $CaCl_2$ (— 0,15 V) [Kalousek D 86, Strubl H 2]. In alkalischer Lösung erhält man keine Ti-Stufe, trotz einer gewissen Löslichkeit des $Ti(OH)_4$ [D 21]. Hierdurch ist die Möglichkeit einer Entfernung der Ti-Stufe gegeben. In Gegenwart von Weinsäure gibt Ti auch in alkalischen Lösungen eine Stufe. — Die Stufenhöhe in saurer Lösung vermindert sich mit zunehmendem p_H infolge der Hydrolyse, besonders beim Stehen der Lösung; in Gegenwart von Wein- oder Zitronensäure ist die Stufenhöhe konstant und für eine quantitative Bestimmung gut brauchbar [D 108; H 2].

Materialanalysen. Ti-Bestimmung in Ton, Kaolin, Bauxit, Martinschlacken [D 108, 269].

Zr, Th, Ge. Lit.: D 109, 164, 193 a.

Diese Metalle gelten wegen der starken Hydrolyse ihrer Salze, verbunden mit schwerer Reduzierbarkeit, als polarographisch nicht bestimmbar. Doch haben Laubengayer und Eaton [D 109] gezeigt, daß $ZrOCl_2$ in schwach saurer Lösung (z. B. 0,001m-$ZrOCl_2$ in 0,1n-KCl, p_H = 3) nach der H-Stufe eine ZrIV/0-Stufe bei — 1,7 V gibt. — $GeCl_4$ gibt in $HClO_4$ zwei Stufen [D 164].

Sn. Lit.: D 4, 84, 86, 130, 163, **178**, 179, 208, **212**, 236, 237, 242; C 51; A 18. Fig. Nr. 51, 52.

Sn IV gibt nur in Lösungen, die gleichzeitig eine hohe H^+- und Cl^-- (oder Br^--)Konzentration haben, Reduktionsstufen. Am besten ist nach Lingane [D 212] eine Lösung von 1n-HCl — 4n-NH_4Cl (oder NH_4Br) mit 0,005 % Gelatine. Es treten zwei Stufen auf: Die IV/II-Stufe bei — 0,29 V ist flach (irreversibel) die II/0-Stufe bei — 0,56 V ist steil. Auch in konzentrierter, z. B. 4n-HCl erhält man die Doppelstufe. Bei weniger als 1n-HCl beginnt sie infolge Hydrolyse zu verschwinden und ist ab p_H 1 nicht mehr vorhanden [D 120, 130]. H^+-Ionen allein genügen aber nicht: In 2n-$HClO_4$ tritt bis zur H-Stufe keine Sn-Stufe auf, sie erscheint jedoch auf Zusatz von NaCl [A 18, S. 264]. Diese Stufe hat aber keinen guten Grenzstrom. Gut ist die Stufe

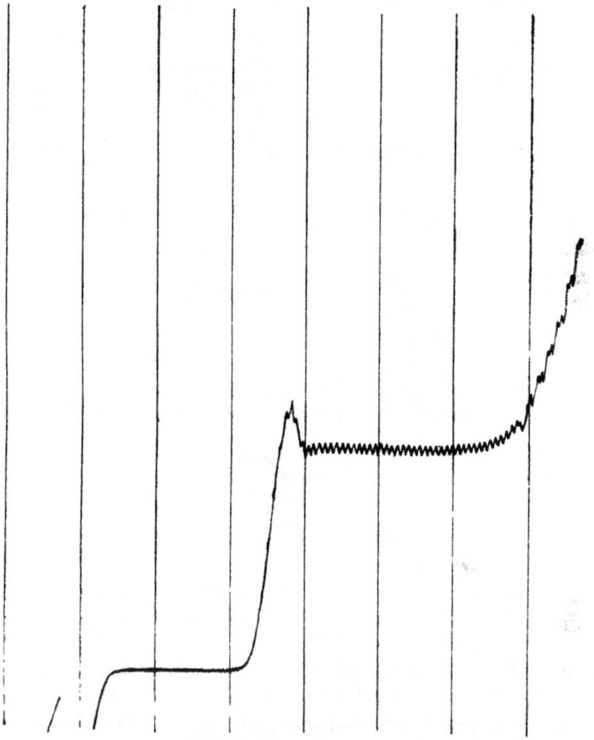

Fig. 51. Zinn (Sn II)
0,005m-$SnCl_2$ in 0,1m-$(NH_4)_2SO_4$–0,2m-HCl–0,2% Tylose.

in der erwähnten HCl-NH_4Cl-Lösung. — In NaOH gibt SnIV keine Stufe [D 179].

Sn II gibt sowohl eine Oxydationsstufe SnII/IV als auch eine Reduktionsstufe SnII/0. Nach Lingane [D 178, 179, 212] findet man folgende Halbstufenpotentiale (Ältere Angaben: Smrž [D 4], Kalousek [D 86], Heyrovský [A 18]):

	Sn IV		Sn II	
	IV/II	II/0	II/IV Oxyd.	II/0
1 n-HCl		(— 0,50 [1]))	(— 0,1 [2]))	— 0,50
6 n-HCl	(— 0,3)	— 0,61		— 0,61
1 n-HCl — 4 n-NH_4Cl	— 0,29	— 0,56		
1 n-H_2SO_4 oder 1 n-HNO_3	unlöslich		–	0,5′
1 n-NaOH	nicht red.		– 0,77	– 1,26
0,5 m-Tartratpuffer p_H 2,3	nicht red.		– 0,18	– 0,53
0,5 m-Na_2-Tartrat (oder Citrat)	nicht red.		— 0,48	– 0,75
0,5 m-Na_2-Tartrat — 0,1 n-NaOH	nicht red.		– 0,75	1,20

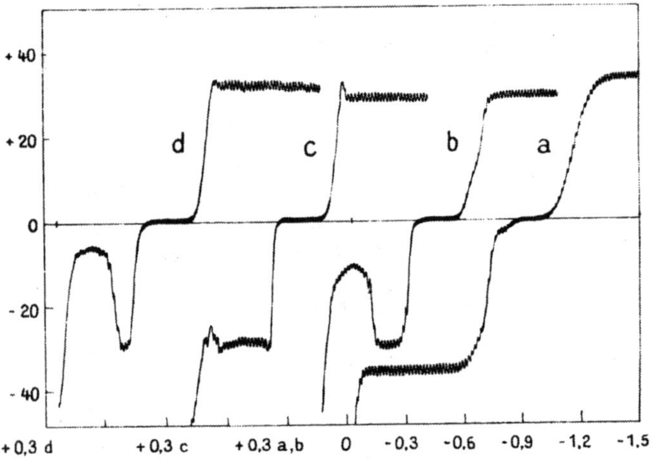

Fig. 52. Sn II in sauren und alkalischen Tartratlösungen. Nach Lingane [D 178].

0,00545 m-$SnCl_2$ mit 0,01% Gelatine. Ordinate: Mikroampere. Abszisse: Volt gegen gesättigte Kalomelelektrode.

a) 0,5 m-$Na_2C_4H_4O_6$ — 0,1 n-NaOH (p_H 13).
b) 0,5 m-$Na_2C_4H_4O_6$ — 0,1 n-NaCl (p_H 8 bis 9).
c) 0,047 m-$Na_2C_4H_4O_6$ — 0,38 m-$NaHC_4H_4O_6$ (p_H 3,4).
d) 0,1 m-$NaHC_4H_4O_6$ — 0,4 m-$H_2C_4H_4O_6$ (p_H 2,3).

Nach Lingane und Scott [A 18, S. 264] ist SnII in $HClO_4$ nicht reduzierbar; Zusatz von NaCl läßt die Stufen ent-

[1]) Schlechter Grenzstrom (und Vorstufe).
[2]) Nur Andeutung einer Stufe.

stehen (— 0,39 V in 2n-$HClO_4$ — 0,5n-NaCl). Auch in 1n-H_2SO_4 und in 1n-HNO_3 erhält man nach [D 179] gute SnII/0-Stufen bei — 0,5 V. — Das polarographische Verhalten von SnII in alkalischen und sauren Tartratlösungen gibt Fig. 52 wieder (nach Lingane [D 178]). In stark alkalischer Lösung (Kurve a) liegt vermutlich ein Hydroxo-Tartratokomplex des SnII vor, der schneller diffundiert (höhere Stufen) als die Tartrato-Komplexe in nicht stark alkalischen Lösungen. — Bei diesen (Kurven b, c, d) zeigt die anodische Stufe ein eigentümliches „Minimum", d. h. die Stromstärke fällt wieder ab. Bei weniger als 0,002 m-SnII verschwindet dieses Minimum; bei höheren SnII-Konzentrationen (0,01 m) wird die anodische Stufe fast ganz unterdrückt. — Ohne Gelatine haben sowohl die kathodische als auch die anodische Stufe ein Maximum.

Die Zinnbestimmung erfolgte früher stets mittels der II/0-Stufe des SnII. Nachdem jedoch Seith und vor dem Esche [D 120] und Lingane [D 212] festgestellt haben, daß bei hoher Cl^--Konzentration auch SnIV eine gute II/0-Stufe gibt, dürfte die Verwendung von SnIV wegen der großen Oxydationsempfindlichkeit der SnII-Lösungen in den Vordergrund treten. (Daß SnII-Lösungen ein sehr negatives Potential einer Hg-Bodenelektrode bedingen, ist bereits im § 5 a erwähnt worden). — Wird keine sehr hohe Cl^--Konzentration angewandt, so muß das Zinn in zweiwertiger Form vorliegen und es ist nötigenfalls für vollständige Reduktion von SnIV zu SnII zu sorgen, und zwar mit Hypophosphit (s. § 11. Weißmetall [Cozzi D 84]) oder mit Aluminium in salzsaurer Lösung [A 19, S. 329]. Die SnII-Bestimmung erfolgt in salzsaurer Lösung, wobei die Sn-Stufe mit der Pb-Stufe zusammenfällt, oder in alkalischer Tartrat- oder Citrat-Lösung, wobei die Sn-Stufe hinter der Pb-Stufe liegt.

In 1n-NaOH erhält man nach Lingane [D 179] sehr gute SnII/0-Reduktions- und SnII/IV-Oxydationsstufen. Doch ist die Lösung sehr oxydationsempfindlich und zudem thermodynamisch instabil in Bezug auf den Zerfall von Sn II in Sn IV und Sn. Reine Lösungen sind zwar beständig, [D 179], doch wird praktisch meist ein sehr schnelles Verschwinden der Sn-Stufen festgestellt [D 4].

Über eine polarometrische Titration von SnII mit $CuSO_4$ in einer sauren Tartratlösung s. Lingane [D 178].

Materialanalysen. Zinnbestimmungen werden beschrieben für Zink [D 120, 213, 214, 237, 242], Aluminium [D 168b] Kupfer [D 236], Weißmetall [D 84], Erze [D 163, 208].

Pb. Lit.: D 17, 36, 51, 52, 55, 58, 60, 77, 84, 99, 101, 103, 107, 113 b, 124, 125, 128, 129, 130, 146, 148, 149, 162, 169, 179, 182, 183, 189, 190, 208, 209, 210, 211, 215, 227, 228, 236, 237, 239, 244 b, 254, 257, 260, 268; A 18; E 5; C 56; Cm 12; F 15; H 1, 3, 4 a, 5, 10.

Indiff. Leitsalz	$E_{1/2}$	— 0,43 V	
1 n-Chlorid	$E_{1/2}$	— 0,47 V	[C 30]
1 n-NaOH	$E_{1/2}$	— 0,80 V	[C 56, D 179]
Tartratlösung, sauer und neutral	$E_{1/2}$	— 0,5	
Tartratlösung, alkalisch	$E_{1/2}$	— 0,8	
1 n-KCN	$E_{1/2}$	— 0,74	[A 19]

Die polarographische Bleibestimmung ist einfach und genau, sie kann in saurer, neutraler und alkalischer Lösung durchgeführt werden. Das Maximum ist leicht zu dämpfen.

Abtrennung von Pb ist neben Sb, Sn durch Fällung mit Na_2S möglich [D 84], neben Cu, Cd, Zn, Ni durch Fällung mit NH_3, am besten, wenn auch etwas Ammoniumcarbonat zugesetzt wird [D 51, 61, 85, 124]. Auch Spuren von Pb (und Bi) werden durch NH_3 bei Gegenwart von FeIII mit $Fe(OH)_3$ ausgefällt und können so von Cu und Cd getrennt und einer Bestimmung zugeführt werden [D 107, 129]. Über die Fällung von Pb als Oxalat siehe [D 113b]. Zur Abtrennung von Pb aus organischem Material wird Abscheidung als PbO_2 an einer Anode vorgeschlagen [D 77]. Sehr sorgfältig ist diese Methode von Cholak [D 113b] ausgearbeitet worden. — Eine starke Erniedrigung einer störenden Pb-Stufe ist durch Ausfällen mit H_2SO_4 zu erzielen.

Blei läßt sich gut neben anderen Metallen bestimmen: Cu, Bi Pb, Cd können in einer schwach sauren (p_H 4—5) Tartratlösung gleichzeitig bestimmt werden [D 58, 112, 189], s. § 11. — Cu, Pb, Cd sind auch in einer ammoniakalischen Tartratlösung gut getrennt; in dieser Lösung sind auch Pb und Fe nebeneinander bestimmbar, wenn vor dem NH_3-Zusatz in der noch sauren Tartratlösung Fe durch Kochen mit Na_2SO_3 zu FeII reduziert worden ist [D 99]. — Bi und Pb sind in 6 n-HCl gut nebeneinander bestimmbar [D 107]. — In 1 n-NaOH sind die Tl- und Pb-Stufe gut getrennt; Sn stört nicht. Die Plumbitstufe ist reversibel [C 56]. — Eine KCN-NaOH-Lösung mit Na_2SO_3 und Gelatine wird von Spálenka [D 162, 190] und Milner [D 211] besonders empfohlen: Cu stört auch in großem Überschuß nicht, ebenfalls Sn, Tl, Mg, Mn in nicht zu großen Mengen. Die Pb-Stufe ist sehr genau vermeßbar. Die KCN-Konzentration darf nicht zu groß sein, da sonst die CN-Oxydationsstufe zu nah an die Pb-Stufe heranrückt. Näheres s. im § 11 unter Bleibronze, Kupfer, Messing, Feinzink.

Über die polarometrische Titration von Pb mit Sulfat [H 1, 5, 10], mit Dichromat [H 3, 4a] und mit Oxalat [H 10] s. § 28.

Materialanalysen. Bleibestimmungen werden beschrieben für: Aluminium [D 149, 168b, 213, 214, 242, 254], Magnesium [D 55, 148, 257], Kupfer [D 190, 236], Messing, Bronze [D 51, 52, 162, 190, 210, 211; A 9], Zink [C 1; D 72, 96, 97, 120, 150b, 169, 191, 213, 214, 237, 242], Zinkerze [D 60, 99], Erze, Konzentrate und Flotationsrückstände [D 208, 209, 239, 244 b, in Zinn und Cadmium [244 b]], Weißmetall [D 84], die analytische Gruppe Cu, Bi, Pb, Cd [D 17, 189], Blei-Stahl [D 146, 260], Malfarben [D 101], Phosphorsäure [D 45], Phosphatierungslösungen [D 182], Mineralwässer [D 36], organisches Material [D 58, 77, 113b; G 5].

e) Die Metalle der 5. Gruppe des periodischen Systems.

V, Nb, Ta; As, Sb, Bi.

V. Lit.: D 21, 79, 80, 83, 95, 171, **216**, 247, 248, 252, 272.

	V/IV		IV/III	III/II
(rev. Redoxpot. ($p_H = 0$)	+ 0,7		+0,05	—0,54)
			IV/II	
$E_{1/2}$ in 0,1 n-H_2SO_4	sofort. Anstieg		— 0,9 V	
in 1 n-NH_3 — 1 n-NH_4Cl	— 1,01	(— 0,36 als Oxyd.-St.)	— 1,30 V	
in 1 n-NaOH	(— 1,6)	(— 0,46 als Oxyd.-St.)	nicht red.	

Vanadin ist polarographisch gut bestimmbar. Meist wird die V/II-Stufe in ammoniakalischer Lösung benutzt [D 79, 80, 95, 171].

Die vorstehende Tabelle gibt einen Überblick über das polarographische Verhalten des Vanadins, das durch Zeltzer [D 21] und vor allem durch Lingane [D 216] geklärt worden ist. Zum Vergleich mit den Halbstufenpotentialen sind auch die Redoxpotentiale angeführt.

5-wertiges Vanadin reagiert in saurer Lösung mit Hg unter Reduktion zum 4-wertigen. Demnach gibt ein Polarogramm in saurer Lösung einen sofortigen Anstieg der V/IV-Stufe. Bei etwa — 0,9 V folgt eine IV/II-Stufe, deren Ausmessung aber durch die Nähe der H^+-Stufe beeinträchtigt ist. — In ammoniakalischer Lösung liegen die beiden Stufen dicht beieinander (— 1,01 und — 1,30 V) und sind daher früher für eine einzige V/II-Stufe gehalten worden. Diese Doppelstufe ist sehr gut vermeßbar. — In 4 n-NaOH erfolgt die V/IV-Reduktion erst dicht vor dem Endanstieg bei — 1,6 V.

4-wertiges Vanadin gibt in saurer Lösung die vorhin erwähnte IV/II-Reduktionsstufe bei — 0,9 V. In ammoniakalischer Lösung ist außer der IV/II-Reduktionsstufe bei — 1,30 V noch eine IV/V-Oxydationsstufe bei — 0,36 V zu beobachten. In 1 n-NaOH liegt diese bei — 0,46 V; eine Reduktionsstufe ist nicht zu beobachten. — Da 4-wertiges Vanadin in alkalischer Lösung durch O_2 schnell oxydiert wird, muß die Lösung (auch die ammoniakalische) vor Zugabe der (sauren) Vanadyl-Lösung entlüftet sein und außerdem Na_2SO_3 enthalten. — Die Oxydationsstufe bei — 0,46 V in 1 n-NaOH — 0,1 m-Na_2SO_3 ist nach Lingane [D 216, 248, 252] für eine Vanadinbestimmung sehr geeignet, s. § 11, Vanadin in Stahl.

3-wertiges Vanadin gibt in saurer Lösung (1 n-H_2SO_4) eine reversible III/II-Reduktionsstufe bei — 0,55 V (also positiver als die irreversible IV/II-Stufe bei — 0,9 V). — Über die 2-wertige Stufe hinaus wird Vanadin nicht reduziert.

Über die Reduktions- und Oxydationsstufen in 1 m-Oxalat bei verschiedenem p_H und daraus zu ziehende Schlüsse über die Oxalatkomplexe des Vanadins s. Lingane [D 247].

Materialanalysen. Vanadinbestimmungen sind beschrieben worden für Stahl [D 79, 80, 248], auch als Mikroverfahren [D 95]; pharmazeutische Präparate [D 171].

Nb, Ta. Lit.: D 21.

Zeltzer [D 21] und andere haben versucht, Nb- und Ta-Stufen zu erhalten. Bisher vergeblich.

As. Lit.: D 11, 45, 65, **112**, 172; A 18; G 6. Fig. Nr. 53, 54 55, 57.

AsV ist weder in saurer noch in alkalischer Lösung reduzierbar. Zur polarographischen Bestimmung muß es (z. B. durch Kochen mit Hydrazin in konzentrierten Säuren) in AsIII übergeführt werden [D 112].

AsIII zeigt ein kompliziertes und noch nicht ganz gedeutetes Verhalten, ist aber bestimmbar. In saurer Lösung erhält man mehrere Stufen, die sich auf einen Potentialbereich von —0,2 bis —1,1 V erstrecken, wodurch Arsen sehr störend bei der Bestimmung anderer Stoffe werden kann. In alkalischer Lösung ist AsIII nach [A 18, S. 261] nicht reduzierbar[1]).

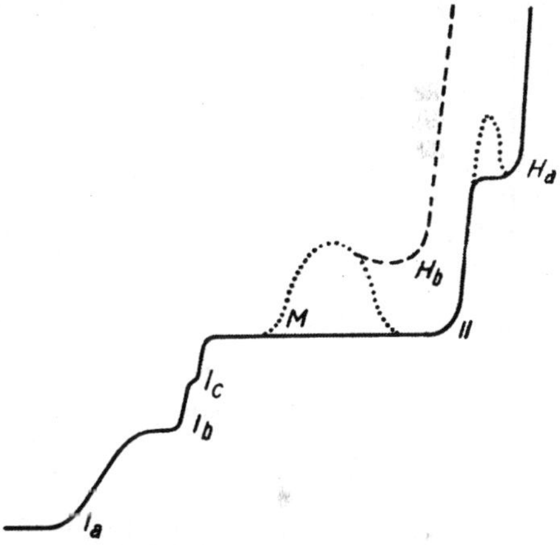

Fig 53. Arsen (As III). Schematisch

Schema eines AsIII-Polarogramms in saurer Lösung. Nach Krjukowa [D 112].
I a, b, c und II = As-Stufen. H_a und H_b = H-Stufen bei kleiner bzw. großer H^+-Ionenkonzentration. Punktiert = Maxima.

Die polarographische Reduktion von As III in saurer Lösung ist vor allem von Krjukowa [D 112], auch von Kačírková [D 11] untersucht worden. Fig. 53 zeigt das allgemeine Schema eines As III-Polarogramms nach [D 112]. Bei den Stufen Ia, Ib, Ic erfolgt wahrscheinlich die Reduktion verschiedener Formen von As III ($AsCl_3$, AsOCl, AsO·OH, As_2O_3) zu As; bei der Stufe II (meist mit Maximum) — zu AsH_3, welches chemisch nachgewiesen werden konnte[2]). Auf dem Grenzstrom von Ic sitzt bei M ein Ma-

[1]) Nach Heyrovský [A 19, S. 333] erhält man in alkalischer Lösung einen langsamen Anstieg der Stromstärke, welcher jedoch die Form einer Stufe annimmt, wenn zweiwertige Kationen anwesend sind, also in $Ca(OH)_2$- oder $Ba(OH)_2$-Lösung.

[2]) Kačírková [D 11) nahm für die Stufe Ib + c Reduktion zu AsH_3 an, doch ist dieser erst nach der Stufe II vorhanden [D 112].

ximum auf; hierbei ist eine Strömung beobachtbar [D 112], das Maximum kann mit Methylenblau zum Verschwinden gebracht werden [D 11]. H_a ist die Wasserstoffstufe bei geringer H^+-Ionenkonzentration; bei hoher H^+-Ionenkonzentration rückt diese Stufe nach links (H_b), verdeckt die Stufe II und verleiht dem Maximum M das Aussehen einer Stufe. — Die Stufen Ib und Ic fließen oft zu einer zusammen und sind sehr steil. Die Stufe Ia ist flach.

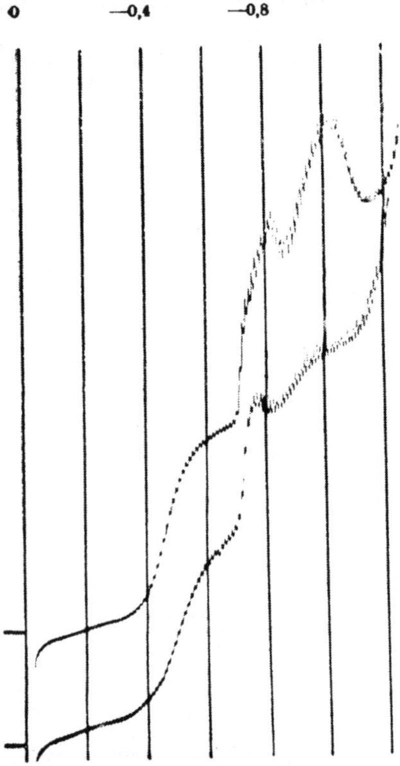

Fig. 54. Arsen in Salzsärre

$0{,}001$m-As_2O_3 in 1n-HCl, O_2-frei. Gegen n-Kalomelelektrode.

Oben: Ohne Dämpfer. Unten: Mit 10^{-4} m-Methylenblau.

In verschiedenen Mineralsäuren (HCl, HBr, HJ, H_2SO_4, H_3PO_4) treten die genannten Stufen — soweit sie nicht durch die H-Stufe verdeckt sind — in ähnlicher Weise auf. Sie liegen z. B. für 10^{-3} m-$AsCl_3$ in 1 n-HCl bei etwa folgenden Tangentenpotentialen:

Ia — 0,5, Ib — 0,7,
Ic — 0,75, M — 0,9,
Hb — 1,2 Volt.

Mit zunehmender H^+-Ionenkonzentration verschieben sich die Stufen zu positiveren Potentialen und umgekehrt. Sie sind recht unregelmäßig und schlecht vermeßbar.

Die polarographische As-Bestimmung ist nicht sehr genau, aber recht empfindlich. Bambach [G 6] z.B. bestimmt 1 γ As in biologischem Material. In Frage kommt nur die Vermessung der Stufe I. Als Grundlösung sind relativ geeignet 1 n-HCl (s. Fig. 54 und 57) oder H_2SO_4 mit Dämpfern. Nach [D 112] sind Ameisen-, Essig- und Oxalsäure unbrauchbar, brauchbar dagegen eine schwach saure Tartratlösung oder NaH_2PO_4. Wir fanden mit Roderburg, daß Na_2HPO_4 bessere Stufen gibt (die durch KCl aber sehr verschlechtert werden), siehe Fig. 55. Die Höhe dieser bei —1,7 V liegenden Stufe ist der As-Konzentration proportional.

M a t e r i a l a n a l y s e n. As-Bestimmungen werden beschrieben für Phosphorsäure [D 45], Schwefelsäure [D 65], biologisches Material [G 6].

Sb. Lit.: D 1, (11), 84, 126, **147**, **166**, 179, 244 b, **246**, 257; G 7. Fig. Nr. 56, 57.

SbV ist an der Tropfkathode nur in sehr stark saurer und Cl^--Ionen enthaltender Lösung reduzierbar (wahrscheinlich als Chlorokomplex $SbCl_6^-$); z.B. in 4 n-HCl [K r a u s und N o v á k D 166] oder in 0,2 n-HCl — 6 n-$HClO_4$ [L i n g a n e und N i s h i d a D 246]. Die Reduktion erfolgt in zwei Stufen: Die V/III-Stufe steigt sofort zu Beginn hoch, die III/0-Stufe liegt in 6 n-HCl bei —0,30 V, s. Fig. 56. Zur Maximadämpfung genügen 0,005% Gelatine. Die III/II-Stufe in 6 bis 8 n-HCl ist zur Sb-Bestimmung gut geeignet. Da auch SbIII diese Stufe gibt, entspricht ihre Höhe dem Gesamtgehalt an Sb (sofern die Diffusionskoeffizienten von SbV und SbIII gleich sind), Pb stört auch in großen Mengen nicht, ebensowenig AsV, da es nicht reduziert wird; Cu stört nur bei größeren, Bi schon in kleineren Mengen [D 166], vgl. § 11, Hartblei.

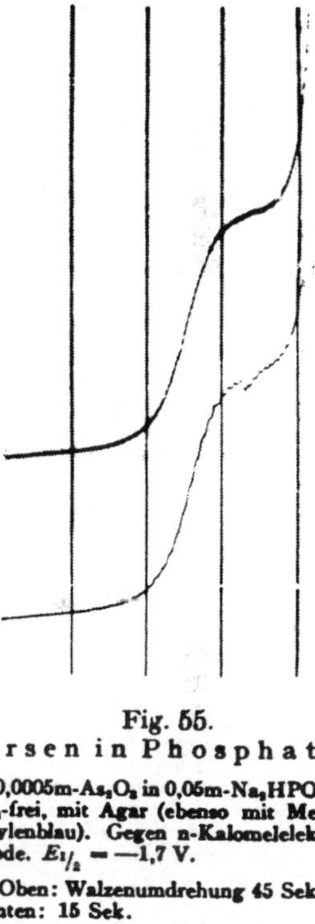

Fig. 55.
A r s e n i n P h o s p h a t
0,0005m-As_2O_3 in 0,05m-Na_2HPO_4, O_2-frei, mit Agar (ebenso mit Methylenblau). Gegen n-Kalomelelektrode. $E_{1/2}$ = —1,7 V.
Oben: Walzenumdrehung 45 Sek. Unten: 15 Sek.

Für Sb-Bestimmungen in weniger sauren oder alkalischen Lösungen muß SbV zunächst chemisch zu SbIII reduziert werden. Die Reduktion wird mit Hypophosphit [D 84], Pyrogallol [D 126] oder durch Kochen mit Na_2SO_3 [D 147, G 7] durchgeführt (näheres im § 11).

SbIII gibt sowohl in stark saurer als auch in stark alkalischer Lösung sehr gute Stufen, bei denen Reduktion zu Metall erfolgt. Nachstehend die wichtigsten Halbstufenpotentiale im Vergleich zu denen des BiIII.

	Bi III	Sb III	
1 n-HCl	– 0,13	– 0,19	[D 147, 179]
5 n-HCl		– 0,27	
1 n-HNO_3	0,05	– 0,34	[D 179]
1 n-H_2SO_4	— 0,08	– 0,36	[D 147, 179]
1 n-NaOH (mitGelatine)	nicht red.	–1,30	[D 179]
0,1 n-NaOH — 0,5 m-Tartrat	(1,0)	– 1,36	[D 179]
1 n-KCN		— 1,17	[A 19, S.203]

In saurer Lösung ist mindestens 0,5 n einer starken Säure erforderlich, da sonst infolge Hydrolyse die Sb-Stufe zu klein wird; in 0,1 n-Säure verschwindet sie schon ganz. Wie Fig. 57 zeigt, hat die Sb-Stufe (wie die des Bi) in 1 n-HCl ein eigenartiges Doppelmaximum. Beide sind durch 0,1% Gelatine oder Collorosin oder 10^{-5}m-Methylenblau leicht zu unterdrücken [D 11]. — Da SbIII aus allen anorganischen und organischen Verbindungen durch 1 n-HCl frei gemacht wird, kann es sehr einfach direkt bestimmt werden (SbV ist zu reduzieren) [G 7]. Auch neben AsIII und SnII ist SbIII in salzsaurer Lösung gut bestimmbar [D 17], s. Fig. 57 rechts. — Neben Bi kann SbIII in 1 n-H_2SO_4 bestimmt werden [D 147].

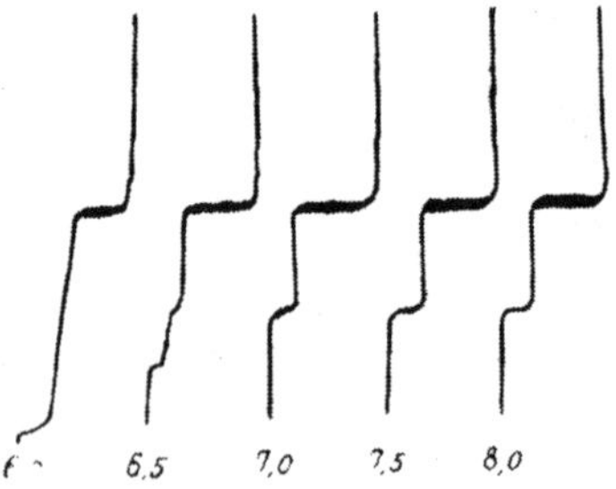

Fig. 56. Antimon (SbV) in Salzsäure

SbV (neben viel Pb) in 6 n- bis 8 n-HCl. Ab 7 n-HCl liegt eine gute Trennung in eine SbV/III- und eine gut vermeßbare SbIII/0-Stufe vor. Endanstieg: Pb-Reduktion. Nach Kraus und Novak [D 166].

In Alkali ist die SbIII-Stufe nur bei Gegenwart von Gelatine gut. Gut ist auch die Stufe in einer alkalischen Tartratlösung [D 69].

Materialanalysen. Sb-Bestimmungen werden angegeben für Aluminium [D 126, 168b], Magnesium [D 257], Hartblei [D 166, 244], Weißmetall [D 84], organisches Material [G 7].

Bi. Lit.: D 1, (11), 17, 36, 58, 69, 103, 107, 147, 165, 169, 179, 244; B 5; H 13. Fig. Nr. 58.

BiIII kann nur in stark saurer Lösung oder in Gegenwart von Komplexbildnern untersucht werden, da es sonst ausfällt. Ohne Komplexbildner ist mindestens 0,1 n-HNO_3 oder 1 n-HCl (da BiOCl besonders leicht ausfällt) anzuwenden. Wasserstoff darf

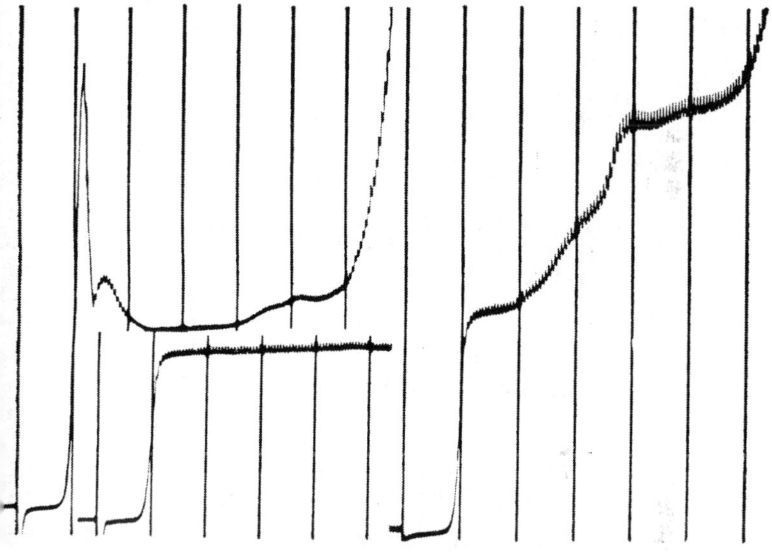

Fig. 57. Antimon (Sb III)

Links oben: 10^{-3}m-SbIII in 1n-HCl, O_2-frei. Gegen n-Kalomelelektrode.
Darunter: Desgleichen mit 0,1% Colloresin.
Rechts: 10^{-3}m-SbIII und 10^{-3}m-AsIII in 0,5n-HCl mit 0,05% Fuchsin, O_2-frei.

zum Entlüften solcher Lösungen nicht benutzt werden, da eine Reduktion des Bi eintreten kann.

Über die Lage der Bi-Stufe siehe die vorstehende Tabelle beim Antimon. — In HCl hat die Bi-Stufe ein Doppelmaximum wie SbIII (s. Fig. 57), das aber leicht zu dämpfen ist. — In einer Tartratlösung mit 0,1 n-NaOH ist die Bi-Stufe sehr schlecht [D 179]. In einer stärker alkalischen Lösung ist sie jedoch sehr gut, s. Fig. 58.

Trennungen. In indifferenten Leitsalzlösungen fällt die Bi-Stufe mit der Cu-Stufe zusammen. Für die Trennung ist eine schwach saure Tartratlösung geeignet, da die Bi-Stufe zu nega-

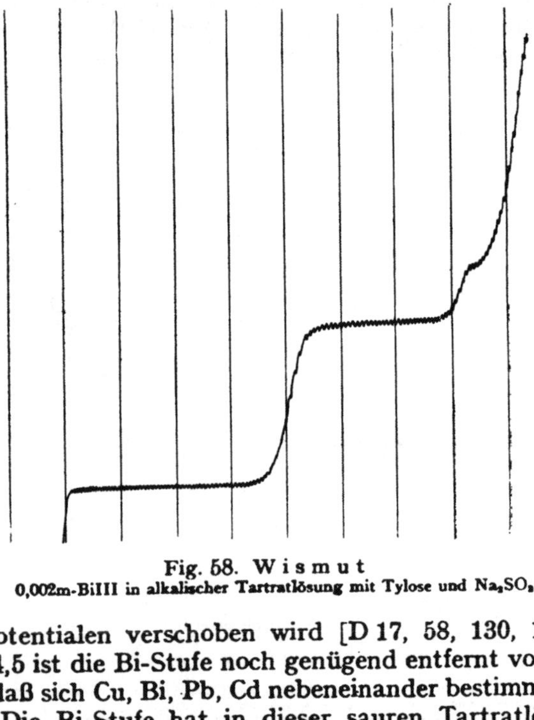

Fig. 58. Wismut
0,002m-BiIII in alkalischer Tartratlösung mit Tylose und Na_2SO_3.

tiveren Potentialen verschoben wird [D 17, 58, 130, 189]. Bei p_H 4 bis 4,5 ist die Bi-Stufe noch genügend entfernt von der Pb-Stufe, so daß sich Cu, Bi, Pb, Cd nebeneinander bestimmen lassen (s. § 11). Die Bi-Stufe hat in dieser sauren Tartratlösung ein Maximum, das durch 0,005% Gelatine unterdrückt werden kann, doch darf nicht mehr Gelatine angewandt werden, da sonst die Bi-Stufe erniedrigt und bei 0,03% Gelatine ganz unterdrückt wird [D 189]. Cozzi [D 130] benutzt Fuchsin. — Neben Pb kann Bi auch in 6 n-HCl gut bestimmt werden [D 107]. — Bi neben Sb kann in 1 n-H_2SO_4 bestimmt werden, wie aus der vorstehenden Potentialtabelle zu ersehen ist [D 147].

Über die polarometrische Titration von Bi mit Oxin nach [H 13] siehe § 28.

Materialanalysen. Bi-Bestimmungen werden angegeben für Zink [D 169], Zinn [D 244 b], die analytische Gruppe Cu, Bi, Pb, Cd [D 17, 179], Mineralwässer [D 36], Pflanzenmaterial [D 58].

f) Die Metalle der **6. Gruppe** des periodischen Systems. **Cr, Mo, W, U** (Se, Te s. Anionen).

Cr. Lit.: D 9, 18, 69, 79, 80, 83, 86, **113a**, 172, 196a, 230; A 18; H 2, 5, 26. Fig. Nr. 1, 41.

Halbstufenpotentiale	VI/III	III/II	II/0	
1 n-NaOH. Mit Chromat:	— 0,89 [D 113a].	Mit Cr II:	— 1,98	[A 19]
1 n-NH_3 — 1 n-NH_4Cl	— 0,36	— 1,46	— 1,74	[D 83]
1 n-KCl. Mit Cr III		— 0,96	— 1,53	[D 80]
1 n-KCN. Mit $Cr(CN)_6^{3-}$ ..		— 1,42 (rev.)		[D 172]

Die Chromatstufe CrVI/III in alkalischer Lösung ist besonders geeignet für die Cr-Bestimmung [D 69, 80, 113a]. In NH_3 — NH_4Cl erhält man alle drei oben angeführten Stufen, doch sind sie weniger gut ausgebildet. Chromat in neutraler Lösung (KCl) ergibt Störungen infolge Bildung eines Chromichromatfilmes an der Tropfenoberfläche [D 113a].

Es ist jedoch auch die Bestimmung von Chrom als CrIII aus der III/II- und II/0-Stufe in NH_3-NH_4Cl möglich [D 196a].

Da CrIII in wässeriger Lösung in verschiedenen Formen, die sich nicht leicht ins Gleichgewicht setzen, vorkommt, ist die Lage und Form der CrIII/II-Stufe stark von dem Chrompräparat und seiner Behandlung abhängig[1]). Mit „Chromsesquichlorid" (E. Merck, Art. Nr. 2487) erhält man gute Stufen, auch mit Chromalaun. Doch ist es, z. B. von Stahl ausgehend, nicht ohne weiteres möglich, das Chrom zwecks Bestimmung in eine brauchbare CrIII-Form überzuführen. Die CrII/0-Stufe einer CrIII-Lösung ist meist etwas mehr als doppelt so hoch wie die CrIII/II-Stufe, weil sich zu jener eine Entladung der durch Hydrolyse vorhandenen H^+-Ionen addiert (s. Fig. 1). In saurer Lösung wird die CrII/0-Stufe durch die H-Stufe überlagert.

Viel K_2SO_4 macht die CrIII/II-Stufe um 0,2 V negativer [D 9]. — Die CrIII/II-Stufe zeigt meist geringe Steilheit. Sie ist irrever-

---

[1]) Eine polarographische Untersuchung der isomeren Chromsulfate s. [D 230].

sibel, denn sie liegt in 0,1 n-Na_2SO_4 bei —1,04, die CrII/III-Oxydationsstufe aber bei —0,62 V. In gesättigtem $CaCl_2$ liegen beide Stufen bei —0,55 V, sind also hier reversibel [D 86]. —

Entfernung von Chromat ist durch Fällung als $BaCrO_4$ möglich [D 83].

Über die polarometrische Titration von Cr als Chromat mit $TiCl_3$ nach Strubl [H 2] und Spálenka [H 5] und mit FeII nach Kolthoff und May [H 26] siehe § 28.

Materialanalysen werden angegeben für Stahl [D 79, 80] und für Chromanodbäder [D 196a].

Mo. Lit.: D 56, 79, 80, 110, 115, 136, 153, 192, 193b.

MoVI (Molybdat) gibt in alkalischer Lösung keine Stufe. In sauren Lösungen treten mehrere Stufen auf, die im einzelnen noch nicht geklärt sind. Wahrscheinlich handelt es sich um VI/V- und V/III-Stufen, wobei aber nach Höltje und Geyer [D 136] die V/III-Stufe mehrfach auftritt, weil MoIII in mehreren Formen entstehen kann, die sich nicht ins Gleichgewicht einstellen. Dem entspricht, daß der elektrochemische Vorgang jeder Stufe nur einen Bruchteil des insgesamt gelösten Mo umfaßt, d. h. daß die Stufen meist viel niedriger sind, als einem stöchiometrischen Umsatz entsprechen würde. Auch MoVI kann je nach der Zusammensetzung und dem p_H der Lösung in Form der verschiedenartigsten Polysäuren vorliegen. Aus diesen Gründen sind die Stufenhöhen stark von der Zusammensetzung der Lösung abhängig, was für die Mo-Bestimmung sehr nachteilig ist. — Zu beachten ist auch, daß in saurer Lösung in Gegenwart von Cl^--Ionen MoVI durch Hg zu MoV reduziert wird ($2\,Mo^{6+} + 2\,Hg + 2\,Cl^- = 2\,Mo^{5+} + Hg_2Cl_2$; in mehr als 5 n-HCl geht die Reduktion bis MoIII) [D 136].

Es ist nach solchen Grundlösungen gesucht worden, in denen Mo-Stufen einigermaßen normaler und von der Leitsalzkonzentration annähernd unabhängiger Höhe zu erhalten sind. Vorgeschlagen wurden:

20 n-H_2SO_4 (50 Vol. % = 65 Gew. %). $E_{1/2}$ = ± 0,0 V. Die Mo-Stufe (wahrscheinlich MoV/III) hat eine der Mo-Konzentration

proportionale Höhe, v. Stackelberg, Klinger, Koch und Krath [D 80].

2 n-NH_4NO_3 — 0,1% Gelatine (— 0,82 V) oder

5 n-NH_4NO_3 salpetersauer, wobei die hohe NH_4NO_3-Konzentration wesentlich ist, Stern [D 153]. Nichols und Rogers [D 193 b] verwenden jedoch eine 0,8 n-NH_4NO_3 — 0,2 n-HNO_3, die aber nicht mehr als 0,1 n-Chlorid enthalten darf ($E_{1/2}$ = — 0,42).

20 bis 35 % Phosphorsäure [D 110, 193 b].

0,5 m-H_2SO_4 — 0,75 m-Zitronensäure. Die Lösung muß nitratfrei sein; sie gibt zwei Mo-Stufen bei — 0,35 und — 0,85 V gegen die Bodenelektrode. Da Fe und Cu die erste Stufe stören, wird die zweite vermessen. Die Tropfzeit muß über 2,5 Sek. betragen, Wolfson [D 192].

Eine Milchsäure enthaltende Lösung empfiehlt Uhl, siehe [D 56], eine phosphathaltige Salpetersäure Gochstein [D 115].

Über die polarometrische Titration von Mo mit Pb-Acetat nach Thanheiser und Willems [D 79] s. § 28.

Materialanalysen. Mo-Bestimmungen werden angegeben für Stahl [D 79, 80], Erze [D 110], „Permalloy" [D 192]. Pflanzenmaterial [D 193 b].

W. Lit.: D 80, 194. Fig. Nr. 41.

W (VI) (Wolframat) gibt wie Mo weder in neutraler noch in alkalischer Lösung eine Stufe. In saurer Lösung liegen ähnlich komplizierte Verhältnisse vor wie beim Molybdän[1]). Eine für analytische Zwecke brauchbare Stufe erhält man aber in konzentrierter Salzsäure (Dichte 1,19), in der sich frisch gefället Wolframsäure leicht löst. Gegen eine Bodenelektrode in der gleichen Lösung liegt die Stufe bei — 0,46 V (s. Fig. 41, Kurve 1). Auch in schwach salzsaurer, phosphathaltiger Lösung erhält man eine Stufe, die aber weniger gut ist [D 80].

Ausgearbeitet worden ist eine W-Bestimmung in Stahl [D 80].

---

[1]) Polarographische Untersuchungen hierüber sind von Souchay [D 194] gestellt worden. Nach Souchay gibt das Ion $[H_2W_6O_{21}]^{4-}$ eine Reduktionsstufe bei etwa — 0,9 V und es ist möglich, die Kinetik der Bildung dieses Ions und das Gleichgewicht polarographisch zu untersuchen.

Uran. Lit.: D 6, 60, 155, **220**; 232, 267; H 19.

Uranylsalze geben in neutralen (KCl), schwach sauren und sehr stark sauren Lösungen Polarogramme mit mehreren Stufen wechselnder Höhe [D 6, 60, 232, 267]. Einfache Verhältnisse erhält man nach Harris und Kolthoff [D 220] nur bei mittlerer Acidität: In 0,01 bis 0,1 n-HCl treten zwei Stufen auf, deren Höhen sich wie 1 : 2 verhalten, die den Reduktionen UVI/V und UV/III entsprechen und bei — 0,22 und — 0,96 V liegen, unabhängig von der HCl-Konzentration. Die erste Stufe ist für die Uranbestimmung sehr geeignet. Sie hat nach [Cm 2] ein hohes Maximum, daß durch 10^{-4} % Thymol oder Coffein gedämpft wird [D 155, 220]. Phosphorsäure und organische Substanzen stören und müssen entfernt werden. Fe III kann durch Reduktion zu Fe II mit Hydroxylamin unschädlich gemacht werden, auch wenn Fe in 1000fachem Überschuß gegenüber U ist [D 60]. Dazu genügt es, die hydroxylaminhaltige Lösung auf 50° zu erwärmen [D 220].

Die Uranylstufe kann zu einer indirekten Na-Bestimmung benutzt werden, indem ein Natriumzinkuranylacetat-Niederschlag in HCl gelöst und polarographiert wird [D 155]. — Eine indirekte Phosphatbestimmung durch Titration mit Uranylacetat beschreiben Kolthoff und Cohn [H 19].

In starkem Alkali gibt UVI eine Stufe bei — 0,7 V, doch ist die Löslichkeit von Uran hier sehr gering [D 60]. — U IV gibt in 0,01 bis 0,1 n-HCl eine U IV/III-Stufe bei — 0,96 V [D 220].

Da UO_2^{2+} (und U^{4+}) die Reduktion des Nitrations katalysieren (s. § 9 a), können Spuren von 10^{-6} bis $3 \cdot 10^{-5}$ m-Uran aus der Höhe der katalytischen Nitratstufe bei — 1,2 V (100 mal höher als die U VI/V-Stufe) bestimmt werden. Grundlösung: 0,005 n-KNO_3 — 0,5 n-KCl — 0,05 n-HCl [D 220].

Materialanalysen. Uranbestimmung in Eisen [D 60].

g) Die Metalle der 7. **Gruppe** des periodischen Systems.

Mn, Re.

Mn. Lit.: D (13), 18, 28, 55, 66, 68, 80, 81, **90**, 123, 124, 17[illegible] 176, 177, 188, 255; H 2, 30. Fig. Nr. 5, 59, 60, 61, 95.

Permanganat-Lösungen sind polarographisch nicht verwertbar. Es ergeben sich mehrere Stufen, die aber nur in eine alkalischen Tartratlösung (2 n-KOH, 5 % Weinsäure) eindeutig zuzuordnen sind: Mn VI/IV bei — 0,2 V; Mn IV/III bei — 1,1 V; Mn III/II bei — 1,3 V; Mn II/O bei — 1,7 V [V e r d i e r D 81].—

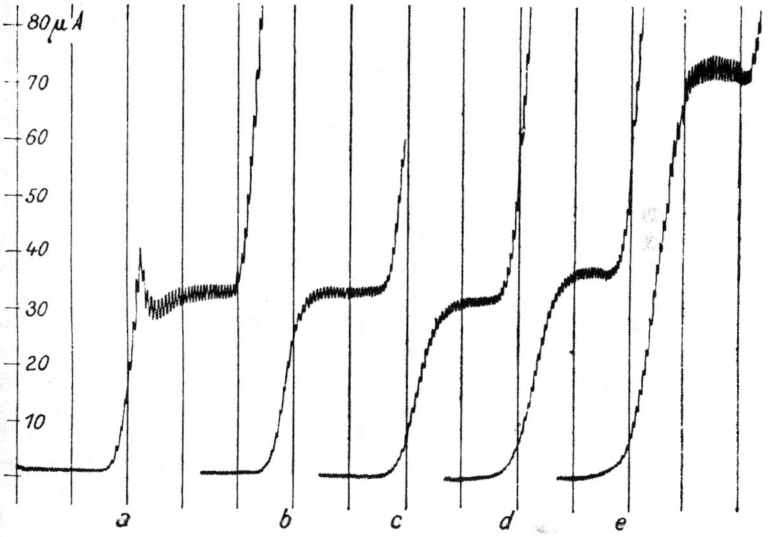

Fig. 59. M a g a n i n $BaCl_2$-L ö s u n g

0,005 m-$MnCl_2$ in 0,1m-$BaCl_2$, O_2-frei, gegen n-Kalomelelektrode, ab 6. Windung ($E_{1/2}$ = etwa — 1,6 V).

	Stufenhöhe in µA
a) Ohne Dämpfer	32
b) Mit 0,025% Gelatine (gute Stufe))	32,5
c) Mit 0,1% Gelatine (zu viel)	31
d) Desgleichen und 0,001n-HCl	36
e) Desgleichen und 0,005n-HCl	70

Eine Titration von Permanganat mit Pb-Acetat ist nach [H 30] möglich.

Mn II ist polarographisch gut bestimmbar, doch kommen, falls keine Komplexbildner benutzt werden, nur neutrale Lösungen in Frage: In alkalischen ist $Mn(OH)_2$ fast unlöslich, in sauren fallen die Mn- und die H-Stufe zusammen (s. Fig. 59). Saure Lösungen können mit festem $BaCO_3$ neutralisiert werden [D 80].

Mn II/0-Stufen

1 n-KCl	$E_{1/2}$	— 1,55 V	[D 90]
12 n-$CaCl_2$ oder 1,5 n-KCN		— 1,38 V	[D 90]
1 n-NH_3 — 1 n-NH_4Cl		— 1,69 V	[D 83]
1 n-KCNS		— 1,6	[D 90]
1 n-KOH		(— 1,74)	[D 90]
2 n-KOH — 0,3 n-Weinsäure		— 1,7	[D 81]

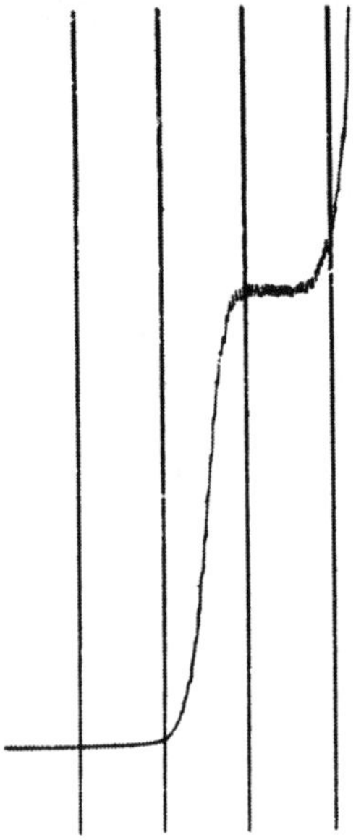

Fig. 60. Mangan in NH_3—NH_4Cl-Lösung
Gutes Absetzen der MnII-Stufe vom Endanstieg bei hoher NH_3- und kleiner NH_4Cl-Konzentration; 0,004m-$MnCl_2$ in 2n-NH_3-0,03n-NH_4Cl-0,006% Metol, O_2-frei. $E_{1/2}$ = — 1,7 V.

Die Mn II-Stufe in indifferentem Leitsalz (— 1,55 V) ist irreversibel, denn sie läßt sich durch hohe Chlorid- oder Cyanidkonzentration zu positiveren Potentialen verschieben. Die Stufe hat ein „negatives" Maximum [Cm 9, D 18], das leicht mit Gelatine oder Agar gedämpft werden kann (s. Fig. 59).

In NH_3 — NH_4Cl wird Mn II sehr leicht durch den Luftsauerstoff zu MnO_2 oxydiert, wodurch die Stufe zu klein wird. Na_2SO_3 hilft hiergegen nur dann, wenn es sowohl der ammoniakalischen Grundlösung als auch der Mn II-Lösung vor deren Vermischung zugesetzt wird, wozu sich der in Fig. 18 dargestellte Apparat eignet. Von Novák [A 13, S. 306, 309] wird eine Zugabe von Metol (N-Methylparaaminophenolsulfat) empfohlen, wodurch der Sauerstoff so wirksam abgefangen wird, daß angeblich sogar offen an der Luft polarographiert werden kann. Nach eigener Erfahrung (mit Elkemann) ist dies jedoch nur bei sehr hoher Mn-Konzentration möglich, andernfalls sind die doch eintretenden Verluste zu groß. Capitanio [D 124] empfiehlt geringe NH_3- und hohe NH_4Cl-Konzentrationen, um die Oxydationsempfindlichkeit des Mn II herabzusetzen. Doch hilft dies wenig und die Stufen werden schlechter. Damit sich die Mn II-Stufe gut vor dem Endanstieg absetzt (s. Fig. 60 und 95) ist nach eigenen Erfahrungen eine geringe NH_4Cl-Konzentration günstig; gegebenenfalls kann man zur Leitfähigkeitserhöhung noch ein anderes Neutralsalz, das den p_H-Wert nicht herabdrückt (z. B. KCl) zusetzen. Die Lösung muß nitratfrei sein.

Wegen des negativen Abscheidungspotentials des Mn II stören zahlreiche leichter reduzierbare Metalle, wenn sie in größerer

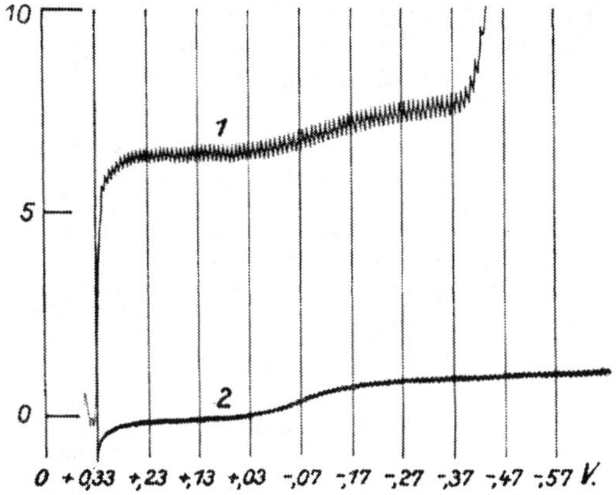

Fig. 61. Stufe des Mn III - Pyrophosphatkomplexes. Nach Lingane [D 175]

0,005 m-Mn in 0,4 m-Natriumpyrophosphat — 0,8 m-HNO_3 — 0,1% Gummi arabicum. p_H 2. Nicht entlüftet. Potentialangaben gegen gesättigte Kalomelelektrode.

Kurve 1. Nach Oxydation mit PbO_2.

Kurve 2. Vorher (mit Reststrom).

Bei 0,0 V beginnt die erste Sauerstoffstufe, bei — 0,4 V bei der Kurve 1 eine Pb-Stufe.

Menge anwesend sind. Man hat daher nach anderen Bestimmungsmöglichkeiten gesucht. Verdier [D 81] zeigte, daß man in alkalischen Tartratlösungen eine sehr gute Mn II / III - Oxydationsstufe erhält, die in 2 n-KOH — 5 % (= 0,3 n)-Weinsäure bei — 0,4 V liegt. (Die Stufe ist irreversibel, da die II/II-Reduktionsstufe bei — 1,7 V liegt).

Mn III. Um die ungünstig negative Lage der Mn II/0-Stufe zu vermeiden, kann auch die Mn III/II-Reduktionsstufe benutzt werden, wozu nach K o l t h o f f und W a t t e r s [D 175] der Pyrophosphatkomplex $[Mn^{III}(H_2P_2O_7)_3]^{3-}$ geeignet ist. Dieses Ion wird bereits ohne Spannung durch Hg reduziert. Daher ist eine getrennte Gegenelektrode anzuwenden. Die Stufe steigt sofort zu Beginn des Polarogramms an (Fig. 61), ihre Höhe kann bereits bei + 0,1 V vermessen werden. O_2 braucht also nicht entfernt zu werden. Die Herstellung des Komplexes erfolgt durch Oxydation von Mn II mit festem PbO_2 in saurer Pyrophosphatlösung, im Einzelnen nach folgendem Verfahren:

Die Analysenlösung soll in 50 cm³ 1 bis 100 mg Mn als Nitrat, Sulfat oder Perchlorat enthalten. Es dürfen bis 200 mg Fe, aber kein Cr, V oder Ce, deren Oxydationsstufen stören[1]), zugegen sein. Es werden zu der zunächst MnII enthaltenden (neutralen) Lösung 12 cm³ HNO_3(1 : 1) oder 4,5 cm³ H_2SO_4(1 : 1) zugegeben, dann langsam unter Rühren 20 ccm 2 m-Kaliumpyrophosphat (dargestellt durch Erhitzen von K_2HPO_4 auf 600°), 2 Tropfen 0,1%ige Thymolblaulösung und tropfenweise so viel Säure oder NH_3, daß die Farbe orange wird (p_H 2,0—2,4), und schließlich 5 cm³ 2%ige Gummiarabicum-Lösung (als Maximadämpfer; die sonst üblichen Dämpfer erweisen sich als unwirksam). Nach Auffüllen auf genau 100 cm³ wird mit einigen cm³ der Lösung der Reststrom ab + 0,3 V bestimmt (Kurve 2 in Fig. 61). Die übrige Lösung wird mit PbO_2 versetzt (1 g je 25—50 mg Mn), während 5—10 Min. häufig geschüttelt, wobei sich der violette MnIII-Komplex bildet. Nach Filtrieren wird polarographiert, ab + 0,3 V mit nur 50—100 mV pro Spannungsmarke [D 175].

T r e n n u n g e n. a) Chemische. Bei der Mn-Bestimmung aus der Mn II/0-Stufe in neutraler oder ammoniakalischer Lösung stören vor allem Fe, Co, auch Ni, weil deren Stufen dicht vor der Mn-Stufe liegen. Diese Elemente müssen daher vollständig entfernt werden. Aber auch z. B. Cu, Pb, Zn dürfen nicht in größerer Menge vorhanden sein. — Fe III fällt zwar in NH_3 — NH_4Cl-

---

[1]) Die Entfernung von Cr, V, Ce erfolgt am einfachsten durch Mitreißen beim Fällen eines Fe-Überschusses als $Fe(OH)_3$ mit Pyridin. MnII, FeII Co, Ni, Cu werden nicht mitgerissen, da sie mit Pyridin Komplexe bilden Da Chromat unvollständig mitgerissen wird, muß es zu CrIII reduziert werden (durch etwas Na_2SO_3 in saurer Lösung, worauf durch Kochen mit etwas HNO_3 das SO_2 entfernt und eventuell gebildetes FeII oxydiert wird). Zur Pyridinfällung wird die neutralisierte Lösung, die etwa 0,5 g FeII enthalten soll, mit 1 cm³ H_2SO_4 (1 : 1) versetzt, auf etwa 80 cm³ verdünnt und langsam unter Rühren mit 15 cm³ Pyridin (1 : 2) versetzt, filtriert

Lösung aus, doch wird hierbei etwas Mn mitgerissen [A 9, D 85, 124]. Eine Fällung von $Fe(OH)_3$ ohne Mitreißen von Mn ist möglich: Durch Pyridin (s. Anm. 1, S. 150) [D 175]oder nach [D 28], wenn die schwach saure Fe III-haltige Lösung mit Na-Acetat versetzt und gekocht wird; oder nach [D 80], wenn die salzsaure Lösung mit $BaCO_3$ im Überschluß in der Kälte geschüttelt wird.— Von Co und Ni kann Mn durch Fällung als MnO_2 getrennt werden (z. B. durch Kochen mit Persulfat [D 80]. — Auch für eine Trennung von Cu und Zn wird eine Fällung als MnO_2 vorgeschlagen (mit NH_3 und H_2O_2 [D 28, 95].

b) Polarographische. Eine Unterdrückung der Fe II-Stufe (nach Reduktion von Fe III) ist mit KCN möglich [D 81]. — Die Stufen von Co und Ni können durch KCNS um etwa 0,4 V zu positiveren Potentialen verschoben werden [D 58, 90]. Bei viel Ni und Co wird eine Mn-Bestimmung in alkalischer Tartratlösung aus der Mn II/III-Oxydationsstufe vorgeschlagen [D 81][1]).- Der allgemeinsten Anwendung dürfte die Methode der Mn III/II-Stufe des Pyrophosphatkomplexes nach [D 175] fähig sein.

Über die polarometrische Titration von Permanganat mit $TiCl_3$ [H 2] oder Pb-Acetat [H 30] siehe § 28.

Materialanalysen. Mn-Bestimmungen werden angegeben für: Aluminium [D 255], Magnesium [D 55, 68], Messing [D 85], Blei [D 66, 188], Stahl [D 80, 81, 176], Kalkspat [D 111], Gesteine [A 9], Lacke und Firnisse [D 177], organisches Material [D 28, G 2].

Re. Lit.: D 34, **151**; A 18.

Rhenium als $KReO_4$ gibt nach Lingane [D 151] in konzentrierter $HClO_4$ oder HCl eine irreversible (flache) Reduktionsstufe

[1]) In dieser Lösung können nach Verdier [D 81] Mn und Fe nebeneinander bestimmt werden: In 2 n-KOH — 5% (= 0,33 m-) Weinsäure liegt die MnII/III-Oxydationsstufe bei — 0,4 V, die FeII/III-Stufe bei — 0,9 V. Letztere ist reversibel (vielleicht nicht ganz streng). Um auch bei Fe-Überschuß die Mn-Stufe mit genügender Empfindlichkeit aufnehmen zu können, kann man durch Lufteinleiten in die Lösung den größten Teil des FeII zu FeIII oxydieren und dadurch die Fe-Stufe größtenteils über die Galvanometernullinie schaffen. MnII wird durch Luft erst oxydiert, wenn alles FeII oxydiert ist [D 81]. Wir erhielten aber nach dieser Methode keine guten Fe-Stufen.

bei etwa — 0,4 V, deren Höhe der Reduktion Re VII/IV entspricht. Am besten ist die Stufe in 4 n-$HClO_4$. Bei weniger als 2 n-Säure (oder bei Gelatinezusatz) wird die Stufe kleiner und verschwindet bei 0,1 n-Säure. — In KCl-Lösung erhält man eine Doppelstufe: Die Höhe der ersten Stufe bei — 1,4 V entspricht etwa $\nu = 8$, also der Reduktion zu Re^-. Die zweite Stufe bei — 1,7 V wird einer durch Re^- katalysierten H^+-Reduktion zugeschrieben. In Phosphatpuffer (p_H 7) gibt $KReO_4$ nur diese katalytische Welle (bei — 1,6 V), die vielfach höher ist als $\nu = 8$ entspräche, deren Höhe einen abnorm großen Temperaturkoeffizienten hat und durch Gelatinezusatz vergrößert wird. — Ältere Angaben bei Heyrovský [A 18, S. 290]. Über eine katalytische Re-Stufe s. auch [D 34].

Mit Zn-Amalgam zu Re^- reduzierte Perhenatlösung zeigt in 1 n-$HClO_4$ vier Oxydationsstufen bei — 0,54, — 0,42, — 0,26 und ± 0,0 V, deren Höhen etwa den Übergängen — I/II, II/III, III/V und V/VII entsprechen [D 151].

h) Die Metalle der **8. Gruppe** des periodischen Systems.

Fe, Ni, Co; Platinmetalle.

Fe. Lit.: D (13), 18, 37, (38), 40, 46, 51, 52, 65, 70, 81, 83, 86, 88, 99, (106), 124, 125, (138), 149, 158, 192, 215, 225, 231, 231 b, 242, 273, 261; C 55, 56; G 8; H 2, 5, 26, 30, 31. Fig. Nr. 22, 62.

Die polarographische Eisenbestimmung kann aus der Fe III/II- oder der Fe II/0-Stufe erfolgen. Das Fe III/II-Redoxpotential liegt bei Abwesenheit von Komplexbildnern so positiv (+ 0,47 V), daß die entsprechende Stufe sofort zu Beginn des Polarogramms hochsteigt. Es ist meist günstiger, diese Stufe durch einen Komplexbildner, z. B. Citrat, zu negativeren Potentialen zu verschieben. Die Fe II/0-Stufe liegt für Fe II- und für Fe III-Lösungen an der gleichen Stelle. Nachstehend seien die wichtigsten Halbstufenpotentiale zusammengestellt. Die mit rev. bezeichneten reversiblen III/II-Stufen erscheinen bei einer Fe II-Lösung als II/III-Oxydationsstufen an der gleichen Stelle. Die irreversiblen (irr.) Stufen liegen als Oxydationsstufen positiver

	FeIII/II	FeII/0	
Indiff. Leitsalz (freie Fe-Ionen) ...	[+ 0,47] [1])	— 1,32 V	
1 n-KCl, 1 n-KCNS oder 1 n-Na-Acetat ...		— 1,4	
1 n-KCN ...	[+ 0,16] [1])	nicht red.[2])	
1 n-NH_3 — 1 n-NH_4Cl ...	unlöslich	— 1,52	[D 83]
1 n-KOH ...	unlöslich	(— 1,56) [3])	
0,5 m-Citrat, p_H 4 ...	— 0,04 rev.	nicht red.	[D 231]
0,5 m-Citrat, p_H 7 ...	— 0,37 rev.	nicht red.	[D 231]
0,5 m-Citrat, p_H 10 ...	— 0,90 irr.	— 1,6	[D 231]
0,1 bis 1,0 m-Oxalat ...	— 0,28 rev.	nicht red.	[C 55, 56]
0,5 m-NH_4-Tartrat — 1 n-NH_3 ...	(— 1,0) irr.	— 1,55	[D 231]

Am günstigsten ist es die **Fe III/II-Stufe** in komplexbildender Lösung zu bestimmen. Eine Citrat-Lösung ist hierfür besonders geeignet, da in saurer, neutraler und alkalischer Lösung eine gute Stufe erhalten wird. Ihr Halbstufenpotential beträgt nach Lingane [D 231] + 0,39 — 0,108 p_H (für p_H 4 bis 12). Bis etwa p_H 7 ist die Stufe reversibel, weshalb eine schwach saure Citratlösung auch für eine Fe II-Bestimmung mittels der II/III-Oxydationsstufe geeignet ist. (Eine Fe II/0-Stufe tritt nur in stärker alkalischer Lösung auf). — In saurer Tartrat-Lösung ist die Lage und das Verhalten der Fe III/II-Stufe ebenso wie in sauren Citratlösungen. In neutralen Tartratlösungen treten jedoch zwei Stufen auf, was auf ein gehemmtes Gleichgewicht zwischen Komplexen mit $HC_4H_4O_6^-$ - bzw. $C_4H_4O_6^{2-}$-Ionen zurückzuführen ist [D 231]. Oberhalb p_H 8 ist nur noch die zweite Stufe vorhanden (— 1,25 V bei p_H 10). Sie ist nach Lingane [D 231] irreversibel. Nach Verdier [D 81] ist die Stufe jedoch in sehr stark alkalischer Tartratlösung reversibel und eignet sich demnach auch für eine Aufnahme der Fe II/III-Oxydationsstufe; in 2 n-KOH — 5 % Weinsäure liegt sie bei — 0,9 V. Brauchbar sind auch ammoniakalische Tartratlösungen, die insbesondere eine gute, steile Fe II/0-Stufe geben. Die Fe-Stufen einer am-

[1]) An Hg-Elektroden nicht meßbares Redoxpotential.

[2]) In indifferentem Leitsalz, d. h. ohne CN^--Ionen-Überschuß gibt $Fe(CN)_6^{4-}$ eine Reduktionsstufe.

[3]) Die Löslichkeit von $Fe(OH)_2$ in 1 n-NaOH beträgt 5.10^{-5}n [D 13]. Über die Löslichkeitserhöhung durch Zucker, Glycerin, organische Säuren s. [D 37].

moniakalischen Tartratlösung liegen positiver (etwa 0,2 V) als die einer alkalischen von gleichem p_H [D 231]. — In annähernd neutraler O x a l a t -Lösung liegt die reversible Fe III/II-Stufe bei — 0,28 V, nahezu unabhängig vom p_H und unabhängig von der Oxalatkonzentration, wenn diese größer als 0,15m ist. Bei geringerer Oxalatkonzentration und bei $p_H <$ 3,7 verschiebt sich die Stufe zu positiveren Werten. In alkalischer Oxalatlösung ist Fe III unlöslich. [C 55, 56; D 88, 141, 231]. — Allen genannten Lösungen setzt L i n g a n e 0,005 % Gelatine zu. Die Lösungen sind lichtempfindlich (Red. zu Fe II). Fe II ist in den alkalischen und ammoniakalischen Lösungen sehr empfindlich gegen Sauerstoff, weshalb die Lösungen, wenn Fe II zugegeben werden soll, vorher sorgfältig zu entlüften sind.

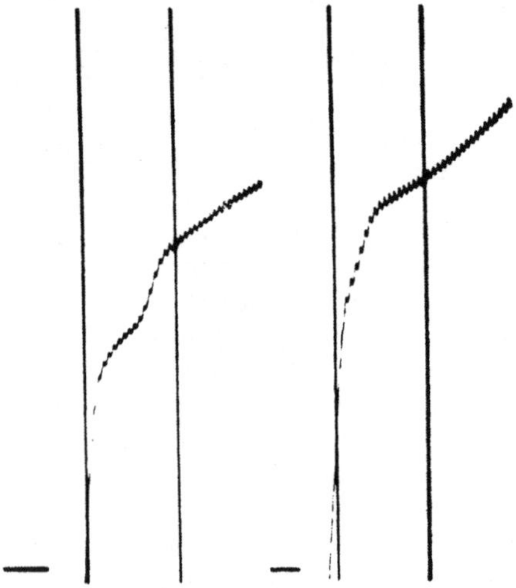

Fig. 62. E i s e n
FeIII in konzentriertem NH_4Cl

0,001m-FeIII; Links in gesättigter ($5^1/_2$n-) NH_4Cl-Lösung mit 0,1n-HCl. Brauchbarer Grenzstrom vor der O_2-Stufe.
Rechts in 4n-NH_4Cl mit 0,1n-HCl. Grenzstrom ganz schlecht, geht sofort in die erste O_2-Stufe über.

In T r i ä t h a n o l a m i n enthaltenden Lösungen erhält man nach W o l f s o n [D 192] ebenfalls gute FeIII/II-Stufen. In 0,3 m-Triäthanolamin — 1m NH_3 — 0,85 m-NH_4Cl liegt sie bei —0,5 V (die Fe II/0-Stufe bei —1,6 V); sie fällt mit der Cu-Stufe zusammen. Um dies zu vermeiden empfiehlt J e s s o p [D 231 b] eine alkalische Lösung: 0,03 m-Triäthanolamin —0,1 n-KOH, in der sich Cu (— 0,50 V) Pb + Cd (— 0,80 V) und Fe III/II (— 1,08 V) nebeneinander bestimmen lassen. Doch ist die Löslichkeit der Metalle bei so kleiner Äthanolaminkonzentration gering; erhöht man diese, so werden die Cu- und Pb-Stufe schlecht, die Fe-Stufe bleibt gut.

Eine Bestimmung von Fe III und Fe II nebeneinander ist aus der Redoxstufe z. B. in Oxalat, leicht möglich: Die über und unter der Galvanometernullinie liegenden Teile der Stufe geben den Gehalt an Fe III bzw. Fe II an und können gegebenenfalls mit verschiedener Galvanometerempfindlichkeit aufgenommen werden. Kolthoff und Lingane [A 18, S. 277; C 56].

Die Fe III/II-Stufe in komplexbildnerfreier Lösung, die sofort zu Beginn des Polarogramms ansteigt, bietet den Vorteil, daß sie wegen ihrer positiven Lage durch andere Stufen nicht gestört wird. In Sulfat- oder Nitratlösungen (neutral oder sauer) kann man Fe III daher neben O_2 und viel Cu in der Lösung bestimmen [Hohn A 9, Kolthoff und Matsuyama D 215]. Sind Chlorid oder sonstige Hg-Ionen bindende Bestandteile in der Lösung vorhanden, so ist zunächst zu beachten, daß Bodenquecksilber Fe III unter Kalomelbildung zu Fe II reduziert, weshalb eine getrennte Gegenelektrode zu empfehlen ist; ferner ist der Beginn des Polarogramms zu negativeren Potentialen verschoben, wodurch Störungen durch andere Stufen (Cu, O_2) eintreten können. Dennoch ist es möglich, in konzentrierter, saurer NH_4Cl-Lösung ohne zu entlüften eine schnelle, wenn auch nur annähernde Fe III-Bestimmung durchzuführen [A 9, D 51, 85]. Capitanio [D 124] empfiehlt hierfür 5 n-NH_4Cl — 0,1 n-HCl — 0,2 % Tylose, doch ist nach unserer Erfahrung eine gesättigte NH_4Cl-Lösung erforderlich, um die O_2-Stufe so weit nach rechts zu verschieben, daß der Grenzstrom der Fe-Stufe sichtbar wird (s. Fig. 62).

Die **Fe II/0-Stufe** kann mit indifferentem Leitsalz nur in genau neutraler Lösung aufgenommen werden, da sich in saurer die I-Stufe hinzuaddiert, wie beim Mn II. Günstiger sind daher komplexbildende Lösungen, z. B. NH_3 — NH_4Cl oder ammoniakalische Tartratlösungen (s. oben).

Die **chemische Reduktion** des dreiwertigen Eisens zum zweiwertigen — sei es mit der Absicht eine II/0- oder II/III-Stufe aufzunehmen oder nur um eine störende III/II-Stufe des Eisens zu unterdrücken — kann auf folgenden Wegen durchgeführt werden:

Mit Natriumsulfit in saurer Lösung erfolgt die Reduktion schon bei Zimmertemperatur, wenn die Lösung nur schwach sauer ist. Soll in saurer Lösung polarographiert werden, so muß das überschüssige SO_2 durch Kochen der stärker angesäuerten Lösung vertrieben werden [D 60, 81, 99].

Hydroxylamin ist ein geeignetes Reduktionsmittel, falls das Eisen selbst nicht bestimmt werden soll, was nicht möglich ist, da die Lösung sauer bleiben muß, um störende Zersetzungsprodukte des NH_2OH zu vermeiden. Nach Strubl [D 60] wird die Lösung, die bis 1 m-FeIII enthalten darf, mit so viel $NH_2OH \cdot HCl$ und HCl versetzt, daß sie 2 n-NH_2OH und 0,1 n-HCl enthält und 1 Min. gekocht. Meist kommt man mit geringerer NH_2OH-Konzentration aus [s. z. B. D 215]. In nur schwach saurer Lösung erfolgt die Fe III-Reduktion bereits bei Zimmertemperatur. Vgl. auch [D 259].

Hydrazin als Reduktionsmittel s. [D 129, 213].

Auch mit Metallen wie Zn, Al, Mg kann die Reduktion in saurer Lösung durchgeführt werden. Zu beachten ist, daß die angewandten Metalle sehr rein sein müssen, und daß bei der Operation die Ionen edler Metalle wie Cu und Bi ausgefällt werden.

Trennungen. a) Chemische. Eine Abtrennung des Eisens wird im allgemeinen durch Fällung als $Fe(OH)_3$ erfolgen. Beim Polarographieren der verbleibenden Lösung kann suspendiertes und insbesondere kolloidales Eisenhydroxyd Störungen hervorrufen [D 25]. Das Mitreißen (s. hierzu § 6a) von Cu, Co, Ni, Mn läßt sich vermeiden, wenn die Fällung des $Fe(OH)_3$ mit Pyridin [D 135, 175], mit festem $BaCO_3$ in der Kälte [D 53, 80] oder mit Na-Acetat unter Kochen [D 28] vorgenommen wird. Zur Bestimmung von Chromat, Vanadat [D 80] oder Al [D 99] ist eine Fällung mit Alkalihydroxyd brauchbar. Zur Bestimmung der Alkalimetalle wird FeIII nach [D 25] mit Phosphorsäure und Tetramethylammoniumhydroxyd gefällt.

b) Polarographische. Die Trennmöglichkeiten ergeben sich aus den eingangs angegebenen Halbstufenpotentialen wie folgt: Zur ungestörten Fe-Bestimmung eignet sich besonders eine komplexbildnerfreie, halogenidfreie Lösung. Um eine störende FeIII-Stufe zu negativeren Potentialen zu verschieben, eignet sich eine Citrat- oder alkalische Tartrat-Lösung, in denen die CuII/0-Stufe vor der FeIII/II-Stufe liegt [A 19, D 158, 242]. Auch ein ammoniakalische Tartratlösung wird vorgeschlagen [D 106]. Um Mn mittels der MnII/III-Oxydationsstufe neben Eisen zu bestimmen, benutzt Verdier [D 81] eine stark alkalische Tartratlösung (2 n-KOH—0,3 m-Tartrat), in der die MnII/III-Stufe bei —0,4V die reversible FeIII/II-Stufe bei —0,9 V liegt. — Die FeII/0-Stufe einer FeII-Lösung kann durch KCN unterdrückt werden [D 60].

Über die polarometrische Titration von FeIII mit $TiCl_3$ nach [H 2, 5] siehe § 28.

Materialanalysen. Eisenbestimmungen sind ausgearbeitet worden für: Aluminium [D 106, 149, 215, 242], Magnesium [D 148, 242], Messing [D 51, 52], Zink [D 242], Zinkerze [D 99], Erze und Schlacken [D 70], Nickel [D 261], „Permalloy" [D 192], Pyrolusit [D 138], Phosphatüberzüge [D 225], Schwefelsäure [D 65], Böden [G 8].

Co. Lit.: D 3, 15, 18, 19, 36, 42, 53, 58, 80, 83, 95, 119, 135, 217b, 219; C 11, 97; H 9. Fig. Nr. 25, 26, 41, 63, 64.

Halbstufenpotentiale	CoII/0	NiII/0	
Indiff. Leitsalz (z. B. 1 n-KCl), sehr flach	— 1,3	— 1,1 V	
10 n-$CaCl_2$	— 1,0		[D 15]
1 n-NH_3 — 1 n-NH_4Cl	— 1,32	— 1,14	[D 80, 83]
0,1 m-Pyridin — 0,1 m-Pyridiniumchlorid	— 1,11	— 0,82	[D 135]
1 n-KCN	— 1,3 [1])	— 1,44	[D 3, 135]
1 n-KCNS	— 1,07	— 0,74	[D 135]
1 n-KOH (kaum löslich)	(— 1,44)	—	[D 13]
1 n-Oxalat	nicht red.	nicht red.	[D 18]
1 n-Tartrat	— 1,6	nicht red.	[A 18]

Kobalt ist ein polarographisch gut bestimmbares Element, wenngleich das Verhalten etwas kompliziert ist. Die CoII/0-Stufe in indifferenten Elektrolyten ist irreversibel, d. h. die Abscheidung des Co aus dem rosafarbenen Aquokomplex erfolgt unter Überspannung. Dies geht aus dem überaus flachen Anstieg der Stufe hervor und daraus, daß sich die Stufe durch manche Komplexbildner zu positiveren Potentialen verschieben läßt, wobei

[1]) Dies ist wahrscheinlich eine CoIII/II-Stufe, siehe unten.

die Stufe steiler wird. In dieser Weise wirken Pyridin [C 11] und KCNS (s. oben). Auch in höchstkonzentrierten Chloridlösungen, z. B. in 10 n-$CaCl_2$, in denen die rosa Farbe in die blaue des Co-Chlorokomplexes umschlägt, wird die Stufe um 0,3 V positiver und steiler [D 3, 15, 20], siehe Fig. 63. Diese Komplexe sind also weniger reaktionsträge als der Aquokomplex, obwohl sie thermodynamisch stabiler sind (s. § 43).

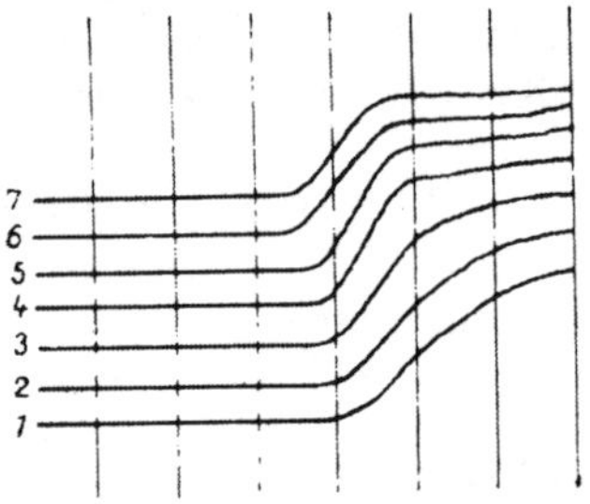

Fig. 63. Kobalt in konzentrierten Chloridlösungen. Nach Brdička [D 15]

0,01n-$CoCl_2$ in: 1). 7n-$CaCl_2$ (Lösung rosa). 2). 7,7n-, 3). 8,4n-, 4). 9,1n-, 5). 9,8 n-, 6). 10,5n · 7). 11,2n-$CaCl_2$ (Lösung blau).

In saurer Lösung addiert sich die H-Stufe zur Co-Stufe — wie beim FeII und MnII —, so daß solche Lösungen nicht zu brauchen sind. — In schwach alkalisierter, aber auch in erwärmter neutraler Lösung tritt 0,2 V vor der Co-Stufe eine kleine Vorstufe auf, die nach Brdička [D 19] einem Hydrolysenprodukt zuzuschreiben ist.

Aus all diesen Gründen wird Co nur in komplexbildenden Lösungen bestimmt. Die CoIII/II-Stufen der Komplexe sind, soweit bekannt, flach und daher unbrauchbar[1]).

In NH_3-NH_4Cl-Lösung wird CoII durch Luft leicht zu CoIII oxydiert. Man erhält dann zwei Stufen (s. Fig. 64): die sehr flache III/II-Stufe bei etwa —0,8 V und die steile, gut vermeßbare II/0-Stufe bei — 1,32 V in 1 n-NH_3— 1n-NH_4Cl [2]).

In Pyridin-haltiger Lösung erhält man ebenfalls eine sehr gute CoII/0-Stufe, die — wie obige Tabelle zeigt — eine sehr gute Trennung von der Ni-Stufe ergibt. Das Maximum der Stufe kann leicht mit Gelatine unterdrückt werden, wenn die Pyridinkonzentration nicht größer als 0,3 m ist [D 135]. Eine frühe

[1]) Eine Reihe CoIII-Komplexe haben Willis, Friend und Mello [D 219] untersucht.

[2]) CoIII oder CoII-Lösungen in NH_3 — NH_4Cl werden zur Bestimmung von Proteinen benutzt, da sie mit diesen eine katalytische H-Abscheidung geben (s. § 22). Die CoII/0-Stufe wird durch die Proteine zu positiveren Potentialen (bis etwa — 1,0 V) verschoben.

vorgeschlagene [D 80, 95] Lösung mit 20 Vol.% Pyridin—0,5 n-$Ba(NO_3)_2$ gibt zwar kein störendes Maximum, aber einen schlechteren Grenzstrom der Co-Stufe (s. Fig. 25) als die 0,1 m-Pyridin—0,1 m-Pyridiniumchlorid-Lösung nach Lingane und Kerlinger [D 135].

In 1 n-KCN erhält man eine Co-Stufe bei —1,3 V. Doch handelt es sich wahrscheinlich um eine CoIII/II-Stufe, da CoII in einer Cyanidlösung unter Reduktion von Wasser in CoIII übergeht.

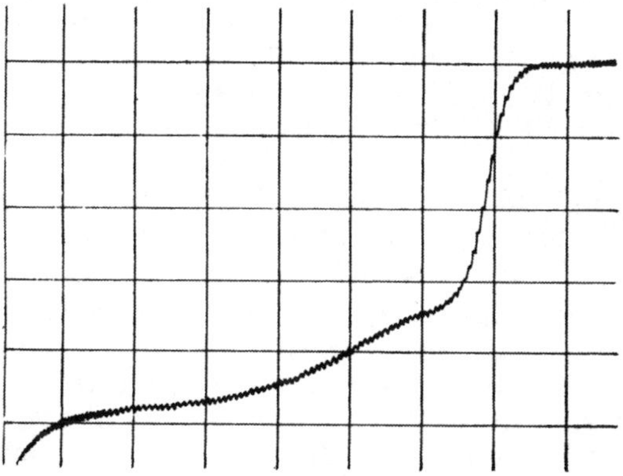

Fig. 64. Kobalt in NH_3-NH_4Cl-Lösung
Sehr flache CoIII/II-Stufe und gut vermeßbare CoII/0-Stufe. Nach [D 80].

Demnach wäre CoII in 1 n-KCN nicht reduzierbar [Kolthoff u. Lingane, A 18, S. 286]. Die von Hohn [A 9] gefundene gute Trennung dieser Stufe von der Ni-Stufe haben wir nicht erhalten, s. Fig. 26.

In 1 n-KCNS erhält man eine sehr gute CoII/0-Stufe, die von der Ni-Stufe gut getrennt ist. Nach Verdier [D 81] muß die Lösung schwach alkalisch gemacht werden, nach Lingane und Kerlinger [D 135] darf sie nicht sauer sein und muß etwas Gelatine enthalten, um gute Co-Stufen zu geben. In angesäuerter oder Ammoniumionen enthaltender Lösung zeigt der Grenzstrom ein eigenartiges Minimum [D 135].

Trennungen. Nach Obigem sind die Ni- und Co-Stufe gut getrennt in den angegebenen KCNS- und Pyridin-Lösungen.

Letztere ist vorzuziehen, wenn Co bestimmt werden soll, und bietet auch den Vorteil, daß FeIII durch eine Pyridinfällung entfernt werden kann [D 135]. In NH_3-NH_4Cl ist die Trennung der Ni- und CoII-Stufe für höhere Genauigkeitsansprüche nicht genügend (Fig. 25), auch kann die Ni-Stufe leicht durch eine CoIII/II-Stufe verfälscht sein. — Über die Bestimmung von Co neben Ni s. auch [D 217b].

Über die polarometrische Titration von Co mit α-Nitroso-β-naphtol nach Kolthoff und Langer [H 9] s. § 28.

Materialanalysen. Co-Bestimmungen werden angegeben für Blei [D 66], Stahl [D 53, 80, 95, 135], Pyrolusit [D 138], Mineralwasser [D 36], Pflanzenmaterial [D 58].

Ni. Lit.: D 3, 18, 20, 36, 42, 49, 51, 53, 58, 71, 80, 83, 95, 106, 107, 125, 135, 168a, 188, 215, 217a, 218, 236, 240; H 4a, 8. Fig. Nr. 24, 25, 26, 27.

Die Ni-Halbstufenpotentiale sind oben beim Kobalt angegeben. Das polarographische Verhalten des Ni ist im ganzen dem des Co ähnlich. Die Ni-Stufe in indifferentem Leitsalz bei —1,1 V ist flach, wenn auch etwas steiler als die des Co. Sie wird zu positiveren Potentialen verschoben durch Temperaturerhöhung [A 18, S. 282], durch höchstkonzentrierte Chloride [D 20], durch Pyridin [D 80, 135] und durch KCNS [D 20, 135].

In saurer Lösung addiert sich die H-Stufe zur Ni-Stufe [D 80]. In Alkalihydroxyd erscheint auch bei höchster Galvanometerempfindlichkeit keine Ni-Stufe [D 13].

In NH_3-NH_4Cl-, in pyridinhaltigen Lösungen (auch z. B. in 1 n-KCl—0,5 m-Pyridin [D 135]), in 1 n-KCN, 1 n-KCNS erhält man gute Ni-Stufen, deren Lage, vergleichend, bereits beim Kobalt besprochen worden ist. In 1 n-Oxalat und in 1 n-Tartrat tritt keine Ni-Stufe auf [D 18, 80], wohl aber erhält man in einer ammoniakalischen Tartratlösung eine gute Stufe, die für eine Ni-Bestimmung auch neben Mn brauchbar ist [D 69]. — Über die Trennung der Ni- und Zn-Stufe siehe bei Zn (§ 8c). Wenig Ni neben viel Cu wird am besten in einer alkalischen KCN-Lösung bestimmt, z. B. 1 n-KCN—1 n-NaOH mit Na_2SO_3 und Gelatine Milner [D 218], siehe § 11.

Über die polarometrische Titration von Ni mit Dimethylglyoxim siehe [H 4a, 8] und § 28.

Materialanalysen. Ni-Bestimmungen werden angegeben für Aluminium [D 106, 168a, 215], Kupfer, Messing, Bronze [A 9, D 51, 85, 218, 236], Blei [D 66, 188], Stahl [D 53, 71, 80, 95, 135, 217a], Kobaltsalze [D 240], Pyrolusit [D 138], Erze [D 49], Mineralwasser [D 36], Pflanzenmaterial [D 58].

Platinmetalle. Lit.: D 12, 139, 195, 221; F 5. Fig. Nr. 67.

Die Platinmetalle sind so edel, daß ihre Ionen mit Hg reagieren und daher einen Stufenanstieg sofort zu Beginn des Polarogramms ergeben. Dies tun auch z. B. die Chloro- und Bromokomplexe des PtII und PtIV [D 12]. Andererseits sind viele Komplexe so stabil, daß sie polarographisch überhaupt nicht reduzierbar sind. z. B. $(Pt(CN)_4)^{2-}$ in KCN-Lösung [D 12]. Nach Willis [D 195, 221] sind die gegen Hg stabilen Komplexe von RuIV, RuIII, RuII, OsII, IrIII, PtII nicht reduzierbar, dagegen geben Komplexe von PdII und RhIII mitunter gute Stufen:

	PdII/0	RhIII/II
In 1 m-KCN $[Pd(CN)_4]^{2-}$, $[Rh(CN)_6]^{3-}$	— 1,81	— 1,51 V
1 m-Pyridin — 1 m-KCl (gute Stufen)	— 0,36	0,45
1 n-NH_3 — 1 n-NH_4Cl	— 0,77	
0,89 m-KCNS		— 0,43

Über die Reduktionsstufen von OsO_4 in alkalischer Lösung siehe das Referat [D 126].

Nach Repin [D 264] ist für die Best. von RhIII der Pyridinkomplex (entsteht durch Erhitzen in Pyridiniumchloridlösung) besonders geeignet, da der Komplex von PtII schwerer, der von Ir gar nicht reduziert wird, so daß RhIII neben beliebig viel Ir und neben 90% Pt bestimmt werden kann.

Über die durch Pt-Metalle hervorgerufene katalytische H-Stufe, die eine empfindliche, aber unsichere Bestimmung ermöglicht, siehe § 22.

i) Die Transurane.

Pu. Lit.: D 265.

Plutonium gibt mit der Platinmikroelektrode eine reversible IV/III-Stufe, deren Halbstufenpotential in 1 n-H_2SO_4 bei +0,44 V, in 1 n-HCl (30°) bei +0,71 V, in 1 n-$HClO_4$ (23°) bei +0,58 V liegt.

§ 9. Anorganische Anionen[1])

Anionen, auch manche organische, können bestimmt werden:

a) Durch Reduktionsstufen (z. B. Bromat, Jodat, Nitrat ...).

b) Durch Oxydationsstufen, wobei jedoch nicht die Anionen, sondern Hg oxydiert wird (z. B. die Halogenide).

c) Indirekt durch Fällung der Anionen (z. B. Cl^- mit Ag^+, PO_4^{3-} mit Bi^{3+}) und polarographische Bestimmung des überschüssigen fällenden Kations. Verwendet man hierbei (auch bei Reduktionsreaktionen) die Methode der polarometrischen Titration, so kann eine besonders hohe Genauigkeit erreicht werden.

a Reduktionsstufen

Als **nicht reduzierbar** und daher polarographisch nur indirekt bestimmbar (s. § 9c) haben sich die Anionen folgender Salze erwiesen: **Borate, Carbonate, Phosphate, Sulfate, Chlorate, Perchlorate.** Ihre Säuren geben nur die H-Stufe. Als Anion, d. h. in alkalischer Lösung, ist auch das **Sulfit-Ion** SO_3^{2-} nicht reduzierbar; in saurer Lösung dagegen gibt SO_2 eine Stufe (s. § 10).

Reduzierbar sind: Hypochlorite, Bromate, Jodate, Perjodate Selenite, Telurite, Nitrate, Nitrite.

Durch **Oxydationsstufen** bestimmbar sind die Halogenide und andere Hg-Ionen bindende Anionen, s. § 9b.

Hypochlorite. Lit.: E 183b.

Eine kurze Angabe von Heller und Jenkins [E 183b] erwähnt, daß Hypochlorit in saurer und alkalischer Lösung eine Stufe gibt.

---

[1]) Die Metalle enthaltenden Anionen (Komplexionen) sind in § 8 zu finden.

Bromate und Jodate. Lit.: Rylich D 32, Orlemann und Kolthoff D 152.

Bromate und Jodate geben gute Stufen, deren Höhe einer Reduktion nach $BrO_3^- + 6\,H^+ + 6\,\ominus = Br^- + 6\,H_2O$ (analog für Jodat) entspricht. Die Reduktion ist irreversibel[1]). Sie wird durch mehrwertige Kationen in der Lösung stark zu positiveren Potentialen verschoben, um so mehr, je höher die Wertigkeit und die Konzentration der Kationen ist. Die Halbstufenpotentiale sind zudem p_H-abhängig, wie nachfolgende Tabelle zeigt [nach D 152]:

		Bromat	Jodat
Ohne mehrwertige Kationen	0,1 n-HNO_3 (p_H 1)	— 0,42	— 0,10 V
	Puffer mit p_H 3	— 0,97	— 0,33
	Puffer mit p_H 6	—	— 0,67
	Puffer mit p_H 8 bis 13	—	— 1,25
	0,1 n-KCl	— 1,82	— 1,3
	4 n-KCl[2])	(— 1,6)	(— 1,2)
	0,1 n-$CaCl_2$ (gute Stufen)	— 1,57	— 1,00
	0,01 n-$LaCl_3$[3])	— 0,86	— 0,42

Da bei der Bromat- und Jodat-Reduktion H^+-Ionen verbraucht werden, wird bei Verwendung einer ungepufferten neutralen Leitsalzlösung die Lösung an der Tropfenoberfläche alkalisch. Man erhält also mit KCl etwa die gleiche Stufenlage wie mit KOH. In schwach saurer ungepufferter Lösung erhält man eine Doppelstufe, d. h. die „saure" und die „alkalische Stufe" nebeneinander (s. § 39) [D 32, 152].

In gepufferter Lösung ist die Bromatstufe nur in stark saurer Lösung vom Endanstieg gut getrennt. Man verwendet am besten 0,1 n-$CaCl_2$ als Leitsalz. Jodat kann auch in gepufferten und in

[1]) Bromat/Bromid hat ein positiveres reversibles Redoxpotential als Jodat/Jodid. Die Bromatstufe liegt aber negativer, ist also stärker irreversibel als die Jodatstufe.

[2]) Bei so hoher Leitsalzkonzentration ist die Stufe infolge eines „nichtabbrechenden Maximums" zu hoch (s. § 42). Dies kann durch geringere Leitsalzkonzentration (0,1 n) und durch Gelatinezusatz vermieden werden [vgl. C 66].

[3]) Bei Anwendung von sehr verdünnten $LaCl_3$-Lösungen treten Komplikationen durch Ausfallen von $La(OH)_3$ an der Tropfenoberfläche ein. Durch Gelatine wird die Verzerrung der Stufen verstärkt [D 152].

sauren und alkalischen Lösungen bestimmt werden. Am einfachsten ist die Bestimmung in alkalischer Lösung, weil Sauerstoff durch Sulfit entfernt werden kann. War die Lösung sauer, so wird sie mit festem Alkalicarbonat alkalisiert, wodurch auch störende Schwermetalle ausgefällt werden [H e y r o v s k ý A 14, S. 445]. Da noch 10^{-6}m-Jodat eine meßbare Stufe geben, können Spuren hiervon (z. B. in Chlorat, Perchlorat, Chilesalpeter) leicht bestimmt werden.

Da **Jodid** durch Kochen mit Chlorwasser in schwach saurer Lösung in Jodat übergeführt werden kann, so ergibt sich hieraus auch eine sehr empfindliche Methode zum Nachweis von Jodidspuren. Störungen durch andere Anionen treten nicht auf [D 32, 64].

Perjodate geben zwei Stufen: Zunächst die Reduktion zu Jodat bei —0,4 V und dann die Jodatstufe bei —1,1 V (ungepuff. Lsg.) [H e y r o v s k ý A 19, S. 75]. In stark saurer Lösung steigt die erste Stufe sofort an. Die Lage der zweiten ist vom p_H und vom Gelatinezusatz abhängig, s. C o e und R o g e r s [D 274].

Selenite und Tellurite. Lit.: S c h w a e r und S u c h ý D 31.

In alkalischer Lösung geben Selenite keine Stufe, Tellurite mehrere Stufen. In saurer Lösung geben selenige und tellurige Säure je drei Stufen, die wahrscheinlich den Reduktionen $SeO_2 \rightarrow SeO \rightarrow Se \rightarrow SeH_2$ entsprechen. — Analytisch brauchbar sind die Stufen, die in ammoniakalischer Ammonchloridlösung erhalten werden. Hier erscheint nur je eine Stufe, die der Reduktion SeIV/0 bzw. TeIV/0 entspricht und in 0,3 n-NH_3—0,1 n-NH_4Cl bei —1,5 V für Se und bei —0,7 V für Te liegt. Auf dem Grenzstrom der Te-Stufe sitzt bei —1,1 V ein merkwürdiges Maximum auf[1]). In Alkalitartratlösung können Cu, Bi, Se, Te und in Ammonrhodanidlösung Bi, Se, Te nebeneinander bestimmt werden [D 31].

---

[1]) Nach noch unveröffentlichten Untersuchungen mit W. H a n s beginnt hierbei (bei — 1,1 V) eine Reduktion zu TeH_2, wobei zugleich „Maximaströmungen" einsetzen, die dann wieder abbrechen. Die Stromstärke sinkt hierbei auf den ursprünglichen Wert der TeIV/0-Stufe zurück, weil das entstandene TeH_2 mit dem herandiffundierenden TeO_2 nach $2 TeH_2 + TeO_2 = 3 Te + 2 H_2O$ reagiert (man sieht braune Te-Nebel in der Lösung am Tropfen). Insgesamt führt also die Reduktion doch nur bis zum Te

Nitrate und Nitrite. Lit.: D 16, 22, 29, 41, 47, 85, 114, 118, 180, 200, 223, 235; A 9; G 11. Fig. Nr. 65 I, 65 II.

Die Nitrat- und Nitritstufe — die im allgemeinen zusammenfallen — liegen in Leitsalzlösungen einwertiger Kationen so negativ, daß sie mit der K- oder Na-Stufe zusammenfallen, daher nur in Li- oder $(CH_3)_4N$-Leitsalz sichtbar werden. Man kann die Stufen jedoch, wie Tokuoka [D 22, 29] zeigte, durch mehrwertige Kationen zu positiveren Potentialen verschieben[1]). Neuerdings fanden Kolthoff, Harris und Matsuyama [D 200], daß das Uranylion in dieser katalytischen Weise ganz besonders wirksam ist.

Potentiale der Nitrat- und der Nitritstufe:

In 0,1 n-LiCl oder $(CH_3)_4NCl$	— 2,15 V
0,1 n-$MgCl_2$, $CaCl_2$ oder $BaCl_2$	— 1,75
0,1 n-$LaCl_3$ oder $CeCl_3$ [2])	— 1,22
0,0002 m-UO_2Cl_2 — 0,01 n-HCl — 0,1 n-KCl	— 1,0

Die Potentiale sind von der Nitratkonzentration etwas abhängig. — Tokuoka [D 29] gab an, daß die Höhen der Nitrat- und Nitritstufe einer Reduktion um 8 bzw. 6 Wertigkeiten, also zu NH_3 entsprechen. Nach Kolthoff und Mitarbeiter [D 200] wird jedoch Nitrat in La-Leitsalz um 6 Wertigkeiten also zu Hydroxylamin reduziert

$$NO_3^- + 7\,H^+ + 6\,\ominus = NH_2OH + 2\,H_2O$$

und in Gegenwart von Uranylionen um 5 Wertigkeiten, also zu Stickstoff. Diese Frage bedarf noch der endgültigen Klärung.

In saurer Lösung wird Nitrat bis zur H-Stufe nicht reduziert (von Uranylsalz sei zunächst abgesehen, s. unten). Nitrite dagegen geben nach Heyrovský und Nejedlý [D 16] eine NO-Stufe, weil NO nach $3\,NO_2 + 2\,H^+ = 2\,NO + NO_3^- + H_2O$ entsteht. Die NO-Stufe liegt bei etwa —0,9 V und ist

---

[1]) Die Ursache dieser Verschiebung untersucht Holleck [C 78].

[2]) Salze der weniger basischen Lanthaniden und besonders des Al und Sc sind nach Holleck [D 180] wegen der stärkeren Hydrolyse nicht brauchbar. Die vierwertigen Kationen hydrolysieren alle zu stark [D 22].

verhältnismäßig wenig steil. Die Stufenhöhe ist der Nitritkonzentration proportional und soll $\nu = 5$ (also Reduktion zu NH_4^+) entsprechen. Diese NO-Stufe ermöglicht eine

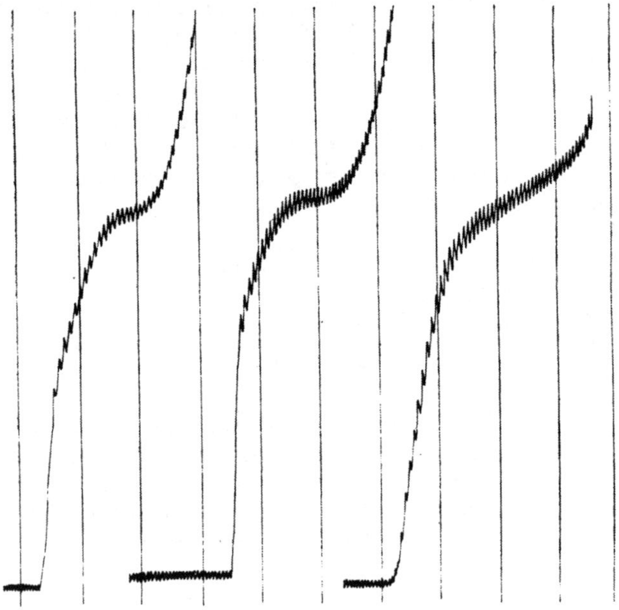

Fig. 65 I. Nitratstufen

NH_4NO_3 verschiedener Konzentration in 0,033m-La-Acetat–0,05m-$BaCl_2$–0,2% Tylose. Nicht entlüftet:

1). 0,003m-NO_3^- (etwas zu wenig).
2). 0,006m-NO_3^- (richtig).
3). 0,010m-NO_3^- (zu viel).
(Die Galvanometerempfindlichkeit ist bei den drei Kurven verschieden.)

Bestimmung von Nitrit neben Nitrat, wobei auch Spuren von Nitrit ermittelt werden können.

Wegen der Flüchtigkeit des NO muß die Lösung vor dem Ansäuern entlüftet sein; außerdem muß die saure Lösung sofort polarographiert werden. Die Konzentration der Säure muß mindestens 5mal größer sein als die des Nitrits, damit die Stufenhöhe unabhängig von der Säurekonzentration ist. Zweckmäßig ist etwa 0,1 n-HCl. Es lassen sich 10^{-5}m-Nitrit gut bestimmen. Eine Trennung von anderen störenden Stoffen läßt sich bewirken, indem NO mit einem H_2-Strom aus der angesäuerten Probelösung in eine Alkalilösung hinübergetrieben und dort nach Ansäuern bestimmt wird [D 16]. — Nach Schwarz [D 85] eignet sich zur Nitritbestimmung eine Grundlösung, die 1 n-LiCl, 1 n-Essigsäure und 0,01 n-Na-Acetat enthält. Diese wird mit dem gleichen Volumen Probelösung gemischt. Enthält die Mischung nicht weniger als 0,001 m-Nitrit, so kann ohne Entlüftung polarographiert werden.

Bestimmung von Nitrat (+ Nitrit) in Lanthan-Leitsalz. Die Nitratstufe hat, wie Fig. 65I zeigt, eine sehr eigenartige Form, deren Zustandekommen noch nicht geklärt ist: Sie beginnt mit einem plötzlichen, oft nahezu senkrechten Anstieg; oben dagegen ist sie gerundet und zeigt auf ihrem Grenzstrom oft sehr starke Galvanometerschwingungen (die nach [D 200] durch Methylrot gedämpft werden können)[1]).

Tokuoka [D 29] und Heyrovský [A 19] empfehlen für die Nitratbestimmung z. B. 0,1 n-$LaCl_3$. Nach Hohn [A 9] und Schwarz [D 85] ist als Grundlösung 0,1 n-La-Acetat — 0,1 n-$BaCl_2$ — 0,2 % Tylose geeignet. Einen guten Grenzstrom erhält man, wenn diese Lösung etwa 0,005 m-Nitrat (+ Nitrit) enthält. Eine Entlüftung ist dann nicht notwendig. (s. Fig. 65I). Bei geringerer Nitratkonzentration kann die Stufenform nach Holleck [D 180] durch Entlüften verbessert werden. — Mehrwertige Anionen verschieben die Nitratstufe zu negativeren Potentialen. Daher stören Sulfate die Nitratbestimmung (Ausfällen mit $SrCl_2$; $BaSO_4$ reißt Nitrat mit [D 200]). Störende Schwermetalle können mit Alkalicarbonat ausgefällt werden. — Nach Kolthoff [D 200] ist die Stufenhöhe auch unter günstigen Bedingungen nicht genau proportional der Nitratkonzentration.

---

[1]) Sollte die Nitratreduktion durch OH^--Ionen katalysiert werden (worauf Befunde von Holleck [D 180] hindeuten), so könnte der steile Anstieg der Stufe vielleicht durch die bei der Reduktion entstehenden OH^--Ionen gedeutet werden (Autokatalyse). Weiterhin könnte der steile Anstieg vielleicht durch ausfallendes $La(OH)_3$ abgebremst werden, das auch Ursache der starken Galvanometerschwankungen sein kann. Hieraus wäre auch zu deuten, daß beim Polarographieren mit fallender Spannung (rückwärts) nach [D 200] der steile Abfall erst etwa 0,1 V positiver erfolgt.

Um Nitratspuren in Nitrit zu bestimmen, kann das Nitrit durch Kochen mit NaN_3 und HCl zerstört werden, worauf die neutralisierte Lösung eingeengt und in La-Ba-Grundlösung polarographiert wird [Haslam und Cross D 223].

Zur Bestimmung von Nitrit in Explosivstoffen wird der durch Schütteln mit Wasser erhaltene Auszug (organische Nitroverbindungen nötigenfalls mit Benzol ausschütteln) in 0,1 n-LaCl polarographiert [Heyrovský A 3, 11, 19]. — Die Bestimmung von Nitrat und Nitrit in Nitriersäure beschreibt Schwarz [D 85]; die von Nitrat in Blut und Harn — Scott und Bambach [G 11].

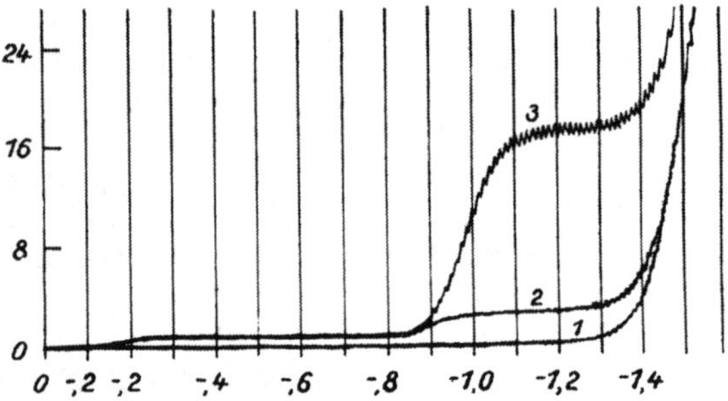

Fig. 65 II. Nitratstufe in Gegenwart von Uranylsalz

Polarogramme von 0,1 n-KCl — 0,01 n-HCl und
1) 0,0004 n-KNO_3;
2) 0,0002 m-UO_2Cl_2;
3) 0,0002 m-UO_2Cl_2 — 0,0004 m-KNO_3.

Bestimmung von Nitrat (+ Nitrit) in Uranyl-Leitsalz. Nach Kolthoff, Harris und Matsuyama [D 200] erfolgt in Gegenwart sehr geringer Uranylsalzmengen die Nitratreduktion schon bei etwa — 1,0 V, woraus sich eine recht vorteilhafte Methode der Nitratbestimmung ergibt. In schwach salzsaurer Lösung gibt das Uranylion zwei Stufen (VI/V und V/III, s. § 8 f). Die Nitratreduktion erfolgt bei der zweiten Uranylstufe, deren Höhe somit abzuziehen ist, s. Fig. 65II. In 0,0002 m-UO_2Cl_2 —0,01 n-HCl —0,1 n-KCl ist die Nitratstufenhöhe konzentrationsproportional, wenn die Nitratkonzentration kleiner als 0,0005 m ist. Ist sie wesentlich kleiner, so kann auch die Uranylkonzentration etwas kleiner gewählt werden (z. B. 0,00002 m-Uranyl bei 0,00001 m-Nitrat), um die abzuziehende Uranylstufe zu verkleinern. Es ist also jeweils eine Blindprobe zu polarographieren. Die Lösungen müssen entlüftet werden.

Sulfat stört nur, wenn es in mehr als 200-fachem Überschuß gegenüber Nitrat zugegen ist (Fällung als $SrSO_4$). Chlorat stört nicht. Oxalat und Phosphat müssen entfernt werden. Cu, Pb und andere leicht reduzierbare Kationen werden mit Na-Carbonat ausgefällt. Ist die Probelösung alkalisch oder stark sauer, so wird sie vor der Vermischung mit der Grundlösung gegen Methylrot neutralisiert [D 200].

Nach Keilin und Otvos [D 235] geben Nitrite in der Uranyl-Lösung die gleiche Stufe wie Nitrate, nur mit $\nu = 3$, statt 5. Nach Bestimmung der Stufe von Nitrat + Nitrit kann Nitrit mit H_2O_2 in saurer Lösung zu Nitrat oxydiert werden (H_2O_2-Überschuß mit MnO_2 in alkalischer Lösung zersetzt) worauf nochmal polarographiert wird.

b) Oxydationsstufen

Lit.: D 30, 122, 181, 201, 222; H 25, 29. Fig. Nr. 6, 98, 106, 112.

Bei den durch Oxydationsstufen bestimmbaren Anionen handelt es sich nicht um eine Oxydation der Anionen selbst, sondern um eine solche des Quecksilbers zu Hg_2^{2+}- oder Hg^{2+}-Ionen, die dann durch die betreffenden Anionen ausgefällt oder komplex gebunden werden[1]). Über die Theorie dieser Stufen vgl. § 38. Entdeckt wurden diese Stufen von Revenda [D 30], näher untersucht von Kolthoff und Miller [D 122].

Da die an der Tropfenoberfläche ausfallenden Hg-Salze bei größerer Menge störend wirken, so darf die Konzentration der Anionen nicht größer als etwa 10^{-3}m sein.

---

[1]) Oxydationsstufen, bei denen die Anionen selbst oxydiert werden, erhält man an Elektroden aus Platin oder Gold, z. B. an der rotierenden Pt-Anode, vgl. § 32a.

Die Halbstufenpotentiale in 0,1 n-KNO_3 für 0,001 m-Anionen liegen bei:

Cl^- und N_3^-	+ 0,21 V	OH^-	+ 0,04 V	$S_2O_3^{2-}$	— 0,18 V
CNS^-	+ 0,14	SO_3^{2-}....	— 0,05	CN^- (in 0,1 n-NaOH)	— 0,4
Br^-	+ 0,10	J^-	— 0,07	S^{2-} (in 0,1 n-NaOH)	— 0,6

Bei den Halogenionen und dem Sulfidion handelt es sich um Ausfällung von Hg_2^{2+}-Ionen, bei den übrigen um komplexe Bindung von Hg^{2+}-Ionen.

Im einzelnen sei noch folgendes gesagt (nach [D 122]): Bromide geben bei mehr als $1 \cdot 10^{-3}$ n eine Doppelstufe, wahrscheinlich, weil dann eine Hg_2Br_2-Haut hohen Widerstandes entsteht; durch 0,01% Gelatine läßt sich dies beseitigen. — Jodide ergeben dagegen einen gestörten Grenzstrom, der aber durch 0,05% Gelatine geglättet werden kann. — Für die Komplexbildner lassen sich aus den Stufenformen folgende Elektrodenreaktionen (reversibel!) ableiten. Hydroxyde: $Hg + 2\,OH^- = Hg(OH)_2 + 2\,\ominus$, wobei das Hg-Hydroxyd nicht ausfällt, wenn nicht mehr als 10^{-3} n-OH^- in der Lösung sind. CO_2 ist sorgfältig auszuschließen. — Thiocyanate: $Hg + 2\,CNS^- = Hg(CNS)_2 + 2\,\ominus$. Cyanide analog, am besten in alkalischer Lösung. — Sulfite: $Hg + 2\,SO_3^{2-} = [Hg(SO_3)_2]^{2-} + 2\,\ominus$. — Thiosulfate analog, doch schließt sich eine zweite Stufe an (flach), die wahrscheinlich durch eine irreversible Oxydation des Thiosulfats zu Sulfit zustande kommt.

Das OH^--Ion erzeugt eine etwa doppelt so hohe Stufe wie die übrigen Anionen (bei gleicher Konzentration), weil es eine etwa 4mal so große Diffusionskonstante hat. Auch NH_3 gibt eine OH-Stufe, jedoch von normaler Höhe, weil NH_3 als solches zur Elektrodenoberfläche diffundiert und erst dort OH^--Ionen nach $NH_3 + H_2O = NH_4^+ + OH^-$ liefert, in dem Maße, wie diese durch Hg-Ionen verbraucht werden [D 30].

Nach Haul [D 201] geben Azide eine anodische Stufe beim gleichen Potential wie Chloride (in beiden Fällen tritt eine kleine Vorstufe auf, deren Höhe proportional der Tropfgeschwindigkeit, aber unabhängig von der Anionenkonzentration ist. Es handelt sich also um eine Adsorptionsstufe, s. § 44).

Fig. 6 zeigt eine Cl^--, Fig. 112 eine S^{2-}-Stufe.

Alle Stufenhöhen sind im Konzentrationsbereich 10^{-4} bis 10^{-3}m konzentrationsproportional [D 122]. Die Genauigkeit, mit der die Anionenkonzentrationen aus den Stufenhöhen ermittelt werden können, beträgt etwa ± 5 %. Mit der Methode der polarometrischen Titration ist es jedoch möglich eine Genauigkeit zu erreichen, die bei geringen Konzentrationen die der potentiometrischen Titration übersteigt (s. H 25, 29 und § 28).

c) Indirekte Bestimmung von Anionen

Chlorid, Bromid, Jodid und Cyanid können durch polarometrische Titration mit $HgNO_3$ [H 6] oder mit $AgNO_3$ [H 22, 25, 29] bestimmt werden, siehe § 28. — Über die Bestimmung von Jodid nach Oxydation zu Jodat s. § 9 a.

Chlorat, Bromat und Jodat können mit $TiCl_3$ polarometrisch titriert werden, siehe [H 5] und § 28.

Sulfat kann indirekt aus der Höhenabnahme einer Ba- oder Pb-Stufe bestimmt werden, wenn eine eingestellte überschüssige Ba- oder Pb-Salzlösung mit der Probelösung gefällt wird [Heyrovský D 10, A 19, S. 359; Hohn A 9; Gochstein D 38, 39]. Man verwendet z. B. eine schwach salpetersaure Lösung von 0,01 m-$Pb(NO_3)_2$ — 0,2 n-$NaNO_3$ mit Dämpfer [A 9] oder 0,003 n-$BaCl_2$ — 0,1 n-LiCl [A 19]. Die gefällte Lösung muß 10—15 Min. stehen, bevor polarographiert wird, damit der Niederschlag altern kann. Bei Anwendung von Pb-Salz wird auch Alkohol zugesetzt. Falls die Probe nicht mehr Alkalien als Sulfat enthält, ist die Anwendung von Ba-Salz nach [A 19] vorzuziehen. Viel K-Salze stören aber auch die $PbSO_4$-Fällung, da sich das schwerlösliche Doppelsalz $K_2SO_4 \cdot PbSO_4$ bildet. Metalle, die vor der Pb- bzw. Ba-Stufe reduziert werden, dürfen in größerer Menge nicht anwesend sein. Oberflächenaktive Stoffe können die Kristallisation der Sulfate stören. — Die Genauigkeit der Methode beträgt nur etwa 5 %.

Besser ist es, eine polarometrische Titration des Sulfats mit $Pb(NO_3)_2$ durchzuführen. Siehe [H 1, 5, 10, 11, 21] und § 28. Auch Sulfit und Thiosulfat können so bestimmt werden [H 30]

Phosphat kann als $BiPO_4$, als $(NH_4)_3PO_4 \cdot 12\,MoO_3 \cdot 6\,H_2O$, als UO_2KPO_4 (auch als $FePO_4$ oder $Pb_3(PO_4)_2$ [s. H 30, 32]) gefällt werden, woraus sich auch polarometrische Titrationsmöglichkeiten ergeben [H 4 a, 19, 30, 32].

Die von Neuberger [H 4a] vorgeschlagene $BiPO_4$-Fällung wird nach Bigalli und Cinquina [D 182] zur Phosphatbestimmung in Phosphatierungslösungen folgendermaßen durchgeführt: Zu 10 cm^3 Probelösung, die etwa 10 mg P_2O_5 enthalten sollen, werden tropfenweise unter Umrühren 15 ccm einer Lösung von 5 g Bi_2O_3 in 45 ccm HNO_3 (D 1, 4) zugegeben, wobei $BiPO_4$ ausfällt. Nach 5 Min. Stehen werden zugegeben 5 ccm einer Lösung, die im Liter 40 g $NaNO_3$, 10 ccm HNO_3 (D 1,4) und

3 g Gelatine enthält. Ohne zu entlüften wird die Bi-Stufe polarographiert. Ebenso die einer gleich behandelten Blindprobe.

Mit Molybdat wird Phosphat nach Stern [D 153] folgendermaßen bestimmt: 1 ccm der 0,1—0,3 mg P enthaltenden Probelösung werden im 50 ccm-Meßkolben mit 2 ccm HNO_3(2 : 3) und 30 ccm 5 n-NH_4NO_3 auf 35° erwärmt. Dazu 1 ccm 3,1%ige Ammoniumheptamolybdatlösung, wobei gelbes Ammoniumphosphormolybdat ausfällt. Nach 15 Minuten auffüllen zur Marke, entlüften, polarographieren. Blindprobe. Genauigkeit 2%. Fe, Al, Mn, Cu, Cl in kleinen Mengen stören nicht. Organische Substanzen werden verascht, in HCl gelöst (Vgl. auch [D 204, 244 c]).

Pyrophosphat kann nach Cohn und Kolthoff durch Fällung als Cd-Pyrophosphat bestimmt werden, siehe Referat [D 154].

§ 10. Anorganische Molekeln

O_2, H_2O_2. Lit.: B 21, 22; C (36); Cm 6, 7, 10, 11, 13, 29); D 7, 33, 63, 76, 121, 224, 234; E 66, 99; F 14, 15; G 13. Fig. Nr. 9, 10, 11, 29, 112.

Die Sauerstoffdoppelstufe ist schon im § 6 b besprochen worden. Sie kann zu einer quantitativen O_2-Bestimmung benutzt werden. Auch H_2O_2 kann polarographisch bestimmt werden (Fig. 11).

Die O_2-Stufen sind erstmalig von Heyrovský [D 7] genauer untersucht worden. Da es sich hier um neutrale Molekeln handelt, wird die Grenzstromstärke durch einen Potentialabfall in der Lösung nicht geändert (kein Wanderungsstrom). Es kommt also für die Stufenhöhe nicht auf die Konzentration des Leitsalzes an und man kann den O_2-Gehalt (z. B. die Löslichkeit) in nahezu reinem Wasser bestimmen [z. B. in gesätt. $Ca(OH)_2$].

Die O_2-Stufen liegen bei etwa — 0,2 und — 0,9 V, in Alkali bei etwa — 0,2 und — 1,3 V. Ihre Lage ist von der Art und Konzentration des Leitsalzes etwas abhängig, zeigt aber vom p_H keine eindeutige Abhängigkeit [D 121].

O_2 ist in saurer, neutraler oder alkalischer Lösung bestimmbar. Man kann hierbei die Höhe nur der ersten oder auch beider Stufen benutzen. Das Maximum der ersten Stufe muß bei genauen Bestimmungen unterdrückt werden. Gut anwendbar ist die polarometrische Methode, indem man etwa die Spannungen 0,1 und 0,5 bzw. 1,0 V wählt [D 63]. Es dürfen natürlich keine anderen leicht reduzierbaren Stoffe in der Lösung sein; Schwermetalle können durch etwas Alkalicarbonat gefällt werden. Nach Vitek [D 33 benutzt man eine luftgesättigte, verdünnte Elektrolytlösung, die 8 mg O_2 im Liter enthält (0,0010n) zur Eichung der Stufenhöhe. Annähernd bestimmbar sind noch 0,04 mg (= $5 \cdot 10^{-6}$n) O_2 im Liter oder 0,04 γ im Kubikzentimeter. Doch ist nach [D 76] eine Bestimmung bei weniger als 1 mg O_2/Liter ungenau.

In Gasen kann der O_2-Gehalt (bei 0,5 bis 100 %) bestimmt werden, indem man diese durch eine verdünnte Elektrolytlösung [z. B. 0,01 n-$Ca(NO_3)_2$] bis zur Sättigung leitet. Nach dem Henry-schen Gesetz ist die O_2-Konzentration in der Lösung dann proportional der im Gas[1]).

Polarographische O_2-Bestimmungen werden für wissenschaftliche und praktische Zwecke vor allem in solchen Lösungen durchgeführt, in denen Algen, Hefe, Blutkörperchen usw. durch Atmung und Assimilation den O_2-Gehalt verändern [D 33, 63; G 13]. Auch die Kinetik der O_2-Reduktion durch Sulfit kann verfolgt werden [A 9; D 14]. Den Temperaturkoeffizienten der Stufenhöhe untersucht [D 224]. — Über die O_2-Bestimmung mit der rotierenden Pt-Elektrode und der Pt-Mikroelektrode s. [B 21, 22] und § 32.

Eine H_2O_2-Bestimmung ist am besten in saurer Lösung vorzunehmen, z. B. in 0,01 n-HCl [E 66] oder in Acetatpuffer [E 99], da in alkalischer Lösung Zersetzung eintritt. Eine Mikrobestimmung beschreibt [D 234]. — Infolge katalytischer Wirkung wird die H_2O_2-Stufe durch Hämatin und durch Pb^{2+}-Ionen zu positiveren Potentialen verschoben [F 14, 15].

S, Lit.: D 250.

Nach Proske [D 250] gibt in Pyridin gelöster Schwefel eine Reduktionsstufe, die zur quantitativen Bestimmung von freiem Schwefel benutzt werden kann, z. B. in Vulkanisaten (Extraktion des S durch Kochen mit Pyridin). Zu 20 ccm Pyridin mit etwa 1 mg S werden als Leitsalz 6 ccm einer Lösung von 25 g Eisessig, 54,4 g krist. Na-Acetat und 200 ccm 2%ige Tylose-

[1]) Bei weniger als 0,5% O_2 im Gas empfiehlt Vitek [D 33] dieses in eine absolut wasserfreie Lösung von 0,1 n-LiCl in Methyl- oder Äthylalkohol einzuleiten, da die Löslichkeit von O_2 hierin größer und die Viskosität der Lösung geringer ist, so daß man höhere Stufen erhält.

lösung im Liter zugefügt. Halbstufenpotential etwa — 0,7 V. Durch Zusatz des Vulkanisationsbeschleunigers Merkaptobenzothiazol wird die S-Stufe zu positiveren Potentialen verschoben infolge einer Aktivierung des Schwefels.

SO_2. Lit.: D 14, **133 a**; G 12, 31. Fig. 66.

In saurer Lösung geben Sulfite eine Stufe, die dem SO_2 zuzuschreiben ist [Gosman D 14]. Nach Kolthoff und

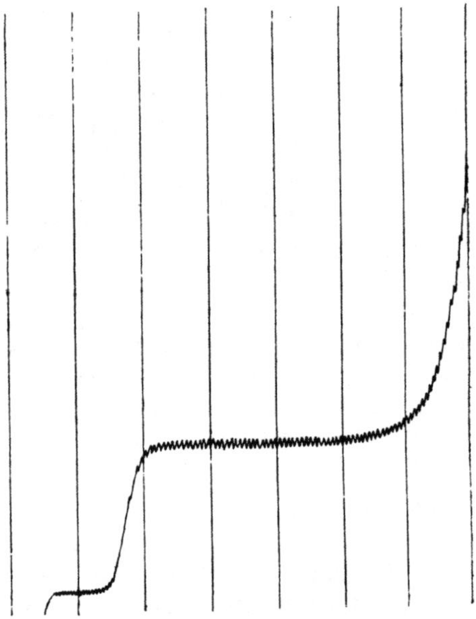

Fig. 66. SO_2 - Stufe
0,02m- Na_2SO_3 in HCl (1 : 2) mit 0,2% Gelatine.

Miller [D 133 a] ist $E_{1/2} = -0,34$ V bei p_H 0 und — 0,42 V bei p_H 1. Die Stufenhöhe und Steilheit entspricht $\nu = 2$, also die Reduktion $SO_2 + 2 H^+ + 2 \ominus = H_2SO_2$ (Sulfoxylsäure). Ab p_H

nimmt die Stufenhöhe ab[1]). Bei p_H 6 ist nur noch eine kleine Doppelstufe vorhanden ($E_{1/2}$ = — 0,7 und — 1,2 V, wahrscheinlich der Reduktion von HSO_3^- zu $S_2O_4^{2-}$ und dann zu $S_2O_3^{2-}$ zuzuschreiben). Oberhalb p_H 6 tritt keine Reduktionsstufe mehr auf (wohl aber eine Oxydationsstufe, s. § 9 b).

Für die SO_2-Bestimmung ist eine starke Säure in 0,1 n- bis 1 n-Konzentration als Grundlösung geeignet.

Über die Bestimmung von SO_2 in Weinen usw. siehe [G 12, 31].

NO, NO_2.

Siehe bei Nitrit, § 9 a. Zur NO-Bestimmung in Gasen wird dieses am besten zunächst in alkalischer Lösung absorbiert, die Lösung von O_2 befreit und dann erst angesäuert [H e y r o v s k ý D 16].

NO_2 kann in gleicher Weise bestimmt werden wie NO, da sich bei Absorption in alkalischer Lösung Nitrit bildet [D 16].

NH_3. Siehe Ammonium, § 8 b.

$(CN)_2$. Siehe § 16.

CO_2 gibt nach R y s s e l b e r g h e und A l k i r e [D 202] in Tetramethylammonsalz eine Stufe bei — 2,2 V, doch ist dies unseres Erachtens eine H-Stufe der freien Kohlensäure (die Stufe verschwindet beim Alkalisieren der Lösung und wird durch einen O_2-Gehalt dieser erniedrigt).

[1]) Wahrscheinlich weil eine nicht reduzierbare tautomere Form — vielleicht 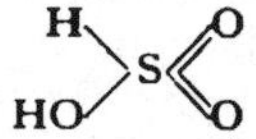 — entsteht, die mit dem reduzierbaren 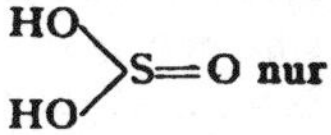 nur in gehemmtem Gleichgewicht steht.

B. Materialanalysen auf anorganische Bestandteile

In diesem Abschnitt werden solche Analysenvorschriften behandelt, die, von der ursprünglichen Probe ausgehend, den vollen Analysengang beschreiben, also den Aufschluß, chemische Vortrennungen und sonstige Vorbereitungen der Lösungen enthalten, gleichgültig, ob dabei nur einer oder mehrere Bestandteile der Probe bestimmt werden.

Es ist nicht möglich, diese Vorschriften hier mit allen Einzelheiten zu bringen. Hierauf kann auch schon deswegen verzichtet werden, weil diese Einzelheiten doch von Fall zu Fall abgeändert werden müssen. Es wird also der Analysengang meist nur in Stichworten angedeutet. Auch Analysenvorschriften, die keinen Eingang in die Praxis gefunden haben, werden hier in Kürze gebracht, wenn sie über Wege orientieren, die bisher zur Überwindung von Schwierigkeiten versucht worden sind. Ob eine polarographische Analysenmethode als brauchbar angesehen wird oder nicht, hängt ja auch von dem jeweiligen Fortschrittszustand anderer Konkurrenzmethoden ab. — Ein unvermeidlicher schwerer Mangel des vorliegenden Abschnitts ist dadurch bedingt, daß viele in der Industrie ausgearbeitete und angewandte Verfahren nicht veröffentlicht worden sind.

Gegliedert wird der Abschnitt in:

1. Metalle und Metallverbindungen.
2. Sonstige anorganische Materialien.
3. Organische Materialien.

D i e A n o r d n u n g ist im Teil 1 (Metalle und Metallverbindungen) wie im vorigen Abschnitt entsprechend dem periodischen System getroffen worden, und zwar n a c h d e m H a u p t b e s t a n d t e i l der Probe. Dieser wird allerdings meist nicht bestimmt; seine Beseitigung oder Unschädlichmachung bildet aber oft den Hauptinhalt der Analysenvorschrift.

§ 11. Metalle und Metallverbindungen

a) Magnesiumlegierungen. Lit.: Gull [D 55], Semerano [D 68, 123, 148], Geller und Sanko [D 89, 102], Volpi [D 257], Payne [D 258].

Magnesium wird ähnlich untersucht wie Aluminium, daher sei auf das dort Gesagte (§ 11 b) verwiesen.

Nach [D 148] lassen sich Fe und Cu in einer gesättigten $MgCl_2$-Lösung bestimmen. — Zn und Mn werden nach [D 102] in NH_3—NH_4-Lösung bestimmt. Da hierbei aber $Fe(OH)_3$ und Mg-Aluminat ausfallen, dürften Verluste eintreten. — Die Al-Bestimmung in schwach salzsaurer Lösung (pH 3,2—3,8) nach [D 55, 68, 89, 123] — vgl. hierzu § 8b — verlangt eine sulfatfreie Lösung, da sonst die Al-Stufe durch den Endanstieg (Mg-Stufe) zu sehr gestört wird. Eine Genauigkeit von 3% ist nach [D 89] nur bei mehr als 2% Al zu erreichen.

b) Aluminiumlegierungen. Lit.: Maljarewski [D 106], Coates und Smart [D 126], Davies [D 127, 158], Ensslin et al. [D 167], Jablonski und Moritz [D 168a, 183], Brit. Aluminium Comp. [D 168 b], Urech und Sulzberger [D 184], Kolthoff und Matsuyama [D 215], Misetzkaja [D 238], Nickelson [D 242], Stross [D 197, 251, 254], Spálenka [D 255], Davis [D 256].

Reinaluminium: Hohn [A 9], Lucchi [D 74], Semerano und Capitanio [D 125, 148, 149].

Größere Mengen Cu und Fe III stören durch ihre hohen Stufen die Bestimmung unedlerer Bestandteile. Löst man das Aluminium in nicht oxydierenden Säuren oder NaOH so bleibt Cu ungelöst und Fe geht als Fe II bzw. garnicht in Lösung. Dieses Verfahren und ebenso ein nachträgliches Ausfällen mit NaOH ist aber wegen unvermeidlicher Verluste an zu bestimmenden unedleren Bestandteilen im allgemeinen nicht zu empfehlen.

Man löst daher in HCl + etwas $KClO_3$ oder in HCl — HNO_3. Da für die Fe-Bestimmung eine Cl-freie Lösung günstig ist, empfehlen Kolthoff und Matsuyama [D 215] folgendes Verfahren:

1,000 g Späne mit 11 ccm 15% NaOH veretzt, nach Beendigung der Reaktion + 20 ccm HNO_3(1 : 1), aufkochen, abkühlen auf genau 50 ccm auffüllen (Lösung A).

Fe- und Cu-Bestimmung. 10 ccm Lösung A + 0,5 ccm 0,5% Gelatinelösung, auf genau 25 ccm auffüllen, entlüften. Die Fe-Stufe wird bei + 0,1 V, die Cu-Stufe bei — 0,2 V vermessen. Bei sehr viel Fe und Cu wird die Lösung A durch eine analog hergestellte Lösung von Reinaluminium verdünnt. (Diese dient auch zur Bestimmung des Reststromes und zur Herstellung von Eichaufnahmen mittels bekannter Zusätze.) Bei viel Fe neben wenig Cu wird Fe III in einer zweiten Probe mit Hydroxylamin zu Fe II reduziert [D 215].

Pb-Bestimmung. Zur Entfernung von Fe III (mit Hydroxylamin) und von Cu (Fällung als Cu I-Thiocyanat) muß die freie Säure der Lösung A abgestumpft werden: 10 ccm Lösung A + 1 Tropfen 0,1% Thymolblaulösung + 1 n-NaOH bis zum Umschlag und noch 1 ccm (p_H 2,5) + 0,5 ccm 2 m-Hydroxylamin-HCl + 0,5 ccm 2 m-KCNS. Schütteln bis die rote Fe-Thiocyanatfarbe verschwindet, + 0,5 ccm 0,5% Gelatine, auf 25 ccm auffüllen. Die Pb-Stufe liegt bei — 0,4 V [D 215]. Vgl. auch Referat [D 254]. — Pb kann auch mit Dithizon extrahiert werden [D 126, 168b, 215].

Cu wird auch in NH_3—NH_4Cl-Lösung bestimmt, wobei $Al(OH)_3$ ausfällt und abfiltriert wird [D 126, 168b] und nach [D 255] der hierbei entstehende Cu-Verlust mitzueichen ist; oder das $Al(OH)_3$ wird mit Tartrat in Lösung gehalten [D 106, 158, 238]. In dieser Lösung (0,7 n-NH_3 —0,4 n-NH_4Cl —2% Tartrat — 2% Na_2SO_3 — 0,03% Agar) können nach [D 106] Cu, Ni, Fe nebeneinander bestimmt weden. — Nach Nickelson [D 242] kann man in einer mit Formiatpuffer auf p_H 3,7 eingetellten Lösung nebeneinander die Stufen von Fe III/II + Cu II/I bei 0,0 V, Cu I/0 bei — 0,25, Pb bei — 0,45, Zn bei — 1,1 V erhalten.

Zur **Pb**-Bestimmung entfernen Jablonski und Moritz [D 183] Cu durch Fällen mit Hydroxylamin in alkalischer Tartratlösung:

1 g Probe in 20 ccm HCl (1:1) mit etwas $KClO_3$ gelöst, dazu 1 ccm 50%ige Weinsäure, dann 40 ccm 30%ige NaOH, dann 2 ccm 5%ige Hydroxylaminlösung, zum Sieden erhitzt, nach Abkühlen auf 100 ccm aufgefüllt, filtriert, mit Tylose versetzt. Entlüften nicht nötig, da O_2 durch Hydroxylamin völlig entfernt wird. Die Methode ist schnell und gut brauchbar, obgleich die Pb-Stufen keinen sehr guten Grenzstrom haben. Störungsmöglichkeit nur durch Cd, dessen Stufe sich zu der Pb-Stufe addiert. — Die Cu-Reduktion mit Al sowie das Polarographieren in KCN-Lösung erwiesen sich als nicht brauchbar.

Von besonderer Wichtigkeit ist die polarographische **Zn-Bestimmung,** da es keine andere brauchbare Schnellmethode gibt

Nach Stross [D 197, 251] werden 0,5 g in 35 ccm 30% NaOH gelöst wobei die störenden Elemente Cu und Fe ungelöst bleiben, jedoch etw 20% des Zn zurückhalten. Daher wird der Rückstand durch Zentrifugieren oder Filtrieren abgetrennt und in 0,5 ccm H_2SO_4 + 1 ccm gesättigte $KClO_3$-Lösung gelöst und mit 2,5 ccm 30% NaOH gefällt; das Filtrat wird mi dem ersten vereinigt. Der Niederschlag wird erneut wie vorhin gelöst und gefällt, wodurch nun sicher mehr als 99% des Zn in Lösung gebracht sind. Die vereinigten Filtrate werden mit 0,4 ccm 0,25% Gelatinelösung versetzt, auf 25 ccm aufgefüllt, mit etwas Filtermasse (zur Adsorption von kolloidalem $Cu(OH)_2$ usw.) filtriert. Ein aliquoter Teil wird mit N_2 entlüftet (Na_2SO_3 wirkt schlecht). Obgleich die Zn-Stufe in NaOH keine ganz ideale Gestalt hat, ist die angegebene Methode für die verschiedenartigsten Al-Legierungen gut brauchbar. Hierbei hat sich eine chlorierte Ag-Gegenelektrode bewährt.

Andererseits wird vorgeschlagen, Cu in saurer Lösung mit H_2S auszufällen und hierauf Zn mit H_2S in schwach ameisensaurer Lösung abzutrennen (wobei Al mit Weinsäure in Lösung gehalten wird) [D 126, 168b]. — Auch eine Extraktion mit Dithizon wird vorgeschlagen [D 126, 168b, 215].

Wenn Cu und Fe nicht entfernt werden, so ist zu beachten, daß die Höhe der Zn- (weniger der Ni-) Stufe von dem Gehalt der Lösung an diesen Elementen abhängig ist. Dies ist bei der Eichung zu berücksichtigen und gegebenenfalls durch Zusatz dieser Elemente für einen annähernd konstanten Gehalt zu sorgen; selbstverständlich gilt dies auch für die Al-Konzentration.

Bei hohem Si-Gehalt der Legierung kann Zn im ungelösten SiO_2 verbleiben. Nach [D 167] wird die Legierung durch Kochen mit Schwefelsäure gelöst und dann nach Zusatz von einigen Kubikzentimetern Flußsäure nochmal kurz gekocht. Nach [D 168a] genügt das Kochen mit H_2SO_4.

Ni und **Zn** können nebeneinander in alkalischer (NH_3, Pyridin) Lösung bestimmt werden, wenn Al durch Tartrat oder Citrat in Lösung gehalten wird [D 167, 168a, 215]. Am besten ist Pyridin-Citrat-Lösung von p_H 4,5, aus der Cu mit Hydroxylamin und KCNS als CuCNS ausgefällt ist [D 215]. Auch nach [D 168b] erhält man in Gegenwart von Thiocyanat gut getrennte Ni- und Zn-Stufen.

Eine **Mn**-Bestimmung in Tartratlösung beschreibt [D 255].

Sb kann direkt bestimmt werden, nachdem Cu und FeIII durch Hydroxylamin und Thiocyanat entfernt worden sind [D 168b], oder indem $SbCl_3$ abdestilliert wird [D 126, 168b].

SnII wird nach [D 168b] in salzsaurer Lösung bestimmt, nachdem Cu und Fe durch NaOH gefällt und abfiltriert worden sind.

Na-Bestimmung siehe Referat [D 184].

In **Reinaluminium** können Gehalte von 0,01% an Fe, Cu, Pb, Cd, Ni, Zn, In direkt in der salzsauren Lösung bestimmt werden [Hohn A 9].

Nach Semerano und Capitanio [D 148, 149] wird die Legierung in HCl mit etwas Perhydrol (dieses verkochen) gelöst[1]), eingeengt bis zu

[1]) Bei viel Si können Verluste durch Adsorption an kolloidaler Kieselsäure eintreten. Lucchi [D 74] empfiehlt zur Cu-Bestimmung Eindampfen, um SiO_2 unlöslich zu machen.

einem Gehalt von etwa 1 g Al in 10 ccm, Fuchsin zugesetzt. Man erhält die Stufen FeIII/II + CuII/I, CuI/0, Pb. Zur Zn-Bestimmung darf die Lösung nur schwach sauer sein. Sie wird daher auf dem Wasserbade zur Trockne gedampft und in wenig Wasser gelöst. Wegen der geringen O_2-Löslichkeit in den hochkonzentrierten $AlCl_3$-Lösungen ist ein Entlüften nicht erforderlich.

Gehalte von 0,00003% lassen sich durch ein Anreicherungsverfahren bestimmen: In die alkalische Lösung wird H_2S eingeleitet, bis $Al(OH)_3$ eben auszufallen beginnt. Der in Nitrate übergeführte Niederschlag wird erst mit einer NH_3-NH_4Cl-Na_2SO_3-Lösung (Grundlösung C', Tab. 3, § 6a) ausgelaugt, worin Cu, Cd, Ni, Zn bestimmt werden. Der Fe und Pb enthaltende Rückstand wird in salzsaurer konzentrierter NH_4Cl-Lösung polarographiert [D 125]. — Zur Bestimmung von Pb und Zn ist auch eine Abtrennung mit Dithizon möglich [D 168b].

c) Kupferlegierungen. Lit.: Hohn [A 9, D 51], Mnich [D 52], Schwarz [D 85], Pletenew et al. [D 107], Krössin [D 128], Tyler und Brown [D 159], Spálenka [D 162, 190], Milner [D 211, 218, 249], Lingane [D 236], Zentler Gordon und Roberts [D 243], Winchirew [D 244].

Um die störende Stufe großer Kupfermengen zu beseitigen, kommen folgende Verfahren in Frage: a) Unterdrückung der Cu-Stufe durch KCN, b) Entfernung des Kupfers durch Elektrolyse oder Ausfällung als CuS oder CuJ, c) Abtrennung der zu bestimmenden Bestandteile durch Ausfällung.

In alkalischer KCN-Lösung lassen sich bestimmen: **Pb, Cd, Ni.** Da sich die anodische CN^--Stufe und die Cd-Stufe mit der CN^--Konzentration verschieben, die Pb-Stufe aber nicht, ist eine mittlere CN^--Konzentration (1,5 n) einzuhalten, damit die Pb-Stufe von beiden erstgenannten getrennt ist [D 190].

10 g Probe in 10 ccm Wasser + 35 ccm konz. HNO_3 gelöst, aufgekocht, auf 100 ccm aufgefüllt. Davon 10 ccm + 15 ccm 2 n-NaOH, umrühren, + 15 ccm 5 n-KCN — 0,5 n-NaOH, abkühlen, umrühren, bis der blaue Niederschlag wieder gelöst, + 4 ccm 10 n-NaOH + 2 ccm gesättigte Na_2SO_3-Lösung + 0,25 ccm 0,5% Gelatinelösung, auf 50 ccm auffüllen. Eine zweite Portion von 10 ccm wird ebenso behandelt, aber mit Pb- und Cd-Eichzusätzen versetzt. Bei Cd-Bronzen (Fernleitungen, Trolleydraht) genügen kleinere Einwaagen [D 190]. Für Legierungen mit sehr hohem Pb-Gehalt (Pb-Bronzen mit 10 bis 30% Pb) muß die KCN-Konzentration wesentlich geringer gewählt werden [D 162].

Unabhängig von Spálenka hat Milner [D 211] ähnliche Methoden zur Pb-Bestimmung in Messing und Bronzen ausgearbeitet. In diese Cd-freien Legierungen kann die KCN-Konzentration geringer sein (0,4—0,8 n je nach dem Pb-Gehalt). 1 bis 2 g Probe werden in 10 ccm Wasser + 5 bis 10 ccm HNO_3 [D 1,42] gelöst, NO fortgekocht, auf 50 ccm aufgefüllt, SnO_2 abfiltriert. Davon 10 ccm + 10 ccm Na-Sulfit-Lösung (enthaltend 5 g) + 8 bzw. 16 ccm 13% KCN-Lösung + 10 ccm 10 n-NaOH + 2 ccm 0,2% Gelatinelösung. Enthält die Probe mehr als 1% Mn, so werden, um dessen Ausfallen zu verhindern, nach der Na_2SO_3-Zugabe 2 ccm NH_4-Citrat-Lösung zugegeben (100 g Zitronensäure + 50 ccm Wasser + 100 ccm konz. NH_3). Beleganalysen. Die Methode ist genauer als die von Hohn [D 51].

Für die Ni-Bestimmung in verschiedenartigen Cu-Legierungen werden von Milner [D 218] ebenfalls genaue Arbeitsvorschriften gegeben. Die Endlösungen enthalten 0,5 bis 1,2 n-KCN, 1,5 bis 3 n-NaOH, 0,3 n-Na_2SO_3 und 0,01% Gelatine. Die Probe wird in H_2SO_4 mit etwas HNO_3 gelöst (Bronzen in HNO_3, dann dazu H_2SO_4). Durch Dekantation oder Filtrieren werden entfernt: $PbSO_4$, $Fe(OH)_3$, $Mn(OH)_2$. Gesonderter Fällung bedarf nur Zn, das die Ni-Stufe erhöht und daher aus der alkalischen KCN-Lösung als ZnS ausgefällt wird [D 218]. Ältere Angaben [D 51, 85].

Lingane [D 236] schlägt die Entfernung des Kupfers durch Elektrolyse bei kontrolliertem Potential mit einer Pt-Kathode vor (s. § 6 a). **Pb** wird dann in 1 n-NaOH bestimmt, in einer zweiten Probe **Sn** in 4 n-NH_4Cl — 1 n-HCl. Um **Ni** und **Zn** zu bestimmen werden durch Elektrolyse bei einem höheren Potential Cu, Pb und Sn entfernt, worauf Ni und Zn in ammoniakalischer Lösung bestimmt werden können. Gesamtdauer 2½ Stunden.

Ausführung: 0,5 bis 1 g werden in 6 ccm 12 n-HCl + 4 ccm Wasser + 1 ccm konz. HNO_3 gelöst, auf 50 ccm verdünnt, gekocht, auf 200 ccm verdünnt + 2 g $N_2H_4 \cdot 2\,HCl$ (als anodischer Depolarisator). Diese an HCl etwa 0,5 n Lösung wird zwischen Pt-Netzelektroden unter starker Rührung bei einem Kathodenpotential von 0,35 V (gegen eine gesättigte Kalomelelektrode gemessen) elektrolysiert, bis die Stromstärke auf einen kleinen Restbetrag abgesunken ist (ca. 45 Min. pro Gramm Probe). Hierbei werden Cu, Bi, Sb abgeschieden. Von der dann auf genau 250 ccm aufgefüllten Lösung werden a) 50 ccm zur Pb-Bestimmung mit 24 ccm 5 n-NaOH und 2,5 ccm 0,2% Gelatine versetzt, auf 100 ccm aufgefüllt, eine Probe davon mit N_2 entlüftet (Sulfit wirkt schlecht), polarographiert; b) weitere 50 ccm zu Sn-Bestimmung mit 21 g NH_4Cl, 6,6 ccm 12 n-HCl, 2,5 ccm 0,2% Gelatine versetzt, auf ca. 90 ccm verdünnt, erwärmt, geschüttelt, abgekühlt, auf 100 ccm aufgefüllt, entlüftet. Man erhält dann die Doppelstufe SnIV/II und SnII/0 + PbII/0.

Falls Pb und Sn im Überschuß gegenüber Ni oder Zn sind, wird eine zweite Probe der Legierung wie oben gelöst und elektrolysiert, doch wird nach 15 Min. das Kathodenpotential auf 0,70 V erhöht, um Pb und Sn abzuscheiden. Die Elektrolyse wird abgebrochen, wenn die Stromstärke auf ca. 1 Amp. abgesunken ist (H^+-Entladung). Die Lösung wird auf 250 ccm aufgefüllt. 50 ccm davon werden versetzt mit 8 ccm 15 n-NH_3, 1 g

Na_2SO_3, 2,5 ccm 0,2% Gelatine (wobei Pb- und Sn-Reste ausfallen), auf 100 ccm aufgefüllt. In dieser Lösung werden Ni und Zn gleichzeitig bestimmt.

Für eine genaue Zn-Bestimmung ist die Abtrennung vom Kupfer erforderlich, wenn dieses im Überschuß ist. Neben der oben beschriebenen elektrolytischen Cu-Entfernung kommen nach Milner [D 249] vor allem folgende Verfahren in Frage:

a) Fällung des Kupfers mit KJ als CuJ in saurer Lösung, Zerstörung des entstandenen Jods, Aufnahme der Zn-Stufe in NH_3 — NH_4Cl-Lösung. Die Methode ist im allgemeinen gut anwendbar für Bronzen. Da aber Cu nicht vollständig ausgefällt wird, ist bei weniger als 0,1% Zn Methode b anzuwenden. Da Ni in Lösung bleibt, ist bei Ni-reichen Legierungen Methode c zu benutzen.

b) Fällung des Kupfers mit H_2S.

c) Fällung des Zinks als ZnS mit Na_2S in alkalischer KCN-Lösung. Hierbei wird das Zink sehr vollkommen von störenden Elementen (z. B. Ni) abgetrennt, weshalb diese Methode für die meisten Messingsorten empfehlenswert ist. Das gefällte, ausgewaschene ZnS wird in HCl gelöst und in NH_3-NH_4Cl-Lösung polarographiert.

Über die Analyse von Messingplattierungen s. [D 159, 243, 244].

Ältere Angaben:

Zur Analyse von Messing werden nach Hohn [D 51] und Schwarz [D 85] aus der salpetersauren Lösung (SnO_2 wird abfiltriert) Fe, Pb, Mn mit NH_3 und H_2O_2 ausgefällt. In der Lösung werden Cu und Zn in NH_3-NH_4Cl-Lösung, Ni in KCN-Lösung bestimmt. Der Niederschlag wird in HCl gelöst. Fe und Pb werden in saurer konzentrierter NH_4Cl-Lösung, Mn in NH_3-NH_4-Lösung bestimmt. Die Genauigkeit der Methode ist nicht groß: Die Fe-Stufe wird durch mitgerissenes Cu zu hoch, die Pb-Stufe durch Verluste beim Auswaschen des Niederschlages zu klein [D 52].

Über die Bestimmung von Bi und Pb nach Abtrennung durch Fällung mit Na_2S aus NaCN-Lösung oder mit NH_3 durch Mitreißen mit $Fe(OH)_3$ s. Referate [D 107, 128].

d) Feinzink. Lit.: Heyrovský [C 1, A 3], Pletenew und Arefjewa [D 72], Hohn [A 12], Ensslin [D 96], Blumenthal [D 97], Seith und vor dem Esche [D 120], „Analyse der Nichteisenmetalle“ [D 150 b], Cozzi [D 169], Hawkings und Thode [D 191], Nickelson und Randles [D 213, 214, 242], Milner [D 237], Koppitz und Moritz [D 271].

Die polarographische Spurenbestimmung von **Pb** und **Cd** in Feinzink hat Bedeutung erlangt, da sie anderen Methoden überlegen ist. Hierüber sowie über die polarographische Bestimmbarkeit von **Cu, Bi, Sn, Tl** liegen zahlreiche Untersuchungen vor.)[1]

P r i n z i p. Das Zink wird in HCl (oder HNO_3 [D 96]) gelöst. In der sehr konzentrierten $ZnCl_2$-Lösung (dieses als Leitsalz) werden die Verunreinigungen polarographisch bestimmt. Im Grenzfall sind noch etwa 0,0001% **Pb** oder **Cd** im Zink bestimmbar. (In $ZnSO_4$-Elektrolytbädern können Cu, Pb und Cd nach Entlüften direkt bestimmt werden [D 72]).

E i n z e l h e i t e n. Um einen guten Durchschnitt zu erhalten werden Einwaagen von 50 bis 500 g gelöst, weiterverarbeitet wird aber nur ein z. B. 2 oder 5 g entsprechender Anteil der Lösung. Gelöst wird in Konz.HCl, zuletzt etwas H_2O_2, $KClO_3$ oder HNO_3 zugesetzt, gekocht. Je geringer die zu bestimmenden Spuren sind, um so mehr ist auf Entfernung der überschüssigen Säure zu achten (wobei aber eine Hydrolyse zu vermeiden ist). Das geschieht durch Eindampfen zur Trockne und Aufnehmen mit Wasser und einigen Tropfen verd.HCl oder durch Neutralisation der Lösung mit NH_3 gegen Methylviolett. Die Endlösung enthält je nach der Vorschrift 1 g Zn in 2,5 bis 10 ccm. Die Lösung wird sorgfältig entlüftet. Die Eichung erfolgt meist nach der Methode des Eichzusatzes (s. Fig. 43). Da die sehr verdünnte Eichlösung sich nicht lange hält, wird sie von Zeit zu Zeit aus einer konzentrierteren Stammlösung durch Verdünnen neu hergestellt.

Um **Cu** zu bestimmen, muß Fe III reduziert werden, was mit Hydroxylamin [D 191] oder Hydrazin [D 213] geschieht. Gelatinezusatz wird allgemein empfohlen.

Bi gibt vor der Cu-Stufe eine getrennte aber flache Stufe, so daß die Empfindlichkeit des Nachweises geringer ist [D 120].

Die **Tl**-Stufe liegt dicht vor der Cd-Stufe, so daß sie sich praktisch zu dieser addiert [D 120].

Sn gibt unter den geschilderten Arbeitsbedingungen keine Stufe. Soll es bestimmt werden, so wird zu einer zweiten Probe der Lösung eine gesättigte KBr-Lösung zugegeben (2 ccm zu 5 ccm), worauf eine Stufe erscheint, die sich zur Pb-Stufe addiert (Bestimmung aus der Differenz der Stufenhöhen) [D 213]. Vgl. auch [D 120].

---

[1]) Eine Übersicht geben K o p p i t z und M o r i t z [D 271].

Zur Pb- und Cd-Bestimmung empfiehlt Ensslin [D 96] Lösen in HNO_3 und Versetzen mit dem gleichen Volumen Tylose-haltiger gesättigter NH_4Cl-Lösung.

Um Gehalte von 0,0001% Pb, Bi, Tl und 0,00005% Cd, Cu, Fe zu bestimmen, löst Cozzi [D 169] in HNO_3, macht die Lösung ammoniakalisch, fällt mit Na_2S, zentrifugiert. Die Sulfide werden aus schwefelsaurer Lösung mit H_2S nochmals gefällt, um Fe abzutrennen. Fe wird nach Abdampfen der H_2SO_4 nach Hohn [A 9] in $(NH_4)_2SO_4$-Tylose-Lösung bestimmt. Die übrigen Sulfide ergeben in neutraler Na-Tartrat-Lösung die Stufen von Cu [— 0,14 V], Bi [— 0,34 V], Pb + Tl [— 0,60 V], Cd [— 0,80 V]. Pb allein wird in KCN-Lösung bestimmt.

e) Zinklegierungen. Lit.: Die bei Feinzink angegebene, ferner Krössin [D 128], Enßlin, Dreyer und Abraham [D 150a], Spálenka [D 162], Semerano [D 198].

Enthält die Legierung viel Cu, so wird dessen Stufe kompensiert [D 213] oder Cu durch Elektrolyse entfernt [D 191]; für eine Pb- und Cd-Bestimmung ist es nach [D 162] am einfachsten, eine alkalische KCN-Lösung anzuwenden (mit Na_2SO_3 und Gelatine, s. Abschnitt c).

Krössin [D 128] fällt Bi und Pb aus Cyanidlösung mit Na_2S. Ensslin et al. [D 150a] bestimmen Tl und Cd nebeneinander in ammoniakalischer Lösung. — Zur Fe-Bestimmung wird das Zink nach Nickelson [D 242] in HNO_3 gelöst, mit Citrat versetzt; bei richtig eingestelltem p_H erscheint die FeIII/II-Stufe nach der CuII/0-Stufe. — Mn-Bestimmung s. [D 255].

f) Zinkverbindungen. Zinkerze. Ist nur **Zn** zu bestimmen, so empfiehlt Heyrovský die Lösung mit dem 100fachen Volumen einer Na_2SO_3-haltigen 2 n-NH_3-NH_4Cl-Lösung zu versetzen. — Koslowa und Portnow [D 99] fällen aus der salzsauren NH_4Cl-haltigen Lösung des Erzes Pb und Fe mit NH_3 und bestimmen im Filtrat (+ Na_2SO_3 und Gelatine) **Cu, Cd, Zn**; der Niederschlag wird in HCl gelöst, mit Weinsäure versetzt (damit Pb nachher nicht ausfällt), mit Na_2SO_3 gekocht, bis das SO_2 wieder entwichen ist (um FeIII zu reduzieren), mit NH_3 im Überschuß versetzt, worauf man gute **Pb** und **Fe**-Stufen erhält. — Ähnlich verfahren Kraus und Novák [D 61], um **Cd** in Zinkblende zu bestimmen. Da bei der Fällung der großen Fe-Menge Cd mitgerissen wird, muß ein Eichzusatz an Cd der gleichen Operation unterworfen werden. — Cu-Spuren in Zinkblende bestimmt Schachow [D 98], indem die Lösung in HCl (zuletzt etwas H_2O_2) bis zur H_2S-Entfernung gekocht, dann mit etwas überschüssigem NH_3 eingedampft wird.

Um ZnO in Zinksulfid oder Lithopone zu bestimmen, wird es nach Knoke [D 44] und Schachow [D 100] durch Schütteln mit NH_3-NH_4Cl-Lösung ausgezogen. Da die Ergebnisse hierbei zu niedrig werden, empfehlen Schaikind et al. [D 142] Auskochen mit 10%iger Essigsäure.

g) **Cadmium.** Lit.: Krössin und Wagner [D 129], Cozzi [D 132]. Pletenew [D 244 b], Kowalenko und Dmitrijewa [D 262].

0,001% **Pb** (und **Bi**) sind bestimmbar, wenn Pb abgetrennt wird: Die salpetersaure Lösung wird mit $FeCl_3$, dann mit NH_3 im Überschuß versetzt. Der alles Pb enthaltende $Fe(OH)_3$-Niederschlag wird mit 5%igem NH_3 gewaschen, FeIII mit Hydrazin reduziert [D 129]. — Zn-Spuren bestimmt Cozzi [D 132]. nach Ausfällen des Cd mit H_2S in saurer Lösung oder mit Al in alkalischer Lösung. Kowalenko und Dmitrijewa [D 262] fällen Cd bei 60° mit Al in saurer Lösung und entfernen den Rest elektrolytisch an Al Elektroden in der Siedehitze nach Neutralisation mit NH_3. — Über die Bestimmung von Cu, Pb, Zn siehe auch Pletenew [D 244 b].

h) **Bleilegierungen.** Lit.: Schaikind [D 66], Kalousek [laut Heyrovský A 19, S. 331], Spálenka [D 162], Kraus und Novák [D 166], Drotschmann [D 188], Hered [D 209], Toropowa [D 210], Pletenew [D 244 b].

Pb-Bestimmung in Bleibronzen und Schmelzprodukten s. Abschnitt c [D 162, 209, 210].

Bi-Bestimmung: Lösen in HNO_3, Versetzen mit H_2SO_4 zur Ausfällung des Bleis, mit Na-Citrat, mit NH_3 bis zum Umschlag von Methylrot (p_H 6), Entlüften. Vor der Bi-Stufe liegt eine Cu- + Fe-Stufe [A 19]. — Zur Bestimmung von **Cu, Cd, Ni, Zn**(+ Co), **Mn** wird eine andere Probe der mit H_2SO_4 versetzten Lösung fast bis zur Trockne eingedämpft und mit NH_3-NH_4Cl-Na_2SO_3-Gelatine-Lösung (Grundlösung C', Tabelle 3, S. 62) aufgenommen [D 66, A 19], siehe auch [D 188], insbesondere über die Analyse von Te- und Se-haltigem Hartblei.

Sehr gut und genau läßt sich nach [D 166] **Sb** in Hartblei bestimmen, und zwar als SbV in 8 n-HCl aus der zweiten Stufe (SbIII/0), s. Fig. 56:

0,2 g werden in 15 ccm konz. HCl gelöst, zum Lösen des Sb zuletzt mit etwas Brom versetzt, Überschuß verkocht, mit HCl (2 : 1) auf 50 ccm aufgefüllt. Zu 5 ccm dieser Lösung 0,1 ccm 0,5%ige Gelatinelösung. Entlüften. As(V) stört nicht (nicht reduzierbar); Cu stört nur bei größeren Mengen (die erste Stufe liegt vor, die zweite nach der SbIII/0-Stufe); Bi darf nicht anwesend sein, da die Stufe mit der Sb-Stufe zusammenfällt. — Über die Bestimmung von Cu, Zn, Sb s. auch [D 244 b].

i) **Weißmetall.** Lit.: Cozzi [D 84], Davies und Key [D 158].

Nach Cozzi [D 84] erhält man gute Ergebnisse nach folgendem Verfahren: Lösen von 0,2 g in konz. HCl mit etwas $KClO_3$ (um Sb zu lösen), Cl_2 verkochen, auf 50 ccm auffüllen, dabei soviel HCl verwenden, daß Pb gelöst bleibt. Von dieser Lösung werden drei Proben von je 10 ccm untersucht:

a) Zur **Cu-** und **Zn**-Bestimmung werden in eine Stöpselflasche 5 ccm einer Lösung von 250 g $Na_2SO_3 \cdot 7\,H_2O$ im Liter und 5 ccm einer Lösung, bestehend aus 400 ccm konz. NH_3, 400 g NH_4Cl, 400 ccm 2%iger Tyloselösung und 1600 ccm H_2O, gegeben. Hierzu werden langsam und unter Kühlung 10 ccm der Probelösung zugegeben; die Mischung wird 1 bis 2 Min. geschüttelt, bis sich die Hydroxyde von Pb, Sn, Sb zusammenballen, und gleich polarographiert.

b) Zur **Pb**-Bestimmung werden 10 ccm Probelösung mit 20 ccm 25%iger NaCl-Lösung versetzt, auf 50 ccm aufgefüllt, davon 5 ccm zu 12,5 ccm folgender Grundlösung gegeben: 28 g KOH + 23 ccm 2%ige Gelatinelösung + 177 ccm H_2O.

c) Zur Bestimmung von **Sb** und **Sn + Pb** werden 10 (bis 25) ccm Probelösung mit HCl (3 : 2) auf etwa 50 ccm aufgefüllt, mit 1 ccm gesättigter $HgCl_2$-Lösung (als Katalysator) versetzt, in CO_2-Atmosphäre mit 5 g $NaH_2PO_2 \cdot H_2O$ in 10 ccm H_2O versetzt und bis zur Klärung (15 Min.) gekocht, zwecks Reduktion von SbV zu SbIII. Nach Abkühlen wird mit 10 ccm 1,5%iger Gelatinelösung versetzt und auf 100 ccm aufgefüllt. Um bei sehr viel Pb das Sn bestimmen zu können, muß Pb abgetrennt werden.

Bei Anwesenheit von viel Eisen erfolgt die Cu-Bestimmung am besten in einer alkalischen Tartratlösung [D 158].

k) Wood'sche Legierung. Lit.: Cozzi [D 130].

Lösen wie bei Weißmetall. In der mit Weinsäure (8%) versetzten, gegen Methylorange neutralisierten (p_H 4) Lösung werden nach Zusatz von Fuchsin und Entlüften die Stufen von **Bi, Pb, Cd** aufgenommen. In einer zweiten Probe der Lösung wird die **Sn + Pb**-Stufe wie bei Weißmetall bestimmt. — Über die Bestimmung von Cu, Zn, Cd, Pb, Bi in Zinn siehe Pletenew [D 244 b].

l) Die Kupfergruppe Cu, Bi, Pb, Cd. Lit.: Lingane [D 189]

Im Zusammenhang mit dem Vorigen sei hier auf die gleichzeitige Bestimmung von Cu(—0,13 V), Bi(—0,27), Pb(—0,52), Cd(—0,68) nach Lingane in einer schwach sauren Tartratlösung hingewiesen. Es wird eine 0,4 m-$Na_2C_4O_6H_4$—0,1 m-$NaHC_4O_6H_4$-Lösung (p_H 4 bis 4,5) mit 0,005% Gelatine benutzt. Mehr Gelatine unterdrückt die Bi-Stufe. Falls ein Metall so vorherrscht, daß die Bestimmung der weniger edlen behindert wird, kann es durch Elektrolyse mit einer stark gerührten Hg-Kathode, deren Potential dem Polarogramm entsprechend genau eingestellt wird, entfernt werden. Hierfür wird eine einfache Apparatur beschrieben. Dauer der Elektrolyse ca. 40 Min. Siehe auch § 6a, S. 59.

m) Stahl und Eisen. Lit.: Cu: [D 53, 54, 71, 135]; Ni, Co: [D 53, 71, 80, 81, 83, 95, 135, 217a]; Mn: [D 80, 81, 176]; V: [D 80, 248]; Cr: [D 79, 80, 192]; W: [D 80]; Pb: [D 146, 260][1]).

Gelöst wird im allgemeinen in HCl und mit etwas HNO_3 zu FeIII oxydiert. Dieses muß dann als $Fe(OH)_3$ unter solchen Bedingungen ausgefällt werden, daß ein Mitreißen des zu bestimmenden Stoffes vermieden wird. Näheres hierzu siehe im § 8h.

Cu, Ni, Co. Nach Lingane und Kerlinger [D 135] wird FeIII am besten mit Pyridin bei p_H 5 bis 5,5 gefällt. Cu, Ni und Co können in dieser Lösung direkt polarographiert werden.

Einzelheiten: Die mit einigen Tropfen konz. HNO_3 oxydierte Lösung von etwa 0,5 g Stahl wird zur Trockne gedampft, mit genau 2 ccm konz. HCl aufgenommen, dazu etwa 50 ccm Wasser und genau 5 ccm reines Pyridin.

---

[1]) Nicht eingesehen werden konnten die Arbeiten [D 146, 176, 217a], betreffend die Bestimmung von Pb, Mn bzw. Ni.

Die Lösung enthält dann gleiche Mengen Pyridin und Pyridiniumchlorid und hat p_H 5 bis 5,5. Dazu 10 mg gelöste Gelatine. Auf 100 ccm auffüllen. Nach Absetzen des $Fe(OH)_3$ wird eine Probe polarographiert.

Nach v. Stackelberg, Klinger, Koch und Krath [D 80] kann FeIII auch mit festem $BaCO_3$ in der Kälte ohne Verluste gefällt werden. Nach Absitzen wird eine Probe bei Gegenwart von nur Co mit NH_3, bei Gegenwart von Ni + Co mit Pyridin, bei Gegenwart von nur Ni mit KCN versetzt. Das Verfahren ist auch zur Mikroanalyse geeignet [D 95].

Eine FeIII-Fällung mit NH_3 haben Thanheiser und Massen [D 53] sowie [D 54, 71, 83] vorgeschlagen.

Verdier [D 81] schlägt statt einer Abtrennung eine Reduktion des FeIII vor: Die schwach salzsaure Lösung wird mit Na_2SO_3 gekocht, dann mit KCNS bis zur 1 n-Konzentration versetzt und mit KOH schwach alkalisiert. In dieser Lösung sind die Ni- und Co-Stufe sehr gut getrennt.

Mn. Bei nur wenig Co und Ni erhält man nach [D 80] gute Mn-Stufen mit der durch Schütteln mit $BaCO_3$ von Fe befreiten Stahllösung (wie oben, jedoch nicht über 20°, da sonst etwas Mn mitfällt). Nach [D 81] kann FeIII auch reduziert werden (wie oben) und die FeII-Stufe durch KCN unterdrückt werden. Doch muß hier die Lösung frei von Ni und Co sein.

Bei Anwesenheit von mehr Ni und Co muß Mn entweder durch Fällung als MnO_2 isoliert werden [D 80] oder durch die MnII/III-Oxydationsstufe in alkalischer Tartratlösung bestimmt werden [D 81], s. § 8g. — Siehe dort auch die Methode der MnIII/II-Stufe in Pyrophosphatlösung nach Kolthoff und Watters [D 175].

V. Nach v. Stackelberg, Klinger, Koch und Krath [D 80] wird nach einer Fe-Fällung mit NaOH das Vanadin in ammoniakalischer Lösung bestimmt:

Das mit NaOH gefällte $Fe(OH)_3$ wird kalt abfiltriert. Die alkalische Lösung gibt infolge in Lösung verbliebener Fe-Reste eine schlechte Vanadinstufe [vgl. D 79]. Daher wird das Filtrat mit HCl neutralisiert, mit NH_3 und NH_4Cl versetzt und stehengelassen, bis die Entfärbung die beendete Bildung von Ammoniumvanadat anzeigt.

Diese Methode ist schnell, aber nicht sehr genau (3% Fehler bei 1% Vanadin,) da etwas V mitgerissen wird, insbesondere bei Anwesenheit von viel Mn. Sehr genau (etwa 1% Fehler bei 1% V), aber weniger schnell (90 Min.) ist die Methode von Lingane und Meites [D 248]: Entfernung von Fe und anderen störenden Elementen durch Elektrolyse in Phosphorsäure-haltiger Lösung; Oxydation des entstandenen V^{3+} zu V^{4+} und Bestimmung der IV/V-Stufe in alkalischer Lösung [vgl. D 216]:

Etwa 1 g in 20 ccm HCl (1 : 1) + 5 g $Na_2HPO_4 \cdot 12\,H_2O$ + 3 ccm konz. HNO_3 lösen, mit 3 ccm konz. H_2SO_4 abrauchen, auf 100 ccm verdünnen und mit 3—5 Amp. (10 Volt) in einer Melaven-Zelle[1]) mit einer gerührten Hg-Kathode (25 cm²) elektrolysieren (3 Amperestunden). Mit 2—5 ccm 30%igem H_2O_2 zwei Minuten kochen. Dazu 2 g $Na_2SO_3 \cdot 7\,H_2O$ um V^{4+}, zu bilden, auf 75 ccm eindampfen, nach Abkühlen auf genau 100 ccm auffüllen. Davon 10 ccm mit 50 ccm luftfreier 1 n-NaOH — 0,1 m-Na_2SO_3 vermischen.

Cr. Nach v. Stackelberg et al. [D 80] sowie Thanheiser und Willems [D 79] erfolgt die Bestimmung am besten in alkalischer Chromatlösung: Die salzsaure Stahllösung wird eingedampft, der Rückstand mit Natriumperoxyd geschmolzen. Die mit Wasser aufgefüllte, etwa 1 n-NaOH enthaltende Lösung kann unfiltriert polarographiert werden. Die CrVI/III-Stufe wird durch die noch in Lösung befindlichen Legierungsbestandteile Mo, W, V nicht gestört.

Mo. MoVI gibt nach v. Stackelberg et al. [D 80] in starker Schwefelsäure eine gute Stufe bei 0,0 V (—0,3 V gegen die Bodenelektrode), die jedoch durch die kurz vorher liegende Fe-Stufe gestört wird. Daher wird Mo durch Fällung mit Na_2S aus salzsaurer Lösung nach Schäfer[2]) abgetrennt.

Damit nicht zuviel Fe mitfällt, wird Na_2S nur in geringem Überschuß angewandt. MoS_2 wird verascht, in H_2SO_4 (1 : 1) gelöst und ohne zu filtrieren, polarographiert.

Nach Wolfson [D 192] wird „Permalloy" (ca. 70% Ni, 12—18% Fe, 2—5% Mo, etwas Cu, Mn) in H_2SO_4-HNO_3 gelöst, HNO_3 abgeraucht. In der Grundlösung 0,2 m-H_2SO_4—

---

[1]) A. D. Melaven, Ind. engin. Chem., Anal. Ed. **2** (1930) 180.
[2]) E. Schäfer, Arch. Eisenhüttenw. **6** (1937) 297.

0,75 m-Zitronensäure erhält man zwei Mo-Stufen bei —0,35 und —0,85 V gegen die Bodenelektrode. Da Fe und Cu die erste Stufe stören, wird die zweite vermessen. Zur Fe-Bestimmung wird die FeIII/II-Stufe in der Grundlösung 0,3m-Triäthanolamin—1 m-NH_3-0,85 m-NH_4Cl benutzt.

Über die polarometrische Titration des Mo in Stahl siehe § 28 [D 79].

W. Nach v. Stackelberg et al. [D 80] gibt W in starker Salzsäure eine gute Stufe, die aber durch viel Fe gestört wird. Daher muß W durch Fällung als WO_3 abgetrennt werden:

Die salzsaure Stahllösung wird zur Sirupdicke eingeengt, mit konz. HNO_3 oxydiert, zur Vervollständigung der Fällung weiter eingeengt, dann mit Wasser versetzt, filtriert. Der Niederschlag wird in etwas KOH gelöst und mit einem großen Überschuß an HCl versetzt, wobei die zunächst ausfallende Wolframsäure sich bald wieder löst. Die WVI/III-Stufe bei — 0,46 V gegen die Bodenelektrode ist infolge mitgeführter Fe-Spuren etwas zu hoch, was aber mitgeeicht werden kann. Bei Gegenwart von MoVI liegt am Anfang des Polarogramms eine durch Hg (aus der Bodenelektrode) bedingte Stufe, die aber nicht stört.

n) Nickel.

Über die Bestimmung von Cu u. Fe in Nickel siehe [D 261], über die Bestimmung von Mo in Permalloy siehe oben unter Mo in Stahl.

§ 12. Sonstige Materialien

a) Erze, Schlacken, Flotationsrückstände

Die Bestimmung von **Cu** und **Zn** in Kiesabbränden erfolgt nach Hohn [persönliche Mitteilung, vgl. auch D 106] folgendermaßen:

1 g Probe wird in HCl mit etwas HNO_3 und einigen Tropfen Flußsäure gelöst, abgedampft, mit 5 ccm HCl aufgenommen + etwa 20 ccm Wasser + 2 Tropfen konz. HNO_3, dann mit folgender Grundlösung unter Umschütteln auf 100 ccm aufgefüllt: 440 ccm konz. NH_3 + 200 g NH_4Cl + 1600 ccm Wasser. Nach Absitzen wird eine Probe mit etwas Na_2SO_3 und Tylose versetzt und polarographiert. Eine Eichlösung wird in gleicher Weise vorbereitet, wodurch die durch Mitreißen entstandenen Fehler kompensiert werden. Ti-Bestimmung in Tonen s. § 12 a.

Nach Maljarewski [D 106] kann bei Erzen, die viel Zn und wenig Fe enthalten, das Eisen durch Tartrat mit folgender Grundlösung in Lösung gehalten werden: 0,5n-NH_3—0,5n-NH_4Cl—0,7% Seignettesalz—2% Na_2SO_3—0,03% Gelatine. Bei wenig Zn stört die FeII-Stufe.

Zur Bestimmung von **Zn** und Ni in eisenreichen Erzen, Kiesabbränden usw. wird nach Ringbom und Torn [D 259] FeIII (auch Cu) mit NH_2OH reduziert, ein Rest mit Ferrum reductum. Störendes Pb wird als $PbSO_4$ gefällt. Die Störung durch Co und Ti wird durch Acetatpuffer p_H 5 vermieden. Ni muß getrennt bestimmt werden nach Zusatz von KCNS. Vorschrift:

5 g Erz mit 30 ccm konz. HCl 2 Stunden gekocht, dann fast eingedampft. Dazu 1 ccm HCl, 30 ccm Wasser, 3 g NH_2OH; Kochen, Filtrieren, Rückstand mit 0,01 n—HCl auswachen. Auf 100 ccm auffüllen. Davon 20 ccm mit 5 ccm 1 m—Na_2SO_4, 10 ccm Wasser, 0,5 g Ferrum reductum einige Minuten erwärmen (nicht kochen). Dazu 10 ccm 1 n-Acetatpuffer. Auf 50 ccm auffüllen. Zn—Stufe bei -1,03 V. Nach Zusatz von 3 g KCNS: Ni-Stufe bei -0,7 V.

Nach Davies und Key [D 158] kann **Cu** neben viel Fe am besten in 0,5 n-Seignettesalz-1 n-NaOH bestimmt werden. Da die Cu-Stufenhöhe etwas vom Fe-Gehalt der Lösung abhängt, muß gegebenenfalls durch Zusatz von FeIII-Sulfat für stets annähernd gleiche Fe-Konzentration gesorgt werden.

Über die Bestimmung von **Cu, Pb, Zn** in Eisenerz und in Flotationsrückständen s. [D 170] bzw. [D 239], von **Pb** und **Sn** in Erzen — [D 208], über die Analyse von Ni-Erzen — [D 173] (nicht eingesehene Arbeiten). Über Cu- und Ni-Bestimmung s. [D 49], über die Analyse von Zinkerzen s. § 11f. Über die Bestimmung von Zn, Cd, Pb in Erzen siehe auch [D 244b].

Zur Ti-Bestimmung in Bauxit, Kaolin, Martinschlacken wird nach Sanko et al. [D 108] in H_2SO_4 + HF gelöst, der Rückstand mit Pyrosulfat aufgeschlossen. Zu 10 ccm Lösung werden 0,5 g Weinsäure angesetzt. — Siehe auch [D 269].

Mo wird nach Kanewski und Schwarzburd [D 110] bestimmt durch Schmelzen der Probe mit NaOH + Na_2O_2, Auslaugen mit heißem Wasser, Kochen mit H_2O_2. 5 ccm der Lösung werden mit 3 ccm 88%iger H_3PO_4 versetzt. Die zweite Mo-Stufe wird vermessen. Vgl. § 11m.

Fe wird von L j a l i k o w [D 70] in ammoniakalischer Tartratlösung bestimmt. Falls Ca-Tartrat ausfällt, wird Citrat benutzt.

b) Mineralien, keramisches Material, Böden

K- und **Na**-Bestimmung in Böden (wässeriger Auszug) nach A b r e s c h [D 35]: Zuerst werden Na + K bestimmt, nach Fällung von K mit Überchlorsäure oder Platinchlorid, sodann Na.

Ce nach C a n n e r i und C o z z i [D 131]: Im aufgeschlossenen Material werden die seltenen Erden zwecks Trennung von Fe als Oxalate gefällt, zu Oxyden verglüht, gelöst in HNO_3 unter Zusatz von H_2O_2 (zur Reduktion des schwerlöslichen CeO_2), abgedampft, mit Wasser aufgenommen, mit NH_3 neutralisiert. Um CeIII zu CeIV zu oxydieren, wird die Lösung mit möglichst wenig überschüssigem $Co^{III}(NH_3)_3(NO_3)_3$ erhitzt. Dann wird mit 2,5 ccm H_2SO_4 (1 : 1) versetzt, auf 100 ccm aufgefüllt und, ohne zu entlüften, wird die CeIV/III- + CoIII/II-Stufe polarographiert. Durch Zusatz von einigen Tropfen H_2O_2 wird CeIV zu CeIII reduziert und dann die CoIII-Stufe allein aufgenommen.

Zur **Sr**-Bestimmung in **Calciumcarbonat** wird dieses zum Oxyd verglüht, mit Wasser geschüttelt und in der Lösung Sr bestimmt. Hierbei stören Fe (das entfernt werden kann) und Alkalien [H e y r o v s k ý A 19]. — Nach S t r a u m a n i s und D r a v n i e k s [D 111] können Gehalte von 0,0001% an Pb, Zn, Mn bestimmt werden, wenn die Lösung von 0,5 g $CaCO_3$ in HCl zur Trockne gedampft und der Rückstand mit 1 ccm Wasser aufgenommen wird.

Ti-Bestimmung in Tonen siehe § 12a.

Die Schwermetalle **Cu, Bi, Pb, Cd, Zn, Ni, Co** lassen sich in **Mineralwässern** nach H e l l e r, K u h l a und M a c h e k [D 36] auf ±10% genau bestimmen, obgleich sie nur in Mengen von 1—100 γ im Liter vorhanden sind, dazu neben einer etwa 10^4-fachen Menge an Alkali- und Erdalkalimetallen und einer etwa 10^3fachen Menge Eisen. Sie werden nach dem Verfahren von H. F i s c h e r mit Dithizon + CCl_4 selektiv ausgeschüttelt bzw. rückgeschüttelt und nach Zerstörung der organischen Substanz durch Hitze und Brom in geeigneten Grundlösungen in einem Mikrogefäß polarographiert. Es werden genaue Arbeitsvorschriften, auch über die Reinheitsprüfung der Chemikalien Gefäße usw. gegeben.

Das Dithizonverfahren ist auch für sonstige polarographische Spurenbestimmungen benutzt worden, z. B. in Pflanzenasche [D 58].

c) Schwefel-, Phosphor- und Nitriersäure

Bestimmung von **As** und **Fe** in Kontaktschwefelsäure nach Krjukowa [D 65]:

20 g Säure werden mit Soda gegen Methylorange neutralisiert, dazu 10 ccm reine 2%ige H_2SO_4, auf 100 ccm auffüllen. Davon 10 ccm mit Seignettesalz bis zum Eintritt einer Trübung versetzen, offen an der Luft polarographieren: As-Stufe, siehe § 8e. — Zur Fe-Bestimmung wird die Säure mit etwas Na_2SO_3 gekocht, bis SO_2 entwichen. Davon 7 ccm + 1 ccm 1 m-Zitronensäure + 2 ccm 25%iges NH_3, offen polarographiert. — So sind Gehalte von 0,00002% As und 0,0001% Fe in der Säure nachweisbar. Zum Nachweis noch geringerer Gehalte können diese durch Abdampfen konzentriert werden, wenn das flüchtige AsIII durch Zusatz von HNO_3 zu AsV oxydiert wird und nachher mit Hydrazin wieder reduziert wird. — Die As-Bestimmung wird vor allem durch Nitrit gestört (schon durch 0,001% N_2O_3)

Bestimmung von **As** und **Pb** in Phosphorsäure nach Krjukowa [D 45]:

10^{-5}% Pb lassen sich direkt in der Säure nachweisen, nachdem diese so weit verdünnt worden ist, daß sie 12% P_2O_5 enthält. Mehr als 0,01% FeIII stören und müssen durch $K_4Fe(CN)_6$ ausgefällt werden. — Nachdem AsV durch Kochen der unverdünnten Säure mit Hydrazin zu AsIII reduziert ist, kann dieses ebenfalls in der verdünnten Säure bestimmt werden. Eine Trennung von der Pb-Stufe wird durch Zusatz von HCl erreicht. Bei weniger als 0,0004% As muß die Säure mit Soda bis NaH_2PO_4 neutralisiert werden (vgl. aber § 8e). Angeblich ist ein sehr schneller Potentialanstieg von 20 mV pro sec (d. h. schnelle Walzenumdrehung) erforderlich, um die As-Stufe zu erhalten.

Bestimmung von **HNO_3** und **HNO_2** in Nitriersäure nach Schwarz [D 85], siehe § 9a.

d) Elektrolytbäder

Zinkbäder. Bestimmung von Cu, Pb, Cd siehe bei Feinzink, § 11d und [D 72].

Messingbäder und Plattierungen [D 243, 244].

Nickelbäder [D 226].

Chromanodbäder. Bestimmung von Cr und Zn nach Spáenka [D 196a]:

Nach Zusatz des 4fachen Volumens HCl (1 : 1) wird CrVI mit Na_2SO_3 zu CrIII reduziert, mit Gelatine und dem 15fachen Volumen NH_3 (1 : 1) versetzt. Cr ergibt sich aus der CrII/0-Stufe, Zn aus der ZnII/0 + CrIII/II-Stufe durch Abzug der halben Höhe der CrII/0-Stufe. Nitrate stören.

Phosphatierungslösungen. Bestimmung von Zn, Mn, Pb, Al, Nitrat, Phosphat (hierüber s. § 9c) nach Bigalli und Cinquana [D 182]. Bestimmung von Fe und Zn in Phosphatüberzügen s. Knanishu und Rice [D 225].

Kurze Angaben über die Untersuchung von Nickel-, Zink-, Kupfer-, Eisen- und Goldbädern siehe [196b].

e) Organische Materialien

Die Literatur über die polarographische Bestimmung anorganischer Bestandteile in organischem Material ist im Kap. VII G zusammengestellt. Auf die oft recht mühevolle Aufarbeitung des Materials kann hier im einzelnen nicht eingegangen werden und muß diesbezüglich auf die Originalliteratur verwiesen werden. Lohnend ist die polarographische Methode natürlich insbesondere in den Fällen, in denen sie nur geringe Vorbereitungen erfordert. Dies ist z. B. nach Page [G 7, 35] bei der Bestimmung von Antimon in Blut und Harn der Fall.

Allgemein ist auch hier die polarographische Methode vor allem bei Spurenbestimmungen von Interesse. So z. B. bei der Bestimmung von Cu, Pb, Zn in Lebensmittelfarbstoffen oder in Geweben, die gummiert werden sollen. (Cu und Zn sind sog. „Kautschukgifte", die das Gummi schnell spröde werden lassen.)

Bei der Spurenbestimmung ist oft eine Zerstörung der organischen Substanz erforderlich. Mitunter darf diese hierzu nicht trocken verascht werden, da das Spurenelement dann von der Asche (SiO_2) in unlöslicher Form festgehalten wird. Es ist dann ein „Verbrennen auf feuchtem Wege" durch Abrauchen mit H_2SO_4 + HNO_3 durchzuführen[1]). Dies gilt auch für die erwähnte Bestimmung von Cu-Spuren. Meist wird anschließend eine FeIII-Entfernung (z. B. mit NH_3) erforderlich sein.

---

[1]) Z. B. Nach W. Hiltner, Z. anal. Ch. **110** (1937) 245. Vgl. auch Fielding Reed und Cummings [G 2, 3].

C. Organische Stoffe

§ 13. Allgemeines

Die Bestimmung und der Nachweis organischer Stoffe hat noch nicht die praktische Bedeutung erlangt wie die der anorganischen Stoffe. Immerhin liegen schon einige Ansätze vor. Als Beispiele seien genannt: Die Bestimmung von Formaldehyd, auch neben anderen Aldehyden; von Acetaldehyd in Gärungsprodukten; von Nitrobenzol; von Peroxyden in Äther; von Vulkanisationsbeschleunigern, von Ascorbinsäure, von Sterinen. Sehr viel wird die Polarographie schon heute herangezogen zur Klärung wissenschaftlicher Probleme. So z. B. zur Untersuchung von Redoxgleichgewichten, von komplizierten Reduktionsvorgängen und zur Klärung kinetischer Fragen.

Wegen der Mitwirkung der H^+-Ionen der Lösung bei der elektrochemischen Reduktion organischer Stoffe zeigt das Reduktionspotential meist eine **p_H-Abhängigkeit** (vgl. § 6d u. § 39). Zudem bedingt der H^+-Ionenverbrauch, daß sich an der Elektrodenoberfläche ein höherer p_H-Wert einstellt als in der sonstigen Lösung, es sei denn, daß die Lösung ausreichend gepuffert ist oder einen großen Überschuß an H^+- oder OH^--Ionen gegenüber dem Depolarisator enthält. Auf diesen, bereits im § 6d besprochenen Umstand sei hier nochmals ausdrücklich hingewiesen.

In der Literatur wird häufig angeführt, daß organische Verbindungen in schwach sauren Lösungen **Doppelstufen** geben. Dies ist in vielen Fällen lediglich eine Folge der Verwendung ungepufferter Lösungen, wie im § 39 auseinandergesetzt wird. Echte Doppel- und Mehrfachstufen (s. hierzu § 43) gibt es auch. So wird Benzophenon in salzsaurer Lösung bei der ersten Stufe zum Pinakon und bei einer zweiten Stufe zum Alkohol reduziert [E 36]. p-Nitrosonitrobenzol wird in vier deutbaren Stufen schließlich zum Phenylendiamin reduziert [E 118]. Eine dritte Ursache für das Auftreten von Doppelstufen kann darin liegen, daß der Stoff in zwei Formen in der Lösung vorliegt, die sich nur langsam ins Gleichgewicht setzen und die verschiedene Reduktionspotentiale haben. Dieser Fall ist z. B. bei der Brenztraubensäure gefunden worden, bei der ein gehemmtes Dissoziationsgleichwicht vorliegt. Viertens kann eine Doppelstufe durch Adsorption an der Tropfenoberfläche zustande kommen, was z. B. beim Methylenblau beobachtet worden ist (vgl. § 44).

Fast alle organischen Reduktionen sind **irreversibel.** Ausnahmen sind im wesentlichen nur die Chinone und diesen verwandte Körper (s. die Farbstoffe im § 16). — Die irreversiblen Stufen zeigen die bei diesen möglichen Abnormitäten: Verlagerung zu positiveren Potentialen durch Katalysatoren, z. B. der Diacetylstufen durch o-Phenylendiamin; auch mehrwertige Kationen haben öfters diesen Einfluß, und zwar nicht nur bei Anionen (Fumarat [E 26a]), sondern auch bei neutralen Molekeln wie Benzaldehyd [E 27]. — Die p_H-Abhängigkeit des Halbstufenpotentials entspricht nicht dem für reversible Vorgänge berechenbaren. Die Reduktionspotentiale der Halogenide und der ungesättigten Verbindungen sind meist nahezu p_H-unabhängig.

Nicht reduzierbar an der Tropfkathode sind die nachstehend aufgezählten Verbindungen. Die Reduzierbarkeit ist jedoch meist nur bis zum Beginn der Alkalistufe (— 1,8 V) geprüft worden. Es handelt sich also um Verbindungen, die mit verdünntem Na-Amalgam nicht reduziert werden. Mit Tetraalkylammonium-Leitsalz haben sich manche bisher als nicht reduzierbar angesehene Verbindungen bei sehr negativen Potentialen als doch reduzierbar erwiesen.

Nicht reduzierbare Verbindungen:

Die gesättigten und nicht-konjugiert-ungesättigten aliphatischen und die aromatischen Kohlenwasserstoffe. Die mehrkernigen (Naphtalin usw.) sind oberhalb —2 V reduzierbar.

Die Alkohole, auch ungesättigte (z. B. Allylalkohol).

Die Säuren (bis zur H-Stufe) und deren Anionen; auch die zweibasischen [E 35], mit Ausnahme der Oxalsäure und Phtalsäure (s. auch Benzoesäure). Nicht reduzierbar sind auch die Aminosäuren [E 19; F 9], auch Kreatin mit der C=NH-Gruppe [E19] und Harnsäure (frische Lösung! [E 19]);

die Oxysäuren (Milchsäure, Weinsäure, Zitronensäure [E 26a]) die Ketosäuren (Lävulinsäure [E 26a]), wenn keine Konjugation der Doppelbindungen vorliegt, wie z. B. bei der Brenztraubensäure;

die ungesättigten Säuren ohne Konjugation der Doppelbindungen (n- und i-Crotonsäure, Itaconsäure[1]) bis zur H-Stufe [E 26a], Ölsäure [G 31]).

Die Säureamide [E 35], mit Ausnahme des Oxamids, der Oxamidsäure, des Saccharins, die konjugierte Doppelbindungen haben (s. § 14: Ketone).

Die Ketone ohne zur CO-Gruppe konjugierte Doppelbindung[2]) (oberhalb —2 V werden manche reduziert) Die Aldehyde sind aber alle reduzierbar.

Die Amine, die jedoch oft katalytische H-Abscheidung geben (s. § 16). Auch Hydrazobenzol ist nicht reduzierbar. Reduzierbar sind Pyridinderivate (Chinolin).

Furan ist nach [E 24b], Lecithin nach [F 9] nicht reduzierbar.

Einteilung der reduzierbaren Verbindungen[3])

Tabelle 6.

Übersicht über die reduzierbaren (oxydierbaren) organischen Verbindungen

§	Reduzierbare Gruppe	Stoffklassen[3])
14	$>C=O$	Aldehyde, Ketone, Chinone
15	$—NO_2$, $—NO$, $—NHOH$, $—N=N—$, $—NO=N—$, $—N=C—$	Nitro-, Nitroso-, Hydroxylamino-, Azo-, Azoxyverbindungen, Azomethine
16	($—NH_2$)	(Amine)
	C_5H_5N	Pyridin und Derivate, Azine
17	$>C=C<$	Ungesättigte Verbindungen
18	RCl, RBr, RJ	Halogenide
19	Sonstige reduzierbare Stoffe	
20	Oxydationen	

[1]) Nach [G 31] sind Croton- und Itaconsäure reduzierbar.

[2]) Wobei aromatische Doppelbindungen mitzählen.

[3]) Die Zuordnung eines Stoffes erfolgt nach der polarographisch wirkmen Gruppe, so steht z. B. Oxamid unter den Diketonen. — Wie aus m Vorstehenden hervorgeht, sind die in Tab. 6 aufgeführten Stoffe nicht e reduzierbar, sondern nur bei Erfüllung gewisser Bedingungen (z. B. onjugation der Doppelbindungen).

Da die Reduktionspotentiale unter sehr verschiedenen Bedingungen gemessen worden sind (verschiedenes p_H, oft ungepuffert, mit und ohne Alkohol usw.), verzichten wir im allgemeinen darauf, die Reduktionspotentiale in den nachfolgeneden Tabellen anzuführen. Wir belassen sie bei den Referaten im Kap. VII, wodurch vergleichbare Werte nebeneinander stehen bleiben.

§ 14. Aldehyde und Ketone[1])

Aldehyde.

A l i p h a t i s c h e.

+[1]) Formaldehyd [E 28, 34, 63, 92, 146, 180, 194 b, c; G 21].
+ Acetaldehyd [E 13, 34, 50, 91, 180, 194 b, c, 201; G 21, 31].
n. r.[1]) Paraldehyd [E 34].
Propionaldehyd [E 34, 50, 194 b; G 31].
Butyraldehyd, Valeraldehyd [E 4, 28, 50; G 31].
Weitere Homologe [E 50].
Glycerinaldehyd, $CH_2OH \cdot CHOH \cdot CHO$ [E 35].
+ Acrolein, $CH_2 : CH \cdot CHO$ [E 146, 194 c].
Crotonaldehyd, $CH_3 \cdot CH : CH \cdot CHO$ [E 33, 50, 194 c].
Polyenaldehyde [E 202].
Glyoxal, $CHO \cdot CHO$ [E 35], Methylglyoxal [D 201].
+ Citral, Citronellal [E 103, 194c].

A r o m a t i s c h e.

+ Benzaldehyd [E 16, 17, 27, 34, 35, 50, 57, 76; G 31].
Substituierte Benzaldehyde: CH_3-, C_2H_5-, C_3H_7-, C_4H_9-, Cl-Br-, HO- (darunter Salicylaldehyd), CH_3O- (Anisaldehyd), $(CH_3)_2N$-, 3-CH_3O—4-HO- (Vanillin); Piperonal [E 17, 35, 50, 75, 76, 77, 87, 175].
Helicin [E 110].
Zimtaldehyd [E 33, 50; G 31]. Hydrozimtaldehyd [E 33].

---

[1]) Ein + vor der Bezeichnung der Verbindung bedeutet, daß die quantitative Bestimmbarkeit aus der Stufenhöhe experimentell festgestellt worden ist.

„n. r." gibt an, daß die Verbindung keine Reduktionsstufe gibt (bis etwa — 1,9 V). Die nicht mit n. r. bezeichneten Stoffe sind reduzierbar.

Heterozyklische.

\+ Furfurol [E 4, 24b, 55, 197; G 31].

Pyrrolaldehyd [E 18]. Derivate [E 86, 94, 112].

Aldosen. [E 14, 73, 191].

Ketone.

Dialkylketone.

n. r.[1]) Aceton [E 6, 34, 50, 194 a]. (Indirekte Bestimmung s. S. 204.)

n. r. Weitere Dialkylketone (auch Methylbenzylketon usw.) [E 34, 194 a].

Oxy- und Halogendialkylketone [E 34, 35, 186, 201].

Acetoin, $CH_3 \cdot CHOH \cdot CO \cdot CH_3$ [E 6, 35].

n. r.[1]) Cyclohexanon, -pentanon [E 34, 35].

Methylvinylketon [E 151].

Acridon [E 155].

n. r. Harnstoff [E 19; F 1, 9].

n. r. Harnsäure (frische Lösung) [E 19].

Alloxan, Dialursäure [E 179].

n. r. Kreatinin [E 19; F 1, 2].

(n. r.) Campher [E 7, 23, 53, 82, 98].

n. r. Menthon, β-Thujon [E 98].

Fenchon [E 7].

Carvon [E 98].

Arylalkylketone.

\+ Acetophenon [E 6, 34, 40, 49, 50, 53, 57, 65, 87, 104].

Oxy- und Methoxyacetophenone [E 87, 133].

Weitere Alkylarylketone [E 34, 50, 65].

HO- und Halogenalkylarylketone [E 34, 40, 50].

Desoxybenzoin, $C_6H_5 \cdot CH_2 \cdot CO \cdot C_6H_5$ [E 25].

\+ Benzoin, $C_6H_5 \cdot CHOH \cdot CO \cdot C_6H_5$ [E 6, 20, 25, 35, 50, 53].

Ungesättigte Ketone (Benzalaceton, Mesityloxyd, Pyron und andere) [E 50].

Benzalacetophenon [E 186].

Dypnon, Flavon, Flavanon [E 50]. Flavonol und Der. [E 195].

---

[1]) In 0,05 n-Tetraäthylammoniumbromid mit 75% Dioxan geben Aceton und Cyclohexanon eine Stufe bei — 2,45 V [W. Stracke].

Naphtylketone [E 111].
α-Acetylpyrrol, 2,5-Diacetylpyrrol [E 84, vgl. auch E 112].
n. r. β- und N-Acetylpyrrol [E 84, 109]. N-Acetylcarbazol [E 109].
+ Saccharin [E 19].

Diarylketone.

+ Benzophenon [E 6, 34, 36, 49, 50, 57].
Substituierte Benzophenone [E 40, 50, 190c].
Dibenzoyläthan und -äthylen (cis u. trans) [E 184].
Michlers Keton [E 34].
Pyron, Chromon und Derivate [E 50].
Acridon [E 38].
Dipyrrylketone [E 85].

α-Ketosäuren.

+ Brenztraubensäure, $CH_3 \cdot CO \cdot COOH$ [E 7, 26a, 35, 50, 57, 70, 90, 168, 190; C 90].
Phenylglyoxylsäure [E 190].
Oxamidsäure, $NH_2 \cdot CO \cdot COOH$ [E 30].
γ-Ketosäuren [E 149].

Di- und Triketone.

+ Diacetyl, $CH_3 \cdot CO \cdot CO \cdot CH_3$ [E 6, 35, 43, 46, 50, 53, 57, 79, 151; G 22].
+ Benzil, $C_6H_5 \cdot CO \cdot CO \cdot C_6H_5$ [E 6, 35, 50, 53, 194d].
Oxamid, $NH_2 \cdot CO \cdot CO \cdot NH_2$ [E 30, 35].
Oxalester [E 35].
n. r. ?[1]) Acetylaceton, $CH_3 \cdot CO \cdot CH_2 \cdot CO \cdot CH_3$ [E 6, 32, 35, 50, 69].
Benzoylaceton, $C_6H_5 \cdot CO \cdot CH_2 \cdot CO \cdot CH_3$ [E 6, 50, 53, 54 A-1].
Dibenzoylmethan, $C_6H_5 \cdot CO \cdot CH_2 \cdot CO \cdot C_6H_5$ [E 50, 186].
[2]) Acetessigester, $CH_3 \cdot CO \cdot CH_2 \cdot CO \cdot O \cdot C_2H_5$ [E 32, s. auch E 69][2]).
n. r. Acetonylaceton, $CH_3 \cdot CO \cdot CH_2 \cdot CH_2 \cdot CO \cdot CH_3$ [E 6, 35].

---

[1]) Laut [E 50, 69] ist Acetylaceton nicht reduzierbar. Nach seiner Konstitution sollte es aber reduzierbar sein. Umgekehrt ist nach [F 29] Essigsäurebenzylester entgegen der allgemeinen Regel reduzierbar.

[2]) Nach [F 29] ist Acetessigester in NH_3—NH_4Cl-Puffer nicht reduzierbar, gibt aber (ebenso wie Acetylaceton und Essigsäurebenzylester) eine katalytische H-Abscheidung.

Furfuralaceton [E 50].
Weitere Diketone [E 50].
Diphenyltriketon [E 6].
Benzoylbenzoylacetylmethan [E 50].
n. r. Triacetonamin [E 50].
Diacetoresorcine [E 97].

Chinone[1]).

\+ p-Benzochinon (Figg. 12, 32, 33) [E 35, 50, 69; C 32].
Chinhydron, Hydrochinon (Oxydationsstufe) [E 69; C 32, 58, 59].
\+ Toluchinon, Xylochinon und andere Chinone [E 107, 190c].
Phthiocol und andere Oxy- und Alkylnaphthochinone [E 108].
\+ Phytochinon (Vitamin K_1) [E 93].
\+ Anthrachinon (Phenanthrachinon) [E 50, 203]. Derivate [E 203]
Adrenochrom [E 120].
\+ Tocopherylchinon [E 117). α-Tocopherol (Vitamin E) gibt eine Oxydationsstufe [E 117, 163; H 17].
\+ Citrinin, Penicillsäure [E 115, 136].

Keto-Steroide (Sexualhormone).

\+ Ketone mit konjugierter Doppelbindung [E 64, 152b, 167, 178, 204; G 35].
\+ Deren Girardsche Hydrazone [E 94, 95].

Ketosen.

\+ Fructose [E 14, 191; G 31, 32].
\+ Sorbose [E 14; G 31].

Die Aldehyde und Ketone werden meist direkt in einer Stufe zu den Alkoholen reduziert.

Die **Aldehyde** sind alle reduzierbar. Von den aliphatischen ist Formaldehyd am leichtesten reduzierbar ($E_{1/2}$ etwa — 1,8 V bei p_H 14), so daß er neben Acetaldehyd und den höheren Homologen bestimmt werden kann, während letztere voneinander polarographisch nicht unterschieden werden können ($E_{1/2}$ etwa — 2,0 V bei p_H 14[2])).

---

[1]) Photochemische Veränderungen von Chinonen s. [E 152a].

[2]) Na-Leitsalze sind daher nur bei geringer Konzentration dieser verwendbar (z. B. 0,01 n-NaOH). Am besten ist LiOH. Entlüften ist entbehrlich.

Formaldehyd. Die Stufenhöhe ist durch die Geschwindigkeit, mit der die reduzierbare anhydrische Form aus dem Hydrat nachgeliefert wird, bestimmt. Daher hat die Stufenhöhe einen abnorm hohen Temperaturkoeffizienten und ist stark p_H—abhängig [E 194b]. Eine sehr genaue Bestimmung ist deshalb nicht mögtich, wohl aber ein empfindlicher Nachweis. Die Bestimmung erfolgt am besten in Lauge. Noch in 10^{-6}-molarer Lösung bestimmbar (0,07 γ im Kubikzentimeter), insbesondere wenn die Stufenhöhe durch Temperaturerhöhung (80°) gesteigert wird [E 28]. — Über Bestimmung in Desinfektionsmitteln siehe [E 28], in Trinkwasser und Urotropinpräparaten [G 21; E 92].

Die Formaldehydstufe kann auch zum indirekten Nachweis von Methylalkohol in Äthylalkohol benutzt werden, wenn man den Alkohol elektrolytisch zu den Aldehyden oxydiert [E 63]. Auch Äthylenglycol kann nach Oxydation zu Formaldehyd bestimmt werden [E 180].

Acetaldehyd ist am besten in LiOH-Lösung bestimmbar. Auch hier ist die Stufenhöhe kinetisch begrenzt und zudem durch die in alkalischer Lösung stattfindende Aldolkondensation zeitlich nicht ganz konstant [E 201]. Immerhin ist eine angenäherte Bestimmung (auch ohne zu entlüften) möglich [E 13, 91]. Gegebenenfalls kann der Aldehyd von störenden Stoffen in der Probe durch Abdestillieren getrennt werden. Die Bestimmung in Gärungsprodukten (Sprit, Wein, Bier, Essig) bechreiben [G 31], in Äther [E 29].

Acrolein gibt zwei Stufen, von denen die erste der Doppelbindung, die zweite der Carbonylgruppe zugeschrieben wird. Diese fällt mit der Acetaldehydstufe zusammen [E 146]. Über die Bestimmung der ungesättigten Aldehyde neben anderen siehe [E 194c].

Von den übrigen Aldehyden sind Benzaldehyd, das eine echte Doppelstufe gibt (s. Referate [E16, 27, 76] und § 43), und Furfurol genauer untersucht. Über Aldosen siehe weiter unten unter Ketosen.

Die **Ketone** sind nicht alle reduzierbar; sie sind es nur dann wenn die CO-Doppelbindung konjugiert ist mit einer anderen, wie das bei geeigneter Lage einer C=C-Doppelbindung, aber auch z. B.

bei Arylketonen, Chinon, Diacetyl, Brenztraubensäure der Fall ist. Nicht reduzierbar sind dagegen Aceton[1]) und andere Dialkylketone, auch zyklische wie Cyclohexanon[1]) [E 34, 35], ferner z. B. Acetylaceton [E 50, 69], Acetonylaceton [E 35], Methylbenzylketon [E 34]. Acetylaceton gibt in ungepufferter Lösung zwar eine Stufe, doch wird diese durch die H-Ionen der Enolform hervorgerufen.

Untersuchungen über den Einfluß der Konstitution der Ketone, der Wirkung verschiedener Substituenten auf die Reduzierbarkeit und das Reduktionspotential sind mehrfach angestellt worden [E 6, 34, 35, 50, 53, 131].

Die COOH-Gruppe ist nicht reduzierbar. Eine Ausnahme sind die Oxalsäure [E 35] und die Phtalsäure [E 166]; hier liegen zwei konjugierte Doppelbindungen vor (s. § 19). Tokuoka [E 27] hat gezeigt, daß die Benzoesäure in $(CH_3)_4N$-Salzlösung bei — 2,3 V eine Stufe gibt.

Genauer untersucht sind:

Acetophenon, das sehr gut bestimmbar ist. In alkalischer Lösung gibt es eine Doppelstufe: $E_{1/2}$ = — 1,7 und — 2,0 V in 0,2 n-Tetramethylammoniumhydroxyd mit 50% Isopropylalkohol [E 104].

Benzophenon, dessen Doppelstufe in schwach salzsaurer Lösung auf eine Pinakonzwischenstufe zurückgeführt wird [E 36].

Diacetyl, das (wie viele Diketone) stets eine Doppelstufe[2]) zeigt. Die Bestimmung von Diacetyl in Kunstbutter beschreibt [G 22].

Brenztraubensäure gibt bis zu drei Stufen, von denen eine einem Polymerisationsprodukt, die beiden anderen früher der Keto- und Enolform, jetzt der undissozierten Molekel und dem Anion zugeschrieben werden [E 70, 190].

Campher ist nicht reduzierbar [E 98], gibt aber eine kleine „Desorptionsstufe", weil die bei bestimmtem Potential erfolgende

---

[1]) Vgl. Anm. 1, S. 199. — Bei Zusatz von Hydrazin geben auch nichtreduzierbare Ketone eine Stufe [E 130]].

[2]) Der Deutung dieser Doppelstufe durch Semerano [E 46, 79] können wir uns nicht anschließen.

Desorption von der Hg-Oberfläche eine Kapazitätsänderung verursacht [E 82], siehe § 44.

Chinon (Chinhydron, Hydrochinon, Figg. 12, 32, 33, 108) ist polarographisch mehrfach untersucht worden. Hier liegt der bei organischen Stoffen seltene Fall einer reversiblen Reduktion vor: Mit Hydrochinon erhält man eine Oxydationsstufe, die bei dem gleichen Potential liegt wie die Reduktionsstufe des Chinons. Mit Chinhydron erhält man eine durch die Galvanometernullinie hindurchgehende Stufe (vgl. Fig. 12, S. 28).

Daß auch die Ketone der Steringruppe (Sexualhormone) reduzierbar und bestimmbar sind, wenn sie konjugierte Doppelbindungen besitzen, zeigten Eisenbrand und Pichler [E 64]. Auch andere Sterine können durch vorherige chemische Oxydation bestimmbar gemacht werden [E 94, 95].

Da die Ketosen im Gegensatz zu den Aldosen und den Disacchariden eine Stufe geben, können Fructose und Sorbose neben anderen Zuckern nachgewiesen werden [Heyrovský und Smoler E 14]. Dadurch kann z. B. die Rohrzuckerinversion polarographisch verfolgt werden. Auch läßt sich Fructose in Gärungsprodukten und bei der Zuckerraffination nachweisen [G 31, 32]. Es hat sich dann gezeigt, daß auch Aldosen kleine Stufen geben, die mit steigender Temperatur sehr stark anwachsen; sie werden auf die Gegenwart einer Spur der Aldosen in freier Aldehydform zurückgeführt [Cantor und Peniston E 73]. Die Höhe dieser Stufen ist aber nicht durch die (verschwindend kleine) Konzentration der aktiven Form gegeben, sondern durch die Geschwindigkeit ihrer Nachbildung [Wiesner E 191], siehe § 43. — Pentosen können nach [E 74] nach Überführung in Furfurol als solches polarographisch bestimmt werden.

Nach Novák [laut Heyrovský A 19, S. 368] kann Aceton polarographisch indirekt bestimmt werden: Man bestimmt die Erniedrigung, die die SO_2-Stufe durch das Aceton erleidet. Als Grundlösung wird empfohlen: 0,25 m-Na_2SO_3—0,3 m-H_2SO_4 mit 0,025% Gelatine.

Saccharin (Benzoesäuresulfimid) ist gut bestimmbar in saurer ($E_{1/2}$ = — 1,0 V), neutraler und alkalischer Lösung [E 19]

§ 15. Aromatische Nitro-, Nitroso-, Hydroxylamino-, Azoxy-, Azo- und Hydrazoverbindungen

+ [1]) Nitrobenzol [E 3, 23, 57, 68, 118, 153; G 24], Fig. 108.
Di- und Trinitrobenzole [E 12, 210].
Nitraniline [E 22, 53].
Nitrophenole [E 8, 12, 37, 53, 138, 139].
Nitrokresole [E 138].
Dinitroverbindungen [E 12, 37].
Pikrinsäure [s. Anm. 1].
+ Nitromethan und Homologe [E 106].
+ Nitrosobenzol und Derivate [E 118], Fig. 108.
p-Nitrosophenol [E 138].
+ α-Nitroso-β-naphtol [H 9], Fig. 108.
Weitere Nitro- und Nitrosoverbindungen [E 199, 207]
n. r. Phenylhydroxylamin und p-Aminophenol geben eine Oxydationsstufe [E 154].
Azoxybenzol [E 118], Fig. 108.
+ Azobenzol [E 12, 53, 105, 118], Fig. 108.
cis-Azobenzol und Azobenzoldisulfosäure [E 105].
p-Amino- und p-Dimethylaminoazobenzol [E 12, 21, 53].
p-Azophenol (auch Oxyd.-St.) [E 71a].
n. r. Hydrazobenzol [E 118].
Pikrolonsäure [D 156; H 20].
Azofarbstoffe, saure [E 58].
Azomethine [E 72].
p-Hydroxylaminobenzol-, p-p'-Azoxybenzol- und p-Nitrobenzol-Sulfonamid [E 141].

Die Nitro- und Nitrosoverbindungen werden meist in einer Stufe direkt bis zu den Aminoverbindungen reduziert[2]). Azoxy- und Azoverbingungen werden nur zu den Hydrazoverbindungen reduziert. Hydrazobenzol ist nicht reduzierbar. — Die NO_2-Stufe (mitunter auch die NO-Stufe) hat ein hohes Maximum, besonders

---

[1]) Alle nicht mit n. r. (nicht reduzierbar) bezeichneten Stoffe geben Reduktionsstufen, die mit + bezeichneten quantitativ auswertbare.

[2]) Nitrophenole und -kresole werden mitunter nur bis zum Hydroxylaminderivat reduziert [E 138]; Pikrinsäure mit $\nu = 17$ zum Hydrazinderivat [Lingane, J. Am. chem. Soc. 67 (1945), 1916].

in saurer Lösung. Die anderen genannten Verbindungen zeigen kein oder nur ein kleines Maximum. — Die p_H-Abhängigkeit der Halbstufenpotentiale einiger dieser Verbindungen ist in Fig. 108 dargestellt.

Nitrobenzol. $E_{1/2}$=—0,6 V bei p_H 7 (gepuffert). Maximadämpfer erforderlich; geeignet ist Colloresin. Für eine 10^{-3} m-Lösung sind 10% Alkohol erforderlich, um das Nitrobenzol in Lösung zu halten. Gut bestimmbar bei allen p_H-Werten. — Ein Nitrobenzolnachweis im Blut ist von Teisinger [G 24] ausgearbeitet worden. Um Nitrobenzol in technischem Anilin zu bestimmen, gibt man nach Novák [E 68, auch 153] konzentrierte HCl als Zusatzelektrolyt hinzu.

Nitrosobenzol. $E_{1/2}$ = — 0,1 V bei p_H 7 (gepuffert). Gut bestimmbar bei allen p_H-Werten und wegen des positiven Reduktionspotentials neben allen anderen Stoffen dieser Gruppe. 20% Alkohol ür 10^{-3}m-Lösungen. Wird in einer Stufe zum Anilin reduziert, obgleich die Reduktionspotentiale der Zwischenprodukte negativer liegen [E 98].

Azobenzol. $E_{1/2}$=— 0,5 V bei p_H 7 (gepuffert). Gut bestimmbar. 40% Alkohol für 10^{-3}m-Lösungen [E 118]. cis-Azobenzol gibt eine um 0,23 Volt positiver liegende Stufe [E 105].

§ 16. Sonstige Stickstoffverbindungen

(k = gibt eine katalytische H-Stufe)

Amine.

Mono-, Di- und Trimethylamin [E 19].
Tetramethyl- (äthyl-, -propyl-, -butyl-)ammoniumion [E 2, 19, 128, 169].

Nitrile, Amide.

Dicyan, Oxamid, Oxamidsäure [E 30, 35].
Benzonitril, zwei Stufen bei — 2,3 und — 2,4 V (in NR_4-Salz) [Stracke].
Acrylnitril, Stufe bei — 2,0 [Stracke].
n. r. Sulfanilamid [E 141]. Sulfonamide s. § 15 u. 22c.

Oxime.

Dimethylglyoxim [H 11].
Salicylaldoxim [D 207].
Benzoinoxim [H 16].

Heterozyklische Basen.

n. r. Furan [E 24b].
n. r. k Pyridin [E 4, 5, 50, 53, 125; F 35].
Pyridinderivate [E 142, 143; F 35].
k Nicotinsäure [E 5, 100, 125, 142; F 35].
+ k Nicotinsäureamid [F 29, 35; G 25], s. § 22c.
+ k Chinolin [E 19, 50; F 35].
+ 8-Oxychinolin („Oxin") [C 63; H 15; D 157, 186]
2-Oxychinolin (Carbostyril) [E 196].
Chinaldinsäure [E 158].
Acridin und Derivate [E 38, 140, 155].
Indol [E 19].
+ Adenin, Adenosin, Adenylsäure [E 181].
n. r. Guanin, Cytidin, Uracil und Derivate [E 181].
n. r. Kaffein, Theobromin [E 19].
k Aneurin (Vitamin B_1, Thiamin) [E 100, 160, 161b; F 34; G 28]; s. § 22c.
n. r. N-Acetylpyrrol, N-Acetylcarbazol [E 108].
Pyrrolderivate: Hämoglobin, Hämatin (katalyt. Wirkung auf die H_2O_2-Stufe) [E 7; F 14, 27, 38; C 36]. Oxy- und CO-Hämoglobin (indir. Best.) [E 88]. — Bilirubin [E 53]. — Cytochrom c, Porphyrin c, Hämatoporphyrin [E 48].

Alkaloide.

n. r. Adrenalin (gibt Oxydationsstufe) [E 120, 121].
Santonin [E 162].
Nicotin [E 15; F 29].
Piperin [E 157].
Lobelin [E 144, 145].
Chinolinalkaloide:
+ k Chinin [E 2, 172; F 7, 8, 29].

k Chinidin, Cinchonin, Cinchonidin [F 7, 8].
Isochinolinalkaloide:
Morphin, Codein, Hydrastin, Narcotin [F 7, 8; E 173].
Berberin, Cotarnin, Hydrastinin [E 182].
Colchicin (-ein) [E 123, 156, 168, 174, 175; C 79a, 90].
k Strychnin [F 19, 29], s. § 22c.

Farbstoffe. In () $E_{1/2}$ bei p_H 7, gepuffert.
Dibrom - (Dichlor-)phenolindophenol (— 0,04 V) [C 32].
Azine: Bindschedlers Grün (— 0,06 V), Toluylenblau (— 0,17 V) [D 69].
Diazine:
+ Neutralrot [E 53, 54].
Phenosafranin (— 0,52 V) [D 69], Rosindulin GG [E 69].
α-Oxyphenazin, Methylviologen [C 54; E 122].
Oxazine: Gallocyanin(— 0,26 V), Cölestinblau (— 0,17 V), [D 69].
Thiazine:
Methylenblau (— 0,27 V), Fig. 108, 113. [E 53, 54; D 69; C 55, 67].
Brillantalizarinblau (— 0,45 V) [D 69].
Indigodi-(-tri-, -tetra-)sulfonat (— 0,41, — 0,37 bzw. — 0,34 V) [D 69].
+ Lactoflavin (— 0,48 V) [E 99, 100, 127; C 67, 68].
Lumichrom [E 127].

Sonstiges.
k Phenylsenföl $C_6H_5 \cdot N = C = S$ (2 Red.-Stufe) [F 29].
k Salicylaldehydäthylendiamin (Red.-Stufe) [F 29].

Die Stufen der Amine können keine Reduktionsstufen etwa im gleichen Sinne wie bei der Reduktion des NH_3 oder NH_4^+ sein. Denn sie können keine dem NH_4-Amalgam analoge reduzierte Form bilden. Ein RNH_3^+-Ion wird sofort nach der Entladung in $RNH_2 + H$ zerfallen.[1]) Dies entspricht jedoch einer katalytischen

[1]) Bei vollständiger Abwesenheit von Wasser (z. B. aus absolutem Methanol) erhält man bei der Abscheidung des Tetramethylammoniumions an einer Hg-Kathode das Amalgam, wie H. N. Mc Coy und Mitarbeiter, J. Am. chem. Soc. 33 (1911) 273, J. phys. Chem. 16 (1912) 261, gezeigt haben. Vgl. auch Laitinen und Nyman [C 96]. Durch Wasser wird das Amalgam sofort zersetzt.

H-Abscheidung durch das Amin. Vielleicht ist dies die Ursache dafür, daß die Reduktionspotentiale der Amine so schlecht reproduzierbar sind. So ist von den als Leitsalze so wichtigen quaternären Ammoniumbasen nach Rysselberghe [E 169] das Tetramethylammoniumion am schwersten reduzierbar, während nach den Erfahrungen anderer [E 128 und eigene] das Äthyl- und Buthylderivat diesem überlegen sind.

Mit k sind in der vorstehenden Tabelle die Stoffe bezeichnet, bei denen eine katalytische H-Abscheidung nachgewiesen ist. Die „katalytische Welle", die besonders in sauren und neutralen Pufferlösungen auftritt und die im § 22c näher besprochen wird, eignet sich mitunter für eine empfindliche, wenn auch nur ungefähre Bestimmung des katalytisch wirkenden Stoffes. So z. B. beim Aneurin, dem Vitamin B_1 [F 34, G 35]. Auch eine andere Vitamin-B-Komponente, das Nicotinsäureamid gibt eine katalytische Welle. Doch ist es zu dessen Bestimmung besser, diese Welle zu unterdrücken, indem man eine alkalische Lösung anwendet (0,1 n-NaOH oder ungepufferte KCl-Lösung), und die sehr genau auswertbare Reduktionsstufe zu benutzen [F 35].

Viele Alkaloide geben eine katalytische Welle, so die Chinolin-, nicht aber die Isochinolinalkaloide [F 7]. Diese geben auch eine, jene drei Reduktionsstufen, die aber nicht konzentrationsproportional sind, sondern sich nicht über einen Grenzwert erhöhen lassen. Dies ist auch beim Indol und beim Acridin [E 155] gefunden worden. — Strychnin gibt auch in alkalischer Lösung eine katalytische Welle, die zur Bestimmung benutzt werden kann [F 19]. — Nicotin gibt nur eine Reduktionsstufe [F 29], die eine Bestimmung im Tabak ermöglicht [E 15]. — Colchicin gibt eine Reduktionsstufe [E 175], die in einem bestimmten p_H-Bereich als Doppelstufe auftritt, weil die neutrale Molekel in gehemmtem Gleichgewicht mit ihrem Anion steht [E 168, C 90]. Ferner gibt es eine Adsorptionsvorstufe [C 79a].

Es ist oft recht schwierig die Natur einer Stufe zu erkennen und z. B. zu entscheiden, ob eine Verbindung reduzierbar ist oder nicht. Die Nichtreduzierbarkeit von Pyridin (bis etwa — 1,9 V) ist erst in neuerer Zeit sichergestellt worden. Dagegen halten wir Chinolin (entgegen [F 35]) und Acridin für reduzierbar, da sie auch beim Behandeln mit Na-Amalgam zu Tetrahydrochinolin bzw. Dihydracridin reduziert werden.

Besonders ungehemmt, d. h. reversibel wird die Reduzierbarkeit, wenn es sich um chinonähnliche Körper handelt, wie bei den aufgeführten Farbstoffen, die die Chinonoxim-($O = C_6H_4 = N$-) oder die Chinoniminggruppe ($—N = C_6H_4 = N—$) enthalten oder die Indigokonfiguration besitzen. Auch das Lactoflavin kann hierzu gerechnet werden. In diesen Fällen gibt der Leukofarbstoff eine Oxydationsstufe, die beim gleichen Potential liegt wie die Reduktionsstufe des Farbstoffes (wenn der p_H-Wert der Lösung der gleiche ist).

Methylenblau (s. Fig. 108 u. 113), das von Brdička [C 67] im Hinblick auf die hier auftretende „Adsorptions-Vorstufe" (s. § 44) sehr genau untersucht worden ist, zeigt eine Stufenhöhe, die nicht ganz konzentrationsproportional ist, weil der Diffusionskoeffizient (D) sich mit der Konzentration ändert: $D = 0{,}5 \cdot 10^{-6}$ bei 10^{-4} m-, $D = 0{,}3 \cdot 10^{-6}$ bei 10^{-3} m-Methylenblzu. Bei Berücksichtigung dieses Umstandes ist Methylenblau sehr genau zu bestimmen. Über die p_H-Abhängigkeit der Lage dieser reversiblen Stufe s. Fig. 108. Durch Alkali (auch durch eine örtliche, vorübergehende, stärkere Alkalisierung) entstehen störende Zersetzungsprodukte [C 67].

§ 17. Ungesättigte Verbindungen

Ungesättigte Kohlenwasserstoffe[1]).

n. r.[1]) Äthylen, Acetylen [S][2]).

Allen $CH_2=C=CH_2$; — 2,3 V[3]) [S].

Butadien $CH_2=CH{\cdot}CH=CH_2$; — 2,63 V; $\nu = 2$ [S].

Carotin [E 147] (vom Verf. nicht eingesehen).

Styrol $C_6H_5{\cdot}C=CH_2$; — 2,40 V; $\nu = 2$ [F 29; E 128; S][4]).

[1]) Die ungesättigten Kohlenwasserstoffe wurden in Tetraalkylammonium halogenid-Leitsalz (mit 75% Dioxan) untersucht. Die nicht reduzierbaren KW sind daher mindestens bis — 2,6 V nicht reduzierbar.

[2]) Mit [S] sind noch unveröffentlichte Ergebnisse von W. Stracke bezeichnet.

[3]) Stufe besonders geringer Steilheit.

[4]) Über eine polarometrische Titration von Styrol s. Kolthoff und Bovey [H 35].

Diphenyl-, Dibiphenyläthylen [E 190 b].
Stilben $C_6H_5 \cdot CH{=}CH \cdot C_6H_5$; — 2,21 V; $\nu = 2$ [E 128; S].
Stibenderivate [E 205].
Fulvenderivate [E 190b].
Diacetylen $CH \equiv C \cdot C \equiv CH$; — 2,3 V; [S].
Phenylacetylen $C_6H_5 \cdot C \equiv CH$; — 2,41 V; $\nu = 4$ [F 29; E 128; S].
Diphenylacetylen $C_6H_5 \cdot C \equiv C \cdot C_6H_5$; — 2,23 V; $\nu = 4$ [E 128; S].

n. r. (bis — 2,6 V) Benzol, Tetralin, Hydrinden [E 128].
Naphthalin (gibt 2,3-Dihydron.) — 2,54 V; $\nu = 2$ [E 128].
Anthracen, Phenanthren usw., s. Referat [E 128].
Fluorenderivate [E 190b].
Carcinomogene KW, s. Referat [E 128].

Ungesättigte Säuren.

\+ Malein- und Fumarsäure [E 9, 10, 26a, 31, 39, 41, 192]. Fig. 108.
Dioxymaleinsäure [E 166].
Citracon- und Mesaconsäure $COOH \cdot CH{=}C(CH_3) \cdot COOH$ [E 26a].
\+ Aconitsäure $COOH \cdot CH{=}C(COOH) \cdot CH_2 \cdot COOH$, cis und trans [E 26a, 42, 44, 45].
\+ Zimtsäure [E 26a, 33].
γ-Ketosäuren mit α-β-Doppelbindung [E 149].
\+ Acetylendicarbonsäure [E 26a].

Aldehyde, Ketone und Stickstoffverbindungen mit reduzierbarer C = C-Bindung siehe § 14 und 16.

Damit eine C=C- oder C≡C-Bindung reduzierbar ist, ist eine Konjugation (oder Kumulation) mit einer anderen Mehrfachbindung (auch C=O-, C=N- oder aromatischer Bindung) erforderlich[1]).

Die ungesättigten Kohlenwasserstoffe haben auffallenderweise ein p_H-unabhängiges Reduktionspotential [E 128; S].

[1]) Doch ist β-Äthylacrylsäure nach [E 89] nicht reduzierbar.

Malein- und Fumarsäure werden in stark saurer Lösung beide beim gleichen Potential reduziert (— 0,6 V bei p_H 0), bei höherem p_H dagegen wird die Maleinsäure leichter reduziert (s. Fig. 108). In NH_3-NH_4Cl mit p_H 8,5 ist eine Bestimmung beider nebeneinander möglich [E 192].

In stark alkalischen Lösungen wird die Fumarsäure leichter als die Maleinsäure reduziert. Daher wird auch in ungepufferten Lösungen der **Salze** dieser Säuren in LiCl die Fumarsäure früher reduziert (bei — 1,85 V), so daß sie auch neben viel Maleinsäure bestimmt werden kann [E 39, 41]. Beide Säuren werden zu Bernsteinsäure reduziert, jedoch stark irreversibel. Die reversiblen Redoxpotentiale Fumarsäure ⇌ Bernsteinsäure, wie sie an ruhenden Elektroden in Gegenwart des katalytisch wirkenden Encyms Dehydrogenase gemessen werden können, sind ebenfalls in Fig. 108 dargestellt.

Auch **Äpfelsäure** kann quantitativ bestimmt werden, indem man diese durch Erhitzen der Probe (1 Stde. 180°) in Malein- + Fumarsäure umwandelt und dann deren Gesamtstufe in HCl aufnimmt [Heyrovský G 31]. Die Kinetik dieser Umwandlung ist von [E 10] polarographisch untersucht worden.

cis- und trans-**Aconitsäure**, die zu Tricarballylsäure reduziert werden [E 45], können ebenfalls nebeneinander bestimmt werden, und zwar als Ca-Salze in 0,5 n-NH_4Cl [E 42].

§ 18. Halogenverbindungen

In 0,05 n-Tetraäthylammoniumbromid mit 75% Dioxan nach W. Stracke (noch unveröffentlicht).

CH_3Cl	— 2,27[3])	CH_3Br	— 1,67	CH_3J	— 1,5
CH_2Cl_2	— 2,37	CH_2Br_2	— 1,52	CH_2J_2	— 1,1 und — 1,57
$CHCl_3$	— 1,71	$CHBr_3$	— 0,69 und — 1,55	CHJ_3	— 0,5 und — 1,1 und — 1,5
CCl_4	— 0,82 und — 1,75	CBr_4	— 0,6 und — 1,5		
C_2H_5Cl	n. r.	C_2H_5Br	— 2,12	C_2H_5J	— 1,71
C_6H_5Cl	n. r.	C_6H_5Br	— 2,36	C_6H_5J	— 1,66
α-C_8H_9Cl	— 2,14 — 2,4 [2])	α-C_8H_9Br	— 2,00 — 2,4[2])		

$CH_2=CHCl$	n. r.	CH_3Br	— 1,67	$C_6H_5CH_2Cl$	— 1,98
$CHCl=CHCl$	n. r.	C_2H_5Br	— 2,12	C_6H_5Cl	n. r.
$CH_2=CCl_2$	— 2,4 [4]	n-C_4H_9Br	— 2,31[3]	p-,m-,o-$C_6H_4Cl_2$	— 2,5
$CHCl=CCl_2$	— 2,18	n-$C_8H_{17}Br$	— 2,4 [3]	1,2,4-$C_6H_3Cl_3$	— 2,26
$CCl_2=CCl_2$	— 1,92			C_6Cl_6	— 1,48[1]
$CHCl_2\cdot CHCl_2$	— 1,89	$CH_2=CHBr$	— 2,51	$CH_3\cdot CH_2\cdot CH_2Cl$	n. r.
$CCl_3\cdot CCl_3$	— 0,7 [1]	$CH\equiv CBr$	n. r.	$CH_2=CH\cdot CH_2Cl$	— 1,95

[1]) Es folgen weitere Reduktionsstufen.
[2]) Diese zweiten Stufen sind einer Reduktion des Naphthalinkernes zuzuschreiben.
[3]) Stufe besonders geringer Steilheit.
[4]) Unsicher wegen Maximum.

Aus den vorstehenden auszugsweisen Angaben ergeben sich folgende Gesetzmäßigkeiten: Das Reduktionspotential wird positiver a) in der Reihenfolge Chlorid—Bromid—Jodid, b) mit der Anzahl der Halogenatome in der Molekel, c) mit der Kürze der aliphatischen Kette (siehe die Alkylbromide). d) Doppel- und Dreifachbindungen in 1,2-Stellung zum Halogenatom wirken erschwerend, in 2,3-Stellung erleichternd auf die Reduktion des Halogenatoms.

Die Stufen haben meist eine sehr geringe Steilheit. Der Raumbedarf ist oft 5 bis 10mal größer als bei reversiblen Reduktionen (mit $\nu = 2$).

Auffallend ist die annähernde p_H-Unabhängigkeit[1]) des Reduktionspotentials, die an einigen Beispielen, auch von Pasternak und v. Halban [E 186], festgestellt wurde.

[1]) p_H-Unabhängigkeit (annähernde) des Reduktionspotential liegt auch bei O_2, H_2O_2 und ungesättigten Kohlenwasserstoffen (Stilben [E 128]) vor, während das Reduktionspotential der Gruppen $C=O$, NO_2, $N=N$ usw., auch $C=C$ in ungesättigten Säuren stark p_H-abhängig ist.
Dies ermöglicht nach Pasternack und v. Halben [E 186] in manchen Fällen eine Zuordnung der Reduktionsstufen: ω-Bromacetophenon gibt zwei Stufen, von denen die erste p_H-unabhängig und demnach dem Br-Atom zuzuschreiben ist; die zweite Stufe liegt (p_H-abhängig) an gleicher Stelle wie die des Acetophenons und ist der $C=O$-Gruppe zuzuschreiben. Bei den Halogenacetonen [s. E 34] werden nur die Halogenatome reduziert [E 186].

Dies könnte die Vermutung nahelegen, daß die Reduktion ohne Beteiligung von H^+-Ionen nach dem Schema $2\,RX + 2\,\ominus = R_2 + 2\,X^-$ verlaufen könnte. Doch hat W. Stracke, wie folgende Beispiele zeigen, durch präparative elektrolytische Reduktion mit definiertem Hg-Kathodenpotential als Reaktionsschema nachgewiesen:

$$RX + H^+ + 2\,\ominus = RH + X^-.$$

Bei Elektrolyse in der erwähnten Tetraäthylammoniumbromid-Lösung mit 75% Dioxan bei den nachfolgend angegebenen Kathodenpotentialen wurde erhalten:

Aus CH_3J bei — 1,9 V → CH_4
C_2H_5Br (— 2,4 V) → C_2H_6
$CH_2Br \cdot CH_2Br$ (— 2,0 V) → $CH_2 = CH_2$ mit 20% C_2H_6
$CHJ = CHJ$ (— 1,2 V) → $CH_2 = CH_2$
$CH_2 = CH \cdot CH_2Br$ (— 1,8 V) → $CH_2 = CH \cdot CH_3$
$CJ \equiv CJ$ (— 1 V) → C_2H_2

Wahrscheinlich verläuft die Primärreaktion nach $RX + 2\,\ominus = R^- + X^-$ (ohne H^+-Ionen-Beteiligung), worauf sich $R^- + H^+ = RH$ anschließt. Doch zeigt die Bildung von 80% Äthylen aus Dibromäthan (s. oben), daß die Reduktion auch nach dem erst vermuteten Schema verlaufen kann (vielleicht bevorzugt dann, wenn zwei Halogenatome benachbart in einer Molekel vorliegen).

Analytische Anwendung. Daß die Reduktionsstufen organischer Halogenide mit Erfolg für quantitative Bestimmungen verwandt werden können, ist ebenfalls von W. Stracke gezeigt worden. So kann man z. B. CCl_4 neben C_2Cl_4 bestimmen. In einem Gemisch von CCl_4, $CHCl_3$, CH_2Cl_2 und CH_3Cl lassen sich CCl_4 und $CHCl_3$ bestimmen. Statt Dioxan verwendet man hierbei besser das leichter rein zu erhaltende Butanol (90%). Wegen der Flüchtigkeit der zu bestimmenden Substanzen wird der zum Entlüften benutzte Stickstoff erst durch ein ebenfalls mit der Analysenlösung beschicktes Gefäß geleitet.

Über die Reduktion von Chloriden des Diphenyläthans siehe [E 185] des Jodphenylacridins [E 140, (155)], der Chloramine [E 183 b]. γ-Hexachlorcyclohexan ist infolge seines positiveren Reduktionspotentials neben der anderen Formen bestimmbar, Antweiler (unveröffentlicht), Schwabe (E 208)

§ 19. Sonstige reduzierbare Stoffe

Peroxyde [E 29, 66, 67, 189].

Disulfide.

Cystin [E 24a, 82, 102, 159; G 26]. Isocystin [F 25]. Glutathion [E 159; F 25].

(Katalytische Stufen: [F 2, 3, 4, 21, 22, 23, 25, 37].)
Dithioglykolsäure [E 102, 159]. (Katalyt. St.: [F 3].)

Mercaptane: Äthyl- u. Butylmercaptan [E 199]. Titration [H 27]. Benzothiomorpholin [E 196].

Säuren.

n. r. Kohlensäure [D 202; Stracke]
Oxalsäure [E 26a, 35; C 4; D 23, 247; H 10, 30].
Oxalester, Oxamidsäure [E 30, 35].
Benzoesäure [E 27; Stracke].
Phtalsäure [E 116].

n. r. Humussäure. Reduzierbar ist Hymatomelansäure [E 24b].
Oxysäuren, Zuckersäuren, Lactone [E 114a, b].

Phenolphtalein [E 20c].

Chlorphyll (u. Phytol) [E 200].

Hormone [E 71b]. Katalytische Stufen [F 19b].

Vulkanisationsbeschleuniger [E 72].

Arsenverbindungen.

n. r. Salvarsan. Reduzierbar ist das Oxydationsprodukt [E 26b].
Phenylarsinsäure und Derivate [E 47].

Metallorganische Verbindungen.
$(C_2H_5)_3PbCl$ [E 103].

Die Peroxyde, die sich in Äther durch Luftoxydation bilden, geben nach Gosman [E 29] in 0,01 n-LiOH bei — 1,3 V eine Stufe, sie sind also neben den erst bei — 1,8 V reduzierbaren Aldehyden nachweisbar. — Peroxyd—Aldehyd-Gemische untersuchen auch [E 66, 67].

Cystin wird bei allen p_H-Werten zum Cystein reduziert. Die Stufe zeigt zuerst einen steilen Anstieg (— 0,52 V bei 10^{-3} m-Cystin bei p_H 7, gepuffert), der dann in einen flachen, offenbar irreversiblen übergeht [E 82, 102]. Über die katalytischen Stufen der Sulfide siehe § 22.

Die freie Oxalsäure zeigt zwar keine deutliche Stufe, aber doch einen vor der H-Stufe einsetzenden Stromanstieg, wahrscheinlich infolge einer Reduktion, da die beiden C=O-Doppelbindungen hier konjugiert sind. Nach Lingane und Meites [D 247] erhält man bei p_H 5 bis 6 eine deutliche Stufe bei — 1,81 V, die dem HC_2O_4-Ion zuzuschreiben ist. In Gegenwart von Mg-Salzen werden auch Oxalate reduziert [E 26a; D 23]. Die Derivate Oxalester, Oxamidsäure, Oxamid, Dicyan geben Reduktionsstufen [E 30, 35].

Benzoesäure gibt in Tetraalkylammonsalz außer der H-Stufe bei — 1,9 V auch eine Reduktionsstufe bei — 2,4 V. Diese Stufe wird auch vom Benzoesäureäthylester (— 2,1 V) und von Benzoat gegeben [E 27 und Stracke]. Freie Phtalsäure gibt eine Reduktionsstufe schon vor der H-Stufe bei — 1,2 V [E 116]. — Sicher nicht reduzierbar (bis — 2,6 V) sind aber die Kohlensäure (entgegen [D 202]) und die Essigsäure. Die freien Säuren geben in NR_4-Salz nur die H-Stufe. Carbonat und Acetat und Essigsäureäthylester geben keine Stufe [Stracke].

Humussäure kann z. B. in Torf nach Hydrolyse zu Hymatomelansäure bestimmt werden [E 24b].

§ 20. Oxydationsstufen

+ Ascorbinsäure [E 59, 60, 61, 80, 101, 129, 161a, 177, 188, 198; D 85].
+ Hydrochinon, Leukofarbstoffe, s. § 16.
+ α-Tocopherol (Vitamin E) [E 117, 163; H 17].
  Adrenalin [E 121].
  Phenylhydroxylamin, p-Aminophenol [E 154].
  Oxychromane, Oxycumarane [E 107].
  Cystein [E 82, 102]. Thioglykolsäure, Thioharnstoff [E 102]

Ascorbinsäure (Vitamin C) ist durch ihre (irreversible Oxydationsstufe gut bestimmbar, auch in Frucht- und Pflanzen säften, wie dies von Kodiček und Wenig [E 59] und vo K. Schwarz [D 85] festgestellt und vielfach bestätigt worde ist. Am besten ist eine saure Lösung, um Verluste infolge Oxyda tion durch Luft zu verhindern. Siehe insbesondere die Arbeits vorschriften [E 161a, 177]. Die Oxydationsstufe beginnt gleic am Anfang des Polarogramms.

Die Oxydationsstufen der obengenannten SH-Verbindunge sind mindestens teilweise durch eine Hg-Oxydation und Komple bildung (analog der Cl^--Stufe) bedingt. Sicher ist dies beim Thi harnstoff (Enolform) der Fall.

§ 21. Zusammenstellung einiger Materialanalysen auf organische Substanzen

Material	Bestimmung von	Literatur
Blut	Nitrobenzol	[G 24].
Früchte, Gemüse	Vitamin C (Ascorbinsäure)	[D 85, E 59, 161a, 177]
Gärungsprodukte	Acetaldehyd, Fructose	[G 31].
Honig, Invertzucker	Fructose	[E 14].
Kunstbutter	Diacetyl	[G 22].
Äther	Oxydationsprodukte (Peroxyde, Aldehyde)	[E 29].
Salvarsan	Oxydationsprodukte	[E 26b].
Saccharintabletten	Saccharin	[E 19].
Pharm. Präp.	Nicotinsäureamid	[F 35; G 25].
Naturprodukte	Aneurin	[F 34].
Pfeffer	Piperin	[E 157].
Tabak	Nicotin	[E 15].
Chinintabletten	Strychnin	[F 19].
Desinfektionsmittel	Formaldehyd	[E 28].
Technisches Anilin	Nitrobenzol	[E 68, 153].

Weitere Materialanalysen auf Stoffe, die katalytische Wellen geben, s. § 22.

III. D. Katalytische Wellen

§ 22. Katalytische Wasserstoffwellen

Eine katalytische H-Abscheidung tritt, wie erwähnt, bei der Mg-Stufe auf: Auch in neutraler Lösung wird diese viel zu hoch, weil gleichzeitig Wasserstoff entwickelt wird[1]). Im nachfolgenden soll jedoch vor allem von solchen Fällen die Rede sein, bei denen die katalysierte H-Abscheidung eine Vorstufe vor der unkatalysierten H-Abscheidung hervorruft, wobei die Höhe dieser Vorstufe zur Bestimmung der Katalysatorkonzentration benutzt werden kann. Dies ist der Fall:

a) Bei Pt-Metallen in saurer Lösung.

b) Bei cystinhaltigen Proteinen α) in NH_3—NH_4Cl-Lösung und in anderen Puffern, β) verstärkt in mit CoIII- oder CoII-Salz versetzten NH_3—NH_4Cl-Lösungen.

c) Bei Alkaloiden und einigen anderen Stoffen in saurer, besonders aber in gepufferter Lösung.

Die Vorstufe hat im allgemeinen keinen waagerechten Grenzstrom, sondern meist die Gestalt einer „Welle" (s. Fig. 68, 69, 70), weshalb wir hier dieser Bezeichnung den Vorzug geben.

Bei allen katalytischen Wasserstoffwellen kann nach Untersuchungen mit H. Faßbender [F 29] die Abscheidung von H_2-Bläschen am Quecksilbertropfen mikroskopisch beobachtet werden. Stets ist auch eine Strömung des Elektrolyten festzustellen, die meist laminar vom Tropfenscheitel zur Basis verläuft. Die Strömung ist nicht durch aufsteigende H_2-Bläschen hervorgerufen, denn durch hohen Druck (200 at) kann die Bläschenbildung (infolge erhöhter Löslichkeit) hinausgeschoben werden, ohne daß eine Änderung der Strömung und des Polarogramms eintritt. Die Strömung ist nicht ganz so heftig wie bei starken Maxima, ist aber meist (nicht so bei den Alkaloiden) durch Dämpfer nicht zu unterdrücken. Jedoch trägt die Strömung, wie sich zeigen läßt, nur wenig zur Wellenhöhe bei. Die Wellenhöhe ist nicht so sehr durch den Antransport der Katalysatormolekeln bedingt als durch die Geschwindigkeit der katalytischen Reaktion an der Tropfenoberfläche[2]).

[1]) In anderen Fällen, so bei FeII, Co, Ni, CrII, Mn (s. Fig. 1 und 59) werden die Stufen nur in saurer Lösung zu hoch: Die im wesentlichen auch ohne Metallabscheidung vorhandene H-Stufe addiert sich zur Metallstufe.

[2]) Das Fehlen einer Konzentrationspolarisation bei den katalytischen Wellen kann auch durch oscillographische Untersuchung der Stromstärke-Zeit-Kurven der Einzeltropfen nachgewiesen werden: Legt man die Spannung plötzlich an, nachdem ein Tropfen bereits eine Zeitlang gewachsen ist

Viele Substanzen verursachen eine katalytische H-Abscheidung, ohne eine „Welle" vor dem Endanstieg zu ergeben,. Der Endanstieg der H-Abscheidung wird lediglich mehr oder weniger zu positiveren Potentialen „vorverlagert". Wir kommen auf solche Vorverlagerungen kurz im Abschnitt c zu sprechen. Ob eine Welle oder nur eine Vorverlagerung zu beobachten ist, hängt vielfach nur von der Konzentration des Katalysators und der Lösungszusammensetzung ab.

Im übrigen sind die i-t-Kurven der Tropfen annähernd Parabeln mit i proportional $t^{1/3}$ bis $t^{5/3}$, d. h. im letzteren Falle sind die Kurven nach oben gekrümmt (im Gebiet des abfallenden Astes der Wellen). Ist der Exponent größer als 2/3, so muß die katalytische Aktivität der Tropfenoberfläche mit der Zeit zunchmen, wahrscheinlich infolge zunehmender Belegung mit Katalysatormolekeln. Hieraus wird verständlich, daß die Strömung doch auch zur Wellenhöhe beiträgt.

Soll eine Wellenhöhe zur quantitativen Bestimmung des Katalysators benutzt werden, so ist folgendes zu beachten:

1. Die Wellenhöhen sind nicht konzentrationsproportional, sondern steigen nach Art einer Adsorptionsisotherme mit der Konzentration an.

2. Die Empfindlichkeit der Bestimmung ist oft groß (10^{-7} m), die Genauigkeit aber gering. Man muß mit Fehlern von 5—20% rechnen. Durch Lösungsgenossen kann die Wellenhöhe sehr erheblich geändert werden.

3. Form und Höhe der Welle sind von der Geschwindigkeit und der Gleichmäßigkeit des Potentialanstieges abhängig.

4. In Proteinlösungen tritt beim Entlüften mit Gasen eine Anreicherung im Schaum und daher ein merklicher Verlust in der Lösung ein. Das Entlüften ist meist entbehrlich.

a) Katalytische Wellen der Platinmetalle

Diese sind von Herasymenko und Šlendyk [F 5] entdeckt und eingehend untersucht worden. Ein Beispiel solcher Wellen zeigt Fig. 67.

So beobachtet man bei normalen Diffusionsströmen einen zunächst sehr hohen (schnell absinkenden) Strom, weil an der Tropfenoberfläche zunächst ein Vorrat an Depolarisator verbraucht werden kann. Dies ist bei katalytischen Strömen nicht der Fall, da ja der Katalysator nicht verbraucht wird und die H-Ionen im Puffer praktisch unbegrenzt zur Verfügung stehen.

Pt-Salze (mit Ausnahme einiger sehr stabiler Komplexsalze, s. § 8h) werden schon ohne Spannung durch Hg reduziert, so daß das Polarogramm sofort mit einem Stromanstieg beginnt. In saurer Lösung tritt ferner etwa 0,2 Volt vor der gewöhnlichen H-Abscheidung eine katalytische Welle auf, deren Höhe proportional der Pt-Konzentration ist (bei konstant gehaltener H^+-Konz.), die aber bis zu 20mal höher ist als die Reduktionsstufe.

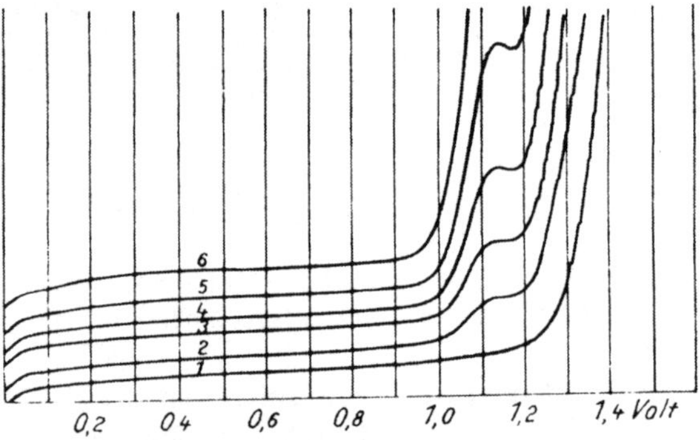

Fig. 67. Katalytische Platinwellen.
Nach Herasymenko und Šlendyk [F 5]

$PtCl_4$ in 0,5n-HCl-0,1n-KCl. $PtCl_4$-Konzentration: 1). Null, 2). $2 \cdot 10^{-6}$n, 3). $4 \cdot 10^{-6}$n, 4). $8 \cdot 10^{-6}$n, 5). $16 \cdot 10^{-6}$n, 6). $32 \cdot 10^{-6}$n.

Unter günstigen Bedingungen (in 2 n-HCl oder H_2SO_4) lassen sich daher durch diese Welle schon 10^{-7} Grammatom Pt im Liter nachweisen. Bei dieser Konzentration wird nur der 10^{-8}te Teil der Tropfenoberfläche mit reduzierten Pt-Atomen bedeckt. An diesen erfolgt die katalysierte H^+-Ionenentladung. Die Abhängigkeit der Wellenhöhe von der H^+-Ionenkonzentration ist kompliziert: Steigt letztere, so nimmt die Wellenhöhe anfangs nur sehr langsam zu, um bei etwa — 0,1 n-H^+ stark und später wieder nur noch schwach anzusteigen. Für sehr geringe Pt-Konzentrationen (bis $5 \cdot 10^{-7}$ m) ist daher eine etwa 2 n-HCl als Grundlösung geeignet. Bei etwas höheren Pt-Konzentrationen zeigt aber die Welle hierbei ein Maximum; dann ist eine nur 0,1 n-HCl geeignet — Nach eigenen Versuchen kann man auch in einer sehr konzentrierten H_2SO_4 (900 g/l) katalytische Pt-Wellen erhalten. — Größere Mengen von Alkali- oder Erdalkalisalzen unterdrücken die katalytische Pt-Welle. Trotzdem konnte Šlendyk [F 5] nachweisen, daß in NaCl und KCl „pro analysi" mitunter recht beträchtliche Pt-Mengen enthalten sind, die durch Berührung mit Pt-Geräten hineingelangen; natürliches Steinsalz ist Pt-frei.

Die Pt-Bestimmung aus der Höhe der katalytischen Welle ist noch nicht so weit durchgearbeitet, daß mit einem mühelosen Erfolge gerechnet werden kann.

Für die praktische Anwendung dieser Pt-Bestimmung ist jedenfalls zu berücksichtigen, daß die Gegenelektrode abgetrennt sein muß, um ein Verschwinden des Platins an dieser zu vermeiden. Schon das abgetropfte Hg der Tropfkathode wirkt in dieser Weise, besonders stark, wenn die Lösung Salpetersäure enthält. Auch darf nicht mit H_2 entlüftet werden, da dieses durch Reduktion des Platins die katalytische Welle zum Verschwinden bringt. — Enthält die Lösung nicht echtgelöstes, sondern kolloidales Platin, so macht sich dies in einem etwas verfrühten, aber unregelmäßig-zackigen Anstieg der H-Stufe bemerkbar.

Auch die übrigen Pt-Metalle geben nach [F 5] katalytische Wellen: Ru etwa 30mal höher, Pd etwa 10mal kleiner als Pt[1]); im übrigen: Ru > Rh > Ir > Pt (> Os) > Pd. Die drei erstgenannten geben außer der Hauptwelle bei — 1,2 V noch weitere bei — 1,0 und — 0,6 V, was durch Bildung 2- und 3-dimensionaler Aggregate der reduzierten Atome auf der Tropfenoberfläche gedeutet wird.

b) Katalytische Wellen durch Proteine und deren Spaltprodukte

In Pufferlösungen (Fig. 68). Bereits 1930 entdeckte Heyrovský [F 1], daß Albumine in NH_4-Salzlösungen eine sehr empfindliche katalytische Welle ergeben. Brdička [F 10] zeigte dann, daß diese Welle auch in anderen Pufferlösungen (Borat-, Phosphat-, Phthalat-) zu erhalten ist, während ohne

[1]) Vielleicht, weil Pd sich zu leicht im Hg löst. Durch Zusatz von (etwas) Gelatine zur Lösung wird die Welle erhöht, vielleicht, weil die Gelatine die Pd-Atome an der Tropfenoberfläche fixiert. Erwartungsgemäß gelang es bei dem katalytisch sonst unwirksamen Gold durch Gelatine- oder Cystinzusatz einen katalytischen Effekt zu erzielen [F 29].

Puffer nur eine sehr kleine Welle auftritt. Alle Proteine, die Cystein enthalten, geben den Effekt[1]). Beim Cystein selbst ist die Welle kaum getrennt vom Endanstieg; bei Peptonen ist sie schon etwas mehr zu positiveren Potentialen verschoben und daher mehr getrennt. — Die Wellenhöhe ist der Proteinkonzentration nicht proportional, sondern steigt mit dieser wie eine Adsorptionsisotherme, d. h. sie strebt einem Sättigungswert zu (s. Fig. 68). Die

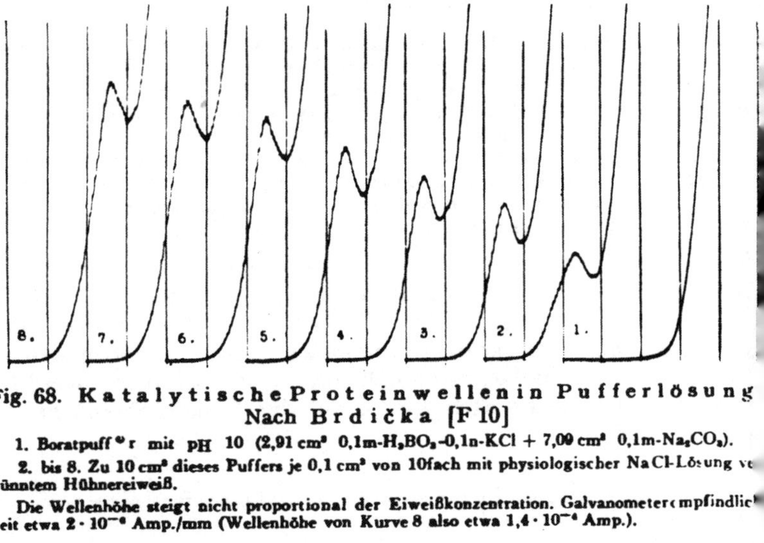

Fig. 68. Katalytische Proteinwellen in Pufferlösung
Nach Brdička [F 10]

1. Boratpuff⁰r mit pH 10 (2,91 cm³ 0,1m-H_3BO_3-0,1n-KCl + 7,00 cm³ 0,1m-Na_2CO_3).

2. bis 8. Zu 10 cm³ dieses Puffers je 0,1 cm³ von 10fach mit physiologischer NaCl-Lösung ve dünntem Hühnereiweiß.

Die Wellenhöhe steigt nicht proportional der Eiweißkonzentration. Galvanometerempfindlic keit etwa $2 \cdot 10^{-8}$ Amp./mm (Wellenhöhe von Kurve 8 also etwa $1{,}4 \cdot 10^{-4}$ Amp.).

Wellenhöhe ist ferner vom p_H, der Pufferkapazität und der gesamten Salzkonzentration abhängig.

Die Theorie dieses Effektes ist nach [F 10, 17, 18] folgende: Al Wasserstoffüberträger wirken die Sulfhydrylgruppen des Cystein nach folgendem Schema (wobei der Puffer die H^+-Ionen liefert)

[1]) Die schwefelfreien Proteine Gelatine und Seidenfibroin geben keine katalytischen Effekt, auch nicbt bei Gegenwart von Schwermetallsalze Das schwefelfreie Protamin Clupein (Methylester) zeigt aber einen Effek besonders in Gegenwart von Co-, Ni-, Mn- oder Cu-Ionen [F 29].

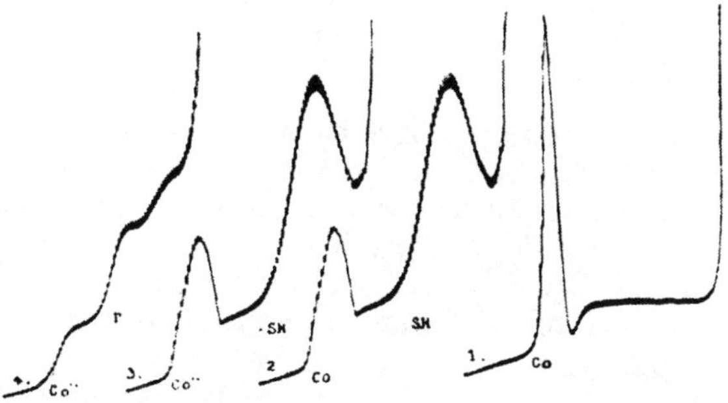

Fig. 69. **Katalytische Protein- und Cysteinwellen in CoII-Lösung. Nach Brdička**

Galvanometerempfindlichkeit etwa $5 \cdot 10^{-7}$ Amp./mm.

1. Grundlösung; 0,0016n-$CoCl_2$-0,1n-NH_3-0,1n-NH_4Cl. CoII/0-Stufe mit Maximum.
2. Grundlösung mit $2 \cdot 10^{-5}$m-Cystein; Maximum der Co-Stufe rund und erniedrigt, dahinter (bei SH) die katalytische Cysteinwelle.
3. Grundlösung mit $1 \cdot 10^{-5}$m-Cystin; Wie Kurve 2, weil Cystin an der Tropfkathode zu 2 Mol Cystein reduziert wird.
4. Grundlösung mit 100fach verdünntem Blutserum; Co-Maximum unterdrückt, bei P die Proteindoppelwelle.

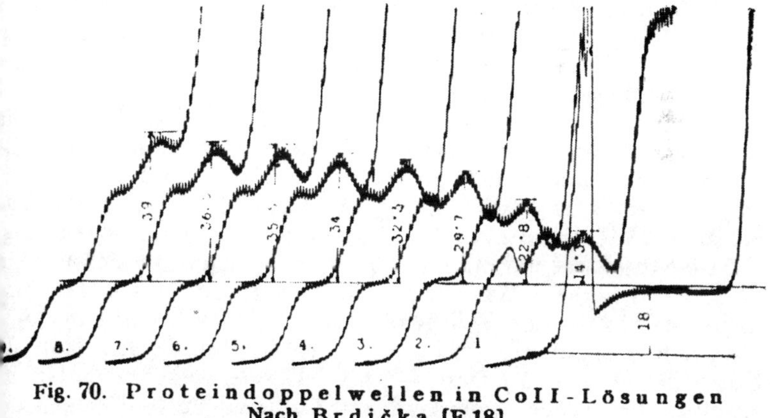

Fig. 70. **Proteindoppelwellen in CoII-Lösungen Nach Brdička [F 18]**

0,005n-$CoCl_2$-0,1n-NH_3-0,1n-NH_4Cl mit Blutserum in folgenden Konzentrationen mal 10^4;). Null; 2). 3,8; 3). 7,5; 4). 14,5; 5). 21; 6). 27; 7). 32,7; 8). 38; 9). 65,4.

Die Wellenhöhe (angegeben in Millimetern, 1 mm = $2{,}7 \cdot 10^{-7}$ Amp.) steigt entsprechend einer .dsorptionsisotherme.

$$\begin{array}{rl} \text{R-SH} + \ominus & = \text{R-S}^- + \text{H} \\ \text{R-S}^- + \text{H}^+ & = \text{R-SH} \\ \hline \text{In Summa: } \text{H}^+ + \ominus & = \text{H}\cdot. \end{array}$$

Wirksam als Überträger sind a d s o r b i e r t e Proteinmolekeln, denn die Wellenhöhe steigt mit der Proteinkonzentration entsprechend der L a n g m u i r schen Adsorptionsisotherme [F 18]. Sind statt der Sulfhydrylgruppen, —SH, Disulfidgruppen, —S—S— (so im Cystin), vorhanden, so wirken sie in gleicher Weise, weil sie erst zu SH-Gruppen reduziert werden [F 3].

In Co-Lösungen (Figg. 69 u. 70). B r d i č k a [F 2] fand, daß durch Zusatz von Co-Salz zur Pufferlösung eine noch stärkere Herabsetzung der H-Überspannung erzielt wird. Er benutzt folgende Lösungen mit CoIII- bzw. CoII-Salz:

$0{,}001$ n-$Co^{III}(NH_3)_6Cl_3$—$0{,}1$ n-NH_4Cl—$0{,}1$ n-NH_3,
$0{,}001$ n-$CoCl_2$—$0{,}1$ n-NH_4Cl—$0{,}1$ n-NH_3 („CoII-Testlösung").

Die CoIII-Lösung für sich zeigt zwei Reduktionsstufen (CoIII/II und CoII/0), die zweite besitzt ein Maximum. Die CoII-Lösung ist empfindlich gegen Luftsauerstoff (Oxydation zu CoIII), daher wird CoII erst zuletzt, nach Entlüften der Grundlösung, zugesetzt; die CoII-Konzentration kann in dieser Lösung wegen Ausfallens von $Co(OH)_2$ nicht über 0,01 m gewählt werden. Das Maximum der CoII-Stufe kann erforderlichenfalls durch etwas Gelatine unterdrückt werden [A 18].

Cystein zeigt nur in der Co II-Lösung eine katalytische Welle (s. Fig. 69). Die Proteine geben in beiden Lösungen den katalyti schen Effekt, und zwar eine D o p p e l w e l l e und eine darau folgende einfache Welle (s. Fig. 69, Kurve 4 und Fig. 70. Die einfache Welle ist nur bei der Kurve 2 der Fig. 70 zu sehen). Die CoII/0-Stufe wird hierbei um 0,2 Volt zu positiveren Potentialen verschoben und ihr Maximum wird unterdrückt. Nach der nun mehr bei etwa — 1,0 V liegenden CoII/0-Stufe beginnt der An stieg zur Doppelwelle bei etwa — 1,3 V, ihre beiden Maxima liegen bei etwa — 1,4 und — 1,6 V. Der Anstieg zur einfachen katalytischen Welle beginnt wie mit Co-freien Pufferlösungen be etwa — 1,8 V.

Die von B r d i č k a [F 2, 3, 6] gegebene Theorie nimmt an, da die SH-Gruppe vom Co-Komplex gebunden und dadurch aktivier wird (vgl. auch Tropp [F 16]). Die Abhängigkeit der Wellenhöhe von der Co-Konzentration [s. F. 17, 18] konnte noch nicht gedeutet werden.

Bei Hydrolyse des Proteins (z. B. durch Kochen mit HCl) verschwindet die Doppelwelle. Dafür tritt (in Co II-Lösung) die Cysteinwelle auf [Brdička F 4, Rosenthal F 12]. In solchen Hydrolysaten ist daher eine sehr empfindliche und verhältnismäßig genaue Cystinbestimmung möglich [vgl. Referate F 4, 21, 22]. Weiteres über Cystein- und Cystinbestimmungen s. [F 2, 3, 13b, 23, 37; G 26].

Von den anderen schwefelhaltigen Aminosäuren geben Methionin, Benzylcystein, Djenkolsäure den Effekt nicht [F 20]; wohl aber Isocystin, Gluthation, auch Thioglykolsäure [F 3, 25]. — Manche Aminosäuren (Tryptophan und andere) unterdrücken die Cysteinwelle [F 9], s. auch [F 37].

Da somit die Höhe der katalytischen Cystinwelle von den Lösungsgenossen stark abhängig ist, so empfiehlt es sich, die Probelösung auch mit einem bekannten Eichzusatz von Cystin zu polarographieren [F 21]. Infolge der H-Abscheidung bei der katalytischen Welle wird die Lösung an der Tropfenoberfläche stark alkalisch. Wahrscheinlich ist eine hierdurch bedingte $Co(OH)_2$-Ausfällung Ursache der oft sehr großen Unregelmäßigkeiten der Welle. Wir haben dies durch Zusatz von Methylrot zur Lösung beseitigen können.

Durch teilweise Hydrolyse (Denaturierung) des Proteins wird die katalytische Welle erhöht, weil „maskierte" SH-Gruppen hierbei freigelegt werden. Es ist daher möglich, die Denaturierung durch Säure, Alkali oder Hitze sowie die Proteolyse durch Pepsin polarograpisch zu verfolgen [F 13, 16, 32]. Eine künstliche Maskierung von SH-Gruppen ist durch Jodacetat möglich s. F 13].

Die katalytischen Stufen sind verschiedentlich zu Proteinbestimmungen benutzt worden, so in Harn [F 12], Serum [F 2, 10] und anderen Körperflüssigkeiten; in Insulin- und anderen Hormonpräparaten [G 27; 30]; in Gärungsprodukten [G 31]. Siehe auch [F 24, 25, 26, 31, 32, 33, 7]. — Es ist hierbei zu beachten, daß nur gelöstes Eiweiß und Eiweißspaltrodukte (Polypeptide, Peptone) wirksam sind. Wenn z. B. bei der Denaturierung (s. oben) Eiweiß durch Koagulation auszufallen beginnt, so nkt die Wellenhöhe wieder. Beim Verfolgen einer Proteolyse kann man as noch nicht gespaltene Eiweiß durch Sulfosalicylsäure ausfällen und in er Lösung die Spaltprodukte für sich bestimmen [F 13].

Wir begnügen uns hier mit diesem kurzem Überblick und verweisen im übrigen auf die Originalliteratur und das Buch von Heyrovský [A 19]. Es sei abschließend noch gesagt, daß die polarographische Methode auch bei diesen Bestimmungen besonders dann von Vorteil sein kann, wenn es sich um sehr geringe Konzentrationen handelt. Da beispielsweise beim Cystin die katalytische Welle etwa 1000mal höher als die Reduktionsstufe ist, können noch außerordentlich geringe Konzentrationen nachgewiesen und bestimmt werden.

Krebsdiagnose. Brdička [F 13b] entdeckte 1937, daß die Proteinwelle in Co II-Lösung beim Serum Krebskranker kleiner ist als bei Gesunden. Besonders deutlich wird dieser Unterschied, wenn das Serum durch Pepsin-HCl oder Alkali denaturiert worden ist. Später wurde dann festgestellt, daß im Filtrat von mit Sulfosalicylsäure enteiweißtem Serum bei Krebskranken die Proteinwelle umgekehrt höher ist [Waldschmidt-Leitz F 13c, Brdička F 13b]. Diese Reaktion ist noch empfindlicher (besonders in Co III-Lösung). Zurückzuführen ist dies nach Brdička auf eine pathologische Proteolyse, die den Gesamtcystingehalt der Serumproteine herabsetzt und die Menge cystinhaltiger Eiweißabbauprodukte heraufsetzt. Es hat sich erwiesen, daß diese Reaktion bei Karzinom fast immer positiv ausfällt, leider aber oft auch bei anderen Tumoren. Die bereits recht umfangreiche Literatur können wir hier im einzelnen nicht verfolgen.

c) Sonstige katalytische Wasserstoffwellen

Es hat sich gezeigt, daß auch verschiedene andere Stoffe katalytische Wellen geben, vor allem zahlreiche **Alkaloide**, insbesondere in sauren oder gepufferten Lösungen. Pech [F 7] fand die bei den Alkaloiden der Chinolinreihe, nämlich Chinin, Chinidin, Cinchonin und Cinchonidin. In neutrale[n] oder alkalischer Lösung geben diese Alkaloide mehrere Reduktionsstufen. In salzsaurer oder in NH_4Cl-Lösung bildet sich eine Well[e] 0,4 V vor dem Endanstieg aus, die mehrere hundert mal höh[er] als eine Reduktionsstufe ist, so daß diese Alkaloide noch in 10^{-7} n Konzentration bestimmt werden können. Die Isochinolinalkaloid[e]

Codein, Morphin, Narkotin, Hydrastin zeigen diesen Effekt nicht. Beim Chinin [s. auch Referat F 8] wurde festgestellt, daß die Wellenhöhe ab p_H 7,5 abnimmt, um bei etwa p_H 10 zu verschwinden [F 19, 29].

S t r y c h n i n gibt nach R e i m e r s [F 19] eine Welle, die im Gegensatz zur Chininwelle mit steigendem p_H nicht abnimmt. So ist in 0,1 n-Na_2SO_3 (p_H 9,45) die Strychninwelle etwa 25mal höher als die Chininwelle. Es ist daher in dieser Lösung möglich, Strychnin auch neben viel Chinin, z. B. in Chinintabletten, nachzuweisen. (2% Strychnin konnen auf 20% genau bestimmt werden.)

A n e u r i n (Thiamin, Vitamin B_1) gibt nach Wollenberger [F 34] eine hohe katalytische Welle, die zur Bestimmung gut brauchbar ist.

Das N i c o t i n s ä u r e a m i d , ebenfalls eine Vitamin-B-Komponente, gibt in saurer Lösung eine Welle, die bei p_H 7 verschwindet. Die Welle überlagert die Reduktionsstufe. Diese erhält man ungestört in alkalischer oder ungepufferter neutraler Lösung. Sie ist gut geeignet zur quantitativen Bestimmung [K n o b l o c h F 35]. Auch Nicotinsäure, Picolinsäure, α-Aminopyridin geben in saurer Lösung eine Welle, in alkalischer Lösung Reduktionsstufen; ferner geben eine Welle, die nicht reduzierbaren Amine: Chinolin, Pyridin, und schwach: Piperidin, Anilin [F 35].

N i c o t i n gibt nur eine Reduktionsstufe [F 29], die nach S e m e r a n o [E 15] für eine Bestimmung geeignet ist (in schwach salzsaurer Lösung).

Auch die S u l f o n a m i d e (Prontosil, Cibazol, Eubasin) geben in Acetatpuffer einen katalytischen Effekt, allerdings nur eine Vorverlagerung des Endanstiegs [F 29].

Es zeigt sich also, daß eine große Anzahl organischer Verbindungen die -Abscheidung katalysieren. Nicht nur an Schwefel oder Stickstoff, sondern auch an Kohlenstoff oder Sauerstoff gebundener Wasserstoff kann hierbei wirksam sein. Nach H. F a ß b e n d e r [F 29] kommt es lediglich darauf an, daß der Wasserstoff eine bestimmte Labilität besitzt. Die Wirksamkeit fehlt, wenn der Wasserstoff zu fest gebunden ist, aber auch wenn zu beweglich ist, wenn er schon saure Eigenschaften besitzt. Die SH- und OH-Gruppe der Merkaptane und Phenole sind zu sauer und müssen durch negativierende Substituenten verfestigt werden. Daher sind z. B.

Thioglycolsäure, Dithioäthylenglycol, p-Oxythiophenol und Phloroglycin katalytisch wirksam (Vorverlagerung der H-Abscheidung in NH_3-NH_4Cl-Puffer). Umgekehrt sind die NH- und besonders die CH- und die alkoholische OH-Gruppe zu fest und müssen durch positivierende Substituenten labilisiert werden. Wirksame Amine sind daher die Sulfanilsäure, die Arsanilsäure, das Benzamid und die obengenannten Verbindungen. Die CH-Gruppe ist wirksam im Acetylaceton, Acetessigester, Malonsäurediäthylester, während sie in der Malonsäure selbst, in der Barbitursäure und im Betain bereits zu labil ist. Im schwach katalysierenden Saligenin liegt wahrscheinlich ein wirksamer Alkohol vor. Es muß zu dem Vorstehenden jedoch gesagt werden, daß eine restlose Klärung der Wirkung der Substituenten noch nicht erzielt ist. Anscheinend muß eine alternierende Wirkung derselben angenommen werden. Die Klärung wird durch den Umstand erschwert, daß es oft nicht sicher ist, welches H-Atom der Molekel wirksam ist. So kann z. B. im Cystein entweder die SH- oder die NH_2-Gruppe wirksam sein.

Nachstehend seien noch einige Angaben über sonstige katalytische H-Wellen zusammengestellt, wobei auch einige anorganische Stoffe als Katalysatoren vertreten sind.

Spuren von Wolframsäure in Salzsäure verursachen nach Heyrovský [A 1] eine katalytische Welle.

Durch Einwirkung von H_2S auf eine Perrhenatlösung in Acetatpuffer entsteht eine Verbindung ($ReS_2 \cdot SH$?), die eine katalytische H-Welle verursacht, welche bei — 0,8 V beginnt, bei — 1,2 V ihr Maximum hat und 10mal höher ist als die normale Perrhenatstufe [Heyrovský D 34]. Über eine durch Re^- verursachte H-Welle siehe § 8g [D 151]. Über die Katalyse der H-Abscheidung durch den Co-Dimethylglyoximkomplex siehe [D 217b].

Nach Brdička [F 11] gibt β,β'-Dichlordiäthylsulfid (Gelbkreuz) beim Kochen mit NH_3-Wasser ein Zersetzungsprodukt, das mit NH_3-NH_4Cl-CoII- oder CoIII-Lösung eine katalytische Welle gibt. 2 bis 5 γ im Kubikzentimeter genügen zum Nachweis.

d) Katalytische H_2O_2-Wellen

Die irreversible H_2O_2-Stufe (zweite O_2-Stufe) bildet ebenfalls bei Gegenwart von gewissen Katalysatoren eine zu positiveren Potentialen verschobene Vorstufe. In dieser Weise wirken

Hämoglobin, Hämatin und Hämin [Brdička u. Tropp, Haurowitz F 14; Brdička u. Wiesner F 27, 38; s. auch F 28], ferner

Pb^{2+}-Ionen, wenn ihre Konzentration sehr gering ist [Strnad F 15].

Einzelheiten dieser theoretisch interessanten Effekte sind den Referaten im Kapitel VII zu entnehmen.

III. E. Die Adsorptionsanalyse

Bestimmung oberflächenaktiver Stoffe durch Maximadämpfung

Die sonst unerwünschten Maxima bereichern andererseits die Polarographie durch die Möglichkeit, auch nicht reduzierbare oder oxydierbare Stoffe annähernd zu bestimmen, falls sie als stärkere Maximadämpfer wirksam sind. Dies sind also Stoffe, die oberflächenaktiv sind, d. h. an der Tropfenoberfläche adsorbiert werden und dadurch die Maxima unterdrücken. Ein solches Verhalten zeigen einerseits Kolloide, andererseits aber auch solche echt gelöste Stoffe, die entweder eine hydrophobe Gruppe enthalten (z. B. Seifen; diese Stoffe sind allerdings meist auch kolloidal) oder aber durch eine besondere Affinität zur Metalloberfläche ausgezeichnet sind (Stickstoff und Schwefel enthaltende Verbindungen; Alkaolide, Farbstoffe, Sparbeizen, CN^--Ion).

Selbstverständlich ist eine getrennte Bestimmung mehrerer dieser Stoffe nicht möglich.

Das Prinzip der Adsorptionsanalyse besteht darin, daß zu einer Grundlösung, die einen Depolarisator enthält, der ein ausgesprochenes Maximum gibt, die Probelösung in solcher Menge und Konzentration zugegeben wird, daß das Maximum der Grund lösung nur teilweise gedämpft wird. Entweder wird eine Eichkurve aufgenommen, die den Grad der Dämpfung in Abhängigkeit von der Dämpferkonzentration wiedergibt, oder man bestimmt, wieviel von der Probelösung zugesetzt werden muß, um eine Dämpfung auf die Hälfte der Höhe des ursprünglichen Maximums zu erzielen.

§ 23. Die Grundlösung

Die Grundlösung muß einen Depolarisator enthalten, der ein ohes, gut reproduzierbares Maximum liefert. Praktisch benutzt vorden sind bisher die Maxima von O_2 (luftgesättigte Lösung), u II und Hg I, also alles positive Maxima. Nur für Proteinntersuchungen ist auch das negative Co II-Maximum in NH_3-H_4Cl-Lösung benutzt worden [Ga 17].

Die Grundlösung muß ferner ein Leitsalz enthalten, und zwar ist es wesentlich, daß für dieses die richtige Konzentration gewählt wird: Ist die molare Konzentration geringer oder gleich der des Depolarisators, so erhält man ein spitzes, plötzlich abfallendes Maximum; bei hoher Konzentration des Leitsalzes dagegen ein abgerundetes, nur allmählich auf den Grenzstrom des Depolari-

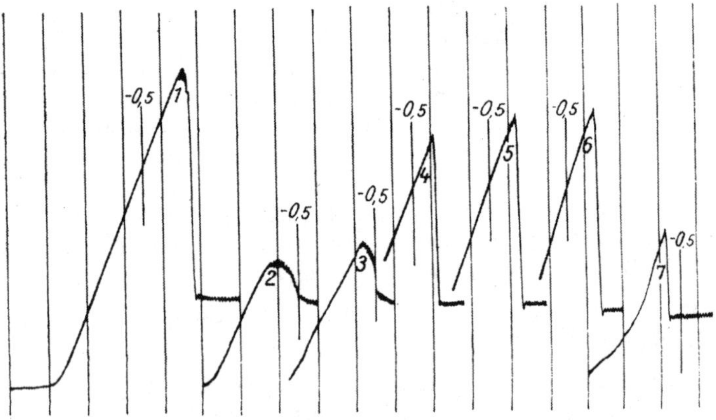

Fig. 71. Stabilisierung des Kupfermaximums durch Chlorionen

Polarogramme (vgl. Fig. 72).
1. 50 cm³ 0,01m-$CuSO_4$ in 0,1n-H_2SO_4 (nicht entlüftet).
2. Dazu 0,5 cm³ einer Lösung von 2 g Fuchsin · HCl im Liter.
3. Dazu 0,1 cm³ 1n-KC
4. Noch 0,2 cm³ KCl.
5. Noch 0,2 cm³ KCl.
6. Noch 5,0 cm³ KCl.
7. Noch 3,5 cm³ Fuchsinlösung.

sators absinkendes Maximum. Meist ist das spitze Maximum zu bevorzugen. Das Runde ist zwar empfindlicher gegen Dämpfer, doch ist gerade hierdurch die Reproduzierbarkeit schlechter, weil schon geringe Verunreinigungen (z. B. Staub) einen starken Einfluß auf die Maximahöhe haben. Es ist daher im Gegenteil erwünscht, die Stabilität eines Maximums zu erhöhen, da die Empfindlichkeit der Methode meist mehr als ausreichend ist, aber die Reproduzierbarkeit viel zu wünschen übrig läßt.

Eine solche Stabilisierung des Maximums ist beim Cu-Maximum möglich, und zwar auf Grund von Beobachtungen, die der Verfasser über die Reduktion von CuII an einer Hg-Kathode machte [Cm 22]. In Gegenwart von Cl^--Ionen (und anderen, CuI besonders stark bindenden Stoffen) erfolgt nur bei

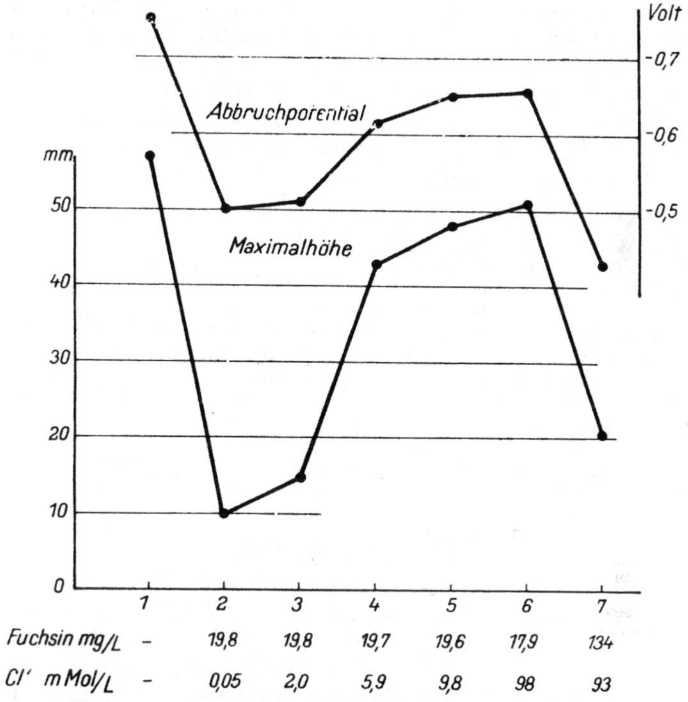

Fig. 72. Darstellung der Höhen (vom Grenzstrom) und der Abbruchpotentiale der Maxima der Polarogramme der Figur 71

höherer Stromdichte eine Reduktion zu Cu, sonst nur zu CuI. Da nun die Tropfenoberfläche an der Kapillarenseite (am Tropfenhalse) eine geringere Stromdichte hat als an der freien unteren Seite (am Tropfenscheitel), so erfolgt die Reduktion am Tropfenhalse nur zu CuI, am Scheitel zu Cu, und das bedingt am Halse ein um 0,3 Volt positiveres Potential. Diese große Potentialdifferenz bedingt einen großen Unterschied in der Grenzflächenspannung und somit eine starke Strömung, ein hohes Maximum, und zwar ein sehr stabiles. Figg. 71 und 72 veranschaulichen diese stabilisierende Wirkung von Cl^--Ionen auf das Cu-Maximum. — Mit einer chloridhaltigen (am besten sauren) Cu-Salzlösung ist es daher möglich, genaue Ergebnisse ($\pm$ 5%) ohne übertriebene Vorsichtsmaßnahmen zu erhalten, während sonst z. B. eine Anwendung von doppelt destilliertem Wasser erforderlich ist. Wird doch z. B. das O_2-Maximum schon durch Berührung der Lösung mit Filtrierpapier vollständig unterdrückt.

Selbstverständlich ist trotzdem auf große Sauberkeit zu achten und eine Berührung der Lösungen mit Kork, Filtrierpapier und dergleichen zu vermeiden. Auch muß die Depolarisator- und Elektrolytkonzentration bei allen Versuchen, die miteinander verglichen werden sollen, gleich sein. Enthalten die Probelösungen Elektrolyte in nicht stets ganz gleicher Menge, so muß die Grundlösung so viel Elektrolyt enthalten, daß nach dem Mischen keine merklichen Unterschiede in der Konzentration mehr bestehen. — Erwähnt sei bei dieser Gelegenheit auch, daß ein spitzes Maximum mit um so höherer Elektrolytkonzentration erzielt werden kann, je langsamer die Kapillare tropft [Cm 7].

Für die Bestimmung von Dämpfern in organischen Flüssigkeiten (Petroleum, Transformatorenöl) wird statt einer wässerigen eine methylalkoholische Grundlösung benutzt (s. weiter unten).

§ 24. Die Auswertung

Zur Ermittlung einer Dämpferkonzentration kann entweder die polarographische oder die polarometrische Methode benutzt werden. Bei ersterer wird das Polarogramm der Grundlösung (mit ungedämpftem Maximum) aufgenommen und dann ein Polarogramm nach Zusatz der dämpferhaltigen Probelösung. Beide Maxima werden vermessen, und zwar vom Grenzstrom des Depolarisators als Nullpunkt. Es sei M die Höhe des ungedämpften und M_d die Höhe des gedämpften Maximums. Dann ist $D = M - M_d$ die bewirkte Dämpfung und $D_r = 100 \cdot (M - M_d)/M$ die relative Dämpfung in Prozenten. D und D_r sind nicht proportional der Dämpferkonzentration C. Vielmehr steigen D und D_r mit C zunächst stark und dann immer schwächer. Es ist daher notwendig, eine Eichkurve aufzunehmen, die D oder D_r als Funktion von C darstellt (s. Fig. 73).

Statt der Maximahöhen ist es bei plötzlich abbrechenden Maxima auch möglich, die Abbruchpotentiale zu benutzen. Denn die Dämpfung erfolgt — wenn keine Störungen, z. B. durch Ausbildung einer Widerstandsschicht an der Tropfenoberfläche, vorliegen — in der Weise, daß die Steilheit des Anstiegs zum Maximum

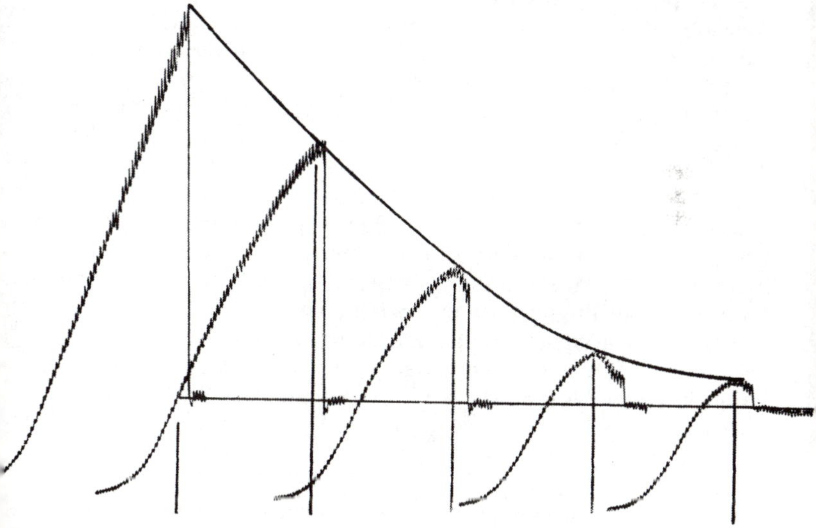

Fig. 73. Bestimmung einer Eichkurve für eine Adsorptionsanalyse

Dämpfung des O_2-Maximums einer luftgesättigten 0,001n-KCl-Lösung durch steigende Zusätze von Fuchsin.

konstant bleibt, jedoch der Abbruch um so früher erfolgt, je stärker das Maximum gedämpft wird. In solchen störungsfreien Fällen läßt sich daher das Abbruchpotential P benutzen, das auch ohne Registrierung des Polarogramms festzustellen ist, indem man bei laufender Walze die Walzenstellung abliest, bei welcher der Galvanometerausschlag zurücksinkt. Die Dämpfung ist dann durch die Differenz $P - P_d$ gegeben; auch so gemessen ist sie nicht proportional der Dämpferkonzentration. Bei dieser Methode ist es erforderlich, daß die an der Walze anliegende Spannung genau eingestellt ist (mit dem Normalelement). Man kann dann aber — wie eigene Versuche ergeben haben — die Dämpferkonzentration auf ± 3% bestimmen. Dabei ist aber auch auf konstante Tropfgeschwindigkeit zu achten, denn der Abbruch erfolgt um so früher, je langsamer die Kapillare tropft.

Die polarometrische Methode, d.h. die Anwendung einer konstanten Spannung, die hier auf den Gipfel des Maximums eingestellt wird, ist nur dann anwendbar, wenn ein gerundetes Maximum vorliegt. Bei Zusatz von Dämpfer zur Grundlösung geht der Ausschlag des Galvanometers zurück. Es ist auf diese Weise möglich, beispielsweise den Kolloidgehalt, d. h. den Verunreinigungsgrad von Wasser dauernd zu registrieren: Man läßt das Wasser dauernd langsam durch das Elektrolysengefäß strömen und registriert den Galvanometerausschlag auf einer langsam laufenden Phototrommel. Am einfachsten ist es hierbei, das O_2-Maximum des luftgesättigten Wassers zu benutzen. Man hat allerdings dafür zu sorgen, daß das Wasser einen konstanten und ausreichenden Gehalt an Elektrolyt erhält, um ein gerundetes Maximum zu ergeben. Eine solche Registrierapparatur beschreiben Schwarz, Schröder und v. Stackelberg [Cm 34].

§ 25. Anwendungen

Anwendungen mehr qualitativer Art sind schon vor längerer Zeit vorgeschlagen worden. So unterscheiden Heyrovský, Smoler und Štasný [E 13; G 31] Gärungsessig von Holz- oder synthetischem Essig dadurch, daß ersterer Dämpfer enthält. Der Essig wird einfach mit Wasser so verdünnt, daß er 0,02 m ist. Die Essigsäure dient als Leitsalz, der gelöste Luftsauerstoff als Depolarisator mit Maximum. Bei Gärungsessig erscheint kein Maximum.

Šandera und Zimmermann sowie Vavruch [G 32] untersuchten die Reinheit von Zuckersorten durch die Dämpfung des O_2-Maximums einer 5%igen Zuckerlösung in 0,001 n-KCl.

Gosman und Heyrovský [E 11] prüften Petroleumfraktionen. Da hochmolekulare Bestandteile stark dämpfen, kann die Reinheit z. B. von Benzin durch die Verdünnung (reziproke Konzentration) angegeben werden, bei der eine Dämpfung auf die Hälfte erfolgt. Als Grundlösung wurde hierbei Methylalkohol mit 0,01 n-$CuSO_4$ und 0,02 n-H_2SO_4 benutzt. Nachfolgend einige der erhaltenen Zahlenwerte: Ein Rohöl 41 700; verschiedene Benzinsorten 410, 310, 160, 75; medizinisches Benzin 9,6; Hexan von Kahlbaum 7,5.

Scaramelli [E 56] stellte fest, daß die Alterung und die Reinigung von Transformatorenöl durch die dämpfende Wirkung verfolgt werden kann. Es wurde die gleiche methylalkoholische Grundlösung wie oben benutzt. Zu dieser wurden methylalkoholische Auszüge des Öles gegeben. Je älter (schlechter) das Öl war, um so stärker wurde das Cu-Maximum gedämpft.

Schwarz [D 85; Cm 34] hat den „Verunreinigungsgrad" von Wässern bestimmt, im Prinzip ebenso wie Gosman und Heyrovský die Petroleumfraktionen untersuchten. Als Grundlösung wurde eine luftgesättigte 0,01 n-KCl-Lösung in sorgfältig destilliertem Wasser benutzt. Zu 5 cm^3 dieser Lösung wurden 5 cm^3 der Probelösung gegeben. Diese bestand aus dem Probewasser, welches mit reinstem destilliertem Wasser verdünnt war. Indem Schwarz feststellte, wievielfach diese Verdünnung sein muß, um eine Dämpfung des O_2-Maximums auf die Hälfte zu erzielen[1]), ergaben sich folgende Zahlen (auszugsweise), die den Gehalt des Wassers an oberflächenaktiven Verunreinigungen (Kolloiden) charakterisieren: Wiener Hochquellenleitung 0,05, Kölner Stadtwaldweiher 0,7, Kölner Leitungswasser 1,0, Teich im Wiener Prater 2,3, Rheinwasser bei Köln 2,9, Donauwasser bei Wien 4,0, ein Industrieabwasser 1600. [Vgl. auch Cm 29].

Quantitative Bestimmung durch Adsorptionsanalyse. Der Verfasser hat sich in Gemeinschaft mit der Firma Henkel & Cie., Düsseldorf, damit befaßt, die Methode in Richtung einer möglichst genauen quantitativen Bestimmung eines dämpfenden Stoffes auszubauen. Das Ziel war hier die Bestimmung des Gehaltes von Waschmitteln an Seifen oder Sulfonaten, doch dürfte die Methode auch für andere Fälle, bei denen die Probe nur einen stark oberflächenaktiven Stoff enthält, anwendbar sein. — Da eine praktisch verwertbare Methode genau und zugleich schnell arbeiten muß, war eine Reihe von Verbesserungen an der bisherigen Methodik vorzunehmen.

Die Grundlösung muß so beschaffen sein, daß sie durch die neben dem Dämpfer in der Probe enthaltenen Bestandteile (z. B. Salze) möglichst wenig beeinflußt wird. Sie muß also selbst Elektrolyt in nicht zu geringer Konzentration enthalten. Daher muß auch der das Maximum gebende Depolarisator in nicht zu geringer Konzentration zugegen sein, um das für höhere Genauigkeitsansprüche günstigere spitze Maximum zu ergeben. Der sonst so bequeme Luftsauerstoff scheidet daher wegen seiner geringen Konzentration aus. Die Versuche ließen schließlich eine 0,01 m-$CuCl_2$ — 0,1 n-

[1]) Bei Wässern, die auch unverdünnt nicht auf die Hälfte dämpfen, wurde mit einer 0,002%igen frischen Gelatinelösung verglichen, indem diese so weit verdünnt wurde, bis sie die gleiche Dämpfung wie das Probewasser ergab.

H_2SO_4-Lösung wählen[1]). Die verhältnismäßig hohe Säurekonzentration macht die Lösung unempfindlich gegen einen Sodagehalt der Probe. Die Cl^--Ionen (vom $CuCl_2$ herrührend) stabilisieren das Cu-Maximum, wie oben ausgeführt wurde (vgl. Figg. 71 und 72), und erübrigen dadurch das zeitraubende Arbeiten mit besonders gereinigtem Wasser. Die Empfindlichkeit ist auch so ausreichend und die Reproduzierbarkeit wesentlich gebessert. — Die Lösung braucht nicht entlüftet zu werden.

Das Elektrolysengefäß. Die Anwendung einer chloridhaltigen Cu-Lösung macht die Abtrennung der Gegenelektrode notwendig, da sonst CuII mit dem Bodenquecksilber reagiert (s. S. 49). Eine Kalomelelektrode als Gegenelektrode ist ungünstig: Die verhältnismaßig starken Ströme, die beim Maximum fließen, rufen leicht eine Passivierung einer solchen Elektrode hervor, weil das in Lösung gehende Hg dazu neigt, eine dichte Haut von Hg_2Cl_2 mit hohem Widerstand zu bilden [vgl. S. 41], wodurch die Höhe und das Abbruchpotential des Maximums verändert werden und schließlich überhaupt kein Strom mehr hindurchgeht. Zwar erholt sich eine derart passivierte Kalomelelektrode beim Stehen, wahrscheinlich, weil sich die Hg_2Cl_2-Haut zusammenzieht, doch ist sie für Serienanalysen natürlich trotz dem nicht brauchbar. Daher wurde eine Sulfatelektrode benutzt die über dem Quecksilber eine an Hg_2SO_4 gesättigte 0,1 n-H_2SO_4 enthielt. Sie wurde durch zwei Diaphragmen, zwischen denen sich eine 0,1 n-H_2SO_4 befand, von der Grund- + Probelösung getrennt[2]).

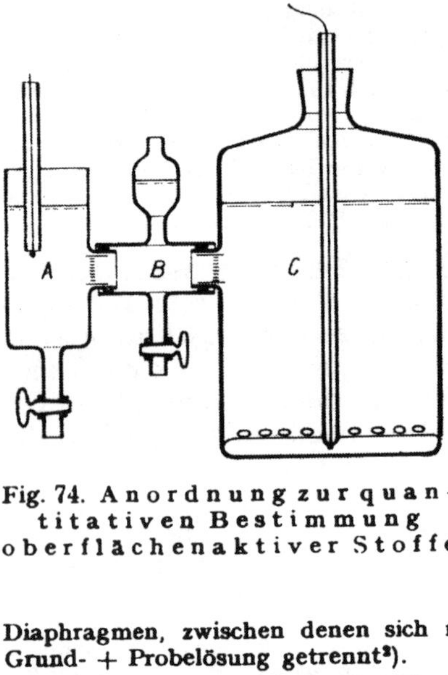

Fig. 74. Anordnung zur quantitativen Bestimmung oberflächenaktiver Stoffe

Die benutzte Anordnung zeigt Fig. 74. *A* enthält die Grund- + Probelösung, die von unten abgelassen werden kann. *B* wird durch den oberen Ansatz mit 0,1 n-H_2SO_4 gefüllt, und zwar so, daß das Niveau hier höher ist als in *A* und *C*. *C* ist die Gegenelektrode mit großer Hg-Fläche am Boden

[1]) Eine 0,1 n-HCl ist weniger zu empfehlen, weil bei so hoher Cl^--Konzentration eine zu starke Reaktion des CuII mit dem abgetropften Quecksilber stattfindet.

[2]) Denn bei Anwendung von nur einem Diaphragma fällt in dessen Poren Hg_2Cl_2 aus, weil auf der einen Seite Cl^--Ionen, auf der anderen Seite Hg_2^{2+}-Ionen infolge der nicht ganz geringen Löslichkeit des Hg_2SO_4 zugegen sind.

(50 cm³), um eine Polarisation zu vermeiden; darüber befindet sich festes Hg_2SO_4 und 0,1 n-H_2SO_4. Als Diaphragmen zwischen *A* und *B* sowie *B* und *C* sind G 4-Filter eingesetzt[1]).

Diese Anordnung zeichnet sich durch eine große Konstanz des Widerstandes aus, so daß auch die bequeme Methode der Bestimmung der Dämpfung aus dem Abbruchpotential *P* angewandt werden kann. Dieses liegt für die Grundlösung bei — 1,0 Volt gegen die Sulfatelektrode. Legt man nur 50 mV pro Windung an, so läßt sich *P* bei einer Tropfzeit von 1,5 Sek. auf ± 2 mV bestimmen, da der Abbruch auf 1 Tropfen genau ermittelt werden kann. Bei mehrfacher Wiederholung der Ablesung wird die Genauigkeit noch größer.

In das Gefäß *A* werden 25 cm³ der Grundlösung eingefüllt. Nach dreimaliger Bestimmung des Abbruchpotentials *P* wird 1 cm³ der Probelösung zugegeben und nunmehr das neue Abbruchpotential P_d ebenfalls dreimal bestimmt. Die Probelösung wird so hergestellt, daß $P - P_d$ etwa 200 mV beträgt. Dieser Wert läßt sich auf etwa ± 2 mV (= ± 1%) genau (und reproduzierbar) ermitteln. Nach der Eichkurve eines konkreten Falles entspricht dies einer Genauigkeit der Bestimmung der Dämpferkonzentration auf ± 2% (mittlerer Fehler).

1) Sie sind ungedichtet, damit sie einen konstanten Widerstand haben.

KAPITEL IV

DIE POLAROMETRISCHE TITRATION

Aus der polarographischen Analysenmethode hat sich ein besonderes Verfahren entwickelt, das als polarometrische Titration[1]) bezeichnet wird. Im Gegensatz zur polarographischen Methode wird hierbei nicht die Stufenhöhe als Maß für die Konzentration eines Stoffes genommen, sondern die Menge einer geeigneten Maßlösung, die — z. B. durch Ausfällung des Stoffes — dessen Stufe gerade eben zum Verschwinden bringt. Neben einer Ausfällung kommt auch eine komplexe Bindung, eine Reduktion oder Oxydation des Stoffes in Frage. Die polarographische Einrichtung mit der Tropfelektrode dient also nur noch zur Anzeige eines Titrationsendpunktes. Als Beispiel sei die Titration eines Pb-Salzes mit Sulfat genannt, bei der nach $Pb^{2+} + SO_4^{2-} = PbSO_4$ die Bleistufe im Äquivalenzpunkt verschwindet.

Dieses Verfahren hat gegenüber der polarographischen Methode zunächst den Vorteil, daß all die Schwierigkeiten, die in der exakten Auswertung einer Stufenhöhe liegen, fortfallen: Man wird unabhängig von der Temperatur, der Tropfgeschwindigkeit, der Kapillarenweite und in mancher Hinsicht von der Zusammensetzung der Grundlösung. Es ist ferner eine wesentlich höhere Genauigkeit zu erzielen; während die Auswertung einer Stufenhöhe je nach Umständen auf 1 bis 5% genau möglich ist, ist die genannte Titration mindestens 10mal genauer durchzuführen, da das Verschwinden der Stufe mit großer Galvanometerempfindlichkeit beobachtet werden kann.

In bezug auf den Anwendungsbereich ergibt das Verfahren der polarometrischen Titration gegenüber der polarographischen Methode eine Reihe von Erweiterungsmöglichkeiten einerseits und von Einschränkungen andererseits. Letztere ergeben sich vo

---

[1]) Kolthoff und Mitarbeiter benutzen die Bezeichnung „amperometrische Titration".

allem daraus, daß oft keine geeignete Maßlösung zu finden ist. Die Erweiterungen liegen darin, daß auch Stoffe, die selbst nicht reduzierbar sind, also keine Stufe geben, dann polarometrisch titriert werden können, wenn sie durch einen reduzierbaren Stoff gefällt werden können oder diesen in anderer Weise binden. So kann z. B. Sulfat mit Bleisalz titriert werden: Sobald alles Sulfat gefällt ist, wird die Bleistufe erscheinen und hierdurch den Titrationsendpunkt anzeigen. Ein anderes Beispiel ist die Titration von Mg^{2+} mit 8-Oxychinolin (Oxin): Mg^{2+} gibt keine brauchbare Reduktionsstufe, wohl aber Oxin [H 12].

Ein Vergleich der Bedeutung der polarometrischen Titration mit den sonstigen Titrationsmethoden, insbesondere denen mit elektrischer Endpunktsanzeige, ist noch nicht möglich, da die hier geschilderte Methode noch zu jung und bisher erst an wenigen Beispielen ausprobiert worden ist. Ihre Aussichten werden von den Bearbeitern als sehr günstig angesehen. Es kann sicher damit gerechnet werden, daß die Tropfelektrode entsprechend ihren Besonderheiten Anwendungsgebiete bei der Titration finden wird, bei denen sie anderen Anzeigevorrichtungen überlegen ist. Auch mit der rotierenden Pt-Elektrode lassen sich einige polarometrische Titrationen durchführen.

Bei der polarometrischen Titration wird also wie bei der konduktometrischen eine Stromstärke beobachtet und der Ermittlung des Endpunktes zugrunde gelegt. Doch handelt es sich nicht wie bei dieser um eine Verfolgung der Leitfähigkeit (mit Wechselspannung), sondern um den mit einer Gleichspannung beobachteten Diffusionsstrom. Dieser ändert sich dadurch, daß bei der Titration eine Änderung an der Konzentration eines Depolarisators (der auch ladungslos sein kann) eintritt, wobei am Ende der Titration der Depolarisator entweder verschwindet oder erstmalig in der Lösung auftritt.

§ 26. Die Apparatur

Die erste Titration dieser Art wurde 1929 von Heyrovský und Berezický [D 10] beschrieben, die Ba^{2+} und Sr^{2+} mit Sulfat und Carbonat titrierten. Hierbei wurde noch nach jeder Zugabe des Fällungsmittels die Ba- bzw. Sr-Stufe polarographisch aufgenommen und dann ausgemessen. Es genügt aber offensichtlich, eine während der ganzen Titration konstant bleibende Spannung anzulegen, wenn diese so gewählt ist, daß sie etwas größer als das Reduktionspotential des Depolarisators ist; dann wird dauernd die der jeweiligen Stufenhöhe entsprechende Stromstärke angezeigt, die im Äquivalenzpunkt verschwindet. Diesen Weg haben Majer [H 1] und Abresch [vgl. Neuberger H 4a, b] beschritten. Der Verzicht auf die Registrierung der Stufe (was gelegentlich auch bei der gewöhnlichen polarographischen Methode möglich ist) ist hier durchaus zulässig, da es nicht mehr darauf ankommt, zu übersehen, ob die Stufe eine gute Gestalt, einen konstanten Grenzstrom hat. Die ganze polarographische Einrichtung dient also nur noch als „Nullinstrument" und kann daher weitgehend vereinfacht werden.

An apparativen Einrichtungen sind dann neben dem Titriergefäß mit der Tropfelektrode und einer Gegenelektrode nur noch erforderlich: 1. eine Potentiometerschaltung mit Voltmeter, die es gestattet, eine geeignete Spannung an die Zelle anzulegen; 2. ein Meßinstrument, das die Stromstärke anzeigt. Als solches kann auch ein genügend empfindliches Zeigergalvanometer benutzt werden, das eine Empfindlichkeitsregulierung besitzen muß. Das Prinzip dieser einfachen Schaltung ist in Fig. 75 wiedergegeben.

Zweckmäßig ist es allerdings, noch eine Vorrichtung zur Kompensation des Grundstromes vorzusehen. Ist nämlich neben dem zu bestimmenden reduzierbaren Stoff (z. B. Pb^{2+}) noch ein anderer leichter reduzierbarer (z. B. O_2) vorhanden, so wird dieser auch beim Verschwinden des titrierten Stoffes (Pb^{2+}) am Titrationsendpunkt noch einen Grund- oder Reststrom veranlassen. Der Endpunkt wird dann nicht durch ein Verschwinden des Stromes, sondern durch das Aufhören des Absinkens des Stromes festzustellen sein (Fig. 80a, S. 245). Es ist aber wegen dieses Grundstromes nicht möglich, die Galvanometerempfindlichkeit stark zu erhöhen, ohne aus dem Meßbereich des Instrumentes herauszukommen. Dadurch wird die Schärfe der Endpunktanzeige beeinträchtigt. Behoben wird dieser Mangel durch die Anwendung einer Zusatzspannung, die den Grundstrom kompensiert, d. h. den Galvanometerzeiger trotz Grundstrom auf den Skalenanfang zurückholt. Eine derartige Schaltung ist in der Fig. 76 wiedergegeben [nach N e u b e r g e r H 4b]. In diesem Schaltschema ist noch ein dem Galvanometer parallel geschalteter Kondensator angegeben, der den Zweck hat, die kurzperiodigen Ausschläge des

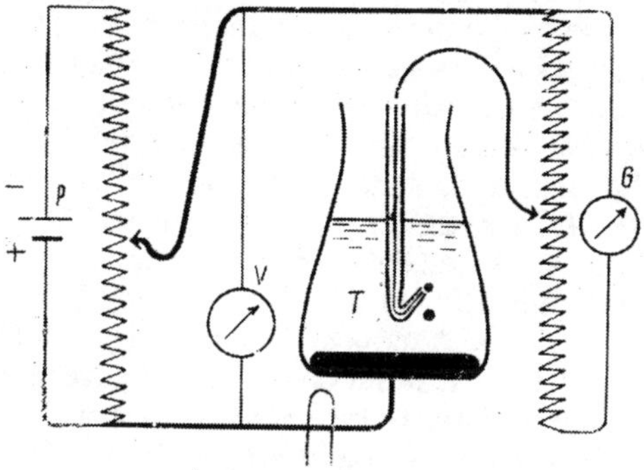

Fig. 75. E i n f a c h s t e s p o l a r o m e t r i s c h e s S c h a l t s c h e m a

P = Potentiometer zur Entnahme wählbarer Spannungen.
V = Voltmeter zur Messung der Spannung.
T = Titrationsgefäß mit Bodenelektrode und Tropfelektrode. (Hier ist die umgebogene Elektrode nach K. S c h w a r z gezeichnet.)
G = Galvanometer mit Empfindlichkeitsregulierung.

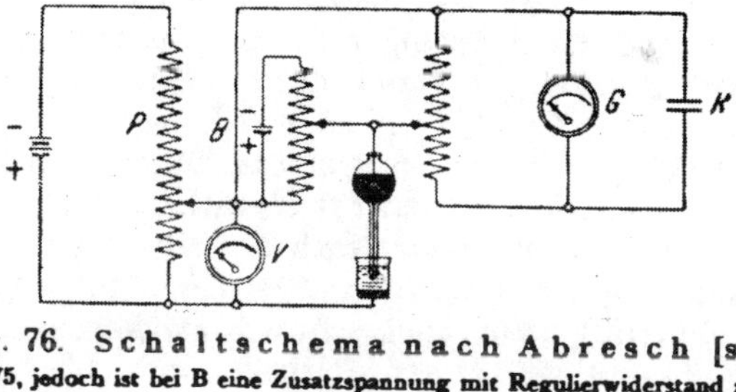

Fig. 76. S c h a l t s c h e m a n a c h A b r e s c h [s. H 4b]

Wie Fig. 75, jedoch ist bei B eine Zusatzspannung mit Regulierwiderstand zur Kompensation des Grundstromes vorgesehen. *K* = Kondensator zur Erhöhung der Galvanometerträgheit.

Instruments infolge der einzelnen Tropfen der Elektrode zu dämpfen.

Als unpolarisierbare G e g e n e l e k t r o d e wird eine Quecksilberbodenelektrode, eine Drahtelektrode, meist aber eine getrennte Gegenelektrode benutzt. Diese wird am einfachsten durch einen Schlauch, der mit Elektrolytlösung gefüllt ist und am Ende ein Stück Glasrohr mit einem Agar-Pfropf trägt, mit dem Titriergefäß verbunden, s. [B 34,; H 27]. — Da bei konstanter Spannung gearbeitet wird, ist bei geeigneter Wahl der Gegenelektrode eine äußere Spannungsquelle entbehrlich, siehe z. B. [H 25, 27].

Ob der Luftsauerstoff entfernt werden muß, wird von Fall zu Fall verschieden sein. Auch wenn kein zwingender Grund zur Entfernung des Sauerstoffs vorliegt, so wird hierdurch doch in allen Fällen die Genauigkeit der Titration gesteigert — allerdings auf Kosten der Geschwindigkeit. In manchen Fällen (in nicht sauren Lösungen) wird es möglich sein, den Sauerstoff durch einen Zusatz von Natriumsulfit unschädlich zu machen. Meist wird durch Einleiten von Stickstoff oder Wasserstoff entlüftet. Da auch die Maßflüssigkeit vom Luftsauerstoff befreit werden muß, wird die diese enthaltende Bürette meist luftdicht auf das Titriergefäß aufgesetzt, so daß der in letztere eingeleitete Stickstoff bei geöffnetem Bürettenhahn auch durch die Maßflüssigkeit perlt. Eine solche Anordnung zeigt Fig. 18.

Notwendig ist eine Rührvorrichtung, um nach jeder Zugabe von Maßflüssigkeit eine Durchmischung bewirken zu können. In einfachster Weise rührt man durch kurzes, kräftiges Durchleiten von Gas (oder bei offenem Gefäß von Hand mit dem Glasstab). Während der Ablesungen der Stromstärke wird im allgemeinen nicht gerührt, da hierdurch der Diffusionsstrom und auch das regelmäßige Tropfen der Elektrode beeinträchtigt wird, was zu Schwankungen in der Stromstärke führt. Nun kommt es aber hier auf die Definiertheit der Stromstärke weniger an als bei der polarographischen Methode. Nach Neuberger ist es daher bei Anwendung eines Kondensators (Fig. 76) möglich, mit einem Motor dauernd, wenn auch schwach zu rühren.

Die Figg. 77 und 78 zeigen Titrationseinrichtungen nach Abresch-Neuberger bzw. nach Kolthoff. Die letztere ist mehr für wissenschaftliche Arbeiten als für Serienanalysen gedacht. — Fig. 79 zeigt ein Polarometer der Firma Hellige, allerdings nicht in Verbindung mit einer Titriervorrichtung, sondern nur mit einer Tropfelektrode.

Als Tropfelektrode wird gewöhnlich die gleiche benutzt wie auch in der Polarographie. Da es aber bei der Titration nicht auf genaue

KAPITEL V

BESCHREIBUNG DER APPARATE

In den Kapiteln I und II ist das Prinzip der üblichen polarographischen Apparate bereits beschrieben worden. Hier soll in Kürze noch auf einige Einzelheiten eingegangen werden, und zwar

1. Die käuflichen Polarographen (§ 29).
2. Selbstbau einer polarographischen Anordnung (§ 30).
3. Nebenapparate (§ 31).
4. Besondere Konstruktionen (§ 32).

§ 29. Die käuflichen Polarographen

Alle Polarographen zeigen im Prinzip die gleiche Anordnung wie sie im § 2 beschrieben worden ist. Sie unterscheiden sich einerseits in der Art wie die Teile zusammengebaut sind, andrerseits darin, wie das Polarogramm aufgezeichnet wird: photographisch oder mit einem Tintenschreiber.

Der **Tintenschreiber** bietet den großen Vorteil, daß das Ergebnis sofort zu übersehen ist. Der Nachteil der photographischen Registrierung liegt nicht so sehr in dem Zeitaufwand für das Entwickeln als in dem Umstand, daß das Polarogramm erst dann vorliegt, wenn es zu einer Wiederholung der Aufnahme schon zu spät ist. Deshalb ist bei wissenschaftlichen Arbeiten das Polarogramm oft von Hand registriert worden (s. § 30). Ob der Tintenschreiber die ihm entgegengebrachten Hoffnungen erfüllt, kann der Verfasser aus eigener Erfahrung nicht beurteilen. Es ist erst in neuerer Zeit gelungen, seine Empfinldichkeit und Genauigkeit so weit zu steigern, daß er den Ansprüchen genügt[1]). In England und Amerika werden Apparate mit Tintenschreibern gebaut, die weiter unten im Abschnitt d aufgeführt werden.

---

[1]) Es sei hier auf die von Hohn [B 32] gegebene Beschreibung der in der Duisburger Kupferhütte aufgebauten Versuchsapparatur hingewiesen. (Weitere Literatur über Tintenschreiber und die hierfür notwendigen Verstärker: [B 17, 26b, 44].)

zubiegen, daß es etwa im Winkel von 45° nach oben aufsteigt (s. Fig. 75). Doch erreicht man gegenüber gewöhnlichen Kapillaren immerhin nur eine Verzehnfachung der Stromstärke bei 60mal größerem Quecksilberverbrauch.

In Spezialfällen wird die in § 32 beschriebene rotierende Platinelektrode benutzt. Sie braucht für Titrationszwecke nicht durch einen Synchronmotor betrieben zu werden. Eine einfache Kon-

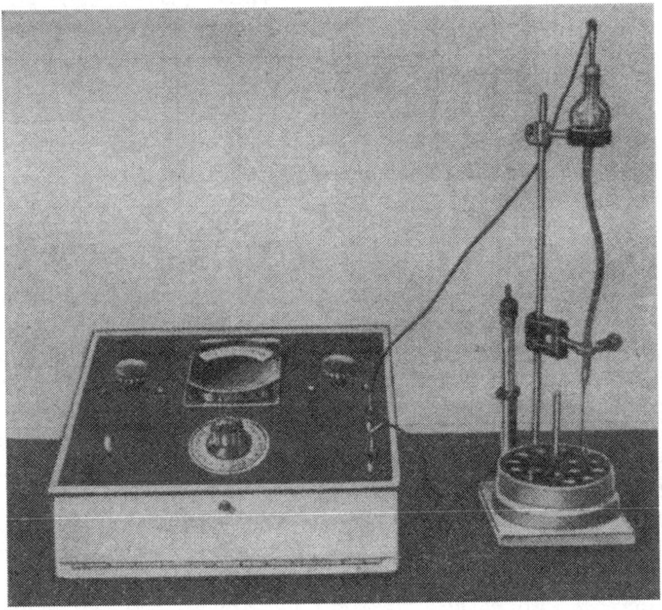

Fig. 79. Polarometer der Firma Hellige
mit Tropfelektrode und Thermostat.

struktion beschreiben Kolthoff und Harris [H 27]. Sieh auch [B 22; H 25 bis 29].

Mikrogefäße für die Titration beschreiben Stock und Fil [H 23], die elektrische Einrichtung bespricht Stock [H 23

§ 27. Die Titrationskurven und deren Auswertung

Die graphische Darstellung der Stromstärke in Abhängigkeit von der zugegebenen Menge Maßlösung sei als Titrationskurve bezeichnet. Es sind 4 Typen von diesen Kurven möglich, wie sie in der Fig. 80 wiedergegeben sind. Fig. 80a zeigt den Fall des Verbrauchs eines reduzierbaren Stoffes durch die Maßlösung (Titration von Pb^{2+} mit Sulfat); die Kurve b ergibt sich, wenn umgekehrt die Maßlösung den reduzierbaren Stoff enthält (Titra-

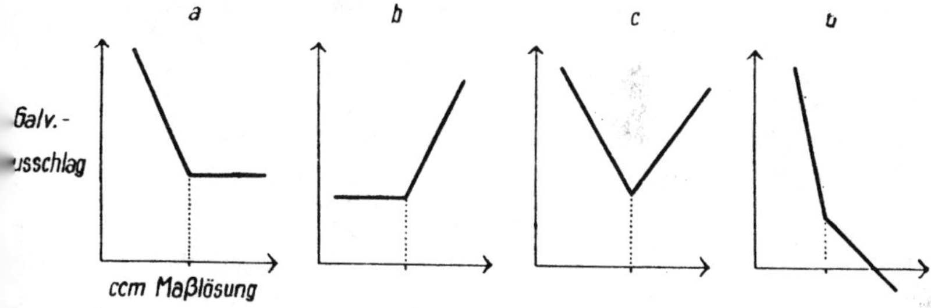

Fig. 80. Schematische Titrationskurven

tion von Sulfat mit Pb^{2+}); die Kurve c entspricht der Titration eines reduzierbaren Stoffes mit einem ebenfalls reduzierbaren (Titration von Pb^{2+} mit Chromat); die Kurve d schließlich wird erhalten, wenn die Maßlösung einen oxydierbaren Stoff enthält (Titration von Fe^{3+} mit $TiCl_3$, wobei sich Fe^{2+} und $TiCl_4$ bilden).

Selbstverständlich können nicht nur reduzierbare, sondern auch oxydierbare Stoffe titriert werden, wobei dann in den Figg. 80a bis d die nach oben gerichteten Ordinaten anodischen Strömen entsprechen würden.

Es ist bisher hier vorausgesetzt worden, daß der reduzierbare (oder oxydierbare) Stoff im Endpunkt der Titration die Konzentration Null hat, d. h. daß der sich bildende Niederschlag vollständig unlöslich ist, oder daß der Stoff sonstwie durch eine Reaktion mit der Maßlösung vollständig verschwindet. Dann ergibt sich der Titrationsendpunkt einfach aus dem scharfen Knickpunkt der Titrationskurve. Und dieser Knickpunkt liegt — im Falle des

Fehlens eines Grundstromes — bei der Stromstärke Null. Da die angegebenen Voraussetzungen aber meist nicht erfüllt sind, muß der Äquivalenzpunkt dadurch gefunden werden, daß man den Schnittpunkt der geradlinigen Verlängerungen der beiden Äste der Titrationskurve aufsucht, wie dies Fig. 82 angibt [Kolthoff und Pan H 3]. Hierbei ist aber zu beachten, daß infolge der Vergrößerung des Flüssigkeitsvolumens im Titriergefäß durch die Zugabe der Maßlösung eine Konzentrationsveränderung eintritt, die mit dem eigentlichen Titrationsvorgang nichts zu tun hat. Für diese Volumenänderungen muß eine Korrektur an den abgelesenen Galvanometerausschlägen angebracht werden, wenn man eine Titrationskurve erhalten will, die in einiger Entfernung vom Äquivalenzpunkt zu geraden Linien wird. Ist V das Volumen der ursprünglichen Titrierflüssigkeit und v das bereits zugegebene Volumen an Maßlösung, so beträgt der Korrekturfaktor $f = (V + v)/V$. Trägt man die hiermit multiplizierten Galvanometerausschläge als Ordinaten auf, so erhält man die „korrigierte Titrationskurve“, die die Möglichkeit einer geradlinigen Extrapolation der Kurvenäste ergibt. Es sei betont, daß das Minimum (A') der Titrationskurve in Fig. 82 im allgemeinen **nicht** denselben Abszissenwert hat wie der erwähnte Schnittpunkt (A) und daher nicht dem Äquivalenzpunkt entspricht. — Diese Methode läßt sich natürlich auch auf alle anderen in Fig. 80 dargestellten Typen von Titrationskurven anwenden[1]).

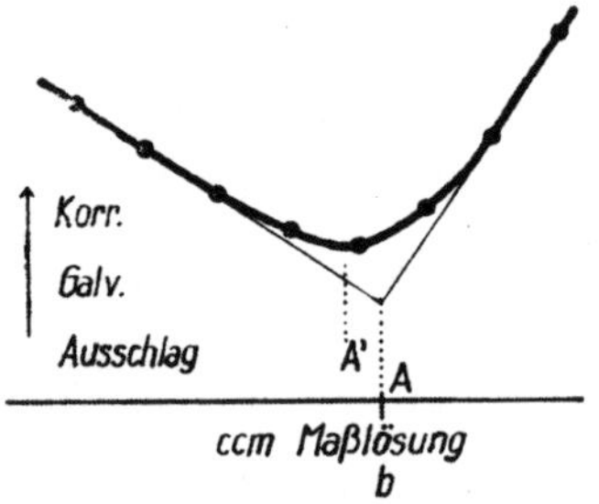

Fig. 82. Ermittlung des Titrationsendpunktes nach der Schnittpunktmethode von Kolthoff
Kurventyp *c* von Fig. 80 (schematisch).

Die vorstehenden Ausführungen könnten den Anschein erwecken, daß die Auswertung einer polarometrischen Titration doch

[1]) Über die Titration sehr verdünnter Lösungen und die Äquivalenzpunktbestimmung bei den hierbei sehr stark gerundeten Titrationskurven siehe Langer und Stevensen [H 18].

recht kompliziert ist. Es ist aber zu berücksichtigen, daß meist die Bestimmung von etwa 6 Punkten der Titrationskurve ausreicht, und daß bei Serienanalysen eine bloße Beobachtung des Galvanometers auch oft schon genügen wird. Daher ist die Auswertung nicht komplizierter als bei der potentiometrischen Titration.

Beginnt die Titrationskurve mit einer hohen Stromstärke (Typ a, c, d in Fig. 80), so wird zunächst mit geringer Galvanometerempfindlichkeit beobachtet und erst bei Annäherung an den

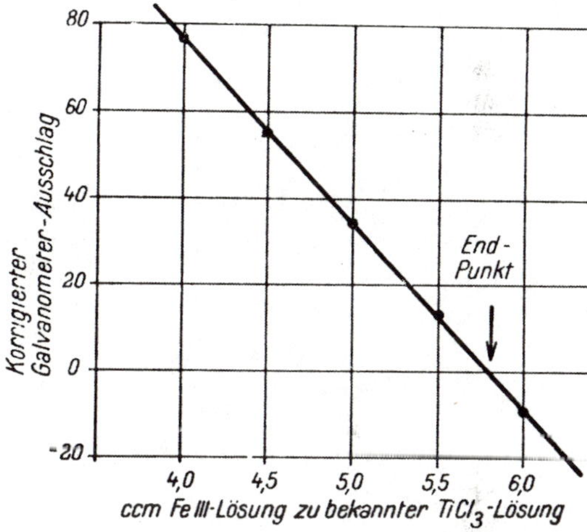

Fig. 83. Titration von Fe III mit $TiCl_3$ nach Strubl [H 2]
$TiCl_3$ vorgelegt. Kurventyp *d* von Fig. 80.

Äquivalenzpunkt auf hohe Empfindlichkeit umgeschaltet und mit Ablesungen begonnen. Beim Typ b der Fig. 80 kann man von Anfang an die volle Empfindlichkeit einschalten. Man füllt daher gewöhnlich die Lösung des Depolarisators (des reduzier- oder oxydierbaren Stoffes) auch dann in die Bürette, wenn dieser der zu bestimmende Stoff ist. Die eigentliche Maßlösung wird dann in bekannter Menge und Konzentration in das Titrationsgefäß vorgelegt. Enthalten beide Flüssigkeiten Depolarisatoren, so ist es natürlich nicht möglich, mit der Stromstärke Null zu beginnen.

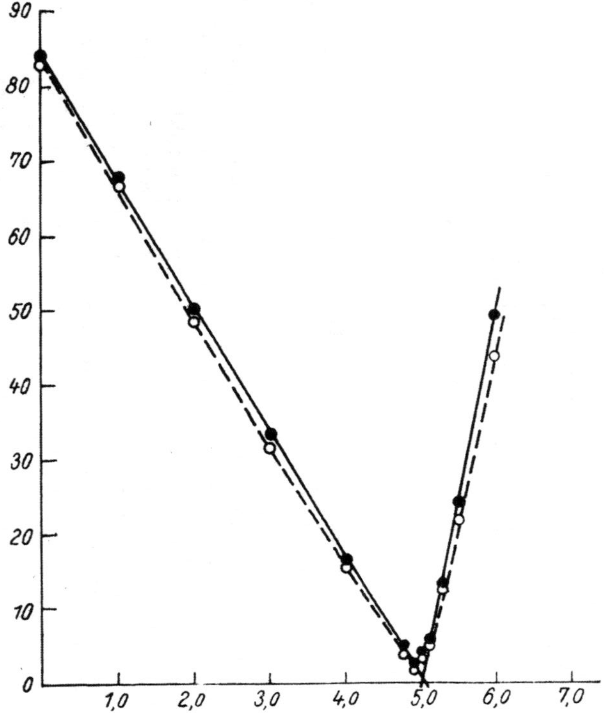

Fig. 84. Titration von Pb^{2+} mit $Cr_2O_7^{2-}$
Nach Kolthoff [H 6]

50 cm³ 0,01m-$Pb(NO_3)_2$ in 0,1n-KNO_3 titriert mit 0,05m-$K_2Cr_2O_7$ ... korrigiert

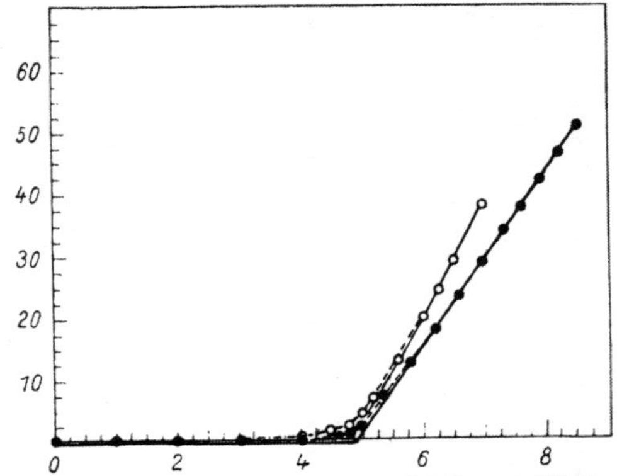

Fig. 85. Titration von SO_4^{2-} mt Pb^{2+}.
Nach Kolthoff undPan [H 10]

Kreise: 50cm³ 0,01m-K_2SO_4 titriert mit 0,1m-$Pb(NO_3)_2$ bei —1,2V, Schwarze Punkte: Desgleichen, aber die K_2SO_4-Lösung enthält ... Alkohol. Ordinate: μA.

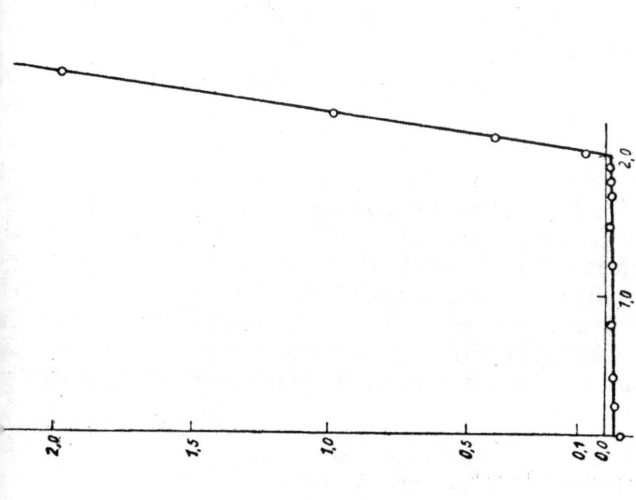

Fig. 86. Titration von Cl^- mit Hg_2^{2+}.
Nach K o l t h o f f [H 6]

20 cm³ 0,002n-HCl in 0,1n-KNO_3 mit 0,1% Gelatine titriert mit 0,01m-$Hg_2(NO_3)_2$.

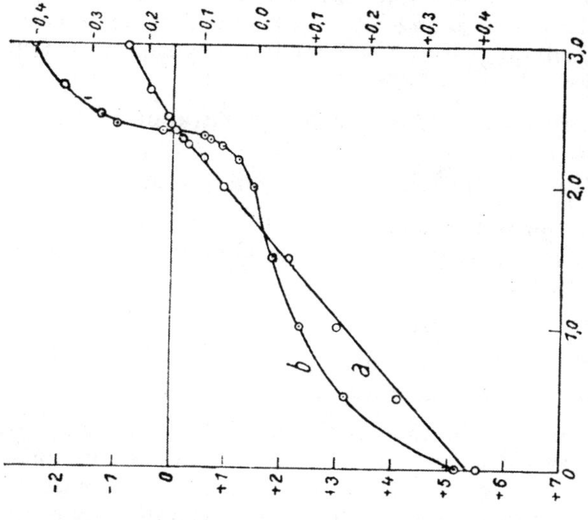

Fig. 87. T i t r a t i o n v o n J^- m i t Hg^{2+}.
Nach K o l t h o f f [H 6]

50 cm³ 0,001n-KJ in 0,1n-KNO_3—0,05% Gelatine titriert mit 0,01m-$Hg(NO_3)_2$ in 0,1n-HNO_3.
a) Polarometrische Titration (linker Maßstab in μA).
b) Potentiometrische Titration (rechter Maßstab in Volt).

Ob ein Stoff als Depolarisator wirkt (reduzierbar oder oxydierbar ist), hängt aber von der angelegten Spannung ab. Durch geeignete Wahl der Spannung ist es also mitunter möglich, einen Depolarisator auszuschalten.

Die Figuren 83 bis 87 zeigen einige Titrationskurven.

§ 28. Die bisher beschriebenen Titrationen

Der Reaktionsweise nach können die Titrationen, je nachdem, wie der wirksame Depolarisator verschwindet, folgendermaßen eingeteilt werden:

a) Fällungstitrationen.
b) Komplexbildungstitrationen.
c) Oxydations- und Reduktionstitrationen.

Die nachfolgende Zusammenstellung (Tab. 7) der bisher genauer beschriebenen Titrationen zeigt, daß vorwiegend Fällungstitrationen angegeben worden sind. Daneben einige Redoxtitrationen. Als Komplexbildungstitration (und zwar als indirekte) dürfte sich die Bestimmung von Aceton mit saurer Sulfitlösung ausarbeiten lassen, da SO_2 eine Reduktionsstufe gibt, Aceton und die SO_2-Acetonverbindung dagegen nicht reduzierbar sind (Novák, s. § 14, S. 204)[1]).

In bezug auf allgemeine Gesichtspunkte sei noch auf folgendes hingewiesen:

Auch bei der polarometrischen Titration ist ein Zusatzelektrolyt erforderlich. Ein solcher bildet sich aber bis zum Erreichen des Äquivalenzpunktes durch die Zugabe der Maßlösung. Dennoch wird oft ein Leitsalz zugesetzt. — Auch ein Maximadämpfer ist mitunter erforderlich. — Nicht sehr schwer lösliche Niederschläge lassen sich mitunter durch Zusatz von Alkohol schwerer löslich machen. — Auf störende Stufen ist zu achten: So kann z. B zwar Pb^{2+} mit H_2SO_4 titriert werden, weil die Pb-Stufe vor de H-Stufe kommt, nicht aber Ba^{2+}; dieses muß mit einem neutrale

[1]) Langer [H 14] hat versucht, Fluorid durch Komplexbindung mi Fe III, Al III und Zr IV (zu FeF_6^{3-} usw.) zu titrieren. Es waren jedoc keine brauchbaren Titrationskurven zu erzielen.

Sulfat titriert werden. Umgekehrt kann freie Schwefelsäure mit Pb^{2+}, nicht aber mit Ba^{2+} titriert werden.

Ganz allgemein können in der Lösung vorhandene Stoffe schon dadurch stören, daß sie bei der für die Titration notwendigen Spannung ebenfalls reduziert (oder oxydiert) werden. Soll z. B. Pb^{2+} mit SO_4^{2+} titriert werden und enthält die Probelösung zudem noch Cu^{2+}, so wird auch im Äquivalenzpunkt die Stromstärke nicht fast Null sein, sondern dem Cu^{2+}-Gehalt der Lösung entsprechen. Ist die Cu^{2+}-Konzentration nur von derselben Größe wie die der Pb^{2+}-Ionen, so kann letzteres noch mit einiger Genauigkeit titriert werden. Ist die Cu^{2+}-Konzentration aber mehrmals höher, so kann die Titration nur durch eine Abtrennung ermöglicht werden. Dieses Beispiel erläutert eine der polarometrischen Titration eigentümliche Schwierigkeit: die Störung durch andere Depolarisatoren. Leider wird die praktische Anwendbarkeit der Methode dadurch wesentlich eingeschränkt, denn die Notwendigkeit einer komplizierten Vortrennung der Probe entwertet die Vorteile der Methode.

Eine andere Art von Störungen durch Lösungsgenossen — die nicht spezifisch für die polarometrische Titration ist — ergibt sich durch solche Stoffe, die sich an der Titrationsreaktion beteiligen. So stören bei einer Titration von Co^{2+} mit α-Nitroso-β-naphthol natürlich alle Ionen, die mit diesem Reagens ebenfalls eine Fällung geben. Aber auch solche Ionen, die für sich zwar keine Fällung geben, aber vom Co-Niederschlag mitgerissen werden (z. B. Ni^{2+}), führen natürlich ebenfalls zu einem Mehrverbrauch an Reagenzlösung.

Vorbedingung zur Anwendbarkeit einer Reaktion zum Zwecke einer polarometrischen Titration ist, daß diese Reaktion bei der Zugabe der Maß- zur Probelösung genügend schnell verläuft. Eine gewisse Erschwerung entsteht dadurch schon bei der Titration von SO_4^{2-} mit Pb^{2+}, noch mehr mit Ba^{2+}; und als ganz unbrauchbar erwies sich die Fällung von Phosphat mit Molybdat, weil sie zu langsam erfolgt [D 56].

Die s t a r k e S e i t e der polarometrischen Titration ist die Möglichkeit, Stoffe in sehr großer Verdünnung bestimmen zu

Tabelle 7. Polarometrische

Titration von	mit	Reaktion
Pb^{2+}, (Ba^{2+}, Sr^{2+}) Sulfat oder H_2SO_4 . .	H_2SO_4 oder Sulfat $Pb(NO_3)_2$	$SO^{2-}_4 + Pb^{2+} = PbSO_4$
Pb^{2+} . . . . Chromat	Chromat (oder Oxalat) Pb^{2+}	$2\,Pb^{2+} + Cr_2O_7^{2-} + H_2O$ $= 2\,PbCrO_4 + 2\,H^+$
Co^{2+}(Cu^{2+}, Pd^{2+}) . . .	α-Nitroso-β-Naphthol	Fällung von CoR_4 (R = Reagens)
Ni^{2+}	alkohol. Dimethylglyoxim-Lösung	Fällung von NiR_2
Cu^{2+}	Salicylaldoxin	
Cu^{2+}	α-Benzoinoxim	Fällung von CuR
Zn^{2+}	$K_4Fe(CN)_6$	Fällung von $K_2Zn_3Fe_2(CN)_{12}$
Zn^{2+},Cu^{2+},Mg^{2+},Al^{3+}	o-Oxychinolin („Oxin")	
Bi^{3+}	Oxin	
Ni^{2+}, Cu^{2+}	Rubeanwasserstoff	
Phosphat	Uranylacetat	Fällung von UO_2KPO_4
Phosphat	$BiOClO_4$	Fällung von $BiPO_4$
Molybdat	Pb-Salz	Fällung von $PbMoO_4$
Cl^-, Br^-, J^-, CN^-	$AgNO_3$. Rot. Pt-Elektrode	
Cl^-	$HgNO_3$	Fällung von Hg_2Cl_2
J^-	$Hg(NO_3)_2$	Fällung von HgJ_2
F^-	$Th(NO_3)_4$ oder $La(NO_3)_3$	Fällung von ThF_4 o. LaF_3
Oxalat	Pb^{2+}	Fällung von PbC_2O_4
$Fe(CN)_6^{4-}$	Pb^{2+}	Fällung von $Pb_2Fe(CN)_6$
Pikrolonsäure (indir. Ca-Bestimmung)	Methylenblau	
Mercaptane	$AgNO_3$. Rot. Pt-Elektrode	Fällung von RSAg

Polarometrische

Fe III, Cr III, MnO_4^-, CrO_4^-, BrO_3^-, JO_3^-	$TiCl_3$	Fe III + Ti III = Fe II + Ti IV
Chromat	FeII. Rot. Pt-Elektrode	CrVI und FeII → CrIII und FeIII
Arsenit	Bromat. Rot. Pt-Elektrode	
Styrol	Bromid-Bromat. Rot. Pt-Elektrode	$Br_2 + R{\cdot}C_2H_3 \rightarrow R{\cdot}C_2H_3Br_2$
SnII	CuII	SnII u. CuII → SnIV u. Cu

Fällungstitrationen

Depolarisator und angelegtes Kathodenpot.	Autor und Referat
Ba^{2+} — 2,08 V	Heyrovský [D 10], Majer [H 1]
Pb^{2+} ca. — 1,1 V	Majer [H 1], Spálenka [H 5], Kolthoff [H 10], Davies [H 21].
Pb^{2+} und CrO_4^{2-}	Kolthoff und Pan [H 3, 10], Neub'erger [H 4a], Langner [H 18].
Das Reagens — 0,6 V	Kolthoff und Langer [H 9].
Ni^{2+} u. d. Reagens — 1,9 V	Neuberger [H 4a], Kolthoff und Langer [H 8].
Cu^{2+}	Neuberger [H 4a].
Cu^{2+} — 1,0 V oder Cu^{2+} u. Reagens — 1,7 V	Langer [H 16].
Zn^{2+} — 1,2 V	Spálenka [H 5].
Oxin — 1,5 bis — 1,9 V	Sanko [H 12].
BiIII — 0,85 V	Gillis [H 13].
Ni^{2+}, Cu^{2+} u. d. Reagens — 1,5 V	Alschwang [H 15].
UO_2^{2+} — 0,8 V	Kolthoff und Cohn [H 19].
BiIII — 0,3 V	Neuberger [H 4a].
Pb^{2+} — 0,6 V	Thanheiser und Willems [D 79].
Ag^+ 0,0 oder — 0,27 V	Laitinen [H 25, 29].
Hg_2^{2+}	Kolthoff [H 6].
J^- und Hg^{2+} + 0,25 V	Kolthoff [H 6].
NO_3^- — 1,7 V	Langer [H 14].
Pb^{2+}	Kolthoff und Pan [H 10].
Pb^{2+}	Kolthoff und Pan [H 10].
Methylenblau — 0,3 V	Cohn und Kolthoff [H 20].
Ag^+ — 0,27 V	Kolthoff und Harris [H 27].

Redoxtitrationen

FeIII (usw.) -Red. und TiIII-Oxyd. — 0,2 V	Strubl [H 2], Spálenka [H5].
FeII-Oxyd. — 1,0 V	Kolthoff und May [H 26].
	Kolthoff und Laitinen [B 22].
Br_2	Kolthoff und Bovey [H 35].
SnII-Oxyd. und CuII-Red. — 0,25 V	Lingane [D 178].

können, wobei die Genauigkeit dann größer ist als die mit anderen Methoden erreichbare. So ist eine 0,001 m-Pb-Lösung mit Chromat auf 0,3% genau zu titrieren [H 3].

In der vorstehenden Tabelle 7 sind die bisher beschriebenen polarometrischen Titrationen zusammengestellt. Die letzte Spalte weist auf die Referate im Kapitel VII hin; dort sind nähere Angaben zu finden.

KAPITEL V

BESCHREIBUNG DER APPARATE

In den Kapiteln I und II ist das Prinzip der üblichen polarographischen Apparate bereits beschrieben worden. Hier soll in Kürze noch auf einige Einzelheiten eingegangen werden, und zwar

1. Die käuflichen Polarographen (§ 29).
2. Selbstbau einer polarographischen Anordnung (§ 30).
3. Nebenapparate (§ 31).
4. Besondere Konstruktionen (§ 32).

§ 29. Die käuflichen Polarographen

Alle Polarographen zeigen im Prinzip die gleiche Anordnung wie sie im § 2 beschrieben worden ist. Sie unterscheiden sich einerseits in der Art wie die Teile zusammengebaut sind, andrerseits darin, wie das Polarogramm aufgezeichnet wird: photographisch oder mit einem Tintenschreiber.

Der **Tintenschreiber** bietet den großen Vorteil, daß das Ergebnis sofort zu übersehen ist. Der Nachteil der photographischen Registrierung liegt nicht so sehr in dem Zeitaufwand für das Entwickeln als in dem Umstand, daß das Polarogramm erst dann vorliegt, wenn es zu einer Wiederholung der Aufnahme schon zu spät ist. Deshalb ist bei wissenschaftlichen Arbeiten das Polarogramm oft von Hand registriert worden (s. § 30). Ob der Tintenschreiber die ihm entgegengebrachten Hoffnungen erfüllt, kann der Verfasser aus eigener Erfahrung nicht beurteilen. Es ist erst in neuerer Zeit gelungen, seine Empfinldichkeit und Genauigkeit so weit zu steigern, daß er den Ansprüchen genügt[1]). In England und Amerika werden Apparate mit Tintenschreibern gebaut, die weiter unten im Abschnitt d aufgeführt werden.

---

[1]) Es sei hier auf die von H o h n [B 32] gegebene Beschreibung der in der Duisburger Kupferhütte aufgebauten Versuchsapparatur hingewiesen. Weitere Literatur über Tintenschreiber und die hierfür notwendigen Verstärker. [B 17, 26b, 44].)

In der Art des Zusammenbaues aller Teile des Polarographen sind zwei Grenzfälle denkbar: Man kann entweder bestrebt sein, die Teile möglichst offen und leicht zugänglich anzuordnen, oder man kann alles möglichst geschützt und eingekapselt aufbauen. Die älteste Polarographenfirma, Nejedlý in Prag, hat den ersten Weg beschritten. Für wissenschaftliches Arbeiten ist eine offene Bauart zweifellos von Vorteil. Für eine Verwendung im industriellen Betriebe ist eine Einkapselung unvermeidlich. Sehr zu begrüßen ist es, wenn die Konstruktion dabei derart ist, daß die einzelnen Teile trotzdem leicht zugänglich und übersichtlich angeordnet sind.

Nachstehend beschreiben wir in Kürze die Polarographen der Firmen a) Nejedlý, Prag, b) Leybold's Nachf., Köln, c) Hellige, Freiburg i. Br. Im Abschnitt d) sind die in England und Amerika käuflichen Polarographen aufgeführt.

a) Die Polarographen der Firma Nejedlý, Prag

Der große Polarograph ist in der Fig. 88 dargestellt. Die Walze ist nicht eingekapselt. Der Gleitkontakt besteht bei den

Fig. 88. Der große Polarograph der Firma Nejedlý - Pra

neuen Modellen nicht aus einem Rädchen, sondern aus einer Schleiffeder, die sich in bezug auf Kontaktsicherheit sehr gut bewährt. Die Walze hat nur 19 Windungen, damit auch

Fig. 89. Der „Mikropolarograph" der Firma Nejedlý
Mit Spiegelbild darüber.

mit nicht ganz frisch geladenen Bleiakkumulatoren ein Spannungsabfall von 100 bzw. 200 mV pro Windung erreicht werden kann. Die Walze kann durch den rechts im Käsfchen befindlichen Motor vorwärts und rückwärts gedreht werden. Die ebenfalls vom Motor angetriebene Phototrommel enthält im Innern eine Rolle Photopapier von 10 cm Breite. Jeweils ein 20 cm langes Stück davon kann außen auf die Trommel aufgewickelt werden und steht dann für die Aufnahme bereit. Eine äußere Hülle schützt das Papier vor Licht und läßt durch einen Spalt die Belichtung durch das Galvanometer zu. — Links befinden sich Kontaktklötze und Stöpsel zur Herstellung der verschiedenen Anschlüsse und Schaltungen.

Beim „Mikropolarographen" von Nejedlý (Fig. 89) sind alle Teile außer der Tropfelektrode und dem Elektrolysengefäß, aber einschließlich des Galvanometers, in einen Kasten von 45×28×20 cm eingeschlossen. Der Meßdraht besteht aus nur einer Windung auf der Walze Diese und die Phototrommel werden durch ein Federuhrwerk angetrieben; die Feder wird durch das Zurückdrehen der Walze (mit dem vorderen Handgriff) gespannt. Es ist für die Walze und die Galvanometerbeleuchtung nur eine 4-Volt-Spannungsquelle anzuschließen. Mit dem hinteren Handgriff wird die Galvanometerempfindlichkeit reguliert.

b) Die Polarographen der Firma Leybolds Nachf.

Der große Polarograph („Mod. 35", Fig. 90) enthält in einen Kasten staubdicht eingebaut: die Walze, den Motor, die Empfindlichkeitsregulierung. Die Phototrommel ist ebenso konstruiert wie beim Nejedlý-Polarographen und befindet sich seitlich an dem Kasten. Über der Phototrommel ist eine Mattglasskala angebracht; der Lichtstrahl des Galvanometers fällt teilweise in den Schlitz der Phototrommel, teilweise auf die Skala[1]). An der Rückwand des Kastens befinden sich die Anschlüsse für den Akkumulator, das Galvanometer, das Elektrolysnsystem und für die Zusatzgeräte. Der ganze Kasten ist auf einem Tisch mit Schienen montiert und kann daher nach rechts und links bewegt werden. Dadurch ist eine bequeme Einstellung der Phototrommel auf den Lichtstrahl des Galvanometers möglich und es können auf dem gleichen Photoblatt (10×20 cm) mehrere Kurven über-

[1]) Der Polarograph besitzt ein von manchen geschätztes „Handschreibgerät", das auf die Phototrommel aufgesetzt werden kann: Durch ein kleines Handrad kann ein Zeiger mit dem Lichtfleck des Galvanometers auf der Mattglasskala mitbewegt werden; ein mit dem Zeiger gekoppelter Bleistift zeichnet das Polarogramm auf gewöhnliches Papier, das auf die Phototrommel aufgelegt wird. Man erspart sich also das Entwickeln Die „Polarogramme" sehen nicht sehr schön aus, doch sind gerade der Grund- und Grenzstrom gut und genau zu zeichnen.

einander aufgenommen werden[1]). — Rechts am Kasten befinden sich Buchsen, die zum Stöpseln verschiedener Galvanometerempfindlichkeiten dienen ($^1/_1$ bis $^1/_{10000}$).

Der Abgriff von der Walze erfolgt durch ein Rädchen. Dieses kann durch eine Stange mit Handgriff auf eine beliebige Walzenwindung eingestellt werden. Mit der Stange ist ein Schalter ver-

Fig. 90. Der große Polarograph „Mod. 35" der Firma Leybolds Nachf.-Köln[2])

bunden, der bei einer beliebig einstellbaren Windungszahl den Motor automatisch ausschaltet. Die Walze kann nach Auskuppeln des Motors durch ein Handrad bequem gedreht werden. Der Motor hat Vor- und Rückwärtsgang.

---

[1]) Es ist für eine genaue Bestimmung der Stromstärke einer Stufenhöhe zu beachten, daß die Eichung je nach der Stellung des Kastens etwas verschieden ist. Daher ist die Nullpunkteinstellung mittels einer beweglichen Galvanometerbeleuchtung vorzuziehen (s. Fig. 91).

[2]) Fig. 4, S. 11, zeigt diesen Apparat mit Zubehör (Galvanometer, Tropfelektrode usw.) betriebsfertig aufgebaut.

Fig. 91. Der kleine Polarograph „Mod. 38" der Firma Leybolds Nachf. Die Galvanometerlampe befindet sich an einem schwenkbaren Arm. Dadurch wird eine sehr bequeme Einstellung de[s] Galvanometernullpunktes auf der Phototrommel des Polarographen er möglicht.

Der kleine Polarograph „Mod. 38", Fig. 91) unterscheidet sich vom großen im wesentlichen dadurch, daß er an Stelle einer Walzenbrücke ein Drehpotentiometer enthält. Dadurch ist die Spannungskoordinate etwas weniger genau. Die Stromstärkekoordinate und damit die Genauigkeit quantitativer Bestimmungen sind jedoch in keiner Weise beeinträchtigt. Der Polarographenkasten ist nicht beweglich, dafür ist die Galvanometerbeleuchtung an einem beweglichen Arm angeordnet. Die Empfindlichkeitsregulierung erfolgt durch einen Kurbelrheostaten.

c) Die Polarographen der Firma Hellige

Bei dem großen „Hellige-Geißler-Polarographen" (Fig. 92) sind alle Teile (außer dem Elektrolysensystem) eingebaut, auch das Galvanometer. Dieses ist erschütterungssicher konstruiert, so daß der Polarograph auch in nicht ganz erschütterungsfreien Orten ohne besondere Vorsichtsmaßnahmen aufgestellt werden kann. Der Einbau des Galvanometers ergibt auch den Vorteil, daß kein Tageslicht in den Spalt der Photokassette dringen kann. — Der Lichtstrahl des Galvanometers kann durch ein Fenster im Deckel des Polarographen auf einer Mattglasskala beobachtet werden.

Die Walze ist mit dem Motor durch eine Kupplung verbunden, die außer der normalen Geschwindigkeit (eine Umdrehung in 40 Sek.) auch eine dreimal größere für Orientierungsaufnahmen einstellen läßt. Die Walze kann auch von Hand durch einen Drehknopf bewegt werden. Das Abgreifrädchen ist verstellbar. Ein beliebig einstellbarer Ausschalter schaltet den Motor nach Beendigung der Analyse automatisch ab. — Der Empfindlichkeitsregler ist ein Kurbelrheostat, der ein Umschalten ohne Eintreten einer Stromunterbrechung ermöglicht.

Die Photokassette läßt das Papier kontinuierlich an dem Beleuchtungsschlitz vorbei in eine Auffangkassette gleiten. So können bis zu 8 m Papier ohne Unterbrechung belichtet werden. Der belichtete Teil wird dann durch ein eingebautes Messer abgeschnitten und mit der lichtdichten Auffangkassette herausgenommen.

Die Leitungen und Schaltvorrichtungen im Inneren des Polarographen sind an der Unterseite des Deckels möglichst übersichtlich angeordnet, so daß sie nach Abschrauben des Deckels mit diesem herausgenommen werden können und dadurch trotz des Einbaues verhältnismäßig leicht zugänglich sind.

Der **kleine** Polarograph unterscheidet sich vom großen im wesentlichen dadurch, daß an Stelle der Walze ein Präzisions-Drehpotentiometer eingebaut ist, dessen Genauigkeit nur unerheblich geringer ist als die einer Walzenbrücke.

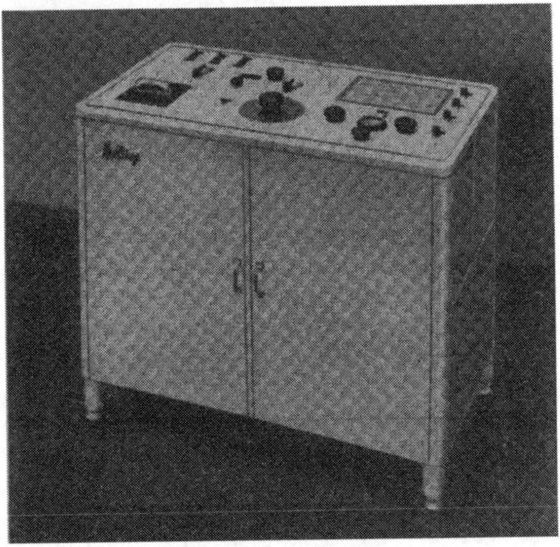

Fig. 92. Der große Polarograph der Firma Hellige-Freiburg i. Br.
Das Galvanometer ist eingebaut.

d) Englische und amerikanische Polarographen

In Amerika sind folgende Polarographen käuflich:

1. Der „Model XII Heyrovský Polarograph" der Firma E. H. Sargent Co., Chicago, mit photographischer Registrierung, der dem Polarographen der Firma Nejedlý, Prag, ähnelt.

2. Der „Electrochemograph" der Firma Leeds & Northrup Co mit Tintenschreiber [B 24, 25, E 52].

3. Der neueste, kompendiöseste und teuerste ($ 1500) Apparat ist der „Model XX Polarograph" der Firma Sargent mit Tintenschreiber, den Fig. 93 zeigt [B 45].

Fig. 93. Der Polarograph „Mod. XX" mit Tintenschreiber der Firma Sargent, Chicago

In England werden hergestellt:

1. Der Polarograph der Cambridge Instrument Co mit photographischer Registrierung, bei dem auch das Galvanometer in den Kasten eingebaut ist [B 16].

2. Der Polarograph der Tinsley Industrial Ltd., London, mit Tintenschreiber.

§ 30. Selbstbau einer polarographischen Einrichtung

Für die Aufnahme polarographischer Kurven ist die automatische Registrierung zwar bequem, aber nicht unbedingt notwendig. Es ist daher mit verhältnismäßig geringen Hilfsmitteln möglich, eine polarographische Anordnung selbst aufzubauen. Erforderlich sind im wesentlichen (s. Fig. 94 oben):

1. Ein Galvanometer (G) von etwa 10^{-8} Amp./mm Empfindlichkeit mit genügend großer Schwingungsdauer; dazu eine Beleuchtungsvorrichtung und eine Mattglasskala.

2. Ein guter Stöpselrheostat (R) mit insgesamt etwa 1000 Ohm zur Regulierung der Galvanometerempfindlichkeit. Und, falls das Galvanometer mehr als 1000 Ohm zur aperiodischen Dämpfung verlangt, noch ein Zusatzwiderstand (W_1).

3. Eine Walzenbrücke (B) mit einem 4-Volt-Akkumulator und einem Schiebewiderstand (W_S) zur Einregulierung der Spannung an der Brücke mit Hilfe eines Voltmeters (oder genauer mit einem Normalelement).

Die Widerstände $R + W_1 + G$ (G = Galvanometerwiderstand) müssen so groß sein, daß das Galvanometer gerade aperiodisch gedämpft ist. Doch ist es hier — im Gegensatz zur automatischen Registrierung — nicht störend, wenn die Dämpfung etwas zu stark oder schwach zu ist.

Die Empfindlichkeitsregulierung erfolgt mit dem Stöpsel S, der nicht zwischen die Kontaktklötze des Rheostaten, sondern in diese eingesetzt wird, so daß sich also der Gesamtwiderstand von R nicht ändert. Je weiter rechts (in Fig. 94) der Stöpsel eingesetzt wird, um so geringer ist der Anteil des Stromes, der durch das Galvanometer fließt, um so geringer also die Empfindlichkeit. Für den Fall, daß $W_1 + G$ einen Widerstand von 1000 Ohm haben

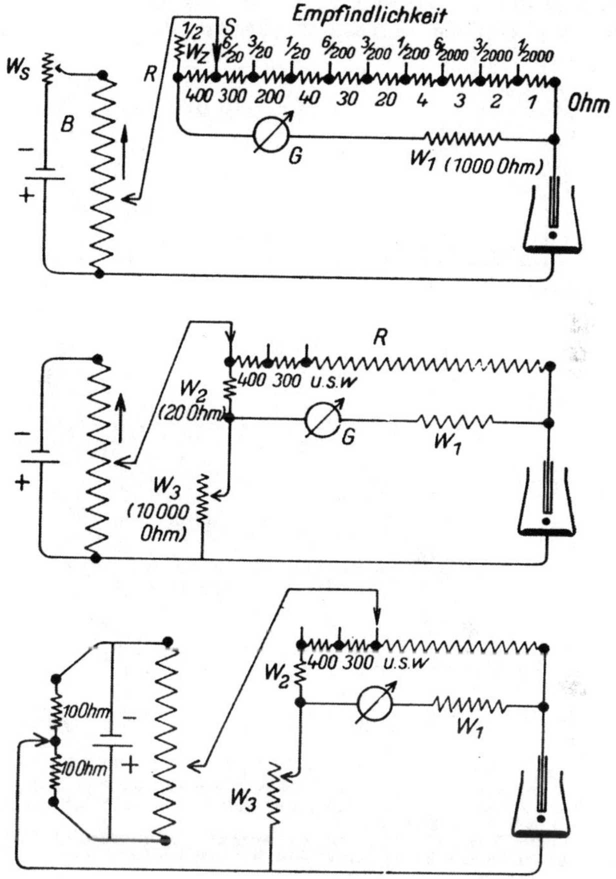

Fig. 94. **Schaltschema für die polarometrische (und polarographische) Anordnung**

Oben: Beispiel einer **einfachsten Schaltung.**
In der Mitte: Dazugeschaltete **Gegenstromanordnung** (W_2 und W_3).
Unten: Dazugeschalteter **Polungswender** (links).

und daß R die in Fig. 94 als Beispiel angegebenen Einzelwiderstände hat, ergeben sich die in der Fig. 94 oben angegebenen

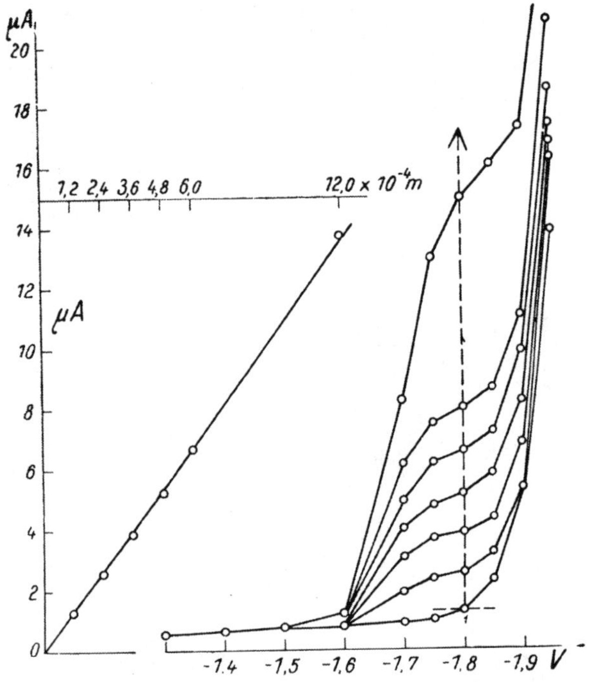

Fig. 95. **Von Hand gezeichnete Polarogramme**

Rechts die Polarogramme: MnII in 0,5n-NH_3-1,5n-NH_4Cl mit 5% gesättigter Na_2SO_4-Lösung und 0,05% Gelatine. Mn-Konzentrationen; 1). Null, 2). $1{,}2\cdot10^{-4}$, 3). $2{,}4\cdot10^{-4}$, 4). $3{,}6\cdot10^{-4}$, 5). $4{,}8\cdot10^{-4}$, 6). $6\cdot10^{-4}$, 7). $12\cdot10^{-4}$m.

Links: Hieraus konstruierte Eichkurve, und zwar aus den Stromstärken bei —1,8 Volt, vermindert um die Stromstärke der Grundlösung, d. h. um den Reststrom.

Empfindlichkeiten[1]). — Die Empfindlichkeiten werden mit Hilfe des Ohmschen Gesetzes geeicht, indem an Stelle des Elektro-

[1]) Sie sind bezogen auf die volle Empfindlichkeit des ungedämpften Galvanometers. Bezogen auf die dargestellte Dämpfung mit insgesamt 2000 Ohm, also auf die maximal hier erzielbare Empfindlichkeit, wären die Werte alle doppelt so groß.

lysensystems ein bekannter (und genauer) O h m scher Widerstand eingesetzt wird.

Die Aufnahme einer polarographischen Stromspannungskurve erfolgt, indem man durch Einstellen von Hand eine Reihe von Spannungen an der Walzenbrücke abgreift und die jeweils sich einstellenden Stromstärken abliest und notiert, am besten gleich auf Millimeterpapier einträgt. Die Fig. 95 zeigt in dieser Weise aufgenommene Polarogramme.

Eine derartige Apparatur hat sogar gewisse Vorteile vor der photographisch registrierenden: Man hat das Ergebnis sofort vor Augen; man kann jeden Punkt der Kurve, der unerwartet liegt, sofort wiederholen und sich überzeugen, ob vielleicht nur eine zufällige Störung das Herausfallen aus der Kurve bedingt hatte.

Die geschilderte Anordnung ist eine „polarometrische" Apparatur. Sie ist unmittelbar geeignet für die im § 2b und Kapitel IV geschilderten polarometrischen Arbeiten.

Die Apparatur läßt sich leicht in der verschiedensten Weise vervollkommnen. Alle im § 7b angegebenen besonderen Schaltungen lassen sich leicht anbringen. In Fig. 94, Mitte, ist die Einrichtung zur Kompensation des Kapazitätsstromes („Gegenstromgerät") dazugenommen; in Fig. 94 unten dazu noch die Schaltung zur Verlegung des Spannungsnullpunktes auf die Mitte (oder das Ende) der Walzenbrücke („Polungswender").

Bei der Gegenstromschaltung kann der (negative) Strom, der vom Rädchen der Walzenbrücke kommt, nicht nur nach rechts durch das Galvanometer zur Tropfkathode abfließen, sondern auch durch den Widerstand W_3, wobei er infolge des Widerstandes W_2 zum Teil auch den Weg über R, W_1 und G nimmt, also durch das Galvanometer von rechts nach links fließt. Der Gegenstrom muß bei 1 Volt Spannung (am Rädchen der Brücke) etwa 10^{-6} Ampere betragen. Danach sind W_2 und W_3 zu berechnen: je größer W_2 und je kleiner $W_1 + R$ sind, um so größer muß W_3 sein. W_3 (oder W_2) muß zur feineren Einstellung regulierbar sein. Wird mit S nicht die volle Empfindlichkeit gestöpselt, sondern eine geringere, so muß W_3 beträchtlich vergrößert werden, wie sich leicht berechnen läßt.

Der Polungswender (Fig. 94 unten) verlegt den Spannungsnullpunkt auf die Mitte der Brücke, wenn er wie in der Figur geschaltet ist. Befindet sich der Kontakt unten, so liegt der Spannungsnullpunkt am Anfang der Brücke.

Mit einer der hier geschilderten im Prinzip gleichenden Apparatur hat z. B. K o l t h o f f [C 46] erfolgreich gearbeitet.

§ 31. Nebengeräte

a) **Thermostaten.** Wenn auch bei praktischen Arbeiten oft auf einen Thermostaten verzichtet wird (s. § 7e), so ist ein störungsfrei arbeitender Thermostat doch sehr bequem. Daher sind Thermostaten vielfach benutzt und beschrieben worden [A 5, 15; B 3; D 80].

Die Firma Hellige, Freiburg, hat ein gut arbeitendes Modell auf den Markt gebracht (Fig. 79).

In vielen Fällen genügt ein „Trockenthermostat", der aus einem Aluminiumblock mit zahlreichen Bohrungen besteht, in welche die Elektrolysengefäße eingesetzt werden. Der Temperaturangleich ist hierbei allerdings verhältnismäßig langsam. Da ein Block eine hohe Wärmekapazität hat und seine Temperatur nur langsam ändert, kann man auf eine Vorrichtung zum Konstanthalten der Temperatur verzichten, wenn man eine Vergleichslösung im gleichen Block polarographiert [A 5; B 3].

Fig. 96. Niveaugefäß mit Vorrichtung zum Konstanthalten des Quecksilberniveaus. Nach Schwarz. [D 85].

b) Besondere Formen der **Tropfelektrode.** Ein Niveaugefäß, das automatisch das Quecksilberniveau auf konstanter Höhe hält, ist von Schwarz [D 85] beschrieben worden. Es wird von der Firma Leybolds Nachf., Köln, hergestellt. Ein Schwimmer *A* (s. Fig. 96) trägt eine Spitze, die ein Vorratsgefäß *D* von unten verschließt; sobald die Niveauhöhe und damit der Schwimmer aber sinken, kann Quecksilber nachfließen. Die maximalen Schwankungen der Niveauhöhe betragen 1 mm. Im allgemeinen wird man auf eine solche Vorrichtung verzichten können, da sich das Niveau durch das Abtropfen von Quecksilber nur sehr langsam senkt.

Um eine Berührung des Quecksilbers mit Gummi zu vermeiden (s. § 4), sind Konstruktionen vorgeschlagen worden, bei denen die Einstellung des Druckes des tropfenden Quecksilbers durch ein „Luftkissen" erfolgt, welches seinerseits durch ein Niveaugefäß mit Gummischlauch unter Druck gesetzt wird.

Fig. 97 zeigt eine solche Elektrode nach [D 80]: Die Tropfkapillare ist durch ein starres Glasrohr mit einem Niveaugefäß verbunden. Darüber befindet sich Luft, die durch Quecksilber, welches sich in einem das innree Glasrohr umgebenden Mantel befindet, unter Über- und Unterdruck gesetzt werden kann. Dazu dient ein zweites, verstellbares Niveaugefäß, das durch einen Gummischlauch mit dem Mantel verbunden ist und ebenfalls mit Quecksilber gefüllt ist. — Eine einfacher herzustellende Anordnung nach dem gleichen Prinzip gibt Kolthoff an [A 18, S. 14 und 15; C 46]. Dravnieks und Straumanis [B27] beschreiben eine Konstruktion, die die gesamte Tropfelektrode mit dem Niveaugeäß in einfacher Weise zu heben gestattet.

Mehrfache Tropfelektroden s. [B 55, 56, 57]. — Einen Tropfenzähler beschreibt Goldsmith [B 59].

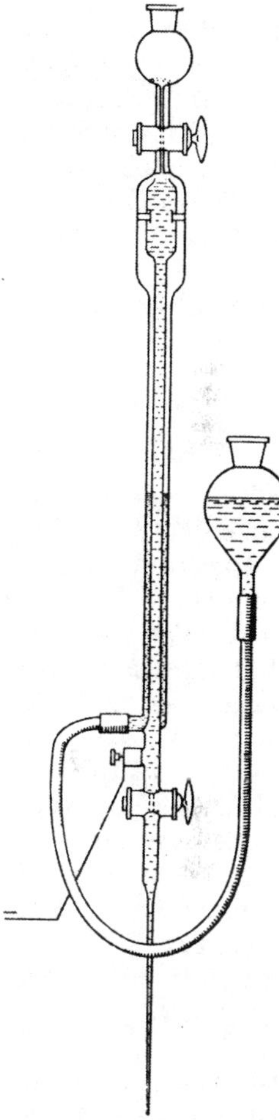

Fig. 97. Tropfkapillare nach v. Stackelberg, Klinger, Koch und Krath [D 80].

§ 32. Besondere Konstruktionen

a) **Starre Elektroden.** Es ist vielfach versucht worden, das Quecksilber durch andere Metalle zu ersetzen. Ein Metall, das edler ist als Quecksilber (z. B. Platin), läßt die Ausdehnung der polarographischen Kurve zu positiveren Potentialen zu. Andererseits wird zu negativeren Potentialen bei allen anderen Metallen die Grenze früher erreicht als beim Quecksilber, weil bei keinem anderen die Wasserstoffüberspannung ebenso groß ist.

Da bei allen festen Metallen die Erneuerung der Oberfläche durch Tropfen nicht möglich ist, muß dies durch gleichmäßiges Rühren erzielt werden[1]). Stromspannungskurven, die im Prinzip den polarographischen entsprechen, sind bereits 1905 von Nernst und Merriam[2]) aufgenommen worden, indem sie einen **rotierenden Platinstift** benutzten, der senkrecht zur Rotationsachse stand.

Der Diffusionsstrom kommt beim Rühren dadurch zustande, daß sich auch hier eine zeitunabhängige Diffusionsschicht ausbildet (wie in Fig. 7). Die Depolarisatormenge, die zur Elektrodenoberfläche diffundiert, und somit die Diffusionsstromstärke i ist bei angelegten Spannungen, die die Depolarisatorkonzentration an der Elektrodenoberfläche auf Null herabsetzen:

$$i_d = k \cdot \frac{C \nu F \cdot D \cdot O}{\delta}.$$

d. h. es ist i_d proportional der Depolarisatorkonzentration C in der Lösung, ferner der Diffusionskonstanten D des Depolarisators und der Elektrodenoberfläche O und umgekehrt proportional der Diffusionsschichtdicke δ[3]). Die Diffusionsschicht entspricht hier der an der Elektrode haftenden Lösungsschicht, die von ihr mitgeführt wird. Diese Schicht ist um so dünner, je stärker gerührt wird, weshalb i_d stark von der Rührgeschwindigkeit abhängt. Diese ist daher konstant zu halten; am einfachsten geschieht dies durch Anwendung eines Synchronmotors. Da die Diffusionskonstante D von der Temperatur abhängt, ist auch für Temperaturkonstanz zu sorgen. Unter diesen Bedingungen ist also i_d proportional C und kann somit zur Bestimmung der Depolarisatorkonzentration benutzt werden.

Im übrigen ist die rotierende Pt-Elektrode durch folgende Eigenschaften charakterisiert:

Der zur Verfügung stehende Spannungsbereich, der am negativen Ende durch eine H_2-Entwicklung, am positiven Ende

---

[1]) Auch eine elektrochemische Depolarisation durch intermittierendes Umpolen ist möglich [D 69; E 102], hat aber keine praktische Bedeutung.

[2]) W. Nernst und E. S. Merriam, Z. phys. Ch. **53** (1905) 235. Vgl. auch A. Eucken, Z. phys. Ch. **59** (1907) 72.

[3]) Von A. Eucken, Z. Elektroch. **38** (1932) 341, ist theoretisch und experimentell nachgewiesen worden, daß obige Gleichung für laminare Strömung des Elektrolyten an der Elektrodenoberfläche nur näherungsweise gilt. Für die turbulente Strömung an einer schnell rotierenden Elektrode hat sich die Gl. bisher als brauchbar erwiesen, doch fehlt noch eine Untersuchung über die Grenzen ihrer Gültigkeit.

durch eine O_2-Entwicklung (OH^--Entladung) begrenzt ist, beträgt bei p_H 0 etwa + 1,5 bis — 0,3 V, bei p_H 7 (gepuffert) + 1,1 bis — 0,8 V, bei p_H 14 + 0,7 bis — 1,3 V. Doch hängen diese Grenzen nicht nur vom p_H, sondern etwas auch von der sonstigen Zusammensetzung der Lösung ab.

Die bei der Tropfelektrode durch das Tropfen bedingten Schwankungen der Stromstärke und der Kapazitätsstrom fallen natürlich bei der starren Elektrode fort. Auch können keine „Maxima" auftreten[1]).

Die Reduktionsstufen von Metallionen werden nur dann brauchbar, wenn die Konzentration nicht größer als 0,001 m ist, da sonst die Elektrodenoberfläche durch die Metallabscheidung zu sehr verändert wird[2]).

Da die Elektrodenoberfläche sich nicht dauernd erneuert, so spielen Adsorptions- und Vergiftungserscheinungen eine große und leider oft sehr störende Rolle. Insbesondere bewirkt die Sauerstoffbeladung, die am positiven Ende des Polarogramms eintritt, oft eine Unterdrückung der Stufen oder eine Herabsetzung ihrer Höhe. Es ist daher zweckmäßig, die Spannung in positiver Richtung steigen zu lassen (wie in Fig. 98). Aber auch dann macht sich die bei Annäherung an das positive Ende des Polarogramms durch Sauerstoffbeladung eintretende Vergiftung oft bemerkbar, indem die Stromstärke wieder absinkt, durch ein Minimum geht, um zuletzt zum Endanstieg (O_2-Entwicklung) wieder anzusteigen. Die Kurven sehen also aus wie solche mit einem „Maximum", sind aber zu niedrig. Sie sind unbrauchbar, wenn die Vergiftung schon einsetzt, bevor die Stufe ihre volle Höhe erreicht hat. Solche Stufen mit Minima beobachtet man z. B. bei den Oxydationsstufen von SO_2, $S_2O_3^{2-}$, NH_3 und $Fe(CN)_6^{4-}$ [3]). Leider wird hierdurch die Ausnutzung gerade des positiven Spannungsbereichs mitunter vereitelt. (Eigene Untersuchungen mit Roderburg [B 37]).

---

[1]) Ein echtes Maximum tritt nur an der Hg-Reduktionsstufe auf [B 37].

[2]) Ag^+ (in KNO_3-Lösung) zeigt nur bei Gegenwart von Gelatine einen guten Grenzstrom [B 22].

[3]) Die Vergiftung der NH_3-Oxydation läßt sich durch Cu^{2+}-Spuren aufheben; die Vergiftung der $Fe(CN)_6^{4-}$-Oxydation durch OH^--Ionen, auch durch aus O_2 an der Elektrode entstehende [B 37].

Adsorptionserscheinungen führen mitunter zu Polarogrammen, die Ströme aufweisen, die höher als die Diffusionsströme sind. Polarographiert man z. B. eine Lösung, die J_2 **und** J^- enthält, in negativer Richtung, beginnend mit einem Potential, das positiver als + 0,4 V (Redoxpotential J_2/J^-) ist, so tritt zunächst ein anodischer Stromfluß durch J^--Oxydation auf, der bei + 0,4 V in den kathodischen Stromfluß durch J_2-Reduktion übergeht. Diese J_2-Reduktionsstufe beginnt jedoch mit einem „Maximum", das schnell auf den Diffusionsstrom absinkt. Verursacht wird es dadurch, daß das vorher aus J^- gebildete J_2 an der Elektrodenoberfläche adsorbiert wird (nicht so das in der Lösung befindliche J_2) und somit einen Vorrat für die anschließende Reduktionsreaktion darstellt. — Bei der Reduktion von Tl^+ tritt eine solche „Adsorptionswelle" auf, wenn man mit so positiver Spannung zu polarographieren beginnt, daß zunächst eine Oxydation zu adsorbiertem Tl_2O_3 eintritt. — Besonders interessant ist die Sauerstoff-Adsorptionswelle: Polarographiert man eine depolarisatorfreie Lösung (z. B. entlüftete K_2SO_4-Lösung), beginnend mit so positiver Spannung, daß zunächst eine O_2-Abscheidung stattfinden kann, (positiver als + 1,0 V), so beginnt bei + 0,6 V ein kathodischer Stromfluß, der aber bald wieder auf Null absinkt. Aus dem Flächeninhalt dieser Welle ($\int i \cdot dt$) ergibt sich bei maximaler Sauerstoffbeladung der Elektrode eine etwa atomare Sauerstoffschicht. Da dieser adsorbierte Sauerstoff schon 0,3 V positiver reduziert wird als in Lösung befindlicher, so ist diese Adsorptionswelle auch in O_2-haltigen Lösungen zu beobachten und tritt als Vorstufe vor der O_2-Reduktionsstufe auf [B 37].

Die praktische Anwendbarkeit der rotierenden Platin- (und Gold-) Elektrode ist zunächst von **Antweiler** [unveröffentlicht] und von **Kolthoff** und **Laitinen** [B 22] untersucht worden und dann verschiedentlich bestätigt worden, vor allem bei der polarometrischen Titration. **Kolthoff** und **Laitinen** benutzten einen Platinstift von 0,5 mm Durchmesser, der 4 mm lang seitlich aus einem rotierenden Rohr herausragt[1]) und 1800 Umdrehungen in der Minute macht (Synchronmotor). Die Stromstärken (Stufenhöhen) sind einigemal größer als bei einer Tropfelektrode üblicher Art.

Verwendung findet die rotierende Pt-Elektrode naturgemäß bei sehr positiv liegenden Reduktions- und Oxydationsreaktionen. So erhält man z. B., wie Fig. 98 zeigt, in saurer Lösung eine gute J^-/J_2-Oxydationsstufe bei + 0,4 V, d. h. beim reversiblen Redox

---

[1]) Diese seitlich herausragende Elektrode erleidet mitunter Störungen, wenn in der Lösung Niederschläge vorhanden sind. Dann wird der Pt-Stift nach **Kolthoff** und **Harris** [H 27] nicht senkrecht, sondern parallel seiner Bewegungsrichtung angeordnet, so daß er hinter einem kleinen seitlichen Ansatz des tragenden Rohres nachgeschleift wird.

potential. In nicht saurer Lösung macht sich die obenerwähnte Vergiftung der Elektrode bemerkbar, die Stufe erhält ein Minimum und wird zu klein. Die Br^-- und besonders die Cl^--Oxydationsstufen bei + 0,8 bzw. + 1,1 V sind auch in stark saurer Lösung viel zu klein und verschwinden in weniger saurer Lösung infolge der Vergiftung ganz [B 37]. Dagegen erhielten K o l t h o f f und L a i t i n e n eine gute Br_2-Reduktionsstufe. — Man erhält auch eine FeII/III-Oxydationsstufe, was für eine polarometrische Chromat-Titration ausgenutzt werden kann [H 26]. Die Ag^+-Reduktionsstufe ermöglicht eine Titration der Halogenide [H 25,29] und der Mercaptane [H 27]. Von den O_2-Stufen erhält man nur die erste (O_2/H_2O_2), da die zweite auch in nicht saurer Lösung im Endanstieg verschwindet [B 22].

Neben der rotierenden Elektrode ist versuchsweise auch eine **ruhende „Platinmikroelektrode“** benutzt worden. Auch diese Anordnung geht auf N e r n s t [1]) zurück. Laitinen und K o l t h o f f [B 21] haben die Mikroelektrode näher untersucht.

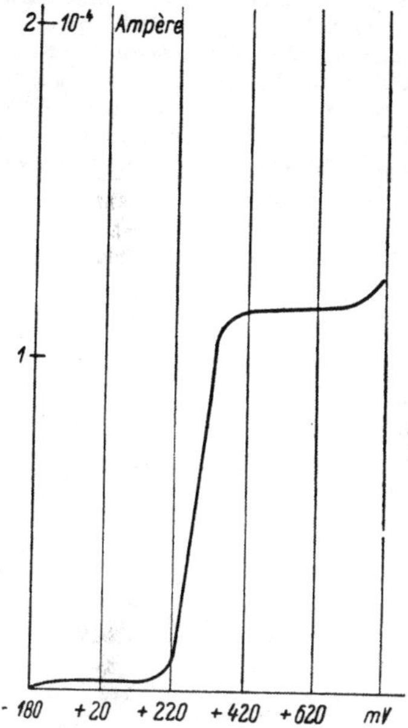

Fig. 98. **O x y d a t i o n s s t u f e v o n J o d i d a n e i n e r r o t i e r e n d e n P l a t i n e l e k t r o d e. Nach A n t w e i l e r.**

10^{-3}n-KJ in 2n-H_2SO_4. — Nach rechts steigende p o s i t i v e Spannung, nach oben — a n o d i s c h e Ströme

Sie benutzen einen Platinstift von 0,5 mm Durchmesser, der unten in ein Glasrohr eingeschmolzen ist und mit einer Länge von 4 mm herausragt. Die notwendige Rührung kommt hier dadurch zustande, daß sich die Dichte der Lösung an der Elektrodenoberfläche infolge der Elektrolyse ändert, wodurch sich eine auf- oder abwärts gerichtete Strömung einstellt. Es dauert aber stets einige Minuten, bis der Zustand stationär und die Stromstärke konstant geworden ist. Da die Stromstärken zudem etwa 10 bis 20 mal kleiner sind als bei der rotierenden Elektrode, dürfte die

[1]) L. G l a s e r , Z. Elektroch. 4 (1898) 355, 373, 397, 424.

ruhende Mikroelektrode keine praktische Bedeutung erlangen. Gelegentlich hat sie wissenschaftliche Anwendung gefunden, so z. B. um das Redoxpotential Pu IV/III des Plutoniums zu bestimmen [D 265].— O. H. Müller [B 53] gibt eine Anordnung an, bei der der Elektrolyt an der Elektrode vorbeiströmt.

b) **Besondere Registriermethoden.** Es sind verschiedene Anordnungen angegeben worden, bei denen eine Bestimmung der Stufenlage (qualitative Analyse) oder der Stufenhöhe (quantitative Analyse) mit Hilfe eines Kathodenstrahloszillographen erfolgt. Diese vom wissenschaftlichen Standpunkt sehr interessanten Anordnungen haben wegen ihrer geringen Empfindlichkeit oder Genauigkeit noch keine praktische Bedeutung erlangt. Daher soll hier nur kurz auf sie hingewiesen werden: [B 6, 7, 11, 19] und insbesondere die Untersuchungen von H e y r o v s k ý [C 61; A 19].

KAPITEL VI

THEORIE

	Die wichtigsten Zeichen[1]**):**
O	= der Depolarisator in oxydierter Form, z. B. Chinon, Zn^{2+}.
R	= der Depolarisator in reduzierter Form, z. B. Hydrochinon, Zn (Amalgam). (Oder Gaskonstante.)
E	= die angelegte Spannung.
E_K u. E_A	= Potential der Kathode und Anode.
$E_{1/2}$	= Halbstufenpotential
ε	= Normalpotential
C_O u. C_R	= Konzentration des Depolarisators in der Lösung in Mol/Liter, in oxydiertem bzw. reduziertem Zustand.
^0C_O u. ^0C_R	= Desgleichen die Konzentrationen an der Elektrodenoberfläche.
ν	= Zahl der Elementarladungen, die bei der Reduktion oder Oxydation einer Molekel verbraucht werden.
ϑ	= Tropfzeit. $1/\vartheta$ = Tropfgeschwindigkeit.
i	= Stromstärke.
i_d	= Diffusions- (Grenz-) stromstärke.
D	= Diffusionskonstante des Depolarisators.

Wir behandeln zunächst (Abschnitt A) die „Idealgestalt" der polarographischen Kurve, die sich dann ergibt, wenn der Elektrodenvorgang reversibel ist, wenn der Transport des Depolarisators zur Elektrodenoberfläche lediglich durch Diffusion erfolgt,

---

1) Siehe auch S. 284—285.

und wenn kein ins Gewicht fallender Widerstand im Stromkreis vorhanden ist. Die quantitative Theorie hierzu stammt in erster Linie von Ilkovič [C 16, 41].

B. Für den Fall einer Metallabscheidung wurde der Zusammenhang zwischen dem polarographischen Reduktionspotential und dem Normalpotential des Metalls vom Verfasser aufgeklärt [A 16]. Auch durch Komplexbildung verursachte, kompliziertere Fälle lassen sich bei Reversibilität der Elektrodenvorgänge ohne weitere Zusatzannahmen deuten [z. B, C 17, 55, 59; A 16].

Als „Störungen" werden im Abschnitt C behandelt: Mangel an Zusatzelektrolyt [Heyrovský C 15. Lingane und Kolthoff C 47]; der Kapazitätsstrom [Ilkovič C 25]; die Maxima, deren Deutung durch Strömungen auf Frumkin und Bruns [Cm 15, 23] einerseits und Antweiler und v. Stackelberg [Cm 19 bis 22] andererseits zurückgeht. Die wichtigste Störung ist die Irreversibilität, die vielfach, insbesondere von Heyrovský, theoretisch behandelt worden ist. Ferner gibt es Fälle, bei denen der Depolarisator aus einer nicht (oder schwerer) reduzierbaren Form durch eine chemische Reaktion nachgeliefert wird. Die Stufenhöhe ist dann kinetisch begrenzt. Die Therorie hierzu ist von Brdička und Wiesner entwickelt worden (s. § 43).

A. Die Idealgestalt der polarographischen Stufe

§ 33. Die Polarisation der Tropfelektrode und die Unpolarisierbarkeit der Gegenelektrode. Im § 3b wurde dargelegt, daß stets die Gleichung

$$E = E_A - E_K + i\,W$$

gilt. Wenn wir den allgemeinen Fall ins Auge fassen, bei dem die Tropfelektrode auch Anode sein kann, schreiben wir

$$E = E_{Gegenelektrode} - E_{Tropfelektrode} + i\,W$$

Es wird also bei verschwindend kleinem Potentialabfall $i\,W$ in der Lösung (und in der Leitung) und bei Konstanz des Potentials E_G der Gegenelektrode das Potential E_{Tr} der Tropfelektrode stets alle Änderungen der angelegten Spannung E mitmachen. Diese automatische Einstellung von $E_{Tr} = -E$ (wenn $E_G = 0$ gesetzt wird) erfolgt durch Polarisation der Tropfelektrode. Wie kommt diese zustande?

Wir behandeln zunächst den einfacheren Fall der Reduktion eines löslichen Stoffes O zu einem ebenfalls löslichen Stoff R (also nicht zu Metall), beispielsweise den Vorgang FeIII → FeII oder Chinon → Hydrochinon. Das Potential eines durch diese Vorgänge selbst nicht angegriffenen, also genügend edlen Metalls (hier Hg) in einer Lösung von O und R ist bekanntlich gegeben durch die Peterssche Gleichung

$$E_{Tr} = \varepsilon + \frac{RT}{\nu F} \ln \frac{{}^0C_O}{{}^0C_R} = \varepsilon + \frac{0{,}058}{\nu} \lg \frac{{}^0C_O}{{}^0C_R} \text{ Volt}. \qquad (1)$$

Durch die Zeichen ${}^0C$ ist angedeutet, daß es auf die Konzentrationen an der Elektrodenoberfläche ankommt. — Der Zahlenfaktor 0,058 rechts ergibt sich, wenn die Gaskonstante $R = 8{,}30$ Joule/Grad und $F = 96\,500$ Coulomb eingesetzt wird, ferner $T = 293$ Grad absol. angenommen wird und für die Umwandlung des natürlichen Logarithmus in den dekadischen der Modul 2,30 hinzugefügt wird.

Wird der Tropfelektrode das Potential $E_{Tr} = -E$ aufgezwungen, so stellt sich an ihrer Oberfläche das Gl. (1) entsprechende Konzentrationsverhältnis ${}^0C_O/{}^0C_R$ ein. Dazu muß im allgemeinen Strom fließen, der O reduziert oder R oxydiert. Die eintretende Polarisation ist eine Konzentrationspolarisation.

Denken wir uns zunächst, daß nur O in der Lösung ist, und behandeln als erstes den Beginn des Stromanstieges der polarographischen Stufe: Ist E noch positiver als ε, d. h. $E - \varepsilon$ positiv groß, so muß nach Gl. (1) ${}^0C_O/{}^0C_R$ ebenfalls groß, ${}^0C_R$ also klein sein. D. h. ${}^0C_O$ bleibt zunächst praktisch unverändert, und Gl. (1) vereinfacht sich zu $E = \text{konst.} - \frac{0{,}058}{\nu} \lg {}^0C_R$. Da die Stromstärke i proportional der zu erzeugenden Konzentration von R sein wird, so ist $E = \text{konst.} - \frac{0{,}058}{\nu} \lg i$, somit

$$i = 10^{\frac{(\text{konst.} - E)\cdot\nu}{0{,}058}}$$

Die Stromstärke steigt also nach einer Exponentialfunktion: eine

Erhöhung von E um $-58/\nu$ mV erhöht die Stromstärke auf das 10fache. Auch vor dem in Fig. 1 mit E_1 bezeichneten Punkt fließt also ein mit E steigender Strom. Wann er beobachtbare Intensität erhält, hängt von der Galvanometerempfindlichkeit ab. Der Punkt E_1 ist somit nicht scharf definiert. — Der exponentielle Anstieg von i mit E kann sich nun nicht immer weiter fortsetzen, weil die Lösung an der Tropfenoberfläche mit steigendem i an O zu verarmen beginnt. i kann, wie besprochen, nicht über einen Grenzwert hinaus wachsen.

Betrachten wir das o b e r e Ende der polarographischen Stufe und den anschließenden Grenzstrom, so ist hier O an der Elektrodenoberfläche nahezu vollständig zu R reduziert, also ${}^0C_R = C_O = \text{konst.}$ Die weitere Polarisation der Kathode vollzieht sich dadurch, daß der kleine Restbetrag von ${}^0C_O$ weiter abnimmt; es ist $E = \text{konst.} + \frac{0{,}058}{\nu} \lg {}^0C_O$. Daher ist der obere Teil der Stufe symmetrisch zum unteren.

Bevor wir die Stufenform vollständig berechnen (§ 34), sei aber noch erwähnt, daß die G e g e n e l e k t r o d e ihr Potential konstant hält, einerseits, weil sie in der üblichen Anordnung g r o ß - f l ä c h i g ist, wodurch infolge der geringen Stromdichte nur unbedeutende Konzentrationsänderungen an ihrer Oberfläche zustande kommen. Andererseits ist die Gegenelektrode aber immer als E l e k t r o d e z w e i t e r A r t ausgebildet, z.B. als Kalomelelektrode. Ihre Polarisationskapazität ist dann sehr groß, denn bei anodischem Stromfluß durch die Elektrode muß die hohe Cl^--Konzentration sich erschöpfen, bevor eine Polarisation eintreten kann; bei kathodischem Stromfluß muß der Vorrat an festem Hg_2Cl_2 verbraucht sein; letzterer ist allerdings meist nur gering und geht nur langsam in Lösung (vgl. S. 41). Bei einer B o d e n - a n o d e zweiter Art kann aber die Oberfläche auch klein sein ohne daß dadurch eine stärkere Polarisation zu befürchten ist

Am Schlusse dieser Ausführungen über die Polarisation der Elektroden sei die Bezeichnung „D e p o l a r i s a t o r" für den reduzierbaren (oder oxydierbaren) Stoff erläutert; und zwar an dem Beispiel einer Lösung, die wenig Zn-Salz (als Depolarisator) und viel K-Salz (als Leitsalz) enthält, mit einer n-Kalomelgegenelektrode. Man kann an dieses System fast 1 Volt anlegen, ohne einen merklichen Stromfluß zu erhalten. Diese scheinbare Abweichung vom O h m schen Gesetz rührt daher, daß sich die Tropfelektrode polarisiert, indem Spuren von Zn^{2+} und noch viel geringere Spuren von K^+ reduziert werden, so daß ein Amalgam entsteht, dessen Potential die angelegte Spannung gerade kompensiert („vollkommene Polarisation"). Steigern wir die Spannung über 1 Volt, so tritt durch das Zn^{2+} eine (teilweise) Depolarisation ein: es fließt ein Strom. Zwar bleibt auch jetzt $E_K = E$, aber die Spannung E und damit der Polarisationszustand der Tropfelektrode ist nur durch dauernde Elektrizitätszufuhr aufrechtzuerhalten. — Bei noch höherer Spannung wirkt schließlich auch das K^+-Ion als Depolarisator. Aber all diese Depolarisationen sind unvollständig: Es wird nicht die Stromstärke erreicht, die dem O h m schen Gesetz entsprechen würde, wie man sie z. B. mit Wechselstrom finden würde. Mit Wechselstrom sind die Elektroden „vollkommen unpolarisierbar". Ein anderes Beispiel für eine vollkommene Nichtpolarisierbarkeit bietet eine Tropfkathode in einer $HgNO_3$-Lösung, welche auch bei Gleichspannung eine dieser proportionalen Stromstärke gibt: Eine Abscheidungspolarisation kann nicht eintreten, weil sich Hg an Hg abscheidet, eine Konzentrationspolarisation wird unterbunden, weil sich heftige Wirbelströmungen (Zustand des Maximums) an der Elektrodonoberfläche einstellen.

§ 34. Die Form der polarographischen Stufe. Um über den ganzen Verlauf der polarographischen Stufe Klarheit zu gewinnen, überlegen wir uns, daß der Strom i zur Aufrechterhaltung der Polarisation, d. h. des Konzentrationsverhältnisses ${}^0C_O/{}^0C_R$ fließt. Da an der Elektrode ebensoviel R gebildet wird, wie O verschwindet, muß ${}^0C_O + {}^0C_R = C_O$ sein — vgl. Fig. 99. Hierbei wird vorausgesetzt, daß die Diffusionsgeschwindigkeiten von O und R gleich sind, was praktisch immer genügend genau zutrifft [s. A 16, S. 472]. Bei festliegendem E_K liegen somit das Verhältnis und die Summe von ${}^0C_O$ und ${}^0C_R$ fest und somit auch deren Einzelwerte. Was sich zeitlich noch ändert, ist die Konzentration in der Nachbarschaft der Elektrodenoberfläche. In Fig. 99 ist nach rechts die Entfernung von dieser, nach oben die Konzentration von O und R aufgetragen, und zwar zu verschiedenen Zeiten , die sich wie 1 : 4 verhalten. Es ist ${}^0C_O : {}^0C_R = 2 : 1$ angenommen. R diffundiert in die Lösung hinein, O aus dieser an die Elektrode. Die Diffusionsgeschwindigkeiten sind von dem Konzentrationsgefälle, d. h. der Steilheit der punktierten Linien in Fig. 99 abhängig. Diese Steilheit ist bei gegebenem ${}^0C_O$ und ${}^0C_R$ proportional $\sqrt{t}$; sie ist bei festliegender Zeit der Konzentrationsdifferenz $C_O - {}^0C_O$ bzw. ${}^0C_R$ proportional. Dies ist wichtig, denn die Stromstärke wird wiederum proportional der genannten Steilheit, d. h. der herandiffundierenden Menge O (= fortdiffundierende Menge R) sein:

$$i = k \cdot (C_O - {}^0C_O) = k \cdot {}^0C_R. \tag{2a}$$

Diese Stromstärke wird sich allerdings zeitlich nach den Diffusionsgesetzen ändern (k ist veränderlich mit der Zeit): Bei kon-

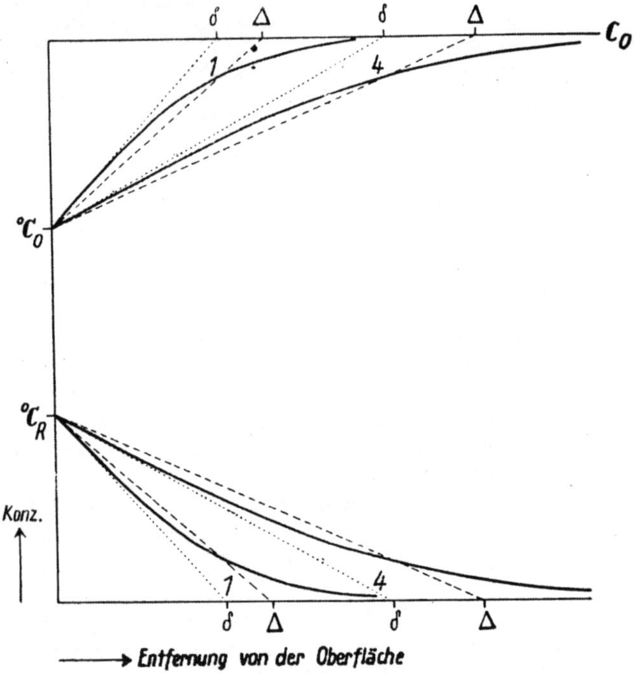

Fig. 99. **Die Konzentrationsverteilung in der Diffusionsschicht**

Die Kurven entsprechen einem Potential, das $°C_O : °C_R = 2$ verlangt. Die ausgezogenen Kurven „4" entsprechen einer Konzentrationsverteilung nach 4mal so langer Zeit als die Kurven „1". Oben Konzentration von O, unten von R. (Es ist $D_O = D_R$ vorausgesetzt.)

Die punktierten Geraden geben das Diffusionsgefälle an den Elektrodenoberflächen an (ihre Neigung entspricht der Stromstärke).

Die gestrichelten Geraden schneiden von dem Felde Dreiecke ab, die inhaltsgleich den Flächen über bzw. unter den ausgezogenen Kurven sind. Sie geben daher den Diffusionsraum an.

stanter Tropfenoberfläche würde i mit $\sqrt{t}$ abnehmen; da aber die Oberfläche von praktisch Null bis zu einem Endwert wächst, so ergibt eine genauere Betrachtung (s. § 35), daß i mit $t^{1/6}$ zunimmt. Diese Umstände bleiben jedoch für alle Tropfen gleich, unabhängig von E und E_K. Infolgedessen werden die mittleren Stromstärken verschiedener Tropfen bei verschiedenem E durch Gl. (2a) gegeben sein. Auf eine Berechnung des Wertes der Konstanten k können wir zunächst verzichten, wenn wir feststellen, daß die Grenz- oder Diffusionsstromstärke i_d dann erreicht sein wird, wenn $C_O - {}^0C_O$ seinen Maximalwert hat, d. h. wenn ${}^0C_O$ = Null ist. Damit ergibt sich aus Gl. (2a)

$$i_d = k \cdot C_O; \quad C_O = \frac{i_d}{k}. \tag{2b}$$

Hieraus und aus Gl. (2a) gewinnen wir

$${}^0C_O = C_O - \frac{i}{k} = \frac{i_d}{k} - \frac{i}{k}; \quad {}^0C_R = \frac{i}{k}.$$

Dies in Gl. (1) eingesetzt, gibt als Gleichung für die ganze polarographische Stufe (k fällt dabei heraus)

$$E = \varepsilon + \frac{0{,}058}{\nu} \lg \frac{i_d - i}{i} \tag{3a}$$

oder nach i aufgelöst:

$$i = \frac{i_d}{10^{\frac{(E-\varepsilon)\nu}{0{,}058}} + 1}. \tag{3b}$$

Die Gl. (3) ist erstmalig von Ilkovič [C 11] abgeleitet und von Tomeš [C 30] experimentell bestätigt worden.

Wir wollen die Eigenschaften der Gl. (3b) näher untersuchen: Ist E sehr viel positiver als ε (d. h. die angelegte negative Spannung klein), so wird i sehr klein (Grundstrom) und ist exponentiell von E abhängig, wie im vorigen Abschnitt besprochen wurde. Ist umgekehrt E sehr negativ, so wird $i = i_d$ (Diffusionsstrom). Ist $E = \varepsilon$, so wird $i = {}^1\!/_2\, i_d$. Diese wichtige Feststellung besagt: Das auf der halben Stufenhöhe gemessene Potential, das sogenannte Halbstufenpotential $E_{1/2}$, gibt das Redoxnormalpotential des Systems $O \rightleftarrows R$ an:

$E_{1/2} = \varepsilon$ [Heyrovský u. Ilkovič C 17].

Es ist somit das Halbstufenpotential (und nicht der Beginn des Anstiegs der Stromstärke) eine theoretische eindeutig definierte und für einen gegebenen Reduktionsvorgang charakteristische Größe. Es sei aber schon hier betont, daß dies nur dann gilt, wenn die Stufe eine unverfälschte Idealgestalt hat und wenn der

Elektrodenvorgang reversibel ist. (Bei extrem langsam tropfenden Kapillaren wird aber auch im Idealfalle $E_{1/2}$ abhängig von ϑ. Siehe Anm. 2, S. 286).

Die Stufe ist, wie aus Gl. (3) hervorgeht, um so steiler, je größer ν ist (vgl. Fig. 1). Im Halbstufenpunkt (Stufenmitte, $i = 1/2\, i_d$, $E = \varepsilon$) ist die Steilheit

$$\frac{di}{dE} = \frac{\nu F i_d}{4\,RT} = 9{,}93\, i_d \cdot \nu^{1)}. \qquad (4)$$

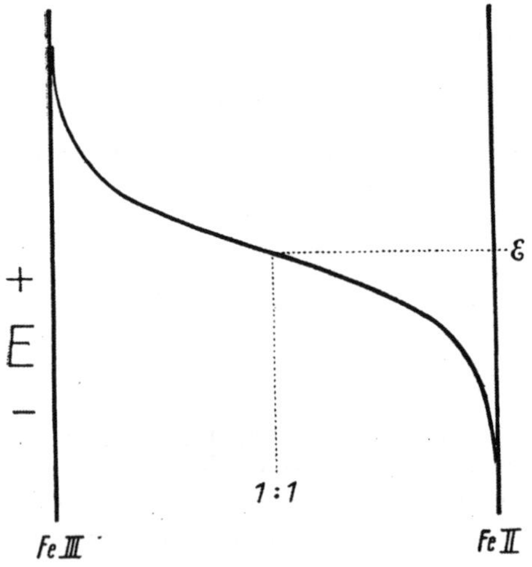

Fig. 100. Das Redoxpotential in Abhängigkeit vom Konzentrationsverhältnis O : R (hier Fe III : Fe II). ε = Normalpotential

Man kann also ν, die „Wertigkeit" des Umsatzes, nicht nur aus der Stufenhöhe i-, sondern auch aus der Steilheit bestimmen[2]). Hierbei ist allerdings Vorsicht am Platze, da aus verschiedenen Gründen die experimentell bestimmte Steilheit zu gering ausfallen kann (s. § 40).

Es sei noch darauf hingewiesen, daß die Form der polarographischen Stufe nach Gl. (3) vollständig der bekannten Form einer Kurve entspricht, die das Redoxpotential in Abhängigkeit von dem Konzentrationsverhältnis $C_O : C_R$ wiedergibt. In Fig. 100 ist das

[1]) Da auch i_d proportional ν ist, so ist die Steilheit proportional ν^2.

[2]) Die früher oft angewandte Methode der Bestimmung von ν aus der Verschiebung von E_{tg} mit der Konzentration ist im Prinzip eine indirekte Bestimmung von ν aus der Stufensteilheit. Man könnte ebensogut die Verschiebung von E_{tg} bei einer Änderung der Galvanometerempfindlichkeit verfolgen. Bei irreversiblen Stufen sind all diese Methoden grundsätzlich nicht anwendbar, was nicht beachtet worden ist. In solchen Fällen darf allein die Stufenhöhe zur Bestimmung von ν herangezogen werden.

Potential einer in eine Fe III—Fe II-Mischung eintauchenden indifferenten Elektrode in Abhängigkeit von dem Konzentrationsverhältnis nach Gl. (1) dargestellt. Eine polarographische Stufe ist mit dieser Kurve identisch nach Drehung um 90°. Zur experimentellen Bestimmung der Kurve der Fig. 100 wird erst $C_{Fe\,III} : C_{Fe\,II}$ eingestellt und dann E gemessen. Beim Polaro-

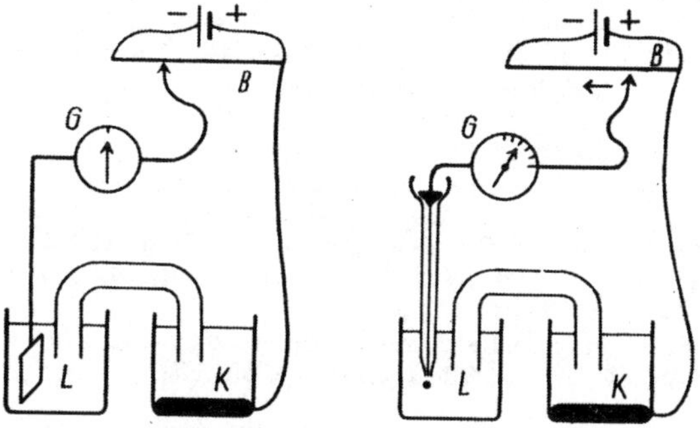

Fig. 101. Schematischer Vergleich der Anordnung zum Messen von Redoxpotentialen (links) und der polarographischen Anordnung (rechts)

K = Vergleichselektrode.
L = Lösung; links O + R, rechts O oder R.
G = links Nullinstrument, rechts Meßinstrument.
B = Brückendraht.

graphieren wird umgekehrt E eingestellt, worauf sich das Konzentrationsverhältnis ${}^0C_O : {}^0C_R$ automatisch durch die Konzentrationspolarisation einstellt und durch die Stromstärke i/i_d gemessen wird. — Um die Ähnlichkeit der Anordnung zur Messung von Redoxpotentialen und der polarographischen Meßanordnung zu zeigen, sind beide in Fig. 101 schematisch nebeneinandergestellt.

Die polarographische Methode bietet also die Möglichkeit Redoxpotentiale zu bestimmen. Verglichen mit der Methode mit ruhenden Elektroden hat die polarographische gewisse Nachteile, aber auch Vorteile. Die Nachteile sind: 1. Die geringere Genauigkeit. 2. Die Beschränkung auf Reaktionen, die ihr Gleichgewicht an der Tropfenoberfläche sehr schnell einstellen (innerhalb eines Bruchteils der Tropfendauer), d. h. auf genügend reversible Reaktionen. 3. Die nicht sehr edle Natur des Quecksilbers, wodurch Potentiale, positiver als etwa + 0,3 Volt in keinem Falle meßbar sind, aber auch bei weniger positiven die Gefahr einer Beteiligung des Quecksilbers an der Elektrodenreaktion besteht; so entspricht — um ein einfaches Beispiel zu nennen — die anodische Cl^--Stufe nicht einer Oxydation der Cl^--Ionen, sondern des Quecksilbers. — Die Vorteile der polarographischen Methode liegen in folgendem: Es ist nicht notwendig, beide Formen des Redoxsystems — die reduzierte und die oxydierte — präparativ darzustellen, da sich aus der einen die andere durch die Elektrodenreaktion bildet. Dies ergibt die Möglichkeit, Redoxsysteme zu untersuchen, bei denen die eine Form sehr unbeständig ist, so daß eine Messung mit ruhenden Elektroden nicht möglich ist; beispielsweise für folgende Systeme:

$NH_4^+ \rightleftharpoons NH_4$-Amalgam

$Fe^{2+} \rightleftharpoons$ Fe in Hg echt gelöst

Adrenochrom $\rightleftharpoons$ Leukoadrenochrom [E 120].

Alle irreversiblen Stufen mit „nachgelagerter Hemmung" (s. § 43), d. h. solche, die in reversibler Reduktion oder Oxydation zu einem instabilen Zwischenprodukt führen, das sich langsam zu einem stabilen Endprodukt umlagert, gehören hierher. Nur ist das Zwischenprodukt meist nicht bekannt (vgl. z. B. [E 107]).

Beispiele polarographischer Untersuchungen von Redoxpotentialen finden sich bei [E 43, 53, 69, 82, 99, 102, 107; C 55, 56].

§ 35. **Die Stromstärke des Einzeltropfens.** Mit einem sehr wenig trägen Galvanometer kann verfolgt werden, wie die Stromstärke sich beim Wachstum der einzelnen Tropfen zeitlich ändert. Fig. 102 (S. 237) zeigt, wie diese Stromstärke parabolisch mit dem Wert Null anfangend, mit $t^{1/6}$ steigt. Die Berechnung dieser Stromstärke wird uns die Konstante k der Gl. (2) liefern und damit nach (2a) die absolute Höhe des Diffusionsstromes i_d.

Wir bezeichnen diese Stromstärke mit j zum Unterschied zur sonst benutzten, über die Tropfzeit ϑ gemittelten Stromstärke i. Ferner benötigen wir folgende Bezeichnungen:

M = die an der Elektrodenoberfläche umgesetzte Depolarisatormenge in Molen.

dM/dt = also die Reduktionsgeschwindigkeit.

D = Diffusionskonstante des Depolarisators.

x = Entfernung von der Elektrodenoberfläche.

dC/dx = das Konzentrationsgefälle des Depolarisators.

dC/dx_0 = dieses an der Elektrodenoberfläche.

v = Fließgeschwindigkeit des Quecksilbers in der Kapillare in cm^3/sec; m — desgleichen in g/sec.

q = Oberfläche des Tropfens in cm^2.
t = Zeit, vom Tropfenbeginn an gemessen.
ϑ = Tropfendauer vom Beginn bis zum Abfallen.
δ = Diffusionsschichtdicke, gemessen durch Konstruktion einer Tangente am Konzentrationsgefälle bei $x = 0$ (vgl. Fig. 99, S. 280).
Δ = Diffusionsschichtdicke, gemessen durch Konstruktion eines Dreiecks $C - {}^0C - \Delta$ (vgl. Fig. 99), das gleichen Flächeninhalt hat wie die Fläche über der Konzentrationskurve von C_0 (bzw. unter der Kurve von C_x.)
Nach den Diffusionsgesetzen ist $\Delta = \frac{4}{\pi}\delta = 1{,}27\,\delta$.

Von den folgenden drei Gleichungen

$$i = \nu F \frac{dM}{dt}; \quad \frac{dM}{dt} = \frac{qD}{1000} \cdot \frac{dC}{dx_0}; \quad \frac{dC}{dx_0} = \frac{C - {}^0C}{\delta}$$

ergibt sich die erste unmittelbar aus den Faradayschen Gesetz der Elektrolyse; die zweite ist das erste Diffusionsgesetz von Fick (der Faktor 1000 im Nenner erscheint, weil wir die Konzentrationen in Mol pro Liter angeben, während wir uns sonst an das absolute (CGS-) Maßsystem halten); die dritte Gleichung folgt aus der Definition von δ. Die Vereinigung der Gleichungen liefert:

$$i = \frac{\nu F\, qD\,(C - {}^0C)}{1000\,\delta}. \tag{5}$$

Bei konstantem q sinkt i mit der Zeit, weil δ wächst: $\delta = \sqrt{\pi D t}$. Daher ist

$$i\ (\text{bei } q = \text{konst.}) = 0{,}001 \cdot \pi^{-1/2} \cdot \nu F\,(C - {}^0C) \cdot D^{1/2} \cdot q \cdot t^{-1/2}. \tag{6}$$

Bei der Tropfelektrode wächst jedoch q, und zwar gilt bei kontanter Zuflußgeschwindigkeit v des Quecksilbers

$$q = (6\sqrt{\pi}\, v \cdot t)^{2/3}. \tag{7}$$

Beim Wachsen des Tropfens wird aber die Diffusionsschicht wie eine Seifenblase aufgeblasen, wodurch ihre Dicke verringert wird. Es wird also δ langsamer wachsen als bei konstantem q. Es ergibt sich durch rein geometrische Überlegungen (auf die Wiedergabe der Ableitung sei hier verzichtet; vgl. [A 16, S. 469 und 470]):

$$\delta = \sqrt{\frac{3}{7} \pi D t}\ ^{1)}. \tag{8}$$

Durch Einsetzen der Gl. (7) und (8) in die Gl. (5) ergibt sich, wenn die Zahlenfaktoren zusammengefaßt werden:

$$j = 4{,}168 \cdot 10^{-3} \cdot \nu F (C - {}^{0}C)\, D^{1/2} v^{2/3} t^{1/6}. \tag{9}$$

Statt die Gl. (8) abzuleiten [s. A 16, S. 469] sei hier ein direkterer Weg zur Gl. (9) gewählt. Die zu einem Zeitpunkt t insgesamt reduzierte Menge M muß einerseits gleich dem Stromintegral sein, ergibt sich aber andererseits auch aus der Definition von Δ:

$$M = \int_0^t \frac{j}{\nu F}\, dt; \qquad M = \frac{\Delta (C - {}^{0}C)\, q}{2 \cdot 1000}.$$

$$\text{Hieraus folgt } \Delta = \frac{2 \cdot 1000}{(C - {}^{0}C)\, q} \int_0^t \frac{j}{\nu F}\, dt.$$

Setzen wir nun $\delta = \frac{\pi}{4} \Delta$ (was aus den Diffusionsgesetzen folgt)[2]) und q nach Gl. (7) in Gl. (5) ein, so ergibt sich:

$$j \cdot \int_0^t j \cdot dt = \left(\frac{\nu^2 F^2 D (C - {}^{0}C)^2 (6 \sqrt{\pi}\, v)^{4/3} \cdot 4}{1000^2 \cdot \pi \cdot 2} \right) \cdot t^{4/3}$$

oder indem wir zur Abkürzung den Klammerausdruck mit k_1 bezeichnen,

$$j \cdot \int_0^t j \cdot dt = k_1 \cdot t^{4/3}. \tag{10}$$

---

1) Die Diffusionsschichtdicke (δ) eines „gewachsenen" Tropfens unterscheidet sich also von der eines solchen, der vom Beginn der Elektrolyse an die gleiche Größe hatte, nur um den Faktor $\sqrt{3/7}$.

2) Dies gilt streng genommen nur für eine ebene Grenzfläche, d. h. wenn δ klein ist gegenüber dem Tropfenradius. Bei sehr langsam tropfenden Kapillaren trifft dies nicht mehr zu, dann wird i_d größer als die hier gebrachte Berechnung ergibt, was empirisch von Lingane und Loveridge [C 77] gefunden und von H. Strehlow (Dissert. Bonn 1949) theoretisch und experimentell geklärt worden ist. (Bei sehr langsam tropfenden Kapillaren wird auch das Halbstufenpotential von ϑ abhängig).

Die Lösung dieser Integralgleichung ergibt sich durch eine Dimensionsbetrachtung. Die Dimensionen beider Seiten der Gl. (10) müssen gleich sein; da k_1 zeitunabhängig ist, ergibt sich somit aus Gl. (10) für die in [ ] gesetzten Dimensionen: $[j]^2 \cdot [t] = [t]^{4/3}$; also $[j] = [t]^{1/6}$, somit

$$j = k_2 \cdot t^{1/6}. \qquad (11)$$

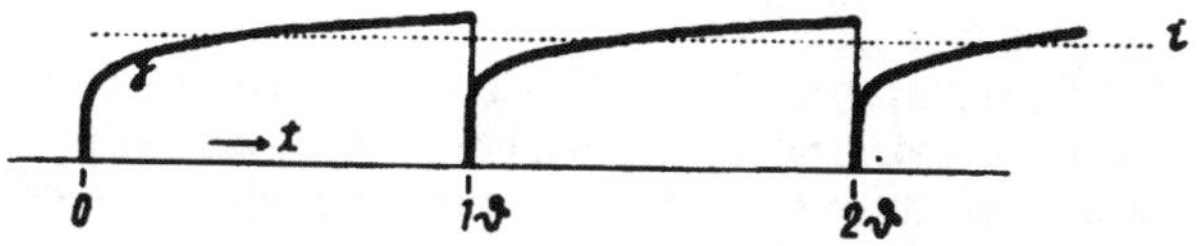

Fig. 102. **Die Stromstärke-Zeit-Kurven der Einzeltropfen**

Berechnet nach Gl. (11). ϑ = Tropfzeit. j = Stromstärke. i = mittlere Stromstärke.

Fig. 103. **Stromstärke-Zeit-Kurven**

Mit schnellschwingendem (0,01 Sek.) Galvanometer, das den schnellen Stromstärkeänderungen der Einzeltropfen folgen kann. Spannung konstant. Jeder Tropfen etwa 3 Sek.
Oben: Normale Kurven.
Unten: Störung durch Niederschlagsbildung auf der Tropfenoberfläche. (Hier handelt es sich um Oxydation von Thioharnstoff an der Tropfanode, wobei sich Hg-Komplexe bilden. Nach [E102].)

Der Wert des Faktors k_2 ergibt sich, indem wir j nach Gl. (11) in die Gl. (10) einsetzen: $k_2 = \sqrt{\frac{7}{6} k_1}$.

Dieser Wert von k_2 in Gl. (11) eingesetzt, ergibt die Gl. (9).

Das Ansteigen von j mit $t^{1/6}$ ist in Fig. 102 dargestellt. Fig. 103 zeigt experimentell mit einem schnellschwingenden Galvanometer gefundene Kurven.

Zu der mittleren Stromstärke i gelangen wir durch eine Integration.

$$i = \frac{1}{\vartheta}\int_0^\vartheta j\,dt\,.$$

Mit j nach Gl. (9) ergibt dies

$$i = 3{,}572 \cdot 10^{-3} \cdot \nu F \cdot D^{1/2} \cdot v^{2/3} \cdot \vartheta^{1/6} \cdot (C - {}^0C)\,. \qquad (12)$$

§ 36. Die Stufenhöhe. Mit Gl. (12) haben wir den in Gl. (2) noch unbestimmt gelassenen Faktor k gewonnen und kennen somit alle Einflüsse, die die Stromstärke i noch neben der Konzentrationsdifferenz $(C - {}^0C)$ beeinflussen[1]. Insbesondere ergibt sich aus Gl. (12), wenn wir ${}^0C$ = Null setzen — entsprechend Gl. (2b) — die Diffusionsstromstärke i_d in Ampere mit $F = 96490$ zu

$$i_d = k \cdot \nu \cdot C \quad \text{mit} \quad k = 344 \cdot D^{1/2} \cdot v^{2/3} \cdot \vartheta^{1/6} \qquad (13a)$$

oder mit $v = m/13{,}534$ (bei 25°), wobei m die in der Sekunde ausfließende Quecksilbermenge in Gramm ist:

$$k = 60{,}7\, D^{1/2} \cdot m^{2/3} \cdot \vartheta^{1/6}\,. \qquad (13b)$$

C ist in Mol/Liter zu messen[2]. Mit einer Kapillare von 0,05 mm Durchmesser ist die Tropfengröße etwa 0,0005 cm³, mit $\vartheta = 3$ sec ist also $v = \frac{0{,}0005}{3}$ cm³/sec. Da D gewöhnlich etwa gleich 1,0 bis $1{,}5 \cdot 10^{-5}$ cm² · sec⁻¹ ist[3], so ist k = etwa 0,005; i_d in Ampere ist also etwa 200mal kleiner als νC in Äquivalent/Liter.

---

[1] Den Index O bei C haben wir schon im vorigen Abschnitt fortgelassen, da sich diese Gleichungen auch auf Oxydationsstufen beziehen, wobei dann $-C_R$ die Konzentration des Depolarisators ist.

[2] In der amerikanischen Literatur ist es üblich C in Millimol/Liter und m in mg/sec anzugeben. Dann wird der Zahlenfaktor in Gl. (13b) gleich 607.

[3] Nachstehend seien einige Diffusionskonstanten $D \cdot 10^5$ in cm²/sec für 25° nach Kolthoff [A 15, S. 30; C 59; D 133, 134; C 71] angegeben (für indifferente verdünnte Leitsalzlösung)

Li^+ 1,04, Na^+ 1,37, K^+ 2,02, Cs^+ 2,11;
Tl^+ 2,00, Pb^{2+} 0,98;
Zn^{2+} 0,72, Cd^{2+} 0,72, Hg^{2+} 0,82, Hg_2^{2+} 0,92;
Cu^{2+} 0,72, Ag^+ 1,69, Ni^{2+} 0,69;
Cl^- 2,03, NO_3^- 1,92, SO_4^{2-} 1,08, $Fe(CN)_6^{3-}$ 0,89;
BrO_3^- 1,44, JO_3^- 1,09, CH_3COO^- 1,09;
H^+ 9,32, OH^- 5,32, $Fe^{II}(CN)_6^{4-}$ 0,74, $Fe^{III}(CN)_6^{3-}$ 0,89;
O_2 2,6, SO_2 2,04, Chinon 0,86, Hydrochinon 0,74.

Mit 50% Alkohol: Li^+ 0,38, Na^+ 0,51, K^+ 0,75 [C 71].

Die Gl. (13) ist von I l k o v i č [C 16,41] abgeleitet worden (vgl. aber auch [C 29 u. A 16]) und ist verschiedentlich experimentell bestätigt worden [vor allem C 46].

Die Diffusionsstromstärke ist also von folgenden Größen abhängig:

D i e W e r t i g k e i t ν. Da das Elektrolysenprodukt nur in analytisch nicht nachweisbarer Menge entsteht, ist es wertvoll, daß aus der Stufenhöhe ν ermittelt und damit auf die Art dieses Produktes geschlossen werden kann. Man muß allerdings sicher sein, daß die Stufenhöhe durch einen ungestörten Diffusionsstrom, und nur durch diesen, bedingt ist.

D i e D i f f u s i o n s k o n s t a n t e D [1]). Diese ist abhängig von dem Medium und von der Natur des reduzierbaren Stoffes. Zwei verschiedene Stoffe in äquivalenter Konzentration und unter auch sonst gleichen Bedingungen geben daher verschieden hohe Stufen, wenn auch die Unterschiede, da nur $\sqrt{D}$ in Gl. (12) eingeht, meist nicht groß sind. Für elektrolytarme Lösungen läßt sich D aus der Ionenbeweglichkeit u [2]) berechnen:

$$D = \frac{u\,R\,T}{\nu\,F}\,. \qquad (14)$$

Erhöhte Elektrolytkonzentration erniedrigt u stark, D aber weit weniger. Deswegen können die so berechneten Diffusionskoeffizienten annähernd auch für leitsalzhaltige Lösungen benutzt werden. Experimentell sind Diffusionskoeffizienten unter diesen Bedingungen von L a i t i n e n und K o l t h o f f [J. Am. Chem. Soc. **61** (1939) 3344] bestimmt worden. (Vgl. auch [D 152].) — Gl. (12) läßt sich bis auf einige Prozent genau experimentell bestätigen [C 16, 46].

---

1) Als „D i f f u s i o n s s t r o m k o n s t a n t e" (diffusion current constant) bezeichnen K o l t h o f f und L i n g a n e [A 18, C 77] die Größe

$$I = 60{,}7 \cdot \nu \cdot D^{1/2} = i_d / C \cdot m^{2/3} \cdot \vartheta^{1/6}$$

Man kann die Größe $K = m^{2/3} \cdot \vartheta^{1/6}$ als „Kapillarenkonstante" bezeichnen. Dann lautet Gl. (13):

$$i_d = C \cdot I \cdot K \quad (s.\ §\ 4).$$

2) u ist hier die Wanderungsgeschwindigkeit der Ionen in cm/sec beim Spannungsgefälle von 1 Volt/cm. Setzt man statt dessen die „Ionenbeweglichkeit in Leitfähigkeitsmaß" ein, so ist im Zähler der Gl. (14) zu setzen: $\nu \cdot F^2$. — Über die Anwendung dieser Gleichung vgl. auch [C 63].

D und damit die Stufenhöhe sinkt sehr stark, wenn Assoziation des reduzierbaren Stoffes vorliegt. Z. B. sinkt die Diffusionskonstante des Methylenblaus mit steigender Konzentration; von Brdička [C 67] ist gezeigt worden, daß die Stufenhöhe dementsprechend nicht proportional der Konzentration zunimmt. — Geht die Assoziation bis zu kolloidalen Partikelgrößen, so ist eine merkliche Reduktion an der Tropfkathode im allgemeinen nicht mehr möglich. Mitunter ergeben aber kolloidale Teilchen meist sehr unregelmäßige Ströme ($Fe(OH)_3$, $Mg(OH)_2$, AgCl, Pt, s. [C 74, H 25 und § 22a]).

Noch nicht ganz geklärt ist die Erniedrigung der Stufenhöhe, die oft bei Zusatz kolloidaler Maximadämpfer oder sonstiger oberflächenaktiver Stoffe beobachtet wird. Die Erhöhung der Viskosität reicht zur Erklärung nicht aus. Es bleiben dann noch zwei Deutungsmöglichkeiten: a) Eine Behinderung der Diffusion infolge Adsorption des Depolarisators an den kolloidalen Partikeln des Dämpfers. Diese Deutungsmöglichkeit scheidet aus, wenn der Zusatz nicht kolloidal ist. b) Dann ist an eine Barriere an der Elektrodenoberfläche durch adsorbierte Molekeln des oberflächenaktiven Stoffes zu denken. Zwar kann zunächst durch ein solches Hindernis nicht die Höhe, sondern nur das Potential der Kurve verändert werden (s. § 43); doch kann ein Teil der Stufe nach rechts aus dem Bereich des Polarogrammes hinausgeschoben werden, so daß eine niedrigere Reststufe übrig bleibt (vgl. Fig. 26, ferner [C 16, E 82]).

Da *D* von der Viskosität des Lösungsmittels abhängig ist, ergibt sich ein Einfluß der Temperatur auf die Stufenhöhe. Diesen besprechen wir am Schlusse des Abschnittes.

Die Tropfgeschwindigkeit und Tropfengröße. Nach Gl. (12) ist die Stufenhöhe abhängig von $v^{2/3} \cdot \vartheta^{1/6}$. Da es nicht möglich ist, bei einer gegebenen Kapillare v zu verändern, ohne zugleich ϑ zu verändern, ist es zweckmäßig, an Stelle von v die Tropfengröße V (Volumen des abfallenden Tropfens in cm^3) einzuführen. Da $v = \frac{V}{\vartheta}$ ist, so ist

$$v^{2/3} \cdot \vartheta^{1/6} = V^{2/3} \cdot \vartheta^{-1/2}, \tag{13c}$$

welcher Größe somit die Stufenhöhe proportional sein muß.

Die Tropfengröße V ist von der Grenzflächenspannung Hg/Lösung und vom Radius der Kapillare abhängig. Die Grenzflächenspannung trägt das Gewicht des Tropfens. Die tragende Kraft ist proportional dem Umfang der Tropfenbasis, d. h. der

Kapillare. Somit ist V (in erster Näherung) proportional diesem Umfang und damit dem Radius r. Die Stufenhöhe ist bei Kapillaren mit verschiedenem Radius unter sonst gleichen Bedingungen demnach proportional $r^{2/3}$. Dies ist experimentell bestätigt worden [C 16, 28, 46; D 80].

Ändert man die Tropfgeschwindigkeit durch den Quecksilberdruck, so bleibt die Tropfengröße (nahezu) unverändert. Demnach muß sich die Stufenhöhe umgekehrt proportional mit der Wurzel der Tropfendauer ϑ oder proportional mit der Wurzel der Tropfgeschwindigkeit (und damit dem Hg-Druck über der Kapillare) ändern. Auch dies konnte mehrfach experimentell bestätigt werden [C 16, 28, 46; D 80].

Es ergibt sich somit für die Stufenhöhe H

$$H = k' \cdot h^{1/2} \cdot r^{2/3}, \tag{12a}$$

wenn h die Höhe des Niveaugefäßes über der Kapillare und r der Kapillarenradius ist. Eine Änderung von H um 1% wird somit durch eine Änderung von h um 2% oder von r um 1,5% bewirkt.

Bei Herabsetzen der Tropfzeit unter etwa 1 Sek. beginnt die Stufenhöhe schneller anzusteigen, als dies der Ilkovič schen Gl. (13) entspricht [C 75, 77]. Dies beruht auf der wirksam werdenden Rührung im Quecksilbertropfen durch das aus der Kapillare einströmende Quecksilber (H. Strehlow, Dissert. Bonn 1949, vgl. S. 318). — Wie Lingane und Loveridge [C 77, 81] fanden, tritt aber auch bei sehr langsamer Tropf- und Fließgeschwindigkeit des Quecksilbers ($\vartheta > 4$ sec) eine Erhöhung der Stufen gegenüber dem nach Gl (13) berechneten Wert ein. Dies ist von H. Strehlow theoretisch geklärt worden (vgl. S. 286, Anm. 2).

Die Grenzflächenspannung Hg/Lösung ist von dem Elektrodenpotential abhängig. In nicht oberflächenaktiven Lösungen hat sie ein Maximum bei $E_K = -0{,}56$ V gegen die Kalomelelektrode und sinkt bei positiveren und negativeren Potentialen ab (Elektrokapillarkurve des Hg, vgl. § 41). Dies ändert die Fließgeschwindigkeit v des Quecksilbers praktisch nicht [s. B 39], wohl aber V und ϑ. Bei $E_K = -2$ V ist die Grenzflächenspannung fast auf den halben Wert gegenüber dem Maximalwert bei $E_K = -0{,}56$ V gesunken. Daher bleibt der Diffusionsstrom nicht ganz konstant, sondern sinkt von $-0{,}56$ bis -2 V auf $(1/2)^{1/6}$, d. h. um etwa 12%. Dieses Sinken ist z. B. bei den Figg. 1, 5, 38,

(40) zu erkennen. Bei größeren Genauigkeitsansprüchen ist es daher erforderlich, die Stufenhöhe der Probe- und der Eichlösung (und auch den Reststrom) beim g l e i c h e n Potential zu vermessen.

D i e T e m p e r a t u r hat einen bedeutenden Einfluß auf die Stufenhöhe [C 42; D 69, 80]. Und zwar sind drei Arten der Einwirkung zu unterscheiden, von denen zwei den Diffusionskoeffizienten D und die dritte die Tropfendauer ϑ beeinflussen. Am stärksten ist die Änderung von D durch die Abnahme der Viskosität des Wassers mit steigender Temperatur T. Diese Abnahme beträgt 2,40% pro Grad, sie entspricht dem Temperaturkoeffizienten der Beweglichkeit u der Ionen (wobei allerdings Änderungen des Hydratationsgrades mit der Temperatur gewisse Abweichungen bedingen). Neben diesem Einfluß von du/dT auf D ist aber noch die Erhöhung von D durch eine stärkere Wärmebewegung des Ions (oder der Molekel) zu berücksichtigen. Dieser Einfluß ist proportional der absoluten Temperatur und beträgt somit bei Zimmertemperatur 0,34%. Im ganzen erhöht sich also D um $2{,}40 + 0{,}34 = 2{,}74\%$ pro Grad [formelmäßig ergibt sich dies durch Differentiation der Gl. (14)]. Da i_d sich mit $\sqrt{D}$ ändert, folgt für den Temperaturkoeffizienten der Stufenhöhe 2,74 : 2 = 1,37% pro Grad. — Eine Temperaturerhöhung setzt aber auc die Viskosität des Quecksilbers[1]) herab und erhöht dadurch di Fließ- und Tropfgeschwindigkeit um 0,36% pro Grad. (Ein merk licher Einfluß der Temperatur auf die Grenzflächenspannung Hg Lösung und damit auf die Tropfengröße ist dagegen nicht vor handen.) Wird die Tropfgeschwindigkeit nicht nachreguliert, s ergibt sich also eine weitere Erhöhung von i_d um 0,18% pro Grad im ganzen also 1,55%. — In Übereinstimmung mit den experi mentellen Befunden [D 69, 80] hat man also mit einer Stufen erhöhung von etwa 1,6%, bzw. bei Nachregulierung der Trop geschwindigkeit 1,4% pro Grad zu rechnen.

B. Besondere Fälle

§ 37. Reduktion zu Metall. Gehen wir nun dazu über, solch Reduktionen an der Tropfkathode zu betrachten, bei denen da Reduktionsprodukt R ein Metall ist, so ergibt sich als erster Unte

[1]) Die Dichteänderung fällt dagegen kaum ins Gewicht (Fehler b [A 18, S 75]).

schied, daß R nicht mehr in der Lösung, dafür aber im Quecksilber löslich ist. Von der Grenzfläche Hg/Lösung wird also R in den Tropfen hineindiffundieren. Fig. 99, S. 280 wäre daher dahin abzuändern, daß das Diffusionsgefälle C_R nach links aufzutragen wäre, wie dies Fig. 104 zeigt. Dies macht aber unsere bisherigen Betrachtungen und Berechnungen nur in einem einzigen Punkte

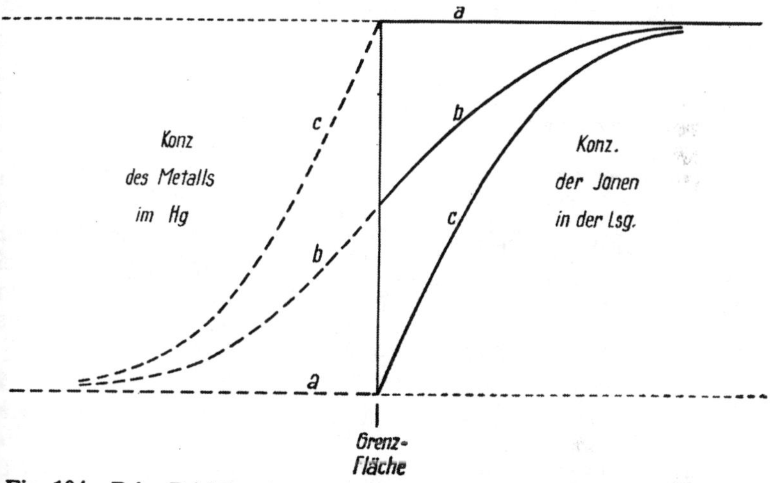

Fig. 104. Die Diffusionsschichten bei Metallabscheidung

D_R (im Hg) = D_O (in der Lösung) ist vorausgesetzt. a) Diffusionsschichten beim Grundstrom, b) beim Halbstufenpotential, c) beim Grenzstrom.

ergänzungsbedürftig: Das Normalpotential bedarf einer neuen Definition.

Zunächst sei vorausgeschickt, daß die Metallatome im Quecksilber praktisch mit der gleichen Geschwindigkeit diffundieren wie ihre Ionen in der wässerigen Lösung. Die Diffusionskonstante D ist in beiden Fällen etwa $1 \cdot 10^{-5}\ cm^2 \cdot sec^{-1}$. Daher ist auch hier mit genügender Genauigkeit ${}^0C_R + {}^0C_O = C_O$. Es ist hierbei ${}^0C_R$ die Amalgamkonzentration an der Tropfenoberfläche. Diese ist ebenso in Mol pro Liter (Hg) zu messen, wie die

Konzentrationen in der wässerigen Lösung. Die Stromstärke ist auch hier proportional $C_O - {}^0C_O$, entsprechend Gl. (2a) und (12). Und die Stromstärke $^1/_2\, i_d$ wird auch hier bei ${}^0C_O = {}^1/_2\, C_O$ erreicht in welchem Punkt demnach auch wieder ${}^0C_R = {}^0C_O$ ist. Daher entspricht dem Halbstufenpotential ε der Gl. (3) das Potential einer Amalgamelektrode des Metalles M gegen eine wässerige Lösung eines Salzes dieses Metalles, wenn die Metallkonzentration im Amalgam und die

Tabelle 8

Vergleich gefundener und berechneter Halbstufenpotentiale nach v. Stackelberg [A 16]

	Halbstufenpotential		Berechnet aus		
	gef.	ber.	Normal-potential	Amalgam Aktiv.-Koeff.	Lösl. des Metalles in Hg
Li^+	— 2,34	— 2,38	— 3,241	10^{-13}	
Na^+	— 2,14	— 2,13	— 2,996	10^{-13}	
K^+	— 2,16	— 2,17	— 3,205	10^{-16}	
Ca^{2+}	— 2,23	— 2,22	— 3,093	10^{-28}	
Ba^{2+}	— 1,96	— 1,97	— 3,24	10^{-43}	
Cu^{2+}	— 0,03	— 0,002	+ 0,061	$1 \cdot 10^{+4}$	$6{,}9 \cdot 10^{-8}$
Zn^{2+}	— 1,02	— 1,024	— 1,041	17	4
Cd^{2+}	— 0,62	— 0,59	— 0,680	$5 \cdot 10^{-2}$	
Tl^+	— 0,49	— 0,483	— 0,619	0,32	
Pb^{2+}	— 0,42	— 0,41	— 0,410	68	1,0
Fe^{2+}	— 1,32		— 0,723	(10^{22})	[10^{-21} 1)]

Metallionenkonzentration in der Lösung einander gleich sind (in Mol pro Liter angegeben). Dieses Potential ist von der absoluten Konzentration unabhängig (wenn wir hier noch vom Einfluß der Aktivitätskoeffizienten absehen), denn eine gleichzeitige Erhöhung beider Konzentrationen erhöht sowohl den Lösungsdruck des Metalles als auch den Abscheidungsdruck seiner Ionen.

1) Hier ist umgekehrt die sonst unbekannte Löslichkeit des Eisens in Hg aus der Differenz zwischen $E_{1/2}$ und dem Normalpotential berechnet worden.

Es fragt sich nun, in welcher Beziehung dieses „Normalpotential" ε zu dem üblichen Normalpotential ε_M eines Metalles steht. Der Zusammenhang ist einfach, wenn das betreffende Metall im Gleichgewicht mit gesättigtem Amalgam in reinem Zustand vorliegt, d. h. nicht als Verbindung oder Mischkristall mit Hg. Das gesättigte Amalgam muß dann das gleiche Potential haben wie das reine Metall, wenn beide in die gleiche Lösung eintauchen. Ist die Sättigungskonzentration des Amalgams (in Mol pro Liter) bekannt, so entspricht ε_M dem Potential eines Amalgams dieser Konzentration gegen eine normale Lösung des Metallsalzes. Es ist nun ohne weiteres möglich, das Potential ε zu berechnen, das sich ergibt, wenn wir von der normalen Ionenkonzentration zu einer solchen übergehen, die der Sättigungskonzentration des Metalles im Amalgam numerisch gleich ist. Selbstverständlich müssen für eine exakte Berechnung hierbei die Aktivitätskoeffizienten der Ionen und des Metalles im Amalgam berücksichtigt werden. Darauf wollen wir hier jedoch nicht eingehen. — Im Falle, daß nicht das reine Metall Bodenkörper des gesättigten Amalgams ist, müssen Messungen von Potentialen verdünnter Amalgame im Vergleich zu solchen des reinen Metalles vorliegen, um ε aus ε_M zu berechnen. Wegen Einzelheiten sei auf [A 16] verwiesen. Die vorstehende Tabelle 8 beweist, daß zwischen berechnetem ε und experimentell polarographisch gefundenen Halbstufenpotentialen $E_{1/2}$ gute Übereinstimmung zu erzielen ist. Bei den Metallen Cu, Zn, Pb ist die Berechnung aus der Löslichkeit im Quecksilber in der oben angegebenen Weise durchgeführt worden, bei den übrigen Metallen aus den Aktivitätskoeffizienten verdünnter Amalgame.

Qualitativ ergibt sich, daß bei den Metallen, die eine große Affinität zum Quecksilber haben (große Löslichkeit, Bildung stabiler Verbindungen) — also vor allem bei den Alkali- und Erdalkalimetallen —, ε sehr viel positiver als ε_M ist: Die Abscheidung am Quecksilber erfolgt hier sehr viel leichter, um etwa 1 Volt früher. Umgekehrt ist bei den Metallen mit extrem geringer Löslichkeit im Quecksilber [Fe, Co, Ni, Mn, Cr[1]] ε etwa um

[1]) Die vier letzten Metalle sind allerdings nur irreversibel reduzierbar, gehören daher nicht hierher, da irreversible Vorgänge erst im § 43 behandelt werden.

½ Volt negativer als ε_M. Die Reihenfolge der polarographischen Halbstufenpotentiale zeigt demnach charakteristische Unterschiede gegenüber der Spannungsreihe der Metalle.

§ 38. **Oxydationsstufen (Tropfanode).** Ist statt eines reduzierbaren Stoffes ein oxydierbarer in der Lösung, so kann die Oxydation $R \to O$ an der Tropfelektrode vor sich gehen, wenn dieser ein genügend positives Potential erteilt wird. Man erhält also auf dem Polarogramm einen „umgekehrten" Stromfluß, wobei die Tropfelektrode A n o d e ist, bis bei steigendem negativem Potential der Elektrode das Redoxpotential O/R erreicht ist; dann sinkt die Stromstärke auf Null. Diese anodischen oder Oxydationsstufen liegen also u n t e r der Galvanometernullinie des Polarogrammes. Für ihre Form und die Stufenhöhe gilt das, was wir für die kathodischen Stufen abgeleitet haben; an Stelle von C_O hat in den Gleichungen C_R zu treten, weshalb wir im § 36 den Index O schon fortgelassen haben. Das H a l b s t u f e n - p o t e n t i a l eines Stoffes R auf der Oxydationsstufe liegt an der gleichen Stelle wie das Halbstufenpotential der Reduktion seines Oxydationsproduktes O. Dies gilt allerdings nur im „Idealfall", d. h. wenn der Zusatzelektrolyt in ausreichender Konzentration vorhanden ist (vgl. § 40), und wenn der Redoxvorgang O/R genügend reversibel ist (vgl. § 43).

Falls nun der Stoff teilweise in der reduzierten Form R und teilweise in der oxydierten Form O in der Lösung vorliegt, so liegt die Stufe teilweise unter und teilweise über der Galvanometernullinie, wie dies in Fig. 12, Kurve b dargestellt ist. Auch hier entspricht im „Idealfall" das Halbstufenpotential stets ε. Das Verhältnis der anodischen Diffusionsstromstärke zur kathodischen entspricht $C_R : C_O$. Hieraus ergibt sich die Möglichkeit, dieses Verhältnis polarographisch zu bestimmen. Ist $C_R = C_O$, wie das z. B. bei einer Chinhydronlösung der Fall ist, so geht die Galvanometernullinie durch den Halbstufenpunkt. — Formelmäßig ergibt sich für solche Stufen durch Verallgemeinerung der Gl. (3b)

$$i = \frac{k \cdot C_O}{10^p + 1} - \frac{k \cdot C_R}{10^{-p} + 1},$$

wobei anodische Ströme ein negatives Vorzeichen erhalten. Zur Abkürung ist in der Gleichung $p \equiv \frac{(E-\varepsilon)\nu}{0{,}058}$ eingesetzt.

Auch wenn die reduzierte Form eines Stoffes ein Metall ist, ist es möglich, Oxydationsstufen zu erhalten. Dazu muß *R* (das Metall) **im Quecksilber** vorliegen: Füllt man die Tropf-

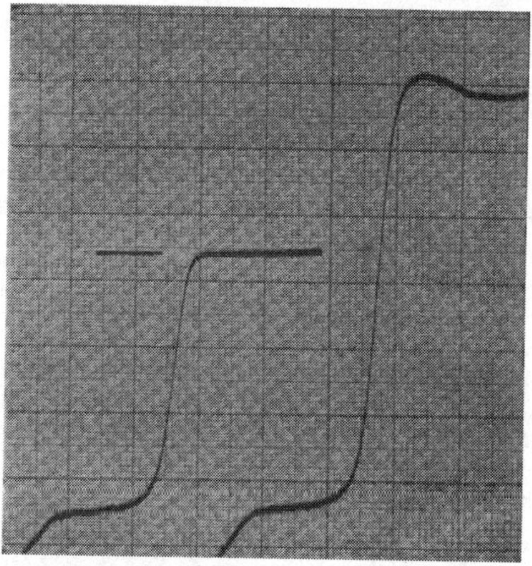

Fig. 105. **Polarogramme mit Cadmiumamalgam**

1. 0,0033 % Cd-Amalgam (= 0,004 Mol Cd/Liter Hg) in der Tropfelektrode. Lösung: HCl(1:2)-Anodische Stufe unter der Nullinie.

2. Desgleichen, aber in der Lösung etwa 0,004m-$CdCl_2$: Die anodische Stufe geht direkt in die kathodische über: vollkommene Reversibilität des Vorganges Cd (Amalgam) $\rightleftharpoons Cd^{++} + 2\ominus$.

node mit einem **Amalgam**, z. B. von Cadmium, und polaro-raphiert mit einem reinen Zusatzelektrolyten, so erhält man die 'd-Stufe als Oxydationsstufe [D 78; C 48, 52], wie Fig. 105 zeigt.

Ein besonderer Fall eines anodischen Stromes liegt vor, wenn icht ein in der Lösung befindlicher Stoff, sondern das **Queck-ilber der Tropfelektrode selbst oxydiert** ird. Das tritt ein, sobald das Potential der Tropfelektrode genügend positiv ist. Dadurch ist der polarographisch verwertbare Potentialbereich am **p o s i t i v e n** Ende begrenzt, und zwar im allgemeinen bei etwa + 0,4 Volt gegen die Kalomelelektrode. — Bei jedem Potential wird sich an der Tropfenoberfläche eine Hg-Ionenkonzentration einstellen, die diesem Potential entspricht. Es sind überwiegend Hg_2^{2+}-Ionen und stets nur in $^1/_{120}$ von deren Menge an Hg^{2+}-Ionen[1]). Für das Potential einer Hg-Elektrode gilt $E = +0{,}517 + 0{,}029 \lg {}^0C_{Hg_2^{2+}}$, wobei + 0,517 das Normalpotential des Quecksilbers und ${}^0C_{Hg_2^{2+}}$ die Ionenkonzentration an der Tropfenoberfläche ist. Da aber die Hg-Ionen von der Oberfläche fortdiffundieren, muß zur Aufrechterhaltung ihrer Konzentration ein anodischer Strom fließen. Dieser ist verschwindend klein, wenn das Potential beträchtlich negativer als + 0,517 ist, weil dann die Hg-Ionenkonzentration verschwindend klein ist. Nach Gl. (2a) ist $i = k \cdot {}^0C_{Hg_2^{2+}}$ Und daher ist

$$E = +0{,}517 + 0{,}029 \lg \frac{i}{k}\,; \quad i = k \cdot 10^{\frac{E - 0{,}0517}{0{,}029}}$$

Da k bei den üblichen Versuchsbedingungen etwa 10^{-2} ist, so berechnet sich für $E = +0{,}4$ Volt $i = 10^{-6}$ Ampere; und für jede Änderung von E um + oder — 0,029 Volt wird i um eine Zehnerpotenz größer oder kleiner. i hat hier keinen Grenzwert, da der Hg-Vorrat praktisch unerschöpflich ist.

A n o d i s c h e A n i o n e n s t u f e n Der anodische Strom infolge einer Hg-Oxydation wird aber schon bei Potentialen, die negativer als + 0,4 Volt sind, merklich werden, wenn die Hg-Ionen nicht nur durch Diffusion verschwinden, sondern auch durch Reaktion mit einem Bestandteil der Lösung, also durch Komplexbildung oder Ausfällung. Sind in der Lösung z. B. Cl^--Ionen in 1 n-Konzentration vorhanden, so wird Kalomel Hg_2Cl_2 ausfallen und die Hg_2^{2+}-Ionenkonzentration wird dauernd auf den Betrag herabgedrückt, der dem Löslichkeitsprodukt dieses Salzes ent-

---

[1]) Dieses konstante Konzentrationsverhältnis 1 : 120 betrifft die f r e i e n Hg^{2+}- und Hg_2^{2+}-Ionen im Gleichgewicht mit Hg-Metall. Daneben kann bei Gegenwart von Komplexbildnern außerdem noch komplex gebundenes Hg in ein- oder zweiwertiger Form (meist letzteres) vorliegen. Das Konzentrationsverhältnis Hg II : Hg I kann daher auch bei Hg-Gegenwart Werte haben, die von 1 : 120 sehr abweichen.

spricht. Dies findet nicht statt, wenn das Potential so negativ ist, daß die Hg_2^{2+}-Ionenkonzentration kleiner als dieser Betrag ist. Zu positiveren Potentialen übergehend, wird (bei diesem Beispiel) beim Erreichen des Potentiales der Kalomelnormalelektrode die Hg_2Cl_2-Ausfällung beginnen. Ein noch positiveres Potential kann die Elektrode nur erhalten, wenn die Cl^--Ionenkonzentration an der Elektrodenoberfläche durch die Ausfällung so weit herabgesetzt wird, wie es dem Elektrodenpotential entspricht. Es muß ein Strom fließen, der die herandiffundierenden Cl^--Ionen dauernd ausfällt. Die herandiffundierende Menge ist wiederum proportional $C_{Cl^-} - {}^0C_{Cl^-}$ und daher die Stromstärke analog Gl. (2a):

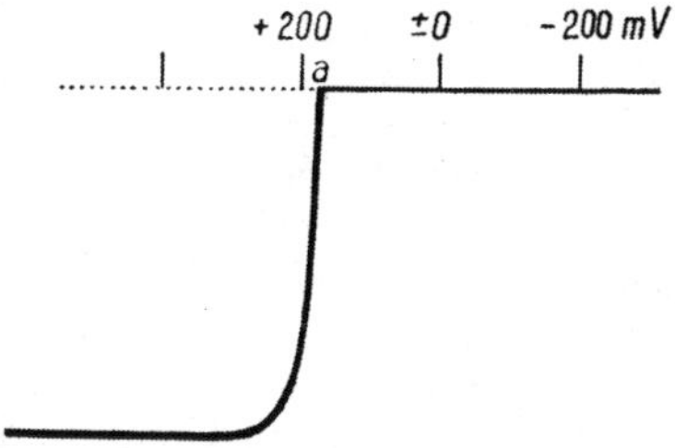

Fig. 106. Anodische Cl^--Stufe (berechnet). 0,001 n-Cl^-.

$$i = k \cdot (C_{Cl^-} - {}^0C_{Cl^-}) \,. \qquad (15')$$

Es ergibt sich eine maximale Stromstärke i_d, wenn ${}^0C_{Cl^-}$ = Null ist:

$$i_d = k \cdot C_{Cl^-} \cdot {}^{1)} \,. \qquad (15)$$

Auch hier erhält man also eine Stufe, deren Höhe der Cl^--Ionenkonzentration proportional ist und die somit zu deren Bestimmung benutzt werden kann. k hat die gleiche Bedeutung wie in Gl. (2) und (12), wobei D die Diffusionskonstante der Cl^--Ionen ist.

Die (theoretische) Form einer solchen Stufe ist in Fig. 106 wiedergegeben. Sie unterscheidet sich von der einer gewöhnlichen Stufe dadurch, daß sie bei a nicht gerundet, sondern senkrecht in die Nullinie einmündet.

Dies rührt daher, daß nicht die Potentialgleichung (1) eines Redoxsystems maßgebend ist, sondern die Gleichung[2]):

[1]) Der Einfachheit halber wird hier die anodische Stromstärke i nicht mit einem negativen Vorzeichen versehen.

[2]) Diese ergibt sich aus den Angaben von S. 297 unten und weil nach dem Löslichkeitsprodukt des Hg_2Cl_2 zu setzen ist:

$$\lg C_{Hg_2^{2+}} = -2 \lg C_{Cl^-} - 17{,}8.$$

$$E = +\,0{,}517 + 0{,}029\ \lg {}^{\circ}C_{Hg_2^{2+}} = 0{,}0 - 0{,}058\ \lg {}^{\circ}C_{Cl^-}$$

mit nur einer variablen Konzentration. Die Gl. (15') und (15) liefern

$${}^{\circ}C_{Cl^-} = \frac{i_d - i}{k}\,.$$

Dies in die vorige Gleichung eingesetzt, gibt abweichend von Gl. (3a)

$$E = 0{,}0 - 0{,}058\,\lg \frac{i_d - i}{k}\,.$$

Nach dieser Gleichung ist die Kurve der Fig. 106 gezeichnet (unter Fortlassung der Fortsetzung von i zu kathodischen Werten, die physikalisch sinnlos sind).

In Wirklichkeit (vgl. Fig. 6d, auch $112_{2,3}$) sind solche Kurven bei a doch etwas abgerundet, weil sich zunächst übersättigte Lösungen von Hg_2Cl_2 bilden[1]). Es hat aber der Punkt a (und nicht das Halbstufenpotential) bei diesen Kurven eine einfache Bedeutung.

Die allgemeine Gleichung für eine Stufe infolge einer Ausfällung der Hg_2^{2+}-Ionen durch einen Lösungsbestandteil X als Niederschlag der Formel Hg_2X_n mit dem Löslichkeitsprodukt P lautet (vgl. [A 19, S. 480]):

$$E = 0{,}517 + 0{,}029\,\lg\,(P\cdot k^n) - n\cdot 0{,}029\,\lg\,(i_d - i)\,. \qquad (16)$$

Daraus ergibt sich für das Potential des Punktes a, indem $i =$ Null und entsprechend Gl. (15) $i_d = k\cdot C_X$ eingesetzt wird:

$$E_a = 0{,}517 + 0{,}029\,\lg P - n\cdot 0{,}029\,\lg C_X. \qquad (17)$$

D. h. E_a ist um so negativer, je kleiner das Löslichkeitsprodukt P, je schwerlöslicher der ausfallende Niederschlag ist. In Gegenwart von Sulfidionen liegt wegen der außerordentlichen Schwerlöslichkeit der Hg-Sulfide E_a bei etwa $-0{,}7$ Volt gegen die Kalomelelektrode, so daß sonstige Stufen nur bei noch negativeren Tropfelektrodenpotentialen aufgenommen werden können.

Von C_X ist E_a ebenfalls abhängig. So liegt z. B. für eine 0,001 n-Cl^--Lösung (Fig. 106) dieser Punkt bei $E_a = +$ 3mal 58 mV (d. h. beim Potential einer 0,001 n-Kalomelelektrode), s. Fig. 106.

Für die Stufenhöhe gilt Gl. (15): $i_d = k\cdot C_X$. Doch ist hier zu beachten, daß sich an der Tropfenoberfläche ein Niederschlag bildet. Dieser ruft Störungen hervor, wenn C_X größer als

[1]) Außerdem tritt eine kleine Adsorptionsvorstufe auf [D 201].

0,001 n ist. Nur bis zu dieser Konzentration ist daher C_X aus der Höhe der anodischen Stufe einwandfrei bestimmbar. Bei höherer Konzentration ist die Stufe zu klein und die Kurve wird schließlich ganz unregelmäßig, weil der Tropfen vom Niederschlag eingehüllt wird und diese Hülle beim Wachsen des Tropfens unregelmäßig aufreißt.

Ganz ähnlich entstehen anodische Stufen auch dann, wenn ein Lösungsbestandteil X (z. B. CN^--Ionen) die Hg-Ionen komplex zu binden vermag. Je fester die Bindung im (löslichen) HgX_n-Komplex ist, d. h. je mehr das Gleichgewicht auf der Seite des Komplexes liegt und je weniger freie Ionen übrigbleiben — bei um so negativeren Potentialen liegt die Stufe. Die gleiche Rolle wie vorhin das Löslichkeitsprodukt spielt hier die Komplexitätskonstante. Die Stufe hat aber hier auch theoretisch eine gerundete Form [vgl. A 16, S. 480[1]) und D 122]. Eine nähere Behandlung kann hier unterbleiben. Es sei nur noch darauf hingewiesen, daß fast ausschließlich die zweiwertigen Hg^{2+}-Ionen komplex gebunden werden. Dies ändert aber qualitativ nichts: In dem Maße, wie Hg^{2+}-Ionen gebunden werden, müssen neue aus dem Hg der Elektrode nachgeliefert werden. Dadurch entsteht der anodische Strom. Dessen Maximum ist wiederum erreicht, wenn die Konzentration des Komplexbildners X an der Tropfenoberfläche praktisch auf Null herabgesunken ist.

Im § 9a wurden die wichtigsten anodischen Anionenstufen im einzelnen besprochen.

Zum Abschluß stellen wir fest, daß diese Stufen in dreifacher Hinsicht Beachtung verdienen.

a) Sie können zur qualitativen und quantitativen Bestimmung dieser Anionen dienen, wenn ihre Konzentration nicht groß ist.

b) Bei großer Konzentration — also als Anionen des Zusatzelektrolyten — begrenzen sie den polarographisch zugänglichen Potentialbereich am positiven Ende, so wie am negativen Ende die Reduktionsstufe des Kations des Zusatzelektrolyten den Abschluß bildet.

---

[1]) Gl. (50) dort hat einen Fehler: Im Zähler des letzten Gliedes fehlt der Exponent n.

c) Tritt eine anodische Stufe auf (z. B. im Polarogramm einer Cysteinlösung), so ist nicht ohne weiteres zu entscheiden, ob sie durch Oxydation eines Lösungsbestandteiles (z. B. Cystein zu Cystin) oder durch Oxydation von Hg infolge komplexer Bindung oder Ausfällung von Hg-Ionen zustande kommen. Es ist also hier größte Vorsicht bei der Deutung geboten.

§ 39. Komplexbildung in der Lösung. pH-Abhängigkeit des Reduktionspotentials. Wird beispielsweise zu einer Cd-Salzlösung NH_3 als Komplexbildner zugesetzt, so wird infolge der Bildung des Komplexes $Cd(NH_3)_4^{2+}$ die Konzentration der freien Cd^{2+}-Ionen[1]) stark herabgesetzt. Im Polarogramm erfolgt dann der Anstieg des Reduktionsstromes erst bei einem negativeren Potential, wie dies auch als Folge einer Verdünnung der Cd^{2+}-Lösung der Fall wäre. Doch werden im Falle der komplexen Bindung die durch Reduktion verbrauchten Cd^{2+}-Ionen durch Zerfall des Komplexes nachgeliefert, so daß die Stufenhöhe der gesamten Cd-Konzentration der Lösung entspricht. Im Gegensatz zur Verdünnung wird also durch komplexe Bindung die Stufenhöhe nicht herabgesetzt (falls die freien Ionen aus den komplex gebundenen genügend schnell nachgeliefert werden). Fig. 107 veranschaulicht diese Verhältnisse.

Die Verschiebung der polarographischen Stufe, also auch des Halbstufenpotentials $E_{1/2}$ infolge einer Komplexbildung ist von großer Wichtigkeit, wie im § 6a ausgeführt wurde. — Es sei hier gleich der allgemeine Fall behandelt, bei dem sowohl die oxydierte Form O als auch die reduzierte Form R des Depolarisators mit einem Komplexbildner X in der Lösung reagiert. Hierbei nehmen wir zunächst an, daß sich sofort die Gleichgewichte einstellen:

$$O + n_O X \rightleftharpoons OX_{n_O}\,; \quad R + n_R X \rightleftharpoons RX_{n_R}\,. \tag{18}$$

n_O bzw. n_R sind die Anzahl der X-Molekeln, mit denen sich eine O- bzw. R-Molekel verbindet.) Wir nehmen ferner an, daß diese Gleichgewichte stark rechts liegen; dies ist gerechtfertigt, denn nur wenn die Konzentrationen C_O bzw. C_R durch Komplexbildung

[1]) Mit Cd^{2+}, Cu^{+} usw. bezeichnen wir die freien Ionen; mit CdII, CuI usw. die Gesamtheit der Ionen in der betreffenden Wertigkeitsstufe.

stark herabgesetzt sind, macht sich ein Einfluß auf die Lage der Stufe bemerkbar. In diesem Falle kann man die Konzentration der Komplexe praktisch gleich der Gesamtkonzentration von *O* bzw. *R* setzen. Schließlich nehmen wir zur Vereinfachung zu-

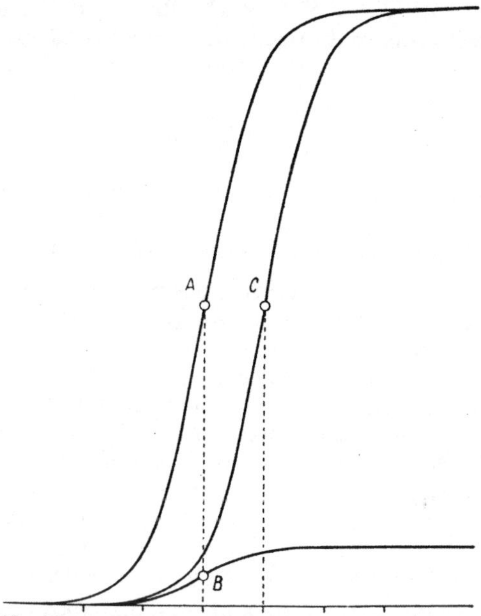

Fig. 107. Veränderung der Stufe A durch Verdünnen der Lösung → Stufe B, komplexe Bindung des Depolarisators → Stufe C.

nächst an, daß *O* und *R* nur je e i n e Art von Komplexen mit *X* bilden, daß also die Ligandenzahlen n_O bzw. n_R einen eindeutigen, von der Komplexbildnerkonzentration C_X unabhängigen Wert haben.

Der Reduktionsvorgang an der Elektrode ist dann zu formulieren als

$$OX_{n_O} + \nu\ominus \rightarrow RX_{n_R} + (n_O - n_R)X. \qquad (19)$$

Der wesentliche Unterschied zu den rein elektrischen Vorgängen $O + \nu\ominus \rightarrow R$ (z. B. $Cr^{3+} + \ominus \rightarrow Cr^{2+}$), wie sie im § 37 behandelt wurden, besteht darin, daß auch noch ein chemischer Umsatz mit X stattfindet (es sei denn, daß $n_O = n_R$ ist). Es gehören daher hierher auch solche Reaktionen, bei denen man üblicherweise nicht von Komplexbildung spricht; das sind vor allem die Elektrodenreaktionen, bei denen H^+-Ionen verbraucht oder abgegeben werden. Nachstehend einige Beispiele zur allgemeinen Gl. (19):

a) $Cd(NH_3)_4^{2+} + 2\ominus \rightarrow Cd(\text{Amalgam}) + 4NH_3$,
b) $Cu^{II}(NH_3)_4^{2+} + \ominus \rightarrow Cu^{I}(NH_3)_2^{+} + 2NH_3$,
c) $Cu^{2+} + \ominus + 2Cl^- \rightarrow CuCl_2^-$ (dies gilt in etwa 0,1 n-KCl),
d) $C_6H_4O_2(\text{Chinon}) + 2\ominus + 2H^+ \rightarrow C_6H_4(OH)_2$.

Es wird also an der Elektrodenoberfläche X verbraucht oder in Freiheit gesetzt, wenn $n_O - n_R$ nicht gleich Null ist. Um Komplikationen zu vermeiden, ist daher dafür zu sorgen, daß C_X trotzdem konstant bleibt. Dies ist der Fall, wenn C_X groß ist gegenüber der Komplexkonzentration, also wenn X in großem Überschuß gegenüber der reduzierbaren Substanz in der Lösung ist; im Falle des H^+-Ions als „Komplexbildner" wäre dies der Fall in stark sauren oder stark alkalischen Lösungen. In allen anderen Fällen muß die Lösung in bezug auf C_X „gepuffert" sein. Wir wollen also voraussetzen, daß dafür gesorgt ist, daß die Komplexbildnerkonzentration konstant bleibt[1]).

Das Massenwirkungsgesetz gibt für die Gleichgewichte (18):

$$C_O = \frac{K_O \cdot C_{OX_{n_O}}}{C_X^{n_O}}\,; \quad C_R = \frac{K_R \cdot K_{RX_{n_R}}}{C_X^{n_R}}\,, \tag{20}$$

wobei K_O und K_R die „Komplexitätskonstanten" der Komplexe sind. Diese Werte für C_O und C_R können wir in die Potentialgleichung (1) einsetzen. Wir wollen aber gleich das Halbstufenpotential $E_{1/2}$ gewinnen. Es werden hier die Konzentrationen der

---

1) Tatsächlich ist dies leider oft nicht berücksichtigt worden. Am Schlusse dieses § 39 wird in Kürze ausgeführt, wie die Stufenform durch mangelnde Pufferung verändert wird.

beiden Komplexe gleich sein: $C_{OX_{n_O}}$ und $C_{RX_{n_R}}$ werden sich also fortkürzen, denn im Halbstufenpunkt wird wieder die Hälfte vom gesamten O reduziert sein und (wenn wir annehmen, daß die beiden Komplexe annähernd gleich schnell diffundieren) wird die Gesamtkonzentration von R gleich der restlichen Gesamtkonzentration von O sein. Es ergibt sich daher aus Gl. (1) und (20):

$$E_{1/2} = \varepsilon + \frac{0{,}058}{\nu} \lg \left(C_X^{n_R - n_O} \cdot \frac{K_O}{K_R} \right), \tag{21}$$

während ohne Komplexbildung $E_{1/2} = \varepsilon$ galt. Das zweite Glied der rechten Seite von Gl. (21) gibt also den Betrag der Verschiebung des Halbstufenpotentials bei einer Komplexbildung an. Indem wir dieses Glied in zwei Teile zerlegen, erhalten wir für die Verschiebung

$$E_{1/2} - \varepsilon = (n_R - n_O) \cdot \frac{0{,}058}{\nu} \lg C_X + \frac{0{,}058}{\nu} \lg \frac{K_O}{K_R}. \tag{22}$$

Bestimmt man also die Verschiebung bei zwei (oder mehr) verschiedenen Konzentrationen C_X, so lassen sich die beiden Unbekannten der Gl. (22), nämlich $(n_R - n_O)$ und K_O/K_R bestimmen. Die Einzelwerte von n_R und n_O bzw. K_R und K_O erhält man aus den Polarogrammen nicht. Doch lassen sich darüber oft anderweitig Aussagen machen. Z. B. ist bei Reduktion zu Metall n_R notwendig gleich Null [dann ist $K_R = 1$ in Gl. (22) zu setzen]. — Wenn $n_R = n_O$ ist, so ist die Verschiebung unabhängig von C_X. So liegt $E_{1/2}$ für die Reduktion $Fe^{III} (C_2O_4)_3^{3-} \rightarrow Fe^{II} (C_2O_4)_3^{4-}$ bei $-0{,}28$ V unabhängig von der Oxalat-Ionenkonzentration in der Lösung. Dies gilt, wenn die Oxalatkonzentration C_X größer als 0,15 m ist. Bei kleinerer Konzentration bindet Fe^{II} nur zwei Oxalationen. Dann ist $n_R - n_O = -1$, und $E_{1/2}$ ist nach Gl. (22) abhängig von C_X [C 56].

Wird eine Substanz in mehreren Stufen reduziert, so werden sich die verschiedenen Stufen bei Zusatz eines Komplexbildners im allgemeinen verschieden stark verschieben. Es kann dann eintreten, daß eine Stufe die folgende „einholt" und mit ihr zu einer einzigen verschmilzt. Es kann aber auch das Umgekehrte eintreten: So wird das freie Cu^{2+}-Ion in einer Stufe direkt zum Cu reduziert; bei Zusatz von NH_3 oder Cl^- als Komplexbildner entstehen aber z w e i Stufen (Cu II/I und Cu I/O). Dies rührt daher, daß die Cu^{+}-Ionen besonders stark komplex gebunden werden, wodurch die einwertige Zwischenstufe stabilisiert wird[1]).

Komplexe liegen auch in den alkalischen Lösungen amphoterer Metalle vor: Zinkat, Plumbat. Die Zinkatstufe ist nicht reversibel und gehört daher noch nicht hierher (s. § 43). Die Plumbatreduktion läßt sich gleichwertig in einer der beiden folgenden Weisen formulieren:

$$e)\ \begin{cases} Pb(OH)_4^{2-} + 2\ominus \rightarrow Pb(\text{Amalgam}) + 4\,OH^- \\ Pb(OH)_4^{2-} + 2\ominus + 4\,H^+ \rightarrow Pb(\text{Amalgam}) + 4\,H_2O. \end{cases}$$

Die Plumbatstufe liegt also negativer als die Pb-Stufe und ihre Lage ist abhängig vom p_H.

Die p_H-Abhängigkeit des Reduktionspotentials spielt vor allem bei organischen Stoffen[2]) eine große Rolle, da hier fast immer H^+-Ionen (in Ermangelung von neutralem Wasserstoff) an der Reduktion beteiligt sind. Es ist daher ε o h n e „Komplexbildner" gar nicht anzugeben. Man wählt daher als Bezugspotential ε_0, das Redoxpotential bei $p_H = 0$, d. h. $C_H{}^+ = 1$. Es ist dann nach Gl. (22)[3])

$$E_{1/2} = \varepsilon_0 + (n_R - n_O) \cdot \frac{0{,}058}{\nu} \lg C_H{}^+ .$$

Wir führen hier an Stelle von $(n_R - n_O)$ die Zahl n ein, das ist die Differenz der Zahl der H-Atome in O und R, und setzen $-\lg C_{H^+} = p_H$:

$$E_{1/2} = \varepsilon_0 - n \cdot \frac{0{,}058}{\nu}\, p_H . \tag{23}$$

Für die Änderung von $E_{1/2}$ mit p_H ergibt sich durch Differentiation

$$\frac{dE_{1/2}}{dp_H} = -\frac{n}{\nu} \cdot 58\,\text{mV}. \tag{24}$$

und mit $\nu = 2$, da organische Reduktionsprozesse fast ausnahmslos zweiwertig sind (Aufrichtung einer Doppelbindung):

---

[1]) Über die mathematische Behandlung solcher Doppelstufen vgl. [A 16, S. 477, und C 57]. In [A 16, S. 478] auch Näheres über die Stufenform bei nicht konstant gehaltener Komplexbildnerkonzentration.

[2]) Deren Reduktion ist allerdings meist i r r e v e r s i b e l. Dann braucht das Nachfolgende nicht zu gelten. Vgl. hierzu § 43.

[3]) Das zweite Glied in Gl. (22) rechts entfällt.

wobei also

$$\frac{dE_{1/2}}{dp_H} = -n \cdot 29\,\text{mV}, \tag{25}$$

n die Zahl der beim Reduktionsvorgang beteiligten H^+Ionen

ist. Sehr oft ist auch $n = 2$; dann wird also $E_{1/2}$ bei steigendem p_H für jede p_H-Einheit um 58 mV negativer. Aber n hängt vom Ionisationszustand von O und R ab. So ist bei der Reduktion von Chinon in saurer und neutraler Lösung n entsprechend der Gl. (d), S. 304, gleich zwei; in stark alkalischer Lösung jedoch ist das Hydrochinon ionisiert, so daß sich nach

f) $$C_6H_4O_2 + 2\,\ominus = C_6H_4O_2^{2-}$$

$n = 0$ ergibt. Dann ist $E_{1/2}$ unabhängig vom p_H. (Das einfache p-Chinon ist in stark alkalischer Lösung unbeständig, doch gibt es alkalibeständige Derivate.)

Als weiteres Beispiel sei die ebenfalls reversible Reduktion des Methylenblaus (Mb)

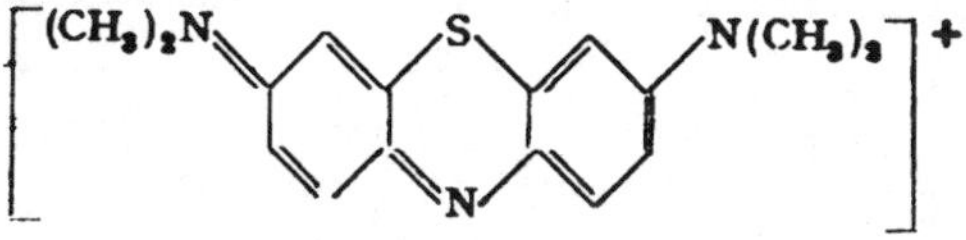

zu Leukomethylenblau (LMb) genannt. In alkalischer Lösung wird nur ein H^+ gebraucht, das sich am Azinstickstoff anlagert:

g) $$Mb^+ + 2\,\ominus + H^+ = LMb\,.$$

Dementsprechend ändert sich $E_{1/2}$ mit 29 mV pro p_H. In saurer Lösung lagern sich an den beiden Dimethylaminogruppen des LMb (nicht aber des Mb) zwei H^+-Ionen unter Ammoniumsalzbildung an. Die Reduktionsgleichung lautet also

h) $$Mb^+ + 2\,\ominus + 3H^+ = LMb^{2+}\,.$$

Daher ändert sich hier $E_{1/2}$ mit $3 \cdot 29 = 87$ mV pro p_H. Vgl. Fig. 108.

In diesen beiden Beispielen änderte sich mit dem p_H der Ionisationszustand der Reduktionsprodukte, wobei das Hydrochinon als Säure, das LMb als Base fungierte. In anderen Fällen ändert auch die oxydierte Form O ihren Ionisationszustand in Abhängigkeit vom p_H. Bei Kenntnis der (sauren oder basischen)

Ionisationskonstanten von *O* und *R* ist es möglich, den Reduktionsvorgang zu formulieren und damit *n* festzustellen.

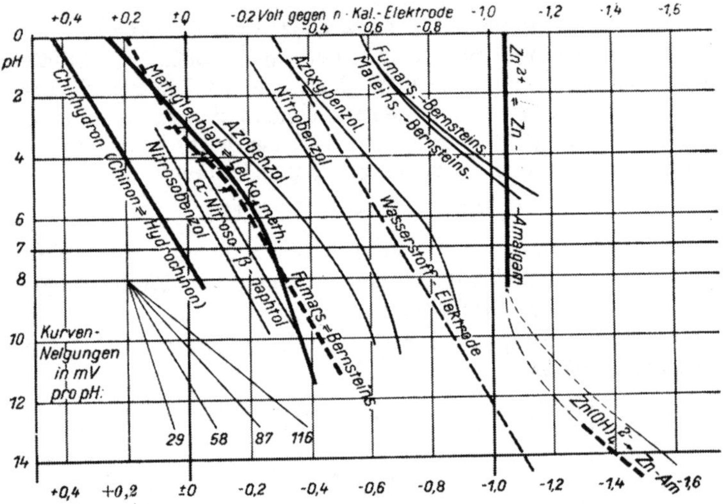

Fig. 108. Beispiele für die Abhängigkeit des Halbstufenpotentials vom p_H. (Gepufferte Lösungen.)

Dicke Linien: Reversible $E_{1/2}$. — Dünne Linien: Irreversible $E_{1/2}$.

Dick gestrichelt: Reversible Redoxpotentiale (berechnet oder an ruhenden Elektroden gemessen) für solche Reaktionen, die an der Tropfelektrode irreversibel verlaufen: Vgl. die beiden Kurven der Fumarsäure (bei + 0,2 und — 0,6 V beginnend) sowie die beiden des Zinkats.

← bzw. → (beim Methylenblau und bei der Fumarsäure): p_H-Werte, bei denen sich der Ionisationszustand der oxydierten bzw. reduzierten Form des Depolarisators durch Anlagerung oder Abdissoziation eines H^+-Ions ändert[1]), dementsprechend [s. Gl. (25)] ändert sich hier die Neigung der Kurve um 29 mV pro p_H-Einheit.

Die Lage der Kurven hängt von der Zusammensetzung der Lösung ab (Ionenstärke, Alkoholgehalt). Für Nitro-, Nitroso-, Azo-, Azoxybenzol beziehen sie sich auf eine Lösung mit 48% Alkohol [E 118].

---

[1]) Mit steigendem p_H sind es folgende Gleichgewichte mit den in (gesetzten Gleichgewichtskonstanten (deren Exponenten den p_H-Wert de Überganges angeben):

Fumarsäure: $RH_2 \rightleftharpoons (10^{-3,0})\ RH^- \rightleftharpoons (10^{-4,1})\ R^{2-}$. $(R = C_4H_2O_4)$.

Bernsteinsäure: $RH_2 \rightleftharpoons (10^{-4,0})\ RH^- \rightleftharpoons (10^{-5,3})\ R^{2-}$. $(R = C_4H_4O_4)$.

Methylenblau bei allen p_H als R^+. $(R = C_{16}H_{18}SN_3)$.

Leukomethylenblau: $RH_3^{2+} \rightleftharpoons (10^{-4,5})\ RH_2^+ \rightleftharpoons (10^{-5,8})\ RH$.

Selbstverständlich sind auch anorganische Reduktionspotentiale nach Gl. (24) p_H-abhängig, wenn, wie in dem oben gegebenen Beispiel (e) H^+-Ionen in der Reduktion beteiligt sind. — Ebenso wie sich hier n in Abhängigkeit von C_{H^+} ändern kann, so kann bei einem beliebigen Komplexbildner X sich $(n_R - n_O)$ in Abhängigkeit von C_X ändern. Als Beispiel wurden vorhin bereits die Eisenoxalatkomplexe erwähnt. Sind die Komplexkonstanten der vorkommenden Komplexe von O und R (bzw. bei H^+-Anlagerung die Ionisationskonstanten) bekannt, so läßt sich $E_{1/2}$ als Funktion von C_X in einer Gleichung ausdrücken. Umgekehrt lassen sich aus der experimentell bestimmten Funktion die Konstanten ableiten.

Alles vorstehend Gesagte bezieht sich natürlch ebenso auf die Halbstufenpotentiale von Oxydationsstufen, da diese ja ebenfalls dem Redoxpotential entsprechen.

Es sei aber wiederum betont, daß die hier besprochenen Gesetzmäßigkeiten für irreversible Reaktionen nicht zu gelten brauchen, wenngleich oft ähnliche Verschiebungen wie bei den reversiblen Reaktionen beobachtet werden. So wird die irreversible Reduktion

$$Zn(NH_3)_4^{2+} + 2\ominus = Zn(\text{Amalgam}) + 4NH_3$$

durch Erhöhung der NH_3-Konzentration in ähnlicher Weise zu negativeren Potentialen verschoben wie die reversible $Cd(NH_3)_4^{2+}$-Reduktion. Aber die irreversible Reduktion Co II/O wird durch Zusatz von Chloriden, also durch Bildung von Co^{II}-Chlorokomplexen zu **positiveren** Potentialen verschoben, somit nicht nur quantitativ, sondern auch qualitativ „falsch". Aus der Lage und Verschiebung irreversibler Stufen dürfen keinesfalls Komplexitätskonstanten berechnet werden, wie dies vielfach geschehen ist.

In Fig. 108 ist die p_H-Abhängigkeit von $E_{1/2}$ für eine Reihe von Reduktionsstufen dargestellt. Jedoch beziehen sich nur die dicken Kurven auf reversible Vorgänge (Chinon, Methylenblau, Zn); alle anderen — auf irreversible.

Wenn bei der Elektrodenreaktion Komplexbildnermolekeln (bzw. H^+-Ionen) verbraucht oder in Freiheit gesetzt werden, so tritt — wie bereits erwähnt — eine merkliche Konzentrationsänderung des Komplexbildners (der H^+-Ionen) an der Elektrodenoberfläche ein, falls nicht durch einen großen Überschuß oder durch ausreichende Pufferung für ein Konstantbleiben der Komplexbildnerkonzentration gesorgt ist. Hierdurch kann die Stufe entweder eine zu geringe Steilheit erhalten oder in eine Doppelstufe zerlegt werden. Dies sei hier in Kürze besprochen.

Als konkretes Beispiel denken wir dabei etwa an die Reduktion von Chinon (vgl. hierzu Fig. 32):

$$C_6H_4O_2 + 2\,H^+ + 2\,\ominus = C_6H_4(OH)_2\,.$$

In nichtsaurer Lösung ist es anschaulicher, die Gleichung folgendermaßen zu schreiben:

$$C_6H_4O_2 + 2\,H_2O + 2\,\ominus = C_6H_4(OH)_2 + 2\,OH^-\,.$$

In neutraler ungepufferter Lösung wird nur zu Beginn der Stufe $p_H = 7$ sein; in dem Maße, wie die Stufe ansteigt, werden durch die gebildeten OH^--Ionen immer höhere p_H-Werte an der Elektrodenoberfläche auftreten. Das bedingt, daß die Stufe nach oben hin immer mehr nach rechts verschoben wird. Die Stufe wird also weniger steil sein als mit einer auf p_H 7 gepufferten Lösung. Beim Erreichen des Diffusionsstromes werden pro Chinonmolekel 2 OH^--Ionen entstanden sein. Doch wird die OH^--Konzentration nicht doppelt so hoch sein wie die ursprüngliche Chinonkonzentration C, denn die OH^--Ionen diffundieren 6mal schneller; daher wird ihre Konzentration gleich $\frac{2\,C}{\sqrt{6}} = 0{,}8\,C$ sein, beispielsweise bei $C = 10^{-3}$ also $[OH^-] = 0{,}8 \cdot 10^{-3}$, entsprechend p_H 10,9. Im Halbstufenpunkt wäre $[OH^-] = 0{,}4 \cdot 10^{-3}$, $p_H = 10{,}6$. Daher liegt dieser Punkt um $(10{,}6 - 7) \cdot 58 = 210$ mV zu negativ. — Je stärker alkalisch die ursprüngliche (ungepufferte) Lösung ist, um so weniger ändert die frei werdende kleine OH^--Menge den p_H-Wert. Auch in stark saurer Lösung macht der H^+-Ionenverbrauch nichts aus.

Besprechen wir aber noch den Fall einer schwach sauren ungepufferten Lösung: $[H^+] < C$, also z. B. $p_H = 4$, $C = 10^{-3}$. Die Lage des Stufenbeginns wird dann $p_H = 4$ entsprechen. Mit fortschreitendem Anstieg der Stufe werden aber die H^+-Ionen verbraucht und sie werden erschöpft sein, bevor alles Chinon reduziert ist; dessen Rest wird dann in alkalischer Lösung bei einem negativeren Potential reduziert. Hierdurch entsteht also eine Doppelstufe. Da die H^+-Ionen 11mal schneller diffundieren als die Chinonmolekeln, so gelangen sie aus einem $\sqrt{11} \triangleq 3{,}3$mal größeren Diffusionsraum an die Tropfenoberfläche. Da $[H^+] = 10^{-4}$ angenommen wurde und da 2 H^+-Ionen pro Chinonmolekel notwendig sind, so können die H^+-Ionen einer $10^{-4} \cdot {}^1/_2 \cdot \sqrt{11} = 1{,}7 \cdot 10^{-4}$ m-Chinonkonzentration zur Reduktion in saurem Medium verhelfen; der Rest des Chinons (hier 83%) wird in alkalischem Medium reduziert. Daß hierbei das neutrale Gebiet sozusagen übersprungen wird — wodurch die Stufe zu einer Doppelstufe auseinandergezogen wird — beruht darauf, daß bei $p_H = 7$ durch eine kleine Änderung der H^+-Ionenkonzentration eine größte Änderung des p_H-Wertes bewirkt wird. Vgl. hierzu Fig. 33. Diese Doppelstufen sind von Orlemann und Kolthoff [D 152] an ungepufferten schwach sauren Jodat- und Bromatlösungen untersucht worden, wobei sie darauf hinweisen, daß die Höhe der ersten, „sauren" Stufe durch den Diffusionskoeffizienten und die Konzentration der H^+-Ionen und nicht der Jodationen bedingt ist.

Als weiteres Beispiel hierzu sei erwähnt, daß die H-Stufe einer schwach sauren ungepufferten Lösung verschwindet, wenn sie Sauerstoff gelöst enthält: Durch die Reduktion $O_2 + 4\,H^+ + 4\,\ominus = 2\,H_2O$ werden die H^+-Ionen verbraucht, wenn $4\,[H^+] \leqq [O_2] \cdot \sqrt{\frac{D_{O_2}}{D_{H^+}}}$ ist.

C. Störungen

§ 40. Mangel an Zusatzelektrolyt. Bisher wurde vorausgesetzt, daß der Zusatzelektrolyt in so hoher Konzentration zugegen war, daß ein Spannungsabfall in der Lösung nicht vorlag; ebenso wurde der Spannungsabfall im sonstigen Stromkreis (Widerstand des Galvanometers) vernachlässigt. Tatsächlich wird der Gesamtwiderstand W immer einige hundert Ohm betragen. Der Spannungsabfall E' ergibt sich aus $E' = i \cdot W$. Bei $i = 10^{-5}$ Ampere, der Grenzstromstärke einer 10^{-3} n-Depolarisatorlösung, ist dann E' = einige Millivolt, bei höherem i und W aber entsprechend größer. Dadurch wird die Stufenhöhe nicht beeinflußt, wohl aber die Steilheit der Stufe verringert und damit auch das Halbstufenpotential verschoben, wie dies bereits im § 5b ausgeführt wurde.

Die Messung des Widerstandes kann entweder durch eine übliche Widerstandsmeßordnung mit Weatstonscher Brücke erfolgen oder — einfacher, aber ungenauer — aus einem Polarogramm mit Maximum, wie im § 42 erläutert wird, ermittelt werden. Vgl. auch [C 12]. Auch die Steilheit des Endanstieges ist ein Maß für den Widerstand [C 71].

Mangel an Zusatzelektrolyt kann somit das Halbstufenpotential beträchtlich verschieben. Die Höhe der Stufe wird aber erst merklich beeinflußt, wenn die Zusatzelektrolytkonzentration unter die Konzentration des reduzierbaren Stoffes sinkt. Dieser Effekt kommt dadurch zustande, daß sich jetzt neben dem „Diffusionsstrom" ein „Wanderungsstrom" bemerkbar macht, indem auf die reduzierbaren Ionen durch den Potentialabfall in der Lösung eine Kraft ausgeübt wird. Kationen werden beschleunigt zur Kathode wandern, ihre Stufe wird höher; Anionen werden gehemmt und ergeben eine verkleinerte Stufe; neutrale Molekeln bleiben unbeeinflußt [C 15, 16, 26, 29, 47; A 16]. Auf die quantitative Seite dieser Erscheinung braucht hier nicht eingegangen zu werden, da in der praktischen Polarographie so kleine Zusatzelektrolytkonzentrationen nie angewandt werden. Ebenso unterlassen wir es, auf die als „Exaltation" bezeichnete weitere Erhöhung einer Kationenstufe einzugehen, die bei zusatzelektrolytfreien Lösungen als Folge einer vorhergehenden Reduktion eines anderen Stoffes eintritt. [Vgl. C 14, 15, 16, 26, 27, 47; A 16.]

§ 41. Der Kapazitätsstrom. Das elektrokapillare Nullpotential. Polarographiert man eine Lösung mit sehr hoher Galvanometerempfindlichkeit, so zeigt sich, daß auch bei Abwesenheit von Depolarisatoren ein dauernder, gleichmäßiger Stromanstieg vorhanden ist (Fig. 37). Dieser Strom fließt zur Aufladung der kondensatorartigen Doppelschicht an der Grenzfläche Hg/Lösung [B 2; C 25; D 33]. Er wird Kapazitätsstrom genannt, während der infolge einer Reduktion (oder Oxydation) fließende Strom als Faradayscher Strom bezeichnet werden kann. Der annähernd gleichmäßig mit wachsender Spannung ansteigender Kapazitätsstrom ist schwach, von der Größenordnung 10^{-7} Ampere. Er macht sich daher im allgemeinen nicht bemerkbar. Liegen jedoch die reduzierbaren Stoffe in großer Verdünnung vor ($C_o <$ 10^{-4}n), so muß die Galvanometerempfindlichkeit so weit gesteigert werden, daß die Überlagerung des Kapazitätsstroms über den Faradayschen Strom bemerkbar wird (Fig. 37c, d). Die dadurch eintretende Verzerrung des Polarogramms kann annähernd kompensiert werden, wenn man einen „Gegenstrom" dazuschaltet, der linear mit E wächst (Fig. 37e). Im § 7b ist die Anordnung zur Erzeugung eines Gegenstroms besprochen worden.

Die Doppelschicht an einer Hg-Oberfläche in einer Elektrolytlösung ist im allgemeinen so gebaut, daß die negative Seite zur Lösung hin liegt. Dieser Normalzustand mit positiver Hg-Aufladung kann abgeändert werden durch Zuführung negativer Elektrizität zum Hg; dadurch wird die Doppelschicht abgebaut; und zwar verschwindet sie, wenn das Hg durch Elektrizitätszufuhr auf ein Potential von —0,56 V gegen die Kalomelnormalelektrode aufgeladen wird. Dieses Potential bezeichnet man als das **elektrokapillare Nullpotential**. Wird die Hg-Elektrode noch negativer aufgeladen, dann baut sich wieder eine Doppelschicht auf, aber mit umgekehrter Richtung: Die positive Schicht (angezogene Kationen) liegt jetzt auf der Lösungsseite.

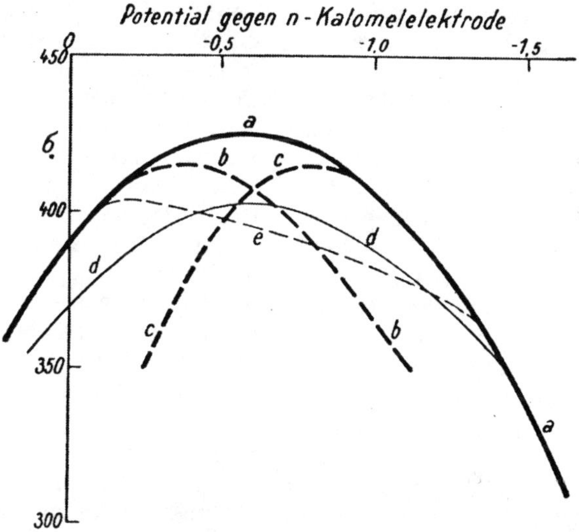

Fig. 109. **Elektrokapillarkurven von Quecksilber**[1])

a) In indifferenter Lösung (0,1n-KNO_3).
b) Bei Gegenwart oberflächenaktiver Kationen: $[N(C_2H_5)_4]_2SO_4$.
c) Bei Gegenwart oberflächenaktiver Anionen: 1n-KJ (ähnlich wirkt 0,1m-Thioharnstoff).
d) Bei Gegenwart von Saccharose.
e) Bei Gegenwart von Amylalkohol (0,1m).

Die Doppelschicht beeinflußt die **Grenzflächenspannung** Hg/Lösung: Die gegenseitige Abstoßung der gleichnamigen Ladungen jeder Hälfte der Schicht bedingt ein Bestreben, sich tangential auszubreiten, wodurch die Grenzflächenspannung herabgesetzt wird. Das Maximum der Grenzflächenspannung findet

[1]) Vgl. A. **Frumkin**, Ergebn. exakt. Naturw. 7 (1928) 235.

man daher beim elektrokapillaren Nullpotential (— 0,56 V). Die Fig. 109, Kurve a zeigt die „Elektrokapillarkurve" des Quecksilbers, d. h. die Grenzflächenspannung des Quecksilbers als Funktion des Hg-Elektrodenpotentials. Dies ist für den nächsten Abschnitt (§ 42, Maxima) von Wichtigkeit.

Der Kapazitätsstrom kommt durch das Wachsen der Hg-Tropfen und damit der Grenzfläche zustande: Für den Aufbau der Doppelschicht an der neugebildeten Grenzfläche muß Elektrizität zugeführt werden. Ist E_K positiver als — 0,56 V, so muß der Grenzschicht durch das Hg positive Elektrizität und von der Lösungsseite negative Elektrizität zugeführt werden, d. h. es fließt ein Strom, als wäre die Tropfelektrode Anode. Umgekehrt ist es, wenn E_K negativer als — 0,56 V ist. Hat dagegen die Elektrode das elektrokapillare Nullpotential, so fließt kein Kapazitätsstrom. Man sieht dies daran, daß die Zacken bei diesem Potential in Fig. 37a verschwinden. Die Zacken kommen hier dadurch zustande, daß der Kapazitätsstrom beim Beginn eines neuen Tropfens am stärksten ist, weil hier der Oberflächenzuwachs am größten ist.

Eine Verschiebung des elektrokapillaren Nullpotentials tritt ein, wenn die Lösung oberflächenaktive Stoffe enthält, d. h. solche, die eine spezifische Affinität zur Hg-Oberfläche besitzen. Durch solch eine Adsorption wird die Oberflächenspannung noch stärker herabgesetzt. Oberflachenaktive Anionen (J^-, S^{2-}, negative Kolloide) werden nun besonders dann adsorbiert, wenn die Hg-Ladung positiv ist; daher erniedrigen sie den linken Ast der Elektrokapillarkurve und verschieben das Nullpotential zu positiveren Werten (Fig. 109c). Das Umgekehrte gilt für oberflächenaktive Kationen (Fig. 109b). Dieses ist für die Deutung der Maximadämpfung (§ 42) von Wichtigkeit.

§ 42. Die Maxima. Es ist bereits im § 3e erwähnt worden, daß die als Maxima bezeichneten Anstiege der Stromstärke über den Diffusionsstrom hinaus durch eine spontan einsetzende Rührung an der Tropfenoberfläche zustande kommen. Diese Strömungen und Wirbel konnte Antweiler [Cm 19—22] sichtbar machen, indem er eine Schlierenbeobachtungsmethode auf interferometrischer Grundlage nach Jamin benutzte. Diese Sichtbarmachung ist möglich, weil an der Tropfenoberfläche durch die Elektrolyse eine Verarmung am Depolarisator eintritt, wodurch die optische Dichte der Lösung dort ein wenig geringer ist. Wenn kein Maximum vorliegt, liegt diese optisch weniger dichte Schicht als ruhige Diffusionsschicht an der Tropfenoberfläche an (Fig. 2, S. 4). Ist aber polarographisch ein Maximum festzustellen, so sind stets Strömungen oder Wirbel an der Tropfenoberfläche zu beobachten (vgl. Fig. 2 und 8). Die Intensität dieser Rührung entspricht der jeweiligen Höhe des Maximums (der Stromstärke); die Rührung hört in demselben Moment auf, in dem das Maximum abbricht und die Stromstärke auf den Betrag des Diffusionsstromes absinkt. Es ist verständlich, daß diese Strömungen große Mengen des Depolarisators an die Tropfenoberfläche heranführen und dadurch eine gegenüber dem Diffusionsstrom erhöhte Stromstärke ergeben[1]). Die Strömungen sind übrigens auch mit bloßem Auge beobachtbar, wenn die Lösung Staubteilchen enthält. Besser ist es, Graphitpulver zu suspendieren, von der Seite stark zu beleuchten und mit einer Lupe gegen dunklen Hintergrund zu beobachten.

Das Zustandekommen der Strömungen kann folgendermaßen gedeutet werden: Die Stromdichte am Tropfen ist nicht überall gleich, insbesondere ist an der Tropfenbasis infolge Abschirmung durch die Kapillare die Stromdichte geringer und dadurch das Kathodenpotential dort positiver, die Grenzflächenspannung ist daher hier kleiner bzw. größer, je nachdem das gesamte Kathoden-

---

[1]) Eine Auseinandersetzung mit der von Heyrovský und Mitarbeitern entwickelten Theorie der Maxima muß hier unterbleiben. Nach Ansicht des Verfassers kann kein Zweifel daran bestehen, daß die überhöhte Stromstärke der Maxima auf die beschriebene Rührung zurückzuführen ist. Adsorptionskräfte, die nach Heyrovský [Cm 3, 9, 16, A 19] die überhöhte Stromstärke der Maxima veranlassen sollen, können nur eine Potentialverschiebung der Stufen bewirken (s. § 44).

Der Zustand des Maximums ist bei flüssigen Elektroden als der „natürliche" anzusehen, denn es werden stets Stromdichteunterschiede und damit Unterschiede des Potentials und der Grenzflächenspannung an der Tropfenoberfläche herrschen. Einer Erklärung bedarf daher das Zustandekommen einer ungestörten Diffusionsschicht. Wo eine Diffusionsschicht fehlt, wie z. B. bei den katalytischen Wasserstoffwellen (§ 22), ist stets eine nicht abbrechende Elektrolytströmung zu beobachten.

potential **positiver** oder **negativer** als das elektrokapillare Nullpotential ist (vgl. Fig. 109); die Grenzfläche gerät daher in Bewegung von Orten geringerer zu Orten größerer Grenzflächenspannung, also zum Tropfenende (Fig. 8, Bild 2 bis 4) bei „positiven Maxima", bzw. zur Tropfenbasis bei „negativen Maxima" (Fig. 8, Bild 6). Oft beobachtet man jedoch nicht so eindeutig gerichtete Strömungen, sondern mehr oder weniger unregelmäßige und schwankende Wirbel (Fig. 8, Bild 7 u. 8). In jedem Falle ist aber der primäre Sitz der Bewegung die Grenzfläche selbst. — Schwieriger ist es zu deuten, warum die Strömung und damit das Maximum beim Erreichen eines bestimmten Kathodenpotentials wieder abbricht. Hier sei nur darauf hingewiesen, daß eine einmal gebildete Diffusionsschicht ausgleichend auf die Stromdichte wirkt, indem sie an Stellen höherer Stromdichte sich verdickt und dem Strom dadurch ein Hindernis in den Weg legt; am eben entstehenden kleinen Tropfen ist die Stromdichte sehr groß und erzwingt an der Oberfläche eine Verarmung an reduzierbarer Substanz und damit die Ausbildung einer Diffusionsschicht, die dann den weiter wachsenden Tropfen vor Ungleichmäßigkeiten der Stromdichte und damit vor Strömungen schützt [vgl. A 16, S. 487].

Ausgleichend auf die Stromdichte und damit dämpfend auf die Maxima wirken auch in der Lösung vorhandene Stoffe, die an der Grenzfläche des Tropfens adsorbiert werden. Solche werden in der praktischen Polarographie zur Unterdrückung der Maxima, als **Maximadämpfer** benutzt. **Negativ** geladene mehrwertige Anionen und Kolloide wirken vorzugsweise dämpfend auf positive Maxima, d. h. auf solche, die bei Potentialen liegen, die positiver sind als das elektrokapillare Nullpotential. Umgekehrt ist es mit mehrwertigen **positiven** Kationen und Kolloiden. Daneben gibt es indifferente oder amphotere oberflächenaktive Stoffe, die bei allen Kathodenpotentialen wirken. Diese eignen sich besonders als universelle Maximadämpfer: Gelatine, Agar, Methylcellulose, Farbstoffe, Alkaloide und andere.

Die starke Rührung im Zustand eines kräftigen Maximums verhindert die Ausbildung einer Konzentrationspolarisation; E_k bleibt konstant. Der Anstieg der Stromstärke i mit steigendem

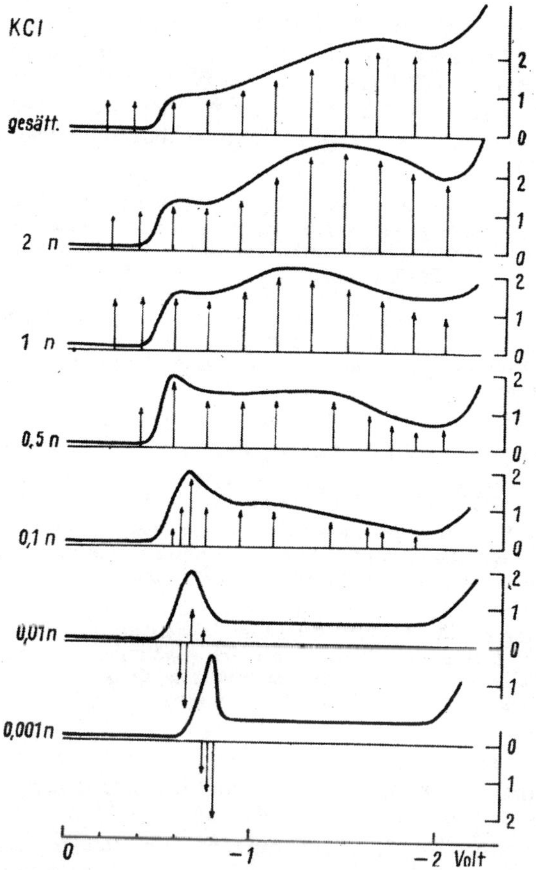

Fig. 110. Verzerrung der Stufen durch Strömungen: Nichtabbrechende Maxima in konzentrierten Leitsalzlösungen

0,0005m-$PbCl_2$ in KCl-Lösungen verschiedener Konzentration, O_2-frei, ohne Dämpfer.

Die Kurven geben die Polarogramme (Pb-Stufen) wieder. Die Pfeile geben die Elektrolytströmung am Tropfen nach Richtung (nach oben oder unten) und Stärke (Maßstab rechts in mm/Sek.) an, wie sie sich durch mikroskopische Beobachtung der Bewegung suspendierter Teilchen ergeben. Die Überhöhung der polarographischen Kurve entspricht jeweils der Länge der Pfeile d. h. der Stärke der Elektrolytströmung. Nach Krjukowa [Cm 25, 26].

angelegter Spannung E erfolgt daher nicht mehr nach Gl. (3b), S. 281, sondern einfach nach dem Ohmschen Gesetz: $i = E/W$. Für die Steilheit des Anstiegs der Stromstärke bei einem Maximum gilt daher $d\,i/dE = W$. Der Widerstand W und damit der Potentialabfall in der Lösung E' (vgl. S. 45) läßt sich daher in einfacher Weise aus der Steilheit eines Maximums ermitteln[1]).

In konzentrierterem Leitsalz ($>$ 0,1 n) geht nach Krjukowa [Cm 25, 26, 31] die Strömung am Tropfen immer nach oben, unabhängig von der Art des Depolarisators; sie bricht dann überhaupt nicht ab, so daß man scheinbar normale Stufen erhält, die aber zu hoch sind und durch einen geeigneten Dämpfer richtiggestellt werden (vgl. Fig. 10 und 11). Die Strömungsgeschwindigkeit (V) ist nur abhängig von der Art und Konzentration des Leitsalzes und von der Spannung (Fig. 110). Der durch die Strömung bedingte elektrische Zusatzstrom Δi (der durch Dämpfer unterdrückt werden kann) ist gegeben durch

$$\Delta i = A \cdot C' \cdot V.$$

A ist eine durch Leitsalz und Kapillare bedingte Konstante.

C' ist die Konzentration des Depolarisators (in Millimol/l), multipliziert mit der Wertigkeit ν und der Beweglichkeit l also $C' = c \cdot \nu \cdot l$.

V ist die Strömungsgeschwindigkeit in mm/sec, die als Funktion von E entweder durch mikroskopische Beobachtung suspendierter Teilchen oder durch Bestimmung von Δi ermittelt werden kann.

Diese überhöhten Stromstärken [vgl. auch C 77], die wir als „nichtabbrechende Maxima" bezeichnet haben, haben nach H. Strehlow (Dissert. Bonn 1949) eine andere Ursache als die gewöhnlichen Maxima: Das aus der Kapillare in den Tropfen einströmende Quecksilber stößt bis zum Tropfenscheitel durch und bewirkt die vom Scheitel zum Halse gerichtete Strömung.

Diese „nichtabbrechenden Maxima" (s. Fig. 10, 11, 110) werden begünstigt a) durch hohe Leitsalzkonzentration (doch zeigt Fig. 110 schon bei 0,1 n-KCl eine stark überhöhte Stufe!), b) durch hohe Tropfgeschwindigkeit, c) durch geringe Dämpferkonzentration. Bei gegebener Leitsalz- und Dämpferkonzentration gibt es eine bestimmte „kritische Tropfgeschwindigkeit" oberhalb der ein Ansteigen der Stufenhöhe erfolgt, infolge der Rührwirkung der Strömung [vgl. C 80]. Ein stark ausgeprägtes nichtabbrechendes Maximum ist an dem aufsitzenden wellenförmigen Buckel

[1]) Es sei jedoch erwähnt, daß mitunter der Anstieg eines Maximum weniger steil ist als dem Widerstand des Elektrolyten entspricht.

zu erkennen: Der Anstieg zu diesem beginnt bei etwa — 0,8 bis — 0,9 V, das Maximum liegt bei — 1,3 bis — 1,4 V. In nicht extremen Fällen kann ein solches Maximum leicht übersehen werden und zu falschen Analysenergebnissen Anlaß geben. Man vermeide daher zu hohe Leitsalzkonzentrationen und Tropfgeschwindigkeiten und prüfe die Wirkung von zugesetzter Gelatine [B 29].

Kolthoff und Orlemann [C 66, D 152] haben übersehen, daß die überhöhte Stromstärke, die sie z. B. bei der Jodatreduktion in konzentriertem Leitsalz beobachteten, von Elektrolytströmungen am Tropfen begleitet ist. Daher schreiben sie den zusätzlichen Strom einer „anomalen Wasserreduktion" zu. Wir haben uns davon überzeugt, daß auch bei den in [C 66, D 152] beschriebenen Fällen stets eine Strömung am Tropfen (zum Tropfenhals) zu beobachten ist.

Einzelheiten über Maxima finden sich in den Referaten im Kapitel VII Cm. — Auch anodische Stufen können Maxima aufweisen [C 48; Cm 32; D 178].

Neben überhöhten Stromstärken (Maxima) beobachtet man mitunter auch herabgedrückte Stromstärken, die man als **Minima** bezeichnen kann: Fig. 52 zeigt ein solches Minimum auf einer anodischen Stufe: Die Stromstärke, die bereits den Diffusionsstromwert erreicht hatte, sinkt wieder ab, um erst nach Durchschreiten eines Minimums wieder anzusteigen. Solche Minima sind auf die Ausbildung stromhemmender Adsorptionsschichten an der Elektrodenoberfläche zurückzuführen. Daß das Auftreten solcher Schichten oft an bestimmte Potentialgrenzen gebunden ist, wird im § 44 besprochen. Minima finden sich häufiger bei anodischen Stufen, besonders bei Verwendung einer rotierenden Pt-Elektrode (s. § 32a). Reduktionsstufen mit Minima erhält man z. B. bei Co und Ni in KCNS-Lösung, wenn diese angesäuert ist [D 135, 215]. Über ein kinetisch bedingtes Minimum s. [E 206].

§ 43. Irreversible Vorgänge. Für sehr viele anorganische und für die meisten organischen Reduktionen an der Tropfkathode fehlt die Grundvoraussetzung für die im Teil A und B durchgeführten Betrachtungen, nämlich die genügend schnelle Einstellung der Gleichgewichte bei den Elektrodenvorgängen.

Teils sind die Reaktionen überhaupt nicht umkehrbar. So läßt sich Fumarsäure zwar zu Bernsteinsäure reduzieren, diese aber nicht wieder zu Fumarsäure oxydieren (im lebenden Organismus wird dies durch einen Katalysator ermöglicht).

Teils sind die Umkehrungen der Reaktionen erst durch eine Überspannung zu erzwingen. Als Beispiel hierfür wurde in Fig. 13 das Polarogramm einer Lösung von $TiCl_4$ und $TiCl_3$ gezeigt. Nach Zusatz von Weinsäure wird der Vorgang reversibel (Kurve b): die beiden Stufen gehen direkt ineinander über. Weinsäure wirkt also hier als Katalysator[1]).

Ein weiteres Beispiel bieten die Reduktionsstufen von Co^{2+} und Ni^{2+}. Deren irreversibler Charakter macht sich schon darin bemerkbar, daß die Stufen viel zu flach sind. Setzt man den Lösungen der Co- und Ni-Salze in hoher Konzentration leichtlösliche Chloride zu (12 n-$CaCl_2$ oder LiCl), so bilden sich Chlorokomplexe — die rosa Co-Lösung wird blau. Die Stufen werden aber trotz der Komplexbildung nach links verschoben, ein Zeichen dafür, daß die nichtkomplexen Co^{2+}- und Ni^{2+}-Ionen bei viel zu negativem Potential reduziert werden, und daß durch die Komplexbildung die Reduktion reversibel oder doch weniger irreversibel wird. — Ist eine Stufe zu flach, so ist das (bei genügend Zusatzelektrolyt) ein sicheres Zeichen für einen irreversiblen Vorgang. Umgekehrt wird es oft als ein ausreichender Beweis für ein reversibles Verhalten angesehen, wenn die Stufe die richtige Steilheit hat; das ist aber durchaus nicht ausreichend. So erfolgt z. B. die Reduktion des Zinkations $Zn(OH)_4^{2-}$ (Zn-Salz in Lauge) mit steiler Stufe, aber — wie sich zeigen läßt [C 55] — um 0,14 Volt zu negativ, also irreversibel.

Auch die beiden Sauerstoffstufen sind stark irreversibel. Sie liegen bei etwa — 0,2 und — 1,1 Volt. Thermodynamisch berechnen sich folgende Reduktionspotentiale für p_H 7 [A 16, S. 482]: O_2/H_2O + 0,54, H_2O_2/H_2O + 1,08, O_2/H_2O_2 ± 0,0 Volt. Die Stufen (besonders die zweite) sind also ausgesprochen irrever-

---

[1]) Aus irreversiblen Halbstufenpotentialen darf nicht auf den Energieinhalt des Stoffes geschlossen werden. Z. B. entsprechen die relativen Lagen der Stufen der m-, o- und p-Oxybenzaldehyde (— 0,994, — 1,030, — 1,118 V) auch in ihrer Reihenfolge nicht den Verbrennungswärmen (800,6, 806,7, 805,5 kcal) [E 77].

sibel[1]), und das Zwischenprodukt H_2O_2 ist sehr instabil. Eine katalytische Verschiebung zu positiveren Potentialen ist bei der zweiten O_2-Stufe mehrfach beobachtet worden, so durch Hämatin, Hämoglobin, Pb^{2+}-Ionen [F 14, 15, 27, 38].

Mit Hilfe besonderer Anordnungen z. B. mit einem Kathodenstrahloszillographen [Heyrovský C 76, 83, 84, auch C 85, 89] oder mit einem Kommutator (Fr. Schoenen, Diplomarbeit Bonn 1941) lassen sich tiefere Einblicke in den Mechanismus irreversibler Reaktionen gewinnen. Es zeigt sich z. B., daß das Gleichgewicht $Cd^{2+} + 4\,NH_3 = [Cd(NH_3)_4]^{2+}$, d. h. die bei einer Cd-Abscheidung aus ammoniakalischer Lösung notwendige Nachlieferung von Cd^{2+}-Ionen aus dem Komplex und auch der umgekehrte Vorgang, sich in weniger als 0,01 sec einstellt. Das analoge Gleichgewicht mit Zn^{2+} benötigt einige 0,1 sec, die Reaktion $Zn^{2+} + 4\,CN^- = [Zn(CN)_4]^{2-}$ sogar mehrere Sekunden. Heyrovský konnte zeigen, daß die gut reversibel abscheidbaren Ionen noch in 0,001 sec reduziert werden und erst bei einer weiteren Verkürzung dieser Zeit (durch Erhöhung der Frequenz der angewandten Wechselspannung) eine Reduktion unterbleibt.

Aus dem Befund, daß die Reduktion derjenigen zweiwertigen Kationen irreversibel ist, die beim Übergang in den einwertigen Zustand einen Umbau der Elektronenkonfiguration des Atomrumpfes erleiden, schließt Heyrovský [s. Referat C 83], daß die Reduktion hier tatsächlich zunächst zum einwertigen Ion führt (z. B. $Zn^{2+} \rightarrow Zn^+$), worauf dann die zweite Reduktion nach $Zn^+ + \ominus \rightarrow Zn$ oder $2\,Zn^+ \rightarrow Zn + Zn^{2+}$ erfolgt. Demnach gehen die Elektronen nicht zu mehreren, sondern einzeln auf den Depolarisator über.

Liegt ein Depolarisator, wie das oft der Fall sein wird, in der Lösung in mehreren Formen vor (z. B. tautomere Formen, Komplexe oder Hydrate verschiedener Zusammensetzung),

---

1) Da sich die Sauerstoffstufen mit dem p_H nicht merklich verschieben, ist die Irreversibilität in saurer Lösung noch größer, in alkalischer kleiner; sie ist für die erste Stufe hier nur noch gering. Es ist verständlich, daß die Reduktion $O = O/HO—OH$ weniger irreversibel ist als die Reduktion $HO—OH/H_2O$ oder gar $O = O/H_2O$, denn im ersten Fall wird die O—O-Bindung nicht ganz getrennt, sondern nur eine Doppelbindung aufgerichtet, wozu eine geringere Aktivierungsenergie erforderlich ist.

so erhält man doch nur eine polarographische Stufe, wenn die am leichtesten reduzierbare Form aus den anderen genügend schnell nachgebildet wird. Bei „gehemmtem Gleichgewicht" zwischen den Formen erhält man aber mehrere Stufen. Beispiele hierfür sind ZnII in verdünnter KCN-Lösung, AsIII in HCl, α-Benzoinoxim [H 16], Brenztraubensäure und andere Säuren, die bei der Ionisation einen Umbau erleiden, weshalb dieser Vorgang gehemmt ist [E 168, 190; C 90, 91]. Die Höhen dieser Stufen stehen aber zueinander nur dann im Verhältnis der Konzentrationen der betreffenden Formen des Depolarisators, wenn die Umwandlungen sehr langsam erfolgen. Wird die am leichtesten reduzierbare Form sehr schnell nachgeliefert, so entsteht eine Stufe, deren Höhe der Gesamtmenge des Depolarisators entspricht. Erfolgt eine Nachlieferung, aber mit einer hierfür nicht ausreichenden Geschwindigkeit, so ist die Stufenhöhe kinetisch begrenzt (s. nächste Seite).

Bei einer irreversiblen Reduktion (oder Oxydation) kann der gehemmte Vorgang dem elektrischen Vorgang der Umladung vor- oder nachgelagert sein:

a) Bei nachgelagerter Hemmung[1]) entsteht das Reduktionsprodukt R zunächst in einer energiereicheren instabilen Form R^*. Beträgt der Unterschied der freien Energie von R^* und R a Joule, so ist das Halbstufenpotential um $a/\nu F$ Volt negativer als das O/R-Redoxpotential ε. Die Stufe hat aber die normale Form und Steilheit. Das Gesagte setzt voraus, daß die Umwandlung $R^* \rightarrow R$ so langsam erfolgt, daß R^* im wesentlichen durch Diffusion von der Grenzfläche verschwindet. Andernfalls ist die Stufe weniger stark verschoben, und schließlich, wenn die Geschwindigkeit der Reaktion $R^* \rightarrow R$ die der Diffusion weit überwiegt — gar nicht verschoben. Stets aber hat die Stufe die normale Steilheit und Höhe.

---

[1]) Ein Beispiel hierfür ist die Fe^{2+}-Stufe: Das Reduktionsprodukt liegt zunächst in einer thermodynamisch instabilen „aktiven" Form vor, nämlich als stark übersättigtes Fe-Amalgam, aus dem es dann schnell, aber nicht sofort in die stabile Form, d. h. auskristallisiertes Eisen, übergeht. Die Lage der Fe^{2+}-Stufe ist durch das Gleichgewicht Fe^{2+}/Fe in Hg gelöst gegeben; sie ist um 0,6 Volt negativer als das Normalpotential Fe^{2+}/Fe—Metall (vgl. Tabelle 8, S. 294, sowie [A 16, S. 475] und [C 2]). Auch die NH_3-Reduktion ist reversibel in bezug auf den Primärprozeß, die Bildung des NH_4-Amalgams. Ein weiteres Beispiel hierzu, das eine reversible Oxydationsstufe betrifft, siehe bei [E 107].

b) Eine vorgelagerte Hemmung liegt vor, wenn das Ausgangsprodukt O einer Aktivierung zu O* bedarf (Umlagerung, Dehydratation, Überwindung des ζ-Potentials). Die Stromstärke ist dann nicht durch die Diffusionsgeschwindigkeit von O gegeben, sondern durch die Geschwindigkeit der Reaktion O → O*. Es sind dabei zwei Fälle zu unterscheiden: α) Die Reaktion wird durch Erhöhung des Kathodenpotentials allmählich erzwungen. Dann steigt die Stromstärke allmählich an, man erhält eine Stufe mit zu geringer Steilheit, die aber die volle, dem Diffusionskoeffizienten von O entsprechende Höhe erreicht[1]. β) Andernfalls entsteht eine zu kleine Stufe. Solche hat man z. B. bei den Aldosen gefunden [E 73, 191]: Die aktive Form ist hier wahrscheinlich die Aldehydform mit offener Kette. Die Stufenhöhen der Aldosen stehen in Beziehung zu ihrer Mutarotationsgeschwindigkeit. Der Temperaturkoeffizient der Höhen solcher Stufen ist sehr groß, weil die Reaktionsgeschwindigkeit mit der Temperatur sehr stark ansteigt, viel stärker als die Diffusionsgeschwindigkeit. Die Höhe verändert sich nicht, wenn man die Tropfgeschwindigkeit durch Änderung des Hg-Druckes verändert. Am Einzeltropfen ist i proportional $t^{2/3}$ (der Oberfläche). — Wird die weniger aktive Form bei höheren Potentialen auch reduziert, so entsteht eine Doppelstufe, von insgesamt normaler Höhe, z. B. bei der Brenztraubensäure. Hier ist die weniger aktive Form das Anion, die aktivere Form die undissoziierte Säure, die sich infolge einer dabei notwendigen Umlagerung nur langsam aus den Anionen nachbildet [E 168, 190, C 90, 91, H 16, vgl. auch F 38, E 207].

Solche kinetisch begrenzte Stufenhöhen hat man auch beim Formaldehyd und Acetaldehyd gefunden, bei denen die reduzierbare Form aus dem überwiegend in der Lösung vorhandenen nicht reduzierbaren Hydrat nachgeliefert wird [E 194c, 201; vgl. auch E 206].

Bei allen irreversiblen Reduktionsstufen besteht die prinzipielle Möglichkeit, die Stufe durch einen Katalysator zu positiveren Potentialen zu verschieben (umgekehrt ist es bei den Oxydationsstufen). Dabei bestehen zwei Möglichkeiten: a) Die

[1]) Beispiele hierfür sind die Co^{2+}- und Ni^{2+}-Stufen, die wegen Reaktionsträgheit der hydratisierten Ionen irreversibel und flach sind. Diese vorgelagerte Hemmung läßt sich durch Katalysatoren in der Lösung beseitigen. (Daneben ist auch bei Co und Ni eine nachgelagerte Hemmung wie beim Fe anzunehmen.) Irreversibel mit vorgelagerter Hemmung (geringe Steilheit) sind alle Anionenstufen, bei denen das Anion selbst reduziert wird, z. B. die Jodatstufe (die Hg-Oxydationsstufen, die durch Anionen, z. B. Cl^-, veranlaßt sind, sind reversibel). Die Hemmung ist wahrscheinlich dadurch bedingt, daß die negativ geladenen Anionen das ζ-Potential der Kathode überwinden müssen. (Das ζ-Potential reicht etwa 10 Å in die Lösung hinein. Die Dicke der Diffusionsschicht ist etwa 10 000mal größer.) Anlagerung von H^+-Ionen oder mehrwertigen Kationen an die Anionen erleichtert den Durchtritt durch die Potentialbarriere.

ganze Stufe wird durch den Katalysator verschoben, wenn dieser im Überschuß gegenüber dem Depolarisator ist. Dieser Fall liegt bei den verschobenen Anionenstufen vor, die wir anschließend näher besprechen. b) Nur ein Teil der Stufe wird verschoben, wobei also aus der einen Stufe zwei werden, mit unveränderter Gesamthöhe; die Höhe der „katalytischen Stufe", d. h. des verschobenen Stufenteiles ist dabei von der Katalysatormenge abhängig. Daß solche katalytische Wasserstoff-Stufen zur Bestimmung von Platinmetallen und Proteinen benutzt werden können, ist bereits im § 22 besprochen worden. Eine katalytische Vorverlagerung kann auch bei der H_2O_2-Stufe erzielt werden, und zwar durch Hämatin oder durch Pb^{2+}-Ionen (§ 22d). — Die Höhe der katalytischen Stufen (Wellen) ist nicht durch eine Diffusions-, sondern eine Reaktionsgeschwindigkeit gegeben [s. z. B. F 38].

Doppelstufen. Es seien hier die Möglichkeiten zusammengestellt, die Anlaß dafür sein können, daß ein Depolarisator mehrere Stufen gibt:

1. Die Reduktion erfolgt in mehreren stöchiometrischen Stufen. Beispiel: CuII—CuI—Cu.

2. Eine p_H-abhängige Stufe wird in schwach saurer ungepufferter Lösung in einen „sauren" und einen „alkalischen" Teil zerlegt (§ 39, Schluß).

3. Es liegt ein gehemmtes Gleichgewicht zwischen mehreren Formen des Depolarisators vor.

a) Grenzfall einer praktisch absoluten Hemmung. Beispiel: Isomere Formen, Malein- und Fumarsäure. Stufenhöhen proportional den Konzentrationen.

b) Die Umlagerungsgeschwindigkeit ist maßgebend für die Teilstufenhöhen. Beispiel: Brenztraubensäure.

4a. Es tritt eine (stets sehr kleine) „Adsorptionsvorstufe" auf, s. § 44.

4b. Durch Adsorption eines anderen Stoffes wird die Stufe eines Depolarisators zu einer Doppelstufe deformiert (§ 44).

Zum Fall 1 ist noch einiges zu bemerken. Bei der 2. Stufe z. B. des CuII (oder O_2) wird dieses und nicht CuI (bzw. H_2O_2) zu Cu (bzw. H_2O) reduziert: Die Stufenhöhe ist daher durch den

Diffusionskoeffizienten des CuII (bzw. O_2) gegeben. — Das Halbstufenpotential der 2. Stufe muß bei reversiblen Reaktionen identisch sein mit dem der Reduktion des Zwischenproduktes (2. CuII-Stufe identisch mit der CuI-Stufe). Bei irreversiblen Reaktionen braucht dies aber nicht der Fall zu sein. Beispielsweise könnte die 2. O_2-Stufe positiver liegen als die H_2O_2-Stufe. Dann nämlich, wenn bei der O_2-Reduktion das Zwischenprodukt H_2O_2 in einer aktiven Form entstände, die weiter reduziert wird, bevor sie sich in die stabile Form umwandeln kann. Hier ist das nicht der Fall und auch nicht zu erwarten. Indessen gibt es Beispiele für das erwähnte Verhalten: Benzaldehyd wird bei der 1. Stufe (— 1,3 V bei p_H 4) zu Hydrobenzoin reduziert, bei der 2. Stufe zu Benzylalkohol. Hydrobenzoin als solches wird aber bis — 1,8 V nicht reduziert [E 33]. Die Bildung dieser stabilen Zwischenform muß also bei der Benzaldehydreduktion zu Benzylalkohol übersprungen werden, die Reaktion führt wahrscheinlich über das Radikal $C_6H_5 \cdot CHOH^-$ als aktive Zwischenform des Hydrobenzoins zum Benzylalkohol. — Analoge Verhältnisse finden sich beim Acetophenon [E 104] und anderen aromatischen Aldehyden und Ketonen. — Hierher gehört auch die Tatsache, daß Nitrosobenzol in einer Stufe (— 0,1 V bei p_H 7) direkt zum Anilin reduziert wird, während die Zwischenprodukte erst bei negativerem Potential reduziert werden [E 118]. — Ein weiteres Beispiel: CoII wird in 1 n-Na_2SO_4 bei — 1,47 V reduziert; die 2. Stufe von CoIII-Komplexen wie $[Co(NH_3)_6]^{3+}$, $[Co\ en_3]^{3+}$ liegt aber in 1 n-Na_2SO_4 stets bei — 1,32 V, also fast wie in einer SO_4^{2-}-freien Lösung, weil sich der CoII-Sulfatokomplex hier nicht schnell genug bilden kann [D 219][1]).

Prüfung auf Reversibilität. Zwischen reversiblen und irreversiblen Vorgängen im hier benutzten Sinne ist theoretisch nur ein gradueller Unterschied. Der Betrag der Irreversibilität ist gleich der Differenz $E^{1/2} - \varepsilon$. Entzieht sich dieser Betrag durch seine Kleinheit der Beobachtung, so wird die Reaktion als reversibel bezeichnet. Der Betrag ist abhängig von der

[1]) Handelt es sich hier um einen Effekt infolge der Bildung einer sehr aktiven „reduktionsfreudigen" Zwischenform, so läßt sich im anderen Extremfall voraussehen, daß die zweite Teilstufe zu niedrig werden kann, weil die Zwischenform Zeit hat, von der Elektrodenoberfläche fortzudiffundieren. Zu niedrige zweite Stufen sind mitunter beobachtet worden [z. B. E 186], ob sie in der hier angegebenen Weise zu deuten sind, ist ungeklärt.

Lösungszusammensetzung, der Temperatur, dem Elektrodenmetall. So ist z. B. an einer rotierenden Pt-Elektrode die Chinon-Hydrochinon-Gleichgewichtseinstellung so viel langsamer als an Hg, daß die Reduktions- und Oxydationsstufe deutlich auseinanderfallen (eigene Versuche).

Der Beweis, daß eine Reaktion reversibel ist, kann rechnerisch ($E_{1/2} = \varepsilon$) oder experimentell geführt werden, letzteres jedoch n u r durch den Nachweis, daß die Oxydationsstufe von *R* beim gleichen Potential liegt wie die Reduktionsstufe von *O*. Hierbei ist eine gesonderte präparative Darstellung von *R* (z. B. von Amalgam) nicht unbedingt notwendig; vielmehr kann *R* in der Lösung erzeugt werden, und zwar a) chemisch oder b) elektrochemisch:

a) Zur chemischen Reduktion von *O* zu *R* wird der Lösung ein geeignetes Reduktionsmittel zugesetzt, und es wird festgestellt, ob die vorher über der Galvanometernullinie befindliche Stufe jetzt unter die Nullinie verschoben ist, ohne sich dabei seitlich zu positiveren Potentialen zu verlagern. — Dabei muß man allerdings sicher sein, daß das Reduktionsmittel tatsächlich wirksam geworden ist, daß *R* also wirklich entstanden ist. Wenn dies nicht der Fall ist, so rückt nämlich die Stufe auch unter die Nullinie, ohne daß dabei aus der unveränderten Potentiallage auf Reversibilität geschlossen werden dürfte. Denn es ist nach wie vor eine R e d u k t i o n s s t u f e *O/R* geblieben, die nur durch die gleichzeitige Oxydation des mit *O* sich nicht umsetzenden Reduktionsmittels *R'* nach unten verschoben ist. Dies sei durch die schematische Fig. 111 erläutert: Kurve 1 wird durch eine Lösung von *O* allein erzeugt und zeigt die Reduktionsstufe *O/R*. Kurve 2 kommt durch das Reduktionsmittel *R'* allein zustande und zeigt die Oxydationsstufe *R'/O'*. Kurve 3 entsteht mit einer Lösung von $O + R'$ in äquivalenten Mengen, wenn die (nach der Lage der Stufen zu erwartende) Reaktion $O + R' \rightarrow O' + R$ n i c h t abläuft: Die R e d u k t i o n s s t u f e 3a liegt u n t e r, die O x y d a t i o n s s t u f e 3b liegt ü b e r der Nullinie; links von 3a fließt ein anodischer Strom ($R' \rightarrow O'$), rechts von 3b fließt ein kathodischer Strom ($O \rightarrow R$), zwischen 3a und 3b kompensieren sich beide Ströme. — So lassen sich die Stufen Cu II/O und Pb II/O durch Zusatz von $CrCl_2$ oder $SnCl_2$ zur Lösung unter die Galvanometernullinie v rlegen [D 86, 178]. Auch die O_2/H_2O_2-Stufe läßt sich, wie Fig. 112 zeigt, durch Na_2S-Zusatz ebenso verlegen [K o l t h o f f und M i l l e r C 53].

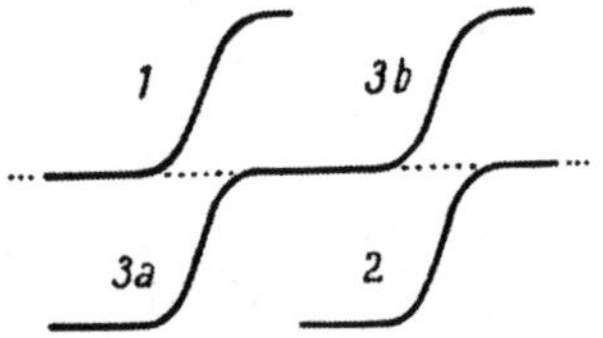

Fig. 111. Ü b e r l a g e r u n g e i n e r R e d u k t i o n s - s t u f e u n d e i n e r n e - g a t i v e r e n O x y d a - d a t i o n s s t u f e

Schematisch. Erläuterung im Text. Vgl. Fig. 112

b) Eine elektrochemische Reduktion von *O* zu *R* kann an der Tropfelektrode selbst vorgenommen werden, indem diese (etwa durch einen ro tierenden Umschalter) intermittierend von dem polarographischen Stromkreis abgeschaltet und an eine für die Reduktion von O ausreichend negative Spannung angeschaltet wird. Hierbei wird also die Reduktion nicht in der ganzen Lösung, sondern nur an der Tropfenoberfläche vorgenommen. Über solche Untersuchungen wird der Verfasser an anderer Stelle berichten. Ein besonders elegantes Verfahren hat Heyrovský [A 19, S. 157, 234] ausgearbeitet, wobei ein Kathodenstrahloszillograph benutzt wird.

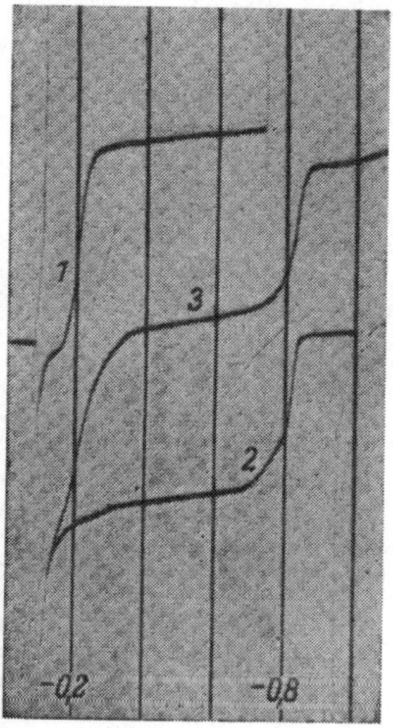

Fig. 112. Überlagerung einer Reduktionsstufe und einer negativeren Oxydationsstufe. Vgl. Fig. 111

Grundlösung: 1n-NaOH mit Agar: 1. O_2 (luftgesättigte Grundlösung) ergibt eine O_2-Reduktionsstufe bei —0,2V über der Nullinie. — 2. 10^{-3}n-Na_2S, O_2-frei ergibt eine S^{2-}-Oxydationsstufe bei —0,8V unter der Nullinie. — 3. 10^{-3}n-Na_2S, luftgesättigt, also O_2 und S^{2-} enthaltend, ergibt eine O_2-Reduktionsstufe unter der Nullinie und eine S^{2-}-Oxydationsstufe über der Nullinie

§ 44. Adsorptionseinflüsse. Die Methylenblaustufe zeigt eine „Vorstufe" (s. Fig. 113), die durch die Adsorption des bei der Reduktion gebildeten Leukomethylenblaus an der Tropfenoberfläche verursacht wird. Die Theorie ist in Kürze folgende: Dadurch, daß Leukomethylenblau (LMb) stärker adsorbiert wird als Methylenblau (Mb), wird die Aktivität (das thermodynamische Potential) vom LMb herabgesetzt, wodurch die Reduktion erleichtert wird und bei positiverem Potential erfolgt als dem Redoxpotential Mb (gelöst) ⇌ LMb (gelöst) entspricht. Im Prinzip ist dies ähnlich der Wirkung einer Amalgambildung, z. B. bei der Abscheidung der Alkalimetalle; auch hier wird dadurch das thermodynamische Potential der reduzierten Form herabgesetzt und die polarographische Stufe ist daher positiver als das Normalpotential (§ 37). Jedoch macht sich bei der Adsorption bemerkbar, daß die Oberfläche des Tropfens nur für eine begrenzte Menge von LMb-Molekeln Platz bietet. Daher wird ein über diese Menge hinausgehender Überschuß erst beim „richtigen" Redoxpotential reduziert: Die Vorstufe hat eine konstante Höhe (s. Fig. 113), die von der Tropfengröße und -geschwindigkeit abhängt. Der Raumbedarf einer LMb-Molekel ergibt sich zu 100 Å². Wenn die Konzentration des Mb kleiner ist als zur vollen Be-

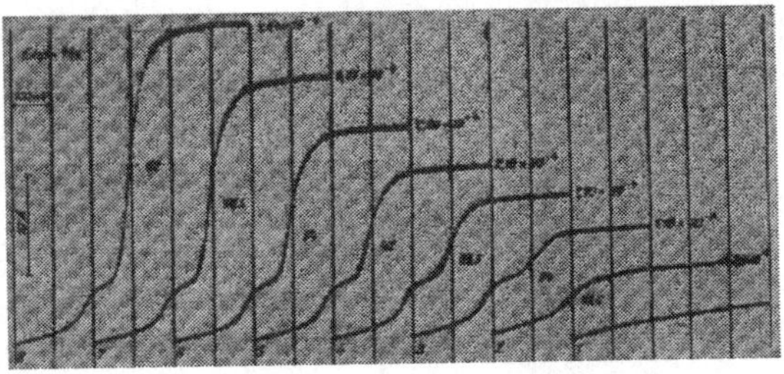

Fig 113. Methylenblaustufen mit „Adsorptions-vorstufe" Nach Brdička [C 67]

In Pufferlösung vom pH 7,96, O_2-frei, ist Methylenblau in 0-bis 4,54 10^{-4}m-Konzentration enthalten. 100 mV pro Windung, gegen n-Kalomelelektrode. Das dem Redoxpotential entsprechende Halbstufenpotential (hier $E^1/_2$ = — 0,30 V) ist auf halber Höhe des über der Vorstufe liegenden Stufenteiles zu finden.

deckung der Tropfenoberfläche mit LMb notwendig ist, so ist nur die Vorstufe vorhanden (Fig. 113, Kurve 2).

Diese Erscheinung ist von Brdička [C 67] sorgfältig untersucht und theoretisch behandelt worden. Hier seien nur einige Einzelheiten erwähnt Aus der Vorverschiebung der Vorstufe gegenüber dem Redoxpotential läßt sich die Adsorptionsenergie des LMb zu 11,2 kcal/Mol ermitteln. Die Adsorption gehorcht der Langmuirschen Isotherme. Die Elektrokapillarkurve in Mb-Lösungen zeigt eine starke Erniedrigung der Grenzflächenspannung, beginnend mit dem Potential der Reduktion, und beweist damit die Adsorption des LMb. In stark sauren Lösungen, in welchen LMb als nicht ionisierte Molekel vorliegt, ist keine starke Adsorption vorhanden; die Vorstufe fehlt Bei höherer Konzentration des Mb, wobei also mit geringerer Empfindlichkeit polarographiert wird, ist die etwa $^1/_2$ μA betragende Vorstufe natürlich nicht sichtbar — Die Untersuchung von Strom-Zeit-Kurven der Einzeltropfen mit dem Kathodenstrahloszillographen ergab Einblicke in die Kinetik der Adsorption. — Eine gleichartige Vorstufe ist von Brdička [E 99, C 68] auch beim Lactoflavin gefunden worden. An diesem Beispiel wurde auch nachgewiesen, daß die Vorstufe — wie zu erwarten — auch bei der Oxydationsstufe Leukolactoflavin → Lactoflavin auftritt. Adsorptionsvorstufen sind auch gefunden worden beim Indigotrisulfonat [C 82], Colchicin [C 79a] und auch bei den anodischen durch Cl^- und N_3^- verursachten Stufen [D 201]. Eine Weiterentwicklung der Theorie ist von Brdička [C 79a] durchgeführt worden.

Eine andere Adsorptionserscheinung wird dadurch verursacht, daß die Adsorption vom Potential abhängt. So wird Campher stark am Hg-Tropfen adsorbiert, bei — 1,2 bis — 1,4 Volt (je nach dem p_H) hört jedoch die Adsorption auf. Die mit dieser Desorption verbundene Änderung der Kapazität bedingt eine kleine polarographische Stufe (von etwa 0,2 μA bei gesättigter Campherlösung), die also ohne eine Reduktion des Camphers zustande kommt [Kolthoff und Barnum E 82]. Auf bestimmte p_H-abhängige Potentialbereiche beschränkte Adsorption ist auch beim Pyridin [C 92], Eosin [C 82] und Oktylalkohol [C 88] festgestellt worden. Vgl. auch [C 81b].

Schließlich kann durch die Adsorption eines Stoffes die Stufe eines anderen Stoffes (eines Depolarisators) in Extremfällen vollständig unterdrückt bzw. zu negativeren Potentialen verschoben werden, nämlich bis zu dem Potential, bei dem die Desorption des oberflächenaktiven Stoffes erfolgt. Bei geringerer Konzentration dieses wird nur ein Teil der Depolarisatorstufe verschoben, so daß eine Doppelstufe entsteht (vgl. Fig. 30). In dieser Weise wirkt z. B. Campher auf die Cystinstufe [E 82], Eosin auf die Stufen von Chinonen und Hydrochinonen [C 82]. Pyridin auf die Stufen von Pb^{2+}, Cd^{2+} und Nitrobenzol [C 92]. Vgl. auch [C 95].

Zusammenfassend können wir also folgende Beeinflussungen polarographischer Kurven durch Adsorptionserscheinungen unterscheiden:

a) Adsorptionsvorstufen infolge einer Adsorption des Depolarisators (Beispiel: Methylenblau).

b) Kapazitätsstufen infolge plötzlicher Ad- oder Desorptionen bei bestimmten Potentialen. Der oberflächenaktive Stoff braucht dabei kein Depolarisator zu sein (Beispiel: Campher).

c) Deformation der Stufe eines Depolarisators durch die Adsorption eines oberflächenaktiven Stoffes.

KAPITEL VII

DIE POLAROGRAPHISCHE LITERATUR

(Referate)

Die Referate sind in folgende **Abschnitte** eingeteilt:

A. Zusammenfassende Arbeiten.

B. Apparate und Methoden.

C. Theorie; Untersuchung der Vorgänge an der Tropfelektrode.

Cm. Maxima.

D. Anorganische Analysen und Probleme.

E. Organische Analysen und Probleme.

F. Katalytische Wellen.

G. Einige spezielle Anwendungen auf Bestimmungen in organischem Material.

H. Polarometrische Titration.

Innerhalb jeden Abschnitts sind die Arbeiten chronologisch geordnet und numeriert, wobei jedoch inhaltlich gleiche Arbeiten unter einer Nummer zusammengefaßt wurden[1]). Jede Arbeit ist nur einmal referiert, und zwar in dem ihrem wesentlichsten Inhalt entsprechenden Abschnitt. — Für Hinweise auf die Referate werden die den Abschnitt bezeichnenden großen Buchstaben und die Nummer der Arbeit darin benutzt, und zwar in [], z. B. [D 251].

Hinter dem Zitat der Arbeit ist das Referat dieser im Chemischen Zentralblatt (C. . . .) angegeben[2]).

---

[1]) Unterteilungen einer Nummer nach a, b . . . sind meist durch nachträgliche Einfügungen entstanden.

[2]) Ab 1945 ist das im Verlag Chemie erscheinende Zentralblatt mit C (V. C), das im Akademie-Verlag erscheinende mit C (Ak. V.) bezeichnet

In den Referaten werden **Abkürzungen** benutzt, die etwa den im Zentralblatt und in Gmelins Handbuch üblichen entsprechen; ferner:

$E_{1/2}$	=	Halbstufenpotential	Stets in Volt und stets auf die n-Kalomelelektrode bezogen.
E_{tg}	=	Tangentenpotential	
Max.	=	Maximum.	
In ⟨ ⟩	=	Bemerkungen des Verfassers.	

Kritische Bemerkungen in ⟨ ⟩ sollen Irrtümer zurechtstellen, jedoch nicht den sonstigen Wert einer Arbeit herabsetzen. Auch sei darauf hingewiesen, daß die wertvollsten Arbeiten oft am kürzesten referiert sind, da ihr Inhalt in den Text übernommen ist. Andererseits ist auch der Inhalt von mehr oder weniger wertlosen Arbeiten kurz angegeben, um dem Leser, der sich Originalliteratur beschaffen will, unnütze Mühe zu ersparen.

Zeitschriftentitel sind im wesentlichen ebenso gekürzt wie in Gmelins Handbuch; stärker gekürzt sind folgende:

Coll. = Collection of Czech. chem. Communications (Prag).

Mem. Coll. Agr. Kyoto = Mem. Coll. Agric. Kyoto Imp. Univ., chem. Ser.

J. Agr. Jap. = J. agric. chem. Soc. Japan (japanisch).

Bull. Agr. Jap. = Bull. agric. chem. Japan (Auszüge aus Vorigem in europäischen Sprachen).

Sh. fis. Chim. = Shurnal fisitscheskoi chimii (russ.: J. der phys. Ch.).

Sh. prikl. Chim. = Shurnal prikladnoi chimii (russ.: J. der angew. Ch.).

Sh. obschtsch. Chim. = Shurnal obschtschei chimii (russ.: J. der allg. Ch.).

Saw. Lab. = Sawodskaja laboratorija (russ.: Betriebslaboratorium).

A Zusammenfassende Arbeiten

1. J. Heyrovský, Chem. Listy 16 (22) 256—304 (tschech.). Rec. Trav. chim. Pays-Bas 44 (25) 488—98 (engl.), C. 25 II 1258. Chem. Listy 20 (26) 122—30 (tschech.). Bull. Soc. chim. France 41 (27) 1224—41 (franz.), C. 28 I 2274.
2. W. Kemula, Z. Elektroch. 37 (31) 779—95 (dtsch.), C. 31 II 3189.
3. J. Heyrovský, Mikrochemie 12 (32) 25—64 (dtsch.), C. 33 I 1169 (Mikroanalyse).
4. (Buch.) G. Semerano, Il polarografo, sua teoria e applicazioni, Padua **1932**, 207 S.; II. Aufl. **1933**, 243 S. (ital.).
5. H. J. Antweiler, Z. analyt. Ch. 102 (35) 385—93 (dtsch.).
6. (Buch.) J. Heyrovský, Polarographie, in: W. Böttger, Physikalische Methoden der chemischen Analyse, Bd. II, S. 260—322, Leipzig **1936** ⟨vgl. [A 14]⟩ (dtsch.).
7. (Buch.) P. Wulff, Anwendung physikalischer Analysenverfahren in der Chemie, München **1936**, S. 193—201 (dtsch.).
8. (Buch) J. Heyrovský, Die polarographische Methode, Theorie und praktische Anwendung, Leningrad **1937**, 225 S. (russ.).
9. (Buch) H. Hohn, Chemische Analysen mit dem Polarographen, Berlin **1937**, 102 S. (dtsch.).
10. A. Winkel u. G. Proske, Angew. Ch. 50 (37) 18—25 (dtsch.), C. 37 I 2639.
11. J. Heyrovský, Chim. Ind. 40 (38) 1043—50 (franz.), C. 39 I 2253.
12. H. Hohn, Chem.-Ztg. 62 (38) 77—81 (dtsch.), C. 38 I 4082.
13. (Buch) J. Heyrovský, Polarographie, in: J. d'Ans, Chemisch-technische Untersuchungsmethoden, Erg.-Bd., I. Teil, S. 75—117, Berlin **1939** (dtsch.).
14. (Buch) J. Heyrovský, Fortschritte der Polarographie, in: W. Böttger, Physikalische Methoden der analytischen Chemie, III. Teil, S. 422—77, Leipzig **1939** ⟨Ergänzung zu [A 6]⟩ (dtsch.).

15. I. M. Kolthoff u. J. J. Lingane, Chem. Reviews 24 (39) 1—94 (engl.), C. 29 II 2512.

16. M. v. Stackelberg, Z. Elektroch. 45 (39) 466—91. C. 39 II 1447. „Die wissenschaftlichen Grundlagen der Polarographie."

(Hierbei wird der Zusammenhang zwischen Normalpot. u. polarogr. Halbstufenpot. geklärt.)

17. (Buch) R. Brdička, in: Die Methoden der Fermentforschung, herausgegeben von E. Bamann u. K. Myrbäck, Leipzig 1940, S. 579—627 (dtsch.).

18. (Buch) I. M. Kolthoff u. J. J. Lingane, „Polarography", New York 1941, 500 S. (engl.).

19. (Buch) J. Heyrovský, „Polarographie", Wien 1941, 514 S. (dtsch.). Neudruck: Washington 1944.

20. E. T. Verdier, „Actualités scientifiques et industrielles" No. 958. Hermann u. Co., Paris 1943. „Méthode polarographique d'électroanalyse". 101 S.

21. J. Heyrovský, Metallwirtschaft 23 (1944) 333—41. „Grundlagen u. metallkundliche Bedeutung der Polarographie".

B. Apparate und Methoden

Die wichtigsten Beschreibungen der Apparate und Methoden befinden sich in den zusammenfassenden Arbeiten (Abschnitt A).

1. P. Herasymenko, Trans. Farady Soc. 27 (31) 203—05. (engl.), C. 31 II 2034.

   Hinweise auf die polarogr. Versuchstechnik zur Erzielung einwandfreier Stromspannungskurven geeignete Schwingungsperiode u. Dämpfung des Galvanometers.

2. D. Ilkovič u. G. Semerano, Coll. 4 (32) 176—80 (engl.), C. 32 II 1042.

   Kompensation des Kapazitätsstromes, wodurch die Empfindlichkeit so erhöht wird, daß noch 10^{-7}m-Pb^{2+} oder Cd^{2+} nachgewiesen werden können.

3. K. Abresch, Chem. Fabrik 8 (35) 380—81. C. 36 I 3182.

   Beschreibung des **Kalimeters**, eines Polarometers zur Alkalibest [vgl. D 37; H 6]. Stromanzeige mit Zeigerinstrument.

4. V. Majer, Mikrochemie 18 (35) 74—88 (dtsch.), C. 35 II 3267.

   Beschreibung von Apparaten für **Mikrobestimmungen** mit Flüssigkeitsmengen bis zu 0,005 cm^3 hinab; Elektrolysiergefäße, Mikrobüretten u. -pipetten für luftfreies Arbeiten.

5. E. Forche, Mikrochemie 25 (38) 217—24. Dissert. Leipzig 1938. C. 39 II 2818.

   a) **Methodisches.** Stufenquotient, s. § 7e, S. 95, wodurch die Best unabhängig von Temp., Tropfgeschwindigk. usw. wird.

   b) Polarogr. Prüfung verschiedener gravimetr. **Pb-Bi**-Trennverfahren

   c) Best. von **Pb in Blut.**

6. L. A. Matheson u. N. Nichols, Trans. Electrochem. Soc. 73 (38) 193—210. C. 38 II 1997.

   Anwendung einer **sehr schnell u. wiederholt** von 0 bis $2^1/_2$ Volt **ansteigenden Spannung.** Mit einem **Kathodenstrahl-Oszillographen** der gleichen Periode wird die Stromspannungskurve auf dem Leuchtschirm aufgezeichnet.

7. R. H. Müller, R. L. Garman, M. E. Droz u. J. Petras, Ind. and engin. Chem., Analyt. Ed. 10 (38) 339 bis 341 (engl.), C. 38 II 1997.

Feststellung des Halbstufenpotentials durch eine überlagerte Wechselspannung von 10 bis 20 mV: Nur bei ansteigender Stromspannungskurve kann Wechselstrom fließen, am stärksten bei $E_{1/2}$.

8. R. H. Müller u. J. F. Petras, J. Am. chem. Soc. 60 (38) 2990—93 (engl.), C. 39 I 3773.

Versuchsweise Anwendung der polarometrischen Methode auf Lsgg. von Pb^{2+}, Cd^{2+} oder Zn^{2+}.

9. H. Siebert u. I. Langer, Chem. Fabrik 11 (38) 141—42 (dtsch.), C. 38 II 896.

Vorschlag der Anwendung von genormten Kapillaren (Thermometerkapillaren von 0,05 mm Weite) für die Tropfelektrode.

10. J. S. Ljalikow, Saw. Lab. 7 (38) 24—29 (russ.), C. 39 I 1209.

Best. eines edleren Stoffes neben größeren Mengen von weniger edlen durch Kompensation des Sättigungsstroms letzterer. (Ni u. Mn neben viel Cu, in ammoniakal. Tartratlsg.)

11. J. Boeke u. H. van Suchtelen, Z. Elektroch. 45. (39) 753—756. — Philips Techn. Rundschau 4 (39) 243—49. C. 39 II 3604.

Es werden zwei Methoden angegeben, die es gestatten, das Halbstufenpot. direkt aufzusuchen, u. zwar mit Hilfe einer der variablen Gleichspannung überlagerten, kleinen Wechselspannung: Das Erreichen der Abscheidungsspannung kann sichtbar gemacht werden durch die Schleifenfigur eines Kathodenstrahloszillographen oder durch ein Abstimmkreuz.

12. S. A. Pletenew u. W. N. Rosow, Saw. Lab. 8 (39) 111—113 (russ.), C. 40 II 3673.

Beschreibung einer polarometrischen Anordnung zur dauernden Verfolgung des Cd-Gehaltes in elektolyt. Zinkbädern.

13. J. J. Lingane u. H. A. Laitinen, Ind. and engin. Chem., Analyt. Ed. 11 (39) 504. C. 40 I 2202.

Es werden H-förmige Gefäße verwendet: In einem Schenkel befindet sich die Lsg. u. die Tropfelektrode, im anderen eine Normalelektrode, dazwischen ein Glasdiaphragma.

14. R. Vanossi, Bull. Soc. chim. France (5) 6 (39) 817—23 (franz.), C. 39 II 1130.

Anwendung einer äußeren, nicht polarisierbaren Elektrode [Kalomel- oder Ag/AgCl-Elektrode] statt der Hg-Bodenelektrode.

15. P. Sherrick, Metal Ind. (New York) 37 (39) 565—70. C. 40 II 2511.

Beschreibung des Mikropolarographen von Nejedlý, Prag. Hinweise über die Anwendbarkeit der polarograph. Analyse in der Plattierindustrie.

16. Cambridge Instrument Co., J. sci. Instr. 16 (39) 358—59. C. 40 I 605.

Kurze Beschreibung eines von der Firma hergestellten Polarographen Alle Teile, auch das Galvanometer, sind in einen Kasten eingebaut.

17. F. Lieneweg, Chem. Fabrik 13 (40) 213—17. C. 41 I 2833.

Es wird vorgeschlagen, einen Tintenschreiber zu benutzen.

Direkte Registrierung der Stufenhöhe durch eine Differenzschaltung mit zwei Tropfelektroden (u. einer Bodenelektrode), an die konstante Spannungen angelegt werden, die eine kleiner, die andere größer als das Reduktionspotential.

18. J. J. Lingane u. H. Kerlinger, Ind. engin. Chem., Analyt. Ed. 12 (40) 750—52. C. 42 II 1606.

Anwendung eines Kondensators zur Verminderung der Galvanometerschwingungen.

19. M. Prytz u. Th. Østerud, Tidsskr. Kjemi, Bergw., Met. 1 (41) 27—31. C. 41 II 3220.

Versuche mit der Anordnung von [B 11].

20. F. J. Taboury, C. r. 208 (39) 887—89 (franz.), C. 40 II 178.

Unters. mit kleinen, in Glas eingeschmolzenen, polierten Pt-Kathoden (gegen große Pt-Anode).

21. H. A. Laitinen u. I. M. Kolthoff, Suomen Kemistilehti 13 (40) B 4—B 8. C. 40 II 1993; Nature 144 (39) 549; J. phys. Chem. 45 (41) 1061—79 (engl.), C. 42 I 2504.

Unters. des Diff.-Stromes an Pt-Mikroelektroden, s. § 32.

22. I. M. Kolthoff u. H. A. Laitinen, Science 92 (40) 152—54. C. 41 I 671. — J. phys. Chem. 45 (41) 1079—93. C. 42 I 2504.

Unters. mit einer rotierenden Pt-Elektrode u. mit einer Pt-Mikroelektrode. Best. von O_2, Br_2, Ag^+, $Fe(CN)_6^{4-}$, s. § 32a. Über Titrationen mit der rot. Pt-Elektrode s. Kap. IV.

23. E. Weinig, Chem. Fabrik 14 (41) 363 (dtsch.), C. 42 II 1943.

Es wird ein **Zerstäubergefäß** angegeben, das eine sehr schnelle Entlüftung der Probelösung ermöglicht, s. § 6b u. Fig. 28.

24. Leeds u. Northrup Company, Rev. sci. Instruments 12 (41) 107.

Kurze Beschreibung eines Polarographen mit **Tintenschreiber.**

25. R. H. Müller, Ind. engin. Chem., Analyt. Ed. 13 (41) 738.

Beschreibung des „Elektrochemographen".

26a. A. M. Sanko, B. A. Geller u. F. A. Manussowa, Saw. Lab. 10 (41) 458—61 (russ.), C. 43 I 426.

Es wird vorgeschlagen, den Eichfaktor aus den Eigenschaften der Kapillare zu berechnen. Vgl. [B 51].

26b. A. Kuntze, Chem. Fabrik 14 (41) 372—77. C. 42 I 900. Chem. Fabrik 16 (43) 213—18.

Besprechung von Kompensatoren und Gleichstromverstärkern zur Betätigung von **Tintenschreibern.**

27. A. Dravnieks u. M. Straumanis, Z. anal. Ch. 124 (42) 31—34 (dtsch.), C. 42 II 1606.

Angabe einer einfach herstellbaren Tropfelektrode mit Hebevorrichtung und aus Glasrohr herstellbarer kleiner Elektrolysengefäße.

28. G. Semerano u. L. Riccoboni, Gazz. 72 (42) 297 bis 304 (ital.), C. 42 II 2395.

Differentialpolarographie mit zwei Tropfelektroden, s. § 7b.

29. I. M. Kolthoff, Ind. engin. Chem., Anal. Ed. 14 (42) 195—200. C. 43 II 1902.

Besprechung einiger Erfordernisse für **genaue polar. Bestimmungen**: Messung des Grenzstromes gegen den Reststrom, der Potentiale gegen die Standard-Kalomelelektrode; Ausschluß von O_2; Zusatz von Gelatine.

30. R. C. Mc Reynolds, Ind. engin. Chem., Anal. Ed. 14 (42) 586—87.

Beschreibung einer **Tropfelektrode.**

31a. J. J. Lingane, Ind. engin. Chem., Anal. Ed. 14 (42) 655.

Zur **Kalibrierung der Tropfelektfode** wird vorgeschlagen, die Hg-Ausflußgeschwindigkeit m durch eine Volumen-Messung mit einer Mikrobürette zu bestimmen.

31b. L. W. Hettich, D.R.P. 723, 185. 11. Juni 1942.

Die Anwendung einer **strömenden** Hg-Elektrode wird vorgeschlagen.

32. H. Hohn, Metall u. Erz 40 (**43**) 197—204.

Mit einem lichtelektrischen Gleichstromverstärker (Schaltung nach L. Merz) lassen sich die polarogr. Ströme so verstärken, daß ein robuster **Tintenschreiber** betrieben werden kann. Es wird eine Empfindlichkeit von 1 mm Ausschlag für $2{,}5 \cdot 10^{-9}$ Amp. erreicht. Ein derartiger Apparat ist in der Duisburger Kupferhütte aufgebaut worden.

33. J. P. Baumberger u. K. Bardwell, Ind. engin. Chem., Anal. Ed. 15 (**43**) 639—41.

Es wird vorgeschlagen, eine **Wasserstoffelektrode** als Gegenelektrode zu benutzen, da deren Potential durch das p_H der Füllung beliebig eingestellt werden kann.

34. D. N. Hume u. W. E. Harris, Ind. engin. Chem., Anal. Ed. 15 (**43**) 465.

Eine bequeme **Salzbrücke** geringen Widerstandes zum Verbinden von Elektrolysengefäß und Kalomelelektrode wird beschrieben: Weiter, mit gesätt. KCl-Lsg. gefüllter Gummischlauch; am Ende Glasrohr mit Agar-KCl-Pfropfen.

35. S. J. Sinjakowa, Trudy ws. Konf. anal. Chim. 2 (**43**) 529—50. — S. D. Miller, daselbst S. 551—58.

Die Anwendung **fester Elektroden** in der Polar.

36. Ch. Mac Aleavy, F. P. 886 848. C. 44 II 250.

Der Gleichspannung wird eine Wechselspannung überlagert. Der **Wechselstrom** wird gemessen. Das Verfahren ermöglicht auch eine quantitative Analyse.

37. G. Roderburg, Dissert. Bonn **1944**.

Unters. mit der **rotierenden Pt-Elektrode**, s. § 32a.

38. M. A. Fill u. J. T. Stock, Trans. Farady Soc. 40 (**44**) 502—04.

Zur **Dämpfung der Galv.-Schwingungen** mit einem Kondensator muß der Wid. des Stromkreises genügend groß sein, damit der Kondensator genügend aufgeladen wird. Es wird vorgeschlagen, nötigenfalls einen variablen Zusatzwid. von 0 bis 5000 Ohm einzubauen.

39. O. H. Müller, J. Am. chem. Soc. 66 (44) 1019—23.

Charakterisierung von Kapillaren durch ihren Öffnungsdurchmesser u. den für bestimmte Fließgeschwind. notwendigen Hg-Druck. Messung des „Rückdruckes" durch σ. Beobachtung über Anhaften [vgl. C 70].

40. J. J. Lingane, Ind. engin. Chem., Anal. Ed. 16 (44) 329—30.

Es wird eine um die Tropfkapillare gewickelte, schwach elektrolytisch **chlorierte Silberdrahtanode** empfohlen (nicht brauchbar in NH_3- u. KCN-Lsgg.). Ferner wird eine Vorrichtung zur automat. Best. der Hg-Fließgeschwindigkeit m vorgeschlagen: Niveaurohr mit elektr. Kontakten u. Stoppuhr.

41. E. A. Kanewski, Sh. prikladn. Chim. 17 (44) 514—19 (russ.).

Die **Differentialmethode** der polar. Analyse.

42. F. Buckley u. J. K. Taylor, Trans. electrochem. Soc. 87 (45) 463—78.

Einige Faktoren, die die Genauigkeit polarogr. Analysen beeinflussen.

43a. P. W. West u. E. S. Amis, Science 101 (45) 71—72.

Eine **Mikro-Kalomelelektrode.**

43b. A. Langer, Ind. engin. Chem., Anal. Ed. 17 (45) 454—56.

Beschreibung eines Makro- u. eines **Mikro-Elektrolysengefäßes** mit durch Diaphragma, bzw. durch Schliff getrennter Gegenelektrode.

44. L. Lykken, D. J. Pompeo u. J. R. Weaver, Ind. engin. Chem., Anal. Ed. 17 (45) 724—28. C. (V.Ch.) 47 II 1150.

Ein photoelektrisch **registrierender Polarograph.**

45. J. J. Lingane, Ind. engin. Chem., Anal. Ed. 18 (46) 734—38.

Beschreibung des Mod. XX Polarographen mit Tintenschreiber der Firma Sargent u. Co. (Chicago).

46. W. C. Davies, Analyst 71 (46) 49—52.

Allg. Prinzipien der polar. Analyse.

47. J. Heyrovský, Chem. Listy 40 (46) 22—24 (tschech.).

Die **Differentialmethode** mit strömender Elektrode.

48. J. P. R. Riches, Nature 157 (**46**) 520.
Eine Tropfelektrode.

49. J. P. R. Riches, Nature 157 (**46**) 479.
Grundlösungen.

50. J. V. A. Novák, Coll. 12 (**47**) 238—44 (engl.).
Elektrolysengefäß für Serienuntersuchungen.

51. J. K. Taylor Ind. engin. Chem., Anal. Ed. 19 (**47**) 368—72.
Prüfung von absoluten u. vergleichenden Methoden der polar. Analyse.

53. O. H. Müller, J. Am. chem. Soc. 69 (**47**) 2992—97.
Pt-Mikroelektrode. Statt die Elektrode zu bewegen, strömt der Elektrolyt Stufen von O_2, Fe III/II, Fe II/III, Hydrochinon, Chinon.

54. J. K. Taylor, Analyt. Chem. 19 (**47**) 478—80.
Vorrichtung zum Messen der Stufenhöhen.

55. Th. De Vries u. W. S. Barnhart, Analyt. Chem. 19 (**47**) 934. C. (Ak. V.) 48 II 523.
Vierfache Tropfelektrode zur Erhöhung der Empfindlichkeit.

56. J. Mc Gilvery, R. C. Hawkins u. H. G. Thoder Canad. Research 25 B (**47**) 132.
Mehrfache Tropfelektrode.

57. C. E. Bricker u. N. H. Furman, Analyt. Chem. 20 (**48**) 1123.
Ablehnung der mehrfachen Tropfelektroden.

58. F. L. English, Analyt. Chem. 20 (**48**) 889.
Schutz der Tropfelektrode vor Erschütterungen.

59. K. Goldsmith, J. scientif. Instruments 25 (**48**) 385.
Ein Tropfenzähler auf elektromagnetischer Grundlage.

60. H. Moritz, Metall **1948**, 189—95. C. (Ak. V.) 48 II 995.
Polarogr. Einrichtungen u. Verfahren im Betriebslaboratorium.

C. Theorie. Untersuchung der Vorgänge an der Tropfelektrode

1. J. Heyrovský, Phil. Mag [6] 45 (**23**) 303—15 (engl.), C. 23 III 1926. — Trans. Faraday Soc. 19 (**24**) 692—702 (engl.), C. 24 II 1775; C. r. 179 (**24**) 1044—47, 1267—69 (franz.), C. 25 I 936, 1279.

Abscheidungspot. der **Alkalimetalle.** Daß diese Potentiale viel positiver als die Normalpotentiale sind, wird auf die **Affinität zum Hg** zurückgeführt.

Das **Abscheidungspot**, an der Tropfkath. ist bei Zn, Cd, Pb nur wenig positiver als das Normalpot. — Bei Fe ist das Abscheidungspot. um 0,4 Volt negativer, weil sich ein instabiles ⟨übersättigtes⟩ Amalgam bildet. — Die Pb-Abscheidung wird durch NaOH negativer wegen Komplexbildung.

Empfindlicher Nachweis von edleren Verunreinigungen: Pb u. Cd in Zn. ⟨Da im allg. noch kein Zusatzelektrolyt benutzt wird, geben nur die Verunreinigungen eine Stufe mit Grenzstrom.⟩

2. J. Heyrovský u. B. Souček, C. r. 183 (**26**) 125—28 (franz.), C. 26 II 2043. — Rozpravy II. tř. čes. Akad. 36 (**27**) (tschech.).

Bei der Unters. des Potentials von **Fe-Amalgam** wird festgestellt, daß es kurz nach der Herstellung ($^1/_{20}$ Sek.) ebenso negativ ist wie das polarograph. Abscheidungspot. des Fe; daraus folgt, daß sich ein instabiles, übersättigtes Amalgam bildet.

3a. J. Heyrovský, Rec. Trav. chim. Pays-Bas 44 (**25**) 499—502 (engl.), C. 25 II 1258. Trans. Faraday Soc. 19 (**24**) 785—89 (engl.), C. 24 II 437.

Eine neue **Theorie** der Wasserstoffüberspannung· Da sich E_{tg} mit der H^+-Konz. etwa so stark verschiebt, wie für einen e i n wertigen Entladungsprozeß anzunehmen wäre, so wird als Rk.-Schema angenommen $H^+ + 2\ominus \rightarrow H^-$; $H^- + H^+ \rightarrow H_2$.

3b. P. Herasymenko, Rec. Trav. chim. Pays-Bas 44 (**25**) 503—13 (engl.), C. 25 II 1259.

Exper. Unters. zu der vorstehenden Arbeit. E_{tg} der H-Stufe wird mit verschied. Säuren bei verschied. Konz. bestimmt.

4. P. Herasymenko, Z. Elektroch. 34 (**28**) 129—36 (dtsch.), C. 28 I 2580.

Unters. der Form der H-Stufe u. des Temp.-Einflusses. — Von verschiedenen benutzten Säuren zeigt **Oxalsäure** ein abweichendes Verhalten, was auf deren Red. zu Glyoxylsäure zurückgeführt wird.

5. I. Pines, Coll. 1 (29) 387—91; Chem. News 139 (29) 196 (engl.), C. 30 I 2368.

CdII in KCN-Lsg. wird bei negativeren Pott. abgeschieden als ohne Komplexbildner. Es wird die Komplexformel $Cd(CN)_3^-$ u. die Konstante $1,3 \cdot 10^{-19}$ abgeleitet ⟨unsicher⟩.

6. I. Pines, Coll. 1 (29) 429—42; Chem. News 139 (29) 209, 225 (engl.), C. 30 I 2369.

ZnII in KCN-Lsg. verhält sich ganz anders als CdII. Bei großem KCN-Überschuß keine Zn-Stufe, bei kleinem drei Stufen: — 1,03 V (Red. von Zn^{2+}), — 1,23 V [$Zn(CN)_4^{2-}$], — 1,4 V [$Zn(CN)_5^{3-}$]; nicht reduzierbar $Zn(CN)_6^{4-}$ ⟨Formeln unsicher⟩. Dies zeigt, daß die verschiedenen Zn-CN^--Komplexe sich nur langsam ins Gleichgew. setzen, so daß bei der Red. des einen keine genügend schnelle Nachbildung erfolgt.

7. M. Dobryszycki, Coll. 2 (30) 134—44 (engl.), C. 30 I 3750.

ZnII u. CdII in NH_3-Lsg. Aus der Stufenverschiebung durch NH_3 verschied. Konz. werden ⟨Reversibilität der Red. vorausgesetzt, was bei Zn nicht der Fall ist!⟩ die Formeln $Zn(NH_3)_4^{2+}$ u. $Cd(NH_3)_4^{2+}$ u. die Konstanten $[Me^{2+}] \cdot [NH_3]^4/[Me(NH_3)_4^{2+}]$ 10^{-10} für Zn u. 10^{-7} für Cd abgeleitet.

8. W. Kemula, Coll. 2 (30) 347—61 (engl.), C. 31 I 2177; C. 31 II 2575.

Unters. der $Hg(CN)_2$-Stufe. ⟨Richtige Deutung in [C 31].⟩

9. P. Herasymenko u. J. Šlendyk, Z. phys. Ch. A 149 (30) 123—39 (dtsch.), C. 30 II 2109.

Unters. der Form der H-Stufe, des Einflusses von Zusatzelektrolyt. Erweiterung der Heyrovskyschen Theorie [C 3a]. — Der Kapazitätsstrom.

10. I. Šlendyk, Coll. 3 (31) 385—95 (engl.), C. 32 I 498.

Die Stufen (von Cu^{2+}, Cd^{2+}, Mn^{2+}, H^+) werden höher, wenn der Zusatzelektrolyt (NaCl, $BaCl_2$ usw.) nicht in genügendem Überschuß vorhanden ist. ⟨Richtige Deutung in [C 15].

11. L. Cambi u. G. Devoto, Rend. R. Accad. Naz. 15 (32) 27—29. C. 32 II 984. — G. Devoto u. A. Ratti, Gazz. 62 (32) 887—93. C. 33 I 1094.

Pyridinzusatz (0,3 g/l) macht die Zn^{2+}-Stufe steiler. Die sonst sehr flachen Ni^{2+}- u. Co^{2+}-Stufen werden sehr viel steiler u. zu positiveren Pot. verschoben. In saurer Lsg. kein Einfluß des Pyridins.

Acetophenon verschiebt zu negativeren Pot. Die Cd^{2+}-Stufe in 0,1 m-$(NH_4)_2SO_4$ wird durch Sätt. mit Acetophenon ganz unterdrückt, wohl weil dies die Hg-Oberfl. durch Ads. blockiert.

12. D. Ilkovič, Coll. 4 (**32**) 480—91 (engl.), C. 33 I 3423.

H-Stufe u. H_2O-Elektrolyse. Reine 10^{-3} n-HCl (Quarzgefäß) gibt eine H-Stufe mit E_{tg} — 1,74 V, deren Sättigungsstrom bei — 2,12 V (korr. für den Pot.-Abfall in der Lsg.) in einen linearen Anstieg infolge Wasserelektrolyse umbiegt. Zusatz von 10^{-6} n-KCl erniedrigt die H-Stufe auf fast $^1/_2$ u. verschiebt den Beginn der H_2O-Zers. um 0,4 V zu negativeren Pott. Alkaliionen erhöhen also die Übersp., ebenso Sr^{2+} u. Ba^{2+}; ohne Einfluß sind Hg_2^{2+}, Zn^{2+}, Al^{3+}; zu pos. Pot. verschieben Ag^+, Cu^{2+}, Cd^{2+}, Ni^{2+}.

Eine reine Lsg. von 10^{-3} n-KCl oder KOH zeigt erst die K-Stufe u. dann bei — 2,63 V den Beginn des linearen Anstiegs der H_2O-Elektrolyse.

Elektrolytwiderstand (ϱ) **am Tropfen.** In 10^{-3} n-KCl ist ϱ (Mittel) = 23 500 Ohm; am Ende der Tropfzeit ist ϱ = 17 600 = $^3/_4$ ϱ (Mittel). Messung von ϱ: a) direkt, b) aus Steilheit des Anstiegs zum O_2-Max., c) mit schnellschwing. Galv.

Mit wachsender angelegter Spannung wächst ϱ (wegen Verarmung der Diff.-Schicht an Ionen), dagegen nimmt die **Grenzflächenspannung** σ des Hg-Tropfens nur bis zum Abscheidungspot. des K^+ ab u. bleibt dann konst. In $(CH_3)_4NCl$-Lsg. sinkt aber σ weiter u. wird bei etwa — 3,5 V Null, die Tropfelektrode sprüht. Dies Verschwinden von σ ist auch an einer ruhenden Hg-Kathode zu beobachten.

13. J. Heyrovský, Actualités scientif. et industr. No. 90, Paris **1934** (Buch, 52 S.) (engl.), C. 34 I 2727.

Zus. Darst. der **Theorie** der **Überspannung** u. der **Maxima** ⟨„Adsorptionstheorie"⟩.

14. W. Kemula, Kongress Madrid II (**34**) 297—303. C. 37 I 536.

Entdeckung der „**Exaltation**" [vgl. C 15].

15. J. Heyrovský, Arhiv za Hem. i. Farm. 8 (**34**) 11—17 (tschech.). ⟨Ausführlich referiert in [C 16].⟩ C. 35 I 1831.

Quantitative **Theorie der Grenzstrom-Erhöhung, welche bei Mangel an Zusatzelektrolyt** [vgl. C 10] eintritt, weil zu der Diffusion noch die Wanderung im Potentialgefälle hinzutritt (bei Anionen daher Erniedrigung des Grenzstromes), u. Theorie der weiteren Erhöhung, der „**Exaltation**" [C 14], die bei Zusatz vorher reduzierbarer Nichtelektrolyte eintritt, weil durch die erhöhte Stromstärke das Pot.-Gefälle erhöht wird. (Vgl. § 40 u. [C 47]).

16. D. I l k o v i č , Coll. 6 (**34**) 498—513 (engl.), C. 35 I 3447.

1. Referat von [C 15].

2. **Ableitung der Gl. für den Diff.-Strom** (s. § 37, Gl. (13)) u. exper. Prüfung dieser.

Ableitung der Gl. für die gesamte polar. Stufe (s. § 34, Gl. (3)).

17. J. H e y r o v s k ý u. D. I l k o v i č , Coll. 7 (**35**) 198—214 (engl.), C. 35 II 2239. Desgl. (tschech.) s. C. 36 I 2708.

Die Bedeutung des **Halbstufenpotentials** ⟨$E^{1/2}$⟩ wird herausgestellt. Bei Red. zu lösl. Produkten ist $E^{1/2}$ = Redox-Normalpot. Bei Red. zu Metall spielt die Affinität zu Hg eine Rolle. — Der Einfluß einer Komplexbildg. wird berechnet. — Auch für irreversible Reaktionen wird abgeleitet, daß $E^{1/2}$ unabhängig von der Konz. ist.

18. G. S e m e r a n o , Gazz. 65 (**35**) 289—98 (ital.), C. 36 I 968.

Exper. Unters. der Abhängigkeit der Stufenhöhe von der Tropfgeschwind. u. Tropfengröße.

19. V. M a j e r , Coll. 7 (**35**) 146—57 (engl.), C. 36 I 291.

Wegen der für Mikrobest. erforderlichen **kleinen Anoden** wird untersucht, wie sich Hg-Anoden von 15 cm², 15 mm² u. 1,5 mm² verhalten. Die Stufenhöhe bleibt unverändert (wenn nicht Verarmung des reduzierbaren Stoffes bei sehr kl. Lösungsvol. eintritt). Die E_{tg} werden aber bei kl. Anoden verschoben sowohl wegen des erhöhten Wid., als auch vor allem wegen der **Polarisation** der Anode [vgl. C 33].

20. V. M a j e r , Coll. 7 (**35**) 215—27 (engl.), C. 36 I 291.

Vgl. das vorige Ref. — Enthält der Elektrolyt Ionen, die mit Hg schwerlösl. Salze bilden (Cl^-, Br^-, SO_3^{2-}), so tritt **eine Passivierung kleiner Anoden** ein: Die beginnende Stufe des Polarogramms sinkt auf eine Stromstärke zurück, die einem Wid. von etwa 10^6 Ohm entspricht; hierbei trübt sich die Anodenoberfläche; diese bedeckt sich also mit einer plötzlich aus übersätt. Lsg. ausfallenden Salzschicht. Die Dicke der HgCl-Schicht ergibt sich zu 146 Å.

21. J. H e y r o v s k ý , Chem. Listy 29 (**35**) 295—99 (tschech.), C. 36 II 1686.

Überspannung des schweren Wasserstoffs an der Tropfkathode.

22. J. H e y r o v s k ý u. O. H. M ü l l e r , Coll. 7 (**35**) 281—87 (engl.), C. 36 II 945.

In leichtem u. schwerem Wasser u. Mischungen dieser werden die H bzw. D-Stufen sowie die K- u. O_2-Stufen untersucht. Die D-Stufe liegt negativer als die H-Stufe.

23. O. H. M ü l l e r , Coll. 7 (**35**) 321—25 (engl.), C. 36 II 1685

Katalyt. Wasserstoffstufen in D_2O sind abgeschwächt. Dies wird bei der durch Cystin + Co^{2+} als auch bei der durch Mg^{2+} oder Ca^{2+} hervorgerufenen Stufe beobachtet.

24. D. MacGillavry, Trans. Faraday Soc. 32 (**36**) 1447—50.

Polarogr. Unters. von Lsgg. in **wasserfreiem Eisessig** ergeben ganz andere Verhältnisse als in Wasser. Mit Cu- u. Cd-Acetat nur linearer Anstieg ⟨vgl. [C 69]⟩.

25. D. Ilkovič, Coll. 8 (**36**) 170—77 (engl.), C. 37 II 2138.

Best. der **Polarisationskapazität** der Hg-Oberfl. in 0,1 n-KCl.

26. J. Heyrovský u. M. Bureš, Coll. 8 (**36**) 446—54 (engl.), C. 37 II 937.

Stufe von 10^{-3} n-NaCl ohne Zusatzelektrolyt mit u. ohne O_2: **Exaltation.**

27. W. Kemula u. M. Michalski, Roczniki Chem. 16 (**36**) 533—41 (poln.), C. 37 I 4747.

Exaltation. Auch Erniedrigung der H-Stufe durch eine vorausgehende O_2-Stufe durch die bei der O_2-Red. entstehenden OH^--Ionen.

28. J. Maas, Acta brev. Neerl. Physiol. 7 (**37**) Nr. 8—10 (engl.), C. 39 I 4888. — Dissert. Amsterdam 1937 (holl.). — Coll. 10 (**38**) 42—53 (engl.), C. 38 II 1546.

Unters. der **Stufenhöhe** in Abhäng. von der Tropfzeit u. des Kapillarendurchm. Die Ergebnisse entsprechen der Formel von Ilkovič [C 16].

29. D. MacGillavry u. E. K. Rideal, Rec. Trav. chim. Pays-Bas 56 (**37**) 1013—21, 1039—46. C. 38 I 30, 1316.

Ableitung der Gl. von Ilkovič [C 16] für den **Diffusionsstrom.**

Ableitung der Gl. für den Wert des Grenzstromes beim Fehlen eines Zusatzelektrolyten ⟨Ergebnis wie [C 15]⟩.

30. J. Tomeš, Coll. 9 (**37**) 12—21 (engl.), C. 37 II 937.

Die Formel von Ilkovič [C 16] für die **Stufenform** wird bestätigt an 10^{-4}- bis 10^{-2} n-Lsgg.: von Tl^+, Pb^{2+}, Cd^{2+}, In^{3+}.

31. J. Tomeš, Coll. 9 (**37**) 81—103 (engl.), C. 38 II 1544.

Theoret. Ableitung u. exper. Unters. der polarogr. Stufe der **$Hg(CN)_2$-Red.** Die Stufe ist nicht symmetrisch; $E_{1/2}$ ist abhängig von der $Hg(CN)_2$-Konz. u. dem p_H; Cd^{2+}-Zusatz verschiebt sie zu positiveren Werten. Andererseits wird die Cd-Stufe durch $Hg(CN)_2$ in eine Doppelstufe zerlegt.

32. O. H. Müller u. J. P. Baumberger, Trans. Am. electrochem. Soc. 71 (**37**) 169—94 (engl.), C. 37 II 3044.

Oxydations-Reduktionspotentiale.

Die Tropfelektrode wird zu Pot.-Messungen nach der **Kompensationsmeth.** benutzt ⟨vgl. [C 59]⟩.

Polarogramme mit Chinon, Chinhydron bzw. Hydrochinon ergeben **Stufen über, in der Mitte, bzw. unter der Galv.-Nullinie** ⟨vgl. Fig. 12⟩.

Für 2,6-Dichloro- (bzw. Dibromo-) phenol-indophenol u. deren Leukoformen ergeben sich die Redoxpott. in guter Übereinst. mit Clarks Angaben.

33. V. Majer, Coll. 9 (**37**) 360—76 (engl.), C. 38 II 1545.

Polarisation der Anode. Vgl. [C 19, 20]. Bei Anoden von 10 mm^2 Oberfläche steigt in Sulfat- oder Nitratlsg. die Polarisation bis auf 0,5 Volt, bei großen Anoden auf einige 10 mV.

34. V. Majer, Coll. 9 (**37**) 457—64 (engl.), C. 38 II 2706.

Sind **Anode und Kathode Tropfelektroden,** so polarisieren sie sich im allg. beide. Die gefundenen Polarisationen werden gedeutet. — Eine Tropfanode in Chloridlsg. behält stets das Pot. einer Kalomelelektrode.

35. J. Tomeš, Coll. 9 (**37**) 150—67 (engl.), C. 38 II 1545.

H-Stufe starker u. schwacher Säuren. Stufenform u. $E_{1/2}$ werden genau untersucht: bei Änderung der Konz., verschied. Zusatzel., bei schwachen Säuren auch unter Zusatz ihrer Salze. — Theoret. Behandlung der Erscheinungen.

36. J. Novák, Coll. 9 (**37**) 207—35 (engl.), C. 38 II 1545.

Wasserstoffüberspannung in leichtem u. schwerem Wasser. 10^{-3} n-DCl in D_2O + 0,1 n-KCl hat bei 20° ein um 87 mV negativeres $E_{1/2}$ als die entsprechende H-Stufe in H_2O. Auch H_2O—D_2O-Mischungen u. der Temperatureinfluß sowie die Form u. $E_{1/2}$ der Stufen werden untersucht, ferner die Red. von Maleinsäure, O_2 u. die katalyt. Wirkung von Hämin auf die zweite O_2-Stufe in H_2O u. D_2O.

37. J. Heyrovský, Coll. 9 (**37**) 273—301, 345—59. C. 38 II 1545. — Chem. Listy 31 (**37**) 440—47 (tschech.), C. 39 II 338.

Theorie zu den Unterss. [C 36]. ⟨Kritik dieser Theorie: A. Frumkin, C. 37 I 4076.⟩

38. O. Jessin, M. Loschkarew u. K. Ssofisski Sh. fis. Chim. 10 (**37**) 132—44 (russ.). — Acta phys. chim URSS 7 (**37**) 433—50 (engl.), C. 38 II 1376.

Stromspannungskurven von Na^+ u. K^+ an der Tropfkathode beweisen, daß die Diffusion der Alkalimetalle im Hg an der Polarisation beteiligt ist.

39. J. A. Kanewski, Sh. obschtsch. Chim. 8 (38) 1670—76 (russ.) C. 40 I 2681.

Die Steilheit der Stufen ist fast immer geringer, als der Wertigkeit ν des Vorganges entspricht.

40. M. Loschkarew u. O. Jessin, Sh. obschtsch. Chim. 8 (38) 510—18 (russ.), C. 39 I 2154.

Es wird nachgewiesen, daß die Kationen von NH_4Cl, NH_3CH_3Cl, $NH_2(CH_3)_2Cl$ reversibel unter Amalgambildung ⟨auch bei den beiden letztgenannten ?⟩ an der Hg-Tropfkathode entladen werden.

41. D. Ilkovič, J. Chim. phys. 35 (38) 129—35 (franz.), C. 38 II 2239.

Vollständige math. Ableitung der Formel für die Diffusionsstromstärke [vgl. C 16].

42. D. Ilkovič, Coll. 10 (38) 249—52 (engl.), C. 38 II 2707.

Theoret. Ableitung des Temp.-Koeff. der Stufenhöhe.

43. D. MacGillavry, Rec. Trav. chim. Pays-Bas 57 (38) 33—40 (engl.), C. 38 I 4291. Forts. von [C 29].

Weitere Rechnungen zur Theorie der Grenzströme.

44. W. Kemula, Kongreß Rom II (38) 282—91 (dtsch.), C. 40 I 184.

Exper. Unters. der Grenzströme in Abhängigkeit von der Konz. (steigen stärker als prop. der Konz.) u. der Hg-Menge (Übereinst. mit der Formel von Ilkovič).

45. J. Heyrovský, Chem. Reviews 24 (39) 125—34 (engl.), C. 39 II 2512.

Überblick über H^+- u. D^+-Abscheidung an der Tropfkathode.

46. J. J. Lingane u. I. M. Kolthoff, J. Am. chem. Soc. 61 (39) 825—34 (engl.), C. 40 I 835.

a) Beschreibung einer **Apparatur** ohne automat. Kurvenaufnahme. Tropfelektrode mit Druckluftkissen. Tropfensammel u. Wägevorrichtung.

b) **Exper. Prüfg. der Gl. von Ilkovič** für den Diff.-Strom: etwa 10^{-3} n-Lsgg. in 0,1 n-KCl; Genauigkeit $\pm$ 1%; berechnete minus beob. Stromstärke in %: Tl^+ + 0,7, IO_3^- — 0,4, Pb^{2+} — 1,3, Zn^{2+} — 5,2, Cd^{2+} — 8,0, $Fe(CN)_6^{3-}$ + 8,3.

47. J. J. Lingane u. I. M. Kolthoff, J. Am. chem. Soc. 61 (39) 1045—51 (engl.), C. 40 I 3897.

Die Gl. von Heyrovsky [C 15] über die Beziehung zwischen dem **Sätt.-Strom ohne** (i_0) **u. mit überschüssig. Zusatzelektrolyt** (i_d) wird verbessert, indem berücksichtigt wird, daß der Diff.-Koeff. eines Kations (Anions) bei fehlendem Zusatzel. durch den Diff.-Koeff. des Anions (Kations) beeinflußt wird. Versuche zeigen, daß hierdurch eine bessere Übereinstimmung zw. Theorie u. Exp. erreicht wird.

Theoret. u. exper. Unters. der „**Exaltation**" vgl. [A 16].

48. J. J. Lingane, J. Am. chem. Soc. 61 (39) 976—77. C 40 I 836.

Mit tropfenden **Cd-Amalgam-Elektroden** werden anodische Stufen erhalten. Diese zeigen ein Maximum, das mit Methylrot unterdrückt werden kann.

49. J. J. Lingane, J. Am. chem. Soc. 61 (39) 2099—2103, 3605. C. 39 II 3675.

Vergleich von $E_{1/2}$ **u. Norm.-Pot.** für einige Metallionen. — Unters. der Verschiebung von $E_{1/2}$ in konz. Leitsalz.

50. O. Jessin, Sh. fis. Chim. 14 (40) 731—39 (russ.), C. 41 I 2776.

Die Red. von TiIV in H_2SO_4-Lsg. ergibt zwei Stufen, die den Redd. TiIV/III u. TiIII/II entsprechen. Beide Stufen sind irreversibel.

51. M. Loschkarew, O. Jessin u. W. Ssotinkowa, Sh. obschtsch. Chim. 9 (39) 1412—22 (russ.), C. 41 I 2506. — Acta phys. chim. URSS 10 (39) 513—28. C. 39 II 1265.

Hg- u. Sn-Amalgam-Tropfelektrode in SnII-Lsg.

52. J. Heyrovský u. M. Kalousek, Coll. 11 (39) 464—73 (engl.), C. 40 II 178, 1258. — Chem. Listy 34 (40) 47—51 (tschech.).

Es werden **Polarogramme mit Amalgamen in der Tropfelektrode** aufgenommen: Pb-, Cu-, Cd- u. Zn-Amalgam (0,005%). In reiner Zusatzel.-Lsg. wird eine anodische Stufe erhalten. Komplexbildner in der Lsg. verschieben die Stufe.

53. I. M. Kolthoff u. C. S. Miller, J. Am. chem. Soc. 62 (40) 2171—74. C. 40 II 2865.

Polarogramme von Mischungen von $O_2 + S^{2-}_2$ oder $O_2 + CN^-$ oder Chinon + CN^- zeigen die Erscheinung der „**gemischten Potentiale**" ⟨vgl. § 43 Figg. 111 u. 112⟩.

54. O. H. Müller, Ann. New York Acad. Sci. 11 (40) 91—110.

Unters. von α-Oxyphenazin u. Methylviologen. Diskussion der Frage einer **Semichinonbildung**.

55. M. v. Stackelberg u. H. v. Freyhold, Z. Elektroch. 46 (40) 120—29. C. 40 I 3898.

Zusammenfassende **Theorie** der polarogr. Stufe im Falle einer Bindung der an der Tropfelektrode reagierenden Stoffe durch Lösungsgenossen (auch des H^+-Ions).

Exper. Unterss.: Die Red. des **Zinkat**-Komplexes $Zn(OH)_4^{2-}$ u. des **Zn-Oxalat**-Komplexes erweisen sich als irreversibel. — Reversibel sind $Fe^{III}(C_2O_4)_3^{3-} \rightleftharpoons Fe^{II}(C_2O_4)_3^{4-}$ (— 0,28 V) und $Fe^{III}F_6^{3-} \rightleftharpoons Fe^{II}F_6^{4-}$ (— 1,40 V).

Cu^{II}- u. Cu^{I} —NH_3-Komplexe. CuII in NH_3-Lsgg. gibt z w e i Stufen (II/I, I/0), deren Lage in Abhängigkeit von der NH_3-Konz. den bekannten Komplexformeln u. Konstanten entspricht.

Cu^{II}- u. Cu^{I} —Cl^--Komplexe. CuII gibt in nicht zu verdünnten Chloridlsgg. ebenfalls z w e i Stufen. Bei $[Cl^-] > 0{,}1$ n wird die CuII/I-Stufe durch die Oxydationswelle des Hg (→ HgCl) abgeschnitten.

56. J. J. Lingane, Chem. Rev. 29 (41) 1—35. C. 42 I 1664

Unters. der polarogr. Stufen komplex gebundener Metallionen. Math. Behandlung.

Exper. Unters.: Der **Plumbit**-Komplex wird reversibel reduziert; $E_{1/2} =$ — 0,79 V in 1 n-NaOH, — 0,63 V in 0,01 n-NaOH. Er hat die Formel $Pb(OH)_3^-$ bzw. $HPbO_2^-$).

Die **FeIII/II-Red. in Oxalat** liegt nur bei mehr als 0,15 m-Oxalat bei — 0,28 V ⟨s. [C 55]⟩. Bei geringerer Oxalat Konz. verschiebt sich $E_{1/2}$ zu positiveren Werten; hier erfolgt die Red. nach. $(Fe^{III})(C_2O_4)_3^{3-} + \ominus = Fe^{II}(C_2O_4)_2^{2-} + C_2O_4^{2-}$.

Beim Vergleich verschiedener **Puffer** erweist sich, daß Phosphat-, Citrat-, Phthalat-, Acetat- (u. NH_3—NH_4Cl-) Puffer trägheitslos wirken; Carbonatpuffer dagegen, wie zu erwarten, nicht genügend schnell.

57. R. Brdička, Z. Elektroch. 47 (41) 314—26, dazu Berichtigungen: Z. Elektroch. 48 (42) 693 (dtsch.), C. 41 II 872.

Genaue math. Analyse der Stufenform (Doppelstufe) für reversible Vorgänge an der Tropfelektrode, bei denen sich ein Zwischenprodukt (Semichinon) zwischen O und R bildet. Gleichungen für die Best. der Konst. der **Semichinonbildung** u. der Dimerenbildung aus polarograph. Kurven.

58. O. H. Müller, J. Am. chem. Soc. 62 (40) 2434—41. C. 41 I 340.

Es werden Polarogramme von Chinhydron in gut, schlecht u. nicht gepufferten Lsgg. untersucht. ⟨Die Berechnungen werden von [C 59] zurechtgestellt.⟩ (Vgl. Fig. 32.)

59. I. M. Kolthoff u. E. F. Orlemann, J. Am. chem. Soc. 63 (41) 664—67. C. 41 II 1770.

Die **Tropfelektrode** ist zur p_H-**Messung** nur in gut gepufferten Lsgg. brauchbar. Andernfalls ist eine Korr. anzubringen, weil durch die Mitkompensation des Kapazitätsstromes bei der Potentialmessung OH^--Ionen erzeugt werden.

60. I. M. Kolthoff u. E. F. Orlemann, J. Am. chem. Soc. 63 (41) 2085—88. C. 42 II 2671.

Bei **zwei aufeinanderfolgenden Stufen** muß bei der Best. der Höhe der zweiten Stufe berücksichtigt werden, daß deren Grundstrom (der Grenzstrom der ersten) potentialabhängig ist (wegen der Änderung der Tropfzeit). Hierfür werden Korrekturfaktoren berechnet u. angegeben.

61. J. Heyrovský, Chem. Listy 35 (41) 155—60 (tschech.), C. 42 II 2910.

Anwendung des **Kathodenstrahl-Oszillographen** zur Unters. des Reversibilitätsgrades, von Rkk. an der Tropfelektrode u. zu einer neuartigen polarograph. Analyse [vgl. A 19].

62. A. Walkley, J. Am. chem. Soc. 63 (41) 2278—79. C. 42 II 2672.

Zn^{2+} in 0,1 m-NH_4Cl—0,02 m-KCNS—0,0002% Methylrot (Ni- u. Zn-Stufe sind in dieser Lsg. getrennt) zeigt konzentrationsproportionale Stufenhöhe ($5 \cdot 10^{-5}$- bis $5 \cdot 10^{-3}$ m-Zn), die 9% höher ist als nach Ilkovič [C 16] berechnet. $E_{1/2} = -1{,}06$ V.

63. A. M. Sanko u. B. A. Geller, Sh. fis. Chim. 15 (41) 797 bis 806 (russ.).

Die **Diffusionskoeffizienten** des Cd^{2+}- u. Tl^+-Ions bei Gegenwart verschied. Leitsalze verschied. Konz. werden polarographisch bestimmt.

64. S. K. Tschirkow, Saw. Lab. 10 (41) 453—57. C. 43 I 63.

Abhängigkeit des Pot. der Bodenelektrode von der Zusammensetzung der Lsg.

65. B. Fedoroff, Ann. chim. (11) 16 (41) 158—72 (franz.), C. 43 II 505.

E_{tg} wird für die einfachen Sulfate von Cu, Ni, Co und für die Doppelsulfate $K_2Cu(SO_4)_2$ usw. (bei diesen einige mV negativer) bestimmt, woraus die Aktivitätskoeff. berechnet werden.

66. I. M. Kolthoff u. E. F. Orlemann, J. Am. chem. Soc. 64 (42) 833—38. C. 43 I 1142. — Ind. engin. Chem., Analyt. Ed. 14 (42) 321—23.

In Lsgg., die konzentriert an Leitsalz sind (> 0,5 n), wird die Stufe eines Depolarisators (z. B. Tl^+ oder BrO_3^-) in der Weise erhöht, daß eine bei etwa — 0,9 V beginnende „Stufe" auf dieser aufsitzt. Die aufsitzende Stufe wird einer „anomalen Elektroreduktion des Wassers" („**water wave**") zugeschrieben ⟨ist jedoch nach unserer Ansicht ein „nichtabbrechendes Maximum", vgl. § 42 u. Fig. 110⟩. Sie wird durch Gelatine u. durch langsame Tropfgeschwindigkeit unterdrückt.

67. R. Brdička, Z. Elektroch. 48 (42) 278—88. C. 42 II 866.

Experimentelle u. theoret. Unters. der **Methylenblau-„Vorstufe"** die durch Adsorption des Reduktionsproduktes an der Tropfenoberfläche gedeutet wird; s. § 44 u. Fig. 113.

68. R. Brdička, Z. Elektroch. 48 (42) 686—93 (dtsch.).

Die **Lactoflavin-Vorstufe** [s. E 99] zeigt einen plötzlichen Stromanstieg, was darauf hinweist, daß der Reaktionsmechanismus komplizierter als beim Methylenblau [C 67] ist. Es werden Stromstärke-Zeit-Kurven mit dem Kathodenstrahloscillographen aufgenommen. Deutung: Semichinon u. Leukoform entstehen nebeneinander, jedes der beiden lagert sich langsam in eine adsorbierbare Form um.

69. G. B. Bachmann u. M. J. Astle, J. Am. chem. Soc. 64 (42) 1303—09.

In Eisessig mit 0,25 n-NH_4-Acetat als Leitsalz erhält man brauchbare Stufen nur bei guter Entlüftung. Die Stufen (von z. B. Pb, Cd, Ni, Zn, Co) sind um $^1/_3$ niedriger und um 0,1 bis 0,2 V negativer als in Wasser. Bei — 1,7 V Endanstieg durch H^+-Entladung.

70. I. M. Kolthoff u. G. J. Kahan, J. Am. chem. Soc. 64 (42) 2553—57. C. (Ak.V.) 45 II 7.

Die Best. der Tropfgeschwind. einer Kapillare darf nicht in elektrolytfreiem (oder -armem) Wasser erfolgen, da hierbei ein **Anhaften der Hg-Tropfen** an der Kapillarenbasis eine abnorme (z. B. verdoppelte) Tropfzeit verursacht. Die Erscheinung wird näher untersucht und theoretisch auf elektrokinet. Ladungen zurückgeführt. [Vgl. auch B 39.]

71. I. Zlotowski u. I. M. Kolthoff, J. Am. chem. Soc. 64 (42) 1297—1301.

Form u. Höhe der **Alkalistufen** entsprechen der Ilkovičschen Gl.

72. K. Wiesner, Z. Elektroch. 49 (43) 164—66. C. 43 I 2671.

Die Oxydationsstufe von z. B. Hydrochinon wird erhöht, wenn in der Lsg. mit H_2 beladenes kolloidales Palladium vorhanden ist, weil durch dieses das Hydrochinon aus dem Chinon wieder zurückgebildet wird.

73. K. Bennewitz, Naturwiss. 31 (43) 268—70. C. 43 II 1827.

In einem histor. Überblick wird gezeigt, inwieweit die Grundlagen der Polarographie auf W. Nernst zurückgehen.

74. V. Majer, Chem. Listy 37 (**43**) 202—04 (tschech.), C. 44 I 236.

Charakterist. unregelmäßige Maxima der Polarogramme von Lsgg., die gefälltes $Fe(OH)_3$ oder $Mg(OH)_2$ enthalten, werden als **Depolarisationen** der Tropfelektrode **durch kolloidale Teilchen** gedeutet.

75. W. M. MacNevin u. E. W. Balis, J. Am. chem. Soc. 65 (**43**) 660—65.

Abweichungen der Stufenhöhe von dem nach Ilkovič berechneten Wert werden auf Rührung durch die abfallenden Tropfen zurückgeführt. [Vgl. aber C 77.]

76. J. Heyrovský u. J. Forejt, Z. phys. Ch. 193 (**43**) 77—96.

Oscillographische Polarographie.

77. J. J. Lingane u. B. A. Loveridge, J. Am. chem. Soc. 66 (**44**) 1425—31. C. (Ak. V.) 45 II 458

Genaue Messungen der **Stufenhöhe** i_d (u. des Reststromes) in Abhängigkeit von den Kapillarenkonstanten ergeben, daß $y = i_d / C \cdot m^{2/3} \cdot t^{1/6}$ nicht unabhängig von $x = m^{2/3} \cdot t^{1/6}$ ist. Bei großem x steigt y stark an infolge der Rührwirkung der Tropfen (bei Tropfzeiten < 1 sec). Unerklärt ist das leichte Ansteigen von y auch zu kleinen x-Werten. [Vgl. C 79 c, 81.]

78. L. Holleck, Z. phys. Ch. 194 (**44**) 140—69. C. (V. Ch.) 47 I 397.

Die Reduzierbarkeit des **Nitrations** in Ggw. mehrwert. Kationen wird nicht auf Komplexbildung, sondern auf Ionendeformation zurückgeführt.

79a. R. Brdička, Chem. Listy 38 (**44**) 252—59 (tschech.).

Weiterentwicklung der Theorie der „**Adsorptionsstufen**" [s. C 67, 68]. Als Beispiel werden Polarogramme des Colchicins besprochen.

79b. G. Sartori u. E. Bianchi, Gazz. 74 (**44**) 8—12.

Polarographie in nicht wässerigem Medium: Ketosterine.

79c. S. K. Tschirkow, Sh. obschtsch. Chim. 14 (**44**) 904—13 (russ.).

Einfluß der Tropfgeschwindigkeit auf die Stufenhöhe.

80. F. Buckley u. J. K. Taylor, J. Res. nat. Bur. Standards 34 (**45**) 97—114.

Besprechung der Fehlerquellen der polarograph. Analyse. — Unters. der Stufenüberhöhung durch **nichtabbrechende Maxima** (kritische Tropfgeschwindigkeit).

81. J. J. Lingane u. B. A. Loveridge, J. Am. chem. Soc. 68 (46) 395—97.

Um die Abweichungen, die nach [C 77] bei kleinen x-Werten auftreten, auszugleichen, wird eine **empir. Modifikation der Ilkovic-Gl.** vorgeschlagen: statt $m^{2/3}$ wird $m^{0,64}$ gesetzt.

81b. T. A. Krjukowa, Sh. fis, Chim (russ.) 20 (46) 1179—86. C. (V. Ch.) 47 I 871, Acta Physicochim. URSS 22 (47) 381—91.

Da eine Adsorption am Hg-Tropfen dessen Bewegung beeinflußt und damit die Stufenform verändert, entstehen durch Ad- u. Desorption oberflächenakt. Stoffe (Verunreinigungen), „Pseudowellen".

82. K. Wiesner, Chem. Listy 40 (46) 91—97 (tschech., engl. Zus.), Coll. 12 (47) 594—606 (engl.).

Die Red. u. Oxyd. von Chinon bzw. Hydrochinon sind in **Ggw. von Eosin** nur teilweise reversibel. Dies wird auf die Bildung u. die „zweidimensionale Kristallisation" eines **Adsorptionsfilmes** des Farbstoffes zurückgeführt.

83. J. Heyrovský, Chem. Listy 40 (46) 61—66 (tschech.). — Österr. Chem. Ztg. 48 (47) 24—30 (engl.).

Untersuchung der **Geschwind. u. Reversibilität von Kationenreduktionen mit dem Oszillographen.** Stets reversibel sind einwertige Reduktionen (z. B. $Na^+ \rightleftharpoons Na$, $Fe^{3+} \rightleftharpoons Fe^{2+}$) u. solche zweiwertige Red., bei denen die Zwischenstufe (z. B. Pb^+) keinen Umbau des Atomrumpfes erfordert. Dementsprechend sind irreversibel (verzögert) die Red. von Zn^{2+}, Cu^{2+}, Ni^{2+}, Co^{2+}, Fe^{2+}, Mn^{2+}, Cr^{2+}. Irreversibel sind auch die dreiwert. Red. von Bi^{3+}, Sb^{3+}, In^{3+}, es sei denn, daß Cl^-- oder Br^--Ionen zugegen sind.

Hieraus wird geschlossen, daß bei mehrwertigen Elektrodenreaktionen die Elektronen nicht zu mehreren, sondern einzeln übergehen: $Zn^{2+} \rightarrow Zn^+$; $Zn^+ \rightarrow Zn$, wobei der zweite Schritt meist durch Disproportionierung vollzogen wird: $2\,Zn^+ \rightarrow Zn + Zn^{2+}$.

84. J. Heyrovský, Chem. Listy 40 (46) 229—32 (tschech., engl. Zus.).

Es werden einige weitere Beobachtungen über **verzögerte Elektrodenreaktionen** [vgl. C 83] mitgeteilt, wobei differentielle (dV/dt) Oszillographenkurven benutzt werden.

85. M. Kalousek, Chem. Listy 40 (46) 149—57 (tschech.)

Untersuchung der **Reversibilität** von Elektrodenreaktionen mit diskontinuierlicher Wechselspannung.

86. O. Collenberg u. A. Scholander, Nature 158 (46) 449.

Einfluß des Leitsalzes auf den Diffusionsstrom.

87. C. H. R. Gentry, Nature 157 (46) 479.

In **Äthylenglycol** $CH_2OH \cdot CH_2OH$ mit 0,5% KCl geben Cd, Zn, Tl, CuI, CuII, FeII gute Stufen, deren Halbstufenpot. (gegen Bodenelektrode) identisch mit denen in wässeriger Lösung sind. O_2 gibt eine Doppelstufe. Die Stufenhöhen sind 4,3mal kleiner als in Wasser; sie sind (auch in den Mischungen mit Wasser) prop. $\sqrt{1/\eta}$

88. D. C. Graham, J. Am. chem. Soc. 68 (46) 301—10. C. (V. Ch.) I 495.

Unters. des Einflusses der Frequenz einer Wechselspannung auf die Kapazität u. den Wid. der elektr. Doppelschicht an der Hg-Oberfläche. Bei Anwesenheit von **Oktylalkohol** treten in der C—E-Kurve 2 Maxima auf, die durch plötzliche **Ad- u. Desorption** erklärt werden können.

89. F. Bon, C. r. 222 (46) 286—88. C. (V. Ch.) 47 II 1081

Untersuchungen mit dem Kathodenstrahl-Oszillographen.

90. R. Brdička u. K. Wiesner, Chem. Listy 40 (46) 66—70 (tschech.). — Coll. 12 (47) 138—49 (engl.).

Bei den in [E 175, 190] beschriebenen **Doppelstufen schwacher Säuren** entsprechen die Höhen der beiden Stufen nicht der Gleichgewichtskonz. von undissoziierten Molekeln u. Anionen, denn bei der Red. der Molekeln (HA) werden diese aus den Anionen (A') entsprechend der Geschwindigkeitskonstanten (k) der Rk. A' + H' → HA nachgeliefert. Wenn k nicht zu groß ist, d. h. wenn bei der Dissoziation der Molekel ein Umbau erforderlich ist, entsteht eine Doppelstufe. Es werden Gleichungen abgeleitet, die die Höhen der beiden Stufen in Abhängigkeit von der Dissoziationskonst. der Säure, von k und vom p_H ergeben.

91. K. Wiesner, Chem. Listy 41 (47) 6—8 (tschech.).

Einige Berechnungen zur „effektiven Dicke" der Reaktionsschicht an der Tropfenoberfläche im Sinne von [C 90].

92. J. Heyrovský, F. Šorm u. J. Forejt, Coll. 12 (47) 11—38 (engl.).

Oszillographische Potential-Zeit-Kurven ergeben, daß **oberflächenaktive Stoffe** in ungeladenem Zustand (Pyridin in saurer, Buttersäure in alkal. Lsg.) die Kapazität der Tropfelektrode stark herabsetzen. Dies wird auf die Ausbildung eines **Adsorptionsfilmes** zurückgeführt. Die Filme sind nur innerhalb bestimmter Spannungsbereiche vorhanden. Bei Pyridin (1% in der Lsg.) bricht der Film bei — 1,5 V zusammen, wird aber beim Sinken der Spannung unter diesen Wert momentan wieder aufgebaut. — Die Red. von Kationen wird durch solche Filme mitunter stark behindert.

93. J. P. Gochstein (Hochstein), Sh. analit. Chim. (russ.) 2 (47) 147—52. C. (Ak. V) 48 II 565.

Der Einfluß von Leitsalzen auf die Diffusionskonst. von Cd^{2+} u. Ba^{2+} wird untersucht, um die Möglichkeit der Berechnung der Diffusionsstromkonstanten zu prüfen.

94. J. Heyrovský, Analyst 72 (47) 229—34 (engl.).

„Die Grundgesetze der Polarographie" (Vortrag).

95. B. Keilin, J. Am. chem. Soc. 70 (48) 1984.

Die Erniedrigung der Red.-St. von Farbstoffen durch Albumin wird vermutungsweise auf eine Adsorption des Albumins an der Tropfenoberfläche zurückgeführt.

96. H. A. Laitinen u. C. J. Nyman, J. Am. chem. Soc. 70 (48) 2241—44, 3002—08.

Polarographie in flüss. NH_3 bei — 36° mit Tetraalkylammon-Leitsalz. Die Halbstufenpotentiale (gegen Pb/0,1 n-Pb $(NO_3)_2$) von Li^+ — 1,67, Na^+ — 1,31, K^+ — 1,24, Rb^+ — 1,21, Cs^+ — 1,15 V stimmen mit den für reversible Red. berechneten Werten überein.

Von den Tetraalkylammonsalzen gibt das Methylder. eine Stufe bei etwa —2,5 V infolge Amalgambildung (s. § 16); das Äthylder. eine Andeutung einer Stufe: Die Propyl- u. Butylderivate keine Stufe, sondern einen Endanstieg (bei E_F etwa —2,8 V), der einem Übergang von Elektronen aus der Hg-Kathode („Elektronen-Elektrode") in die Lsg. zuzuschreiben ist. Mit einer Pt-Elektrode erhält man stets nur diesen Endanstieg.

97. H. A. Laitinen et al., J. Am. chem. Soc. 70 (48) 2999—3002.

$(Co(NH_3)_6)Cl_3$. In Sulfat- u. besonders in Tartrat- u. Citratlsg. werden die Co-Stufen negativer und niedriger, wahrscheinlich weil sich diese Anionen in zweiter Sphäre an den Komplex anlagern.

98. H. A. McKenzie, J. Am. chem. Soc. 70 (48) 3147.

Die Stromstärke der Einzeltropfen erweist sich als nicht proportional $t^{1/6}$, sondern etwa $t^{1/3}$. (Vgl. aber [C 94]).

Cm. Maxima

1. N. V. Emelianova u. J. Heyrovský, Bull. Acad. Sc. Bohême 28 (**27**) 182 (tschech.). — Trans. Faraday Soc. 24 (**28**) 257—67 (engl.), C. 28 I 2910.

Die Red.-Stufe von **Ni^{2+}** zeigt ein Maximum, wenn O_2 aus der Lsg. entfernt ist. Außer O_2 ⟨vgl. [Cm 24]⟩ unterdrücken auch Fuchsin u. verschied. Kationen das Max.

2. P. Herasymenko, Trans. Faraday Soc. 24 (**28**) 267—72 (engl.), C. 28 I 2910.

Unters. der Dämpfung des Maximums der ersten Stufe von **Uranylsalzen** [vgl. D 6] durch Fremdelektrolyte.

3. J. Heyrovsky u. R. Šimunek, Bull. Acad. Sc. Bohême 28 (**27**) 38 (tschech.). — Phil. Mag. [7] 7 (**29**) 951—70 (engl.), C. 30 II 3118.

Theorie der Maxima: **Adsorptionstheorie.**

4. P. Herasimenko, J. Heyrovský u. K. Tančakivský (**1928**) (tschech.). — Trans. Faraday Soc. 25 (**29**) 152—60 (engl.), C. 29 I 3075.

Unters. des **Hg**-Max. (an tropfender u. ruhender Hg-Elektrode) bei verschiedener Elektrolytkonz.

5. M. Dillinger, Coll. 1 (**29**) 638—47 (engl.), C. 30 II 880.

Unters. des **$Hg(CN)_2$**-Maximums. „**Maximales Maximum**" für 10^{-3} n-$Hg(CN)_2$ wird bei verschiedenen Zusatzelektrolyten dann erreicht, wenn ihre Konz. der Leitf. von $2{,}5 \cdot 10^{-3}$ n-HCl entspricht; diese Konz. ist im übrigen prop. der $Hg(CN)_2$-Konz.

6. J. Rasch, Coll. 1 (**29**) 560—70 (engl.), C. 30 I 2369.

Unters. des **O_2**-Maximums. „Maximales Max." bei etwa 10^{-3} n-Zusatzelektrolyt. Niedere **Fettsäuren** erhöhen das O_2-Max. ebenfalls, bis ihre Ionenkonz. 10^{-3} erreicht. Höhere Konz. der Fetts. dämpft; nicht ihre Anionen. Dämpfung des Max. auf die Hälfte bei folgenden Konzz.: 0,5 n-Ameisens., 0,24 n-Propions., 0,06 n-Butters., 0,03 n-iso-Valerians., 0,016 n-Valerians., 10^{-5} n-Palmitins. u. Stearins.

7. E. Varasova (Warassowa), Coll. 2 (**30**) 8—30. C. 30 I 3215.

Genaue Unters. des **O_2**-Max. — Bei **Elektrolytkonzz.**, die geringer (größer) sind, als dem max. Max. entspricht, bricht das Max. scharf ab (ist es abgerundet). — Einfluß der Tropfgeschw. (abgerundetes Max bei schnellem Tropfen), der Temp., eines **äußeren Widerstandes** ⟨vgl. [Cm17,30]⟩.— **Dämpfung** durch mehrwertige Anionen, aber auch durch OH^- u. ganz besonders durch CN^-. — Bei weniger Zusatzelektrolyt als dem max. Max. entspricht (z. B. $5 \cdot 10^{-4}$ n-KCl), dämpft KCN ($5 \cdot 10^{-4}$ n) nur den vorderen Teil des Max.

8. W. Kemula, Coll. 2 (**30**) 502—19 (engl.), C. 31 I 3657.

Unters. des **$Hg(CN)_2$**-Max. ⟨Das neg. Abscheidungspot. des Hg wird fälschlich als Überspannung gedeutet.⟩ Unters. der Stromzeitkurve des **einzelnen Tropfens** durch Anwendung eines schnellschwingenden (0,01 Sek.) Galvanometers. Plötzlich angelegte Sp. läßt das Max. auch jenseits des Abbruchpot. erscheinen.

9. J. Heyrovský u. M. Dillinger, Coll. 2 (**30**) 626—38 (engl.), C. 31 I 3657.

Positive u. negative Maxima. Pos. Max. (Tl^+) werden gedämpft durch Anionen: CN^-, OH^-, SO_4^{2-}, saure Farbstoffe, neg. Kolloide. Neg. Max. (Ni^{2+}, Mn^{2+}, Ba^{2+}) durch mehrwertige Kationen. Die Dämpffähigkeit geht parallel mit der Fähigkeit, Kolloide auszuflocken.

10. E. Varasova (Warassowa), Coll. 3 (**31**) 216—22. C. 32 I 30

a) Polarogramme von **Seifenlsgg.** Noch nicht geklärt.

b) Maxima-**Dämpfung**; schon durch 10^{-7} g/cm³ Seife. In sehr verd. Zusatzelektrolytlsg. ($5 \cdot 10^{-7}$ n-KCl) wird das O_2-Max. nur bis zum elektrokap. Nullpot. gedämpft, dann springt die Stromstärke wieder hoch.

11. B. Raymann, Coll. 3 (**31**) 314—27. C. 32 I 30.

Dämpfung des O_2-Max. durch **Farbstoffe.** Orange II (3), Tropäolin (3,8), Methylgrün (4), Methylenblau (5), Methylorange (5), Biebrichs Scharlach (6), Fuchsinbase (6,6), Alizarinrot (7), Pyronin (25), Phenolphthalein (66), Fuchsinsäure (220). In Klammern die molare Konz $\cdot 10^6$, die das O_2-Max. (in 10^{-3} n-KCl) auf die Hälfte dämpft.

12. J. Heyrovský u. Vascautzanu, Coll. 3 (**31**) 418 bis 29. C. 32 I 499.

Ionen, die **beim elektrokap. Nullpot.** (— 0,56 V) reduziert werden, geben **kein Max.**; z. B. Cd^{2+} in Chlorid- u. Sulfatlsg. (in Nitratlsg. ein kl. Max.). Zusatz von NH_3 oder KCN verschiebt das Cd^{2+}-Red.-Pot. auf — 0,7 bzw. — 1,0 V, dementsprechend tritt jetzt ein neg. Max. auf. — Pb^{2+} (red. Pot. — 0,4 V) zeigt ein pos. Max.; in 0,037 n-KOH ist dies verschwunden durch Verschiebung des Red.-Pot. zum Null-Pot.; höhere OH^--Konz. ergibt neg. Max. — Andererseits kann auch das Null-Pot. verschoben werden durch Jodid, Rhodanid, Sulfid um — 0,2 bis — 0,5 V. Daher gibt Cd^{2+} nach Zusatz einer Spur Jodid ein pos. Max. — Weitere Beisp. Maleinsäure, CrIII/II.

13. E. Hamamoto, Coll. 5 (**33**) 427—35 (engl.), C. 34 I 1786.

Dämpfung des O_2-Max. (in 10^{-3} n-KCl) durch **Alkaloide**: Atropin, Chinin, Papaverin, Strychnin, Morphin in $4 \cdot 10^{-6}$- (Atropin) bis $12 \cdot 10^{-6}$ m- (Morphin) Lsg. dämpfen auf die Hälfte.

14. G. Semerano, Arch. Sci. biol. 20 (**34**) 329 (ital.).

Dämpfung des O_2-Max. durch **Adrenalin** u. einige Farbstoffe.

15. A. Frumkin u. B. Bruns, Acta physicochim. URSS 1 (**34**) 232—46 (dtsch.), C. 35 II 1671.

Widerlegung der Heyrovskýschen Theorie der Maxima.

Versuche mit ruhender Hg-Kath. (0,3 cm^2) in $HgNO_3$—HNO_3-Lsg. Die Stromspannungskurve zeigt erst steilen, linearen Anstieg (Kathode unpolarisierbar), wobei **Strömungen** beobachtet werden, die auf Unterschiede in der Grenzflächenspannung zurückgeführt werden; dann plötzlicher Rückgang der Stromstärke (Polarisation). Theoret. Erklärung durch „autokatalyt." Anhäufung von H^+-Ionen in der Doppelschicht an der Kathode. ⟨Vgl. [Cm 22].⟩

16. D. Ilkovič, Coll. 8 (**36**) 13—34 (engl.), C. 37 II 2138.

Ausführl. Theorie der Max. auf Grund der **Adsorptionsstromtheorie**, für den jedoch die Inhomogenität des elektr. Feldes um den Tropfen verantwortlich gemacht wird (nicht das ζ-Pot.). ⟨Ohne Kenntnis der Elektrolytströmungen, daher überholt.⟩

Experimentell: **Oszillogramme einzelner Tropfen**. Beim Max. ist $i = k \cdot t^{1/3}$, beim Diff.-Strom ist $i = k\,t^{1/6}$. (t = Zeit seit Tropfenbeginn.)

17. R. Brdička, Coll. 8 (**36**) 419—33 (engl.), C. 38 I 2321.

An 0,01 n-$HgNO_3$—0,005 n-HNO_3-Lsg. wird das Hg-Max. untersucht: Die Steilheit des Anstiegs entspricht dem Ohmschen Gesetz (Elektrode also unpolarisiert) u. wird demnach durch in den Stromkreis **eingeschaltete Widerstände** herabgesetzt. — Bei sehr hohem Gesamtwid. (10 000 Ohm) erfolgt jedoch ein allmähl. Absinken vom Maximum. Oszillogr. Stromstärke-Zeit-Kurven zeigen, daß hierbei die Stromst. am Anfang jedes Tropfens den normalen Diff.-Betrag hat u. dann auf den erhöhten Max.-Betrag springt.

18. A. Winkel u. H. Siebert, Z. Elektroch. 44 (**38**) 127—32, 402—10. C. 38 II 272, 2707.

Best. von **Elektrokapillarkurven** mit der Tropfelektrode durch Best der Tropfengewichte in Abhängigkeit von der Spannung. Bei Elektrolytkonzz. $< 0{,}01$ n wird unvollst. Einstellung des Adsorptionsgleichgew gefunden.

Es werden an wässerigen Lsgg. von Nitrobenzolen u. -phenolen Polarogramme u. „Elektrokapillarkurven" aufgenommen. ⟨Ohn Kenntnis der Strömungen beim Max.⟩

19. H. J. Antweiler, Z. Elektroch. 43 (37) 596 u. 44 (38) 663. — Angew. Ch. 51 (38) 516. C. 39 I 40.

Kurze Vortragsreferate, vgl. [Cm 20, 21]. Auch mit einer **Galliumtropfelektrode** wurden Strömungen beobachtet.

20. H. J. Antweiler, Z. Elektroch. 44 (38) 719—24. C. 39 I 40.

Methoden zur **Beobachtung der Diffusionsschicht** bei der elektrolytischen Abscheidung. Die Diffusionsschicht am Hg-Tropfen kann sichtbar gemacht werden, da sie (falls eine Abscheidung am Tropfen stattfindet) eine optisch geringe Dichte hat: a) Toeplersche Schlierenmethode, nur für Konz. > 0,1 n brauchbar, b) interferometr. Meth. mit Jaminschen Spiegeln bis 0,02 n; kinematogr. Aufn. möglich. **Nachweis heftiger Strömungen beim Max.** Erhöhte Stromstärke also durch **Rühreffekt** bedingt.

21. H. J. Antweiler, Z. Elektroch. 44 (38) 831—40 (I. Teil) u. 888—908 (II. u. III. Teil). C. 39 I 2570.

Teil I. Einzelne Untersuchungen zur Klärung der **Ursache der Strömung** (Lage der Anode, Richtung der Kapillare u. Form ihrer Spitze, Magnetfeld, Wechselstrom, plötzlich angelegte Spannung, Abschalten der Spannung, Strömungen im Tropfen, Maximadämpfer).

Teil II. Unters. der Stromstärke-Zeit-Kurven einzelner Tropfen mit Verstärkeroszillograph; Nachweis der Unregelmäßigkeiten beim Maximum. — Die interferometr. Beob. ergibt **zwei Typen von Strömungen**: a) in Richtung der Verlängerung der Kapillare vom Tropfenende ausgehend bei pos. Max. (Cu, Hg; O_2); b) in Richtung zur Kapillare bei neg. Max.

Deutung der Ursache der Strömungen: Tangentialer Pot.-Gradient in der Doppelschicht wirkt auf die Ladung der adsorbierten Ionen; das Vorzeichen dieser Ladung u. damit die Strömungsrichtung ist gegeben durch die Lage des Elektrodenpot. zum elektrokap. Nullpot.

22. M. v. Stackelberg, H. J. Antweiler u. L. Kieselbach, Z. Elektroch. 44 (38) 663—74. C. 39 I 1943.

Auch an **großflächigen Hg-Kathoden** entstehen tangentiale **Strömungen** bei Red. eines in Lsg. befindl. Stoffes (neben Zusatzelektrolyt). Je nachdem das Pot. der Kathode positiver (negativer) als das elektrokap. Nullpot. ist, ist die Strömung von Orten niederer zu Orten höherer (bzw. umgekehrt) Stromdichte an der Kathode gerichtet. Deutung wie [Cm 21] oder unmittelbar durch die Grenzflächensp.

Die tangentiale Pot.-Diff. wird gemessen; sie entspricht einer Kraft, die die beob. Strömungsgeschw. größenordnungsmäßig richtig ergibt.

Stromspannungskurven zeigen plötzliche Polarisation [vgl. Cm 15] der Kathode; hierbei Umschlagen der Strömungsrichtung.

Übertragung des Gefundenen auf die Verhältnisse der Tropfkathode ergibt Deutung für die Entstehung u. den Abbruch der Maxima; der Abbruch der neg. Max. bleibt noch ungeklärt.

23. B. Bruns, A. Frumkin et al., Acta physicochim. URSS 9 (**38**) 359—72 (engl.). — Sh. fis. Chim. 13 (**39**) 786—93 (russ.), C. 39 II 3385, 40 I 2914.

Die **Strömungen an** einer ruhenden **großflächigen Hg-Kathode** in $HgNO_3$-HNO_3-Lsg. werden untersucht. Messung der Kathodenpotentiale an verschiedenen Stellen; Sichtbarmachen der Strömung durch kleinste Glaskugeln. — Mit gefrorenem Hg keine Strömung u. daher sofort Polarisation. Ebenso wird durch Gelatine-Gel die Strömung verhindert. — Starke künstliche Rührung verhindert das Maximum. — Theoret. Deutung. ⟨Im wesentlichen wie [Cm 22].⟩

24. T. A. Krjukowa u. B. N. Kabanow, Sh. fis. Chim. 13 (**39**) 1454—67 (russ.), C. 41 I 1652.

Untersuchung der **Strömungen an Tropfkathoden,** indem der Lsg. Kohlepulver zugesetzt u. mikroskop. beobachtet wird. Es erweist sich, daß die Tropfen stets (auch ohne Sp.) eine rotierende Eigenbewegung zeigen. Dieser Rotation überlagert sich die meist sehr viel heftigere Maximaströmung.

Die Strömung geht nach unten bei leicht reduzierbaren Stoffen (Hg^{2+}, Cu^{2+}, O_2) u. bricht ab, wenn das Kathodenpotential — 0,5 bis — 0,6 V erreicht hat, was durch Mesusng mit einer Sonde festgestellt wird ⟨jedoch mit den Ermittlungen des Kathodenpot. aus E u. iW nicht übereinstimmt⟩. Bei negativen Maxima (z. B. Alkali- u. Erdalkalimetalle) wird eine Strömung nach oben beobachtet. Diese bricht ab bei $E_K = -2{,}1$ bis $-2{,}2$ V. Dieser Abbruch wird auf beginnende H-Abscheidung zurückgeführt, die am stärker polarisierten unteren Ende des Tropfens beginnt u. dadurch dort eine weitere Polarisation verhindert. ⟨Vgl. aber [Cm 36,38]⟩.

Eine besondere Art des Abbruchs erfolgt durch **Bildg. einer Hydroxydgelschicht** bei der Red. von Fe^{3+}, Pb^{2+}, Cd^{2+}, Cr^{3+}, Ni^{2+}, Co^{2+}, Mn^{2+}, Al^{3+}, La^{3+}, Ce^{3+} in Ggw. von O_2, weil dessen Red. OH-Ionen liefert. Gelschicht sichtbar. Die Tropfen werden im Gel-Sack mehrfach größer, daher verlängerte Tropfzeit.

25. T. A. Krjukówa, Saw. Lab. 9 (**40**) 691—98 (russ.), C. 41 II 2416.

Besprechung einiger polarograph. Fragen.

Maxima in konz. Leitsalzlsgg. ($>$ 0,1 n) beruhen stets auf einer nach oben gerichteten Strömung, unabhängig von der Art des Depolarisators. Diese Max. **brechen oft gar nicht ab** u. täuschen dann zu hohe Grenz ströme vor. Dämpferzusatz ergibt die richtigen Grenzströme. (Vgl. Fig. 110.)

26. T. A. Krjukowa, Saw. Lab. 9 (**40**) 699—702 (russ.), C. 41 II 2416.

Nähere Unters. der **nichtabbrechenden Max.** (s. vor. Referat u. § 42).

27. V. Capitanio u. A. Pittoni, Atti R. Ist. Veneto, Cl. Sci. mat. nat. 100 II (**40**) 209—29 (ital.), C. 42 II 1332.

Ganz besonders stark wird das O_2-Max. durch Twitchells Reagens (6-Sulfonaphthyl-1-stearinsäure, $SO_3H \cdot C_{10}H_6 \cdot C_{15}H_{35}O_2$) gedämpft.

28. V. Zambotti u. L. Rocco, Arch. Sci. biol. 26 (**40**) 384 bis 403. C. 41 II 2944.

Unters. der Dämpfung des O_2-Maximums durch einige **Oxy- u Ketocholansäuren.**

29. G. Scaramelli u. M. Riccioni, Boll. Chim. ind. Bologna **1940**, 94—98. C. 40 II 2518.

Dämpfg. des O_2-Max. durch verschied. Mineralwässer.

30. J. J. Lingane, J. Am. chem. Soc. 62 (**40**) 1665—69. C. 40 II 3452.

Der Einfluß eines **äußeren Widerstandes** (bis 30 000 Ohm) auf die Max. von Hg_2^{2+}, O_2, Pb^{2+}, Ni^{2+}, Zn^{2+} wird untersucht: Mit steigendem Wid. verschiebt sich das Abbruchpot. zu negativeren Werten, doch läßt sich zeigen, daß dabei der Abbruch stets beim gleichen Kathodenpot. E_K erfolgt.

31. T. A. Krjukowa u. B. N. Kabanow, Sh. fis. Chim. 15 (**41**) 475—80 (russ.), C. 43 I 1143.

Die durch **Elektrolytströmungen** verursachte Erhöhung (i_v) der Stromstärke über den Diffusionsstrom hinaus ($i = i_d + i_v$) ist proportional der Strömungsgeschwindigkeit v, der Konz. c des Depolarisators u. dessen Beweglichkeit (l) Also $i_v = K \cdot v \cdot c \cdot l$ [vgl. Cm 26].

32. J. Heyrovský, Chem. Listy 36 (**42**) 267—71 (tschech.).

Meximum mit Cd-Amalgam auf. anod. Stufe. Dämpfung durch Gelatine u. oberflächenakt. Anionen.

33. G. B. Bachmann u. M. J. Astle, J. Am. chem. Soc. 64 (**42**) 2177—81.

Maxima u. Elektrokapillarkurven in Eisessig. Vgl. auch [C 69].

34. K. E. Schwarz, H. J. Schröder u. M. v. Stackelberg, Z. Elektroch. 48 (42) 6—9. C. 42 I 2049.

Unters. der Höhe u. der Dämpferempfindlichkeit des O_2-Max. in Abhängigkeit von der O_2- u. KCl-Konz. — Angabe einer einfachen Apparatur zur dauernden Registrierung des Kolloidgehaltes von Wässern.

35. M. v. Stackelberg u. H. Schütz, Kolloid-Z. 105 (43) 20—26. C. 44 I 172.

„Die quant. Bestimmung oberflächenaktiver Stoffe durch die polarogr. Adsorptionsanalyse", s. § 25.

D. Anorganische Analysen und Probleme

1. V. B a y e r l e , Rec. Trav. chim. Pays-Bas **44** (**25**) 514—19 (engl.). C. 25 II 1259.

   Stufen von As III, Sb III, Bi III in saurer u. alkal. Lsg.

2. J. B ř e z i n a , Rec. Trav. chim. Pays-Bas **44** (**25**) 520 bis 27 (engl.), C. 25 II 1259.

   Für Mn^{2+} ist E_{tg} — 1,326 V. NH_3-Zusatz verschiebt zu negativeren Potentialen, was Komplexbildg. beweist.

3. N. V. E m e l i a n o v a , Rec. Trav. chim. Pays-Bas **44** (**25**) 528—48 (engl.), C. 25 II 1259.

   0,1 n-$NiCl_2$ hat E_{tg} — 0,81 V. Durch NH_3 negativer. — Co^{2+} hat um 200 mV negativeres E_{tg} als Ni^{2+}. In blauen Lsgg. (mit 6 n-$CaCl_2$) wird E_{tg} um 300 mV positiver, was auf Dehydratation des Co_2^{+}-Ions zurückgeführt wird. Durch NH_3 negativer.

4. J. S m r ž , Rec. Trav. chim. Pays-Bas **44** (**25**) 580—90 (engl.), C. 25 II 1260.

   $SnCl_2$ in salzsaurer Lsg. gibt n-E_{tg} — 0,285 V. Alkal. Lsgg. sind nicht beständig.

5. J. H e y r o v s k ý , Chem. Listy **19** (**25**) 168—74 (tschech.).

   Indium.

6. P. H e r a s y m e n k o , Chem. Listy **19** (**25**) 172 (tschech.). — Trans. Faraday Soc. **24** (**28**) 272—79 (engl.).

   Uranylsalze liefern 3 Stufen, für die die Redd. VI/V,, V/IV, IV/III angenommen werden ⟨vgl. [D 220, 232, 267]⟩.

7. J. H e y r o v s k ý , Arhiv za Hem. i. Farm. **5** (**31**) 163—73. — Čas. čs. Lékárn. **7** (**27**) 242—51 (tschech.), C. 28 I 1149.

   O_2 wird in zwei Stufen reduziert, zunächst zu H_2O_2, dann zu 2 H_2O_2 Unters. der Verschiebung der Stufen mit dem p_H.

8. S. T a k a g i , J. chem. Soc. London **1928**, 301—06. C. 28 II 371.

   Indium als $InCl_3$ in 0,1 n-HCl gibt eine Stufe mit n-E_{tg} — 0,50 V; bei viel HCl oder KCl negativer, wahrsch. durch Komplexbildg. Mit neutr. Sulfaten Störung, wahrsch. durch Fällung bas. In-Sulfate — 10^{-5} Mol/Liter sind nachweisbar. — Best. von In in Gallium.

9. M. Demassieux u. J. Heyrovský, J. Chim. phys. 26 (29) 219—23 (franz.), C. 29 II 1142.

Unters. von Cr III-Salzen. Zusatz von viel K_2SO_4 macht die Cr III/II-Stufe um 0,2 V negativer. Der Cr III-Chlorokomplex wird dagegen bei positiverem Potential reduziert.

10. J. Heyrovský u. S. Berezický, Coll. 1 (29) 19—46. — Chem. News 138 (29) 180, 195 (engl.), C. 29 II 351.

Erdalkalimetalle, n-E_{tg} Ra — 1,718, Ba — 1,761, Sr — 1,964, Mg — 1,996, Ca — 2,047 V. Ra neben Ba kann im Konz.-Verhältnis 1 : 10 bis 25 : 1 bestimmt werden. — Polar. Best. der Lösl. von $BaSO_4$, $BaCO_3$, $SrSO_4$, $SrCO_3$, SrC_2O_4, $CaCO_3$, CaC_2O_4. — Polarogr. Titration von Ba^{2+} mit Sulfat, Carbonat u. von Sr^{2+} mit Carbonat.

11. K. Kačirková, Coll. 1 (29) 477—92 (engl.), C. 30 I 2369.

As_2O_3 in salzs. Lsg. gibt ein kompliz. Polarogr. mit mehreren Stufen, deren Deutung versucht wird. (Vgl. § 8e.) Auch Polarogramme von SbIII u. BiIII in saurer Lsg.

12. M. Demassieux u. J. Heyrovský, Bull. Soc. chim. France 45 (29) 30—35 (franz.), C. 29 I 2399.

Unters. von Cl-, Br- u. CN-Komplexen: K_2PtCl_4, K_2PtCl_6, K_2PtBr_4, K_2PtBr_6 werden sofort beim Beginn der polarogr. Kurve reduziert. Die Cyankomplexe von Pt, Fe, Zn, Cu lassen sich polarogr. nicht red. Dagegen wird $Hg(CN)_2$ reduziert.

13. B. Schrager, Coll. 1 (29) 275—81. — Chem. News 138 (29) 354 (engl.), C. 29 II 701, 1136.

Unters. des amphoteren Verhaltens von $Fe(OH)_2$. Lösl. in Alkali polarograph. nachweisbar: $5 \cdot 10^{-5}$ n in 1 n-NaOH; E_{tg} — 1,50 V. Auch $Co(OH)_2$ u. $Mn(OH)_2$ sind in Alkali etwas löslich, nicht aber $Ni(OH)_2$.

14. B. Gosman, Coll. 2 (30) 185—97 (engl.), C. 30 I 3750.

Sulfite werden polarogr. nicht red.; wohl aber SO_2 in saurer Lsg., E_{tg} — 0,2 V bei p_H 0. Es wird Red. zu $S_2O_4^{2-}$ angenommen ⟨vgl. [D 133a]⟩. In neutraler u. schwach alkal. Lsg. ⟨ungepuffert⟩ erscheint eine 2. Stufe bei E_{tg} — 1,2 V.

15. R. Brdička, Coll. 2 (30) 489—501, 545—57. C. 31 I 46, 2735.

Teil I polarograph., Teil II spektroskop. Unters. der rosa u. blauen CoII-Lsgg., s. § 8h u. Fig. 63.

16. J. Heyrovský u. V. Nejedlý, Coll. 3 (31) 126—33; Chem. News 142 (31) 193—97 (engl.), C. 31 II 2758.

Nitrite können best. werden, da das durch Säurezusatz entstehende NO bei E_{tg} — 0,77 V eine Stufe gibt. Deren Höhe entspricht Red. zu NH_3. (Vgl. [D 200]). — Best. von Nitrit in Nitrocellulose.

17. K. Suchý, Coll. 3 (**31**) 354—66; Chem. News 142 (**31**) 213—20 (engl.), C. 32 II 1659.

Gleichzeit. Best. von **Cu, Bi, Pb, Cd.** Die gefällten Sulfide werden in HNO_3 gelöst, neutralisiert, 10% K—Na-Tartrat zugesetzt, wodurch eine Koinzidenz der Cu- u. Bi-Stufe vermieden wird, Lsg. von O_2 befreit. E_{tg} : Cu — 0,14, Bi — 0,34, Pb — 0,60, Cd — 0,80 V. Konz. am besten nicht über 10^{-3} m. Vgl. [D 189].

18. J. Prajzler, Coll. 3 (**31**) 406—17) (engl.), C. 32 I 499.

Gleichzeit. Best. von **Fe, Cr, Al** u. von **Ni, Co, Zn, Mn.** ⟨Genauigkeit nicht groß.⟩

Die Ammonsulfidgruppe wird chemisch in die Untergruppen zerlegt. E_{tg} für 10^{-4} n-Lsgg. in 0,05 n-$BaCl_2$:

a) CrIII/II — 0,78, FeII/0 — 1,27, CrII/0 — 1,38, AlIII/0 — 1,76 V; also alle bestimmbar, obgleich die FeII- u. CrII-Stufe zusammenfallen.

b) Zn — 1,02, Ni — 1,06, Co — 1,20, Mn — 1,50 V. Zn u. Ni fallen zusammen; Zusatz von konz. NH_4-Oxalat verschiebt die Zn-Stufe am wenigsten, so daß sie allein übrigbleibt; Ni aus Differenz. Konzz. 10^{-3} m, O_2-frei.

19. R. Brdička, Coll. 3 (**31**) 396—405 (engl.), C. 32 I 499.

Unters. der **Hydrolyse von $CoCl_2$**-Lsgg. In neutralen u. besonders in schwach alkal. oder erwärmten $CoCl_2$-Lsgg. erscheint 0,2 V vor der Co-Stufe eine neue, die einem Hydrolysenprod. (etwa $[Co(H_2O)_5OH]^+$) zugeschrieben wird.

20. M. Pavlik, Coll. 3 (**31**) 223—37, 302—13. C. 31 II 390, 3079.

Bei **Ni^{2+}**-Lsgg. tritt durch Zusatz **konz. Chloride** ebenso wie bei Co^{2+} [vgl. D 15] eine Verschiebung von E_{tg} zu positiveren Pott. ein, was analog wie bei Co gedeutet u. spektroskop. unters. wird.

21. S. Zeltzer, Coll. 4 (**32**) 319—34 (engl.), C. 32 II 3920.

Unters. von **Ga, Ti, V, Nb, Ta.**

Ga^{3+} ist in 10^{-3} n-HCl (E_{tg} — 1,08 V) u. HNO_3 reduzierbar; nicht in H_2SO_4 wegen Komplexbildg. In 0,2 n-NH_3 E_{tg} — 1,5 V; in NaOH nicht reduzierbar. Ga-Best. neben viel Al u. wenig Zn u. In möglich.

TiO_2 mit $KHSO_4$ aufgeschlossen gibt eine TiIV/III-Stufe bei — 0,80 V; keine Red. in alkal. Lsg.

Vanadin(V) oxydiert in saurer Lsg. Hg u. wird hierbei zu Vanadin(IV) red. Dieses gibt eine Vanadin IV/II-Stufe bei — 0,84 V. Vanadate werden in alkal. Lsg. bei — 1,80, in ammoniakal. bei — 1,50 V red.

Ti(IV) + V(III) geben in salpeters. Lsg. eine gemeinsame Stufe bei — 0,8 V. Nach Zusatz von viel Alkali oder NH_3 bleibt die V-Stufe übrig.

Nb u. Ta — unklare Verhältnisse.

22. M. Tokuoka, Coll. 4 (32) 444—55 (engl.), C. 33 I 2845.

Das Nitrat- u. das Nitrition sind reduzierbar in Ggw. 2- oder 3-wertiger Kationen, vgl. § 9a.

23. G. Kimura, Coll. 4 (32) 492—99 (engl.), C. 33 I 1814.

Ca u. Mg können in neutraler Lsg. nicht best. werden, weil H-Abscheidung einsetzt. Die mit Mg^{2+} erhaltene Stufe ist dadurch 20mal höher als der Mg-Konz. entspricht. — Ca kann in alkal. Lsg. [$(CH_3)_4$N-Hydroxyd] best. werden; sehr langs. Tropfen zweckmäßig (10 bis 15 Sek.!); das Max. konnte nicht unterdrückt werden. Wenig Ca kann auch in verd. $Ba(OH)_2$-Lsg. best. werden.

24. W. Kemula u. M. Michalski, Coll. 5 (33) 436—42. C. 34 I 1786.

Be-Salze zeigen wegen Hydrolyse die H-Stufe, die jedoch durch geeignete Konz. unterdrückt werden kann. Be- u. Al-Stufe nicht trennbar.

25. V. Majer, Z. analyt. Ch. 92 (33) 321—51. C. 33 I 3746.

Na u. K können auch in Ggw. größerer Mengen Al, Mg, Ca, Fe, Ti best. werden, wenn die Lsg. zunächst mit Phosphorsäure angesäuert u. dann mit Tetramethylammoniumhydroxyd stark alkalisiert wird (Al-Stufe durch Aluminatbildg. unterdrückt, die anderen genannten Metalle ausgefällt). Vgl. nächstes Ref.

26. V. Majer, Z. analyt. Ch. 92 (33) 401—05. C. 33 II 254.

Da bei der vorst. Methode die K- u. Na-Stufe zusammenfallen u. das Verhältnis Stufenhöhe : Konz. bei beiden Metallen verschieden ist, entsteht ein Fehler im „Gesamtalkaliwert".

27. J. Herman, Coll. 6 (34) 37—53. C. 34 II 477.

Au-Komplexe werden gesucht, die stabil gegen Hg sind, damit keine Zersetzung durch das Boden-Hg stattfindet. Am stabilsten ist der AuIII-Komplex in Alkali (Aurat), in 24 Std. über Hg zu 10% zersetzt; E_{tg} — 0,4 V für AuIII/I, — 1,1 V für AuI/0.

Sehr stabil sind auch die CN^--Komplexe. E_{tg} — 0,4 V für AuIII/II, — 1,3 V für AuI/0.

28. E. Hamamoto, Coll. 6 (34) 325—38. C. 35 I 1345.

Mn-Mikrobest. in biolog. Material: Veraschen, die schwach saure Lösung wird mit Na-Acetat versetzt u. gekocht, um Fe durch Hydrolyse auszufällen (keine Mn-Verluste hiebei). Zur Trennung von Zn, das in großen Mengen ebenfalls stört, wird Mn durch Kochen mit KOH unter Zusatz von etwas $KClO_3$ gefällt. Polarographieren in LiCl-Lösung.

Angabe einer **Mikroapparatur** zum O_2-freien Polarographieren von 0,5 cm^3. So sind noch 0,02 γ Mn nachweisbar.

29. M. Tokuoka u. I. Ružička, Coll. 6 (34) 339—53. C. 35 I 1345.

Weitere Untersuchung der **Nitratstufe**, s. § 9a.

30. J. Revenda, Coll. 6 (34) 453—67. C. 35 I 3254.

Entdeckung u. Untersuchung der **anodischen Stufen** von Cl^-, Br^-, J^-, OH^-, S^{2-}, CN^-, CNS^-, SO_3^{2-} u. $S_2O_3^{2-}$, vgl. § 9b.

31. L. Schwaer u. K. Suchý, Coll. 7 (35) 25—32. C. 36 I 291.

Selenite u. **Tellurite**, s. § 9a.

32. A. Rylich, Coll. 7 (35) 288—98. C. 36 II 1685.

Bromate u. **Jodate**, s. § 9a.

33. V. Vitek, Coll. 7 (35) 537—47 (engl.), C. 37 I 3926. — Chim. Ind. 29 (33) 215—17 (franz.), C. 33 II 2859.

Best. von **O_2 in Gasen**, s. § 10.

Entfernt man durch 15 Min. langes starkes Kochen O_2 vollst. aus z. B. 0,01 n-KCl, so verschwinden die O_2-Stufen. Es bleibt der **Kapazitätsstrom**, wobei jeder Tropfen eine „Zacke" hervorruft. Diese verschwinden bei — 0,5 V, dem elektrokap. Nullpot.

34. J. Heyrovský, Nature 135 (35) 870 (engl.).

Rhenium als $KReO_4$ (in 1 m-$MnCl_2$) gibt eine Stufe bei — 1,2 V. In Acetatpuffer + H_2S erscheint eine hohe katalyt. Stufe, die 10^{-8} m-Re nachzuweisen gestattet.

35. K. Abresch, Angew. Ch. 48 (35) 683—85. C. 36 I 1059.

Alkalibestimmung, s. § 12b.

36. K. Heller, G. Kuhla u. F. Machek, I., Mikrochemie 18 (35) 193—222. C. 36 I 4343. — II., Mikrochemie 23 (37) 78—115. C. 38 I 2932.

I. Zur Best. geringer Schwermetallmengen (10 γ) in **Mineralwässern** wird ein Verfahren der Anreicherung durch Ausschütteln mit Dithizon-CCl_4 u. anschließendes Polarographieren (**Cu, Bi, Pb, Cd, Zn, Ni, Co**) ausgearbeitet; s. § 12b.

II. Prakt. Anwendung der Meth. auf natürl. **Mineralwässer**.

37. K. Komarek, Coll. 7 (35) 404—14 (engl.), C. 36 II 1686.

Fe—Mannit-Komplexe. FeIII-Lsgg. in alkal. Mannit-Lsgg. geben zwei Stufen (III/II, II/0), nicht merklich verschoben gegen die Fe-Stufen in konz. Alkali allein. Also nur geringe Bindungsfestigkeit; immerhin ergibt sich aus der Stufenhöhe eine 10fach größere Löslichk. bei Ggw. von Mannit. — Ähnlich wie Mannit wirken Saccharose, Glycerin, Milchsäure, Zitronensäure.

38. J. Gochstein (Hochstein), Saw. Lab. 5 (**36**) 28—32, 158—61 (russ.), C. 36 II 657, 1979.

Best. von Fe, Ba in **techn. BaCl₂** u. von SO_4^{2-}, Fe, Al, Zn in **techn. ZnCl₂**.

39. J. Gochstein, Saw. Lab. 5 (**36**) 1444—47 (russ.), C. 37 I 3855.

Polarograph. Best. des **Sulfations** (indirekt aus Ba-Stufe).

40. S. G. Michlin, Saw. Lab. 5 (**36**) 1167—70, (russ.) C. 37 I 4669.

Für **Fe-Best.** (als FeII) soll das p_H nicht unter 5 bis 6 sein. In Ggw. von Weinsäure kann Fe aus der FeIII/II-Stufe bestimmt werden, auch neben der 50fachen Menge Al.

41. M. Tokuoka, Mem. Agr. Taihoku Univ. 9 (**36**) 197—275.

Die Best. von **Nitraten u. Nitiiten.**

42. G. Sartori, Gazz. 66 (**36**) 688—92 (ital.), C. 37 I 2568.

Ni- u. Co-Cyanid-Komplexe. 6 CN^- nötig, um die Metalle in Lösung zu halten. Aus der Verschiebung der Stufen mit der CN^--Konz. ergeben sich die Formeln $Ni(CN)_4^{2-}$ u. $Co(CN)_6^{4-}$ ⟨wahrscheinlich CoIII $(CN)_6^{3-}$. — Ber. der Konstanten nicht richtig⟩.

43. V. Caglioti u. G. Sartori, Gazz. 66 (**36**) 741—44. C. 37 I 3779.

Ti-Tartrat-Komplex. TiIV/III-Stufen in Tartratlsgg. ⟨Bei Ableitung der Komplexformeln u. Konstanten wird nicht berücksichtigt, daß auch TiIII Tartratkomplexe bilden kann.⟩

44. S. Knoke, Angew. Ch. 50 (**37**) 728. C. 38 I 438.

Best. von ZnO in **Lithopone,** s. § 11f.

45. T. Krjukowa, Saw. Lab. 6 (**37**) 1385—93 (russ.), C. 39 I 3039.

Best. von **Pb** (bis 10^{-5} %) u. **As** (bis 10^{-4} %) **in Phosphorsäure,** s. § 12c.

46. A. M. Dymow, T. D. Kubyschkina u. N. S. Poliektova, Saw. Lab. 6 (**37**) 147—50 (russ.), C. 38 II 1822.

Best. von **Fe in Motorenöl.** Aufarbeitung nach Saw. Lab. 6 (37) 21. Fe wird in alkal. Citrat- oder Tartratlsg. aus der FeII/III-Stufe ermittelt.

47. J. Gochstein (Hochstein), Sh. prikl. Chim. 10 **(37)** 521 (russ.), C. 38 I 2593.

Nitrat-Best. in Ggw. des störenden Sulfations durch Ausfällung des Sulfats mit $BaCl_2$-Überschuß. ⟨Besser mit $SrCl_2$ [D 200].⟩

48. J. Gochstein (Hochstein), Sh. obschtsch. Chim. 7 **(37)** 789 (russ.), C. 38 I 3174.

Die **Stufenhöhen** von Zn, Ni, Fe, Mn in Abhängigkeit von der Konz. der Zusatzel. $LaCl_3$, $BaCl_2$, LiCl, KJ werden exper. bestimmt.

49. E. Varasova (Warassowa), Saw. Lab. 6 **(37)** 804 bis 07 (russ.), C. 39 I 474.

Best. von **Cu u. Ni in Erzen**: Auf einem Polarogramm in NH_3—NH_4Cl-Lsg.

50. R. H. Leach u. H. Terray, Trans. Faraday Soc. 33 **(37)** 480—86. C. 37 I 4615.

Scandium gibt in saurer Lsg. eine gut auswertbare Stufe bei — 1,84 V.

51. H. Hohn, Z. Elektroch. 43 **(37)** 127—39. C. 37 I 3373.

a) Einführung der **Grundlösungen**, s. § 6a.
b) Analyse des **Messings**, s. § 11c.

52. E. Mnich, Z. Elektroch. 44 **(38)** 132—34. C. 38 I 4212.

Die **Pb**- u. **Fe**-Werte nach [D 51] werden nicht genau, s. § 11c.

53. G. Thanheiser u. G. Massen, Mitt. K. W. I. für Eisenforschung 19 **(37)** 27—46; Arch. Eisenhüttenw. 10 **(37)** 441. C. 37 I 1412. — Desgl. Naturwiss. 25 **(37)** 426—27. C. 37 II 4072, und G. Massen, Angew. Ch. 50 **(37)** 375 bis 91.

Stahlanalyse: Fällung von FeIII mit NH_4Cl—NH_3-Lsg., polar. Best. von **Cu, Ni, Co** gleichzeit. in dieser Lsg., s. § 11m.
Anwendung von Diaphragmengefäßen (s. Fig. 17b).

54. J. Ussatenko u. I. Ljalikow, Saw. Lab. 6 **(37)** 1934 (russ.).

Best. von Cu in Stählen, s. § 11m.

55. H. C. Gull, J. Soc. chem. Ind. 56 **(37)** 177. C. 39 I 478.

Magnesiumlegierungen. Auf $\pm$ 2% genau bestimmbar sind **Pb, Zn, Mn, Al.** Für Al p_H 3,8 (Bromphenolblau), da sonst die H-Stufe oder Hydrolyse stören; s. § 11a.

56. F. A. U h l , Z. analyt. Ch. 110 (**37**) 102—17. C. 37 II 4074.

Mo (als NH_4-Molybdat) ergibt eine Stufe, deren Höhe stark von der Säurekonz. abhängt. Nur mit Milchsäure ist das nicht der Fall ⟨vgl. aber [D 80]⟩.

Um Mo in salpetersaurer Lsg. zu best., wird KCl + Oxalat (zur Verhinder. d. Ausfallens von Fe u. Al) zugegeben, gegen Bromphenolblau neutralisiert, Milchsäure zugegeben. Es ergeben sich zwei Mo-Stufen, von denen die zweite ausgewertet wird.

Phosphat läßt sich best. durch Fällung als NH_4-Phosphormolybdat u. polar. Best. des Mo-Überschusses.

Versuche, eine polarometr. Titration von Phosphat mit Molybdat auszuarbeiten, scheiterten, weil die Fällung zu langsam erfolgt.

57. W. N o d d a c k u. A. B r u c k l , Angew. Ch. 50 (**37**) 362 bis 65. C. 37 II 2810.

Zweiwertigkeit seltener Erden: 0,01 m-Erdsulfat-Lsg. (ohne Zusatzel.) ergeben z w e i Stufen entsprechend den Redd. III/II u. II/0. Beim **Eu** sind beide Stufen 1,80 V voneinander entfernt, entsprechend der gr. Stabilität von EuII; bei **Yb** 0,575 V, bei **Sm** 0,290 V. Aber auch die übrigen seltenen Erden zeigen schwache Aufspaltung in zwei Stufen ⟨vielleicht H-Stufe infolge Hydrolyse?⟩.

58. P. R. S t o u t , J. L e v y u. L. C. W i l l i a m s , Coll. 10 (**38**) 129—35 (engl.), C. 38 II 1546.

Die Schwermetalle in **Pflanzenmaterial** werden aus der Asche mit Diphenylthiocarbazon ausgezogen. In einer Probe des eingedampften u. auf 300° erhitzten Auszuges werden **Cd, Ni, Zn, Co** in 0,1 n-NH_4-Acetat-0,025 n-K-Thiocyanat bestimmt. In einer zweiten Probe **Cu, Bi, Pb, Cd** in 0,5 n-NH_4-Acetat—0,1 m-Weinsäure.

59. P. R. S t o u t u. J. L e v y , Coll. 10 (**38**) 136—41. C. 38 II 1546.

Ni + Zn. In 0,1 n-NH_4-Acetat + NH_3 bei p_H 8,5 bis 9,5 liegen die Stufen um 0,3 V auseinander. Max.-D. durch Methylviolett.

60. R. S t r u b l , Coll. 10 (**38**) 466—74 (engl.), C. 39 I 4441.

Uran-Best. **in Ggw. von viel Fe,** das mit NH_2OH zu FeII red. wird u. dann nicht stört. U liefert zwei Stufen bei — 0,23 u. — 1,05 V, erstere wird benutzt. Red. von FeIII mit NH_2OH gibt auch die Möglichkeit, Cu, Bi, Sb, Sn, Pb, Tl, Cd, In, Cr, Ti, Zn zu bestimmen, s. § 8h bei Fe. — Best. von Cu, Pb, Cd in Fe-haltiger Zinkblende.

61. R. Kraus u. J. Novák, Coll. 10 (38) 534—41. C. 39 I 4442.

Best. von **Cd (u. Cu) in Zinkblende**, s. § 11f.

62. E. S. Peracchio u. V. W. Meloche, J. Am. chem. Soc. 60 (38) 1770—75 (engl.), C. 39 I 1209.

Die **Stufenhöhen** gleichkonz. Chloridlsgg. von **Na, K, Rb, Cs** wachsen in der angegebenen Reihenfolge. 80% **Dioxan** macht sie gleich hoch.

63. H. G. Petering u. F. Daniels, J. Am. chem. Soc. 60 (38) 2796—2802. C. 39 I 2465.

Die **O_2-Konz.** wird polarometrisch (durch die Differenz der Stromstärken bei 2 verschied. an eine Tropfkath. angelegten Spannungen) bestimmt. Unters. von **Assimil.** u. **Atmung** von Algen, Hefe usw.

64. V. Čižek, Bull. Acad. Sc. Bohême **1938** (engl.).

Polar. Mikrobest. von **Jodid** nach dessen Oxydation zu Jodat mit Chlorwasser. — Mikroelektrolysengefäß.

65. T. A. Krjukowa, Saw. Lab. 7 (38) 273—79 (russ.), C. 40 I 434.

Best. von **As u. Fe in Kontaktschwefelsäure.** As in Ggw. von Weinsäure, Fe in ammoniakal. Citratlsg.; s. § 12c.

66. S. P. Schaikind, Sh. prikl. Chim. 11 (38) 1378—82 (russ.), C. 39 II 3318. — Saw. Lab. 8 (39) 567—71 (russ.), C. 41 I 2288.

Analyse von Blei; Best. von **Cu, Cd, Ni, Zn + Co, Mn** in NH_3—NH_4Cl-Lsg., s. § 11h.

67. G. Hövker, Dissert. Hamburg **1938**.

Best. von **Fe u. Al in Tonen.** ⟨Unklarheiten in den Angaben. Druckfehler?⟩. Vgl. [D 182].

68. G. Semerano, Mikrochemie 25 (38) 191—96 (ital.), C. 39 I 4815. — Atti X congr. intern. chim. 3 (39) 469 (ital.).

Analyse von Mg-Legierungen. Näheres s. [D 123].

69. Kieselbach, Dissert. Bonn **1938**.

Unters. der **Abscheidung** einer großen Anzahl Kationen mit verschied. Zusatzel. — Neu: **Chromatstufe CrVI/III** in 1 n-KOH.

Der **Temp.-Koeff.** der Stufenhöhe wird theor. gedeutet u. gemessen (an Cd^{2+}).

Der Einfluß des **Max.-Dämpfers** Colloresin (Methylcellulose) auf die Ni-, Co- (Fe-, Cu-) Stufe wird untersucht.

Eine Apparatur mit starren elektrochemisch intermittierend depolarisierten Elektroden wird beschrieben.

70. J. S. Ljalikow, Saw. Lab. 7 (38) 395—99 (russ.), C. 39 I 1011.

Fe-Best. in ammoniakal. Citratlsg. in Schlacken u. Erzen, s. § 12a.

71. J. S. Ljalikow u. J. J. Ussatenko, Saw. Lab. 7 (38) 1100—1105 (russ.), C. 39 I 3937.

Ni-Best. in Stählen, s. § 11m. Untersuchung des Einflusses verschied. Zusätze auf die Ni-Stufenhöhe.

72. S. A. Pletenew u. T. W. Arefjewa, Saw. Lab. 7 (38) 545—547 (russ.), C. 39 II 1583.

Best. von Cu, Pb, Cd in $ZnSO_4$-Elektrolytbädern u. in Elektrolytzink, s. § 11d.

73. W. Kemula u. M. Michalski, Kongreß Rom **1938**, Bd. III, 419—27 (franz.), C. 41 I 1329.

Best. von **Na u. K nebeneinander**: Als NaCl + KCl Gesamtmenge durch eine Chlortitration; das Verhältnis Na : K aus der Stufenhöhe, da Na^+ eine um 1,258 höhere Stufe als K^+ ergibt (bei 0,01 n-Lsg. in 0,25% $(CH_3)_4NOH$).
Anwendung auf die Na- u. K-Best. im Urin.

74. L. Lucchi, Atti X Kongreß Rom **1938**, Bd. III, 429—38. C. 41 I 1331.

Best. von **Cu** (0,01%) in **Aluminium**, s. § 11b.

76. A. M. Sanko, F. A. Manussowa u. A. D. Nikitin, Saw. Lab. 8 (39) 937—40 (russ.), C. 41 II 388.

Die polarograph. u. colorimetr. Meth. der Best. von O_2 in Wasser sind bis herab zu einem O_2-Gehalt von 1 mg/l gleichwertig. Bei geringerem Gehalt ist die pol. Meth. ungenau.

77. Susumu Yoshida, C. **39** II 2127.

Bei **Pb-Best. in organ. Material wird zwecks** Vermeidung von Störungen Pb erst als PbO_2 an einer Anode abgeschieden, dann polarographiert.

78. H. v. Freyhold, Dissert. Bonn **1939**.

Unters. **anorgan. Komplexe** (CuII—NH_3; CuII—Cl^- u. andere) mit der Tropfelektrode [s. C 55].
Unters. zum Vergleich von metall. **Normalpotentialen** mit den Halbstufenpotentialen [s. A 16].

Unters. der Red. von **Farbstoffen** u. von **Fumarsäure** an der Tropfelektrode.

79. G. Thanheiser u. J. Willems, Arch. Eisenhüttenw. 13 (**39**) 73—83. C. 40 I 100. — Mitt. K.W.I. Eisenforschung 21 (**39**) 65—78. C. 39 II 914.

Stahlanalyse. V, Cr, Mo, vgl. § 11m.

Für die Mo-Best. wird eine polarometr. Titration ausgearbeitet: Bei p_H 5 bis 6, 80° u. 0,6 V wird Mo mit Pb-Acetat als Pb-Molybdat gefällt. Der Stromanstieg infolge Red. überschüss. Pb-Ionen zeigt den Endp. an.

80. M. v. Stackelberg, P. Klinger, W. Koch u. E. Krath, Techn. Mitt. Krupp 2 (**39**) 59—85. — Arch. Eisenhüttenw. 13 (**39**) 249—62. C. 39 II 3854, 40 I 1082.

Prüfung der Abhängigkeit der Stufenhöhe von der Tropfgeschwind., Tropfengröße u. Temp. (Übereinst. mit Theorie).

Stahlanalyse: Best. von **Mn, Ni, Co, Cr, Mo, W, V,** s. § 11m.

Hinweis auf Anwendung als Mikromethode. Beispiel: Polar. Best. von 0,019% Ni u. 0,0075% Co in einem **Carbonyleisen.**

81. E. T. Verdier, Coll. 11 (**39**) 233—42 (engl.), C. 40 II 1258.

Stahlanalyse. Best. von Mn (Ni, Co), s. § 11m.

Zur besseren Best. von **Mn** neben Ni, Co wird die Oxydationsstufe MnII/III benutzt: mit MnII in 2 n-KOH + 5% Weinsäure (O_2-frei) $E_{1/2}$ — 0,4 V; es folgt die Red.-Stufe MnII/0 bei — 1,7 V. (Die Red.-Stufe MnIII/II liegt bei — 1,3, der Vorgang ist also nicht reversibel.)

$KMnO_4$ in der genannten Lsg. gibt 4 Red.-Stufen: VII/IV (— 0,2 V), IV/III (— 1,1), III/II (— 1,3), II/0 (— 1,7).

Fe II gibt unter gl. Bed. die Ox.-Stufe II/III bei — 0,9 V. Also Mn neben Fe bestimmbar; bei viel Fe wird erst der größte Teil durch Luftdurchleiten zu Fe III oxydiert (Mn II-Oxydation erfolgt erst nach vollst. Fe II-Ox.).

Bei wenig Ni u. Co kann Mn in KCN-Lsg. best. werden.

82. J. Klumpar, Coll. 11 (**39**) 459—63 (dtsch.), C. 40 II 1259.

In 1 n-KNO_3, 0,1 nHNO_3, 0,1 n-$HClO_4$, 0,1 n-Na_2SO_4 u. 1 n-H_2SO_4 beträgt $E_{1/2}$ für **Tl^+** — 0,505, für **Cu^{2+}** — 0,030 V.

83. M. Voříšková, Coll. 11 (**39**) 580—91 (dtsch.), C. 42 I 3073.

Genaue Best. von $E_{1/2}$ in **1 n-NH_3-1 n-NH_4Cl-Lsg.** O_2 durch Na_2SO_3 entfernt, Gelatine: **Cu** II/I — 0,273 V, I/0 — 0,538; **Cr** VI/III — 0,359, III/II — 1,46, II/0 — 1,74; **Tl** I/0 — 0,519; **Cd** II/0 — 0,852; **Zn** II/0 — 1,384; **Fe** II/0 — 1,518; **Co** II/0 — 1,320; **Ni** II/0 — 1,135; **Mn** II/0 — 1,688; **V** (als $NaVO_3$) V/II — 1,233 ⟨doch ist dies eine Doppelstufe [D 216]⟩.

84. D. Cozzi, Annali Chim. appl. 29 (39) 442—47. C. 40 I 1715.

Analyse von **Weißmetall (Pb, Sn, Sb, Cu, Zn)**, s. § 11i.

85. K. Schwarz, Z. analyt. Ch. 115 (39) 161—71. C. 39 I 3594.

1. **Apparative Verbesserungen**: Eichgerät; Kapillaren; Konstanthaltung des Hg-Niveaus, s. Fig. 96; Anwendung fester Anoden (z. B. Ag-Draht, s. Fig. 15) an Stelle der Hg-Bodenelektrode.

2. Anorgan. Analysenvorschriften: a) Analyse des **Messings**, s. § 11c. b) **Hg**-Salze in KJ-Na-Acetat-Tylose Grundlsg.

c) **Nitrat** u. **Nitrit** nebeneinander (Nitriersäure): Summe in La-Acetat-$BaCl_2$-Grundlsg., Nitrit in LiCl-Essigsäure-Na-Acetat.

3. Best. von Vitamin C (**Ascorbinsäure**) durch die Oxydationsstufe in 1 n-Essigsäure + 1 n-Na-Acetat-Puffer. Arbeitsvorschfrit für Früchte.

4. Reinheitsprüfg. von **Wasser** durch Best. der Dämpfung des O_2-Max. durch kolloidale Verunreinigungen.

86. M. Kalousek, Coll. 11 (39) 592—613 (dtsch.), C. 42 I 3072.

Es werden **Redox-Pot.** best. u. auf Reversibilität an der Tropfelektrode unters.

Reversibel sind: **Cu** II/I in 1 n-NH_3 (— 0,25 V)[1]; **Fe** III/II in Citratpuffer (— 0,49), **Ti** IV/III in Zitronen- oder Weinsäure (— 0,48), in 0,1 n-KCNS (— 0,49), in gesätt. $CaCl_2$ (— 0,15); **Cr** III/II in gesätt. $CaCl_2$.

Irreversibel sind: **Cr** III/II in 0,1 n-Na_2SO_4 (Oxyd. bei — 0,62, Red. bei — 1,04); **Ti** IV/III in 0,1 n-HCl (— 0,18, — 0,98); **Sn** IV/II in H_2SO_4, HCl, KOH, wobei eine Red. von SnIV nur in hochkonz. HCl stattfindet.

Lsgg. von Cu II, Pb II oder Cd II (in Citratpuffer) geben nach Zusatz von Cr II oder Sn II anodische Stufen (s. § 43).

87. L. Holleck, Z. analyt. Ch. 116 (39) 161—66. C. 39 II 481.

Europium. Die Eu III/II-Stufe mit $E_{1/2}$ — 0,77 V ist viel positiver als bei den übrigen seltenen Erden, so daß in einem Gemisch solcher noch 0,1% Eu polarogr. best. werden kann; am besten in Chloridlsg.

Beschreibung eines Elektrolysengefäßes zur O_2-freien Unters. kleiner Lsgs.-Mengen.

88. S. Kamegai, J. Biochem. 29 (39) 285—88. C. 40 I 2833.

Fe III/II-Stufe in oxalsaurer Lsg.; $E_{1/2}$ ist von p_H unabhängig, nicht aber die Stufenhöhe.

---

[1]) Die Deutung der Polarogramme Fig. 1 u. 2 in [D 86] ist nicht richtig (Cu ist neben reinem Hg nicht stabil). Daher sind die dort auf S. 594 u. 595 gezogenen Schlußfolgerungen hinfällig.

89. B. A. Geller u. A. M. Sanko, Saw. Lab. 8 (39) 1030—32 (russ.), C. 41 II 237.

Best. von **Al** in **Magnesiumlegierungen**, s. § 11a.

90. E. T. Verdier, Coll. 11 (39) 216—32 (engl.), C. 40 II 1258.

Mn-Komplexe. Die Mn-Stufe in KCl (bei — 1,55 V) ist irreversibel, weil $E_{1/2}$ von der KCl-Konz. u. der Tropfgeschwindigk. abhängt. Das gleiche gilt für **KCNS**-Lsg. (— 1,6). — Mit „dehydratisierenden" Zusatzelektroden, d. h. 12 n-**$CaCl_2$**, -LiCl oder -$MgCl_2$ erhält man eine Verschiebung der Stufe zu positiveren Pott. (etwa — 1,35); diese Stufe wird dem Komplex $MnCl_6^{4-}$ zugeschrieben.

In **alkal. Lsgg.** (gepuffert) wird ab p_H 8,5 $Mn(OH)_2$ gefällt, die Stufe verschwindet bei p_H 13 u. wird dann wieder größer (amphoter). Bis p_H 11 liegt die Stufe bei — 1,548 V, dann negativer (— 1,74 bei p_H 14).

In 1,5 n-**KCN** liegt die Stufe bei — 1,365 V (also positiver als in KCl). Die Stufenhöhe entspricht 2 Fe (also ohne Auftreten von Mn I). Für den Komplex wird die Formel $Mn(CN)_6^{4-}$ angenommen. — In 1,0- bis 0,5 n-KCN tritt eine zweite Stufe bei — 1,8 auf, die einem Hydrolysenprod. [Mn(CN)(OH)] ⟨?⟩ zugeschrieben wird, das im gehemmten Gleichgew. mit $Mn(CN)_6^{4-}$ stehen müßte. — In 0,1 n-KCN tritt die $Mn(OH)_2$-Stufe bei — 1,59 auf.

91. L. Holleck, Z. Elektroch. 45 (39) 249—53. C. 39 I 4277.

$SmCl_3$-Lsgg. zeigen je nach Vorbehandlung (Eindampfen, Zusatz von $ZnCl_2$, Temp.-Erhöhung) verschiedene polarograph. Stufen, die drei elektronenisomeren ⟨?⟩ Formen des Sm^{3+}-Ions zugeschrieben werden.

92. T. A. Krjukowa, Sh. fis. Chim. 13 (39) 693—700 (russ.), C. 40 I 96.

Methodik der **polarogr. Lösl.-Best.** aus der Stufenhöhe gesätt. Lsgg

93. J. A. W. van Laar, Chem. Weekbl. 36 (39) 611—12. C. 39 II 3387.

Unters. der **Adsorption** von Schwermetallspuren an AgJ-Sol. Durch Verdrängung mit Ba^{2+} sind sie quantit. wieder in Lsg. zu bringen.

94. G. Carrière, Chem. Weekbl. 36 (39) 612—13 (holl.), C. 39 II 3954.

Unters. der **Adsorption von Ba^{2+} an Gelatine.** Aus der Stufenhöhe wird geschlossen, daß in einer 0,001 n-Ba^{2+}-Lsg. in LiCl-Leitsalz mit 1% Gelatine 80% des Ba^{2+} adsorbiert werden. Bei Verwendung von $N(C_2H_5)_4J$ als Leitsalz findet keine Adsorption statt.

95. P. Klinger, W. Koch u. G. Blaschczyk, Angew. Ch. 53 (40) 537. C. 41 I 2149.

„**Mikroanalyt.** Prüfverfahren zu Unters. von Eisen u. Stahl." An polarogr. Best.-Methoden werden behandelt. **Ni** u. **Co** (S. 546). Beschreibung der Abtrennung; polarogr. in pyridinhalt. $Ba(NO_3)_2$-Lsg. **Vanadin** (S. 547), Beschr. der Abtr.; polarogr. in NH_3-NH_4Cl-Lsg.

96. F. Enßlin, Met. u. Erz 37 (**40**) 171—72. C. 40 II 936.

Übersicht über die Methoden der Spurenbest. in **Feinzink**: Pb u. Cd polarographisch, s. § 11d.

97. H. Blumenthal, Met. u. Erz 37 (**40**) 265—69. C. 40 II 3521.

Übersicht über die spektralanalyt., kolorimetr. u. polarograph. (Pb, Cd) Spurenbest. in **Feinzink**.

98. A. S. Schachow, Saw. Lab. 9 (**40**) 293—94 (russ.), C. 42 I 3023.

Best. von **Cu in Zinksulfid**, s. § 11f.

99. A. A. Koslowa u. M. A. Portnow, Saw. Lab. 9 (**40**) 287—92 (russ.), C. 42 I 2304.

Best. von **Cu, Pb, Cd, Fe, Zn, Al** in **Zinkerzen** u. Prod. der Zinkindustrie, s. § 11f.

100. A. S. Schachow, Saw. Lab. 9 (**40**) 520—22 (russ.), C. 42 I 1666.

Best. von **ZnO in Zinksulfid**, s. § 11f.

101. B. M. Abraham u. R. S. Huffman, Ind. engin. Chem., Analyt. Ed. 12 (**40**) 656 (engl.), C. 42 II 2622.

Best. von **Pb** u. **Zn in Malfarben**.

102. B. A. Geller u. A. M. Sanko, Saw. Lab. 9 (**40**) 513—14 (russ.), C. 42 I 1666.

Best. von **Zn** in **Magnesiumlegierungen**, s. § 11a.

103. S. P. Schaikind, Sh. prikl. Chim. 13 (**40**) 455—62 (russ.) C. 40 II 3522.

Unters. der Stufenhöhen von **Cd** u. **Pb** in Abhängigkeit von deren Konz. u. der Konz. des Leitsalzes (KCl, Na_2SO_4, $ZnCl_2$, $ZnSO_4$).

104. S. I. Siniakowa, C. R. (Doklady) Acad. Sci. URSS 29 (**40**) 376—79 (engl.), C. 42 I 392.

Best. von **In**. In 0,1 n-KCl, NaCl, $LiNO_3$, $ZnCl_2$ oder NH_4Acetat sind 1 γ In/cm³ Lsg. bestimmbar. Cd stört. Wenn es nicht in großem

Überschuß vorliegt, so kann es in NH_3-NH_4Cl-Lsg. (worin In III unlöslich ist) bestimmt werden u. diese Stufenhöhe von der In + Cd-Stufe in 0,1 n-KCl abgezogen werden.

105. E. J. Nagerowa, Inst. Projekt. Zementind. „Giprozement" **1940**, 32—45 (russ.), C. 42 I 2179.

Best. der **Alkalimetalle in Zement** u. Zementrohstoffen. Beschreibung von Aufschlußverfahren. Gesamtdauer 2 bis 5 Std.

106. G. J. Maljarewski, Saw. Lab. 9 (**40**) 400—07 (russ.), C. 41 I 3117.

Methodisches: Anwendung der **polarometr. Methode** mit einem (ballist.) Galvanometer von 15 Sek. Schwingungsdauer. Ablesung der Stufenhöhe auf 0,2% genau.

Best. von **Cu, Ni, Fe in Aluminiumlegierungen**, s. § 11b.

Best. von **Cu, Zn in Erzen**, Schlacken, Flotationsrückständen u. anderen Prodd. von Kupferhütten, s. § 12a.

107. S. A. Pletenew, E. I. Dubowizkaja u. T. W Arefjewa, Saw. Lab. 8 (**40**) 824—27 (russ.), C. 42 II 2179

Best. von **Bi, Pb, Ni, Zn in Kupfer.** Bi u. Pb werden aus der mit Fe versetzten Lsg. mit NH_3 durch Mitreißen mit $Fe(OH)_3$ gefällt, von Fe durch Fällung als Sulfide getrennt, in 6 n-HCl polarographiert. — Ni u. Zn werden nach Abtrennung des Cu durch Elektrolyse in NH_4-Acetat-KCNS polarographiert.

108. A. M. Sanko, B. A. Geller u. A. D. Nikitin, Saw. Lab. 9 (**40**) 976—79 (russ.), C. 41 II 1656.

Best. von **Ti in Kaolin, Bauxit, Martinschlacken.** In weinsaurer Lsg. kann Ti auch neben wenig Fe u. viel Al bestimmt werden; s. § 11b.

109. A. W. Laubengayer u. R. B. Eaton, J. Am. chem Soc. 62 (**40**) 2704—06. C. 42 I 1983.

Mit 0,001 m-$ZrOCl_2$ in 0,1 m-KCl erhält man hinter der H-Stufe eine Zr IV/0-Stufe, wenn der p_H-Wert auf 3,0 bis 3,8 eingestellt wird (mit KOH). $E_{1/2}$ = etwa — 1,8 V bei p_H 3,0 etwa — 1,6 V bei p_H 3,8.

110. E. A. Kanewski u. L. E. Schwarzburd, Saw. Lab. 9 (**40**) 283—87 (russ.), C. 42 I 2304.

In mindestens 6% H_3PO_4 erhält man befriedigende **Mo-Stufen**, die eine Bestimmung auf ± 5% zulassen. In verschiedenen anderen Säuren sind die Stufen sehr schlecht.

Best. von Mo in Erzen, Rückständen usw., s. § 12a.

111. M. Straumanis u. A. Dravnieks, Z. analyt. Ch. 120 (40) 168—77 (dtsch.), C. 40 II 3522.

Analyse von **Kalkspat**, s. § 12b.

112. T. A. Krjukowa, Saw. Lab. 9 (40) 950—57. C. 41 II 1718.

Untersuchung über das polarographische Verhalten von **As**, s. § 8e u. Fig. 53.

113a. J. J. Lingane u. I. M. Kolthoff, J. Am. chem. Soc. 62 (40) 852—58. C. 40 II 3452.

Chromate geben in stark alkal. Lsg. nur die (irrev.) Cr VI/III-Stufe; in 1 n-NaOH bei — 0,89 V. Diese Lsg. ist für eine quant. Best. am besten geeignet. — In neutraler KCl-Lsg. erhält man mit sehr verd. Chromat auch die Cr III/II- u. Cr II/0-Stufen. Die Cr VI/III-Reduktion erfolgt in solchen Lsgg. in zwei Teilstufen bei — 0,3 u. — 1,0 V, wobei mit steigender Chromatkonz. die Höhe der zweiten Teilstufe auf Kosten der ersten zunimmt; zu erklären ist dies durch die Bildung eines Chromichromatfilmes auf der Tropfenoberfläche, der die weitere Chromatred. erst beim Pot. der zweiten Teilstufe zuläßt.

113b. J. Cholak u. K. Bambach, Ind. engin. Chem., Anal. Ed. 13 (41) 583—86. C. 42 I 2686.

Best. von **Pb in organ. Material**. Die Asche wird in HCl oder HNO_3 gelöst, Pb wird als PbO_2 an einer Pt-Netzanode abgeschieden (evtl. vorher mit Dithizion angereichert), in einer salpetersauren Weinsäurelsg. gelöst u. polarographiert. Dabei wird unter Zusatz von Cd^{2+} die Meth. des Stufenquotienten [B 5] angewandt. Beleganalysen.

114. J. Gochstein (Hochstein), Sh. obschtsch. Chim. (40) 1657 (russ.), C. 41 II 1924.

Der Einfluß von CN^-, SO_4^{2-}, $S_2O_3^{2-}$ auf das Red.-Pot. des **Nitrat**-Ions in Ggw. von La^{3+} wird näher untersucht.

115. J. Gochstein, Sh. obschtsch. Chim. 10 (40) 1725—32. C. 41 I 3195.

Unters. des polarogr. Verhaltens von **Mo VI** (Na_2MoO_4) in salpetersaurer Lsg. bei verschied. p_H, desgleichen in phosphathalt. Lsg. bei verschied. p_H; § 8f.

116. G. Sartori u. G. Giacomello, Gazz. 70 (40) 178—86.

Best. des Red.-Pot. von LiCl, $ZnCl_2$ u. $Cd(NO_3)_2$ in **Methylalkohol**, sowie von LiCl in Methylalkohol-Wasser-Gemischen.

117. A. M. Sanko u. F. A. Manussowa, Sh. obschtsch. Chim. 10 (**40**) 1171—76 (russ.), C. 41 II 1884.

Unters. der Polarogramme mehrerer Metallionen in **nichtwässerigen Lösungsmitteln**: $HCONH_2$, CH_3OH, C_2H_5OH, $C_3H_5(OH)_3$ u. deren Mischungen mit Wasser. Keine merkliche Änderung des Reduktionspotentials, wohl aber der Stufenhöhe gegenüber wässer. Lsgg. Eine Reihe einzelner Beobachtungen wird mitgeteilt.

118. L. Holleck, Z. Elektroch. 46 (**40**) 69—70. C. 40 II 1841.

$Eu(NO_3)_3$-Lsgg. (ohne Zusatzel.) zeigen zwischen der III/II- u. II/0-Stufe eine **Nitratstufe**, die bei großer Verd. verschwindet, u. zwar gerade dann, wenn auch das Absorptionsspektrum der Lsg. den Übergang vom Eu-Nitrat-Spektrum zu dem des freien Ions zeigt.

119. G. Sartori, Gazz. 71 (**41**) 263—68 (ital.), C. 41 II 1528.

Die rosa Lsg. von $CoCl_2$ in Methylalkohol u. die durch Benzolzusatz blau gefärbte zeigen beide eine normale Verschiebung des Co-Stufenbeginns mit der Konz.

120. W. Seith u. W. vor dem Esche, Z. Metallk. 33 (**41**) 81—83. C. 41 I 3415.

Unters. über die Bestimmbarkeit von **Bi, Tl, Sn** (Pb, Cd) in **Feinzink**, s. § 11d.

121. I. M. Kolthoff u. C. S. Miller, J. Am. chem. Soc. 63 (**41**) 1013—17. C. 41 II 1830.

Unters. der **O_2**-Stufen. Die Halbstufenpot. zeigen in gepufferten Lsgg. nur geringe u. ungesetzmäßige Abhängigkeit vom p_H, dagegen eine gewisse Abhängigkeit von der Art des Anions des Leitsalzes. In ungepuff. neutr. Lsgg. werden die O_2-Stufen verzerrt, wenn die Lsg. Stoffe enthält (Cd^{2+}, Pb^{2+}), die mit den gebildeten OH^--Ionen Niederschläge an der Tropfenoberfläche bilden.

122. I. M. Kolthoff u. C. S. Miller, J. Am. chem. Soc. 63 (**41**) 1405—11. C. 41 II 1830.

Nähere Unters. der **Anionen-Oxydationsstufen**: Stufen durch Hg-Ausfällung bei **Cl^-**, **Br^-**, **J^-**, **S^{2-}** u. durch Hg-Bindung bei **OH^-**, **$S_2O_3^{2-}$**, **SO_3^{2-}**, **CN^-**, **CNS^-**. Die Formeln der Komplexe u. die günstigsten Bedingungen für eine quant. Best. der Anionen werden ermittelt; s. § 9b.

123. G. Semerano u. I. Ronchi, Atti R. Ist. Veneto, Cl. Sci. mat. nat. 100 II (**41**) 397—417. C. 43 I 2618.

Analyse von **Mg-Legierungen**, s. § 11; insbesondere Unters. über die **Best. von Al.** Außer Si u. Mg sind alle in Frage kommenden

Bestandteile polarographisch bestimmbar. Deren Verhalten in verschiedenen Grundlsgg. wird untersucht.

124. V. Capitanio, Mem. Accad. Padova 57 (**41**) 107—17. C. 43 I 2012.

Vorschläge zur Verbesserung von **Grudlsgg.**: 1. NH_3-NH_4Cl-Lsg. (Grundlsg. „C" von Hohn) (s. Tab. 3, S. 58). 2. Saure NH_4Cl-Lsg. (Grundlsg. „P" von Hohn), s. § 8h bei Fe.

125. G. Semerano u. V. Capitanio, Mikrochemie 30 (**41**) 71—76. C. 42 II 929 (dtsch.). — V. Capitanio, C. 43 I 2618 (ital.).

Analyse von **Rein-Aluminium**, s. § 11b.

126. A. C. Coates u. R. Smart, J. Soc. chem. Ind. 60 (**41**) 249—476. C. 43 I 188.

Best. von Pb u. Zn in **Rein-Aluminium** u. von Sb, Zn u. Cu in **Al-Legierungen**, s. § 11b.

127. W. C. Davies, Chem. and Ind. 60 (**41**) 883—84. C. 43 I 1300.

Die von [D 126] angegebene Meth. ist wegen der Fällung u. Abtrennung des Al zu umständlich.

128. E. Krössin, Met. u. Erz 38 (**41**) 10—12. C. 41 I 2000.

Best. von **Pb** u. **Bi** in **Kupfer**, in **Zink** u. in Cu- u. Al-haltigen Zinklegierungen. Bi u. Pb werden mit Na_2S aus NaCN-Lösung gefällt. Gegebenenfalls wiederholen, um von mitgerissenen Cu ganz zu befreien. In HCl polarographieren. 0,0005% Bi oder Pb sind erfaßbar. Vgl. § 11.

129. E. Krössin u. E. Wagner, Met. u. Erz 38 (**41**) 199 bis 201. C. 41 II 1177.

Best. von **Pb** (u. Bi) in **Cadmium**, s. § 11g.

130. D. Cozzi, Ann. Chim. appl. 31 (**41**) 65—68. C. 41 II 1538.

Analyse von **leichtschmelzenden Legierungen** aus **Bi, Pb, Sn, Cd**; s. § 11k.

131. G. Canneri u. D. Cozzi, Gazz. 71 (**41**) 311—19. C. 41 II 1654.

Ce-Best. aus der Ce IV/III-Stufe, s. § 8b u. Fig. 48; in Mineralien, s. § 12b.

132. D. Cozzi, Ann. Chim. appl. 31 (**41**) 227—35. C. 42 I 1284.

Best. von **Zn-Spuren in Cadmium.** Cd muß abgetrennt werden: Entweder in stark schwefels. Lsg. mit H_2S oder in alkal. Lsg. mit Al-Metall. Zn wird dann in NH_3-NH_4Cl-Lsg. bestimmt. Vgl. [D 262]

133a. I. M. Kolthoff u. C. S. Miller, J. Am. chem. Soc. 63 (**41**) 2818—24. C. 41 I 1475.

Die Red. von **SO_2**(H_2SO_3) wird bei verschiedenen p_H untersucht. Es gelingt, die Beobachtungen zu deuten, s. § 10.

133b. B. T. Stevensen u. A. Langer, Westinghouse Research Lab., East Pittsburgh **1941**, Scientific Paper 1022.

Polarogr. Unters. des Chromat-Dichromat-Gleichgewichts.

134. I. M. Kolthoff u. C. S. Miller, J. Am. chem. Soc. 63 (**41**) 2732—34. C. 41 I 1853.

Es wird die Red. von **Hg_2^{2+}** u. **Hg^{2+}** in HNO_3 u. von **$HgCl_2$** in KNO_3 an der Tropfkathode untersucht. Aus der Form der polarograph. Stufen ergibt sich, daß an der Tropfenoberfläche Hg^{2+} u. $HgCl_2$ sofort nach $Hg^{2+} + Hg = Hg_2^{2+}$ bzw. $HgCl_2 + Hg = Hg_2Cl_2$ reagieren. Die elektrochem. Red. dieser Prodd. gibt dann die Stufen.

135. J. J. Lingane u. H. Kerlinger, Ind. engin. Chem., Analyt. Ed. 13 (**41**) 77—80. C. 42 II 2825.

Best. von **Ni** u. **Co** nebeneinander in pyridin- oder KCNS-haltiger Lsg. (s. § 8h), insbes. in **Stahl** (s. § 11).

136. R. Höltje u. R. Geyer, Z. anorg. Ch. 246 (**41**) 258—74. C. 41 II 725.

Untersuchung von **Mo** VI in verschiedenen Säuren. Deutung der vier auftretenden Stufen. Siehe § 8f.

137. Fr. Enßlin, Met. u. Erz 38 (**41**) 305—08.

Beschreibung einiger Methoden zur Best. von **Indium.** Darunter kurze Angaben zur polarogr. Best., s. § 8c.

138. M. A. Portnow u. G. J. Ssuschentsowa, Saw. Lab 10 (**41**) 462—64.(russ.), C. 43 I 307.

Best. von **Cu, Ni + Co** u. **Fe in Pyrolusit** (MnO_2). Die drei ersten nach Fällung von $Fe(OH)_3$ in NH_3-$(NH_4)_2CO_3$-Na_2SO_3-Lsg. Nachher Fe nach Red. mit Sulfit (in saurer Lsg.) in NH_3-Tartrat-Lsg.

139. W. R. Crowell, J. Heyrovský u. D. W. Engelkemeir, J. Am. chem. Soc. 63 (**41**) 2888—90. C. 42 I 2108.

OsO_4 in $Ca(OH)_2$-Lsg. gibt folgende Red.-Stufen:

I. $HOsO_5^- + 2\ominus = OsO_4^{2-} + OH^-$.
II. $OsO_4^{2-} + 2 H_2O + 2\ominus = OsO_2 + 4 OH^-$ · $E_{1/2} = -0,44$ V.
III. $2 OsO_2 + H_2O + 2\ominus = Os_2O_3 + 2 OH^-$ · $E_{1/2} = -1,20$ V.

Zu I ist $E_{1/2}$ nicht genau angebbar, da eine schwache Oxydation des Hg durch OsO_4 auch in alkal. Lsg. stattfindet (in saurer Lsg. stark). — K_2OsO_4 in $Ca(OH)_2$-Lsg. gibt nur die Stufen II u. III.

140. H. A. Laitinen u. W. A. Taebel, Ind. engin. Chem., Anal. Ed. 13 (41) 825—29. C. 43 II 648.

Best. von **Eu** u. **Yb** in Gemischen der seltenen Erden. $E_{1/2}$ gegen gesätt. Kalomelelektrode in 0,1 n-NH_4Cl — 0,671 bzw. — 1,415 V.

141. V. E. Toropowa, Sh. obschtsch. Chim. 11 (41) 1211—14 (russ.).

Eisen-Oxalat-Komplexe.

142. S. P. Schaikind, A. J. Kilter u. I. I. Eber, Saw. Lab. 10 (41) 465—66 (russ.).

Die **ZnO-Best.** in **Lithopone** nach Knocke [D 44] ergibt zu niedrige Werte. ZnO muß durch Kochen mit 10%iger Essigsäure ausgezogen werden.

143. I. Zlotowski u. I. M. Kolthoff, Ind. engin. Chem., Anal.Ed. 14 (42) 473—77.

Best. von **K, Na, Li,** s. § 8b.

144. H. A. Laitinen, J. Am. chem. Soc. 64 (42) 1133—35.

Die **III/II-Stufe des Ytterbiums** ist auch als Oxydationsstufe erhältlich, also reversibel. Das Redoxpot. liegt in 0,1 n-NH_4Cl bei — 1,15 V gegen die Wasserstoffelektrode.

145. B. P. Caldwell u. S. Reznek, Ind. engin. Chem., Anal. Ed. 14 (42) 187—89.

Analyse von Bleiarsenat mit einem direkt die Prozente angebenden Polarographen.

146. G. Haim u. W. C. E. Barnes, Ind. engin. Chem., Anal. Ed. 14 (42) 867.

Best. von **Pb in Stählen.**

147. J. E. Page u. F. A. Robinson, J. Soc. chem. Ind. 61 (42) 93—96. C. 43 II 1565.

In 1 n-H_2SO_4 liegen die Stufen von **Bi III** u. **Sb III** bei — 0,06 bzw. — 0,38 V, also genügend getrennt für gleichzeit. Best. (nicht so in HCl u. HNO_3). 0,1% Gelatine werden empfohlen.

148 G. Semerano, Die Chemie 55 (42) 351—56 (dtsch.), C. 43 I 1699.

Zusammenfassende Übersicht über die polarogr. Spurenbest. in reinen Metallen. Dabei Erwähnung eigener neuer Versuche über die Analyse von Magnesium u. von Aluminium, s. § 11a, b. — Kurze Angaben über die „Differentialpolarographie", s. § 7b.

149. G. Semerano u. V. Capitanio, Atti R. Ist. Veneto, Cl. Sci. mat. nat. 101 (42) 334—41.

Best. von Fe, Cu, Pb, Zn in Aluminium bei Gehalten von mehr als 0,01%, s. § 11b.

150a. F. Enßlin, H. Dreyer u. K. Abraham, Metall u. Erz 39 (42) 184—87. C. 42 II 2510.

Cd u. Tl nebeneinander sind in stark ammoniakal. Lsg. bestimmbar: Die Lsg. der Sulfate (andere Salze werden mit H_2SO_4 abgeraucht) wird mit dem genau gleichen Vol. folgender Grundlsg. vermischt: 1800 cm^3 konz. NH_3 u. 200 cm^3 einer an Na_2SO_3 gesätt. 20%igen Tyloselsg. — Zur Best. von Cd in Tl oder Tl-Salzen wird dieses mit KBr ausgefällt.

150b. (Buch) „Analyse der Nichteisenmetalle", herausgegeben vom Chemikerfachausschuß der Ges. Metall u. Erz, Verlag Springer 1942.

Im Bd. I „Schiedsmethoden" auch polarogr. Verfahren (Cu, Zn, Cd, Pb).

151. J. J. Lingane, J. Am. chem. Soc. 64 (42) 1001—07, 2182 bis 2190. C. 43 I 1143.

Untersuchung von ReO_4^- (als $KReO_4$), s. § 8g.

152. E. F. Orlemann u. I. M. Kolthoff, J. Am. chem. Soc. 64 (42) 1044—52. 1971—77.

Red. von Bromat u. Iodat in saurer u. alkal. Lsg., s. § 9a und § 39 am Schluß. Es wird eine Theorie für den Red.-Mechanismus vorgeschlagen.

153. A. Stern, Ind. engin. Chem., Anal. Ed. 14 (42) 74—77.

Molybdat gibt eine gute Stufe in konz. NH_4NO_3, s. § 8f.
Dies ermöglicht eine indirekte Phosphatbest.: Fällung als Ammoniumphosphormolybdat, Polarographieren des Molybdatüberschusses, s. § 9c.

154. G. Cohn u. I. M. Kolthoff, Ind. engin. Chem., Anal. Ed. 14 (42) 886—90.

Indirekte Best. von Pyrophosphat: Fällung als Cd-Pyrophosphat, Lösen des Nd. in Salzsäure, polarogr. Best. des Cd. — Auch in Ggw. von Orthophosphat u. Ca anwendbar.

155. Ch. Carruthers, Ind. engin. Chem., Anal. Ed. 15 (**43**) 70—71.

Indir. Best. von kleinen Mengen **Na als Natriumzinkuranylacetat**: Der mit Alkohol gewaschene Nd. wird in HCl gelöst, entlüftet, die Uranstufe bei — 0,24 V wird bestimmt.

156. G. Cohn u. I. M. Kolthoff, J. biol. Chem. 147 (**43**) 705—19.

Indir. Best. von **Ca als Picrolonat**: Polar. Best. des Picrolonsäure-Überschusses, s. § 8b. — Die **Picrolonsäure** gibt zwei Stufen (mit Max.). In Acetatpuffer kann die Höhe der zweiten Stufe gut vermessen werden (ohne Dämpfer).

157. Ch. Carruthers, Ind. engin. Chem., Anal. Ed. 15 (**43**) 412—14.

Indir. Best. von **Mg mit Oxychinolin**: Mg wird in NH_3-NH_4Cl-Lsg. heiß mit alkohol. 8-Oxychinolin-Lsg. gefällt, der Nd. mit HCl gelöst und in Phosphatpuffer-HCl-Gelatine-Lsg. luftfrei das Oxychinolin polarographiert. 0,1 mg Mg lassen sich bestimmen. Anwendung auf Gewebe. Ca u. Fe stören. Vgl. [D 186].

158. W. C. Davies u. C. Key, Ind. Chemist and chem. Manufacturer 19 (**43**) 555—59. C. 44 I 1113.

Best. von **Cu neben viel Eisen** (z. B. in Pyrit) in alkal. Tartratlsg., s. § 12a.

Best. von Cu in Pyriten, Aluminiumlegierungen u. Weißmetall, s. § 11b.

159. W. P. Tyler u. W. E. Brown, Ind. engin. Chem., Anal. Ed. 15 (**43**) 520—23.

Polarogr. Schnellbest. von Cu u. Zn in Messingplattierung auf Stahl: Lösen in Ammoniumpersulfat, Polarogr. in NH_3-NH_4Cl-Na_2SO_3-Gelatine-Lsg.

160. L. Holleck, Z. analyt. Ch. 126 (**43**) 1—8. C. 43 II 1032.

Best. von **Ytterbium** mittels der III/II-Stufe (— 1,48 V) in Gemischen seltener Erden.

161. L. Holleck, Z. Elektroch. 49 (**43**) 496.

Europiumnitratlösungen.

162. M. Spálenka, Z. analyt. Ch. 126 (**43**) 49—59. C. 43 II 1117.

Zur Best. von **Pb** wird eine alkal. KCN-Lsg. empfohlen, s. § 8d (Blei) u. § 11: **Bleibronze, Kupfer, Messing, Zink.** Vgl. [D 190].

163. I. P. Alimarin, B. N. Iwanow-Emin u. S. M. Pewzner, Trudy ws. Konf. anal. Chim. 2 (**43**) 471—92 (russ.).

Best. von **Sn** in **Erzen.**

164. Th. Østerud u. M. Prytz, Arch. Math. Naturvidensk. 47 (**43**) 73—81. C. 44 I 344.

$Sn(ClO_4)_4$ u. $GeCl_4$ in $HClO_4$ geben zwei Stufen. Die Elektronenanordnung der Ionen wird diskutiert.

165. D. F. Swinehart, A. B. Garrett u. W. M. MacNevin, Ind. engin. Chem., Anal. Ed. 15 (**43**) 729—31.

Die **Bi**-Best. in 0,1 m-Tartrat — 0,05 m-Essigsäure — 0,05m-Na-Acetat (p_H 4,75; $E_{1/2}$ = — 0,27 V) hat eine Empfindlichkeit von 1 γ Bi im cm^3.

166. R. Kraus u. J. V. A. Novák, Die Chemie 56 (**43**) 302 bis 303.

Best. von **Sb** in **Hartblei**, s. § 11.

167. F. Enßlin, H. Dreyer u. K. Abraham, Metall u. Erz 40 (**43**) 328—29.

Verhinderung der Okklusion von Zn an Kieselsäure bei der Best. von **Zn** in **Aluminium**, s. § 11b.

168a. F. Jablonski u. H. Moritz, Aluminium 25 (**43**) 291 bis 295, 26 (**44**) 38—42, 97—99 (dtsch.).

Best. von **Zn** u. **Ni** in **Aluminuim** in Ggw. von Cu, Cr u. Si. Die Zn-Best. wird durch den Si-Gehalt nicht beeinträchtigt [entgegen D 167].

168b. British Aluminium Comp., "Analysis of Aluminium and its Alloys. Spectrochemical and Polarographic Methods", London, 1. Aufl. **1943** 2. Aufl. **1946**. 84 S.

S. 61—84 polar. Best. von **Sb, Cu, Pb, Ni, Sn, Zn** in **Reinaluminium** u. **Aluminiumlegierungen**, s. § 11b.

169. D. Cozzi, Mikroch. 31 (**43**) 37—41 (ital.), C. 44 I 1201.

Best. von **Cu, Bi, Pb, Cd, Tl, Fe** in **Feinzink**, s. § 11d.

170. G. Semerano u. V. Capitanio, Atti R. Ist. Veneto, Sc. Lett. Arti 102 (**43**) 229—35.

Best. von **Cu, Pb, Zn in Eisenerz.**

171. J. E. Page u. F. A. Robinson, Analyst 68 (**43**) 269 bis 271. C. 44 I 954.

Vanadin-Best. in pharm. Präp.: Aufschluß mit H_2SO_4+HNO_3, Entfernung von Fe, Polarographieren in stark ammoniakal., NH_4Cl u. Gelatine enthaltender Lsg.; Tropfzeit nicht über 2,5 sec. — IV/II-Stufe bei — 1,36 V.

172. D. N. Hume u. I. M. Kolthoff, J. Am. chem. Soc. 65 (**43**) 1897—1901. C. 45 I 1461

Die Red. von $Cr^{III}(CN)_6^{3-}$ u. die Oxyd. von $Cr^{II}(CN)_6^{4-}$ erfolgen in 1 n-KCN an der Tropfelektrode reversibel bei — 1,42 V.

173. S. A. Pletenew u. T. V. Arefjewa, Trudy ws. Konf. anal. Chim. 2 (**43**) 457—61.

Polar. Analyse von **Nickelerzen,** -konzentraten u. -rückständen.

174. D. P. Maljuga, Sh. obschtsch. Chim. 13 (**43**) 391—97 (russ.). — Trudy ws. Konf. anal. Chim. 2 (**43**) 493—505 (russ.)

Best. von **Cu, Ni, Co, Zn u. Cd.**

175. I. M. Kolthoff u. J. I. Watters, Ind. engin. Chem., Anal. Ed. 15 (**43**) 8—13, 16 (**44**) 187—89.

Best. von **Mn mittels** der Red.-Stufe des **Mn III-Pyrophosphatkomplexes.** Entfernung der störenden Elemente Cr, V, Ce durch Mitreißen bei Fällung von $Fe(OH)_3$ mit Pyridin. Siehe § 8g.

176. J. S. Ljalikow, Trudy ws. Konf. anal. Chim. 2 (**43**) 439 bis 443 (russ.).

Best. von **Mn in Stählen.**

177. A. Dravnieks, Z. analyt. Ch. 126 (**43**) 300—07.

Best. von **Pb, Co, Mn in Lacken** u. Firnissen. Pb in NH_4Cl-Lsg., Co u. Mn im ammoniakal. Lsg. unter Zusatz von Metol, Natriumsulfit u. Gelatine.

178. J. J. Lingane, J. Am. chem. Soc. 65 (**43**) 866—72. C. 45 I 1461

Sn II gibt in sauren wie alkal. **Tartratlsgg.** eine anod. II/IV- u. eine kathod. II/0-Stufe. Die Halbstufenpot. sind bei p_H 2,3: — 0,18 bzw. — 0,53; bei p_H 9,8: — 0,38 bzw. — 0,99; bei p_H 13,0: — 0,81 bzw. — 1,20 V. Die Max. beider Stufen werden durch 0,01% Gelatine unterdrückt. Die anod. Stufe fällt zu einem Minimum ab, was aber die Ablesung der Stufenhöhe nicht hindert.

Cu II in Tartratlsg. gibt eine gute II/0-Stufe, wenn die Lsg. nicht stark alkalisch ist. In saurer Lsg. liegt die Cu-Stufe bei ca. — 0,1 V, die anod. Sn II/IV-Stufe bei ca. — 0,3 V. Trotzdem findet die Rk. Sn II + Cu II = Sn IV + Cu nicht statt [vgl. D 86]. Dies ermöglicht eine **polarometr. Titration von Sn II** mit $CuSO_4$-Lsg.: Bei — 0,25V mißt man die Sn II/IV-Stufe, die durch Cu II-Zugabe kompensiert wird.

179. J. J. Lingane, Ind. engin. Chem., Anal. Ed. 15 (**43**) 583 bis 590.

Die **Halbstufenpot. u. Stufenhöhen** (Diffusionskonstanten) für As, Sb, Bi, SnII, SnIV, Pb, Cd, Zn, Cu in 1 n-HCl, 1 n-HNO_3, 1 n-H_2SO_4, 1 n-NaOH, Tartrat (sauer, neutral, alkal.), 1 n-NH_3—1 n-NH_4Cl werden bestimmt.

180. L. Holleck, Z. Elektroch. 49 (**43**) 400—06. C. 44 I 147.

Unters. der **Nitrat**-Stufe: Einfluß des Leitsalzes, des p_H, von O_2.

181. S. G. Michlin, Trudy ws. Konf. anal. Chim. 2 (**43**) 507 bis 527 (russ.).

Best. von **Cl^-, Br^-, I^-, CN^-**.

182. D. Bigalli u. G. Cinquina, Korrosion u. Metallschutz 19 (**43**) 282—84 (dtsch.).

Best. von Phosphat, Nitrat, Zn, Mn, Al, Pb in **Phosphatierungslsgg.** Indirekte Phosphatbest. durch Fällung als $BiPO_4$ u. Polarographieren des überschüssigen Bi, s. §§ 9c, 12d.

183. F. Jablonski u. H. Moritz, Aluminium 26 (**44**) 245 bis 247.

Best. von **Pb in Aluminium**, s. § 11b.

184. P. Urech u. R. Sulzberger, Helv. chim. Acta 27 (**44**) 1074—79 (dtsch.).

Best. von **Na in Aluminium.** Bei Gehalten von 0,001 bis 0,01% ist eine Anreicherung erforderlich: Das meiste Al wird mit HCl-Gas ausgefällt. Fe wird mit NH_3 entfernt, die Ammonsalze abgeraucht, in Tetramethylammoniumhydroxydlsg. polarographiert.

185. I. Zlotowski u. I. M. Kolthoff, J. Am. chem. Soc. 66 (**44**) 1431—35. C. (Ak. V.) 45 II 459

Das polarogr. Verhalten von **Ba u. Sr** in Wasser-Alkohol-Gemischen, s. § 8b.

186. K. G. Stone u. N. H. Furman, Ind. engin. Chem., Anal. Ed. 16 (44) 596—98.

Indirekte Mg-Best. mit 8-Oxychinolin. Besser als die Methode von [D 157] ist die Best. des Oxychinolin-Überschusses, s. § 8b.

187. Chu. Chi-Shou, J. Chinese chem. Soc. 11 (44) 113—17.

Unters. des Cd^{2+}-NH_3-Komplexes.

188. C. Drotschmann, Metallwirtschaft 23 (44) 343—46.

Best. von **Cu, Cd, Ni, Zn, Mn in Blei,** Hartblei, Bleioxyden, insbesondere in Te- u. Se-haltigem Hartblei, s. § 11h.

189. J. J. Lingane, Ind. engin. Chem., Anal. Ed. 16 (44) 147 bis 152.

Cu, Bi, Pb, Cd (die Kupfergruppe) lassen sich in saurer Tartratlsg. mit einem Polarogramm bestimmen, s. § 11l.

190. M. Spálenka, Metallwirtschaft 23 (44) 341—43. C. (Ak. V.) 45 I 1151.

Best. von **Pb- u. Cd-Spuren in Kupferlegierungen,** s. § 11c.

191. R. C. Hawkings u. H. G. Thode, Ind. engin. Chem., Anal. Ed. 16 (44) 71—74.

Cu, Pb, Cd in Feinzink, s. § 11.

192. H. Wolfson, Nature 153 (44) 375—76.

Best. von **Mo u. Fe** in Permalloy, s. § 8f u. § 11m.

193a. I. P. Alimarin u. B. N. Iwanow-Emin, Sh. prikladn. Chim. 17 (44) 204—12 (russ., engl. Zus.).

Germanium.

193b. M. L. Nichols u. L. H. Rogers, Ind. engin. Chem., Anal. Ed. 16 (44) 137—40.

Best. von **Mo**-Spuren in Pflanzen, s. § 8f.

194. P. Souchay, Ann. chim. 18 (43) 73—96, 169—84; 19 (44) 102—29; 20 (45) 73—95 (franz.).

Unters. der **Heteropolysäuren des Wolframs.** Das Ion $H_3W_6O_{21}^{3-}$ gibt eine Red.-Stufe bei ca. — 0,9 V.

195. J. B. Willis, J. Am. chem. Soc. 66 (44) 1067—69. C. (Ak. V.) 45 II 767

RhIII-Komplexe geben mitunter gute Stufen, s. § 8h.

196a. M. Spálenka, Metallwirtschaft 23 (44) 346—47. C. (Ak. V.) 45 I 920.

Best. von Cr u. Zn in Chromanodbädern, s. § 12d.

196b. Dgf. Metallwaren-Ind. Galvano-Techn. 42 (44) 15-18 und 44-45. Zitiert nach [D 196a].

Allg. Beschreibung der polarog. Methode und kurze Angaben über die polar. Analyse von Nickel-, Zink-, Kupfer-, Eisen- und Goldbädern, s. § 12d.

197. W. Stross u. G. H. Osborn, Light Metals 7 (44) 325 bis 329.

Best. von Zn in Aluminiumlegierungen, s. § 11b u. [D 251].

198. G. Semerano u. L. Mendini, Atti R. Ist. Veneto Sc., Lett. Arti 103 (44) 367—76.

Analyse von Zinkmetall.

199. M. T. Rossetti, Atti R. Ist. Veneto Sc., Lett. Arti 103 (44) 77—83.

Verhalten einiger Kationen in konz. FeII-Salz-Lsgg.

200. I. M. Kolthoff, W. E. Harris u. G. Matsuyama, J. Am. chem. Soc. 66 (44) 1782—86. C. (Ak. V.) 45 II 691

Nitrat-Best. in Uranyl-Leitsalz, s. § 9a.

201. R. Haul u. E. Scholz, Naturwiss. 32 (44) 294—95. Ang. Ch. 60 (48) 65-66

Das polar. Verhalten des N_3^--Ions, s. § 9b. Adsorpdionsvorstufe bei der Cl^-, Br^- und N_3^--Stufe.

202. P. van Rysselberghe u. G. J. Alkire, J. Am. chem. Soc. 66 (44) 1801; 68 (46) 2047—55. C. (Ak. V.) 45 II 766.

Die polar. Red. des CO_2: In Tetramethylammoniumchloridlsgg. eine Stufe bei — 2,28 V. ⟨Ist dies nicht eine H-Stufe?⟩

203. I. Zlotowski u. I. M. Kolthoff, J. phys. Chem. 49 (45) 386—405.

Best. von Ca, auch in Ggw. anderer Erdalkalien, s. § 8b.

204. J. A. Campbell u. Ch. Schenker, J. Am. chem. Soc. 67 (45) 767—69; 69 (47) 109-10. C. (Ak.V.) 47, 321. C (Ak. V.); 48 II 699.

Das Verhalten des Ba^{2+}-Ions gegen Na-Hexametaphosphat $(NaPO_3)_6$, Na-Triphosphat $Na_5P_3O_{10}$ u. Na-Pyrophosphat $Na_4P_2O_7$ wird polar. untersucht. Ba wird gefällt oder komplex gebunden.

206. St. R. Ames u. Ch. R. Dawson, Ind. engin. Chem., Anal. Ed. 17 **(45)** 249—53.

Best. von **Cu in Kupferproteinen.** Veraschen bedingt Verluste, daher Extraktion des Cu aus dem getrockneten Protein mit 0,5 m-Zitronensäure, Polarographieren in Citratpuffer p_H 4.

207. Ch. Carruthers, Ind. engin. Chem. ,Anal. Ed. 17 **(45)** 398—99.

Indir. **Cu-Best.**: Fällung mit **Salicylaldoxim** in Phosphatpuffer p_H 5,4 u. Best. des Oximüberschusses (Stufe bei — 1,02 V).

208. S. J. Fainberg u. E. M. Tal, Saw. Lab. 11 **(45)** 631—34 (russ.).

Best. von **Pb u. Sn in Erzen.**

209. W. Hered u. R. Hered, Ind. engin. Chem., Anal. Ed. 17 **(45)** 780—81.

Pb in Schmelzprodukten.

210. W. F. Toropowa, Sh. prikladn. Chim. 18 **(45)** 177—80 (russ.).

Best. von **Pb in Bleibronzen.**

211. G. W. C. Milner, Analyst 70 **(45)** 250—53.

Best. von **Pb in Messing u. Bronze,** s. § 11c, d.

212. J. J. Lingane, J. Am. chem. Soc. 67 **(45)** 919—22.

SnIV. Gute Stufen IV/II u. II/0 erhält man bei hoher Cl^--Konz., z. B. in 4 n-HCl. Noch besser ist 4 m-NH_4Cl—1 n-HCl mit 0,005% Gelatine (— 0,29 u. — 0,56 V). Die erste Stufe ist flach, die zweite steil. — SnIV liegt wahrscheinlich als $(SnCl_6)^{2-}$ vor. — Auch 4 m-NH_4Br ist als Leitsalz brauchbar.

213. A. S. Nickelson u. J. E. B. Randles, "Polarographic and Spectrographic Analysis of High Purity Zinc and Zinc Alloys for Die Casting". London **1945**, 32 S.

214. British Standards Institution, Brit. Standard 1225 **(45)**, 36 S.

Analyse von **Feinzink u. Zinklegg.** (Etwas gekürzte Wiedergabe von [D 213]).

215. I. M. Kolthoff u. G. Matsuyama, Ind. engin. Chem., Anal. Ed. 17 (45) 615—20.

Best. von **Fe, Cu, Pb, Ni, Zn** in **Aluminiumlegg.**, s. § 11b.

216. J. J. Lingane, J. Am. chem. Soc. 67 (45) 182—88. Das polarogr. Verhalten des **Vanadins**, s. § 8e.

Das polarogr. Verhalten des **Vanadins**, s. § 8e.

217a. P. W. West u. J. F. Dean, Ind. engin. Chem., Anal. Ed. 17 (45) 686—88. C. (V. Ch.) 47 II 835.

Best. von **Ni in Stählen.**

217b. A. G. Stromberg u. A. J. Seljanskaja, Sh. obschtsch. Chim. 15 (45) 303—18 (russ.).

Best. von **Co neben Ni.** Katalyt. H^+-Abscheidung durch den Co-Dimethylglyoxim-Komplex.

218. G. W. C. Milner, Analyst 70 (45) 468—74.

Best. von **Ni** in **Kupferlegg.**, s. § 11c.

219. J. B. Willis, J. A. Friend u. D. P. Mellor, J. Am. chem. Soc. 67 (45) 1680—83. C. (Ak. V.) 47, 323.

Zahlreiche **CoIII-Komplexe** $[Co(NH_3)_6]^{3+}$, $[Co\,en_3]^{3+}$ u. solche, in denen NH_3 bzw. Äthylendiamin teilweise ersetzt sind durch NO_2, Cl^-, H_2O, OH^-, werden in K_2SO_4- u. Na-Acetat-Lsg. untersucht. Die CoIII/II-Stufen liegen zwischen 0 u. — 0,5 V. Die zweiten Stufen (II/0) liegen bei allen Komplexen bei — 1,24 V in 0,1 n-K_2SO_4, also beim gleichen Pot. wie auch die II/0-Stufe von $CoSO_4$ in 0,1 n-K_2SO_4. Dies beweist, daß die Co-Komplexe sofort nach der III/II-Red. zerfallen.

220. W. E. Harris u. I. M. Kolthoff, J. Am. chem. Soc. 67 (45) 1484—90. C. (Ak.V.) 47, 487.

UO^{2+} in schwach saurer Lsg. [vgl. D 232, 267]. In 0,01 bis 0,1 n-HCl zwei Stufen: VI/V bei — 0,26 V u. V/III bei — 0,98 V. Die erste Stufe ist für eine quant. Best. von Uran geeignet. Zum Dämpfen des Max. dienen 10^{-4}% Thymol, Coffein oder Agar. FeIII wird mit Hydroxylamin bei 50° red. Auch Phosphorsäure muß entfernt werden. — UIV gibt eine IV/III-Stufe bei — 0,98 V.

Da UO_2^{2+} (u. U^{4+}) die Red. des NO_3^--Ions katalysiert [s. D 200], können Spuren von 10^{-6} bis $3 \cdot 10^{-5}$ m-Uran aus der Höhe der katalyt. NO_3-Stufe bei — 1,2 V (100mal höher als die UVI/V-Stufe) bestimmt werden. Grundlsg.: 0,005 n-KNO_3—0,5 n-KCl—0,05 n-HCl.

221. J. B. Willis, J. Am. chem. Soc. 67 (45) 547—50.
Die Komplexionen der **Pt-Metalle,** s. § 8h.

222. G. Schönholzer, Experientia 1 (45) 158.
Best. des **Cl^--Ions.**

223. J. Haslam u. S. H. Cross, J. Soc. chem. Ind. 64 (45) 259—60.
Best. von **Nitratspuren in Nitrit,** s. § 9a.

224. H. Wanner, Helv. chim. Acta 28 (45) 23—26 (dtsch.).
Der **Temperaturkoeffizient** des Diffusionskoeff. von O_2 in einer Nährsalzlsg. wird polarographisch zu 0,014 bestimmt.

225. J. Knanishu u. Th. Rice, Ind. engin. Chem., Anal. Ed. 17 (45) 444—46. C. (Ak. V.) 47, 487.
Best. von **Fe u. Zn in Phosphatüberzügen**: In 0,75 m-Oxalsäure mit NH_3 neutralisiert.

226. Z. S. Mansurowa et al., Saw. Lab. 11 (45) 623—35. — D. A. Wjachirew, daselbst 641—44. — W. S. Belaja, daselbst 644—48 (russ.).
Analyse von $NiSO_4$ u. **Nickelbädern.**

227. S. Fainberg u. E. Tal, Saw. Lab. 12 (46) 265.
Best. von **Pb.**

228. L. T. Muus u. I. Refn, Kemisk Maanedsblad 27 (46) 109.
Polar. Best. der Komplexitätskonst. von $Pb(OH)_3^-$.

229. M. Calvin u. R. N. Bailes, J. Am. chem. Soc. 68 (46) 949—54.
Es werden 37 innere **Kupferkomplexsalze** des Typs

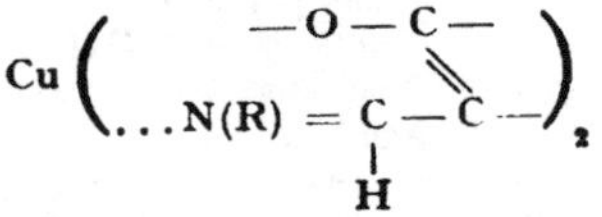

untersucht (Salicyl-aldehyd-methylimin-Cu usw.). Sie geben zwei Stufen: Eine CuII/I-Stufe, die individuell verschieden liegt, u. eine CuI/0-Stufe, die stets bei — 0,56 V liegt, wie die von $Cu(NO_3)_2$ oder CuCl in dieser Lsg. Sind die beiden N-Atome verbunden (Diaminderivate), so erfolgt die Red. in einer II/0-Stufe bei — 0,6 bis — 0,8 V.

229b. R. M. Keefer, J. Am. chem. Soc. 68 (46) 2329—31.

Cu II wird in alkal. Lsg. mit **Glycinat** bzw. **Alaninat** in einer II/O-Stufe reduziert; aus deren Verschiebung mit der Aminosäurekonz. ergeben sich für 0,01 bis 0,08 m die Komplexformeln CuG_2 bzw. CuA_2, für 0,2 bis 1,0 m-Glycinat — CuG_3.

230. J. B. Willis, J. Proc. Roy. Soc. New South Wales 78 (46) 239—45.

Polar. Unters. der **isomeren Chromsulfate.**

231a. J. J. Lingane, J. Am. chem. Soc. 68 (46) 2448—53.

Fe in Citrat-, Tartrat- u. Oxalat-Lsgg. — In Zitronensäure-NaOH-Mischungen (0,5 m, mit 0,005% Gelatine) liegt die III/II-Stufe bei + 0,39—0,108 p_H für p_H 4 bis 12; sie ist nur in saurer Lsg. reversibel. Eine Citratlsg. mit p_H 6—7 dürfte für eine Fe-Best. (auch anodisch) besonders geeignet sein. — Eine II/0-Stufe tritt nur bei $p_H > 10$ auf.

In 0,5 m-Tartrat mit $p_H < 6{,}2$ liegt die reversible III/II-Stufe wie in Citrat. Bei $p_H > 6{,}2$ spaltet die Stufe auf (infolge Überganges des FeIII-Hydrogentartrato- in den -Tartrato-Komplex); ab p_H 8 ist nur noch die negativere, irrev. Stufe vorhanden (— 1,77 V bei p_H 9,3). — II/0-Stufe stets dicht vor dem Endanstieg. In ammoniakal. Lsg. liegt sie 0,2 V positiver, ist also gut vermeßbar, z. B. in 0,5 m-NH_4-Tartrat —1 n-NH_3—0,005% Gelatine (p_H 9,7) bei — 1,57 V.

In 0,2 m-Oxalat verschiebt sich die III/II-Stufe (rev.) mit dem p_H stark bis p_H 3,7 ($HC_2O_4^-$-Komplex), ab p_H 3,7 nur wenig ($C_2O_4^{2-}$-Komplex): — 0,28 V bei p_H 3,7; — 0,31 V bei p_H 8,3.

Durch Licht wird FeIII in diesen Lsgg. reduziert.

231b. G. Jessop, Nature 158 (46) 59.

Cu, Pb, Fe in Ggw. von **Triäthanolamin**, s. § 8h, Eisen.

232. I. M. Kolthoff u. W. E. Harris, J. Am. chem. Soc. 68 (46) 1175—79.

Uran in stark saurer Lsg. [vgl. D 220, 267]. Die erste Stufe (VI/V) wird zu hoch, die zweite (V/III) zu niedrig, was auf eine teilweise Disproportionierung von UV in UVI und UIV zurückgeführt wird.

233. E. R. Smith, J. K. Taylor u. R. E. Smith, Nat. Bur. Stand., Techn. News Bul. **1946**, No. 353.

Einfluß der Rk. **zwischen Hg u. O_2** in wssr. Lsg. auf die Stufen einiger Metalle bei kleinen Konz.

234. H. Pellequer, C. r. 222 (46) 1220—22.

Mikrobest. von **H_2O_2**.

235. B. Keilin u. J. W. Otvos, J. Am. chem. Soc. 68 (**46**) 2665—68.

Analyse von Nitrit-Nitrat-Gemischen, s. § 9a.

236. J. J. Lingane, Ind. engin. Chem., Anal. Ed. 18 (**46**) 429—32. C. (Ak. V.) 48 I 258

Best. von **Sn, Pb, Ni, Zn in Kupferlegg.**, s. § 11c. — Elektrolyt. Entfernung von Cu und von Sn u. Pb. — Ag- u. Pb-Drahtanoden (s. § 5).

237. G. W. C. Milner, Metallurgia 1946, 321—23 (engl.).

Best. von **Pb, Cd, Sn, Cu in Zink**. Neue Vorschriften für Lsgg. mit viel Cu, s. § 11e.

238. J. B. Misetzkaja, Sh. prikladn. Chim. 19 (**46**) 400 bis 403 (russ.). C. (V. Ch.) 47 I 645. C. (Ak. V.) 47, 360.

Schnellbest. **geringer Cu-Mengen in Aluminium** in Citrat-NH_4Cl-NH_3-Na_2SO_3-Gelatine-Lsg.

239. G. A. Crove u. W. T. Bishop, Mining Technology 10 (**46**).

Schnellbest. von **Cu, Zn, Pb in Flottationsrückständen.**

240. R. H. Jones, Analyst 71 (**46**) 60—64.

Polar. Unters. von hochreinem Selen, Nickel u. Kobalt.

242. A. S. Nickelson, Analyst 71 (**46**) 58—60.

Analyse von Aluminium, Magnesium, Zink, s. § 11a, b, e, f.

243. H. E. Zentler Gordon u. E. R. Roberts, Electrochem. Soc. **1946**, Prepint 90—92.

Betriebskontrolle der **Messingplattierung.**

244. D. Winchirew, Saw. Lab. 12 (**46**) 276—78.

Polar. Analyse von **Messing-Plattierungen** u. Bädern.

244b. S. A. Pletenew et al., Saw. Lab. [russ.] 12 (**46**) 38—58.

I. Best. von Cu, Pb, Zn in Cadmium. — II. Kontrolle der Lsgg. u. Prodd. bei der Kobalt-Fabrikation. — III. Best. von Cu, Bi, Pb, Cd, Zn in Zinn. — IV. Best. von Sb, Cu, Zn in Blei. — V. Best. von Zn, Pb, Cd in Erzen.

244c. E. Hala., Chem. Obzor 21 (**46**) 83—88.

Best. von **Phosphorsäure.**

244d. H. G. Heal, Nature 157 (**46**) 225.

Uran in schwach saurer Lösung. ⟨Vgl. [D 267]⟩.

246. J. J. Lingane u. F. Nishida, J. Am. chem. Soc. 69 (47) 530—33. C. (Ak. V.) 48 I 1048

SbV ist bei hoher Cl^-- u. vor allem H^+-Konz. reduzierbar. In 6 n-HCl mit 0,005% Gelatine liegt die V/III-Stufe am Anfang des Polarogramms, die III/0-Stufe bei — 0,30 V. Auch in 0,2 n-HCl—6 n-$HClO_4$ —0,005% Gelatine werden die Stufen erhalten. Reduzierbar ist wahrscheinlich der Komplex $SbCl_6^-$.

247. J. J. Lingane u. L. Meites, J. Am. chem. Soc. 69 (47) 1021—25. C. (Ak. V.) 48 I 1043

Die Red.- u. Oxyd.-Stufen von 5-, 4-, 3- u. 2-wertigem **Vanadin in 1m-Oxalat** bei verschiedenem p_H werden untersucht, woraus Schlüsse auf Komplexbildungen gezogen werden. — Bei p_H 5—6 tritt zudem eine Red.-St. bei — 1,81 V auf, die der Red. des $HC_2O_4^-$-Ions zugeschrieben wird.

248. J. J. Lingane u. L. Meites, Analyt. Chem. 19 (47) 159—61. C. (Ak. V.) 47,756; C. (V. Ch.) 47 I 942

Best. von **Vanadin in Stählen**, s. § 11m.

249. G. W. C. Milner, Metallurgia 1947, 265—67, 307—09.

Best. von **Zn in Kupferlegierungen**, s. § 11c, d.

250. G. Proske, Naturwiss. 33 (46) 220; Angew. Ch. 59 (47) 121—22. C. (Ak. V.) 47, 1777.

Best. von freiem, in Pyridin gelöstem **Schwefel**, s. § 10.

251. W. Stroß, Metallurgia 36 (47), 163, 227.

Best. von **Zn in Aluminiumlegierungen**, s. § 11b.

252. J. J. Lingane u. L. Meites, J. Am. chem. Soc. 69 (47) 1882—86. C. (Ak. V.) 48 I 796

Unters. der Beeinflussung der anod. **IV/V-Stufe des Vanadins** in 1 n-NaOH durch verschiedene anorgan. u. organ. Salze.

253. L. Holleck, Z. Naturforsch. 2b (47) 81—82. C. (Ak. V.) 48 I 655.

Die **Europium-III/II-Stufe** wird durch Salze organischer Säuren verschoben, was auf Komplexbildung des Eu^{3+} hinweist.

254. W. Stross, Metallurgia 37 (47) 49—51.

Best. von **Pb in Aluminium**. Die Methode von Kolthoff u. Matsuyama [D 215] wird für den Fall, daß nur Pb zu bestimmen ist, für Serienanalysen etwas vereinfacht: Lösen in eingestellter HCl (dann dazu etwas $KClO_3$ um Sn II zu nicht reduzierbarem Sn IV zu oxydieren). Zusatz von eingestellter Sodalsg., so daß ohne Indikator etwa pH 3 eingestellt ist. Hierauf Entfernung von Fe III u. Cu mit Hydroxylamin u. KCNS. Polarographieren mit Silberdrahtanode. Anwendbar ab 0,05 % Pb.

255. M. Spálenka, Z. anal. Ch. 128 (**47**) 42—51. C. (Ak. V.) 48 I 1439.

Best. von **Cu, Zn, Mn in Aluminium- u. Zink-Legierungen:** Cu u. Zn werden in NH_3-NH_4Cl-Lsg. bestimmt (Verluste durch das ausfallende $Al(OH)_3$ sind mitzueichen); bei viel Cu wird zur Zn-Best. die Probe in NaOH gelöst. Mn in Aluminium wird in Tartrat—KCN—NaOH-Lsg., in Zink in NH_3—KCN—NaOH bestimmt.

256. H. C. Davis, Report Met. 19 Royal Aircraft 1947.

Zn in Aluminium.

257. A. Volpi, Ricerca Scientifica 17 (**47**) 1405—07.

Best. von **Pb u. Sb in Magnesium.**

258. Payne, Report No. 729 of Brit. Non-Ferrous Metals Res. Assoc.

Best. von **Cu, Zn, Al in Magnesium.**

259. A. Ringbom u. L. Torn, Finska Kemistamf. Medd. 56 (**47**) 12—17 (engl.). Chem. Abstr. 42 (48) 3282.

Best. von **Zn in eisenreichem Mat.** (Erze, Kiesabbrände usw.), s. § 12 a.

260. S. S. Muchina, Saw. Lab. [russ.] **13** (**47**) 620—21. C. (V. Ch.) 47 II 66.

Best. von **Pb in Stahl.** Nach Lösen in HCl (u. Verdünnen) kann direkt polarographiert werden.

261. I. A. Korschunow et al. Saw. Lab. [russ.] **13** (**47**) 569—79. C. (V. Ch.) 47 II 155.

Best. von **Cu u. Fe in Nickel:** Lösen in HNO_3, Fe mit NH_3 gefällt, im Filtrat Cu best. Der Nd. in HCl gelöst, Fe darin bestimmt.

262. P. N. Kowalenko u. D. L. Dmitrijewa, Sh. analit. Chim. [russ.] 2 (**47**) 85—92, 334—40. C. (V. Ch.) 47 I 1228, 48 I 603.

Best. von **Zn in Cadmium,** s. § 11 g.

263. M. A. Portnow u. A. A. Koslowa, Sh. analit. Chim. [russ.]. 2 (**47**) 345—52. C. (V. Ch.) 48 I 508.

Hinweise darauf, daß die Halbwellenpot. u. Stufenhöhen von der Zus. der Lsg. abhängen.

264. S. A. Repin, Sh. prikladn. Chim. [russ.] 20 (**47**) 46—54, 55—62. C. (V. Ch.) 48 I 220; C. (Ak. V.) 48 I 845.

Best. von **Rhodium** als RhIII-Pyridinkomplex, auch neben Ir u. Pt, s. § 8 i.

265. B. G. Harvey, H. G. Heal, A. Maddock u. E. L. Rowley, J. chem. Soc. (London) **1947**, 1010—21. C. (V. Ch.) 48 I 20.

„Die Chemie des **Plutoniums**". Pu IV gibt mit der Pt-Mikroelektrode eine revers. IV/III-Stufe, die in 1 n-HCl bei +0,99 V liegt.

266. M. K. Schtschemiskowa u. I. A. Korschunow. Sh. fis. Chim. [russ.] 21 (**47**) 215—18. C. (V. Ch.) 47 I 872. C. (Ak. V.) 48 I 1084.

Hg-Komplexe: Citrat u. Tartrat verhindern nicht die Red. von Hg II durch Hg zu Hg I, während Jodid durch Bildung von HgJ_4^{2-} die zweiwertige Form stabilisiert.

267. W. E. Harris u. I. M. Kolthoff, J. Am. chem. Soc. 69 (**47**) 446—51. C. (Ak. V.) 48 II 167.

Uran (VI). In neutraler oder fast neutraler Lsg. (mit 0,1 m-KCl) macht sich die Hydrolyse stark bemerkbar. Infolge langsamer Einstellung des Gleichgewichtes $UO_2^{2+} + H_2O \rightleftharpoons UO_2OH^+ + H^+$ ist die Stufenhöhe ($UO_2^{2+} + \ominus \rightarrow UO_2^+$; — 0,22 V) proportional der Konz. des nicht hydrolysierten UO_2^{2+}. Die in Lösungen ganz ohne freie Säure bei — 0,6 V auftretende zweite Stufe wird gedeutet als Red. der am Hg adsorbierten Prodd. der Hydrolyse UO_2OH^+ ($+ \ominus \rightarrow UO_2OH$) u. der ersten Red. UO_2^+ ($+ \ominus \rightarrow UO_2$). In mittel u. stark saurer Lsg. [D 220, 232] findet keine Hydrolyse statt, und UO_2^+ bleibt gelöst u. wird bei — 0,96 V zu U III weiter reduziert.

In Ammoncarbonatlsg. wird U VI entgegen [D 6] in zwei Stufen zu U V, dann U IV reduziert. Die Stufenhöhen sind aber nicht konzentrationsproportional.

268. M. J. Chlopin, Sh. analit. Chim. [russ.] 2 (**47**) 55—59. C. (V. Ch.) 47 I 837. C. (Ak. V.) 47, 1394.

30 % $CaCl_2$ ist als Leitsalz mitunter sehr geeignet, z. B. zur Best. von Pb neben Sn, da dieses nicht reduziert wird, wenn das pH auf 6,5 bis 7,0 eingestellt wird.

269. D. F. Adams, Analyt. Chem. 20 (**48**) 891—95.

Best. von **Titan in Ton** u. Tonprod. Leitsalz: 1 n-H_2SO_4 gesätt. mit Na-Oxalat, mit 8% Harnstoff (Dämpfer).

270. G. Glockler mit S. W. Rabideau, C. R. Estee, A. Timnik, J. Am. chem. Soc. 70 (48) 1342—50.

Gd^{3+} u. Nd^{3+} geben in 0,1 n-KCl III/O-Stufen bei — 1,81 bzw. — 1,87 V. Sm^{3+} gibt in 0,1 m-Tetramethylammoniumjodid (mit 0,001 n-H_2SO_4 u. 0,01 % Gelatine) eine III/II-Stufe bei — 1,84 V u. eine II/O-Stufe bei — 2,00 V.

271. E. Koppitz u. H. Moritz, Metall **1948**, 223—28. C. (Ak. V.) 48 II 879.

„Gegenwärtiger Stand der polarogr. Analyse von **Zink** u. **Zinklegierungen**." Übersicht über die entwickelten Verfahren, ihre Mängel u. Verbesserungsmöglichkeiten.

272. J. J. Lingane u. L. Meites, J. Am. chem. Soc. 70 (48) 2525—29.

V^{3+} gibt in 1 n-Säure nur eine III/II-Stufe bei — 0,546 V. Bei weniger saurer Rk. weitere Stufen der Hydrolysenprodd. $V(OH)^{++}$ u. VO^{+}. Untersucht werden auch die Oxyd. Stufen von V^{2+}.

273. L. Meites, Anal. Chem. 20 (48) 895—97.

Best. von **Eisen** aus anod. FeII/III-Stufe in schwach saurer Oxalatlsg.

274. R. H. Coe u. L. B. Rogers, J. Am. chem. Soc. 70 (48) 3276—81.

Perjodat in stark saurer Lsg. (H_2SO_4—K_2SO_4 mit 0,01 % Gelatine). Die JO_4^-/JO_3^--Stufe ($\nu = 2$) steigt sofort an. Darauf folgt eine JO_3^-/J^--Stufe ($\nu = 6$), die ohne Gelatine ein Maximum hat, durch Gelatine aber nach rechts verschoben wird. Mit 0,01 % Gelatine liegt sie bei — 0,06—0,130 pH (bei pH 0,8 bis 3,0). Beide Stufen sind analytisch gut verwertbar.

E. Organische Analysen und Probleme

1. M. Shikata, Trans. Faraday Soc. 19 **(24)** 721 (engl.).

Polarogramme von **Natriumalkoholat** $NaOC_2H_5$ in Alkohol.

2. W. Podroužek, Rec. Trav. chim. Pays-Bas 44 **(25)** 591—99 (engl.), C. 25 II 1260.

$(CH_3)_4N^+$ u. $(C_2H_5)_4N^+$, s. [E 19]. — **Chinin.**

3. M. Shikata, J. Agr. Jap. 1 **(25)** 533 (jap.). — Trans. Faraday Soc. 21 **(25)** 42—53, 53—61 (engl.), C. 26 I 841.

Nitrobenzol in sauren, neutr. u. alkal. Lsg.-Unters. des Maximums.

4. M. Shikata u. I. Tachi, Mem. Coll. Agr. Kyoto 4 **(27)** 9—19. — Proc. Imp. Acad. Tokio 2 **(26)** 226—28 (engl.), C. 27 I 586.

Isovaleraldehyd wird in 0,1 n-NH_4Cl bei — 1,553 V red., u. zwar zu Isoamylalkohol. — Die Red.-Pot. von **Furfurol** (— 1,239), **Isobutylaldehyd** (— 1,056) u. **Pyridin** (— 1,673) werden best.

5. M. Shikata u. I. Tachi, Bull. Agr. Jap. 3 **(27)** 53, 133—34. — Mem. Coll. Agr. Kyoto 4 **(27)** 19—33, 35—48. — Chem. News 137 **(28)** 133—34, 126 (engl.), C. 28 II 2019, 1671.

Pyridin [vgl. E 4, 125]. **Nicotinsäure** [vgl. E 100, 125].

6. M. Shikata u. I. Tachi, Bull. Agr. Jap. 4 **(28)** 44—46; Mem. Coll. Agr. Kyoto 8 **(30)** 1—46 (engl.).

Konstitution u. Red. von **Ketonen.**

7. M. Shikata (mit K. Shoji, I. Tachi, M. Watanabe), Bull. Agr. Jap. 4 **(28)** 96—97 (engl.). — J. Agr. Jap. 5 **(29)** 352, 904 (jap.).

Brenztraubensäure. Hämatin, Hämin, Hämoglobin. Campher, Fenchon.

8. M. Shikata u. M. Watanabe, J. Agr. Jap. 4 **(28)** 924.

Nitrophenole.

9. P. Herasymenko, Z. Elektroch. 34 **(28)** 74—78. C. 28 I 2911.

Malein- u. **Fumarsäure** in saurer Lsg. geben Red.-Stufen bei gleichem Pot. ⟨woraus aber nicht gleiches thermodyn. Pot. folgt, da die Redd. irrev. sind⟩.

10. P. Herasymenko u. Z. Tyvonuk, Coll. 2 (**30**) 77 bis 82 (engl.), C. 30 I 2874.

Unters. der Kinetik der Bldg. von **Fumarsäure** in geschmolzener Apfelsäure.

11. B. Gosman (1930); B. Gosman u. J. Heyrovský, Trans. electrochem. Soc. 59 (**31**) 249—71 (engl.), C. 31 II 1091.

Im **Petroleum** u. Destillaten werden reduzierbare u. oberflächen akt. Stoffe best.

12. M. Shikata (N. Hozaki u. I. Tachi), Mem, Coll. Agr. Kyoto 17 (**31**) 1—19, 21—33, 45—55 (engl.). — Bull. Agr. Jap. 8 (**32**) 75, 76 (engl.). — J. Agr. Jap. 8 (**32**) 1121 bis 28, 924, 954—61 (jap.). C. 32 II 2298.

Unters. d. Red. von **Dinitrobenzolen, Dinitrophenolen** (geben zwei Stufen) u. **Azobenzol** (dieses wird zu Hydrazobenzol red.).

13. I. Smoler, Chem. News 142 (**31**) 97—105 (engl.), C. 31 I 3657.

Acetaldehyd. Noch in $5 \cdot 10^{-5}$%iger Lsg. bestimmbar.

14. J. Heyrovský u. I. Smoler, Coll. 4 (**32**) 521—29 (engl.). Chem. Listy 26 (**32**) 479—85 (tschech.). C. 33 I 3474, 33 II 1402.

Ketosen sind polarogr. reduzierbar: **Fructose, Sorbose** E_{tg} — 1,8 V in LiCl-Lsg. Nicht reduzierbar sind **Aldosen** [vgl. aber E 73, 130 u. 191], auch nicht die Disaccharide.

Ketosen sind in neutr. oder alkal. Lsg. gut bestimmbar (bis 2γ); in saurer Lsg. stört die H-Stufe. — Die Stufenhöhe zeigt abnorm starke Temp.-Abhängigkeit; es wird vermutet, daß es zwei tautomere Formen gibt, von denen nur eine reduzierbar ist. — Die Rohrzuckerinversion kann polarogr. gut verfolgt werden.

15. G. Semerano, Giorn. Chim. Ind. appl. 14 (**32**) 608—17 (ital.).

Nicotin. Zur Best. in Tabak wird ein NaOH-Auszug schwach mit HCl angesäuert. Die Nicotinstufe liegt bei — 1,3 V, kurz vor der H-Stufe.

16. G. Semerano u. G. de Ponte, Gazz. 62 (**32**) 991—99. C. 33 I 1908.

Benzaldehyd, Best. von $0{,}1\gamma$ in 10^{-4} m-Lsg. (mit Li-Salz u. 20% Alkohol). [vgl. E 27, 76].

17. G. Semerano u. A. Chisini, Gazz. 63 (**33**) 801—18. C. 35 I 555.

Best. von E_{tg} von **substituierten Benzaldehyden.**

18. G. B. Bonino u. G. Scaramelli, Progr. tecn. econ. naz. 6 II (**33**) 111, 180. C. 35 II 3897.

Aus dem Red.-Pot. des **Pyrrolaldehyds** (— 1,25 V) wird geschlossen, daß diesem nicht die Enol-, sondern die Aldehydform zukommt.

19. J. Pech, Coll. 6 (**34**) 126—36 (engl.), C. 35 I 686.

Best. von n-E_{tg} **aliphatischer Amine**: NH_4^+ —.1,787 V, $NH_3CH_3^+$ — 1,972, $NH_2(CH_3)_2^+$ — 1,977, $NH(CH_3)_3^+$ — 1,682, $N(CH_3)_4^+$ — 2,6 (desgl. $N(C_2H_5)_4^+$), $(CH_3)_2N_2H_2^+$ — 1,7.

Saccharin u. **Chinolin** geben Stufen in sauren, neutr. u. alkal. Lsgg. u. können quant. bestimmt werden. — **Indol** gibt nur in saurer Lsg. eine Stufe, deren Höhe viel langsamer als prop. der Konz. ansteigt.

20. M. Shikata u. I. Tachi, (jap.), C. 33 I 3171. — Mem. Coll. Agr. Kyoto 40 (**37**) 1—10 (engl.), C. 37 II 2818.

Red.-Pot. des **p-Aminoazobenzols** negativer als das des Azobenzols. In saurer Lsg. zwei Stufen.

21. I. Tachi, Bull. Agr. Jap. 8 (**32**) 155 (engl.). — J. Agr. Jap. 9 (**33**) 227—34 (jap.), C. 33 I 3171. — Mem. Coll. Agr Kyoto 40 (**37**) 11—20 (jap., engl.), C. 37 II 2818.

Red.-Pot. des **Dimethylaminoazobenzols** negativer als das des Azobenzols.

22. M. Shikata u. E. Taguchi, J. Agr. Jap. 8 (**32**) 77, 1225—36 (jap.), C. 32 II 2298. — Mem. Coll. Agr. Kyoto 29 (**34**) 1—17 (engl.).

Red.-Pot. der **Nitraniline**. m- leichter reduzierbar als o- u. p-Nitranilin. In saurer Lsg. zwei Stufen.

23. I. Tachi, J. Agr. Jap. 10 (**34**) 330—36, 11 (**35**) 734—40 (jap.), C. 35 I 686.

Campher gibt drei Stufen [vgl. aber E 53, 82]. — **Nitrobenzol.**

24a. A. Roncato, Arch. Sci. biol. 20 (**34**) 146—71 (ital.).

Cystin wird in einer Doppelstufe zu Cystein reduziert [vgl. E 82, 102]. Eine dritte Stufe, die in 0,1 n-LiCl sichtbar ist, wird der Red. der Aminogruppe zugeschrieben ⟨ist jedoch eine katalyt. Welle [F 29]⟩.

24b. M. Tokuoka u. J. Ružička, Z. Pflanzenernährung 35 A (**34**) 79—88. C. 34 II 3391.

Humussäure ist polarogr. nicht reduzierbar, wohl aber die daraus durch HCl-Hydrolyse entstehende Hymatomelansäure. Torf-Unters. — Unters. von Furfurol. — Furan ist nicht reduzierbar.

25. G. Semerano, Gazz. 65 (35) 273—88. C. 36 I 1002.

Benzoin $C_6H_5 \cdot CHOH \cdot CO \cdot C_6H_5$ u. **Desoxybenzoin** $C_6H_5 \cdot CH_2 \cdot CO \cdot C_6H_5$ werden untersucht. In saurer Lsg. zwei Stufen.

26a. L. Schwaer, Chem. Listy 26 (32) 485—90 (tschech.), C. 33 I 3065. — Coll. 7 (35) 326—35 (engl.), C. 36 II 1685.

Ungesätt. Säuren. E_{tg} für 0,01 n-Konz. in 1 n-KCl: Maleinsäure — 0,480 V, Fumarsäure — 0,480, Citracon- u. Mesaconsäure — 0,576, Aconitsäure — 0,553, Acetylen-dicarbonsäure — 0,45, Zimtsäure — 1,037, Brenztraubensäure — 0,270. — Säuren, deren Doppelbindungen nicht konjugiert sind, sind bis zur H-Stufe nicht reduzierbar: Itaconsäure, Crotonsäure, Isocrotonsäure, Lävulinsäure. Die Stufe in neutr. u. alkal. Lsg. wird durch zwei-, besonders durch dreiwert. Kationen im Zusatzel. stark zu positiveren Pot. verschoben.

26b. R. Brdička (1933), C. 33 I 2148 (tschech.); Coll. 7 (35) 457—66 (engl.), C. 37 I 3926.

Salvarsan. Die As-As-Bindung wird polarogr. nicht red., wohl aber die durch Luftoxydation entstandenen giftigen Prodd. mit -As = O.

27. M. Tokuoka, Coll. 7 (35) 392—403 (engl.), C. 36 II 1686.

Benzaldehyd wird in neutr. u. alkal. Lsg. in einer Stufe mit E_{tg} etwa — 1,3 V red. Durch zweiwert. Kationen Verschiebung nach positiveren Pot. In saurer Lsg. (auch gepuffert) zwei Stufen, deren Höhe je etwa 1 F pro Mol entspricht. [Vgl. E 76.]
Benzoesäure [in $(CH_3)_4NCl$] wird bei etwa — 2,3 V reduziert.

28. F. G. Janoda, Čas. čs. Lékárn. 14 (34) 225—34 (tschech.), C. 35 I 1091. — Coll. 7 (35) 415—23 (engl.), C. 36 II 1686.

Formaldehyd kann noch in $7 \cdot 10^{-6}$%iger Lsg. auf 10% genau bestimmt werden: auch neben höheren Aldehyden. — Best. in Desinfektionsmitteln.

29. B. A. Gosman, Coll. 7 (35) 467—75 (engl.), C. 37 I 3926.

Die **Peroxyde** u. **Aldehyde**, die sich in Äther durch Luftoxyd. bilden, können polarogr. best. werden. Hierzu wird der Äther mit 0,01 n-LiOH ausgeschüttelt. Die Peroxyde geben eine Stufe bei — 1,3, die Aldehyde bei — 1,8 V. [Vgl. E 66, 67.]

30. J. Březina u. J. Heyrovský, Coll. 8 (36) 114—24 (engl.), C. 37 I 3926. — Cas. čs. Lékárn. 17 (37) 274—80. C. 38 I 1770.

Dicyan $(CN)_2$ in Na-Acetat-Lsg. gibt zwei Stufen bei — 1,15 u. — 1,55 V. Die erste entsteht durch $(CN)_2 + 2\ominus \rightarrow 2\,CN^-$ u. verschwindet beim Stehen der Lsg. in einigen Std.; die zweite, deren Höhe zunimmt, wird dem Hydrolysenpr. $CONH_2 \cdot COOH$ (Oxamidsäure) zugeschrieben. In stärker saurer bzw. alkal. Lsg. gibt $(CN)_2$ keine Stufe, weil die Hydrolyse zu Oxalsäure bzw. zu Cyanid + Cyanat führt.

31. E. Vopička, Coll. 8 (36) 349—65 (engl.), C. 37 II 936.

$E^{1/_2}$ von **Malein-** u. **Fumarsäure** werden bei verschied. p_H gemessen. Leichter reduzierbar ist in saurer Lsg. Maleinsäure, in alkal. (besonders bei Ggw. von Ca) — Fumarsäure.

32. G. Semerano u. A. Chisini, Gazz. 66 (36) 504—09. C. 43 I 1767.

Die Enolform vom **Acetessigester** u. **Acetylaceton** in 0,01 n-LiCl wird bei beträchtlich positiverem Pot. red. als die Ketoform. [Vgl. aber E 69.]

33. G. Semerano u. A. Chisini, Gazz. 66 (36) 510—18. C. 43 I 1767.

Zimtsäure (m-E_{tg} in 0,1 n-NH_4Cl + 50% Alkohol — 1,456 V), **Zimtaldehyd** (— 0,784), **Hydrozimtaldehyd** (— 1,383). Die Red.-Energie der Gruppen C = O und C = C wird besprochen.

34. A. Winkel u. G. Proske, Ber. 69 (36) 693—706. C. 36 II 3080.

Messung des Red.-Pot. durch das „**Depolarisationspotential**" (E_F, vgl. hier S. 91). Unters. von Carbonyl-Verbb. (in 0,1 n-LiCl oder NH_4Cl; teilweise mit Alkohol, der E_F negativer macht. Da die Lsgg. ungepuffert waren, haben die E_F-Angaben keine absolute Bedeutung).

Aldehyde: H_2CO (in 0,1 n-NH_4Cl E_F — 1,42 V), CH_3CHO (— 1,67), $C_2H_5 \cdot CHO$ (— 1,64), $C_6H_5 \cdot CHO$ (— 1,29); Paraldehyd nicht reduzierbar.

Ketone: $CH_3 \cdot CO \cdot CH_3$ und andere Dialkylketone nicht red. (in größerer Konz. flacher Stromanstieg); $ClCH_2 \cdot CO \cdot CH_3$ (— 1,17 V); $BrCH_2 \cdot CO \cdot CH_3$ (— 0,34); $JCH_2 \cdot CO \cdot CH_3$ (— 0,18); $ClCH_2 \cdot CO \cdot CH_2Cl$ (— 0,87).

$C_6H_5 \cdot CO \cdot CH_3$ (— 1,48); p-$CH_3 \cdot C_6H_4 \cdot CO \cdot CH_3$ (— 1,52); p-Cl $C_6H_4 \cdot CO \cdot CH_3$ (— 1,43); α-$C_{10}H_7 \cdot CO \cdot CH_3$ (— 1,39; 24% Alkohol); $C_6H_5 \cdot CO \cdot C_6H_5$ (— 1,27; 24% Alkohol), Michlers Keton (— 1,37; 60% Alkohol).

Säuren: HCOOH gibt eine H-Stufe, die durch viel HCOONa-Zusatz verschwindet, also nicht red.; desgl. CH_3COOH.

Also: CH_3 an CO (nicht an Seitenkette) erschwert die Red.; 2 Alkyle am CO verhindern die Red. ganz (auch Cyclohexanon und -pentanon nicht red.). C_6H_5 an CO erleichtert Red., in Seitenkette unwirksam: Methylbenzylketon nicht red.; $C_{10}H_7$ wirkt stärker, p-$CH_3 \cdot C_6H_4$

schwächer. Halogene in α-Stellung wirken sehr stark. OH an CO verhindert die Red.

Die Stufenhöhe entspricht (ungefähr) einer Red. zu den Alkoholen.

35. A. Winkel u. G. Proske, Ber. 69 (36) 1917—29. C. 37 I 57.

Vgl. vorst. Ref. — **Diketone** (in NH_4Cl): Glyoxal (— 1,54 V); Diacetyl (— 0,74 u. — 1,62) [vgl. E 46]; Acetylaceton (— 1,73) ⟨gibt nach [E 69] nur eine H-Stufe⟩; Acetonylaceton nicht red.; Benzil (— 0,62); Chinon (— 0,04); Brenztraubens. (— 1,41).

Dicarbonsäuren nicht red.; nur freie Oxalsäure gibt eine Stufe.

Oxalester (— 1,40); Oxamid (— 1,59).

OH in α- oder β-Stellung erleichtert Red.; Oxyceton (— 1,79); Acetoin (— 1,7); Glycerinaldehyd (— 1,34); Benzoin (— 1,26); o-,m-, p-Cl (u. Br)-Benzaldehyd (— 1,1 bis — 1,3).

Phenylaldehyde: o-, m-, p-Oxybenzaldehyd (— 1,3 bis — 1,4); ebenso Anisaldehyd, Vanillin, Piperonal.

Also: 2CO mit konjungierten Doppelbindd. erleichtern Red.

Es ergibt sich eine weitgehende Parallelität der Red.-Pot. der Ketone mit deren Ramanspektren.

36. H. Schweitzer u. E. Laqueur, Rec. Trav. chim. Pays-Bas 55 (36) 959—62 (dtsch.), C. 37 II 2346.

Unters. der **Doppelstufe von Benzophenon** in salzsaurer Lsg. Benzophenon in 0,1 n-KCl zeigt eine Stufe (bei — 1,4 V). Zusatz von HCl ergibt eine Vorstufe von maximal ½ der Höhe der Gesamtstufe. Eine H-Stufe (bei — 1,65) tritt aber erst auf, wenn mehr als 1 HCl auf 1 Benzophenon in der Lsg. ist.

Es wird also Benzophenon ohne HCl direkt zu Benzhydrol reduziert, während bei HCl-Überschuß eine Vorreduktion mit 1 F, also zu Benzpinakon, erfolgt. Die Wirkung der HCl wird in einer Anlagerung (Halochromie) gesehen. — Die Deutung ist übertragbar auf die Doppelstufen aller Ketone und Aldehyde.

37. J. Eeckhout, Bull. Cl. Sci. Acad. roy. Belg. [5] 23 (37 295—97. C. 40 I 526.

Best. der Red.-Pot. mehrerer aromat. **Dinitroverbb.** bei verschiedenem p_H.

38. T. Higasi, Bull. Inst. phys. chem. Research (Tokyo) 15 (36) 1060; Sci. Papers Inst. phys. chem. Research (Tokyo) 33 (37) 1—128.

Unters. von **Acridinderivaten**, Acridon, Flazin, Safranin. (Acetal. Carbazol, Diphenylamin sind nicht reduzierbar.)

39. G. Semerano u. I. S. Rao, Mikrochemie 23 (37) 9—16 (ital.), C. 38 I 1170.

Zur Mikroanalyse eines **Fumarsäure-Maleinsäure-Gemisches** werden 0,001 m-Ca-Salze in 0,5 n-NH_4Cl oder 0,001 n-Li-Salze in 0,1 n-LiCl benutzt. Im ersteren Fall liegt die Maleins.-Stufe bei — 1,4 V, die Fumars.-Stufe bei — 1,55; im letzteren Fall kommt die Fumars.-Stufe zuerst (bei — 1,9) u. kann demnach auch bei Maleins.-Überschuß bestimmt werden.

40. G. T. Borcherdt, V. W. Meloche u. Adkins, J. Am. chem. Soc. 59 (37) 2171—76. C. 39 I 3775.

Best. von **Acetophenon** u. **p-Chlorbenzophenon** bis hinab zu 10 γ. — Besprechung verschiedener Methoden der Ausmesssung der Stufenhöhen. Vergleich der Polarographen von Heyrovský u. von Leeds u. Northrup (mit Tintenschreiber).

41. G. Semerano, Mikrochemie 24 (38) 10—15 (ital.), C. 38 I 3952.

Best. von **Fumarsäure** bei Ggw. von Malein-, Itacon-, Citracon-, cis- u. trans-Aconitsäure. Als Li-Salze in 0,1 n-LiCl.

42. G. Semerano u. L. Sartori, Mikrochemie 24 (38) 130—34 (ital.), C. 38 II 1824.

Best. von cis- u. **trans-Aconitsäure** nebeneinander als Ca-Salze in NH_4Cl-Lsg.

43. G. Semerano u. B. Polacsek, Magyar Chem. Fol. 44 (38) 75—79 (ungar.), C. 38 II 1824.

Best. von **Diacetyl**. Empfindlichkeit 0,001 γ; Grenzkonz. $2 \cdot 10^{-7}$ n

44. G. Semerano u. G. Bettinelli, Gazz. 66 (36) 744 bis 749; Mem. classe sci. fis. mat. R. Accad. Italia 8(37)243 bis 253, 255—94. C. 37 I 3778, 37 II 3889, 3590. [(Auch Z. Elektroch. 44 (38) 598—601. C. 39 II 831.)] — G. Semerano u. L. Sartori, Gazz. 68 (38) 167—73. C. 38 II 2254.

Aus den Polarogrammen wird geschlossen, daß Malein-, Fumar- u. Aconitsäure an der Hg-Oberfläche in **Radikale CH · COOH** dissoziieren ⟨? s. [E 45]⟩.

45. H. Siebert, Z. Elektroch. 44 (38) 768—69. C. 39 I 390, 4914.

Die Annahme von Semerano wird bestritten. Bei der Red. von Aconitsäure an aus einem Glasfrittenboden tropfenden Hg entsteht zu

96% **Tricarballylsäure** u. nicht **Bernsteinsäure**, wie dies Miolati u. Semerano ⟨vgl. Z. Elektrochem. 45 (39) 226⟩ für die Red. an der Tropfkathode annehmen.

46. G. Semerano, Gazz. 68 (**38**) 343—52. C. 38 II 2914.

Diacetyl gibt zwei Stufen [vgl. auch E 35, 79]. — o-Phenylendiamin-Zusatz läßt nach [E 35] an Stelle beider Stufen eine bei — 0,7 V erscheinen ⟨Katalyse⟩. Diese Stufe ist mit einer Dimethyl-chinoxalin-Stufe (kondens. Prod. von Diacetyl- u. o-Phenylendiamin) identisch.

47. B. Breyer, Ber. 71 (**38**) 163—71. C. 38 I 2699.

Phenylarsinsäure $C_6H_5 \cdot AsO(OH)_2$ u. deren p-Subst.-Prodd.

48. H. Theorell, Bioch. Z. 289 (**38**) 258—60. C. 39 I 4477.

Es wird das bei saurer Hydrolyse von **Cytochrom** c durch Eiweißabspaltung entstehende **Porphyrin** c polarogr. unters. in bezug auf die Bindungsart des Schwefels.

49. G. T. Borcherdt u. H. Adkins, J. Am. chem. Soc. 60 (**38**) 3—6. C. 39 I 2582.

Unters. der **Kinetik der Tautomerisierung** $(R_1R_2)C = N—CH(R_3R_4) \rightarrow (R_1R_2)CH—N = C(R_3R_4)$.

50. H. Adkins u. F. W. Cox, J. Am. chem. Soc. 60 (**38**) 1151—59, 61 (**39**) 3364—70. C. 39 I 3338, 40 II 3171.

Best. der Halbstufenpot. (gegen die Bodenelektrode) für zahlreiche **Aldehyde** u. **Ketone** (auch Chinone). — Unters. von Gleichgewichten Keton I + Alkohol II $\rightleftharpoons$ Keton II' + Alkohol I'. [Vgl. E 78.]

52. M. Shikata u. I. Tachi, J. chem. Soc. Japan 53 (**32**) 834. — Coll. 10 (**38**) 368—79 (engl.), C. 39 I 4441.

Aus den Red.-Pot. von Ketonen, Azo- u. Nitroverbb. ergibt sich die „**Elektronegativitätsregel**“: Die reduzierbare Gruppe wird um so leichter red., je elektronegativer die mit ihr verknüpften Gruppen sind.

53. I. Tachi, Mem. Coll. Agr. Kyoto 42 (**38**) 1—65 (engl.), C. 39 I 85. — J. Agr. Jap. 13 (**37**) 692—704 (jap.), C. 37 II 3445.

Beispiele zur Elektronegativitätsregel: Bei **Ketonen** Parallelismus zwischen Red.-Pot. u. Dipolmoment.

Diacetyl, Benzil, Benzoin, Benzoylaceton, Acetophenon, Azobenzol sind nur irreversibel reduzierbar. — **Neutralrot** $\rightleftharpoons$ Leukoneutralrot sind reversibel. Aus der $E_{1/2}$-p_H-Kurve werden die Dissoz.-Konst. beider Stoffe ermittelt.

Das anormale Polarogramm des **Camphers** wird unters. u. mit der Elektrokapillarkurve verglichen [s. E 82].

Bilirubin erfordert zur Red. 2 H-Atome. Die Autoxydation liefert wenigstens zwei reduzierbare Verbb.

54. I. T a c h i , Bull. Agr. Jap. 14 (**38**) 101—02 (engl.). — J. Agr. Jap. 14 (**38**) 1286—96 (jap.), C. 39 I 2397.

Best. der Dissoz.-Konst. von **Neutralrot** u. **Benzoylaceton** ⟨irrev.!⟩ aus der $E^{1}/_{2}$-p_H-Kurve [vgl. E 53].

55. I. T a c h i , Bull. Agr. Jap. 14 (**38**) 107 (engl.). — J. Agr. Jap. 14 (**38**) 29 (jap.), C. 39 I 3709.

$E^{1}/_{2}$ von **Furfuraldehyd** in Abhäng. vom p_H. Bei p_H 6 bis 8 zwei Stufen.

56. G. S c a r a m e l l i , Kongress Rom **1938**, Bd. IV, S. 394 bis 403.

Die Alterung von **Transformatorenöl** kann polarogr. gut verfolgt werden, da Auszüge mit Wasser, Alkali oder CH_3OH um so stärkere Dämpfung des O_2-Max. zeigen, je älter das Öl ist.

57. A. W i n k e l u. G. P r o s k e , Ber. 71 (**38**) 1785—93. C. 38 II 4215.

Die Abhängigkeit des „Depolaris.-Pot." (E_F) verschiedener **Ketone**, **Aldehyde** u. **Nitroverbb.** vor allem vom p_H ⟨ungepuffert⟩ wird unters. Bei p_H 3,5 bis 4,5 zwei Stufen.

58. H o a n g t h i N g a , J. Chim. phys. 35 (**38**) 345—49, 36 (**39**) 164—66; C. r. 208 (**39**) 1979—81 (franz.), C. 39 II 3056, 3401.

Sulphinierte Monoazofarbstoffe.

59. E. K o d i č e k u. K. W e n i g , Nature 142 (**38**) 35. C. 38 II 4271.

Best. von **Ascorbinsäure** (Vitamin C) durch die Oxydationsstufe. Empfindlichkeit 1 γ [vgl. auch D 85].

60. D. C o z z i , Annali Chim. appl. 29 (**39**) 434—42. C. 40 I 1440.

Die polarogr. Best. der **Ascorbinsäure** nach [D 85] ist den colorimetr. Methoden überlegen.

61. T h. Ø s t e r u d , Tekn. Ukebl. 86 (**39**) 216—18. C. 39 II 1313.

Ascorbinsäure wird am besten in 1 n-Essigsäure + 1 n-Na-Acetat best.

63. A. Zapletalek, Coll. 11 (**39**) 28—37 (engl.), C. 39 II 338.

Best. von Methyl- in Äthylalkohol durch Oxyd. zu Aldehyden u. polar. Best. des Formaldehyds.

64. J. Eisenbrand u. H. Pichler, Z. physiol. Ch. 260 (**39**) 83—99. C. 39 II 2127.

Polarogr. Best. von **Ketonen der Steringruppe** in 90- oder 100%igem Alkohol mit 0,1 n-LiCl. Die Ketone mit zur CO-Gruppe konjugierter Doppelbindung zeigen eine Stufe vor der Li-Stufe: Testosteron, Testosteronpropionat, Progesteron, Desoxycorticosteronacetat. Die gesätt. Ketone geben keine Stufe: Androsteron, Dehydroandrosteron, Dehydroandrosteronacetat (vgl. aber [E 94, 95]). — Arbeitsvorschriften für die Analyse von Handelspräparaten u. Organextrakten.

65. W. C. Davies u. D. P. Evans, J. chem. Soc. London **1939**, 546—54. C. 39 II 1661.

Alkyl-Phenyl-Ketone in a) 0,1 n-LiCl, b) 0,1 n-LiOH, c) 0,01 n-HCl + 0,1 n-LiCl (dazu 8—50% Alkohol). Das Red.-Pot. (E_F) in a) ⟨ungepuffert⟩ u. b) ist etwa gleich, in c) etwa 0,5 V positiver. Gefunden wurde E_F (in Klammern das Alkyl): — 0,84 (CH_3), — 0,92 (C_2H_5), — 0,85 (n-C_3H_7), — 0,89 (i C_3H_7), — 0,82 (n-C_4H_9) in saurer Lsg.

66. A. A. Dobrinskaja u. M. B. Neuman, Acta physiochim. USSR 10 (**39**) 297—306 (engl.), C. 39 II 2688. — Saw. Lab. 8 (**39**) 280—83 (russ.), C. 41 I 1075.

Polarogr. Best. von **organ. Peroxyden**: CH_3OOH, $(C_2H_5)_2OO$, auch neben Form- und Acetaldehyd, da die Stufen der Peroxyde bei positiveren Potentialen liegen.

67. V. Stern u. S. Polak (Polljak), Acta physicochim. USSR 11 (**39**) 797—814 (engl.), C. 40 II 3522. Sh. obschtsch. Chim. 10 (**40**) 21—30 (russ.), C. 42 II 323.

Unters. von **Gemischen von Peroxyden u. Aldehyden** (zwecks Analyse von Prodd. der unvollst. Verbrennung von Kohlenwasserstoffen). Als Leitsalz ist LiCl geeignet (in alkal. Lsg. zersetzen sich die Peroxyde). Es werden folgende Red.-Pot. gefunden: CH_3OOH u. C_2H_5OOH — 0,25 bis — 0,3 V, $(CH_2OH)_2OO$ — 0,4, $(C_2H_5)_2OO$ — 0,6, H_2O_2 — 0,8. Mehrere Peroxyde nebeneinander sind nicht getrennt bestimmbar. Wegen der Flüchtigkeit der Stoffe kann der Sauerstoff nur aus der Grundlsg. vor Zusatz der Probelsg. entfernt werden.

68. J. V. Novák, Coll. 11 (**39**) 573—79 (dtsch.), C. 42 I 3073.

Best. von **Nitrobenzol** (bis 10^{-4}%) in **techn. Anilin**: Zu 2 ccm Anilin werden als Elektrolyt 0,5 ccm konz. HCl (die sich mischen) zugegeben. Stufe bei — 0,45 gegen Boden-Hg. O_2 stört nicht. [Vgl. E 153.]

69. O. H. Müller, Chem. Reviews 24 (39) 95—124. C. 39 II 2324.

Zusammenfassung über die Polarographie organischer Verbb. **Best. des Widerstandes** (der Korrektur $i \cdot W$) a) mit Wheatst.-Brücke, b) Anstieg der Max., c) Aufn. einer Red.- u. einer Ox.-Stufe, d) Aufn. bei verschied. Konz. u. Extrapolation von $E^1/_2$ auf $i = 0$.

Ungepufferte Stufe von Chinhydron. ⟨Vgl. Fig. 12 hier.⟩

Acetylaceton gepuffert nicht reduzierbar [vgl. E 62], ungepuffert sauer (Enol), daher H-Stufe, die von [E 6, 32, 35] für Red. des Enols gehalten worden ist.

70. O. H. Müller u. J. P. Baumberger, J. Am. chem. Soc. 61 (39) 590—96. C. 39 II 2037.

Brenztraubensäure gibt im allg. drei Stufen. Die erste bei — 0,2 V [vgl. E 25] wird einem Polymerisationsprod., die beiden anderen [vgl. E 35] werden der **Keto-** u. **Enol-Form** zugeschrieben. Bei $p_H < 4$ nur die Keto-, bei $p_H > 8$ nur die Enol- (+ Enolat-) Stufe; dazwischen beide. [Vgl. E 90, 168.] Red. wahrsch. zu Milchsäure.

71a. W. M. Lauer, H. P. Klug u. S. A. Harrison, J. Am. chem. Soc. 61 (39) 2775—79. C. 40 I 845.

Unters. von **α- u. β-p-Azophenol.**

71b. H. Handovsky u. Fr. Hauss, Nature 143 (39) 283. C. 39 II 2093. — Bull. Soc. chim. biol. 21 (39) 112—14. C. 40 I 3536.

J. Thomassen, E. Dingemanse u. H. Handovsky, Acta brev. neerl. Physiol. 9 (39) 83—84, 163 bis 164. C. 39 II 2440, 3303.

Unters. von **Hypophysen-Hormonen** mit Proteinnatur. Red.-Stufen bei — 0,23 V finden sich bei Präparaten gonadotroper Wrkg., Stufen bei — 1,65 V bei solchen von thyreotroper Wrkg.

72. G. Proske, Kautschuk 16 (40) 1—5, 13—17; Angew. Ch. 53 (40) 550—52. C. 40 I 2564, 41 I 1233. — Rubber Chem. Techn. 14 (41) 470—88 (engl.).

Polarogr. Best. organ. **Vulkanisationsbeschleuniger** in 60- bis 80%ig. Methylalkohol mit HCl, KCl, NH_3 oder NaOH. Reduzierbar u. somit bestimmbar sind: Mercaptobenzothiazol (I), Dibenzothiacyldisulfid (II) (mit der reduzierbaren Gruppe >C = N—); Tetramethylthiuramdisulfid (III); Pentamethylendithiocarbaminate (IV) (mit >C = S). Nicht reduzierbar sind die Guanidin-Derivate. I u. II am besten mit HCl, III neutral, IV neutral oder mit NH_3. IV gibt zwei Stufen; in saurer Lsg. auch bei den anderen teilweise zwei Stufen.

73. S. M. Cantor u. Q. P. Peniston, J. Am. chem. Soc. 62 (40) 2113—21. C. 40 II 2875.

Aldosen (Hexosen u. Pentosen) zeigen eine kleine Red.-Stufe, die der Anwesenheit der nichtzyklischen Aldehydform zugeschrieben wird. Die Höhe dieser bei — 1,5 bis — 1,8 V liegenden Stufen nimmt mit steigendem p_H u. steigender Temp. stark zu. Aus der Stufenhöhe wird auf den %-Gehalt an Aldehydform in der Lsg. geschlossen. ⟨Doch ist nach [E 191] die Stufenhöhe durch die Geschwindigkeit der Nachbildung der Aldehydform bedingt.⟩ Vgl. auch [E 83].

74. I. Tachi, J. Agr. Jap. 16 (40) 161 (jap., Auszug engl.), C. 41 I 2373.

Pentosen u. Pentosane können nach Überführung in Furfuraldehyd polarographisch bestimmt werden.

75. R. Manzoni Ansidei u. M. Carissimi, Boll. Sci. Fac. Chim. ind. Bologna **1940**, 167—68. C. 40 II 2597.

o-, m- u. p-**DO**- (Deuterooxy-) **Benzaldehyde** haben die gleichen Red.-Pot. wie die entsprechenden HO-substituierten Benzaldehyde.

76. J. W. Baker, W. C. Davis u. M. L. Hemming, J. chem. Soc. London **1940**, 692—702. C. 41 I 1407.

Unters. der Red.-Potentiale (Stufenfuß-Pot. E_F) von **p-substituierten Benzaldehyden**: R = H—, CH_3—, C_2H_5—, $(CH_3)_2CH$—, $(CH_3)_3C$—, CH_3O—, $(CH_3)_2N$—, Cl—. Die Red. erfolgt in zwei Stufen.

77. G. Semerano u. V. Capitanio, Gazz. 70 (40) 490 bis 499. C. 40 II 2446.

Die Red.-Pott. von o-, m- u. p-**Oxybenzaldehyd** werden bestimmt (in 0,1 n-HCl mit 50% Alkohol). o- wird um 0,04, p- um 0,12 V negativer reduziert als m-. Es wird erörtert, inwieweit Wasserstoffbindungen die Unterschiede zu erklären vermögen.

78. R. H. Baker u. H. A. Adkins, J. Am. chem. Soc. 62 (40) 3305—14.

Das reversible Redoxpot. Keton ⇌ Alkohol (in Ggw. von Al-Butoxyd) hat mit dem irrev. polar. Halbstufenpot. nichts zu tun.

79. G. Semerano u. B. Polacsek, Gazz. 70 (40) 448—57. C. 40 II 2004.

Die Doppelstufe des **Diacetyls** wird weiter untersucht [vgl. E 46]: Abhängigkeit der E_{tg}, $E_{1/2}$, u. der Stufenhöhen von der Zusammensetzung der Lsg. u. der Temp.

80. O. H. Müller u. R. A. Phillips, Amer. J. Physiol. **129** (**40**) 426—27. C. 40 II 3504.

Kurzer Bericht über polarogr. Unterss. an **Ascorbinsäure.** $E^{1}/_{2}$ ist etwa 160 mV positiver als das Redoxpot. Ascorbinsäure—Dehydroascorbinsäure. Letztere gibt keine polarogr. Reduktionsstufe. — Oberhalb p_H 8 gibt Ascorbinsäure eine zweite Oxydationsstufe.

81. A. Stern u. E. F. Beach, Proc. Soc. Exp. Biol. Med. **43** (**40**) 104.

Mikrobest. von **Homocystin.**

82. I. M. Kolthoff u. C. Barnum, J. Am. chem. Soc. **62** (**40**) 3061—64; **63** (**41**) 520—26. C. 41 I 2653, 41 II 468.

Das Redoxsystem **Cystin ⇌ Cystein** wird polarographisch bei verschiedenen p_H untersucht. Cystein gibt eine Oxydationsstufe, die aber einer Hg-Oxydation u. Bindung zugeschrieben wird: $COOH \cdot CH(NH_2) \cdot CH_2 \cdot SH + Hg = COOH \cdot CH(NH_2) \cdot CH_2 \cdot SHg + H^+ + \ominus$. Das Hg-Salz fällt aus u. stört bei größerer Menge die Stufe. — Cystin gibt eine Red.-Stufe, die im Anfang steil, dann flach ist. Hierfür wird eine Deutung auf Grund der Theorie der „gemischten Potentiale" [C 53] gegeben. — Durch **Campher,** der an der Tropfenoberfläche adsorbiert wird, wird die Cystin-Red.-Stufe bis zu dem Pot. verschoben, bei dem die Campher-Adsorption aufhört (dieses Pot. ergibt sich aus der Elektrokapillarkurve).

83. R. W. Kerr, J. Am. chem. Soc. **62** (**40**) 2735—38. C. 42 II 2694.

Dextrose u. **Maltose** geben kleine konzentrationsproportionale Stufen [vgl. E 73].

84. G. Scaramelli, Boll. sci. Fac. Chim. ind. Bologna **1940**, 49—54, 59—60; **1941**, 99—102. C. 40 II 1130, 42 II 269.

α-Acetylpyrrol ist reduzierbar (— 1,646 V). Nicht reduzierbar ist dagegen die CO-Gruppe bei β-Stellung des Acetyls (verschiedene β-Acetylmethylpyrrole untersucht), auch nicht im N-Acetylpyrrol. 2,5-Diacetylpyrrol liefert zwei Stufen bei — 1,031 u. — 1,650 V. 1-Methyl-2-acetylpyrrol gibt eine Stufe (— 1,700). 1-Methyl-2,5-diacetylpyrrol gibt zwei Stufen (— 1,053 u. — 1,685).

85. G. Scaramelli, Atti R. Accad. Italia, Rend. Cl. Sci. fis. mat. nat. [7] **1** (**40**) 471—74. C. 41 I 1277.

Verschiedene methyl-, äthyl- u. propylsubstituierte **Dipyrrylketone** ergeben Red.-Potentiale zwischen — 1,62 u. — 1,68 V, also ähnlich wie α-Acetylpyrrol.

86. G. Scaramelli, Atti R. Accad. Italia, Rend. Cl. Sci. fis. mat. nat. (7) 1 (40) 575—78; Boll. Sci. Fac. Chim. ind. Bologna **1940** 39. C. 42 II 152, 152. C. 42 II 152, 151. — G. B. Bonino u. G. Scaramelli, C. 36 I 2324.

Best. des Red.-Pot. verschiedener **substituierter Pyrrolaldehyde.**

87. G. Scaramelli, Atti R. Accad. Italia, Rend. Cl. Sci. fis. mat. nat. [7] 1 (40) 764—67, 768—70; Boll. sci. Fac. Chim. ind. Bologna **1940**, 235—38. C. 41 I 3206, 3206, 3206.

Best. der Red.-Potentiale der **Oxy- u. Methoxybenzaldehyde,** einiger Dimethoxy-, Dioxy- u. Oxymethoxy-Benzaldehyde sowie einiger Oxy- u. Dioxyacetophenone in 0,1 n-NH_4Cl mit 50% Alkohol. Besprechung der Red.-Pott., insbesondere im Hinblick auf eine Wasserstoffbindung.

88. J. P. Baumberger, Amer. J. Physiol. 129 (40) 308. C. 40 II 3523.

Kurze Notiz über die Best. von **Hämoglobin, Oxyhämoglobin u. CO-Hämoglobin** in Blut aus der Höhe von O_2-Stufen: Oxyhäm. wird bestimmt, indem durch Säure das O_2 freigemacht und polarographiert wird; das Gesamthäm. ergibt sich, wenn das Blut mit O_2 gesätt. worden war; CO-Häm. — nach einer Differenzmethode.

89. V. Zambotti, Arch. Sci. biol. 26 (40) 80—88. C. 40 II 1609.

Pentensäuren sind polarographisch nicht reduzierbar (bei p_H 7,3), gleichgültig, ob die Doppelbindung in α—β-Stellung (β-Äthylacrylsäure), in β—γ-Stellung (β-Äthylidenpropionsäure) oder in γ—δ-Stellung (Allylessigsäure) ist.

90. V. Zambotti u. A. Ferrante, Arch. Sci. biol. 26 (40) 51—66. C. 40 II 2776.

Best. der **Keto- u. Enolform der Brenztraubensäure.** [Vgl. E 70, 168.]

91. M. N. Michailowa u. M. B. Neuman, Saw. Lab. 9 (40) 166—68 (russ.), C. 41 I 1851.

In 0,01 n-NaOH können noch 0,00024% (= 10^{-4} m) **Acetaldehyd** ohne O_2-Vertreiben bestimmt werden. — H_2O_2 wird am besten in Acetatpuffer von p_H 2,3 bestimmt.

92. R. Akano u. M. Watanabe, Mitt. med. Akad. Kioto 30 (40) 629—43 (jap. Auszug dtsch.) C. 41 I 2289.

Formaldehyd kann in Tiinkwasser bei einer Konz. von 10^{-5} m auf $\pm$ 10% best. werden. Der Formaldehydgehalt pharmazeut. Präpp. wird polarogr. bestimmt.

93. E. B. Hershberg J. K. Wolfe u. L. F. Fieser J. Am. chem. Soc. 62 (40) 3516—18. C. 42 II 1944.

Polarogr. Best. von Alkoholen der Steringruppe, von Vitamin K_1 u. von Herzgiften der Digitalisgruppe. Es lassen sich sowohl die Glucoside als auch die Aglucone bestimmen.

94. J. K. Wolfe E. B. Hershberg u. L. F. Fieser J. biol. Chem. 136 (40) 653—87 (engl.) C. 42 II 2180.

Die 17-**Ketosterone** [vgl. F. 64] geben als Girardsche Hydrazone eine Red.-Stufe bei — 1,45 V und sind damit als Summe bestimmbar

95. E. B. Hershberg, J. K. Wolfe u. L. F. Fieser, J. biol. Chem. 140 (41) 215—32 (engl.), C. 42 II 2044.

Best. von **Dehydroisoandrosteron**: Die OH-Gruppe (in 3-Stellung) wird mit Aceton (u. Al-Butoxyd) zu einer Ketogr. mit konjug. Doppelb. oxydiert. Dieses Prod., das noch in das Girardsche Hydrazon übergeführt wird, gibt dann eine Red.-Stufe bei — 1,25 V. Dadurch wird eine spezif. Best. des Dehydroisoandrosterons z. B. im Harn möglich. Die gesamten 17-Ketosterone ergeben sich aus der bei — 1,45 V folgenden Stufe ⟨s. vorst. Ref.⟩.

Cholesterin gibt, ebenso behandelt, die Stufe bei — 1,25, nicht aber bei — 1,45 V

96. G. Semerano, Gazz. 71 (41) 447—61.

Die Red.-Pot. der Aldehyde u. die Benzoin-Kondensation.

97. G. Scaramelli, Boll. sci. Fac. Chim. ind. Bologna **1941**, 122—23. C. 42 II 269.

Best. des Red.-Pot. des 2,4- u. des 4,6-**Diacetoresorcins**. Je zwei Stufen bei — 1,429 u. — 1,600, bzw. — 1,410 u. — 1,625 V.

98. G. Scaramelli, Boll. sci. Fac. Chim. ind. Bologna **1941**, 129—131. C. 42 II 269.

Campher, β-Thujon u. Menthon sind nicht reduzierbar. Dagegen gibt **Carvon** ein Stufe bei — 1,365 V.

Die Ketoaldehyde des Camphers u. des β-Thujons geben Stufen bei — 1,748 bzw. — 1,586 V; die des Menthons u. des Carvons geben je zwei Stufen bei — 1,565 u. — 1,730, bzw. — 1,278 u. — 1,590 V.

99. R. Brdička u. E. Knobloch, Z. Elektroch. 47 (41) 721—28; 48 (42) 693 (Berichtigungen).

Lactoflavin wird an der Tropfelektrode reversibel reduziert (beim gleichen Pot. oxydiert). $E_{1/2}$ = — 0,10 V bei p_H 0; — 0,48 V bei p_H 7, aus der p_H-Abhängigkeit ergeben sich je eine saure Diss.-Konst. des Lactoflavins (p_K = 10,2) u. des Leukolactoflavins (p_K = 6,3). — In sauren Lsgg. zeigt die **Lactoflavinstufe** eine **Vorstufe**, die bei Konzz. unter 4 · 10^{-8} allein übrigbleibt ⟨s. § 44⟩.

100. J. J. Lingane u. O. L. Davis, J. biol. Chem. 137 (41) 567—74. C. 41 II 67.

Unters. über **Vitamin-B-Komponenten**: In 0,1 n KCl erhält man gute Red.-Stufen von Riboflavin (bei — 0,39 V), Thiamin (— 1,29) u. Nicotinsäure (— 1,7); in Tetramethylammoniumbromid auch von Pantothensäure (— 2,0) u. Pyridoxin (— 1,8 u. — 2,0). — In Puffer mit p_H 7,2 liegt die Lactoflavin-Stufe bei — 0,50 V.

101. M. M. Kirk, Ind. engin. Chem., Anal. Ed. 13 (41) 625

Zur Best. von **Ascorbinsäure** wird 2%ige Metaphosphorsäure als Grundlsg. vorgeschlagen. (Keine quant. Prüfung.)

102. W. Käppel, Dissert. Bonn **1941**.

An der Tropfkathode ergeben sich bei allen p_H-Werten **Cystein-Cystin-Redoxpotentiale**, die mit den thermodynamisch von Borsook berechneten Werten nahezu übereinstimmen.

Thioglykolsäure gibt eine Oxydationsstufe. Dithioglykolsäure dagegen keine Reduktionsstufe. — **Thioharnstoff** bildet an einer Hg-Anode Komplexe.

103. B. J. Ogrin u. A. A. Braun, Saw. Lab. 10 (41) 467 bis 469.

Citral u. **Citronellal** geben in 1 n-NH_4Cl mit 75% Alkohol konzentrationsproportionale gute Stufen bei $E_{1/2}$ — 1,43 bzw. — 1,72. Zu ihrer Best. in **Zitronenöl** werden 0,2 g hiervon in 10 ccm der gen. Grundlsg. gelöst.

104. S. Wawzonek u. H. A. Laitinen, J. Am. chem. Soc. 63 (41) 2341—42. C. 42 I 2636.

Acetophenon gibt in neutraler Lsg. eine einfache Stufe, in alkal. eine Doppelstufe: In 0,2 n-$N(CH_3)_4OH$ mit 50% Isopropylalkohol bei etwa — 1,7 u. — 2,0 V. Das Red.-Pot. der ersten Stufe ist wahrscheinlich das Pinakon, das der zweiten — Methylphenylcarbinol (Acetophenonpinakon wird an der Tropfkathode nicht reduziert ⟨vgl. § 43 „Doppelstufen"⟩).

Durch Zusatz von Benzalaceton wird die Höhe der ersten Stufe erniedrigt [s. D 60], die der zweiten aber entsprechend erhöht.

105. A. Winkel u. H. Siebert, Ber. 74 (41) 670—75.

Azobenzoldisulfosäure zeigt in saurer u. in alkal. Lsg. eine Doppelstufe. Die erste Teilstufe wird der cis-, die zweite der **trans-Form** zugeschrieben. Durch Belichten läßt sich die Höhe der 1. Stufe auf Kosten der 2. erhöhen, entsprechend der Zunahme der cis-Form. — Auch gewöhnliches Azobenzol zeigt eine kleine Vorstufe 0,235 Volt vor der Hauptstufe. Präparativ dargestelltes **cis-Azobenzol** zeigt nur die erste Stufe.

106. Th. de Vries u. R. W. Ivett, Ind. engin. Chem., Anal. Ed. 13 (**41**) 339—40. C. 42 II 2013.

Untersuchung **aliphatischer Nitroverbindungen**: Nitromethan, Nitroäthan, 1-Nitropropan, 2-Nitropropan, 1-Nitrobutan, 2-Nitrobutan. In 0,05 m-H_2SO_4 (nicht in 0,05 m-Na_2SO_4) werden konzentrationsproportionale Stufen erhalten. Im Gemisch sind die Verbb. nicht einzeln bestimmbar.

107. L. I. Smith, I. M. Kolthoff, S. Wawzonek u. P. M. Ruoff, J. Am. chem. Soc. 63 (**41**) 1018—24.

8 verschiedene CH_3-substituierte **6-Oxychromane** u. **5-Oxycumarane** werden in 0,1 m-Anilin—0,1 m-Aniliniumperchlorat-Puffer (p_H 3,6) mit 50% Methanol untersucht. Sie geben gute Oxydationsstufen bei + 0,1 bis + 0,2 V. Diese Oxydation zu Chinonen ist irreversibel. Die Red. der Chinone erfolgt bei negativerem Potential u. führt zu Hydrochinonen.

Es werden ferner 11 **verschiedene Chinone u. deren Hydrochinone** untersucht. Neben solchen, die aus den erwähnten Oxychromanen u. -cumaranen entstehen, auch Benzochinon, Toluchinon, p- u. m-Xylochinon usw. Hier sind Red. u. Ox. stets reversibel. — Aus den Stufenhöhen ergibt sich, daß die Chinone jeweils schneller diffundieren als die zugehörigen Hydrochinone.

108. C. Cattaneo u. G. Sartori, Arch. Sci. biol. 27 (**41**) 361. — G. Sartori u. C. Cattaneo, Gazz. 71 (**41**) 713—22. C. 42 I 1617.

Polarogr. Unters. des 2-Methyl-3-oxy-1,4-naphthochinons (Phthiocol) u. anderer **Oxy- u. Alkyl-naphthochinone.** Es wird auf Bildung von Semichinonen geschlossen u. werden deren Konstanten nach den Formeln von Brdicka [C 57] berechnet. ⟨Doch gelten diese Formeln nur für streng reversible Prozesse.⟩

109. L. Palasciano, Boll. sci. Fac. Bologna **1941**, 83—84. C. 42 I 1363.

N-Acetylcarbazol u. N-Acetylpyrrol sind nicht reduzierbar.

110. M. Deželić u. J. Herak, Kem. Vjestnik 15/16 (**41/42**) 7—20 (kroat., Auszug dtsch.), C. 43 II 1088.

Nicht reduzierbar sind Saligenin, Salicin, Pentaacetylsalicin. Dagegen erhält man eine Red.-St. mit den eine Aldehydgruppe enthaltenden Helicin u. Tetraacetylhelicin. Bei p_H 1 wird das Glucosid

Helicin bei — 1,25 V reduziert, also schwerer als sein Aglucon Salicylaldehyd (— 0,763 V).

111. G. Scaramalli, Boll. Sci. Fac. Chim. ind. Bologna 3 (42) 201—04. C. 44 I 417.

Best. der Red.-Potentiale von Methyl-α- u. -β-naphtylketon, Phenyl-α-naphtylketon, 1-Aceto-2-oxynaphtalin u. 1-Oxy-3-acetonaphtalin.

112. G. B. Bonino u. G. Scaramelli, Ber. 75 (42) 1948 bis 1953 (dtsch.), C. 43 I 1877.

Das polarogr. Red.-Pot. von 15 verschiedenen Derivaten der Aldehyde u. Ketone des Pyrrols wird bestimmt.

113. G. Scaramelli, Boll. Sci. Fac. Chim. ind. Bologna 3 (42) 205—06. C. 43 II 1181.

Bei 12 Alkylpyrrolen wird die polarograph. Nichtreduzierbarkeit nachgewiesen.

114a. H. Matheson, H. S. Isbell u. E. R. Smith, J. Research Nat. Bur. Standards 28 (42) 95—131.

Unters. von Oxysäuren u. Lactonen.

114b. H. Matheson, H. S. Isbell u. E. R. Smith, Techn. News Bull. Nat. Bur. Standards 1942, No. 297.

Unters. von Zuckersäuren.

115. H. W. Hirshy u. P. M. Ruoff, J. Am. chem. Soc. 64 (42) 1490—91. C. 43 II 1214.

Citrinin, das Stoffwechselprod. von Penicillium citrinum, gibt eine gute Red.-Stufe in saurer Lsg. mit 75% Alkohol (— 0,85 V bei p_H 2).

116. N. H. Furman u. C. E. Bricker, J. Am. chem. Soc. 64 (42) 660—68. C. 43 I 1463.

Freie Phthalsäure (bei p_H 1 bis 2) gibt eine Red.-St. bei — 1,2 V mit einer $\nu = 2$ entsprechenden Höhe. Bei p_H 4 (wobei in der Lsg. das Biphthalation vorherrscht) entstehen drei Stufen, die durch mehrwert. Kationen ($BaCl_2$) in Höhe u. Lage verändert werden.

117. L. I. Smith, L. J. Spillane u. I. M. Kolthoff, J. Am. chem. Soc. 64 (42) 447—51, 644—46. C. 43 I 1576.

α-Tocopherol (Vitamin E) gibt in Anilin—Aniliniumperchlorat-Puffer (p_H 4) mit 75% Äthanol eine Oxyd.-St. mit konzentrationsprop. Höhe bei + 0,25 V. Kurvenform u. p_H-Verschiebung entsprechen einer rev. Oxyd. mit $\nu = 2$. Das primäre Oxydationsprod. lagert sich dann jedoch irrev. in α-Tocopherylchinon um [vgl. E 107, 163].

Ähnlich verhalten sich die drei untersuchten Dimethyläthyltocole. β- u. γ-Tocopherol geben Oxyd.-St. bei etwas positiverem Pot.

α-Tocopherylchinon gibt in Acetat- oder Anilinpuffer mit 75% Äthanol eine Red.-Stufe (zum Hydrochinon, $\nu = 2$) bei — 0,08 V bei p_H 4,02. — Ähnlich verhält sich das Orthochinon: 2,2, 7,8-Tetramethylchroman-5,6-chinon.

118. W. Faßbender, Dissert. Bonn **1942**.

Nitro- u. Nitrosobenzol werden an der Tropfkathode direkt in einer Stufe zum Anilin reduziert. Azo- u. Azoxybenzol nur zum Hydrazobenzol, wie sich aus den Stufenhöhen ergibt. $E_{1/2}$ bei p_H 7 (Puffer) in Lsgg. mit 60% Alkohol: **Nitrobenzol** — 0,63 V, **Nitrosobenzol** — 0,15, **Azoxybenzol** — 0,89, **Azobenzol** — 0,50. **Hydrazobenzol** wird nicht reduziert.

p-Cl- u. p-$(CH_3)_2$N-Nitrosobenzol werden in einer Stufe zum Anilinder. red. Dagegen zeigt p-NO_2-Nitrosobenzol 4 deutbare Stufen.

Eine der NH_3-Red. analoge Reduzierbarkeit der **NH_2-Gruppe** in org. Verbb. ist nicht vorhanden, wohl aber veranlaßt sie eine katalyt. H^+-Abscheidung.

119. K. Wiesner, Chem. Listy 36 (**42**) 313—17 (tschech.).

Unters. einiger Aminosäuren mit Chinonen.

120. K. Wiesner, Bioch. Z. 313 (**42**) 48—61. C. 43 I 1151.

Adrenalin gibt keine Red.-St., wohl aber das Oxydationsprod. **Adrenochrom** (ein Chinon), das mit seiner sehr unbeständ. Leukoform ein rev. Redoxsystem bei — 0,24 V bei p_H 7 bildet.

121. G. Sartori u. C. Cattaneo, Gazz. 72 (**42**) 525—28.

Adrenalin gibt keine Red.-Stufe, wohl aber eine Oxyd.-St. bei + 0,527—0,058 p_H.

122. O. H. Müller, J. biol. Chem. 145 (**42**) 425—41.

Unters. von **α-Oxyphenazin**.

123. F. Šantavý, Čas. lék. čes. 81 (**42**) 1160—62 (tschech.).

Best. von **Colchicin u. Colchicein.**

124. V. Zambotti, Boll. Soc. Ital. Biol. 17 (**42**) 713.

Oberflächenaktivität von Glycochol- u. Taurocholsäure.

125. P. C. Tompkins u. C. L. A. Schmidt, J. biol. Chem. 143 (**42**) 643—53., C. 43 I 826.

Pyridin gibt in Phosphatpuffer (p_H 6 bis 8) eine Stufe bei etwa — 1,7 V ⟨die jedoch eine katalyt. Welle ist⟩. In alkal. Lsg. keine Stufe.

Nikotinsäure gibt in Puffern u. in sauren Lsgg. eine katalyt. H-Abscheidung.

126. C. Cattaneo u. G. Sartori, Gazz. 72 (42) 38—41. C. 42 I 2637.

Unters. des Farbstoffes **Pyocyanin** $C_{26}H_{20}O_2N_4$.

127. R. Brdička, Chem. Listy 36 (42) 286—89, 299—302 (tschech.).

Polar. Unters. der **Zersetzung** von **Lactoflavin** durch Licht unter Bildung von **Lumichrom.**

128. H. A. Laitinen u. S. Wawzonek, J. Am. chem. Soc. 64 (42) 1765—68, 2365—68. C. 44 II 1261, 45 II 237.

Ungesättigte Kohlenwasserstoffe werden in Dioxan mit 25% Wasser u. 0,175 m-Tetrabutylammoniumjodid (Endanstieg bei —2,9 V) untersucht.

Neun **Phenyl-substituierte Olefine u. Acetylene** geben alle gute, konzentrationsprop. Stufen, die zwischen —2,02 (Diphenylbutadien) u. —2,58 V (β-Methylstyrol) liegen, unabhängig vom pH der Lsg. Bei den Olefinen (auch Diphenylbutadien) entspricht die Stufenhöhe $\nu = 2$, bei den Acetylenen $\nu = 4$. o-Allylanisol u. Heptylen-1, deren Doppelbindungen nicht zu den aromatischen konjugiert liegen, sind nicht reduzierbar.

Von 20 untersuchten aromat. Kohlenwasserstoffen werden nicht reduziert: Benzol, Tetralin, Hydrinden. Naphthalin gibt eine Stufe bei —2,54 V, $\nu = 2$; 1,2-Dihydronaphthalin —2,61 V, $\nu = 2$; Acenaphthen —2,61 V, $\nu = 2$; Biphenyl —2,74 V; Fluoren —2,60 V; Phenanthren —2,49 u. —2,73 V; Anthracen —1,98 V; Pyren —2,14, —2,50 u. —2,72 V mit je $\nu = 2$; Chrysen gibt unreg. Anstieg mit insges. $\nu = 6$. Die carcinomogenen KW 1,2-Benz-, 1, 2, 5, 6-Dibenz-, 9, 10-Dimethyl-1, 2-benz-Anthracen, 3-Methylcholanthren geben alle zwei Stufen bei etwa —2,1 u. —2,6 V; auch 3, 4-Benzpyren gibt zwei Stufen.

129. C. Cattaneo u. G. Sartori, Gazz. 72 (42) 351—56. C. 42 II 2468.

Die irrev. Oxyd.-Stufe der **Ascorbinsäure** liegt für $p_H < 5{,}5$ bei $+0{,}275 - 0{,}058$ pH; für pH $> 5{,}5$ bei $+0{,}114 - 0{,}029$ p_H.

130. L. Riccoboni, Gazz. 72 (42) 47—62. C. 42 I 2636.

$(C_2H_5)_3PbCl$ in 1 n-KCl gibt eine Red.-Stufe bei —0,723 V. Die Stufe hat etwa 60% der Höhe einer $PbCl_2$-Lsg. gleicher Konz.

131. G. Proske, Die Chemie 56 (43) 24—28. C. 43 I 1877.

„Die Polarographie als Hilfsmittel bei der **Konstitutionsaufklärung**": Es wird insbes. der Einfluß verschied. Substituenten auf das Red.-Pot. der CO-Gruppe besprochen [vgl. E 34, 35].

132. M. I. Gerber, A. A. Dobrinskaja u. M. B. Neiman, Trudy ws. Konf. Anal. Chim. 2 (43) 585—602 (russ.).

Best. von **Aldehyden.**

133. R. H. Baker u. J. G. Schafer, J. Am. chem. Soc. 65 (43) 2675—76.

Oxydationspotentiale von Methoxyacetophenonen.

136. J. E. Page u. F. A. Robinson, J. chem. Soc. (London) **1943**, 133—35. C. 45 I 1472

Best. von $E_{1/2}$ u. i_d für 12 Chinone, darunter **Citrinin**, Penicillsäure, Fumigitin u. Spinolusin.

137. K. Wiesner, Biochem. Z. 314 (43) 214—23.

„Polarogr. Unters. der **Melaninbildung**". Das bei der enzymat. Oxydation von Tyrosin als Zwischenprodukt entstehende rote Chinon ist durch eine reversible Red.-Stufe nachweisbar u. bestimmbar (— 0,29 V bei p_H 7).

138. M. J. Astle u. W. V. McConnel, J. Am. chem. Soc. 65 (43) 35—38. — M. J. Astle u. W. P. Cropper, daselbst S. 2395—99. C. 45 I 1471

Die Stufenhöhe von **p-Nitrophenol** u. den **p-Nitrokresolen** entspricht bei allen p_H $\nu = 6$, also Red. zum Amin. Bei o-Nitrophenol u. den o-Nitrokresolen ist in saurer Lsg. $\nu = 4$, also Red. nur zum Hydroxylamin, das wahrsch. durch H-Bindung stabilisiert ist. m-Nitrokresole geben in saurer Lsg. zwei Stufen mit $\nu = 4$ bzw. 2, in alkal. Lsg. nur erstere, wahrsch. weil das Anion keine chinoide Struktur annehmen kann.

139. M. J. Astle u. S. P. Stephenson, J. Am. chem. Soc. 65 (43) 2399—2402. C. 45 I 1472

Unters. der **Nitrodioxybenzole** im Hinblick auf die Wasserstoffbindung.

140. J. J. Lingane, C. G. Swain u. M. Fields, J. Am. chem. Soc. 65 (43) 1348—53.

9-(o-Jodophenyl)-acridin wird in 0,1 n-KOH mit 90% Alkohol in zwei Stufen reduziert: Zunächst zum Dihydroacridinder. [vgl. aber E 155], dann zum jodfreien Prod. In einer näher beschriebenen elektrolyt. **Zelle mit kontrolliertem Quecksilberkathoden-Pot**: läßt sich daher das eine oder andere Prod. gewinnen.

141. N. J. Levitan, I. M. Kolthoff, W. G. Clark u. D. J. Tenenberg, J. Am. chem. Soc. 65 (43) 2265—68.

Sulfonamide. Sulfanilamid gibt keine Stufe. Aber das Oxyd.-Prod. p-Hydroxylaminobenzolsulfonamid wird in alkal. Lsg. reduziert (— 0,72 V in 0,1 n-NaOH; ν = 2). p-p'-Azoxybenzolsulfonamid gibt in saurer u. alkal. Lsg. (mit 50% Methanol) eine Stufe mit ν = 2. Desgl. p-Nitrobenzolsulfonamid mit ν = 4 in alkal. u. neutr. Lsg., in saurer Lsg. zwei Stufen mit ν = 4 + 2.

142. F. Š o r m , Rozpr. čes. Akad. 53 (**43**) 1—16 (tschech.); Chem. Obzor 11 (**43**) 1—7.

Red. der **Pyridincarbonsäuren** u. Derivate (ν = 2).

143. P. C. T o m p k i n s u. C. L. A. S c h m i d t , Univ. Calif, Pub. Physiol. 8 (**43**) 221—45.

Unters. von **Methylpyridiniumhydroxyd** u. Trigonellin; Picolinsäure u. Isonicotinsäure; Homarin u. Isonicotinsäurechlormethylat; Nicotinsäureamid u. dessen Chlormethylat.

144. P. N y m a n (u. F. R e i m e r s), Dansk Tidskr. Farm. 15 (**41**) 292. C. 42 I 898. — Svensk Farm. Tid. 47 (**43**) 401—06, 429—30.

Best. von **Lobelin** (in NH_4Cl-Grundlsg.).

145. F. Š a n t a v ý . Čas. čes. Lékar. 56 (**43**) 1—3, 57 (**44**) 109 (tschech.).

Best. der **Lobelin-Alkaloide.**

146. R. W. M o s h i e r , Ind. engin. Chem., Anal. Ed. 15 (**43**) 107—09. — G. C. W h i t n a c k u. R. W. M o s h i e r , daselbst 16 (**44**) 496—98.

Acrolein gibt zwei Stufen, von denen die erste (Red. der Doppelb.) vor der Formaldehyd-St. liegt. Beide Aldehyde können nebeneinander bestimmt werden.

147. J. H e y r o v s k ý u. H. H a s s e l b a c h , Z. Pflanzenzucht 25 (**43**) 443—50.

Best. von **Carotin.**

149. S. W a w z o n e k , H. A. L a i t i n e n et al., J. Am. chem. Soc. 66 (**44**) 827—30, 830—33; 67 (**45**) 1300—02.

γ-Ketosäuren können in einer cykl. u. einer nichtcykl. Form existieren, zu deren Unterscheidung die polar. Methode herangezogen wird. Es werden Ester, Anhydride u. Amide der 2-Benzoylbenzoesäure untersucht. Bei γ-Ketosäuren mit α-β-Doppelbindung [Derivate der 3-(p-Brombenzoyl)-3-methylacrylsäure] wird erst die Doppelbindung, dann in zwei weiteren Stufen die Ketogruppe reduziert.

150. J. M. Lupton u. C. C. Lynch, J. Am. chem. Soc. 66 (44) 697—700.

Ketone, die sonst nicht reduzierbar sind, geben in saurer Hydrazin-Lsg. eine Doppelstufe, wahrsch. infolge Hydrazon-Bildung.

151. E. I. Fulmer, J. J. Kolfenbach u. L. A. Underkofler, Ind. engin. Chem., Anal. Ed. 16 (44) 469—70.

Best. von Methylvinylketon u. Diacetyl nebeneinander.

152a. F. Poupě, Chem. Listy 38 (44) 213—18 (tschech.). — Coll. 12 (47) 225—36 (engl.).

Unters. der photochem. Veränderung von Chinonen.

152b. G. Sartori u. E. Bianchi, Gazz. 74 (44) 8—12.

Unters. einiger Ketone der Steringruppe.

153. J. Haslam u. L. H. Cross, J. Soc. chem. Ind. 63 (44) 94—95.

Nitrobenzol in Anilin. Die Methode von Novák [E 68] wird verbessert, indem als Dämpfer Nigrosin benutzt wird.

154. D. Lester u. L. A. Greenberg, J. Am. chem. Soc. 66 (44) 496.

Phenylhydroxylamin gibt eine Oxyd.-Stufe, aber keine Red.-St. [entgegen E 141]. In Alkali erfolgt Umwandlung in Azoxybenzol, das eine Red.-St. gibt.

155. B. Breyer, G. S. Buchanan u. H. Duewell, J. chem. Soc. (London) 1944, 360—63.

Acridin u. eine Reihe von Derivaten werden in zwe Stufen mit je $\nu = 1$ reduziert, also zunächst zum Monohydroradikal. Beim Acridin selbst sind die Stufen (— 0,60 u. — 1,34 V bei p_H 7,3) nur bis 10^{-4} konzentrationsprop., bei höherer Konz. treten 3 Stufen auf. — Acridon gibt eine Stufe bei — 1,47 V bei pH 7,3.

156. F. Šantavý, Čas. čes. Lékár. 57 (44) 11—13 (tschech.).

Best. von Colchicin.

157. F. Šantavý u. Hanč, Čas. čes. Lékár. 57 (44) 75—76; (46) 40—44; Chimie et Ind. 58 (47) 178-79

Piperin (Best. in Pfeffer).

158. J. T. Stock, J. chem. Soc. (London) 1944, 427—30. C. (Ak.V.) 44 II 237

Chinaldinsäure in Puffern mit p_H 1.5 bis 12 zeigt ein kompliziertes Verhalten: Mehrere Stufen, deren Deutung diskutiert wird.

159. R. G. **Reiser**, Univ. Pittsburgh Bull. 40 (**44**) 220—26.

Red.-Pot. u. Diff.-Konst. von **Cystin** u. **oxydiertem Glutathion** werden bestimmt. Letzteres gibt eine normale (nicht unterteilte) Stufe. **Dithioglycolsäure** gibt eine unterteilte, für quant. Best. unbrauchbare Stufe.

160. K. **Wiesner**, Čas. čes. Lékár. 57 (**44**) 76—78 (tschech.).

Unters. von **Aneurin**.

161a. K. **Wiesner** u. K. **Schäferna**, Chem. Listy 38 (**44**) 211—12 (tschech.).

Best. von **Ascorbinsäure** in Pflanzen u. Organen: Verreiben mit wasserfr. Na_2SO_4, Extraktion mit Methanol, Polarographieren in Acetatpuffer p_H 6 bis 6,5.

161b. G. **Sartori** u. C. **Cattaneo**, Gazz. 74 (**44**) 166—80.

Unters. von **Vitamin B_1**.

162. F. **Šantavý** (u. J. **Brzák**), Chem. Listy 38 (**44**) 833. — Čas. čes. Lékár. 56 (**44**) 113—14 (tschech.).

Best. von **Santonin** u. Santoninsäure.

163. J. J. **Beaver** u. H. **Kaunitz**, J. biol. Chem. 152 (**44**) 363—65.

Best. von **α-Tocopherol** [vgl. E 117] wird durch Sesamöl, Fischöl u. Cholesterin gestört.

166. K. **Wiesner**, Chem. Listy 38 (**44**) 91—98 (tschech.).

Dioxymaleinsäure.

167. J. **Barnett** u. C. J. **Morris**, Biochem. J. 39 (**45**) Proc. Nr. 66 u. 67; 40 (**46**) 445—53.

Best. von **Ketosteroiden** im Harn. — Steroidhydragone.

167b. R. **Portillo** u. G. **Varela**, Anales Fis. y Quim. 41 (**45**) 1429—36 (span.). Chem. Abstr. 42 (48) 7199.

Ketone.

168. R. **Brdička**, Chem. Listy 39 (**45**) 35—47 (tschech.).

Die beiden Stufen der **Brenztraubensäure** [s. E 70, 90] sind nicht der Keto- u. Enolform zuzuschreiben, sondern den undissoz. Molekeln (die positivere St.) und den Enolat-Anionen. Ebenso zu deutende Doppelstufen werden ferner untersucht beim **Colchicein**, 1-Oxymethylen-2-cyclohexanon u. Benzoylessigsäureäthylester. Vgl. hierzu [C 90 u. E 190].

169. P. van Rysselberghe u. J. M. McGee, J. Am. chem. Soc. 67 (45) 1039—40.

Quaternäre Ammoniumionen. Am schwersten reduzierbar ist das $N(CH_3)_4^+$-Ion, dessen Salze E_{tg} = — 2,97 V (Endanstieg) ergeben. Mit $N(CH_3)_4Br$ als Leitsalz ⟨ungepuffert! also etwa pH 11 entsprechend⟩ wurden folgende Halbstufenpot. gefunden: NH_4^+ — 2,25 V; $N(CH_3)_3H^+$ — 2,27; $N(C_3H_7)_4^+$ — 2,56; $N(C_4H_9)_4^+$ — 2,61; $N(C_2H_5)_4^+$ — 2,71. (Ferner auch einige gemischte quaternäre Basen.)

170. O. F. Uffelie, Dissert. Groningen 1945 (holl.).

Unters. einiger Alkaloide.

171. H. F. W. Kirkpatric, Quart. J. Pharm. 18 (45) 245 bis 251, 338—50; 19 (46) 8—13, 127—34, 526-35

Unters. einiger Alkaloide.

172. F. Šantavý, Spisy lék. Fak. Masaryk Univ. Brno 19 (45) 29—44 (tschech.).

Best. von Chinin u. Derivaten.

173. H. B. Rasmussen, C. Hahn u. K. Ilver, Dansk Tidskr. Farm. 19 (45) 41—67 (dän.).

Best. von Morphin.

174. F. Šantavý, Spisy lék. Fak. Masaryk Univ. Brno 19 (45).

Best. von Colchicin u. Derivaten.

175. R. Brdička, Čas. čes. Lék. 58 (45) 37—43 (tschech.).

Unters. der pH-Abhängigkeit der Stufen von Colchicin, Colchicein (Einfluß von Borsäure), o-Anisaldehyd, Salicylaldehyd, Vanillin. Vgl. [C 90].

176. O. H. Müller, Trans. electrochem. Soc. 87 (45) Preprint, 22 S.

Anomale Stufen einiger Farbstoffe in verd. Lsg.

177. W. S. Gillam, Ind. engin. Chem., Anal. Ed. 17 (45) 217 bis 221.

Ascorbinsäure wird am besten mit 0,25%iger Oxalsäure oder 1,5%iger Metaphosphorsäure extrahiert u. nach Mischen mit Phthalat- oder Phosphat-Puffer ohne Entlüften polarographiert. Beleganalysen.

178. O. Björnson u. M. Ottesen, Pharmacy and Pharmacology 19 (46) 519—26. C. (Ak.V.) 48 I 617

Best. von **Oestron** im Harn trächtiger Stuten nach der Methode von [E 94]. Beschreibung der Isolierung des Oestrons, der Darst. des Girard'schen Hydrazons u. des polar. Verf.

179. G. Sartori u. A. Liberti, Atti Acad. nat. Lincei (8) 1 (46).

Unters. des Systems **Alloxan-Diallursäure.**

180. B. Warshowski u. P. J. Elving, Ind. engin. Chem., Anal. Ed. 18 (46) 253—54. C. (V. Ch.) 47 I 252.

Gleichzeit. Best. von **Äthylenglycol** u. **1,2-Propylenglycol**: Durch HJO_4 wird ersteres zu Formaldehyd, letzteres zu Form- u. Acetaldehyd oxydiert; die Aldehyde werden polarographiert.

181. J. C. Heath, Nature 158 (46) 23.

Adenin, Adenosin, Adenylsäure geben in 0,1 n-$HClO_4$ gute Stufen Guanin, Cytidin, Uracil u. Derivate sind nicht reduzierbar.

182. F. Šantavý, Chem. Listy 40 (46) 35—42 (tschech.).

Unters. von **Berberin, Hydrastinin u. Cotarnin.**

183a. G. B. Levy, P. Schwed u. J. W. Sackett, J. Am. chem. Soc. 68 (46) 528—29. C. (V. Ch.) 47 I 541.

Streptomycin gibt in Tetramethylammoniumhyroxydlsg. eine konzentrationsprop. Stufe bei — 1,45 V.

183b. K. Heller u. E. N. Jenkins, Nature 158 (46) 706.

Organische Chloramine geben (bei p_H 3,6 bis 12) eine irrev. Red.-Stufe ($\nu = 2$), die konzentrationsprop. ist. Sie fällt mit der Red.-St. des Hypochlorits (HClO) praktisch zusammen. Doch können beide nebeneinander bestimmt werden, da Hypochlorit in alkal. Lsg. durch Arsenit zerstört werden kann.

184. H. Keller, R. Pasternak u. H. v. Halban, Helv. chim. Acta 29 (46) 512—20.

Cis- u. trans-Dibenzoyläthylen geben je 2 Stufen (C = C- u. C = O-Gruppe).

185. H. Keller, M. Hochweber u. H. v. Halban, Helv. chim. Acta 29 (46) 761—70.

Polarogr. u. spektr. Unters. **organ. Halogenverbb.**, s. § 18.

186. R. Pasternak u. H. v. Halban, Helv. chim. Acta 29 (46) 190—99.

Unters. an organ. Substanzen, s. § 14 u. 18.

187. D. R. u. D. D. Perrin, New Zeeland J. Sc. Techn. 28 (46) 266—72.

Best. von **Ascorbinsäure** in Milch.

188. J. E. Page u. J. G. Waller, Analyst 71 (46) 65—66.

Best. der **Ascorbinsäure**: Kleine Spannung an der Walze wird empfohlen.

189. F. Reimers, Quart. J. Pharm. 19 (46) 473—79.

Unters. der **Autoxydation des Diäthyläthers.**

190. R. Brdička, Chem. Listy 40 (46) 232—38 (tschech.). — Coll. 12 (47) 212—24 (engl.).

Die Doppelstufen der **Brenztraubensäure** [vgl. E 168] u. der **Phenylglyoxylsäure** werden weiter untersucht. Die Höhe der ersten Stufe, die nicht durch eine Diffusion, sondern durch eine Reaktionsgeschwind. bedingt ist, ist unabhängig von der Höhe des Hg-Niveaugefäßes. [Vgl. C 90.]

190b. S. Wawzonek u. J. Wang Fan, J. Am. chem. Soc. 68 (46) 2541—44.

Unters. von substituierten **Fulvenen u. Fluorenen,** auch 1,1-Diphenyl- u. -Dibiphenyläthylen, Triphenylmethyl u. a. In vielen Fällen läßt sich die Art der Red. wahrscheinlich machen.

190c. A. G. Stromberg u. L. M. Reinuss, Sh. obschtsch. Chim. [russ.] 16 (46) 1431—42. C. (Ak. V.) 48 I 440.

Substituierte Chinone, Phenone u. Fuchsone. Halbwellenpotentiale von 1) Chinon, 2-Toluchinon, 2-Methoxychinon, 2,6-Dimethoxychinon; 2) Benzophenon, 4,4'-Dioxybenzophenon, 4,4'-Dioxy-3,3'-dimethyl (bzw. dimethoxy)-benzophonon; 3) Aurin, o-Kresaurin, Rubrophen u. a.

191. K. Wiesner, Coll. 12 (47) 64—70 (engl.).

Die Höhe der kleinen **Aldose-Stufen** ist nicht durch die Konz. der reduzierbaren Form (A) in der Lsg. gegeben (wie dies [E 73] annahm), sondern durch die Geschwindigkeit der Nachbildung von A an der Elektrodenoberfläche. Dies gehr aus der Temperatur- u. p_H-Abhängigkeit der Stufenhöhe hervor. Auch ist am Einzeltropfen *i* proportional $t^{2/3}$ (der Oberfläche) u. nicht $t^{1/6}$.

Auch bei **Fructose,** die eine Stufe von fast normaler Höhe liefert ist die Gleichgewichtskonz. der reduzierbaren Form sehr klein, die Geschw. ihrer Nachbildung jedoch groß.

192. B. Warshowsky, J. Elving u. J. Mandel, Analyt, Chem., 19 (47) 161—64. C. (V.Ch.) 47 I 840.

Malein- u. Fumarsäure sind nach Reinigung (Fällung als Ba-Salze aus alkohol. Lsg.) in NH_3-NH_4Cl-Lsg. (p_H 8,2) gut nebeneinander bestimmbar.

194a. M. B. N e i m a n u. S. W. M a r k i n a, Saw. Lab. [russ.] 13 (47) 1174—78. C. (Ak. V.) 48 I 617.

Aceton u. **Methyläthylketon** in 0,025 n-Tetramethylammoniumjodid geben Stufen bei — 2,20 bzw. — 2,35 V u. können gut bestimmt werden, auch in Ggw. von Aldehyden in geringen Mengen.

194b. K. B i e b e r u. G. T r ü m p l e r, Helv. chim. Acta 30 (47) 706—33, 971—90, 1109—13, 1236—94, 1534—42. 2000—10; 31 (48) 5—8. C. (Ak. V.) 48 I 439, 440, 1393, 1394.

Die zu kleine Stufenhöhe des **Formaldehyds** ist kinetisch begrenzt durch die Geschwindigkeit der Bildung des allein reduzierbaren freien Aldehyds aus dem Hydrat. Minimum der Stufenhöhe bei pH 7. Bei pH 13 ist sie 60mal größer (Beschleun. der Dehydrat. durch OH^-). Temp.-Koeff. der Stufenhöhe etwa 10 % pro Grad. Bei 80° in alkal. Lsg. wird der $\nu = 2$ entsprechende Grenzwert erreicht. Von dem Hg-Druck der Tropfelektrode ist die Stufenhöhe nur sehr wenig abhängig. — In saurer Lösung hat die Stufe ein „Maximum". — Oscillograph. Untersuchung (auch mit einer Hg-Strahlelektrode).

Orientierende Versuche mit **Acetaldehyd** machen auch hier kinetisch Einflüsse wahrscheinlich. Der Temp.-Koeff. der Stufenhöhe ist in (schwach) saurer Lsg. etwa 10 % pro Grad. ⟨In alkal. Lsg. könnten die Angaben durch die nicht berücksichtigte Aldolkondens. gefälscht sein, vgl. [E 201].⟩

Propylaldehyd gibt in 0,1 n-LiOH eine Stufe bei — 1,678 V (23 mV negativer als Acetaldehyd). Glycolaldehyd: — 1,44 V.

194c. M. B. N e i m a n u. M. I. G e r b e r, Sh. analit. Chim. [russ.] 2 (47) 135—46, C (Ak.V.) 48 II 946.

Best. von **Aldehyden,** gesättigten u. ungesättigten. Die mit konjug. Doppelb. (Acrolein, Crotonaldehyd, Citral) haben ein positiveres Red.Pot. als Acetaldehyd u. können daher in saurer Lsg., in der sie beständig sind, bestimmt werden. Von Formaldehyd können sie unterschieden werden durch Entfernung der Formaldehydstufe mit Dimedon.

194d. R. P a s t e r n a k, Helv. chim. Acta 30 (47) 1984—99. C (Ak. V.) 48 II 27.

„Komplexbildung von **Benzil** mit Borsäure. Gleichgewichts- u. Reaktionsgeschwindigkeits-Messungen mit dem Polarographen."

195. D. W. E n g e l k e m e i r, T. A. G e i s s m a n n, W. R. C r o w e l l u. S. L. F r i e s, J. Am. chem. Soc. 69 (47) 155—59.

Flavone: pH-Abhängigkeit des Halbstufenpot. von Flavonol u. 6 Derivaten (Quercetin, Quercitrin u. a.).

196. K. G. Stone, J. Am. chem. Soc. 69 (47) 1832—33. C. (Ak. V.) 48 I 1392.

Dibenzylsulfoxyd u. **Benzomorpholin** sind nicht reduzierbar. **Benzothiomorpholin** gibt eine Stufe bei — 1,59 V bei pH 7. **Carbostyril** (2-Oxychinolin) gibt in Boratpuffer bei pH 8 eine Stufe bei — 1,9 V.

197. N. I. Maljugina u. I. A. Korschunow, Sh. analit. Chim. [russ.] 2 (47) 341—44. C. (V. Ch.) 48 I 508.

Furfurol kann auch neben Formaldehyd bestimmt werden, am besten bei pH 7 bis 10 mit Na-Acetat als Leitsalz.

198. H. Hasselbach, Z. Pflanzenern. 39 (47) 27—35. C. (Ak. V.) 48 II 642.

Die polarogr. Best. von **Ascorbinsäure** in Pflanzenextrakten wird im Gegensatz zu der titrimetrischen nicht durch reduzierende Begleitstoffe gestört. Doch erhält man je nach der Art der Extraktion mit Säuren verschiedene Werte, was auf das Vorhandensein freier u. gebundener Ascorbinsäure zurückgeführt wird.

199a. M. E. Runner, M. L. Kilpatrick u. E. C. Wagner, J. Am. chem. Soc. 69 (47) 1406—10.

Tautomerie der **Amidine**: Von den drei Isomeren N—Phenyl—N'-o- (bzw. m-, bzw. p-) nitrophenyl-Acetamidinen wird das o-Nitroder viel leichter reduziert als das m- u. p-Der., was auf die Stabilisierung des einen Tautomers durch die H-Brücke zurückgeführt wird.

199b. M. I. Gerber, Sh. analit. Chim. [russ.] 2 (47) 265—73. C. (V. Ch.) 48 I 696.

Äthyl- u. Buthylmercaptan geben (wie auch H_2S) anodische Stufen (— 0,02 V in 0,025 n-H_2SO_4). Best. in Benzin.

200. P. O. Rysselberghe et al., J. Am. chem. Soc. 69 (47) 809—14.

Chlorophyll u. Phytol geben in Dioxan-Tetramethylammoniumbromid-Lsg. eine Stufe bei — 1,9 V, die der Red. der Doppelbindung des Phytols ⟨?⟩ zugeschrieben wird.

201. W. Dirscherl u. H. U. Bergmeyer, Naturwiss. 35 (48) 220. Ber. 82 (49) 291—303.

Acetaldehyd wird durch Mg-Amalgam zu Äthanol reduziert. Demnach wohl auch an der Tropfkathode nicht zu Dimethylglykol. Die zu niedrige Stufe erklärt sich vielmehr erstens durch Aldolkondensation in dem alkal. Leitsalz, zweitens dadurch, daß nur der freie Aldehyd, der sich langsam aus dem Hydrat nachbildet, reduzierbar ist. Die Stufenhöhe ist also kinetisch begrenzt. Ihre Abhängigkeit von der Hg-Niveaugefäßhöhe [s. C 90] ergibt $\nu = 2$ und einen Anteil von 32,4 % an freiem Aldehyd in der Lösung bei 25°.

Methylglyoxal u. **Dioxyaceton** geben Stufen bei — 1,36 bzw. — 1,5 V bei pH 7, die ebenfalls zu klein u. kinetisch begrenzt sind.

202. M. Fields u. E. R. Blout, J. Am. chem. Soc. 70 (48) 930—35.

Aliphatische **Polyenaldehyde** (Croton- bis Dodecapentaenaldehyd) geben zwei Stufen, die beide um so positiver liegen, je größer die Zahl der Dopeelbindungen und je niedriger das pH ist. ⟨Deutung noch unsicher.⟩

203. N. H. Furman u. K. G. Stone, J. Am. chem. Soc. 70 (48) 3055—61; 3062—64.

Untersuchung von **Anthrachinon** u. 18 **Substitutionsprodd.** (darunter **Alizarin**), ferner **Anthron** u. Derivaten. Gute Stufen nur in saurer oder stark alkal. Lsg. Halbstufenpotentiale pH-unabhängig bei — 0,5 bis — 0,7 V, abhängig von der Art des Puffers. Beim Anthrachinon wird wegen Schwerlöslichkeit 40 % Dioxan zugesetzt.

204. W. R. Butt, A. A. Henly u. C. J. P. R. Morris, Biochem. J. 42 (48) 447—52.

Best. der 3 (α)- u. 3 (β)-Oxy-17-**Ketosteroide** im Harn. [Vgl. E 167.]

205. F. Goulden u. F. L. Warren, Biochem. J. 42 (48) 420—24.

Unters. von 17 **Stilbenderivaten** in 75 % Dioxan mit Tetraäthylammoniumjodid: Stilben ($E_{1/2}$ = — 2,21 V), 4-Amino- (— 2,35), 4-Methoxy- (— 2,28), 4-Oxy- (— 2,38), 4-Dimethylamino- (— 2,33) usw. Die Diffusionsstromkonsonanten ergeben sich merklich höher als bei [E 128]. Ferner werden 19 α—β-substituierte Stilbene untersucht: Alkyl oder Aryl nur in α ändert $E_{1/2}$ nur wenig (α-Äthylstilben — 2,35 V, Triphenyläthylen — 2,14 V). Ebenso α-Alkyl-β-Aryl-Substitution (Triphenylmethyläthylen — 2,28 V). Dagegen sind α-β-Dialkylstilbene nicht reduzierbar.

06. I. M. Kolthoff u. D. J. Lehmicke, J. Am. chem. Soc. 70 (48) 1879—85.

Phenolphtalein in Pufferlsgg. pH 0 bis 9 mit 25 % Äthanol gibt eine Stufe mit $E_{1/2}$ = + 0,50 — 0,064 pH; $\nu = 2$. Reduzierbar ist nicht die Lactonform, sondern das im Gleichg. zu 0,01 % vorhandene Hydrat (zu Phenolphtalin). Bei höheren Potentialen bildet sich das Hydrat nicht genügend schnell nach. Daher sinkt die Stromstärke ab

(Minimum in der Stufe). Bei mehr als 25 % Äthanol ist die Stromstärke von vornherein zu gering (kinetisch begrenzt).

Bei $p_H > 9$ (rotes Anion) erfolgt die Red. in zwei Stufen mit je $\nu = 1$.

207. I. M. Kolthoff u. A. Liberti, J. Am. chem. Soc. 70 (48) 1885—89.

Nitrosophenylhydroxylamin wird in saurer Lsg. mit $\nu = 6$ u. $E^1/_2 = -0{,}62 - 0{,}128$ pH zu Phenylhydrazin reduziert. In alkal. Lsg. wird das Anion nur an der NO-Gruppe mit $\nu = 4$ pH— unabhängig bei — 1,84 V reduziert. Bei pH 3 bis 9 (gepuffert) treten zwei Stufen auf; die erste (der freien Säure) ist kinetisch begrenzt.

208. K. Schwabe, Naturforschung 3b (48) 217.

Von den **Hexachlorcyclohexanen** gibt die γ-Form eine deutliche Stufe bei — 1,61 V u. ist daher neben den anderen bestimmbar. (Stufen der α-, β-, δ-Form bei — 2,02, — 2,15 bzw. — 2,08 V; alles in 80 % Äthanol mit 0,1 n-Tetramethylammoniumjodid.)

209. W. S. Mader u. H. A. Frediani, Anal. Chem. 20 (48) 1199—201.

Best. von **Folinsäure.**

209a. J. B. Duncan u. J. E. Christian, J. Amer. Pharm. Assoc. 1948, 507—09.

Best. von **Folinsäure.**

210. K. Cruse, Ang. Ch. 60 (48) 66

s-Trinitrobenzol läßt sich neben m-Dinitrobenzol bestimmen: Dieses hat zwei Stufen, die bei pH 12 bei — 0,44 u. — 0,61 V liegen; jenes hat außerdem noch eine dritte Stufe bei — 0,31 V.

F. Katalytische Wellen

1. J. Heyrovský u. J. Babička, Coll. 2 (30) 370—79. — Chem. News 141 (30) 369, 385 (engl.), C. 31 I 2177, 3657; u. F. Herles u. A. Vancura, Bull. Acad. Bohême 1932 (tschech.).

In Albumin-haltigen NH_4-Salz-Lsgg. tritt 0,2 V vor der NH_4-Stufe eine „katalyt." Welle auf, die 0,0001% Albumin nachzuweisen gestattet (Serum, Eieralbumin, Milch usw.).

Theorie: H-Abscheidung aus NH_4^+ wird katalysiert.

2. R. Brdička, Coll. 5 (33) 112—28 (engl.), C. 33 II 96.

Protein-Wellen in Co-Salz-Lsgg., s. § 22 u. Fig. 69, 70.

3. R. Brdička, Coll. 5 (33) 148—64 (engl.), C. 33 II 679.

Cystin gibt eine Reduktionsstufe mit der Höhe 2 F, also Red. zu Cystein. In alkal. Lsg. hat das Boden-Hg ein viel negativeres Pot. als ohne Cystin; dies beweist starke Bindung von Hg-Ionen an Cystin.

Viel höher ist die darauffolgende katalyt. Welle des Cysteins (Cystin ist vorher reduziert) in CoII-Testlsg. ⟨vgl. Fig. 69⟩. Mit CoIII-Lsgg. kein Effekt.

Glutathion wirkt ebenso, wahrsch. jedoch durch sein Hydrolysenprod. Cysteylglycin. — Thioglykolsäure desgleichen.

Theorie der Katalyse der H^+-Entladung.

4. R. Brdička, Coll. 5 (33) 238—52 (engl.), C. 34 I 424, 34 II 3654. — Mikrochemie 15 (34) 167—80 (dtsch.), C. 34 II 3654.

Cystin-Best. in Proteinhydrolysaten. Wolle, Haar, Eieralbumin usw. werden durch 6-stünd. Kochen mit 5 n-HCl hydrolysiert, im Filtrat Cystin mit CoII-Testlsg. bestimmt. ½ mg Haar genügen; auf 5% genau.

Da Cystin in CoIII-Lsg. keinen Effekt zeigt, wohl aber die Zwischenprodd. der Hydrolyse, so kann deren Kinetik verfolgt werden.

5. I. Šlendyk u. P. Herasymenko, Z. phys. Ch. A 162 (32) 223—40 (dtsch.), C. 33 I 909. — Coll. 4 (32) 335—50, 5 (33) 479—96 (engl.), C. 32 II 3920, 34 I 2900.

Katalyt. Wellen der Pt-Metalle, s. § 22 u. Fig. 67.

6. R. Brdička, Bioch. Z. 272 (34) 104—12. C. 34 II 2090.

Die Bedeutung der katalyt. Welle von SH-Verbb. für die Wielandsche Dehydrierungstheorie (labiler Wasserstoff) wird besprochen.

7. J. Pech, Coll. 6 (34) 190—203 (engl.), C. 35 I 686.

Untersucht werden I. Chinolinalkaloide: Chinin, Chinidin, Cinchonin, Cinchonidin u. II. Isochinolinalkaloide: Codein, Morphin, Narkotin,

Hydrastin. — In neutr. u. alkal. Lsg. geben I drei Red.-Stufen, II ein oder zwei Reduktionsstufen.

In salzsaurer Lsg. u. besonders in NH_4Cl-Lsg. ergeben I (nicht aber II) eine katalyt. Welle, s. § 22c.

8. P. Herasymenko u. I. Šlendyk, Coll. 6 (34) 204 bis 210 (engl.), C. 35 I 687.

Chinin zeigt in salzsaurer Lsg. eine Red.-Stufe bei — 0,8 V und eine katalyt. Welle 0,26 V vor der H-Stufe. Die Höhe der ersteren u. die Pot.-Verschiebung der letzteren wachsen mit steigender Chinin-Konz. nur bis zu einem Grenzwert, der bei 10^{-4} m schon fast erreicht ist. — Es wird angenommen, daß das Red.-Prod. des Chinins die katalyt. Welle verursacht, u. zwar durch Bildung katalyt. Zentren auf der Hg-Oberfläche.

9. J. Sládek u. M. Lipschütz, Coll. 6 (34) 487—97. C. 35 I 3446.

Die katalyt. **Cystin-Welle** (mit CoII nach [F 2]) wird unterdrückt durch Tryptophan, Arginin, Histidin, β-Phenyl-α- (u. β)-alanin. Diese sind bis — 1,8 V nicht reduzierbar. β-Phenyl-β-alanin gibt selbst den Cystein-Effekt (wenn auch schwächer), wahrsch. weil es wie die SH-Verbb. ein labiles H-Atom hat (in α-Stellung).

10. R. Brdička, Coll. 8 (36) 366—76 (engl.), C. 37 II 937.

Proteinwelle in Pufferlsgg. (ohne Co), s. § 22 u. Fig. 68.

11. R. Brdička, Coll. 9 (37) 76—79 (engl.), C. 38 II 1544.

Gelbkreuz, s. § 22d.

12. H. G. Rosenthal, Mikrochemie 22 (37) 233—41. C. 37 II 3354.

Polarogr. Unters. der **Eiweißhydrolyse**: Die Proteindoppelwelle bei — 1,4 bis — 1,6 V verschwindet u. die Cystinwelle bei — 1,8 V erscheint (mit CoII).

Casein gibt keine Proteinwelle ⟨aber eine recht starke Vorverlagerung der H-Abscheidung [F 29]⟩. — **Harnuntersuchung** auf Eiweiß u. freies Cystin. — Eiweißbest. in Milch glückt nicht wegen Casein.

13a. R. Brdička u. J. Klumpar, Čas. čs. Lékárn. 17 (37) 234—44 (tschech.), C. 38 I 1798.

Sulfhydrylgruppen (SH), nicht aber **Disulfidgruppen** (S—S) werden durch Zusatz von Monojodacetat inaktiv für die katalyt. Welle (weil $RSH + J \cdot CH_2 \cdot COO^- \rightarrow RS \cdot CH_2 \cdot COO^- + HJ$).

Alkal. u. saure **Denaturierung** von Proteinen erhöht die katalyt. Doppelwelle, wodurch die Denat. kinetisch verfolgt werden kann. — Auch die **proteolyt. Aktivität** von Pepsin kann polarogr. verfolgt werden.

13b. R. Brdička, Nature 139 (37) 330, 1020; 142 (38) 617. C. 37 II 2014, 3181; 39 I 147. — J. Chim. phys. 35 (38) 89 bis 98. C. 39 II 3124. — Acta intern. Ver. Krebsbekämpfung 3 (38) 13—30. — Klin. Wochenschr. 18 (39) 305—08. C. 39 II 2241. — Und:

13c. O. Waldschmidt-Leitz, Angew. Ch. 51 (38) 324 bis 327. C. 38 II 1253. — Z. physiol. Ch. 261 (39) 1—19. C. 39 II 3589.

Die polarogr. **Krebsreaktion**, s. § 22b.

14. R. Brdička u. C. Tropp, Bioch. Z. 289 (37) 301—12 (dtsch.), C. 37 I 3646. Auch F. Haurowitz, Enzymologia 2 (37) 9-16. C. 37 II 1593

Die **H_2O_2-Red.** an der Tropfkathode (zweite O_2-Stufe) wird durch **Hämoglobin** (2 γ im ccm genügen) u. **Hämatin** (0,08 γ) katalysiert: die Welle wird steiler u. verschiebt sich zu positiveren Pot. Mit steigender Konz. des Katalysators erhöht sich der verschobene Teil der Welle entsprechend einer Adsorptionsisotherme; es wird daher angenommen, daß am Hg adsorbierte Moleküle wirksam sind. HCN hebt den Effekt auf [vgl. Gb 7].

15. F. Strnad, Coll. 11 (39) 381—402 (engl.), C. 40 II 1259.

Katalyse der **H_2O_2-Stufe** (durch Hämoglobin u.) durch **Pb^{2+}-Ionen.** Beim Red.-Pot. der Pb^{2+}-Ionen hört die katalyt. Wirkung auf, die Kurve fällt plötzlich. Der Effekt verschwindet, wenn die Pb^{2+}-Konz. $> 10^{-3}$ m ist; er ist schon bei 10^{-7} m-Pb^{2+} bemerkbar. — Theorie: Am Hg adsorbierte Pb^{2+} bilden mit H_2O_2 Bleiperoxyd, das sich sofort in Bleidioxyd umlagert, worauf PbIV reduziert wird; die übrigbleibenden O^{2-}-Ionen bilden mit Wasser OH^--Ionen.

16. G. Tropp (L. Jühling, F. Geiger, E. Wöhlisch), Z. physiol. Ch. 262 (39) 199—209, 210—24, 225—42. C. 40 I 1352.

Polarogr. Eiweißunterss. Unters. der katalyt. Doppelwelle des **Fibrinogens**, auch nach Einwirkung von Hitze, Thrombin oder Trypsin. — Hitzedenaturierung erhöht die Doppelwelle des Albumins u. Globulins. — Verdünnung der Proteinlsg. ändert die Form der Doppelwelle, die 1. Welle wird höher, die 2. niedriger.

17. E. Jurka, Coll. 11 (39) 243—55 (engl.), C. 40 II 1258.

Unters. der beiden katalyt. Proteinwellen bei — 1,4 V (mit Co) u. — 1,6 V (ohne Co). Vgl. [F 18].

18. R. Brdička, Coll. 11 (39) 614—25 (dtsch.), C. 42 I 3073.

Auswertung der Ergebnisse von [F 17]: Die Wellenhöhen steigen mit der Proteinkonz. nach einer Langmuirschen Adsorptionsisotherme ⟨vgl. Fig. 70⟩. Dies spricht dafür, daß **adsorbierte Moleküle katalyt. wirksam** sind, die im Adsorptionsgleichg. mit der Lsg. stehen. — Von der CoII-Konz. ist die Wellenhöhe (h) parabolisch abhängig: $h = K \cdot [Co]^{0,74}$, was nicht gedeutet werden kann.

19. F. Reimers, Coll. 11 (39) 377—90 (dtsch.), C. 40I 2826. — Dansk Tidsskr. Farmac. 14 (40) 65—80. C. 40 II 1259.

Strychninbest. in Chininpräparaten, s. § 22c.

19b. J. Thomassen, Acta brev. neerl. Physiol. 9 (39) 83—84. C. 39 II 2440.

Beziehung zwischen der biol. **Aktivität von Hormonpräp.** (Wachstumshormon, Insulin u. and.) u. der Höhe der katalyt. Proteinwelle.

20. E. R. Smith u. C. J. Rodden, J. Nat. Bur. Standards 22 (39) 669—72. C. 39 II 4040.

Methionin, Benzylcystein u. **Dienkolsäure** geben in $CoCl_2$—NH_3—NH_4Cl-Lsg. keinen katalyt. Effekt, sie dämpfen nur das Co-Max.

21. A. Stern, E. F. Beach u. D. C. Macy, J. biol. Chem. 130 (39) 733—40. C. 40 I 1677.

Cystin-Best. in **Proteinhydrolysaten** bei 15 γ Cystin auf 5% genau. Methionin stört nicht. Homocystin u. -cystein zeigen einen ähnlichen Effekt wie Cystin.

22. M. Sullivan, W. C. Hess u. E. R. Smith, J. biol. Chem. 130 (39) 741—44. C. 40 I 407.

Cystin-Best. nach der polarogr. u. der colorimetr. Methode geben übereinstimmende Ergebnisse.

23. E. R. Roberts, Trans. Faraday Soc. 37 (41) 353—57. C. 42 II 1159.

Aminosäuren in CoII-Testlsg.: Histidin gibt 3 Wellen. Die erste (bei — 1,25 V) eignet sich zur quant. Best. — Lysin u. Arginin geben eine Welle bei — 1,05 V, Serin ist unwirksam. — Cystin ist nur in frisch hergestellter Lsg. bestimmbar, da die Wellenhöhe bei Ggw. von NH_3 abnimmt; nach 5 Tagen ist die Welle verschwunden.

24. O. Suolahti u. T. Laine, Bioch. Z. 308 (41) 316—24.

Alkalidenaturierung des Serums (wird durch Formaldehyd verhindert).

25. C. T r o p p (F. G e i g e r u. W. S t o y e), Ber. phys.-chem.-med. Ges. Würzburg 64 (41) 178—93. — Z. physiol. Ch. 272 (42) 121—43, 275 (42) 80—92, 277 (43) 192—96. C. 42 II 1018, 1018, 2917.

Polar. Eiweißunters.: Wirkung von Harnstoffzusatz. — Isocystin u. Glutathion geben in CoII-Testlsg. einen katalyt. Effekt, der aber schwächer ist als bei Cystin; noch viel schwächer wirkt β-Jodphenylmercaptursäure. — Auch pflanzliches Eiweiß (Gliadin) gibt den katalyt. Effekt. — Verhalten des „Eiweißquotienten" bei verschiedenen Proteinen.

26. Ş. F i a l a , Naturwiss. 31 (43) 370.

Formaldehyd erniedrigt die katalyt. Eiweißwelle, was für aggregierende Wirkung spricht.

27. R. B r d i č k a u. K. W i e s n e r , Naturwiss. 31 (43) 247.

Theorie der durch Hämatin katalysierten H_2O_2-Stufe. ⟨Ist durch [F 38] überholt.⟩

28. R. B r d i č k a et al., Naturwiss. 31 (43) 390—91.

Durch Katalase wird die erste O_2-Stufe auf Kosten der zweiten erniedrigt. (Die gegebene theoret. Deutung wird zurückgezogen.)

29. H. F a ß b e n d e r , Dissert. Bonn 1944 und noch unveröffentlichte Nachträge.

Unters. der katalyt. H-Abscheidung durch organ. Stoffe mit den Gruppen SH, NH CH u. OH. Siehe § 22.

30. C. T r o p p u. W. H e r r b a c h , Z. physiol. Ch. 281 (44) 50—57.

Unters. des fermentativen Abbaues von Insulin durch Pepsin u. Trypsin.

31. E. u. R. A b d e r h a l d e n u. J. K l u m p a r , Fermentforschung 17 (45) 600—09.

Polarogr. Nachweis der Wirkung von Proteinasen.

32. S. F i a l a , Chem. Listy 39 (45) 14—19, 40 (46) 82—86 (tschech.). — Vgl. auch K. W e n i g u. O. J i r o v e c , Bioch. Z. 295 (38) 405—13. C. 38 I 4665. H. W. S c h m i d t , Bioch. Z. 306 (40) 167—76. C. 41 I 213.

Photodynam. Wirkung von Farbstoffen auf Proteine. — Wirkung von ultravioletten Licht auf Eiweißlsgg.

33. O. H. Müller u. J. S. Davis, J. biol. Chem. 159 (45) 667 bis 679.

Unters. von Proteinen u. deren Abbauprodd.

34. A. Wollenberger, Science 101 (45) 386—88.

Katalyt. Effekt durch Thiamin (Vitamin B_1).

35. E. Knobloch, Chem. Listy 39 (45) 54—60 (tschech.).

Nicotinsäureamid gibt eine katalyt. H-Welle (die in saurer Lsg. die Red.-Stufe überdeckt), die genauer untersucht wird. Auch Nicotinsäure, Picolinsäure, γ-Aminopyridin; Chinolin, Pyridin, Anilin, Piperidin geben bei p_H-Werten, bei denen das Kation vorliegt, die katalyt. Welle. Die vier Letztgenannten werden nicht reduziert.

36. A. G. Stromberg, Sh. fis. Chim. (russ.) 20 (46) 409—20.

Beitrag zur Theorie der katalyt. H-Wellen.

37. J. E. Page u. J. G. Waller, Nature 157 (46) 838.

Die katalyt. Cystinwelle wird erniedrigt durch eine Reihe von therapeutisch wirksamen Chinonen (Penicillin u. a.), deren therap. Wirksamkeit umgekehrt durch Cystin gehemmt wird.

38. R. Brdička u. K. Wiesner, Coll. 12 (47) 39—63 (engl.).

Der katalytisch durch Hämatin vorverlagerte Teil der H_2O_2-Stufe wird untersucht. Die Höhe der Stufe ist durch die Geschwindigkeit der katalysierten Rk. gegeben.

G. Bestimmungen in organischem Material[1]).

(Biochemie, pharmazeutische Präparate, Lebensmittel)

Einige spezielle Untersuchungen, bei denen die Aufarbeitung oft im Vordergrunde steht.

1. **Alkalien.** In Blut: H. Schweitzer, Acta brev. neerl. Physiol. 6 (**36**) 110—12. — P. F. Prinsen Geerligs, daselbst 7 (**37**) 38—41. C. 39 I 4656. — In Böden: L. Mainzhausen, Bodenk. u. Pflanzenernähr. 14 (**39**) 290—92. C. 39 II 3474. — A. Okáč, daselbst 36 (**45**) 37—41. — Anorg. u. org. Mat.: T. R. Weaver u. L. Lykken, Ind. engin. Chem., Anal. Ed. 19 (**47**) 372—76. — Ferner [D 35, 36].

2. **Cu**: A. Roncato u. B. Bassani, Arch. Sci. biol. 19 (**36**) 541—601. C. 36 I 4772 (in Blut). — G. Baldassi, Mikroch. 28 (**40**) 258—79. C. 41 I 3267 (in der Leber). — A. Velich u. P. Ševčenko, Čas. čs. Lékárn. 75 (**36**) 41 (in Milch). — J. Fielding Reed u. R. W. Cummings, Ind. engin. Chem., Anal. Ed. 13 (**41**) 124—27. C. 42 II 2933 (in Pflanzen). — J. Zak, Biedermanns Zbl. Agrik. Ch. B 14 (**42**) 301—16. C. 42 II 2325 (auch Zn, Mn, Sb). — D. P. Maljuga, Trudy biochim. Lab. Akad. Nauk SSSR 7 (**44**) 86—97. — F. Santavy, Čas. lék. čs. 83 (**44**) 1312—15 (auch Cl^-). — Ferner [D 58, 206].

3. **Zn**: J. Fielding Reed u. R. W. Cummings, Ind. engin. Chem., Anal. Ed. 12 (**40**) 489—92. C. 41 I 1711. — J. Cholak et al., daselbst 15 (**43**) 754—59. — Siehe auch [G 2, Zak].

4. **Cd**: J. Cholak u. D. M. Hubbard, Ind. engin. Chem., Anal. Ed. 16 (**44**) 333—36.

5. **Pb**: J. Teisinger, Čas. čs. Lékárn. 73 (**34**) 430, 864; Bioch. Z. 277 (**35**) 178—85. C. 36 I 3375; Z. ges. exper. Med. 98 (**36**) 520—38. C. 36 II 1213 (in Blut). — H. A. Fredani u. L. A. Bass, Oil Gas J. 39 (**40**) 51—52 (in Gasolin). — E. Weinig, Z. physiol. Ch. 273 (**42**) 158—62. C. 42 II 2933, 43 I 1916 (in Knochen). — E. C. Barnes u. H. W. Speicher, J. Ind. Hyg. Toxicol. 23 (**41**) 397—407. — M. Pachner, Cas. lekar. ces. 81 (**42**) 815—20 (in Blut). — G. Reed u. V. A. Gant, Ind. Med. 11 (**42**) 107—09 (in Harn). — S. K. Hagen, Dansk Tids. Farm. 18 (**44**) 165—78 (in Pflanzen). — Ferner [B 5] (in Blut), [D 77].

6. **As**: K. Bambach, Ind. engin. Chem., Anal. Ed. 14 (**42**) 265—67. C. 43 II 1905.

---

[1]) Vgl. hierzu auch § 12e.

7. **Sb**: L. G. Goodwin u. J. E. Page, Biochem. J. 36 (**42**) Proc. 11; 37 (**43**) 198—209, 482—83 (in Harn u. Blut). — Siehe auch [G 2, Zak]. — Ferner [D 147], auch Bi.

8. **Fe**: A. Okáč, Bodenk. Forschung 8 (**44**) 227—31 (in Böden). — Auch [D 46] (in Motorenöl).

9. **Schwermetalle**: P. I. Bowman, A. W. Beshgetove u. C. E. Vanderklad, Proc. Am. Pharm. Mfrs. Assoc. **1943**, 26—34. — Ferner [D 58] (mit Dithizon). — **Mn**: Hamamoto [D 28]. — **Mo**: Nichols u. Rogers [D 193b]. Tl in Leichenteilen, E. Weinig, Dtsch. Z g richtl. Med. 38 (44) 199—202; in Knochen. A. Philippow, daselbst S. 203—207.

11. **NO_3^-**: M. Ingram, J. Soc. chem. Ind. 60 (**41**) 126—31. C. 42 II 2325 (in Fleischpökellaugen, auch NO_2 u. Cl^-). — E. W. Scott u. K. Bambach, Ind. engin. Chem., Anal. Ed. 14 (**42**) 136—37 (in Blut u. Harn). — **NO_2'** in Explosivstoffen: Heyrovsky [A 3, 11, 19], s. § 9a. — **P_2O_5**: [D 153].

12. **SO_2**: M. Salvarezza, Annali Chim. applic. 29 (**39**) 345—50. C. 40 I 146 (in Most u. Wein, s. auch unten: „Wein"). — A. N. Prater, Ind. engin. Chem., Anal. Ed. 16 (**44**) 153—57.

13. **O_2**: R. S. Ingols, Ind. engin. Chem., Anal. Ed. 14 (**42**) 256—58. C. 43 II 1903 (in Belebtschlammanlagen). — G. H. Hartman u. O. F. Garret, daselbst S. 641. —**44** (in Milch). — H. K. Beecher et al., J. biol. Chem. 146 (**42**) 197—206 (in Körperflüssigkeiten). — P. A. Giguère u. L. Lauzier, Canad. J. Research 23 B (**45**) 76—83, 223—233 (in Seewasser). W. Dirschel, Ang. Ch. 60 (48) 49—50 (Gewebeatmung).

21. **Formaldehyd**: H. Akano u. M. Watanabe, Mitt. med. Akad. Kioto 30 (**40**) 629—43. C. 41 I 2289. — M. J. Boyd u. K. Bambach, Ind. engin. Chem., Anal. Ed. 15 (**43**) 314—15. — **Acetaldehyd**: R. J. Elving u. R. Rutner, Ind. engin. Chem., Anal. Ed. 18 (**46**) 176 (in Butadien).

22. **Diacetyl**: G. Proske, Z. Unters. Lebensm. 71 (**36**) 385—90. C. 36 II 2042 (in Kunstbutter).

23. **Acetoin**: L. A. Greenberg, J. biol. Chem. 147 (**43**) 11—17 (in Blut).

24. **Nitrobenzol**: J. Teisinger, Mikroch. 25 (**38**) 328—31. C. 39 II 3456 (in Blut). — **Dinitrobenzol**: J. Roubal et al., Čas. lék. čes. 85 (**46**) 1002 (in Blut). — K. Rejsek, Čas. lék. čs. 83 (**44**) 1442.

25. **Nicotinsäureamid**: K. Wenig u. M. Kopecký, Čas. čs. Lékárn. 56 (**43**) 49—50 (in med. Präp.).

26. **Cystin**: M. L. Crossley et al., J. Lab. clin. Med. 26 (**41**) 1635—42 (in Blut). — G. Reed, J. biol. Chem. 142 (**42**) 61—64. C. 42 II 2827 (in Harn).

27. **Insulin**: K. Mulli u. K. Werner, Dtsche. med. Wochenschr. 63 (37) 1941—43. — R. Zadina, Biol. Listy 22 (37) 122—24. — C. Tropp, Klin. Wochenschr. 17 (38) 465—69. C. 38 I 3648. — O. Kanner u. G. J. Reed, Proc. Soc. exp. Biol. Med. 42 (39) 387 bis 91. — Auch [F 32].

28. **Aneurin**: O. M. Henriques, C. 40 I 432. Auch [E 160, 161b; F 34].

29. **Benzol**: J. Teisinger u. St. Škramovský, Čas. lék. čes. 83 (44) 1435 (in Blut), 83 (45) 523 (in Harn).

31. **Wein, Bier, Essig** (Best. von Aldehyden, SO_2, Fructose, Eiweiß) I. Smoler, Coll. 2 (30) 699—711. C. 31 I 3657. — K. K. Shoji, C. 30 I 3800, 31 II 3622, 32 II 2982, 33 II 797. — J. Heyrovský et al., C. 34 I 3532. — W. Salač, C. 36 II 4061. — C. Enders u. K. Theiß, C. 37 II 3398. — K. Fischl, C. 38 II 2662.

32. **Zuckerindustrie**: K. Šandera u. B. Zimmermann, C. 29 II 228, 31 I 2177, 30 II 154. — G. Semerano, C. 37 I 1816. — I. Vavruch, C. 42 II 602, 1858, 43 I 902, 1425; Chem. Obzor 17 (42) 151—55, 18 (43) 90—92, 130—34, 180—91.

33. **Papierindustrie**: K. Schwabe, Papierfabrikant 39 (41) 241—46. C. 42 II 2866.

34. **Rauch**: L. Levine, J. ind. Hyg. Tox. 27 (45) 171—77.

35. **Biochemie**: Überblick über die Anwendbarkeit der Polarographie, J. E. Page, Analyst 71 (46) 52—58.

H. Polarometrische Titration

1. V. M a j e r , Z. Elektroch. 42 (36) 120—27. C. 37 I 936.

Entwicklung der Grundgedanken der polarometr. Titration.

Titration von Ba^{2+} u. Pb^{2+} mit Sulfaten oder Schwefelsäure (diese vorgelegt) und umgekehrt. 0,1 n-Lsgg. Als Anode dient Boden-Hg; Titrier- u. Maßlsg. von O_2 befreit. Angelegte Sp. — 2,08 bzw. etwa — 1 V. Nach jeder Zugabe Rühren mit N_2. Theorie der Kurve zwecks Ermittlung des Äquivalenzpunktes aus dieser; bei nicht sehr schwerlösl. Niederschlag (z. B. $PbSO_4$) muß dessen Lösl. bekannt sein. Zusatz von 33% Alkohol zur Säure zur Verringerung der Lösl.

2. R. S t r u b l , Coll. 10 (38) 475—92 (engl.), C. 39 I 4442.

Titr. von reduzierbaren Stoffen wie Fe^{3+}-, Cr^{3+}-, MnO_4^--Salz mit $TiCl_3$.

Die polarogr. Reduktionsstufe von $TiCl_4$ zu $TiCl_3$ liegt bei — 0,98V (Ti III wird bis zum Alkalisprung nicht weiter reduziert), die umgekehrte Oxydationsstufe bei — 0,18 V. Der Vorgang ist also irreversibel. In Ggw. eines Überschusses von Wein- oder Zitronensäure liegen jedoch beide Stufen bei — 0,48 V. ⟨Vgl. Fig. 13.⟩

Zum Zweck der Titr. wird eine bekannte $TiCl_3$-Lsg. (an Weinsäure gesätt.) vorgelegt; die zu bestimmende Lsg. (z. B. Fe III-Salz) kommt in die Bürette; beide O_2-frei. Angelegte Sp. — 0,2 V. Beim Titr.-Endp. geht der anod. Strom der Ti III-Oxydation durch den Nullp. in den kathod. der Fe III-Red. über ⟨vgl. Fig. 83⟩. Bei großen Verdünnungen ist die Genauigkeit größer als bei der potentiometr. Titr.

3. I. M. K o l t h o f f u. Y. D. P a n , J. Am. chem. Soc. 61 (39) 3402—09. C. 40 I 2352.

Hinweis auf ältere Arbeiten (S a l o m o n 1897, N e r n s t u. M e r r i a m 1905, mit festen Elektroden). Es wird vorgeschlagen, die Meth. als „amperometr. Titration" zu bezeichnen.

Titr. von Pb^{2+} mit Dichromat. Beschreibung der App.: Hg-Tropfkathode im Titrationsgefäß, Kalomelelektrode als Anode. 0,01 m-Pb-Lsg. in 0,1 n-KNO_3 (O_2-frei) wird mit 0,05 m-$K_2Cr_2O_7$ titriert (K_2CrO_4 gibt weniger genaue Ergebnisse). — 1,0 Volt sind angelegt. Die Stromstärken werden korr. für die Vol.-Änderung durch die zugegebene Lsg. ⟨vgl. Fig. 84⟩. — Auch 0,001 m-Pb-Lsgg. sind auf 0,3% genau zu titrieren. — Da in saurer Lsg. (Acetat-Puffer) das Chromat schon bei der Spannung Null reduziert wird, ist es möglich, hierbei ohne äußere Spannungsquelle zu titrieren. — Da $BaCrO_4$ in saurer Lsg. löslich ist, kann Pb neben viel Ba titriert werden.

4a. A. N e u b e r g e r , Z. analyt. Ch. 116 (39) 1—13. C. 39 II 2120.

Beschreibung des Koffergerätes von A b r e s c h [vgl. B 3.]

Ein dem Galvanometer parallel geschalteter Kondensator ermöglicht es, dauernd (also auch während der Ablesungen) zu rühren.

Titr. von vorgelegtem **Phosphat mit $BiOClO_4$** (Wismutylperchlorat), wobei $BiPO_4$ ausfällt. — 0,3 V werden angelegt. Der Stromanstieg durch Bi-Red. zeigt den Endpunkt an. Unter besonderen Bedingungen wird eine Genauigkeit von $\pm$ 0,04% erreicht. O_2 nicht entfernt.

Titr. von **Ni-Salz** (in ammoniakal. Seignettesalzlsg.) mit alkohol. **Dimethylglyoximlsg.**: von **Pb-Salz mit K_2CrO_4**; von **Cu-Salz mit Salicylaldoxim** (letztere vorgelegt).

4b. A. Neuberger, Arch. Eisenhüttenw. 13 (**39**) 171—74. C. 40 I 1235.

Darstellung des Prinzips u. histor. Übersicht. Kurze Beschr. der weiter vereinfachten Apparatur (Titriergestell, Fig. 77).

5. M. Spálenka, Coll. 11 (**39**) 146—64 (engl.), C. 39 II 1447.

Titr. von **Pb^{2+}** mit Schwefelsäure oder Sulfaten u. umgekehrt.

Titr. von **Zn^{2+} mit $K_4Fe(CN)_6$** durch Bldg. des Niederschlages $K_2Zn_3(Fe(CN)_6)_2$. Angelegt — 1,2 Volt. Die vorgelegte Ferrocyanid-lsg. wird zwecks Erhöhung der H-Übersp. 0,2 n an $MgCl_2$ gemacht. — In ammoniakal. Lsg. keine guten Ergebnisse.

Mit $TiCl_3$ (vorgelegt, mit Weinsäure versetzt) werden titriert, **Fe III-Salz**, auch Fe III-Cyanid, **Chromate, Chlorate, Bromate, Jodate.** Hierbei wird die anodische Ti III/IV-Stufe benutzt.

6. I. M. Kolthoff, Trans. Am. electrochem. Soc. 78, (**40**) 191-206 C.41 I 933.

Zusammenfassender Bericht.

Ferner kurze Angaben über die Titr. von **J^- mit $Hg(NO_3)_2$** : 10^{-3}n-KJ in 0,1 n-KNO_3 mit 0,05% Gelatine titriert mit 0,01 m-$Hg(NO_3)_2$ in 0,1 n-HNO_3 bei + 0,25 Volt. Der zunächst anod. Strom (J^--Stufe) geht beim Äquivalenzpunkt durch den Nullpunkt in den kathod. Strom der Hg^{2+}-Red. über ⟨vgl. Fig. 87⟩. — Titr. von **Cl^- mit $HgNO_3$**: 0,002 n-HCl in 0,1 n-KNO_3 mit 0,1% Gelatine, titriert mit 0,01 m-$Hg(NO_3)_2$ ⟨vgl. Fig. 86⟩. Störungen treten auf, wenn die Gelatine fehlt u. wenn weniger als 0,001 n-Cl^- vorliegen.

7. I. M. Kolthoff u. H. A. Laitinen, Rec. Trav. chim. Pays-Bas 59 (**40**) 922—28. C. 40 II 2511.

Theorie der Titrationskurve u. des Äquivalenzpunktes bei Titr. eines reduzierbaren Stoffes mit einem reduzierbaren Fällungsmittel.

8. I. M. Kolthoff u. A. Langer, J. Am. chem. Soc. 62 (**40**) 211—18. C. 40 I 2992.

Titr. von **Ni^{2+} mit Dimethylglyoxim.** Dieses gibt selbst eine Stufe (— 1,8 V in NH_3—NH_4Cl-Lsg. Der Grenzstrom steigt mit der Konz. nur bis diese etwa 0,002 m ist u. dann nicht mehr).

Es können 10^{-3} bis 10^{-4} m-Ni^{2+}-Lsgg., am besten in 0,5 n-NH_3 — 0,1 n-NH_4Cl (mit etwas Gelatine) gut titriert werden mit einer 0,1 bis 0,01 m-Dimethyloximlsg. in 96%igem Alkohol. Spannung — 1,9 Volt. Genauigkeit 0,4%. Störungen durch Co, Fe (Angaben zu ihrer Entfernung), Cu, Al, Cr.

9. I. M. Kolthoff u. A. Langer, J. Am. chem. Soc. 62 (**40**) 3172—75. C. 41 I 2565.

Titr. von **Co^{2+} mit α-Nitroso-β-naphthol.** Dieses („HR") gibt selbst eine Stufe (konzentrationsprop.; — 0,20 V bei p_H 7).

Die besten Titrationsbedingungen: 0,01 m-Co^{2+} in 0,1 n-Essigsäure — 0,1 n-Na-Acetat titriert mit 0,1 m-HR in 60%iger Essigsäure. Der Äquivalenzpunkt entspricht einer Zusammensetzung des Niederschlages (purpurrot) mit Co : R = 1 : 4 (wahrscheinlich $CoR_2 \cdot 2$ HR. In neutraler Lsg. fällt ein rotbrauner Nd. CoR_2 aus). Legt man als Spannung — 0,6 V an, so wird Co^{2+} nicht reduziert, der Endpunkt wird dann durch die HR-Stufe angezeigt. Genauigkeit 0,5%. Zn, Al, Mn stören nicht, aber Ni, das teilweise mitgerissen wird, und die mit R Ndd. gebenden Salze von Cu, Pd, Ti, Zr, V, Cr, UO_2^{2+}, Fe^{3+}.

10. I. M. Kolthoff u. Y. D. Pan, J. Am. chem. Soc. 62 (**40**) 3332—35. C. 41 II 2593.

Titr. von Sulfat, Oxalat, Eisen(II)-cyanid mit $Pb(NO_3)_2$.

Titr. von **SO_4^{2-} mit $Pb(NO_3)_2$.** Günstigste Arbeitsbedingungen: 50 cm^3 etwa 0,01 m-Sulfatlsg. mit 20% Alkohol, versetzt mit 1 Tropfen einer 0,1%igen Methylrotlsg. als Maximadämpfer, mit N_2 entlüftet, werden titriert mit 0,1 m-$Pb(NO_3)_2$. Spannung — 1,2 Volt. Nach jeder Zugabe von Pb-Lsg. wird 1 Min. N_2 durchgeleitet, dann wird abgelesen. Genauigkeit 0,2%. Störungen: K-Salze über 0,1 n erniedrigen das Ergebnis durch Bldg. des Doppelsalzes $PbSO_4 \cdot K_2SO_4$. Chloride über 0,1 n erhöhen die Löslichkeit des $PbSO_4$ und fällen $PbCl_2$. Ca-Salze über 0,01 m stören durch Fällung von $CaSO_4$ u. müssen durch Fällung mit Na_2CO_3 entfernt werden; das Filtrat wird mit HNO_3 schwach angesäuert. Säuren (HCl, HNO_3) bis 0,01 n stören nicht, auch nicht Nitrate bis 0,5 n. — Die angegebene Verdünnung des Sulfats (0,01 m) ist zweckmäßig, weil störende begleitende Salze in der Probe dadurch meist genügend verdünnt sein werden. ⟨Vgl. Fig. 85.⟩

Ebensogut geht die Titr. von **Oxalat** (ohne Alkoholzusatz) mit **$Pb(NO_3)_2$**. Bei der Titr. von $K_4Fe(CN)_6$ bildet sich als Nd. $Pb_2Fe(CN)_6$.

Die umgekehrte Titr. von 0,01 m-$Pb(NO_3)_2$ mit 0,1 m-Na_2SO_4 ergibt zu niedrige, mit Na_2CO_4 richtige Werte. Die Titr. von Pb^{2+} mit Jodat ist ungenau.

11. G. A. Butenko u. W. M. Pindass, Saw. Lab. 9 (**40**) 634—35 (russ.), C. 41 I 2690.

Titr. von SO_4^{2-} mit $Pb(NO_3)_2$. Es werden etwa 0,005 m-Sulfatlsgg. (10 cm^3), enthaltend 35% Alkohol u. etwa 0,1 n-KNO_3, titriert mit 0,025 m-$Pb(NO_3)_2$. Die Meth. wird mit Erfolg benutzt, um Schwefel in Koks nach Oxydation zu Sulfat zu bestimmen.

12. A. M. Sanko (u. A. D. Nikitin), Vortr. Akad. Wiss. Ukrain. SSR, Abt. phys.-ch. u. math. Wiss. **1940**, 27—53 (ukrain. u. dtsch.), C. 42 II 1606.

Titr. von Zn^{2+}, Cu^{2+}, Mg^{2+}, Al^{3+} mit o-Oxychinolin. Dieses gibt in KCl-Lsg. wie auch in Acetat- u. in Ammoniakpuffer zwei Red.-Stufen bei etwa — 1,33 u. — 1,65 V. Daher können auch solche mit Oxin fällbare Ionen titriert werden, die selbst an der Tropfkathode nicht red. sind (Mg, Zr, Th). Kathodenpot. — 1,5 bis — 1,9 Volt. Titriert werden etwa 10^{-2} m-Lsgg. (nicht entlüftet) von Zn u. Cu in Acetatpuffer; konz. Oxin-Lsg. wird empfohlen, da sich sonst nur langsam eine konstante Stromstärke nach jeder Zugabe einstellt. Mg wird in NH_3—NH_4Cl-Puffer titriert; weniger als 10^{-3} m-Mg sind nicht mehr genau zu titrieren. Al wird besser in Acetatpuffer u. umgekehrt (Na-Oxin vorgelegt) titriert.

13. J. Gillis, J. Eeckhout u. G. Standaert, Med. Kon. Vlaamsche Acad. Wetensch. **1940**, Nr. 7, 3—12. Laut C. 42 II 202.

Titr. von BiIII mit Oxychinolinlsg. (2% in 1 n-Essigsäure). 10 cm^3 Bi-Lsg. in 20% HNO_3 werden versetzt mit: 2 g Na-Tartrat, 1 n-NaOH bis zur Neutralität gegen Methylrot, 7,33 g $CH_3 \cdot COONa \cdot 3\,H_2O$, 0,16 cm^3 6 n-$CH_3 \cdot COOH$ u. 50 Tropfen Phenolphthalein (0,1% in 50% Alkohol; als Dämpfer); p_H etwa 9. Kath.-Pot. — 0,85 V.

14. A. Langer, Ind. Engng. Chem., Anal. Ed. 12 (**40**) 511—14.

Titr. von Fluorid mit $Th(NO_3)_4$. Kurventyp b der Fig. 80, und zwar durch Fällung von ThF_4. Kathodenpot.: — 1,6 bis — 1,8 V. Reduziert wird jedoch nicht das Th^{4+}-Ion, sondern das durch dieses reduzierbar werdende NO_3^--Ion. Leitsalz: 0,1 n-NaCl oder KCl, auch KNO_3. Störend sind viel Sulfat u. schon wenig Phosphat oder Arsenat, die daher abgetrennt werden müssen. Die Lsg. muß neutral sein. Alkoholzusatz macht den Endpunkt schärfer, verschiebt ihn jedoch zu einem Mehrverbrauch an Thoriumnitratlsg. — Mit 0,001 n-$Th(NO_3)_4$ können 5 γ F^- in 5 cm^3 titriert werden.

Auch mit $La(NO_3)_3$ kann die Titr. gut durchgeführt werden, wenn etwas Gelatine zugesetzt wird.

15. N. Alschwang, Bull. Soc. vaud. Sci. natur. 61 (**41**) 455—78 (franz.), C. 42 I 1913.

Titr. mit Rubeanwasserstoff $NH_2 \cdot CS \cdot CS \cdot NH_2$ (1% in 95%igem Alkohol, wenig beständig). Zeigt selbst eine Doppelstufe. Ist nur in alkal. oder ammoniakal. Lsg. anwendbar. Gibt sehr schwerlösliche Komplexe mit Metallionen. — Ni^{2+} u. Cu^{2+} sind noch in $5 \cdot 10^{-5}$ n-Lsgg. auf etwa 2% genau titrierbar; in ammoniakal. Lsg., bei Cu mit Zusatz von Na_2SO_3, bei Ni besser ohne; Kathodenpot. etwa — 1,5 V. — Co^{2+} ist nur in nicht unter 0,005 n-Lsgg. titrierbar; in NH_3-Lsg. — Zn^{2+} nicht unter 0,001 n; NH_3-Lsg. — Cd^{2+} nicht unter 0,0003 n; NH_3-Lsg. — Pb^{2+} nicht unter 0,002 n, nur in NaOH (0,1 n). — Bei Ni^{2+} u. Cu^{2+} erhält man die Summe beider; bei Ni^{2+} u. Co^{2+} in verd. Lsgg. erhält man Ni allein.

Versucht werden noch folgende Reagenzien: Thionalid $C_{10}H_7 \cdot NH \cdot CO \cdot CH_2 \cdot SH$, Dithizon $C_6H_5 \cdot NH \cdot NH \cdot CS \cdot NH \cdot NH \cdot C_6H_5$ (gut für Cu^{2+}), Dimethylglyoxim (gut für Ni^{2+}), H_2S, $(NH_4)_2S$; doch sind nur in den beiden genannten Fällen brauchbare Titrationskurven zu erhalten.

16. A. Langer, Ind. engin. Chem., Anal. Ed. 14 (42) 283 bis 285. C. 43 II 1904.

Titr. von Cu mit α-Benzoinoxim. Die vorgelegte ca. 0,001 m-Cu-Lsg. soll 0,1 n-NH_4Cl, ca. 0,05 n-NH_3 u. etwas Gelatine enthalten. Titriert wird mit 0,01 m-α-Benzoinoxim in 50% Alkohol. Mit — 1,0 V erhält man infolge Cu-Ausfällung den Kurventyp a der Fig. 80, mit — 1,7 V den Typ c. Genauigkeit 1%. Ni stört.

α-Benzoinoxim gibt in saurer Lsg. eine Stufe bei — 0,75 — 0,6 p_H. Ab p_H 3 nimmt die Höhe dieser Stufe ab u. ist bei p_H 8 verschwunden. Dafür bildet sich ab p_H 5 eine negativere St. bei — 1,63 V (p_H-unabhängig) aus. Deutung: gehemmtes Gleichgew. zwischen einer säure- u. einer alkalibeständigen Form des α-B.

17. L. I. Smith, I. M. Kolthoff u. L. J. Spillanc, J. Am. chem. Soc. 64 (42) 646—48. C. 43 I 1577.

Polarographisch ist α-Tocopherol nur auf ± 5% genau bestimmbar [vgl. E 117]. Durch polarometr. Titration mit $AuCl_3$ kann eine Genauigkeit von 0,3% erreicht werden. Die Rk. besteht in einer Oxydation des α-T. zu Tocopherylchinon u. einer Red. des AuIII zu Au. Geeignete Grundlsg.: 0,1 m-Benzoesäure—0,1 m-Na-Benzoat—0,1 m-NaCl—75% Äthanol bei 30 bis 35°. Reagens: 0,01 m-$HAuCl_4$ in 75%ig. Äthanol. Spannung: — 0,075 V gegen gesätt. Kalomelelektrode; hierbei wird $AuCl_3$, nicht aber α-Tocopherylchinon reduziert. Der Titrationsendpunkt wird also durch den beginnenden Stromfluß bei $AuCl_3$-Überschuß angezeigt.

18. A. Langer u. D. P. Stevensen, Ind. engin. Chem., Anal. Ed. 14 (42) 770—73.

Angabe graphischer Verfahren zur Best. des Endpunktes (des Schnittpunktes) bei stark gerundeten Titrationskurven. Anwendungsbeispiele: Titr. sehr verd. Sulfat- u. Chromatlsgg. mit Bleinitrat.

19. I. M. Kolthoff u. G. Cohn, Ind. engin. Chem., Anal. Ed. 14 (42) 412—18.

Titr. von **Phosphat mit Uranylacetat.** UO_2MePO_4 fällt aus (KH_2PO_4 + $UO_2(C_2H_3O_2)_2 \rightarrow UO_2KPO_4 + 2\,C_2H_4O_2$). Am Endpunkt tritt die Uranstufe auf. — 0,8 V werden angelegt.

Organ. Subst. muß zerstört sein; Fe mit Cupferron entfernt; von mehr als 0,01 m-Ca oder -Sulfat ist abzutrennen; auch Al, Cr, Pb, Arsenat, Vanadat. Die Phosphatlsg. soll nicht mehr als 0,01 m sein, soll 0,001 m-Essigsäure, 0,1 m-KCl u. 20% Alkohol enthalten. Entlüften. Titriert wird mit 0,1 m-Uranylacetat in 0,15 m-Essigsäure; bei wenig Phosphat wird diese Lsg. verdünnt.

20. G. Cohn u. I. M. Kolthoff, J. biol. Chem. 148 (43) 711—18. C. 44 I 39.

Titr. von **Picrolonsäure** (auch Pikrinsäure) durch Fällung **mit 0,01 m-Methylenblau-Chlorid.** Angelegt — 0,3 V, wobei die Picrolonsäure noch nicht, wohl aber das Methylenblau reduziert wird. Zu 10 cm^3 etwa 0,001 bis 0,005 m-Picrolonsäure wird 1 cm^3 1 m-Essigsäure—0,1 m-Li-Acetat zugegeben; entlüftet.

Dies ermöglicht eine **indirekte Ca-Best.**: Fällung nach [D 156] mit Picrolonsäure. Abfiltrieren des Nd. durch ein Glasfilter. Rücktitr. des Überschusses.

21. W. C. Davies u. C. Key, Ind. Chemist chem. Manuf. 19 (43) 167—69.

Titr. von **Sulfat mit Bleinitrat.** Die Best. von SO_3 in Al_2O_3 (dies in HNO_3 gelöst) ist erschwert, weil die Lösl. von $PbSO_4$ durch $Al(NO_3)_3$ stark erhöht wird. Daher Zusatz von viel Alkohol ($^2/_3$ der Endlösung). Das p_H wird aber sauer gegen Thymolblau eingestellt.

22. D. P. Evans u. N. T. Simmons, J. Soc. chem. Ind. 63 (44) 29—31.

Titr. von **Jod** in kleiner Konz. u. Anwendung auf die Best. von gelöstem Sauerstoff.

23. M. A. Fill u. J. T. Stock, Analyst 69 (44) 178—80. — J. T. Stock, Analyst 71 (46) 583—85, 585—86.

Beschreibung eines Halbmikrogefäßes (5 cm^3), eines Mikrogefäßes (1 cm^3) u. der elektr. **Einrichtung für polarometr. Titr.**

24. I. A. Korschunow u. A. B. Gurewitsch, Saw. Lab. 11 (45) 648—51 (russ.).

Titr. von **Chlorid.**

25. H. A. Laitinen, W. P. Jennings u. T. A. Parks, Ind. engin. Chem., Anal. Ed. 18 (46) 355—58, 358-59

Titr. von **Chlorid, Bromid, Jodid mit $AgNO_3$** mit der rotierenden Pt-Elektrode. Ohne äußere Spannungsquelle. Gegenelektrode: gesättigte Kalomelelektrode; bei Titr. in ammoniakal. Lsg.: Gegenelektrode nach [H 27] (— 0,27 V). Die Titr. kann in saurer, neutraler u. alkal. Lsg. durchgeführt werden. Auch größere Mengen indiff. Salze u. O_2 stören nicht. Genauigkeit: 0,1% bei 0,1 n-Halogenid, 3% bei 0,0001 n.

Bei der Titr. von Chlorid muß etwa 0,1% Gelatine zugesetzt werden, da sonst der AgCl-Nd auch als Depolarisator wirkt. Bei sehr verdünnten Lsgg. sind 75% Aceton zuzusetzen. — Bei der Titr. von Bromid ist Gelatine überflüssig. Bei sehr verd. Lsgg. 50% Aceton. Um vorhandenes Chlorid unschädlich zu machen, kann 0,01 n-NH_3 zugesetzt werden, doch ist dies wegen der depolarisierenden Wirkung von AgCl nicht notwendig. Bei der Titr. von Jodid sind Gelatine u. Aceton nicht notwendig. Um Chlorid u. Bromid unschädlich zu machen, werden 0,1 bis 0,3 n-NH_3 zugesetzt.

26. I. M. Kolthoff u. D. R. May, Ind. engin. Chem., Anal. Ed. 18 (46) 208—09.

Titr. von **Chromat mit FeII** mit der rotierenden Pt-Elektrode. In saurer Lsg. bei + 1,0 V geben CrVI, CrIII u. FeIII keinen Strom; FeII gibt einen anod. Oxydationsstrom, dessen Auftreten den Endpunkt anzeigt. 0,0001 m-Chromat in 0,1 n-Mineralsäure können mit 0,01 m-$Fe(NH_4)_2SO_4$—0,05 m-H_2SO_4 auf 0,5% genau titriert werden. — Umgekehrt kann auch FeII mit Chromsäure titriert werden.

27. I. M. Kolthoff u. W. E. Harris, Ind. engin. Chem., Anal. Ed. 18 (46) 161—62.

Titr. von **Mercaptanen mit Silbernitrat** mit der rotierenden Pt-Elektrode. Beschreibung dieser u. einer Gegenelektrode von — 0,27 V (Hg in gesätt. KCl-Lsg. mit 4,2 g KJ u. 1,3 g HgJ_2 auf 100 cm_3). Mit dieser Gegenelektrode ist eine äußere Spannungsquelle entbehrlich. Die Rk. ist: $Ag^+ + RSH$ (Mercaptan) $= RSAg + H^+$. Beim Endpunkt tritt ein Strom durch Ag^+-Reduktion auf.

Da mit Ggw. von Chlorid gerechnet werden muß, wird in ammoniakal. Lsg. titriert. Das Pot. der Gegenelektrode (— 0,27 V) ist so gewählt, daß $Ag(NH_3)_2^+$ reduziert wird, nicht aber O_2. — Die Probelösung soll etwa 5 mg Mercaptanschwefel in 100 cm^3 95%igem Alkohol, ferner 0,25 n-NH_3 u. 0,01 bis 0,1 n-NH_4NO_3 enthalten. Titriert wird mit 0,005 n-$AgNO_3$. Genauigkeit 0,2%. — Cyanid, Jodid u. viel Bromid stören: Abtrennen durch Ausschütteln des Mercaptans mit Äther. — Wird die Stromeinstellung träge, so wird die Pt-Elektrode abgewischt, auch während der Titr. Gelegentlich wird sie mit konz. HNO_3 gereinigt. Danach gibt sie beim Eintauchen in die Probelsg. einen Strom, der aber nach einigen Min. verschwindet.

28. J. T. Stock, Metallurgia **1947**, 51—54 (engl.).

Bericht über die Anwendung der **rotierenden Pt-Elektrode** bei der polarometr. Titration.

29. H. A. Laitinen, W. P. Jennings u. T. D. Parks, Ind. engin. Chem., Anal. Ed. 18 (46) 574—75. C. (V. Ch.) 47 I 78.

Titr. von **Cyanid** [vgl. H 25]. Gute Ergebnisse. Cl^-, Br^-, OH^- stören nicht, wohl aber J^-, S^{2-}.

30. J. L. Ljalikow, Sh. anal. Chim. (russ.) 1 (46) 147—57. C. (V. Ch.)47 I 749.

Titr. von **Oxalat** (auch von Phosphat, Carbonat, Sulfit, Thiosulfat Permanganat, FeII-Cyanid) mit Bleinitrat.

31. B. Sandberg, Svensk kem. Tidsk. 58 (46) 197—206 (schwed.).

Titr. von Cd, Fe u. K.

32. W. F. Toropowa u. G. S. Jakowlewa, Sh. anal. Chim. (russ.) 1 (46) 290—94. C. 47 (V.Ch.) I 745.

Titr. von **Phosphat** u. Sulfat mit Bleinitrat. Nachdem die Summe bestimmt ist, wird das Phosphat mit Magnesium ausgefällt u. das Sulfat allein nochmal titriert. Man kann auch mit FeIII (statt PbII) bei p_H 3—4 titrieren, wobei nur Phosphat ausfällt u. Sulfat in Lsg. bleibt.

33. J. W. Sease, C. Niemann u. E. H. Swift, Analyt. Chem. 19 (47) 197—200. C. (V.Ch.) 47, 901; C. (Ak. V.) 47 I 840

Titr. von **Thiodiglycol** mit elektrisch erzeugtem Brom.

34. I. M. Koltdoff, Österr. Chem.-Ztg. 44 (41) 179—81. — L. Riccoboni, Atti R. Ist. Veneto Sc. Lett. Arti 102 (43) 797—842. — J. T. Stock u. M. A. Fill, Metallurgia 30 (44) 221—24, 277—80.

Allg. Berichte über die polarometr. Titration.

35. I. M. Kolthoff u. F. A. Bovey, Analyt. Chem. 19 (47) 498—500.

Titr. von **Styrol mit Bromat.** Spuren von Styrol (2 bis 100 mg/L) lassen sich mit großer Genauigkeit (5 % bzw. 0,5 %) titrieren in salzsaurer, wässrig-methylalkohol. Lsg. bei 10° mit $KBr—KBrO_3$-Lsg. Rotierende Platinelektrode. — Alle ungesätt. Verbb., die genügend schnell mit Brom reagieren, dürften nach dieser Meth. bestimmbar sein.

Nachtrag

Die nachstehenden Veröffentlichungen konnten nicht mehr in den Text des Buches verarbeitet werden. Sie sind hier in der Anordnung und als Fortsetzung des Kapitels VII gebracht.

Auf Vollständigkeit der Bibliographie wurde verzichtet. (Siehe hierzu [A 22 u. 23]). Wir haben uns bemüht, die wichtigsten Arbeiten anzuführen. Aus Raummangel und auch, weil die Veröffentlichungen nur teilweise eingesehen werden konnten, mußten die Inhaltsangaben in diesem Nachtrag wesentlich kürzer gehalten werden. Mitunter ist das Referat in den Chemical Abstracts (C. A.) zitiert.

A. Allgemeines.

22. J. Heyrovský, Coll. 12 (47) 156—29, 677—85; 13 (48) 481—91; 14 (49) 25 Seiten.

Bibliographie für 1940—45, 1946, 1947, 1948. Fortsetzung der in [A 19] sowie Coll. 10 (38) 153—73; 11 (39) 98—103, 667—73 gebrachten Bibliographie.

23. G. Semerano, Ricerca sci., Supplemento A 1948 (123 + 10 Seiten). — E. Gagliardo, Suppl. 1949 (10 Seiten).

„**Bibliografia** polarografica 1922—1948".

24. J. J. Lingane, Anal. Chem. 21 (49) 45—60.

Fortschrittsbericht der letzten Jahre über Theorie, Apparate und Methoden.

25. (Buch). J. Heyrovský.

Polarographisches Praktikum, 118 S., Springer 1948.

B. Apparate und Methoden.

61. Fr. Lieneweg, Chemie-Ingenieur-Technik 21 (49) 100—02, 394.

Beschreibung eines lichtelektrischen Verstärkers für einen Tintenschreiber. Vgl. [B 32][1]).

---

[1]) Ein Polarograph mit diesem Verstärker wird demnächst von der Firma Leybold's Nachf., Köln, herausgebracht werden. Auch die Firma Radiometer in Kopenhagen vertreibt neuerdings einen Polarographen mit Tintenschreiber.

62. R. F a v r e , Anal. Chim. Acta 2 (48) 545—51.

Ein Polarograph mit **Registrierung von Hand.**

63. C. L. R u l f s , J. Chem. Education 25 (48) 224—25.

Ein einfacher **Demonstrations-Polarograph.**

64. S. D. M i l l e r , Trudy vs. Konf. anal. Chim. (russ.) 2 (43) 551—58; C. A. 39 (45) 3750.

Anwendung von 2 ruhenden **Pt-Mikroelektroden**, die abwechselnd (Frequenz von 0,5 bis 1 Sek.) als Kathode geschaltet und — zwecks Depolarisation — mit der großen Anode kurzgeschlossen werden. Auch in **Elektrolytschmelzen** verwendbar. Vgl. [D 69].

65. S. K. T s c h i r k o w , Saw. Lab. (russ.) 14 (48) 1300—06.

Starre Elektroden.

66. J. S. L j a l i k o w u. W. I. K a r m a s i n , Saw. Lab. (russ.) 14 (48) 138—43, 144—48.

Starre Elektroden.

67. E. M. S k o b e t s u. S. A. K a s c h e r o w a , Saw. Lab. (russ.) 13 (47) 133—37. C. (Ak. V.) 49 I 712. — E. M. S k o b e t s et al., Saw. Lab. 14 (48) 131—37, 1307—12.

Starre Elektroden. Auch in nichtwässrigen Lsgg. u. Salzschmelzen.

68. C. J. O. R. M o r r i s , Analyst 72 (47) 298—301.

Die **rotierende Platinelektrode.** Übersicht.

69. J G. S i w e r u. B. N. K a b a n o w , J. f s, Chim. USSR (russ.) 22 (48) 53—57.

Die Grenzstromstärke der rotierenden Elektrode.

70. E. D. H a r r i s u. A. J. L i n d s a y , Nature 162 (48) 413.

Vibrierende Elektroden.

71. J. E. B. R a n d l e s , Analyst 72 (47) 301—04; Trans. Faraday Soc. 44 (48) 322—38. C. (Ak. V.) 49 II 288; 289. — L. A i r e y , Analyst 72 (47) 304—05.

Kathodenstrahloscillograph. Übersicht über Theorie u. Anwendung in der Polarographie.

72. J. H e y r o v s k s ý , XIth. Intern. Congress of Pure and Applied Chemistry, London 1947.

„Die Anwendung von Stromstärke-Zeit-Kurven in der oscillographischen Polarographie".

73. J. Heyrovský, 2nd. Meeting of the Polarographic Discussion Panel, London 1947.

Differentielle und oscilloskopische Polarographie.

74. P. Delahay, Bull. Soc. chim. France **1948**, 527—28.

Fehler durch Anwendung eines **Kondensators.**

75. W. S. Wise, Chemistry and Industry **1948**, 37—38.

Registrierung des Sauerstoffgehaltes von Gasen.

76. E. Hála, Chem. Obzor 23 (48) 145—49 (tschech.).

Polarographie in **Eisessig.**

77. P. K. Ladish u. C. E. Balmer, Anal. Chem. 21 (49) 679—83.

Durch Änderung der Photopapierdimensionen infolge Luftfeuchtigkeitsschwankungen können bis 2,5 % Fehler verursacht werden.

C. Theorie.

99. D. M. Brasher u. F. R. Jones, Trans. Faraday Soc. 42 (46) 775—79.

Die Diffusionsstromstärken verschied. Ionen erweisen sich als umgekehrt prop. der Wurzel der **Viskosität** der Lsg. (konz. H_2SO_4, NaOH oder $CaCl_2$).

100. I. Vavruch, Coll. 12 (47) 429—35.

Die Höhen der Red.-Stufen von Kationen werden durch Saccharose weniger erniedrigt als der Wurzel der Viskositätszunahme entspricht.

101. H. A. McKenzie, J. Council Sci. Industr. Research 21 (48) 210—14.

Entgegen [B 100] wird das $\sqrt{\eta}$-Gesetz bei Saccharose-Zusatz bestätigt gefunden. Nicht aber bei Zusatz von Kolloiden (Gelatine).

102. R. Brdička, XI. Congress of Pure and Applied Chem., London **1947.**

„Die pol. Best. der **Geschwindigkeit** gewisser Rkk., die an der Tropfelektrode ablaufen".

103. J. Koutecký u. R. Brdička, Coll. 12 (47) 337—55.

Stromstärken, die durch **Diffusion + Bildungsgeschwindigkeit** des Depol. begrenzt sind. Fortführung der Theorie von [C 90, 91, E 100, 101].

104. B. Breyer u. F. Gutmann, Trans. Faraday Soc. 42 (46) 645—50; 650—54, 43 (47) 785—91.

Elektrodenrkk. bei Wechselspannung.

105. A. Ševčik, Coll. 13 (48) 349—77.

Oscillogr. Unters. mit linear an- u. absteigender Wechselspannung. Mathemat. Behandlung.

106. J. E. B. Randles, Discussions of the Faraday Soc., Electrode Processes, London 1947, Nr. 1, S. 11—19.

„Kinetik schneller Elektrodenrkk." Überlagerte Wechselspannungen

107. K. Rosental u. B. W. Erschler, Sh. fis. Chim. USSR (russ.) 22 (48) 1344—59.

Unters. mit Wechselspannung.

108. J. Heyrovský, Discussions of the Faraday Soc., Electrode Processes, London 1947, Nr. 1; S. 212—23.

Oscillogr. Unters. verzögerter Elektrodenrkk. [vgl. C 83, 84].

109. M. Kalousek, Coll. 13 (48) 105—15.

Unters. der Reversibilität, vgl. [C 85].

110. R. Brdička, Coll. 12 (47) 522—40.

Adsorptions-, Vor- u. Nachstufe. Zusammenfassung u. Präzisierung der Theorie. Vgl. [C 57, 67, 68, 79a, E 99].

111. M. Voriskova, Coll. 12 (47) 607—19.

Die mehrstufige Red. des Pyocyanin wird durch Adsorptionseffekte u. Semichinonbildung quantitativ gedeutet.

112. K. Wiesner, Coll. 12 (47) 594—606.

Adsorptionseff. durch Eosin [s. C 82].

113. M. Loschkarew u. T. A. Krjukowa, Doklady Akad. Nauk USSR (russ.) 62 (48) 97—100. C. A. 43 (49) 503 g.

Unters. u. Theorie der Stufenerniedrigung (Red.-Behinderung) durch Adsorption von z. B. β-Naphtol, Diphenylamin, Phenol. Vgl. auch [D 285b].

114. P. Souchay u. J. Faucherre, Bull. Soc. chim. France 1947, 529—46.

Red.-Potential u. Konstitution komplexer Ionen.

115. N. H. Nachtrieb u. M. Steinberg, J. Am. chem. Soc. 70 (48) 2613—14.

In einer Salzschmelze (Eutekt. NH_4NO_3, NH_4Cl, $LiNO_3$, Schmelzp. 86°) werden gute Stufen von NiII, CuII u. BiIII erhalten.

116. P. W. West, J. D e a n u. E. J. B r e d a , Coll. 13 (48) 1—10.

Unters. des polarogr. Verhaltens zahlreicher Kationen in 1 n-**NaF als Leitsalz.**

117. C. A. R e y n o l d s u. L. B. R o g e r s , Anal. Chem. 21 (49) 176—78.

Zur Best. von Cu, Pb, Fe in Messing und Leichtmetallen eignet sich 0,1 m-**Na-Pyrophosphat als Leitsalz**: Red. Pot. von CuII/I — 0,44, I/0 — 1,37, Pb — 0,73, FeIII/II — 0,86 V.

118. W. S t r i c k s u. I. M. K o l t h o f f , J. Am. chem. Soc. 71 (49) 1519.

Durch Zusatz von Serumalbumin wird die Red.-Stufe von Methylorange erniedrigt, weil dieses adsorbiert wird. Hieraus läßt sich die Diff.-Konstante ($9 \cdot 10^{-7}$) u. das Molgewicht (66000) des Albumins ermitteln.

119. H. S t r e h l o w , Dissert. Bonn **1949**. H. S t r e h l o w u. M. v. S t a c k e l b e r g , Z. Elektroch. (im Druck).

Die **Gl. von Ilkovic** für die Diffusionsstromstärke stellt nur eine erste Näherung dar. Es wird eine genauere, die Krümmung der Tropfenoberfläche berücksichtigende Gl. abgeleitet, derzufolge in Übereinstimmung mit dem Exper. bei langsamer Tropfgeschwindigkeit die Diffusionsstromstärke um mehrere % größer ist als nach Ilkovic. — Bei großer Tropfgeschwindigkeit erhöht sich die Stromstärke durch einen ,,Spüleffekt" [vgl. C 35].

Cm. Maxima.

36. T. A. K r j u k o w a u. B. N. K a b a n o w , Sh. obschtsch Chim. (russ.) 15 (45) 294—302; C. A. 40 (46) 3345.

T. A. K r j u k o w a , Sh. fis. Chim. (russ.) 20 (46) 1179—86, 21 (47) 365—75; C. (Ak. V.) 49 I 574; C. A. 41 (47) 3004e, 6160e. Acta Physicochim. USSR 22 (47) 381—91; C. A. 41 (47) 6823f. Saw. Lab. (russ.) 14 (48) 511—17, 630—45, 767—72.

,,**Maxima 2. Art**,, (=,,nichtabbrechende M.") werden durch das Einströmen des Quecksilbers aus der Kapillare in den Tropfen verursacht. Vgl. (C 116). Dies bedingt eine Strömung vom Tropfenscheitel zum Halse u. eine überhöhte Stromstärke. Die Bewegung wird gehemmt durch die Elektr. Doppelschicht an der Tropfenoberfläche. Die Hemmung fällt fort beim elektrokap. Nullpot. u. bei guter Leitfähigkeit, weshalb die Max. 2. Art bei hoher Leitsalzkonzen. (u. großer Tropfgeschwind.) besonders intensiv sind. Oberflächenakt. Stoffe unterdrücken auch diese Maxima. Wird der Dämpfer bei einem bestimmten Pot. desorbiert, so steigt die Stromstärke wieder an: „falsche Stufen", die auch durch zufällige dämpfende Verunreinigungen vorgetäuscht werden können. Vgl. [C 81b]. (Andrerseits kann eine „falsche Stufe" dadurch entstehen, daß der oberflächenaktive Stoff bis zu seiner Desorption die Red. des Depolarisators behindert, die Stromstärke also zu niedrig macht, vgl. § 6c, Fig. 30, auch S. 329 u. [C 110]).

37. G. S. Smith, Chemistry and Industry 1949, 619—21.

Referat zweier Arbeiten von Krjukowa [Cm 35].

38. A. Frumkin u. W. Lewitsch, Sh. fis. Chim. (russ.) 21 (47) 1335—49.

Es wird eine neue Theorie der Maxima 1. Art gegeben. (Vgl. aber [Cm 38]).

39. W. Hans u. M. v. Stackelberg, Z. Elektroch. (im Druck).

Das eigenart. Maximum der Telluritstufe [D 31] wird gedeutet. — Die sog. „Wasserwelle" [C 66] wird als nichtabbrechendes Maximum gedeutet.

40. M. v. Stackelberg, Naturwiss. (im Druck).

Theorie der Maxima. Insbesondere Deutung des Abbruches der negativen Maxima.

D. Anorganische Stoffe.

275. R. Smart, J. Soc. chem. Ind. (London 62 (43) 213—16; C. A. 38 (44) 1702.

Best. von Na in Aluminium.

276. I. M. Kolthoff u. H. P. Gregor, Anal. Chem. 20 (48) 541—44.

Ba-Best. Bestes Leitsalz ist $CaCl_2$ (0,05 m). — In Ggw. von 20 bis 50% Äthanol kann Ba gut mit Chromat Titriert werden.

277. Th. D. Parks u. L. Lykken, Anal. Chem. 20 (48) 1102 bis 06.

Indir. Best. von Al durch eine Oxin-Stufe.

278. H. A. Laitinen u. E. Blodgett, J. Am. chem. Soc. 71 (49) 2260—61.

Zweiwertiges Nd ist nicht nachzuweisen.

279. A. W. Swensen u. G. Glockler, J. Am. chem. Soc. 71 (49) 1641—44.

Pr^{3+} gibt nur eine III/o-Stufe, die um so negativer liegt, je höher die Pr-Konz. und je niedriger das pH ist.

280. S. S. Muchina, Saw. Lab. (russ.) 14 (48) 153—56; C. (AK. V.) 49 I 330.

Best. von Cu in Leichtmetall.

281. a) R. D. Coleman et al., Anal. Chem. 20 (48) 364—68. b) J. M. Lupton et al., J. Am. Oil Chemists Soc. 25 (48) 216—18; C. A. 42 (48) 5577b. c) I. A. Korschunow u. A. S. Kirillowa, Saw. Lab. (russ.) 14 (48) 498—99; C. A. 42 (48) 8701c.

Best. von Cu, Ni, Fe in Fett.

282. H. A. Laitinen et al., J. Am. chem. Soc. 71 (49) 1550—52

Unters. der CuII-Komplexe mit Äthylendiamin, Propylendiamin, Diäthylentriamin u. Glycin.

283. J. H. Patterson u. C. V. Banks, Anal. Chem. 20(48) 897—900.

Best. von Zn in Thorium. Dieses wird bei p_H 8,5 durch NH_4-Sulfosalicylat in Lsg. gehalten. Nitrat stört.

284. K. Poma, Bull. Soc. chim. Belg. 54 (45) 277—85; C. A. 41 (47) 3011h.

Hg. Polarogr. Verhalten von Hg_2^{2+} u. Hg^{2+} auch in Ggw. von J^-, CN^-, CNS^- in $NaClO_4$-Leitsalz.

285. G. Costa, Ann. Chim. applic. 38 (48) 157—64, 655—67

Hg-Best. in organ. Substanzen. Verhalten von organometall. Hg-Verbindungen.

286. S. S. Muchina, Saw. Lab. (russ.) 14 (48) 354; C. A. 43 (49) 935g.

Best. von In in Bleilegierungen.

287. A. M. Sanko, B. A. Geller u. A. D. Nikitin, Saw. Lab. (russ.) 13 (47) 299—300; C. A. 42 (48) 3281c.

Best. von Ti in Stählen (in Tartrat-Leitsalz).

288. R. C. Hawkings, D. Simpson u. H. G. Thode, Can. J. Research 25 B (47) 322—30.

Best. von Sn in Feinzink.

289. M. Loschkarew u. A. Krjukowa, Sh. fis. Chim. (russ,) 22 (48) 805—22; C. A. 43 (49) 1269a.

Beeinflussung der Sn-Stufe durch oberflächenaktive Stoffe, vgl. [C 110].

290. W. E. Allsopp u. V. R. Damerell, Anal. Chem. 21 (49) 677—79.

Best. von Sn in Stahl. Mit H_2S wird Sn (+ Mo usw.) ausgefällt u. nach Überführen in $SnCl_4$ polarographiert.

291. L. Riccoboni, P. Popoff u. G. Arich, Gazz. 79 (49) (27 S.).

Aus der Abhängigkeit des Red. Pot. von Sn II von der Cl^--Konz. werden die Existenzbereiche der Komplexe $SnCl^{2}{}_4{}^-$, $SnCl_3^-$, $SnCl_2$, $SnCl^+$, Sn^{2+} ermittelt.

292. G. W. C. Milner, Metallurgia 36 (47) 287—89.

Best. von Pb in Kupferlegierungen.

293. S. S. Muchina, Saw. Lab. (russ.) 14 (48) 1388.

Best. von Pb u. Sn in Bronzen.

294. R. Borup u. H. Levin, Am. Soc. Testing Materials 47 (47) 1010—16; C. A. 42 (48) 7661g.

Best. von Tetraäthylblei in Benzin.

295. F. R. Jones u. D. M. Brasher, Analyst 72 (47) 433—37.

Best. von Pb in Nahrungsmitteln.

296. N. J. Chlopin et al., Sh. obschtsch. Chim. SSSR. (russ.) 18 (48) 364—71, 1009—18, 1019—26; Sh. anlit. Chim. SSSR (russ.) 3 (48) 16—20.

Unters. über AsIII-Red., insbesondere die Maxima.

297. M. A. Portnow u. W. P. Powelkina, Sh. analit. Chim. SSSR (russ.) 3 (48) 85—91.

Unters. der analytischen Arsen-Gruppe.

298. L. Riccoboni u. M. Zotta, Ricera sci. Ricostruz. 17 (47) 1169—73.

Das polar. Verhalten von Bi u. Sb.

299. V. L. Dmitriewa u. P. N. Kowalenko, Saw. Lab. (russ.) 14 (48) 391—93; C. A. 43 (49) 1282a.

Bi kann neben der 6-fachen Menge Pb bestimmt werden. Bei mehr Pb wird Bi elektrolyt. abgetrennt.

300. I. M. Kolthoff u. R. L. Probst, Anal. Chem. 21 (49) 753—54.

Best. von **Sb V neben As V**: In gesätt. KBr — 1 n—HCl gibt As V keine Stufe, Sb V eine gute V/O-Stufe bei — 0,4 V. — Sb III u. As III geben in alkal. Lsg. eine Oxyd.St.

301. H. F. Hourigan, Analyst 71 (46) 524—27. C. A. 41 (47) 659h.

Best. von **Sb** in einer Kabelschutzleg.

302. A. G. Stromberg u. L. M. Reinuss, Sh. obschtsch. Chim. (russ.) 20 (46) 693—705; C. A. 41 (47) 343h.

Nb_2O_5 gibt in HNO_3 eine katalyt. H-Stufe, in anderen Säuren keinen polarogr. Effekt.

303. J. J. Lingane u. R. L. Pescok, J. Am. chem. Soc. 71 (49) 425—28.

Die **Hydrolyse des Cr^{3+}-Ions** bedingt eine Überhöhung der II/O-Stufe, was untersucht wird.

304. D. F. Boltz et al., Anal. Chem. 21 (49) 563—65.

NH_4-**Molybdat** gibt in Citronensäure — Na_2HPO_4 — KCl — Puffer vom pH 2,8 zwei gute Stufen (VI/V bei — 0,27 V, V/III bei — 0,62 V). — Mo- Di- phosphorsäure u. Mo-Dikieselsäure geben schlechte Stufen.

305. D. E. Carrit, Thesis Harvard Univ. 1948.

Mo.

306. A. Tchakirian u. P. Souchay, Ann. Chim. 1 (46) 232—48 (franz.).

Germanowolframente.

307. P. Souchay u. J. Faucherre, Bull. Soc. chim. France 1947, 529—46.

Komplexionen.

308. J. J. Lingane u. L. A. Small, J. Am. chem. Soc. 71 (49) 973—78.

Verhalten der Oxydationsstufen des **Wolfram** (VI, V, IV, III).

309. L. A. Small, Thesis Harvard Univ. 1949.

Wolfram.

310. R. H. Betts, Can. J. Research 26 (48) 441—55.

Oxydation von **Uran** (IV).

311. S. Hellestam, Svensk Kem. tid. 60 (48) 253—67 (schwed.).

Best. von **Uran.**

312. H. G. Heal, Trans. Faraday Soc. 45 (49) 1—11.

Zur Elektrochemie des Urans.

313. E. S. Kritchevsky u. J. H. Hindman, J. Am. chem. Soc. 71 (49) 2096—102.

Die VI/V- und die IV/III-Stufen des Urans sind reversibel. Vgl. [D 267].

314. D. M. H. Kern u. E. F. Orlemann, J. Am. chem. Soc. 71 (49) 2102—06.

Unters. von Uran V (UO^{+}_{2}): Reversible Oxyd. zu $NO^{2}_{2}{}^{+}$, Hydrolyse.

315. R. H. Betts, Proc. Conf. Nuclear Chem., Chem. Inst. Can. 1947, 68—76; C. A. 42 (48) 3253d.

Elektrochemie einiger Actiniden.

316. M. Bourrelier, C. r. 228 (49) 395—97.

Mn-Komplexe mit CN^- u. NH_3.

317. W. F. Toropowa, Sh. obschtsch. Chim. (russ.) 15 (45) 603—07; C. A. 40 (46) 5656.

Fe-Tartratkomplexe.

318. M. Bobtelsky u. J. Jordan, J. Am. chem. Soc. 69 (47) 2286—90.

Tartrat- u. Citrat-Komplexe des FeIII.

319. K. Komarek, Coll. 12 (47) 399—406; C. A. 42 (48) 1829a.

Dimethylglyoxim gibt allein keine Stufe ⟨vgl. aber [H 8]⟩, wohl aber in Ggw. von CoII, worauf sich vielleicht eine Best. von Co neben Ni (das ausfällt) gründen läßt.

320. D. N. Hume u. I. M. Kolthoff, J. Am. chem. Soc. 71 (49)867—69.

Co-CN^--Komplexe.

321. V. Caglioti, G. Sartori u. P. Silvestroni, Ricerca sci. recostruz. 17 (47) 624—26; Atti Accad. naz. Lincei, Cl. Sci. fis., mat. nat. (8) 3 (48) 448—51.

Ni-CN^--Komplexe.

322. R. O. Clark, Anal. Chem. 19 (47) 284—85.

Best. von Ni in Katalysatoren.

323. S. S. Muchina, Saw. Lab. (russ.) 14 (48) 522—27.

Best. von Zn u. Ni in Aluminiumlegierungen.

324. B. A. Scott, Analyst 73 (48) 613—15; C. A. 43 (49) 1683f.

Best. von Ni u. Zn in Aluminiumlegierungen.

325. F. Jablonski, Metall 1948, 258—62. C. (Ak. V.) 49 I 1149.

Best. von Zn, Ni, Pb in Kupfer. Abtrennung des Cu durch Elektrolyse oder Red. mit $H_4P_2O_6$.

326. P. N. Kowalenko, Saw. Lab. (russ.) 14 (48) 386—91; C. A. 43 (49) 1282e.

Best. von Pb u. Cd neben viel Cu. Dieses wird durch Elektrolyse einer siedenden HNO_3-Citronens.-Lsg. PH 4,5 mit 1,4 V abgetrennt.

327. M. Zotta, Gazz. 78 (48) 143—51.

Analyse von Feinblei. Best. von Cu, Cd, Ni, Zn, Fe, Bi, Sb.

328. I. S. Kaplanskii et al., Saw. Lab. (russ.) 11 (45) 916—20; C. A. 40 (46) 7070.

Best. von Cu, Ni, Cd, As, Sn in bleihalt. Lagermetallen.

329. Amer. Soc. for Testing Materials: Methods of Chem. Analysis of Metals, 1946, S. 239—41, 250—51, 270—71.

Best. von Zn in Blei- u. Zinnlegg., von Zn in Weißmetall, von Pb u. Cd in Zink.

330. A. G. Stromberg et al., Saw.Lab. (russ.) 14 (48) 919—25

Best. von Cu u. Ni in Stahl.

331. C. H. R. Gentry, Metallurgia 38 (48) 108—13.

Analyse von Permalloy.

332. V. van den Bosch u. R. Breckpot, Chimie et Industrie 60 (48).

Analyse von Glas.

333. R. Haul u. W. Griess, Z. anorg. Ch. 259 (49) 42—52.

Indir. Best. von Fluorid aus der Erniedrigung einer Pb-Stufe durch Ausfällen von PbClF.

334. J. F. Haller u. S. S. Listek, Anal. Chem. 20 (48) 639 bis 42.

Best. von ClO_2 u. Chlor in Wasser.

335. P. Souchay, Anal. Chim. Acta 2 (48) 17—29. C. (Ak. V.) 49 I 916.

Perjodat (s. auch [D 274]). — Best. von Jodat neben viel Perjodat nach Ausfällen dieses als Na-Salz. — Indir. Best. von K: Ausfällen als KJO_4 aus alkohol. Lsg.

336. J. J. Lingane u. L. W. Niedrach, J. Am. chem. Soc. 70 (48) 4115—20.

Selenid (Se^{2-}) gibt eine rev. Hg-Oxydations-Stufe, wobei HgSe ausfällt. — Tellurid gibt ebenfalls eine anod. Stufe, jedoch durch $Te^{2-} \rightarrow Te$.

337. J. J. Lingane u. L. W. Niedrach, J. Am. chem. Soc. 71 (49) 196—204.

Unters. u. Deutung der (im sauren gebiet komplizierten) Red.-Stufen von SeIV u. TeIV (Selenit u. Tellurit). Beeinflussung der Stufenhöhe durch Kationen infolge Ausfällung von z. B. CuSe oder PbTe. SeVI u. TeVI (Selenat u. Tellurat) geben keine Red.-Stufen ⟨?⟩.

E. Organische Stoffe.

211. M. J. Astle, Trans. Elektrochem. Soc. 92 (47) 523—34 Preprint).

„Der Polarograph in der organ. Chemie".

212. St. Wawzonek, Anal. Chem. 21 (49) 61—66.

„Organische Polarographie".

213. R. Pasternak, Helv. Chim. Acta, 31 (48) 753—76. C. (Ak. V.) 49 I 373.

„Unters. über den Mechanismus der polar. Red. von organ. Verbindungen". Auf Grund Exper. Unters. an Aldehyden u. Ketonen, auch ungesätt., wobei die Doppelb. vor der CO-Gruppe red. wird.

214. K. Veselý u. R. Brdička, Coll. 12 (47) 313—32.

Die Formaldehyd-Red.-Stufe ist kinetisch begrenzt. (Priorität vor [E 194b]).

215. N. A. Waljaschko u. J. S. Rosum, Sh. obschtsch. Chim. (russ.) 18 (48) 710—22; C. A. 43 (49) 1289g.

Acetophenon-Derivate: Einfluß von p- und o- OH und — OCH_3 auf das Red.-Pot.

216. M. Ashworth, Coll. 13 (48) 229—51.

Aromat. Ketone u. Aldehyde geben nicht nur bei $p_H < 6$, sondern auch bei $p_H < 9$ eine Doppelstufe. Für diese Doppelstufe in alkal. Lsg. wird die intermed. Bldg. von Metallketylen verantwortlich gemacht. Exper. Unters. an Benzophenon, Fluorenon u. a.

217. V. Prelog et al., Helv. Chim. Acta 31 (48) 1325—41.

Das Redoxpot. von 2,6-Polymethylenbenzochinonen wird negativer, wenn die CH_2-Brücke kurz ist. Ebenso das Red. Pot. von 2,6-Polymethylen-4-nitrophenolen.

218. E. Schraufstätter, Experientia 4 (48) 192—93 (dtsch.).

Chalkone u. Flavanone.

219. I. A. Korschunow u. S. A. Ermolaewa, Sh. obschtsch. Chim. (russ.) 17 (47) 181—84.

Furfural gibt bei pH 4 bis 7 zwei Stufen, die untersucht werden

220. P. Delahay, Bull. Soc. chim. France 1948, 348—50.

Fluorescein. $\nu = 2$. Unterhalb pH 6,5 Lactonform, oberhalb pH 9,5 Chinoidform.

221. F. Petru, Coll. 12 (47) 620—29; C. A. 42 (48) 5354f.

Nitroparaffine (Nitromethan bis -n-butan) werden in saurer Lsg. bei — 0,7 V zum Hydroxylamin reduziert. Ab pH 4,5 zweite Stufe bei — 1,5 V: Red. zum Amin. (Auch Hydroxylamin zeigt diese Stufe). — In alkal. Lsg. wandelt sich das Nitrop. in die nicht reduzierbare Aciform um; die Kinetik kann aus der Abnahme der Stufenhöhe mit der Zeit erschlossen werden.

222. E. W. Miller, A. P. Arnold u. M. J. Astle, J. Am. chem. Soc. 70 (48) 3971—75.

Nitroparaffine [vgl. E 219]. Kinetik der Bildg. der Aciform. — In ungepufferter Lsg. ist die Stufenhöhe nicht konzentrationsproportional, da mit steigender Konz. die Lsg. an der Tropfenoberfläche immer alkalischer wird, wodurch mehr Aciform entsteht.

223. J. Paukner, Chem. Listy 41 (47) 128—33 (tschech.).

p-Nitrophenol, Red. der Molekel u. des Anions.

224. S. F. Dennis, A. S. Powell u. M. J. Astle, J. Am. chem. Soc. 71 (49) 1484—87.

Nitrobenzol-Derivate mit o-, m-, p- COOH, —CH_3, —Cl, —NO_2.

225. M. Fields, C. Valle u. M. Kane, J. Am. chem. Soc. 71 (49) 421—25.

Nitrobenzol, -teluole, -xylole, -mesithylen, -duren.

226. J. Pearson, Trans. Faraday Soc. 44 (48) 683—92, 692 bis 697.

Nitrobenzole, -teluole u. -phenole.

227. St. Skramowský u. J. Teisinger, Chimie et Ind. 59 (48) 48 (franz.); C. A. 42 (48) 7816d.

Benzol wird in H_2SO_4-HNO_3 überdest. u. als Dinitrobenzol bestimmt.

228. A. S. Landry, Anal. Chem. 21 (49) 674—77.

Benzol in Ggw. von Homologen: Nitrieren, dann oxydative Zerstörung der Nitrotoluole u. -xylole mit CrO_3, Best des Dinitrobenzol

229. A. Volpi Gazz 77 (47) 473—82.

Azobenzol.

230. E. D. Hartrell u. C. E. Bricker, J. Am. chem. Soc. 70 (48) 3385—91.

Unters. des Oxims HON = CH · CO · CH = CH · CO · OCH_3 u. des ungesätt. Diketons CH_3 · CO · CH = CH · CO · OCH_3.

231. M. K. Schtschemiskowa u. J. A. Korschunow, Sh. fis. Chim. (russ.) 22 (48) 503—12; C. A. 42 (48) 7169g.

Pyridin, Chinolin, 8-Oxychinolin u. β-Naphtochinolin. (Vgl. aber [F 35]).

232. H. W. F. Kirkpatrick, Quart. J. Pharm. 19 (46) 526 bis 535, 20 (47) 87—94; C. (Ak. V.) 49 I 226; C. A. 41 (47) 3261b, 7056e.

Alkaloide. 1) Atropin, Cocain, Nicotin u. a. geben katalyt. Wellen; Colchicin — eine Red.-Stufe; Aconitin, Ephedrin sind polarogr. wirksam.

2) Übersicht über das polarogr. Verhalten der Alkaloide.

233. F. Šantavý, Coll. 12 (47) 422—28.

Best. von Santonin, auch in Drogen. Leitsalz: 0,2 n-Li_2SO_4 mit 25% Äthanol.

234. K. G. Stone u. N. H. Furman, Ann. Chem. 19 (47) 105 bis 107.

Best. von Aloeemodin.

235. O. Hanč u. F. Šantavý, Chimie et Ind. 58 (47) 178—79; C. A. 42 (48) 3504c.

Best. von Piperin in Pfeffer.

236. F. Šantavý, Pharm. Acta Helv. 23 (48) 380—86. (franz.)

Best. von Colchicin.

237. T. S. G. Jones, Biochem. J. 42 (48).

Best. von Aminosäuren durch Red. ihrer Cu-Komplexe.

238. B. Warshowsky u. M. W. Rice, Anal. Chem. 20 (48) 341—44.

Asparaginsäure in Proteinhydrolysaten wird mit Dimethylsulfat in ein Fumar-Maleinsäuregemisch übergeführt und so bestimmt.

239. L. Silverman, Chemist Analyst 36 (47) 57—59; C. A. 42 (48) 488f.

Best. von Maleinsäure in Bernsteinsäure. Direkt in der wäßrigen Lsg.

240. G. C. W h i t n a c k, Anal. Chem. 20 (48) 658—61.

Best. restlicher monomerer Maleinsäure in Polymerisaten mit Styrol u. Vinylacetat.

241 M. B. N e i m a n u. M. A. S c h u b e n k o, Saw. Lab. (russ.) 14 (48) 394—96; C. A. 43 (49) 1289g.

Best. von monomerem **Methacrylester** während der Polymerisation: In 0,1 n-LiCl mit 25% Äthanol konz.-prop. Stufe bei — 1,7 V.

242. G. S a r t o r i u. A. G a u d i a n o, Gazz. 78 (48) 77—82.

Das Redoxgleichg. **Tartron-/Mesoxalsäure.**

243. F. W e s s e l y u. J. W r a t i l, Mikrochim. Acta 33 (47) 248—52 (dtsch.); C. A. 42 (48) 1532c.

Stilbenderivate geben Stufen, die aber schlecht auswertbar sind.

244. R. A. B u r d e t t u. B. E. G o r d o n, Anal. Chem. 18 (47) 843—46.

Best. von **Naphthalin** in Petroleum: In 85% Dioxan — 0,1 m-Tetrabutylammoniumjodid.

245. D. P. T h o r n t o n, Petrol Process USA 3 (48) 673—75.

Best. von **Napthhalin** in Petroleum.

246. M. B. N e i m a n u. M I. G e r b e r, Sh. anal. Chim. (russ.) 1 (46) 211—17; C. A. 41 (47) 4096a.

Best. von **Peroxyden** am besten in 0,02 n-HCl. Bei höherer Peroxyd-Konz. wird Boden-Hg angegriffen.

247. I. M. K o l t h o f f et al., Ind. eng. Chem., Anal. Ed. 18 (46) 442—44.

Best. von **Alkyldisulfiden,** auch in Ggw. von Mercaptanen.

248. S. S i g g i a u. R.L. E d s b e r g, Anal. Chem. 20 (48) 938-39.

Best. von **Alkylsulfiden** u. -disulfiden.

249. G. D r a g t, Anal. Chem. 20 (48) 737—40.

γ-Hexachlorcyclohexan wird in Aceton-Alkohol-Acetatpuffer bestimmt. In techn. Mat. gewisse Störung durch Heptachlorcyclohexan.

250. G. B. I n g r a m u. H. K. S o u t h e r n, Nature 161 (48) 437—38.

γ-Hexachlorcyclohexan. Beste Grundlsg.: 50%Vol Äthanol mit 1% KJ u. 0,005 Gelatine, entlüftet.

251. M. S u z u k i u. M. N a k a j i m a, Botyu-Kagagu 10 (48) 31—37.

γ-Hexachlorcyclohexan.

252. D. K. Gullstrom u. H P. Burchfield, Anal. Chem. 20 (48) 895—97.

Best. des Insecticids Phygon (Dichlornaphtochinon).

253. E. Saito, Bull. Soc. chim. France 1948, 404—14.

α- u. β-Brompropionsäure.

254. M. v. Stackelberg u. W. Stracke, Z. Elektroch. 53 (49) 118—25.

Ungesättigte u. halogenierte Kohlenwasserstoffe, s. §§ 17 u. 19.

255. Z. Vavrin, Chem. Listy 41 (47) 77—81 (schech.).

Deutung der Oxyd.-Stufe der Ascorbinsäure.

256. A. Trifonow, Coll. 13 (48) 23—29.

Indir. Best. von Penicillin durch die Abnahme, die der O_2-Verbrauch einer Bakterienkultur erleidet.

257. J. E. Page, The Analyst 73 (48) 214—15.

Penicillin.

258. S. Fiala u. V. Jančik, Coll. 13 (48) 30—36.

Indir. Best. der Fettsäuren in Seifen u. Waschpulvern durch die Erniedrigung, die eine Cd-Stufe durch Ausfällen als Cd-Seife erleidet.

F. Katalytische Wellen.

39. R. Brdička, 2nd Meeting of the Polarographic Discussion Panel, London 1947. — Research 1 (47) 25—35.

Cystin- u. Proteinbestimmung. Überblick.

40. J. Klumpar, Coll. 13 (48) 11—22.

Unters. der Höhe der Cystin- u. Proteinwelle in Abhängigkeit von der Co-Konzentration. Empir. Formel.

41. E. Knobloch, Coll. 12 (47) 407—21.

Katalyt. H-Abscheidung durch Nicotinsäureamid u. andere Pyridinderivate, s. [F 35].

42. B. Swedin, Acta Chem. Scand. 1 (47) 500—02.

Der katalyt. Effekt von Katalase, Peroxydase u. Cytochrom C auf die H_2O_2-Red.-Stufe.

H. Polarometrische Titration

36. I. M. K o l t h o f f u. E. B. S a n d e l l , „Amperometric Titrations“ in: Textbook of Quantitative Inorganic Analysis, New York **1946**, S. 513—18.

I. M. K o l t h o f f , Anal. Chem. Acta 2 (48) 606—21.

Zusammenfassende Übersichten.

37. H. A. L a i t i n e n , Anal. Chem. 21 (49) 66—77.

Übersicht über Fortschritte.

38. R. B e n e s c h u. R. E. B e n e s c h , Arch. Biochem. 19 (48) 35—45.

Titr. von SH-Gruppen in Aminosäuren u. Proteinen.

39. S. S. M u c h i n a , Saw. Lab. 14 (48) 1194—98.

Titr. von Mg, Mo u. Ni.

40. D. W. E. A x f o r d u. T. M. S u g d e n , J. Chem. Soc. (London) **1946**, 901—13.

Titr. von SO_3 neben SO_2.

41. R. J. M y e r s u. E. H. S w i f t , J. Am. chem. Soc. 70 (48) 1047—52.

Titr. von As_2O_3 mit elektrolyt. erzeugtem Brom.

42. H. C. M a r k s et al., Anal. Chem. 19 (47) 200—04, 20 (48) 1197—99. — Water and Sewage Works 95 (48) 175—78. — C. A. 41 (47) 3237b, 42 (48) 9011h.

Titr. von Chlor.

43. J. B. Conn, Anal. Chem. 20 (48) 585—86.

Diamidine werden durch Fällung als Alizarinsulfonate titriert.

44. R. M. E l o f s o n u. P. A. M e c h e r l y , Anal. Chem. 21 (49) 565—67.

Diazotierte Amine geben Red.-Stufen, die sich kompliziert verhalten, jedoch eine polarom. Titr. von kupplungsfähigen Stoffen ermöglichen.

Autorenregister

Autorenregister zum Nachtrag

Sachregister

FSC
www.fsc.org
MIX
Papier | Fördert
gute Waldnutzung
FSC® C083411

Kolibri 360 GmbH
Ferdinand-Jühlke-Straße 7
99095 Erfurt, Deutschland
produktsicherheit@kolibri360.de